"十二五"普通高等教育本科国家级规划教材

普通高等教育农业部"十三五"规划教材

食品生物技术导论

第3版

罗云波　主编

生吉萍　郝彦玲　副主编

中国农业大学出版社

·北京·

内 容 简 介

本教材系统地介绍了生物技术的基本原理,通过案例阐述生物技术在食品领域的应用,力求体现食品科学的特点,并采用了二维码技术对重要的知识点进行扩充。全书共 10 章,包括绪论、基因工程与食品产业、细胞工程与食品产业、蛋白质工程、食品酶工程、发酵工程、转基因生物反应器、生物工程下游技术、现代生物技术与食品安全、组学技术及生物信息学技术与食品产业。

本书可作为高等院校食品科学与工程、食品质量与安全、生物技术与工程等专业本科生的教材,也可以作为研究生和相关专业科技人员的参考书。

图书在版编目(CIP)数据

食品生物技术导论/罗云波主编. —3 版. —北京:中国农业大学出版社,2016.5(2020.7 重印)
ISBN 978-7-5655-1555-2

Ⅰ.①食… Ⅱ.①罗… Ⅲ.①生物技术-应用-食品工业 Ⅳ.①TS201.2

中国版本图书馆 CIP 数据核字(2016)第 079829 号

书　　名	食品生物技术导论　第 3 版		
作　　者	罗云波　主编		
策划编辑	宋俊果　刘 军	责任编辑	韩元凤
封面设计	郑 川	责任校对	王晓凤
出版发行	中国农业大学出版社		
社　　址	北京市海淀区圆明园西路 2 号	邮政编码	100193
电　　话	发行部 010-62818525,8625	读者服务部	010-62732336
	编辑部 010-62732617,2618	出 版 部	010-62733440
网　　址	http://www.cau.edu.cn/caup	E-mail	cbsszs @ cau.edu.cn
经　　销	新华书店		
印　　刷	北京溢漾印刷有限公司		
版　　次	2016 年 8 月第 3 版　　2020 年 7 月第 4 次印刷		
规　　格	787×1 092　16 开本　　26.75 印张　　660 千字		
定　　价	68.00 元		

全国高等学校食品类专业系列教材
编审指导委员会委员

第3版编写人员

主　编　罗云波（中国农业大学）

副主编　生吉萍（中国人民大学）
　　　　郝彦玲（中国农业大学）

编　者　（按拼音顺序排名）
　　　　包秋华（内蒙古农业大学）
　　　　陈宗道（西南大学）
　　　　郝彦玲（中国农业大学）
　　　　何国庆（浙江大学）
　　　　黄昆仑（中国农业大学）
　　　　罗云波（中国农业大学）
　　　　曲桂芹（中国农业大学）
　　　　申　琳（中国农业大学）
　　　　生吉萍（中国人民大学）
　　　　田洪涛（河北农业大学）
　　　　徐凤彩（华南农业大学）
　　　　许文涛（中国农业大学）
　　　　张柏林（北京林业大学）
　　　　郑亚凤（福建农林大学）
　　　　朱本忠（中国农业大学）

第 2 版编审人员

主 编 罗云波（中国农业大学）
生吉萍（中国农业大学）

编 者 （按拼音顺序排名）
陈宗道（西南大学）
郝彦玲（中国农业大学）
何国庆（浙江大学）
黄昆仑（中国农业大学）
罗云波（中国农业大学）
曲桂芹（中国农业大学）
申 琳（中国农业大学）
生吉萍（中国农业大学）
田洪涛（河北农业大学）
徐凤彩（华南农业大学）
张柏林（北京林业大学）
朱本忠（中国农业大学）

审 稿 吴显荣（中国农业大学）

第1版编审人员

主　编　罗云波(中国农业大学)

副主编　生吉萍(中国农业大学)
　　　　　陈宗道(西南农业大学)

编　者　(按拼音顺序排名)
　　　　　陈宗道(西南农业大学)
　　　　　何国庆(浙江大学)
　　　　　黄昆仑(中国农业大学)
　　　　　罗云波(中国农业大学)
　　　　　申　琳(中国农业大学)
　　　　　生吉萍(中国农业大学)
　　　　　徐凤彩(华南农业大学)
　　　　　张柏林(河北农业大学)

审　稿　吴显荣(中国农业大学)

出 版 说 明
（代总序）

时光荏苒，食品科学与工程系列教材第一版发行距今，已有 14 年。总计 120 余万册的发行量，已经表明了这套教材受欢迎的程度，应该说它是全国食品类专业教育使用最多的系列教材。

这套教材已成为经典，作为总策划的我，在再再版的今天，重新翻阅这套教材的每一科目、每一章节，在感慨流年如水的同时，更有许多思考和感激。这里，借写出版说明（代总序）的机会，再一次总结本套教材的编撰理念和特点特色，也和我挚爱的同行们分享我的感悟和喜乐。

第一，优秀的教材一定是心血凝成的精品，杜绝任何形式的粗制滥造。

14 年前，全国 40 余所大专院校、科研院所，300 多位一线专家教授，涵盖生物、工程、医学、农学等领域，齐心协力组建出一支代表国内食品科学最高水平的教材撰写队伍。著作者们呕心沥血，在教材中倾注平生所学，那字里行间，既有学术思想的精粹凝结，也不乏治学精神的光华闪现，诚所谓学问人生，经年积成，食品世界，大家风范。这精心的创作，和彼敷衍的粘贴，其间距离，岂止云泥！

第二，优秀的教材必以学生为本，不是居高临下的自说自话。

注重以学生为本，就是彻底摒弃传统填鸭式的教学方法。著作者们谨记"授人以鱼不如授人以渔"，在传授食品科学知识的同时，更启发食品科学人才获取知识和创造知识的思维与灵感。润物细无声中，尽显自由思想，彰耀独立精神。在写作风格上，也注重学生的参与性与互动性，接地气，说实话，深入浅出，有料有趣。

第三，优秀教材与时俱进、推陈出新，绝不墨守成规、原地不动。

首版再版再再版，均是在充分收集和尊重一线任课教师和学生意见的基础上，对新增教材进行科学论证和整体策划。每一次工作量都不小，几乎覆盖食品学科专业的所有骨干课程和主要选修课程，但每一次都不敢有丝毫懈怠，内容的新颖性，教学的有效性，齐头并进，一样都不能少。具体而言，此次再再版，不仅增添了食品科学与工程最新理论发展，又以相当篇幅强调了食品工艺的具体实践。

每本教材,既相对独立又相互衔接互为补充,构建起系统、完整、实用的课程体系。

第四,优秀教材离不开出版社编辑人员的心血倾注。

同为他人作嫁衣裳,教材的著作者和编辑,都一样的忙忙碌碌,飞针走线。这套系列教材的编辑们站在出版前沿,以其炉火纯青的专业技能,辅以最新最好的出版传播方式,保证了这套教材的出版质量和形式上的生动活泼。编辑们的高超水准和辛勤努力,赋予了此套教材蓬勃旺盛的生命力。

这里,我也想和同行们分享以下数字,以表达我发自内心的喜悦:

第1版食品科学与工程系列教材出版于2002年,涵盖食品学科15个科目,全部入选"面向21世纪课程教材"。

第2版(再版)食品科学与工程系列教材出版于2009年,涵盖食品学科29个科目。

第3版(再再版)食品科学与工程系列教材将于2016年暑期出版(其中《食品工程原理》为第4版),涵盖食品学科36个科目,增加了《食品工厂设计》《食品分析》《食品感官评价》《葡萄酒工艺学》《生物技术安全与检测》等9个科目,调整或更名了部分科目。

需要特别指出的是,这其中,《食品生物技术导论》《食品安全导论》《食品营养学》《食品工程原理》4个科目为"十二五"普通高等教育本科国家级规划教材;《食品化学》《食品化学综合实验》《食品工艺学导论》《粮油加工学》《粮油加工学实验技术》《食品酶学与工程》6个科目为普通高等教育农业部"十二五"规划教材;《食品生物技术导论》《食品营养学》《食品工程原理》《粮油加工学》《食品试验设计与统计分析》为"十五"或"十一五"国家级规划教材。

本套食品科学与工程系列教材出版至今已累计发行超过126万册,使用教材的院校140余所。

第3版有500余人次参与编写,参与编写的院所近80家。

本次出版在纸质基础上引入了数字化元素,增加了二维码,内容涉及推荐阅读文字,直观的图片展示,以及生动形象的短小视频等,使教材的内容更加丰富、信息量更大,形式更加活泼,使用更加便捷,与学生的阅读和学习习惯更加贴近。

虽然我的确有敝帚自珍的天性,但我也深深地知道,世上的事没有百分百的完美。我还要真心地感谢在此套教材中肯定存在的那些不完美,因为正是她们给了我们继续向前的动力。这里,我真诚地期待大家提出宝贵意见,让我们与这套教材一起共同成长,更加进步。

罗云波

2016年5月5日 于马连洼

第3版前言

在全体编委成员的共同努力下,本教材第1版和第2版深受广大同行和读者的欢迎,出版以来多次印刷,被许多院校选用。教材先后被教育部评审为"面向21世纪课程教材"、"普通高等教育'十一五'国家级规划教材"和"'十二五'普通高等教育本科国家级规划教材",并被北京市教委评审为"北京市精品教材"。

为适应食品生物技术学科日新月异的发展,更好地满足新形势下的教学要求,我们决定在第2版的基础上对教材进行修订。本次修订结合最新生物技术研究进展,在保持原有体系的基础上,对各章内容进行了全面更新,并增加"组学技术及生物信息学技术与食品产业"一个新的章节。为更好地推进传统出版与新型出版融合,发挥信息技术对教学的积极作用,本版教材采用了二维码技术将教学内容加以扩展,方便读者扫描参考学习。

本书着重阐述食品生物技术的基本理论和该领域国内外的最新研究进展,通过案例介绍生物技术在食品领域中的应用,力求体现食品学科的特点。全书分10章,分别为绪论、基因工程与食品产业、细胞工程与食品产业、蛋白质工程、食品酶工程、发酵工程、转基因生物反应器、生物工程下游技术以及现代生物技术与食品安全、组学技术及生物信息学技术与食品产业等内容。

教材由全国多所院校共同参与编写,汇集了从事本领域研究的前沿力量,同时也有在校研究生和本科生的思想和要求的反映,是集体智慧的结晶。具体分工为:第1章由罗云波编写,第2章由生吉萍、朱本忠编写,第3章由何国庆、曲桂琴编写,第4章由生吉萍、张柏林编写,第5章由申琳、生吉萍、郑亚凤、徐凤彩编写,第6章由田洪涛、张柏林编写,第7章由郝彦玲、包秋华编写,第8章由陈宗道编写,第9章由许文涛、黄昆仑、罗云波编写,第10章由朱本忠、郝彦玲、许文涛编写。

在编写过程中,得到中国农业大学出版社的大力协助。由于时间紧迫、内容涉及面广以及生物技术发展迅速,书中疏漏和不妥之处在所难免,衷心期待诸位同仁和读者的惠正。

罗云波
2015年12月于北京

第 2 版前言

  本教材被教育部审批为"普通高等教育'十一五'国家级规划教材"*,是在第 1 版"面向 21 世纪课程教材"基础上修订出版。第 1 版于 2002 年出版,发行很好,受到全国数十所院校师生的好评,并被评为"北京市精品教材"。本书着重阐述食品生物技术的基本理论和该领域国内外的最新研究进展,通过案例介绍生物技术在食品领域中的应用,力求体现食品学科的特点,在内容和形式上有所创新。本次修订结合最新生物技术研究进展,在保持原有体系的基础上,增加了部分最新研究成果的内容。

  全书分 9 章,分别阐述绪论、基因工程与食品产业、细胞工程与食品产业、蛋白质工程、食品酶工程、发酵工程、转基因生物反应器、生物工程下游技术以及现代生物技术与食品安全等内容。

  本书由全国多所院校共同参与编写,汇集了从事本领域研究的前沿力量,同时也有在校研究生和本科生的思想和要求的反映,是集体智慧的结晶。具体分工为:第 1 章绪论由罗云波编写,第 2 章由生吉萍、朱本忠编写,第 3 章由何国庆、曲桂琴编写,第 4 章由生吉萍、张柏林编写,第 5 章由申琳、徐凤彩、生吉萍编写,第 6 章由田洪涛、张柏林编写,第 7 章由郝彦玲编写,第 8 章由陈宗道编写,第 9 章由黄昆仑、罗云波编写。在编写和审稿过程中,承蒙吴显荣教授的悉心指导和审阅,以及中国农业大学出版社的大力协助。由于时间紧迫、内容涉及面广以及生物技术发展的日新月异,书中疏漏和不妥之处在所难免,衷心期待诸位同仁和读者的惠正。

罗云波 生吉萍

2011 年 3 月于北京

---

* 本书出版后在 2014 年又被审批为"'十二五'普通高等教育本科国家级规划教材"。

第 1 版前言

本教材被国家教育部评审为面向 21 世纪教学内容和课程体系改革项目研究的成果(04—10),也被列为普通高等教育"十五"国家级规划教材。本教材着重阐述食品生物技术的基本理论和该领域国内外的最新研究进展,通过案例介绍生物技术在食品领域中的应用,力求体现食品学科的特点,在内容和形式上有所创新。

本教材共分 8 章,分别阐述绪论、基因工程与食品产业、细胞工程与食品产业、酶工程与食品产业、蛋白质工程与食品产业、发酵工程与食品产业、食品生物工程下游技术以及现代生物技术与食品安全等内容。

本书由全国多所院校共同参与编写,汇集了从事本领域研究的前沿力量,同时也有在校研究生和本科生的思想和要求的反映,是集体智慧的结晶。本书编写人员的分工为:第 1 章绪论由罗云波编写,第 2 章由生吉萍编写,第 3 章由何国庆编写,第 4 章由徐凤彩、申琳编写,第 5章由张柏林、生吉萍编写,第 6 章由张柏林编写,第 7 章由陈宗道编写,第 8 章由黄昆仑编写。在编写和审稿过程中,承蒙吴显荣教授的悉心指导和审阅,以及中国农业大学出版社的大力协助。由于时间紧迫、内容涉及面广以及生物技术发展的日新月异,书中疏漏和不妥之处在所难免,衷心期待诸位同仁和读者的惠正。

作　者
2002 年 7 月于北京

目　　录

第1章　绪论 ··· 1
1.1　食品生物技术的基本概念与发展中的重大历史事件 ························· 2
1.1.1　食品生物技术发展中的重大历史事件 ······························· 2
1.1.2　食品生物技术的基本概念 ··· 3
1.2　食品生物技术研究的内容 ··· 5
1.2.1　基因工程 ··· 5
1.2.2　细胞工程 ··· 5
1.2.3　蛋白质工程 ·· 6
1.2.4　酶工程 ·· 7
1.2.5　发酵工程 ··· 7
1.2.6　生物工程下游技术 ··· 8
1.2.7　转基因生物反应器 ··· 8
1.2.8　现代分子检测技术 ··· 9
1.2.9　组学技术与生物信息学技术 ··· 10
1.3　食品生物技术在食品工业发展中的地位和作用 ························· 11
1.4　食品生物技术研究和应用进展与展望 ··································· 12
1.4.1　生物技术研究和应用进展 ··· 12
1.4.2　现代生物技术的展望 ··· 16
第2章　基因工程与食品产业 ··· 19
2.1　基因工程概述 ·· 20
2.1.1　基因工程的概念 ·· 20
2.1.2　基因工程的理论基础 ··· 21
2.1.3　基因工程的主要内容 ··· 22
2.1.4　基因工程的发展概况 ··· 22
2.2　DNA 分子的提取与检测技术 ·· 24
2.2.1　天然 DNA 的分类与存在形式 ······································ 24
2.2.2　DNA 的提取 ··· 24
2.2.3　食品中 DNA 的提取 ·· 25
2.2.4　DNA 的检测——凝胶电泳技术 ····································· 26
2.3　工具酶和基因载体 ·· 27
2.3.1　基因工程的工具酶 ··· 28

2.3.2 基因工程载体 ……………………………………………… 34
2.4 基因工程的基本技术 ……………………………………………… 48
2.4.1 目的基因的获得与序列分析 …………………………… 48
2.4.2 目的基因与载体的连接(重组与克隆) ………………… 60
2.4.3 重组 DNA 向受体的转化 ……………………………… 63
2.4.4 植物细胞转化技术 ……………………………………… 66
2.4.5 重组体的筛选与外源基因的鉴定 ……………………… 69
2.4.6 反义基因技术 …………………………………………… 77
2.4.7 RNA 沉默技术 ………………………………………… 79
2.5 基因工程在食品产业中的应用 ……………………………… 82
2.5.1 利用基因工程改造食品微生物 ………………………… 82
2.5.2 利用基因工程改善动物食品原料的品质 ……………… 85
2.5.3 利用基因工程改进食品生产工艺 ……………………… 92
2.5.4 利用基因工程改良食品的风味 ………………………… 93
2.5.5 利用基因工程生产食品添加剂及功能性食品 ………… 94
第 3 章　细胞工程与食品产业 ……………………………………… 98
3.1 细胞工程的基本原理 ……………………………………… 99
3.1.1 细胞工程的概念和分类 ………………………………… 99
3.1.2 细胞基础概述 …………………………………………… 99
3.1.3 细胞工程的基本操作和技术 ………………………… 101
3.2 细胞培养技术 ……………………………………………… 102
3.2.1 微生物细胞的培养 …………………………………… 102
3.2.2 植物细胞的培养 ……………………………………… 108
3.2.3 动物细胞的培养 ……………………………………… 113
3.3 细胞融合技术 ……………………………………………… 118
3.3.1 细胞融合的定义和意义 ……………………………… 118
3.3.2 细胞融合的原理与方法 ……………………………… 118
3.3.3 微生物原生质体的制备与融合 ……………………… 119
3.3.4 植物原生质体的制备 ………………………………… 120
3.3.5 动物单细胞的获得 …………………………………… 121
3.3.6 融合子的筛选 ………………………………………… 121
3.4 植物细胞工程及其在食品工业的应用 …………………… 124
3.4.1 植物细胞工程概述 …………………………………… 124
3.4.2 提高植物细胞培养次生代谢产物的策略 …………… 125
3.4.3 植物细胞工程在食品工业的应用 …………………… 127
3.5 动物细胞工程及其在食品中的应用 ……………………… 129
3.5.1 动物细胞工程概述 …………………………………… 129
3.5.2 影响动物细胞反应的因素 …………………………… 129
3.5.3 动物细胞工程的应用 ………………………………… 131

第4章　蛋白质工程 ··· 136

4.1　概述 ··· 137

4.1.1　蛋白质的结构与功能 ··· 137

4.1.2　食品蛋白质的功能特性 ·· 141

4.1.3　蛋白质工程的概念 ··· 144

4.1.4　蛋白质工程的研究内容 ·· 144

4.1.5　蛋白质工程的发展历史 ·· 144

4.2　蛋白质工程的基本步骤与改造策略 ··· 146

4.2.1　蛋白质工程的基本步骤 ·· 146

4.2.2　蛋白质工程的改造策略与方法 ··· 147

4.3　蛋白质的改造方法 ·· 148

4.3.1　初级改造 ··· 148

4.3.2　结构域的拼接(蛋白质分子的高级改造) ··· 154

4.3.3　全新蛋白质的设计与构建 ·· 159

4.3.4　蛋白质工程的新策略——蛋白质的定向改造 ··································· 162

4.4　蛋白质工程在食品中的应用 ·· 165

4.4.1　消除酶的被抑制特性 ··· 165

4.4.2　引入二硫键,改善蛋白质的热稳定性 ··· 166

4.4.3　转化氨基酸残基,改善蛋白质热稳定性 ·· 167

4.4.4　改变酶的最适 pH 条件 ·· 168

4.4.5　提高酶的催化活性 ··· 168

4.4.6　修饰酶的催化特异性 ··· 169

4.4.7　蛋白质定向改造的例子——木聚糖酶的改造 ··································· 169

4.4.8　预测蛋白质结构 ·· 170

4.4.9　修饰 Nisin 的生物防腐效应 ·· 171

第5章　食品酶工程 ··· 174

5.1　食品酶工程概述 ··· 175

5.1.1　酶工程的概念及其在生物工程中的地位 ··· 175

5.1.2　酶工程的分类和内容 ··· 175

5.1.3　酶工程的发展、意义及展望 ··· 177

5.2　酶的生产与改造 ··· 179

5.2.1　酶的生产与分离纯化技术 ·· 179

5.2.2　酶的改造与修饰技术 ··· 185

5.3　酶的固定化及其生产应用技术 ··· 195

5.3.1　固定化酶技术 ··· 195

5.3.2　固定化细胞 ·· 200

5.3.3　酶反应器和酶传感器 ··· 201

5.4　酶工程在食品中的应用 ·· 209

5.4.1　食品酶工程在啤酒生产中的应用 ·· 211

　　　5.4.2　食品酶工程在果蔬加工中的应用 ·· 213

　　　5.4.3　食品酶工程在食品保鲜上的应用 ·· 214

　　　5.4.4　食品酶工程在乳制品加工中的应用 ·· 215

　　　5.4.5　食品酶工程在蛋白类食品加工中的应用 ··· 216

　　　5.4.6　食品酶工程在淀粉类食品加工中的应用 ··· 216

第 6 章　发酵工程 ·· 222

　6.1　发酵工程概述 ··· 223

　　　6.1.1　发酵与发酵工程及其与现代生物技术的关系 ································· 223

　　　6.1.2　现代发酵工程的研究内容及应用范围 ·· 223

　　　6.1.3　发酵工程的历史和发展趋势 ··· 224

　6.2　发酵培养基的制备及灭菌 ·· 226

　　　6.2.1　发酵培养基的制备 ··· 226

　　　6.2.2　发酵培养基的灭菌 ··· 228

　6.3　发酵菌种及其扩大培养 ··· 230

　　　6.3.1　发酵工业对菌种的要求 ··· 230

　　　6.3.2　发酵菌种的选育、保藏和复壮 ·· 230

　　　6.3.3　发酵菌种的扩大培养 ·· 231

　6.4　发酵动力学 ·· 233

　　　6.4.1　发酵动力学概述 ·· 233

　　　6.4.2　分批式发酵动力学 ··· 233

　　　6.4.3　连续式发酵动力学 ··· 235

　　　6.4.4　分批补料式发酵动力学 ··· 238

　6.5　发酵设备 ··· 238

　　　6.5.1　厌氧固体发酵设备 ··· 239

　　　6.5.2　厌氧液体发酵设备 ··· 239

　　　6.5.3　好氧固体发酵设备 ··· 241

　　　6.5.4　好氧液体发酵设备 ··· 242

　6.6　发酵过程的控制 ··· 248

　　　6.6.1　温度对发酵过程的影响及控制 ·· 248

　　　6.6.2　pH 对发酵过程的影响及控制 ·· 250

　　　6.6.3　溶解氧对发酵过程的影响及控制 ··· 252

　　　6.6.4　基质浓度对发酵的影响及补料的控制 ·· 254

　　　6.6.5　泡沫对发酵过程的影响及控制 ·· 255

　　　6.6.6　设备及管道清洗与消毒的控制 ·· 256

　　　6.6.7　杂菌与噬菌体污染的控制 ··· 256

　　　6.6.8　发酵终点的判断 ·· 257

　　　6.6.9　其他因子的在线控制 ·· 258

　　　6.6.10　发酵过程的计算机控制 ·· 258

　6.7　重组细胞培养与发酵过程中的技术关键问题、对策及应用实例 ············ 259

　　　6.7.1　重组质粒的不稳定性及其对策 ·· 259

6.7.2　高密度培养与发酵过程中代谢副产物对重组细胞生长和表达的影响
　　　及其对策 ·· 261

6.7.3　重组细胞高密度培养与发酵过程中供氧的限制及其对策 ········ 262

第 7 章　转基因生物反应器 ··· 266

7.1　概述 ··· 267

7.2　转基因动物生物反应器 ··· 267

　7.2.1　转基因动物的操作原理与方法 ··· 267

　7.2.2　转基因动物生物反应器的应用 ··· 269

　7.2.3　转基因动物生物反应器存在的问题及展望 ································· 272

7.3　转基因植物生物反应器 ··· 273

　7.3.1　根癌农杆菌 Ti 质粒介导基因转化 ·· 274

　7.3.2　转基因植物生物反应器的应用 ··· 280

7.4　转基因微生物生物反应器 ·· 285

　7.4.1　外源基因在原核微生物中的表达 ··· 285

　7.4.2　外源基因在真核微生物中的表达 ··· 290

　7.4.3　转基因微生物生物反应器的应用 ··· 291

第 8 章　生物工程下游技术 ··· 296

8.1　概述 ··· 297

　8.1.1　生物工程下游技术的重要性 ·· 297

　8.1.2　生物工程下游技术的特点 ··· 297

　8.1.3　下游工程的目的产物 ··· 298

　8.1.4　下游工程的基本路线 ··· 298

　8.1.5　下游工程的质量控制 ··· 299

8.2　原料与前期处理 ·· 300

　8.2.1　原料(raw material) ··· 300

　8.2.2　发酵液处理(pretreatment of zymotic fluid) ······························ 301

　8.2.3　固液分离(solid-liquid separation) ··· 302

　8.2.4　细胞破碎(cell disruption) ··· 302

　8.2.5　包涵体的处理(treatment of inclusion body) ································ 303

8.3　分离的单元操作 ·· 304

　8.3.1　离心分离(centrifugal separation) ··· 304

　8.3.2　过滤分离(filtration separation) ·· 305

　8.3.3　萃取(extraction) ·· 306

　8.3.4　吸附(adsorption) ·· 309

　8.3.5　沉淀(precipitation) ··· 310

　8.3.6　膜分离(membrane separation) ··· 312

8.4　纯化的单元操作 ·· 314

　8.4.1　层析(chromatography) ··· 314

　8.4.2　电泳(electrophoresis) ·· 317

8.4.3　分子蒸馏(molecular distillation) ……………………………………… 319

8.5　成品加工 ……………………………………………………………………… 320

8.5.1　浓缩(concentration) ………………………………………………… 321

8.5.2　结晶(crystallization) ……………………………………………… 321

8.5.3　干燥(dehydration) …………………………………………………… 322

8.6　下游工程案例 ………………………………………………………………… 323

8.6.1　活性多糖的分离纯化路线 …………………………………………… 323

8.6.2　糖蛋白的分离纯化路线 ……………………………………………… 324

8.6.3　免疫蛋白质的分离纯化路线 ………………………………………… 324

8.6.4　重组蛋白质的分离纯化路线 ………………………………………… 324

8.6.5　酶的分离纯化路线 …………………………………………………… 325

8.6.6　黄酮类化合物的分离纯化路线 ……………………………………… 325

8.6.7　脂类的分离纯化路线 ………………………………………………… 326

8.6.8　核酸的分离纯化路线 ………………………………………………… 326

第9章　现代生物技术与食品安全 …………………………………………………… 328

9.1　概述 …………………………………………………………………………… 329

9.2　转基因食品安全性评价的目的与原则 ……………………………………… 330

9.2.1　转基因食品安全性评价历史回顾 …………………………………… 330

9.2.2　安全性评价的目的 …………………………………………………… 331

9.2.3　安全性评价的原则 …………………………………………………… 332

9.3　生物技术食品的检测技术 …………………………………………………… 333

9.3.1　转基因生物的结构特点 ……………………………………………… 333

9.3.2　核酸分子检测技术 …………………………………………………… 333

9.3.3　基于蛋白质基础的检测技术 ………………………………………… 338

9.3.4　基因芯片的应用 ……………………………………………………… 340

9.4　转基因食品的标识技术 ……………………………………………………… 341

9.4.1　实行转基因产品标识管理的国家和地区 …………………………… 341

9.4.2　不同国家和地区转基因产品标识管理政策的比较 ………………… 343

9.5　生物技术食品安全性评价的内容 …………………………………………… 345

9.5.1　生物技术食品的过敏性评价 ………………………………………… 346

9.5.2　生物技术食品的毒理学评价 ………………………………………… 350

9.5.3　营养成分和抗营养因子 ……………………………………………… 352

9.5.4　抗生素抗性标记基因 ………………………………………………… 353

9.5.5　非期望效应的分析 …………………………………………………… 354

9.5.6　转基因作物对生态环境可能造成的影响 …………………………… 355

9.6　世界各国对转基因食品的安全管理 ………………………………………… 357

9.6.1　国际上农业转基因生物安全管理的模式 …………………………… 358

9.6.2　美国生物技术食品的管理 …………………………………………… 359

9.6.3　欧盟生物技术食品的管理 …………………………………………… 361

9.6.4　我国对生物技术食品的管理 ·· 362

9.7　转基因食品安全性评价案例 ·· 367

9.7.1　转基因酵母的实质等同性评价 ·· 367

9.7.2　转基因玉米 MON810 的安全性评价 ····································· 368

第 10 章　组学技术及生物信息学技术与食品产业 ································· 371

10.1　基因组学与食品产业 ··· 372

10.1.1　基因组学的研究方法 ·· 373

10.1.2　基因组学的发展概况 ·· 375

10.2　转录组学与食品产业 ··· 376

10.2.1　转录组学的研究方法 ·· 377

10.2.2　转录组学在食品领域中的应用 ··· 380

10.3　蛋白质组学与食品产业 ·· 382

10.3.1　蛋白质组学的概念 ··· 382

10.3.2　蛋白质组学研究技术 ·· 383

10.3.3　蛋白质组学在食品领域中的应用 ·· 388

10.4　生物信息学与食品产业 ·· 391

10.4.1　生物信息学的定义与应用 ·· 391

10.4.2　现代生物技术食品开发过程中的生物信息分析 ···················· 393

10.4.3　现代生物技术食品安全评价过程中的生物信息分析 ··············· 398

第 1 章

绪 论

本章学习目的与要求

掌握食品生物技术的基本概念;了解食品生物技术的研究内容;认识食品生物技术在食品工业发展史中的地位及其对食品工业发展的推动作用。

1.1 食品生物技术的基本概念与发展中的重大历史事件

1.1.1 食品生物技术发展中的重大历史事件

食品生物技术具有悠远的发展历史,是伴随着人类社会由狩猎向农业、畜牧业转变出现的。在促进人类社会文明的发展方面有着非常重要的作用。以下是人类食品生物技术发展的大概历史和发展过程中具有重大影响的历史事件:

公元前 6000 年,古埃及人和古巴比伦人就知道用微生物发酵产生酒精,并开始酿造啤酒。我国也在石器时代后期开始用谷物酿酒。

公元前 4000 年,古埃及人就开始用酵母菌发酵生产面包。

公元前 221 年,周代后期我国人民已能掌握传统发酵技术用以制作豆腐、酱油和醋。

1865 年孟德尔(Gregor Mendal)利用豌豆做育种实验,建立了孟德尔遗传规律学说,从而奠定了遗传学的基础,但该重大研究成果被埋没 35 年。1900 年 3 位欧洲植物学家几乎同时在各自的实验室通过植物杂交试验证明了孟德尔遗传规律,从此揭开了遗传学研究的新纪元。1909 年摩尔根(Thomas Hunt Morgan)利用果蝇作遗传实验,建立了基因学说,由于他在基因理论上的重大贡献,摩尔根成为首位获得诺贝尔医学和生理学奖的遗传学家。在这些理论的基础上,20 世纪初产生了遗传育种学,并在 60 年代取得了辉煌的成就,被誉为第一次绿色革命,为解决人类社会因人口增加造成的食物短缺做出了巨大的贡献。

1885 年巴斯德(Louis Pasteur)首先证实发酵是由微生物引起的,并建立了微生物纯种培养技术,从而为发酵技术的发展提供了理论基础,使发酵技术纳入了科学的轨道;到 20 世纪 20 年代,工业生产开始采用大规模的纯种培养技术发酵生产丙酮和丁醇,同时代,Alexander Fleming 爵士发现了青霉菌可以产生青霉素,并可用于人类疾病的治疗。到了 50 年代,青霉素开始大规模发酵生产,在它的带动下,发酵工业和酶制剂工业开始大量涌现。

从食品生物技术发展的阶段来看,在这以前的食品生物技术应该是传统意义上的食品生物技术。

1953 年沃森(Waston)和克里克(Crick)对威尔金斯(Maurice Wilkins)DNA 的 X 射线衍射图分析发现了 DNA 的双螺旋结构,奠定了现代分子生物学研究的基础。他们三人因此获得了 1962 年的诺贝尔医学和生理学奖。DNA 分子结构、组成及功能的阐明开创了从分子水平揭示生命现象本质的新纪元,使人们终于跨过细胞水平,开始在分子水平上进行研究。

1965 年,法国科学家 Jacob 和 Monod 在摩尔根基因学说和美国科学家 Beadle 提出的"一种基因产生一种酶"学说的基础上,通过对原核生物细胞代谢分子机制的研究,提出了著名的乳糖操纵子学说,开创了基因表达调控研究的先河。此外,他们还提出了在核酸分子中还存在一种与染色体脱氧核糖核酸序列互补的,能把遗传信息带到蛋白质合成场所并翻译成蛋白质的信使核糖核酸 mRNA 分子,这一学说对分子生物学的发展起到了极其重要的作用。

1969 年,美国科学家 Nirenberg 由于破译了 DNA 的密码,与 Holly 和 Khorana 等分享了诺贝尔医学和生理学奖。Holly 的主要功绩在于阐明了酵母丙氨酸 tRNA 的核苷酸序列,并证实所有的 tRNA 在结构上的相似性；Khorana 则第一个合成了核酸分子，并且人工复制了酵母基因。

从 20 世纪 60 年代末，斯坦福大学的生物化学教授 Paul Berg 开始对猴病毒 SV40 进行研究，在此之前已经知道细菌病毒可以进入细菌体内并将外源基因带入细菌细胞。Berg 考虑使用高等动物病毒，将外源基因导入真核细胞，并能更好地作为原核基因的载体。于是 Berg 尝试将来自细菌的一段 DNA 和猴病毒 SV40 的 DNA 连接起来。在经过了繁杂的工作后，最终将来源不同的 DNA 连接在一起，获得了世界第一例重组 DNA（krimsky）。这标志着人类跨入了一个生物技术时代的新纪元，人们可以从生物体的最基础的遗传物质 DNA 水平来改造生物体，从而改造整个世界。为此，Berg 获得了诺贝尔医学和生理学奖。

1972 年加州大学的 Boyer 实验室从大肠杆菌中分离出一种新的核酸酶 Eco R I，它可以在 DNA 特定的位置将 DNA 切断，切断的 DNA 可以在 DNA 聚合酶的作用下重新连接起来，这种新的核酸酶就是限制性内切酶，后来，人们又陆续发现了近百种的限制性内切酶，可以针对 DNA 的不同碱基序列进行切割。生物学家有了这种"生物刀"以后，就可以更加自如地对 DNA 进行操作。而 Boyer 教授后来成为美国第一家上市的生物技术公司——Genentech 公司的副总裁。

1977 年 Sanger 设计出了一种测定 DNA 分子内核苷酸序列的方法，即双脱氧法；同年，Maxam 和 Gilbert 也发明了一种用化学方法测定 DNA 分子内核苷酸序列的方法。这两种方法为人们分析 DNA 序列提供了有力的工具，极大地推动了分子生物学的研究，因此，他们于 1980 年获得了诺贝尔医学和生理学奖。

1984 年德国人 Kohler、美国人 Milstein 和丹麦人 Jerne 由于发展了单克隆抗体技术，完善了极微量蛋白质的检测技术而分享了诺贝尔医学和生理学奖。

1986 年美国科学家 Mullis 发明了聚合酶链式反应技术（polymerase chain reaction，PCR），该技术为分子检测、基因突变、基因工程提供了有力的操作工具，成为分子生物学、基因工程和现代分子检测最常用的工具之一。Mullis 因此于 1993 年获得了诺贝尔化学奖。

当然，这只是促进现代生物技术发展的几个重要研究成果和里程碑。其实，还有许多重要的研究成果作为现代基因工程技术发展的基础，如 Avery 等细菌转化实验；Meselson 和 Stahl 关于 DNA 的半保留复制实验等研究成果。这些研究成果作为现代基因工程技术的基石，造就了现代基因工程技术这一科学的大厦。与此同时，细胞培养技术、细胞融合技术、现代发酵工程、现代酶工程、生物工程下游技术和现代分子检测技术等也取得了长足的发展。现代生物技术就是建立在这些技术之上的一个技术集成体系。现代食品生物技术作为现代生物技术的重要组成部分，同样可以说是由众多学科交叉融合的技术。

1.1.2　食品生物技术的基本概念

食品生物技术（food biotechnology）是现代生物技术在食品领域中的应用，是指以现代生命科学的研究成果为基础，结合现代工程技术手段和其他学科的研究成果，用全新的方法和手段设计新型的食品和食品原料。

在某种意义上，基于现代分子生物学基础上的基因工程技术是食品生物技术的核心和基础，它贯穿于细胞工程、酶工程、发酵工程、蛋白质工程、生物工程下游技术、转基因生物反应器、现代分子检测技术、组学技术和生物信息学技术之中。而细胞工程、发酵工程、蛋白质工程和现代分子检测技术又相互融合,相互穿插,与基因工程技术构成了一个既有中心,又各有侧重点,又相互联系的密不可分的有机整体。例如现代细胞工程已不再是简单的组织培养技术,而是对经过基因工程改造的组织进行培养和细胞融合,同时组织细胞培养也不再是为了得到再生的植株,而是利用现代发酵工程技术,对细胞进行大量培养,培养的过程类似于发酵的过程,这就是所谓的动植物细胞生物反应器。同样,现代发酵工程也是建立在基因工程技术中DNA重组技术基础上的,通过DNA重组技术,获得高效表达的基因工程菌株,这些工程菌株往往表达的不再是微生物中的产物,可以是人基因产生的,也可以是动物基因产生的,也可以是植物基因产生的,这是传统发酵工程想也不敢想的。在发酵工程中,利用现代分子检测技术,对发酵过程进行实时监控,不断优化发酵条件,对于降低成本,提高产量的意义是不言而喻的。而传统的发酵则是事后分析,所造成的浪费也是巨大的。

　　从以上的论述可以看出,食品生物技术研究的主要内容之间是相互紧密联系的。同时,现代食品生物技术又是建立在众多学科基础上的。它们的关系可以概括为图1-1。

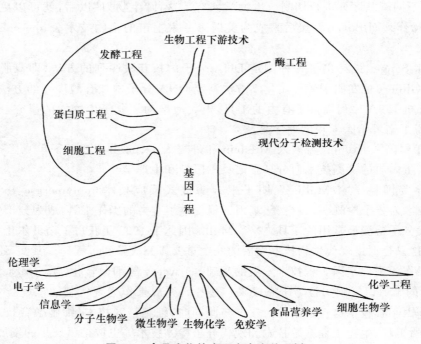

图1-1　食品生物技术研究内容关系树

　　综上所述,食品生物技术在经历了数千年的发展,特别是20世纪60年代以后的发展,不再是传统意义上的食品生物技术,已成为现代生物技术的重要组成部分。食品生物技术如同生物技术一样是所有自然学科中涵盖范围最广的学科之一。它以包括分子生物学、细胞生物学、微生物学、免疫学、生理学、生物化学、生物物理学、遗传学、食品营养学等几乎所有生物学科的次级学科为支撑,同时又结合信息学、电子学、化学工程、社会伦理学等非生物学科,从而形成一门多学科相互渗透的综合性学科。虽然其研究的领域已涉及数十个学科,但研究内容主要集中在:细胞工程、酶工程、发酵工程、蛋白质工程、生物工程下游技术、转基因生物反应器、现代分子检测技术、组学和生物信息学技术。

1.2　食品生物技术研究的内容

1.2.1　基因工程

在生物化学中,已介绍了生物遗传信息传递的过程。这里再作一简单的回顾。图 1-2 是遗传信息由 DNA 传递到蛋白质的过程,即中心法则(central dogma)。

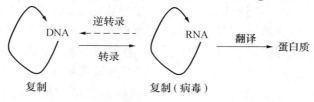

图 1-2　生物遗传信息的表达途径(中心法则)

基因工程(gene engineering)技术就是针对遗传信息的载体 DNA 进行操作,所以也称为 DNA 重组技术,有时也被称为基因克隆或分子克隆。基因工程技术实际上包括了一系列实验技术,最终目的是把一个生物体中的遗传信息转入到另一个生物体中。一个典型的 DNA 重组实验通常包括以下几个步骤:①扩增供体生物的目的基因(或称外源基因),通过限制性内切酶、DNA 连接酶连接到另一个载体的 DNA 分子上(克隆),形成一个新的重组 DNA 分子;②将这个重组 DNA 分子转入受体细胞并在受体细胞中复制保存,这个过程称为转化(transformation);③对那些吸收了重组 DNA 的受体细胞进行筛选和鉴定;④对含有重组 DNA 的细胞进行大量培养,检测外源基因是否表达。

基因工程就是这样通过一系列的技术操作过程获得人们预先设计好的生物,这种生物所具有的特性往往是自然界不存在的。基因工程技术为人类从本质上改造生物界,进而改造自然界,创造一个更适合人类生存的环境提供了一个前所未有的技术支持。

1.2.2　细胞工程

细胞工程(cell engineering)就是在细胞水平研究开发、利用各类细胞的工程。是人们利用现代分子生物学和现代细胞分子生物学的研究成果,根据人们的需求设计改变细胞的遗传基础,通过细胞培养技术、细胞融合技术等,大量培养细胞乃至完整个体的技术。

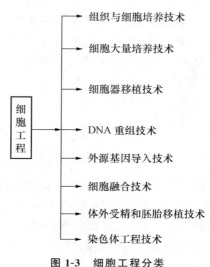

图 1-3　细胞工程分类

细胞工程研究的内容按其技术可分为 8 大类见图 1-3。

按生物种类可以分为植物细胞工程、动物细胞工程和微生物细胞工程。

细胞培养技术是建立在组织培养技术上的,是 20 世纪 80 年代迅速发展起来的一个新领域。植物细胞培养技术是基于 19 世纪施来登(Schleiden)和施旺(Schwann)提出的细胞学说(即细胞是生物有机体基本结构单位)和基于植物细胞具有的潜在全能性。植物细胞潜在全能性是指离体的细胞在一定培养条件下具有能诱导细胞分化,最终产生与母体相同的再生植株或器官的能力。植物细胞培养主要采用了悬浮培养和固定化细胞反应器系统。现代的细胞培养技术在采用了现代发酵工程的一些先进技术后,已逐渐形成了独具特色的植物生物反应器,在医药、食品、化工、农林等产业中得到了广泛的应用。目前,植物细胞培养已成为食品生物技术研究的热点,在食用天然色素、植物次生代谢产物中对人健康有益的功能因子等方面已开展了广泛的研究。如人参细胞培养,得到的活性人参细胞粉,既是保健食品的原料,也可作为药材,其中除含有人参皂苷外,还含有酶类及其他活性成分,其保健作用优于天然人参。此外,还用于紫草细胞、朝天椒细胞、甘草细胞、薰衣草细胞、薄荷细胞、苦瓜细胞等进行细胞培养,研究从这些细胞中提取可用作色素、香精、甜味剂、代谢调节物的天然产物。因此,植物细胞工程在生产植物细胞含量少但对人有益的成分上有着独特的优势。随着基因工程技术的发展,未来的植物细胞将会是一种全新的细胞,具有产物的高表达量和产物范围涉及面更广的特性。

动物细胞工程是细胞工程的一个重要的分支,利用细胞分子生物学和分子生物学的理论基础,通过工程技术手段,按照人类的需要大量培养细胞和生产动物本身。动物细胞工程主要包括:动物细胞培养技术、动物细胞融合技术、淋巴细胞杂交瘤产生单克隆抗体技术、细胞拆合技术。我国的童弟周教授早在 20 世纪 60 年代就开展鱼类核移植工作,并得到了杂种鱼。随着对动物细胞遗传全能性的研究,人们发现动物细胞与植物细胞一样具有全能性,并在一定条件下具有发展成为一个完整个体的能力。1981 年 Illmenses 用小鼠幼胚细胞核克隆出正常小鼠。到了 20 世纪 90 年代,利用幼胚细胞核克隆动物的技术基本成熟。于是,人们开始研究利用体细胞克隆动物。1997 年英国 PPL 公司的罗斯林(Roslin)研究所的维尔默特(Wilmut)利用羊的乳腺细胞细胞核克隆出一头羊(多莉,Dolly),揭开了人类用体细胞克隆动物的新时代。Dolly 羊的克隆成功必将对 21 世纪的生命科学研究、医学研究、农业研究产生重大的影响:①遗传素质完全一致的克隆动物将更有利于人们开展对生长、发育、衰老和健康等机理的研究;②有利于大量培养品质优良的家畜;③克隆转基因动物,可以降低研究费用,提高成功率,缩短大量繁殖转基因动物的生产周期;④推进了同种克隆向异种克隆的转化,对保护濒临灭绝的动物具有重要意义。

1.2.3　蛋白质工程

蛋白质工程(protein engineering)就是通过对蛋白质化学、蛋白质晶体学和动力学的研究,获得有关蛋白质理化特性和分子特性的信息,在此基础上对编码蛋白的基因进行有目的的设计改造,通过基因工程技术获得可以表达蛋白质的转基因生物系统,这个生物系统可以是转基因微生物、转基因植物、转基因动物,甚至细胞系统。最终生产出改造过的蛋白质应用于生产实践。

目前,蛋白质工程主要从以下几方面开展研究:

(1)通过改变酶促反应的 K_m 和 V_{max},提高催化效率;

(2)通过改变蛋白质对酸碱和温度稳定的适应范围,拓宽蛋白质的应用范围;

(3)改变酶在非水溶剂中的反应性,可使蛋白在非生理条件下作用;

(4)减少酶对辅助因子的需求,简化持续生产的过程;

(5)增加酶对底物的亲和力,以增加酶的专一性,减少不必要的副反应;

(6)提高对蛋白酶的抗性,可以简化纯化过程,提高产率;

(7)改变酶的别构调节部位,减少反馈抑制,提高产物产率;

(8)提高蛋白的抗氧化能力;

(9)改变酶对底物的专一性;

(10)改变蛋白发生作用的种属特异性。

蛋白质工程在基因工程技术快速发展的带动下,已经显示了广阔的应用前景。在基础理论的研究中,它为研究和揭示蛋白质结构和功能的规律性提供了一种新的方法和手段,与核磁共振(NMR)、X 射线晶体衍射学、生物信息学、计算机技术、生物芯片技术等学科一起将为人类揭示生命科学的基本规律起到重要的意义。在应用前景上,蛋白质工程涉及医药、食品、化妆品、农业等各个领域。

1.2.4　酶工程

酶工程(enzyme engineering)是利用酶的催化作用进行物质转化的技术,是酶学理论、基因工程、蛋白质工程、发酵工程相结合而形成的一门新技术。它研究开发涉及的范围包括:自然界中新酶的开发和生产、酶分子的修饰、酶的分离纯化技术、酶的固定化技术、酶反应器、酶生物传感器等。

酶是生物体内重要的蛋白质,催化生物新陈代谢的各个反应过程。酶工业是现代工业中重要组成部分,在食品工业领域,酶制剂占有非常重要的地位。食品的制造、食品添加剂的生产都离不开酶制剂。

现代酶工程中的酶是经过改造的酶,酶的改造包括化学修饰和生物酶工程修饰。生物酶工程主要包括:①用基因工程技术生产酶,即克隆酶;②修饰酶基因,产生遗传修饰;③设计出新酶基因,合成自然界从未有过的酶。随着重组 DNA 技术的建立,使人们摆脱了自然界对人们利用新酶的限制,特别是一些在生物体中含量少的酶,DNA 重组技术更显示出其优势。第一例商品化的转基因食品就是利用重组 DNA 技术生产的牛凝乳酶。在这以前生产奶酪的凝乳酶是从小牛第四胃的胃膜上提取出来的,由于其来源有限,阻碍了奶酪工业的发展。于是,人们开始利用 DNA 重组技术,将小牛凝乳酶基因克隆出来,转入微生物中进行发酵生产,获得大量酶产品,解决了奶酪工业的一大难题。

随着蛋白质工程的发展,人们可以利用定点技术对酶的基因进行改造,延长酶的半衰期、提高酶的稳定性、延长酶的保存期等。其中,提高酶的稳定性对于工业化生产显得尤为重要。如果酶能在高温下进行反应,可以加快反应的速度,缩短反应的时间,有利于提高生产效率,减少污染,减少能耗,降低生产成本。

1.2.5　发酵工程

发酵工程(fermentation engineering)是生物技术的重要组成部分,是生物技术产业化的重要环节。发酵(fermentation)最初来自拉丁语"发泡"(fervere),是指酵母作用于果汁或发芽谷物产生 CO_2 的现象。1885 年巴斯德(Louis Pasteur)首先证实发酵是由微生物引起的,认为发酵是酵母在无氧呼吸过程中的一种自然现象,并建立了微生物纯种培养技术。现代发酵工程是将微生物学、生物化学和化学工程等学科的基本原理有机结合,是建立在基因工程技术基础上的一门应用技术性学科。

现代发酵工程研究的内容主要有两方面:生命科学研究和现代工程技术研究。生命科学的研究为发酵工程提供优良的、生产潜力大的、新型的发酵主体微生物或生物细胞。这些新型的发酵主体,一方面通过传统的选育方式,从自然界中筛选优良的菌种或突变株;另一方面通过 DNA 重组技术、定点诱变技术、细胞融合技术,用人工的方式获得稳定性好的、高产的、新种类的工程菌株;可见基因工程、蛋白质工程和细胞工程等技术在为人们开创了构建新的具有各种生产能力、性能优良新物种的同时,也为发酵工程产品增加了许多新的内容,使现代发酵水平有了很大的提高。同时,相配套的工程技术的不断改进,诸如连续发酵技术、代谢调控技术、高密度培养技术、固定化增殖细胞技术、反应器设计技术、发酵与产物分离偶联技术、在线检测技术、自动控制技术、产物分离纯化技术的发展,使得发酵自动化和连续化生产成为可能。因此,现代发酵工程研究的内容也比传统发酵工程的内容有了极大的丰富。

1.2.6　生物工程下游技术

生物工程下游技术(biotechnique downstream processing)是指将发酵工程、酶工程、蛋白质工程和细胞工程生产的生物原料,经过提取、分离、纯化、加工等步骤,最终形成产品的技术。

生物工程下游技术的发展是与生物技术发展的历程密不可分的。大致可以分为 3 个时期:第一是 19 世纪 60 年代以前的早期生物工程下游技术;第二是 19 世纪 60 年代到 20 世纪 70 年代以前,以过滤、蒸馏、精馏等为代表的近代分离技术,是传统意义上的生物工程下游技术,也即传统生物工程下游技术;第三是 20 世纪 70 年代以后,随着基因工程、蛋白质工程、酶工程、发酵工程的发展,一批对人类十分有益的高附加值产品开始问世,以及 20 世纪 80 年代在国际上掀起的一些对人有益的功能因子的研究取得了很大的进展,如低聚糖类的活性糖质、活性肽、高度不饱和脂肪酸等。对这些产品提取纯化的迫切需求,促使生物工程下游技术的研究开始进入了激烈竞争的时代,许多发达国家纷纷加强研究力量,一些公司和企业也投入到这场竞争当中。这个时期生物工程下游技术发展迅速,一些新概念、新技术、新产品和新装备纷纷出现,形成了一个全新的产业,这就是现代生物工程下游技术。

1.2.7　转基因生物反应器

转基因生物反应器(genetically modified organism bioreactor,GMOB)是指利用基因工程技术手段将外源基因转化到受体中进行高效表达,从而获得具有重要应用价值的表达产物的生命系统,包括转基因动物、转基因植物和转基因微生物。利用转基因生物反应器可以来生产药物、工业原料等产品。"反应器"指明了它是一种定向的生产系统,是为了获取某种产品而定向构建和改造的装置,只不过对于转基因生物反应器而言,这种装置是一个具有自组织、自复制、自调节、自适应能力的生命系统。因此,转基因生物反应器像一个活的发酵罐,能够进行自我调节,所以,有人将它比喻为"分子农场"(molecular farming)。转基因生物反应器较传统的生物反应器具有独特的优点,例如,转基因植物反应器具有无污染、可持续发展的特点,其生产只是利用光、空气、水、土壤等条件。所以,转基因生物反应器在食品、医药、化工和环保等领域具有非常广阔的应用前景。

1.2.8　现代分子检测技术

现代分子检测技术是应现代生物技术的发展以及其他诸如医学、食品、农业、环境保护等产业发展的需要而发展起来的一门新技术。现代分子检测技术是建立在现代分子生物学、免疫学、微电子技术、多种分离技术、探测技术、信息技术等多门学科基础上的。主要包括：核酸分子检测技术、蛋白质分子检测技术、生物芯片和生物传感器技术。

核酸分子检测技术是建立在核酸(DNA 和 RNA)基础上的检测技术，是分子生物学实验技术的延伸。众所周知，DNA 是生物体中遗传信息的载体，mRNA 是遗传信息传递的使者。与生物体中的其他代谢产物不同，DNA 在生物体中应该是最稳定的物质之一，因此，对其检测的结果在重复性上、准确性上和检测灵敏度上都是其他检测方法无法比拟的。

在核酸分子检测技术上，最重要也最广泛使用的是聚合酶链式反应技术(polymerase chain reaction，PCR)。这是 1986 年美国科学家 Mullis 发明的，这一技术的出现，不仅极大地推动了分子生物学研究的进程，而且，使检测技术领域产生了一个全新的家族。在食品安全方面，PCR 检测技术在检测产毒微生物、以食品为载体的病原微生物等方面提供了一个快速、准确的检测手段。利用 PCR 技术检测肉毒梭菌、沙门氏菌、单细胞增生李斯特氏菌、大肠杆菌(*E. coli* O157)比传统的检测方法所用的时间短、准确、操作简单。检测可以在一个工作日里完成。利用 PCR 技术对转基因食品进行检测是目前最行之有效的方法。标签制是对转基因食品进行管理的内容之一，PCR 检测技术为实施这一法规提供了技术上的支持。

蛋白质分子检测技术是以蛋白质分子为基础的检测技术。最具代表性的是以免疫学为基础的酶联免疫吸附检测技术(enzyme linked immunosorbent assay，ELISA)和单克隆抗体技术(monoclonal antibody，McAb)。ELISA 技术已经广泛用于许多检测领域。在食品安全检测中，ELISA 可以对农药残留、重金属残留、毒性物质、转基因食品等方面进行快速检测，是一项非常有发展前途的检测技术。

生物芯片(biochip)技术是 20 世纪 90 年代初期发展起来的一门新兴技术。通过微加工技术制作的生物芯片，是把成千上万个生命信息集成在一个很小的芯片上，以达到对基因、抗原和活体细胞等进行分析和检测。用这些生物芯片制作的各种生化分析仪和传统仪器相比较具有体积小、重量轻、便于携带、无污染、分析过程自动化、分析速度快、所需样品和试剂少等许多优点。这类仪器的出现将给生命科学研究、疾病诊断、新药开发、生物武器战争、司法鉴定、食品卫生监督、航空航天等领域带来一场革命。目前生物芯片已不再局限于基因序列测定和功能分析这样的应用，新派生的一批技术包括：芯片免疫分析技术、芯片核酸扩增技术、芯片细胞分析技术和采用芯片作平台的高通量药物筛选技术等。目前，已有检测型基因芯片商业化，在食品安全检测方面，有许多研究机构和企业正在研究开发可以检测转基因食品和食品中有害微生物的检测型生物芯片。

生物传感器(biosensor)是指将具有化学识别功能的生物分子固定在特定材料上，再由换能器、信号放大器、信号转换器等组成的分析检测系统。该系统分析速度快、操作简单、价格低，可以进行连续检测和在线分析。生物传感器根据分子识别元件和待测物质结合的性质分为两类，即催化型生物传感器和亲和型生物传感器。催化型生物传感器是利用酶的专一性和催化性，有酶传感器、微生物传感器和组织传感器等，该类传感器是检测整个反应动力学过程的总效应；亲和型生物传感器则利用分子间特异的亲和性，有免疫传感器、受体传感器和 DNA

传感器等,该类传感器是检测热力学平衡的结果。催化型传感器是生物传感器发展的基础,而亲和型传感器则是传感器发展的方向。

目前,生物传感器已广泛应用于医学、食品、化工、农业等领域。在食品领域中,生物传感器已在食品新鲜度、食品口感、食品分析和食品卫生检测等方面得到了应用。在检测农药残留的研究中,已有对食品中农药残留甲基马拉松、乙基马拉松、敌百虫、二乙丙基磷酸、久效磷、百治磷、敌敌畏、速灭磷、二嗪农、涕灭威等的检测,某些传感器检测速度快、准确性好,但除少数检测限低,可以满足检测需要,大多数因检测限达不到要求而有待进一步的研究。

现代食品生物技术为人类解决食品短缺和环境的农药污染带来了希望,同时用这些技术生产的食品是否存在安全性方面的问题,也一直是人们所关注的,特别是利用转基因技术生产的食品。早在 20 世纪 70 年代,人们得到第一例重组 DNA 细菌 Krimsky 的同时,人们就意识到如果不对生物技术进行管理,生物技术带给人们的将不仅是利益,而且还会有灾难。为此。各国政府分别制定了对生物技术管理的政策法规,国际组织也纷纷加入到这个行列。1993年,经济合作发展组织(OCED)提出了食品安全分析的实质等同性原则。这一原则成为世界各国制定安全性评价法规的基石。人们对转基因食品的安全主要可以归纳为:①转基因食品中外源基因对人健康的潜在危险;②转基因作物中的新基因在无意中对食物链其他环节造成的不良后果;③转基因植物对生物多样性的影响。为此,国际社会在经过多年的讨论和协商,于 2000 年通过了《卡特赫那生物安全议定书》(Cartagena Protocol on Biosafety),以确保世界各国安全地开发和利用生物技术。我国也在 2002 年正式颁布了"农业转基因生物安全管理办法"。

1.2.9 组学技术与生物信息学技术

基因组学是一门以基因组为单位,研究基因组的结构、功能及表达产物的学科,是遗传学研究进入分子水平以后所发展起来的一个分支。基因组学包括三个领域,即结构基因组学、功能基因组学和比较基因组学。结构基因组学主要通过基因作图和核苷酸序列分析来确定基因组成和基因定位,研究基因组的物理特点。功能基因组学又被称为后基因组学,是利用结构基因组学所提供的信息,在基因组水平上全面分析基因的功能,从对单一基因或蛋白质的研究转向对多个基因或蛋白质同时进行系统的研究。而比较基因组学主要是对已知的基因和基因组结构进行比较,研究基因的起源和基因组的进化。目前已公布的动物、植物和微生物的全基因组序列为研究相关的原材料提供宝贵的信息,为食品行业的快速发展提供基础。

转录组学(transcriptomics)是从整体水平研究细胞中所有基因转录及转录调控规律的学科。转录组学是功能基因组学研究的重要组成部分。狭义的转录组是指所有参与翻译蛋白质的 mRNA 总和。广义的转录组是指从一种细胞或者组织的基因组所转录出来的 RNA 总和,包括编码蛋白质的 mRNA 和各种非编码 RNA,如 rRNA、tRNA 以及 snoRNA、snRNA、microRNA 及其他非编码 RNA 等。目前转录组学在营养物质合成调控、菌种改良以及果蔬生理等食品领域具有广泛的应用。

蛋白质组经典定义是指一个细胞或组织中由基因组表达的全部蛋白质。然而,一个基因组所表达的蛋白质是随着时空变化而变化的,即在不同生长阶段、不同生理状态或病理条件下,其表达的蛋白质是不同的。因此,广义的蛋白质组学(proteomics)是以蛋白质群体为研究对象,从整体水平上分析一个有机体、细胞或组织的蛋白质组成及其活动规律的科学,其研究内容不仅包括蛋白质的定性和定量,还包括蛋白质的修饰、功能、定位及相互作用等。蛋白质组学在乳蛋白的成分鉴定、乳酸菌胁迫应答机制、肉品科学、水产品以及食品安全与食品鉴伪中具有很好的应用。

生物信息学是生物学与计算机科学和应用数学等学科相互交叉而形成的一门新兴学科。它通过对生物学实验数据的获取、加工、存储、检索与分析,进而达到揭示数据所蕴含的生物学意义的目的。随着生物学技术的发展和科学家的不懈努力,人类在基因的核苷酸序列、蛋白质的氨基酸序列、蛋白质的三维结构,以及物质功能或毒性等方面积累了大量的数据。当前生物信息学发展的主要推动力来自分子生物学,生物信息学的研究主要集中于核苷酸和氨基酸序列的存储、分类、检索和分析等方面,所以目前生物信息学可以狭义地定义为:将计算机科学和数学应用于生物大分子信息的获取、加工、存储、分类、检索与分析,以达到理解这些生物大分子信息的生物学意义的交叉学科。基因组数据在现代生物技术食品的开发过程中起重要作用,现代生物技术越来越强调精确操作和插入片段的可控性,以减少对转基因受体生物的非期望效应影响。了解受体生物的基因组,基因组上基因与生物性状之间的关系,以及寻找潜在的优良性状基因,都是现代生物技术食品开发所必需的前期准备工作,而这些工作都离不开基因组数据库和基因组分析工具。

1.3 食品生物技术在食品工业发展中的地位和作用

如上一节所述,食品生物技术研究的内容已涉及食品工业的方方面面,从原料到加工,无处不存在食品生物技术的痕迹,下面就分几部分来阐述食品生物技术在食品工业发展中的地位和作用。

基因工程技术为人类带来前所未有的改造生物的技术,利用基因工程技术可以根据人类的需要人为地设计新型的食品及食品原料,这些食品不再是传统意义上的食品,因为这些食品可以是具有免疫功能的食品;可以是增加人所需维生素、微量元素的食品;可以是调节人体代谢、增加人体免疫能力的功能性食品;可以是满足时尚的休闲食品等。基因工程还可以为发酵工程提供更优良的工程菌株,促进食品发酵工业的发展。可以肯定基因工程将处在 21 世纪食品工业发展的核心位置。

发酵技术很早就被人们利用于生产食品。例如,酒作为人类利用发酵技术最早的产物,世界上许多民族都有自己的酒文化。作为食品的酒是古老而又为人们普遍接受的饮料型食品,是通过微生物对发酵底物水果和谷类发酵产生酒精的一类食品的总称。这类食品不仅为人类提供能量的需求,而且对促进发酵技术的发展做出了很大的贡献。奶制品是人类饮食的主要食物,从世界范围看,发酵的奶制品占发酵食品的 10%。过去,人们对奶发酵的本质缺乏了解。后来人们逐渐认识到是一种叫乳酸杆菌的微生物在起作用,并且发现乳酸杆菌对乳制品具有许多好处:①对乳制品的保存有益;②改善乳制品的质地与风味;③增加乳制品的营养;④对保持肠道微生态平衡有益。这些优点使乳制品成为人们很重要的食品。谷类发酵食品是人类最重要的食品,作为主食每天供应人们的消费。从古罗马时代起,面包就是最主要的谷类发酵食品。面包不仅可以为人们提供身体所需的热量和发酵过程中产生的诸多营养成分及维生素,而且也是古代一种重要的食品贮藏方式。蔬菜的发酵可以使蔬菜成为独具风味的泡菜,不仅丰富了人们对食品口味的需求,而且也增加了人体对各种营养的要求。用豆类发酵生产的酱油和用水果发酵生产的醋是我国古代劳动人民智慧的体现。此外,在生产食品添加剂,如各种食用有机酸(柠檬酸)、氨基酸(赖氨酸)、维生素(维生素 B_1)、调味剂(味精)等方面,食品的现代发酵工程技术发挥了重要的作用。因此,食品发酵技术不仅成为人类制造食品最重要的技术手段之一,而且在生产食品添加剂等食品生产原料方面更是其他技术无法替代的。由此可见,食品发酵工程在食品工业中占有举足轻重的作用。

食品与酶的关系密切,食品生产离不开酶的处理。例如,淀粉酶在食品生产中可以应用于淀粉糖类的生产,为食品生产提供必不可少的原料;凝乳酶应用于奶酪的生产,已为人类利用了数千年;在果汁和啤酒生产中,酶应用于澄清果汁和啤酒;转谷氨酰胺酶广泛应用于肉制品、乳制品、植物蛋白制品、焙烤制品等,可以提高食品加工过程中的溶解性、酸碱稳定性、乳化性、凝胶性,改善食品的风味、口感、组织结构和增加食品的营养价值;利用酶解法生产新型低聚糖,为人类增添了可食用的具有保健功能的糖源。酶在食品中的应用非常广泛,其在食品工业中的地位也是显而易见的,特别是随着蛋白质工程技术的发展,将对新型酶的开发和对酶加工性能的改善有很大的促进作用。可以预见蛋白质工程和酶工程在食品工业中所占比重将会更大。

生物工程下游技术是高新技术在食品生物工程中的应用,是与食品加工工艺密切相关的技术,特别在生产功能性食品中,对功能因子的提取将会使生物工程下游技术得到充分的应用。在功能性食品中,功能因子大多是一些理化性质不稳定的物质,用常规的提取技术,不仅提取效率低而且提取产物容易氧化,或被酸碱破坏。现代分离技术可以很好地克服这些缺点,在提取效率、纯度和活性方面都远好于传统的提取方法。因此,生物工程下游技术作为现代食品工业不可缺少的部分将对食品工业的发展起到推动作用。

从以上的论述中,可以发现食品生物技术已经渗透到食品工业的方方面面。特别是基因工程技术、蛋白质工程技术、酶工程技术、发酵工程技术等现代生物技术,将在 21 世纪的食品工业中充当重要的角色。可以这么认为,21 世纪的食品工业将是建立在现代食品生物技术和现代食品工程技术两大支柱上的一个全新的朝阳产业。

1.4 食品生物技术研究和应用进展与展望

1.4.1 生物技术研究和应用进展

自 1973 年重组 DNA 技术创建就显示出其巨大的应用价值和商业前景。1976 年,世界第一家应用重组 DNA 技术开发新药的公司 Genentech 公司建立,由此开创了现代生物技术产业发展的新纪元。到 2000 年全球的生物技术公司有 3 000 多家,其中美国有 2 000 多家,其余的分布在欧洲和日本。生物技术产品的销售额增长迅速,在 1980 年美国的现代生物技术产品的销售额还是零增长,到 1991 年时为 59 亿美元,1996 年已达到 101 亿美元,1997 年为 130 亿美元。2006 年达到 588 亿美元。《日经生物技术》对日本生物技术市场的调查结果表明:1991年日本生物技术产品的市场是 2 648 亿日元,1996 年达到 6 552 亿日元。我国的生物技术产品在 1986 年的产值大约是 2 亿元人民币,到 1996 年销售额达到 110 亿元人民币,是 10 年前的 50 倍,其中医药卫生领域是 21.16 亿元,农业领域是 15 亿元,轻化工领域是 77.94 亿元。2008 年我国生物技术产业总产值突破 8 000 亿元,从发展现状看现代生物技术主要集中在现代生物制药、农业及食品、现代检测技术等领域。

1. 现代生物制药与医药领域   现代生物技术研究最多、发展最快的是在制药和治疗领域。2000 年的统计表明在美国的 2 000 多家现代生物技术公司中有 1 300 多家公司从事生物制药的研究和开发,占 60% 以上;欧洲有 700 多家,占 43% 以上。主要利用现代生物技术开发可用于治疗癌症、心血管疾病、艾滋病、遗传病等用常规方法治疗和制药困难的药物。据美国制药协会(PhRMA)统计,自 1982 年第一个基因工程产品重组人胰岛素——Humulin 由 El-Lilly 公司推向市场以来,生物技术药品的研究开发速度非常快,到 1998 年,已有 53 种药品进入市场,使 6 000 多万人受益。此外,还有 350 多种药处于不同的研究阶段。

2. 农业领域   现代生物技术除了在生物制药领域应用外,农业领域是第二大应用领域。动物胚胎移植技术在美国和加拿大已进入实用化阶段,世界上现有 200 多家家畜胚胎移植公司,每年仅牛胚胎移植就有 20 万头;利用组织培养及快速脱毒方法开发出的植物新品种有棕榈、香蕉、甘蔗等几百种再生植株,目前实现商业化生产的包括农作物、林木、瓜果、花卉等。通过花药培养成功的有烟草、水稻、小麦等的新品种。通过基因工程技术培育新品种农作物的研究正在世界各国如火如荼地进行,培育抗病和增加产肉率、出毛率、产奶率的动物新品种,也进入了研究的关键期。与此同时,现代生物技术在现代生物农药、现代微生物肥料以及改善农业生产环境的应用研究也取得了令人鼓舞的成果。

3. 食品工业领域   基因工程技术在 20 世纪 90 年代开始在食品工业中应用,其标志是第一例重组 DNA 基因工程菌生产的凝乳酶在奶酪工业的应用。1993 年 Calgene 公司转反义 PG 基因的延熟番茄 Flavr-Savr 在美国批准上市,转基因植物源食品原料的种植面积迅速增加,从 1996 年的 170 万 hm^2 迅速增加到 2001 年的 5 260 万 hm^2,种植面积增加了 30 倍,6 年累计种植面积为 1.772 亿 hm^2。其经济效益也从 1995 年的 7 500 万美元增加到 2001 年的近 40 亿美元(图 1-4),累计产值达 110 亿美元。而以其为原料的食品市场销售额 6 年累计已达上千亿美元。2014 年全球转基因作物种植面积达到 1.815 亿 hm^2,与 1996 年相比增幅超过 100 倍,其中大豆、棉花和玉米的种植面积最广。

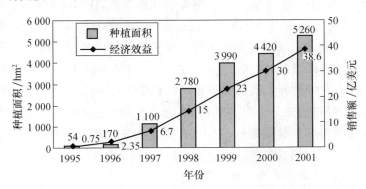

图 1-4   世界转基因作物 1995—2001 年种植面积与销售额情况

动物源基因工程食品目前尚未商品化,但其发展异常迅猛。自 1984 年我国成功获得世界第一例转基因鱼,在后来的十几年中,许多国家的几十个实验室相继开展转基因鱼的研究工作,取得了令人鼓舞的成就。我国武汉水生生物所的转全鱼生长素 GH 基因的三倍体黄河鲤鱼已通过中试,进入食品安全性评价阶段,预计在未来的几年中可以进入商品化养殖,可望成为第一例走上餐桌的动物源基因工程食品。此外,改善动物食用品质的转基因研究正在如火如荼地进行,如导入钙激活酶基因,以改善牛肉的食用品质,使牛肉变得鲜嫩可口;导入乳糖酶基因,使牛奶中的乳糖下降,从而消除许多人对牛乳乳糖的不耐受症,提高对牛乳营养的吸收等。转基因动物研究的另一大热点是,利用转基因动物生产功能性食品。目前,欧美等发达国家在此领域已展开激烈竞争,全球许多大的制药公司纷纷加入,InterNutria Inc. 公司总裁认为:"一种药物的开发时间需要 10 年以上和至少 2.5 亿美元的资金,而功能性食品只需几年和数百万美元的投入,并且利润丰厚",表 1-1 反映了该领域目前研究的现状。

表 1-1 利用转基因动物生产人营养保健品研究现状

(引自:刘谦,朱鑫泉,2001)

公司名称	营养保健品名称	主要功能	潜在市场/(亿美元/年)	研发阶段
Pharming	人乳铁蛋白	抗胃肠道感染	50	临床前期,转基因牛(1.5 g/L)
	人溶菌酶	铁锌载体	5	转基因牛(1.2 g/L)
Therpeutics	人胆盐刺激脂酶	助脂消化	6	临床前期,转基因牛(2 g/L)
Gen. Transgen. Crop.	人催乳素	提高免疫力	3	临床前期,转基因牛(5 g/L)
Wyeth-Ayerst	人乳清蛋白	苯酮尿症	5	
	人免疫球蛋白	提高免疫力	10	转基因牛(0.5~2.5 g/L)
Gelagen	人乳清过氧化酶	提高免疫力等	3	
	人分泌性抗体	尿道感染、蛀牙等	5	转基因牛(3 g/L)

微生物源基因工程食品是最早的转基因食品,在 1988 年瑞士当局通过了重组 DNA 基因工程菌生产凝乳酶的安全性评价,允许在奶酪工业中使用。1990 年 3 月,美国 FDA 讨论了凝乳酶的管理,FDA 认为:引入基因所表达的蛋白具有和动物凝乳酶相同的结构和功能,生产菌在加工过程中被除去或消灭,并且本身不具备毒性和致病性,任何抗生素抗性标记基因在加工过程中已被除去,故认为该酶符合 GRAS(generally recognized as safe)。在美国已有超过60%的硬干酪生产使用该酶。另外,通过重组牛生长素基因的基因工程菌生产的牛生长激素,目前已大量应用于肉牛和奶牛的饲养,这对于提高牛的饲料转化率和产奶率作用非常明显。传统的酵母菌只能发酵加糖的生面团,而重组 DNA 酵母菌除可以发酵加糖的面团外,还可以发酵未加糖的面团。经过改造的重组 DNA 酵母菌在发酵加工的初期分泌的发酵麦芽糖酶的水平增加了,如麦芽糖酶和麦芽糖透性酶。这种重组 DNA 酵母比原来未改造的菌株有较高的代谢活力和在发酵初期释放高 CO_2 的能力,这样可以减少发酵的时间。目前,转基因微生物主要生产用于食品加工的酶和食品添加剂。

从转基因食品的发展阶段来看,转基因食品的发展可以分为三代:

第一代转基因食品是以增加农作物抗性和耐贮性为主要特征的转基因植物源食品,这一代的转基因食品研究起始于 20 世纪 70 年代末 80 年代初,是以转入抗除草剂基因、抗虫基因增加农作物的抗逆性以及延迟成熟基因等为主要特点。抗除草剂农作物转入的基因有耐受孟山都公司生产的抗草甘膦(roundup ready)的 cp4-epsps 基因和耐受除草剂草胺膦的 bar、pat、gox 基因。这类转基因植物源食品有玉米、棉花、油菜、甜菜、大豆、水稻等;抗虫农作物转入的基因主要有苏云金杆菌的 Bt 系列基因,包括 *Cry1Ab*、*Cry1Ac*、*Cry3A*、*Cry9C* 等。这类转基因植物源有玉米、棉花、番茄、马铃薯等。目前,这类基因研究的还有豇豆蛋白酶抑制剂基因 *CpTⅠ*、马铃薯蛋白酶抑制剂基因 *PinⅡ*、豌豆凝集素基因 *P-lec*、雪花莲凝集素基因 *GNA*、半夏凝集素基因 *PTA* 等;延迟成熟的转基因植物源食品主要有:①利用转入反义多聚半乳糖醛酸酶(PG)基因抑制 PG 酶的产生,使新鲜果蔬能保持一定的硬度,从而延长贮藏期;②转入 S-腺苷蛋氨酸水解酶(S-adenosylmethionine hydrolase)基因,减少乙烯生物合成前体 S-腺苷蛋氨酸;③转入 1-氨基环丙烷-1-羧酸(1-amino-cyclopropane-1-carboxylic acid)脱氨酶基因,生成的酶可以脱去乙烯合成的直接前体 ACC,减少乙烯的生物合成;④转入有缺陷的 ACC 合成酶基因,通过合成有缺陷的 ACC 合成酶竞争性的抑制 ACC 的合成,减少乙烯的生物合成。这类转基因植物源食品有番茄和甜瓜。此外,还有抗病毒的植物源转基因食品,主要是转入病毒的外壳蛋白基因,干扰病毒的产生以达到抗病毒的目的。这类转基因植物源食品主要有番木瓜、西葫芦和马铃薯。

第二代转基因食品是以改善食品的品质、增加食品的营养为主要特征的。目前,转基因食品的研究正在朝这方面转移,最早的研究是在提高月桂酸、肉豆蔻和油酸的含量方面展开,商品化的转基因作物有油菜和大豆。这方面的研究已在植物、动物和微生物全面展开,并已取得了许多研究成果,有些成果显示了良好的应用前景。主要表现为:①食品中新增营养因子,如《Science》在 2000 年 1 月 14 日报道了瑞士公立研究所成功开发了富含 Vitamin A 前体的基因重组水稻,并称之为 Golden rice,这种水稻的开发成功将有望解决世界许多发展中国家儿童因缺乏 Vitamin A 而致盲的现象;②油脂的改良,Dupont 公司通过反义 RNA 技术抑制油酸酯脱氢酶,获得含 80% 油酸的高油酸含量大豆油,Calgene 公司则开发出可替代氢化油制造人造奶油、酥油的含 30% 硬脂酸的大豆油和芥子油;③蛋白质的改良,通过基因重组技术获得高赖氨酸转基因玉米、高面筋蛋白小麦等也取得了可喜的成果;④果蔬品质的改良,除增加果蔬的贮藏期外,目前的研究已开始在提高营养品质和加工特性上展开。如转入酵母异戊烯腺嘌呤焦磷酸(IPP)异构酶基因的番茄,其胡萝卜素和番茄红素的含量增加了 2～3 倍;利用反义技术将马铃薯多酚氧化酶(PPO)基因的 POT32 片段插入马铃薯中,获得抗加工褐变的转基因马铃薯。此外,还有改良碳水化合物的转基因食品等。

第三代转基因食品是以研究增加食品中的功能因子和增加食品的免疫功能为主要特征的。1990 年,Curtiss 等首次报道了植物中抗原的表达,他们使变异链球菌(*Streptococcusmutants*)表面蛋白抗原 A 在烟草中表达,在把这种烟草喂给老鼠吃后,黏膜免疫反应导致了老鼠中 SpaA 的出现。此后,又有肝炎抗原在烟草和莴苣中、狂犬病抗原在番茄中、霍乱抗原在烟草和马铃薯中和人类细胞巨化病毒抗原在烟草中的表达成功,这些研究成果掀起了世界范围的转基因食用疫苗的研究热潮。目前的研究主要集中在:①乙肝疫苗。乙肝病毒表面抗原(HBV surface antigen,HBVsAg)是乙肝疫苗的主体成分,HBVsAg 基因已在番茄、马铃薯、烟草、羽扇豆和莴苣中表达。乙肝病毒表面蛋白 M 基因也在马铃薯和番茄中成功表达。②大肠杆菌肠毒素疫苗。到目前为止,在转基因植物中表达用于疫苗研究的病原基因主要是大肠杆菌热敏肠毒素 B 亚单位(LT-B)基因,用 LT-B 基因转化的烟草和土豆,其外源基因均能获得表达,并有较好的免疫原性。在烟草中最高表达量为每克可溶性蛋白 5 μg,土豆块茎为每克可溶性蛋白 30 μg。③霍乱病毒疫苗。在马铃薯中转入霍乱弧菌毒素 B 亚单位(CTB)基因,在块茎和叶片中 CTB 的最高表达量可达 30 μg/g。④轮状病毒疫苗。该病毒是病毒性腹泻的主要病原物,将轮状病毒表面抗原蛋白转入番木瓜等中以期获得可食用疫苗的研究正在进行。⑤诺瓦克病毒疫苗。诺瓦克病毒是引起急性肠胃炎的病毒,用烟草和马铃薯作为受体转入诺瓦克病毒衣壳蛋白基因,已经得到了具有免疫原性的表达产物。⑥结核病疫苗。结核病是结核杆菌引起的严重呼吸道疾病,每年造成数十万人的死亡。将结核杆菌的分泌性蛋白 MPT-64 和 ESTA 基因转入烟草、黄瓜、番茄和胡萝卜的研究正在进行中。⑦狂犬病疫苗。狂犬病是由狂犬病病毒引起的致命传染病,目前已经将 RV 糖蛋白基因转入番茄中,并得到了转基因番茄,但 RV 糖蛋白表达量还很低,如何提高表达量的研究正在进行。

基因食物疫苗与常规疫苗及其他新技术疫苗相比,具有以下独特的优势:①生产简单。转基因植物的种植不需特殊技术,更不需要复杂的工业生产设备和设施,只要有土地,就可以大规模产业化生产。②没有其他病原污染。常规疫苗及其他新技术疫苗在大规模细胞培养或繁殖过程中,很容易发生病原性或非病原性细菌、病毒等污染,特别是细胞培养过程中,霉形体的污染极其普遍,而转基因植物疫苗则不存在这个问题。③可以食用。转基因植物疫苗可以通过直接食用而进行免疫。国外已在志愿者人身上进行了生食转基因土豆的免疫试验,现正在研究转基因香蕉,但目前还未找到香蕉果实特异表达的启动子。④贮存简单。不需要特殊容器分装,不需要低温保存。土豆于 4℃存放 3 个月,其重组 LT-B 活性几乎无变化。另外,运输也方便。⑤使用安全。免疫原在植物组织中,作为食物而吃进胃肠,不会引起任何负反应。⑥不污染环境。疫苗生产过程绿化、美化环境,不会对环境产生任何污染。

蛋白质工程与酶工程在近年来取得了较大的进展,利用蛋白质工程改善酶的稳定性和催化效率是研究的热点之一。例如,酵母磷酸丙糖异构酶在 14 位和 78 位有两个天门冬酰胺(Asn),Asn 在高温条件下容易脱氨形成天门冬氨酸,使肽链局部构象发生变化,从而使蛋白失活。通过定点诱变技术将这两个氨基酸突变为苏氨酸和异亮氨酸,增加了酶的热稳定性和对蛋白酶的抗性,使酵母菌产生的磷酸丙糖异构酶在酿酒过程中的催化效率更高。当然酶工程在固定化、酶反应器和酶生物传感器方面的研究进展也很大,利用固定化葡萄糖异构酶生产高果糖浆是目前应用最广泛的固定化酶系统。另一个重要的应用是通过氨基酰化酶生产氨基酸,由于一些氨基酸在果蔬中的含量较少,因而需要添加适当的氨基酸到食品中以提高食品的某些氨基酸,使食品的营养趋于均衡。目前用化学反应得到的氨基酸是 L-型和 D-型混合的外消旋体,通过固定化的氨基酰化酶可将两种氨基酸分离,而后将 D-型氨基酸经再消旋作用获得 L-型氨基酸,整个过程可以重复进行。在日本,每年有近百千克的 L-甲硫氨酸、L-苯丙氨酸、L-酪氨酸和 L-丙氨酸通过这种固定化酶进行生产。

1.4.2　现代生物技术的展望

现代生物技术的发展趋势主要体现在如下几个方面。

(1)基因重组操作技术将更进一步完善。高效、定位更准确基因操作技术的研究;高效表达系统的研究;定时、定位表达技术的研究等新技术、新方法将会推动生物技术的发展,一些地球上从未有过的生物物种将会出现,丰富地球的生物物种。

(2)基因工程药物和疫苗的研究与开发将会突飞猛进,高效、低副作用的新型生物治疗药剂将在基因工程技术、发酵工程和生物工程下游技术发展的基础上不断地出现,人类目前的许多疑难杂症无法用药物治疗的局面将被克服。

（3）转基因动植物将会取得重大突破。现代生物技术在农业上的广泛应用将全面展开，人类历史上新一轮的绿色革命将会出现。人类将不会再面临食物短缺的威胁。

（4）生命基因组计划将在许多生命领域展开，但重点集中在与人类活动密切相关的领域，如人类重大疾病、农业和食品等。后基因组学和蛋白质组学将是研究与开发的重点。

（5）基因治疗将会取得重大进展，有可能革新整个疾病的预防和治疗领域。预计在 21 世纪初，恶性肿瘤、艾滋病等严重危害人类健康的疾病防治可望有所突破。

（5）蛋白质工程、酶工程、发酵工程将在基因工程的基础上达到长足的发展，它们将会把分子生物学、结构生物学、计算机技术、信息技术、现代工程技术等有机地结合起来，形成一个相互包含、相互依赖的高度综合的学科。

（7）信息技术渗透到生物技术的领域中，形成引人注目、用途广泛的生物信息学。这将会大大促进生物技术的研究、应用和开发。

（8）食品生物技术将会伴随着现代生物技术的发展飞速向前发展，会有更多的新食品和新技术出现，这不仅可以丰富人们对食品多样化的要求，而且还将在 21 世纪对解决由于人类人口爆炸带来的食品短缺起到无法估量的作用。

因此，作为现代生物技术重要分支的食品生物技术对人类的作用可以归结为：①解决食品短缺，缓解由于人口增长带来的压力；②丰富食品种类，满足不同层次消费人群的需求；③开发新型功能性食品，保障人类健康；④生产环保型食品，保护环境；⑤开发新资源食品，拓宽人类食物来源。

思考题

1. 什么是食品生物技术？你对食品生物技术在食品工业发展中的地位持什么态度？

2. 食品生物技术主要包含哪些内容？基因工程技术对未来新食品有什么作用？

3. 就你所学知识，请谈一谈人类基因组和后基因组计划会对食品生物技术产生怎样的影响。

4. 你对生物技术食品的安全性，特别是遗传重组食品的安全性是怎样理解的？

指定学生参考书

[1] 瞿礼嘉,顾红雅,陈章良.现代生物技术导论.北京:高等教育出版社,1999.

[2] 刘谦,朱鑫泉.生物安全.北京:科学出版社,2001.

[3] 何忠效,静国忠,许佐良,等.生物技术概论.北京:北京师范大学出版社,2002.

参考文献

[1] 瞿礼嘉,顾红雅,陈章良.现代生物技术导论.北京:高等教育出版社,1999.

[2] 宋思扬,楼士林.生物技术概论.北京:科学出版社,2014.

[3] 彭志英.食品生物技术导论.北京:中国轻工业出版社,2010.

[4] 俞新大,张富国,李建萍.细胞工程.北京:科学普及出版社,1988.

[5] 毛忠贵.生物工业下游技术.北京:中国轻工业出版社,1999.

[6] 何忠效,静国忠,许佐良,等.生物技术概论.北京:北京师范大学出版社,2002.

[7] 马立人,蒋中华.生物芯片.北京:化学工业出版社,2000.

[8] 徐宜为,步志高,白侠,等.转基因植物可饲(食)疫苗.中国兽医学报,2000,3:309-312.

[9] ISAAA(2001)Food Biotechnology. www. Isaaa. org/.

[10] Clive James. 2000 年全球转基因作物商品化概述. 生物技术通报,2001,3:41-44.

[11] Clive James. Global Review of Commercialized Transgenic Crops:2001. www. Isaaa. org/.

第 2 章
基因工程与食品产业

本章学习目的与要求

　　了解基因工程的主要内容及其组成部分；掌握基因工程的工具、关键技术及原理；掌握反义基因技术的基本概念、原理和特点；了解基因工程在食品中的应用，并熟悉有关案例。

2.1　基因工程概述

基因工程(genetic engineering)作为生物技术的核心内容,已成为现代高新技术的标志之一。当今以基因工程为核心的生物技术(生物工程)已成为世界高新技术革命浪潮的重要组成部分。这是一场正在蓬勃发展的高新技术革命,不仅推动着工业革命的进程,而且正以前所未有的新型技术冲击着人们的原有观念。作为这场革命的重要组成部分的生物技术,正受到世界各国政府和社会各界的重视,形成了全球性的"生物技术热"。各国政府竞相制订发展计划,投入巨额资金,实行优惠政策,促进生物技术的发展。以生物技术产品为开发对象的公司、企业,在世界各国如雨后春笋般地建立起来,一个新兴的高技术生物产业已经形成。

当代人类社会所面临人口的增加、食品的短缺、资源的匮乏、环境污染的加剧、疑难病的诊断和治疗等重大问题,都在不同程度上依赖于生物技术的发展和应用加以解决。因为生物技术能利用生物资源的可再生性,在常温常压下生产珍贵药品;节约能源和资源、减少环境污染;能"创造"动植物优良新品种,改善作物品质,增加作物产量,开辟食物新来源;解决疑难病的诊断和治疗的难题,并能对相关的传统行业技术改造和产业结构调整产生极其深远的影响。所以生物技术蕴藏着巨大的经济潜力和社会效益。现代生物技术的发展,虽然仅有30多年的历史,但已在世界范围内给医学带来了一场革命性的变化,给农业带来了新的绿色革命,使轻工、食品、环保、海洋、能源开发等有关领域得到了前所未有的发展。

2.1.1　基因工程的概念

自然界存在着种类繁多而又各具特色的物种,例如有的能耐高温,有的能抗拒严寒,有的能适应干旱沙漠的环境等。这些物种就是在漫长的自然界演变和生物进化过程中,通过基因重组、基因突变、基因转移等途径不断地进化和演变,出现了目前许许多多生物特有的生物性状,构成了自然界丰富多彩的生物多样性。但是绝大多数生物的特性是在自然界严格的自然环境筛选下形成的,因此具有很大的随机性。而人类按照自身的意愿,进行严密的设计,通过体外 DNA 重组和转基因等技术,有目的地改造生物种性,使现有的物种在较短时间内趋于完善,创造出更符合人们需求的新的生物类型,这就是基因工程。

基因工程是 20 世纪 70 年代初发展起来的一门新兴科学,由此而引发了当今世界各国所瞩目的生物技术。基因工程是用人工的方法把不同生物的遗传物质(基因)分离出来,在体外进行剪切、拼接、重组,形成基因重组体,然后再把重组体引入宿主细胞或个体中以得到高效表达,最终获得人们所需要的基因产物(图 2-1)。

可见,基因工程的基本过程就是利用重组 DNA(recombinant DNA)技术,在体外通过人工"剪切(cut)"和"拼接(splice)"等方法,对生物的基因进行改造和重新组合,然后导入受体细胞内进行增殖,并使重组基因在受体内表达,产生出人类需要的基因产物。

基因工程能对物种进行定向改造,而且能大大缩短育种年限,具有目的性强、可操作性以及效果明显等特点。其最突出的优点,是打破了常规育种难以突破的物种之间的界限,可以使原核生物与真核生物之间、动物和植物之间,甚至人与其他生物之间的遗传信息进行重组和转移。比如人的基因可以转移到酵母菌进行表达,细菌的基因可以转移到植物中表达。

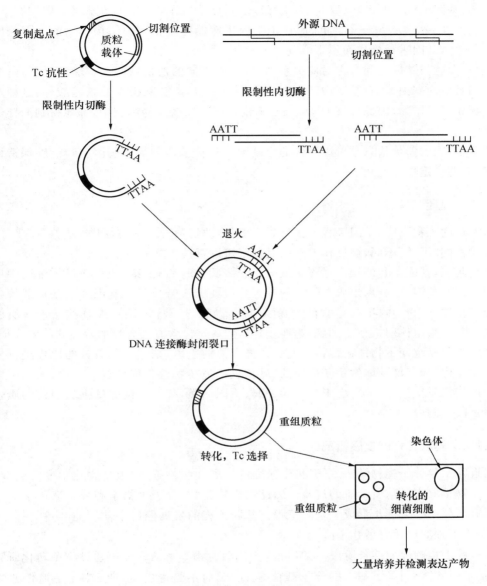

图 2-1 基因工程的基本过程

食品基因工程是指利用基因工程的技术和手段,在分子水平上定向重组遗传物质,以改良食品的品质和性状,提高食品的营养价值、贮藏加工性状及感官性状的技术。

2.1.2 基因工程的理论基础

基因工程技术是建立在分子生物学和分子遗传学理论发展基础之上的技术。

首先,不同基因具有相同的物质基础。自然界中所有生物的基因都是由一定的核苷酸序列组成,并且所有生物的 DNA 的基本结构都是一样的。因此,不同生物的基因或 DNA 片段之间是可以重组交换的。

其次,基因是可切割和转移的。在 DNA 分子上可以采用一定的方法将基因切割下来,并且转移至另外一个 DNA 分子之上,而这个基因仍然保持着相同的结构和功能。因此保证基因工程能够对基因进行操作而不影响基因的功能。

第三,多肽与基因之间存在对应关系,并且有着相同的遗传密码。一般情况下,一个多肽有一个相对应的基因编码,基因中三个碱基对应一个氨基酸,除极少数氨基酸外,这种对应关系在生物界是通用的,因此重组 DNA 分子不论是导入什么生物细胞中,都能得到原样的氨基酸序列。

最后,基因的遗传信息是可以遗传的。基因工程技术得到的转基因生物能够保持该基因的功能,并能稳定地传递到下一代。

2.1.3   基因工程的主要内容

与宏观的工程一样,基因工程的操作也需要经过“切”、“接”、“贴”和“检查修复”等过程,只是各种操作的“工具”不同,被操作的对象是肉眼难以直接观察的核酸分子。

概括起来,基因工程的操作过程一般分 4 个步骤(图 2-1)。第一步,在供体细胞中用限制性内切酶切割基因,以分离出含有特定的基因片段或人工合成目的基因并制备运载体(质粒、病毒或噬菌体);第二步,把获得的目的基因与制备好的运载体用 DNA 连接酶连接组成重组体;第三步,把重组体引入宿主细胞;第四步,筛选、鉴定出含有外源目的基因的菌体或个体。

基因工程是改变生物体遗传特性的一个强有力的手段,采用工程设计的原理进行实验设计和实验操作,最终使受体生物获得新的、可预见的遗传特性。借助这一手段,人们可以打破物种间遗传物质交换的屏障,将来自不同种属、不同门类,甚至不同界的生物遗传物质转移到受体生物的细胞中。

2.1.4   基因工程的发展概况

在近几十年分子生物学、分子遗传学研究的发展和影响下,加上生物化学发展的基础,基因分子生物学取得了前所未有的进步。因此在生物化学、分子生物学和分子遗传学等学科领域的研究成果基础上逐步形成了基因工程。基因工程的发展经历了前期的准备、基因工程的诞生、基因工程的快速发展几个阶段。

1.基因工程的前期准备阶段   1944 年,美国微生物学家 Avery 等通过细菌转化研究证明 DNA 是基因载体,明确了基因的分子载体是 DNA 而不是蛋白质,即 DNA 是遗传的物质基础。1953 年 Watson 和 Crick 建立了 DNA 分子的双螺旋结构模型,解决了基因的自我复制和遗传信息的传递问题。1958—1971 年前后的中心法则、操纵子学说以及三联密码子揭示了基因遗传信息的流向和表达。所有这些研究成果为基因工程的诞生提供了理论上的准备。

20 世纪 60 年代末 70 年代初,限制性核酸内切酶和 DNA 连接酶等被发现和使用。这两项技术是非常重要的基因操作技术,它们使 DNA 分子进行体外切割和连接成为可能。70 年代前后,基因克隆载体的发现、外源基因对大肠杆菌的转化、质粒 DNA 的提取技术、琼脂糖凝胶电泳技术以及杂交技术的发现,为开展 DNA 重组技术奠定了技术基础。

2.基因工程的诞生   1972 年,Berg 等首次用限制性内切酶 Eco R I 切割病毒 SV40DNA 和 λ 噬菌体 DNA,经过连接,组成重组 DNA 分子。他是第一个实现 DNA 重组的人。1973 年,Cohen 将伤寒沙门氏菌抗链霉素质粒与大肠杆菌抗四环素质粒在体外重组,获得异源的重组质粒 DNA,并把重组质粒导入大肠杆菌中,建立了抗四环素和抗链霉素的大肠杆菌克隆体,这一研究标志着基因工程的出现。

1980 年人们首次通过显微注射培育出世界第一个转基因动物——转基因小鼠,1983 年美国和法国的科学家在世界上第一次进行了抗除草剂转基因烟草的田间实验。经过几十年的发展,基因工程技术已走出实验室,基因工程技术的应用已发展成为一个巨大的产业,不仅科研机构进行研究和开发,很多商业机构也积极参与。基因工程在农业、医药、食品、环保等领域已显示出巨大的应用价值。

3.基因工程的迅速发展阶段　近 20 年是基因工程迅速发展的阶段。在基因工程基础研究方面,开发了大量的基因操作技术,开发了多种供转化的原核生物和动物、植物细胞载体,并获得了大量转基因生物。基因工程基础研究的进展,推动了基因工程应用的迅速发展。用基因工程技术研制的贵重药物,至今已上市的有 50 种左右,上百种药物正在进行临床试验,更多的药物处于前期实验室研究阶段。转基因植物的研究也有很大的进展,自从 1986 年首次批准转基因烟草进行田间试验以来,至 1998 年 4 月全世界批准进行田间试验的转基因植物就达 4 387 项。转基因动物研究的发展虽不如转基因植物研究得那样快,但也已获得了转生长素激素基因鱼、转生长素基因猪和抗猪瘟病转基因猪等。

在农业上,基因工程发展速度势头强劲。据估计,2000 年全球转基因作物种植面积由 1996 年的 170 万 hm^2,增加到 4 420 万 hm^2,增加了 25 倍之多。2000 年美国、加拿大、阿根廷、中国 4 个国家转基因作物的种植面积占全球种植面积的 99.9%,全世界转基因作物按种植面积排序分别为大豆、玉米、棉花、油菜籽。1996—2000 年的 5 年间抗除草剂作物种植面积一直占首位,其次是抗虫作物。我国的农业基因工程研究于 20 世纪 80 年代初期开始启动,并于 20 世纪 80 年代中期开始将生物技术列入国家"863"高科技发展计划,21 世纪初,国家投入大量经费进行转基因生物新品种培育科技重大专项。在植物转基因研究中,除了标记基因外,抗病毒、抗细菌和真菌病害、抗虫和抗除草剂等重要目的基因也被广泛应用。截止到 2002 年,我国累计进行大田试验的转基因植物有 45 项,进行环境释放的有 65 项,商品化生产的有 31 项。商品化生产和正在研究的转基因植物涉及 50 多个植物种类和 120 多个功能基因。目前我国有 6 种转基因植物被批准进行商品化生产,包括转基因耐贮藏的番茄、转查尔酮合成酶基因矮牵牛、抗病毒甜椒、抗病毒番茄、抗虫棉花和保龄棉等。此外,国家林业局已批准转基因杨树进入生产应用。据国际农业生物技术应用机构(International Service for the Agrobiotech Applications,ISAA)统计和预测,批准种植转基因作物的国家从 1996 年的 6 个(商业化的第一年)增加到 2003 年的 18 个,2008 年达到 25 个,到 2014 年 10 月,共计 38 个国家(37 国＋欧盟 28 国)。批准了用作粮食和饲料或释放到环境的转基因作物中,涉及 27 种转基因作物和 357 个转基因事件总共 3 083 项监管审批。在全球范围内,1998 年转基因作物的销售额为 12.15 亿美元,2000 年达到 30 亿美元,2005 年已经达到 80 亿美元,2014 年全球转基因作物的市场价值为 157 亿美元。

但从人类历史发展的经验来看,科学技术是一把双刃剑,应用得当会给人类社会带来福音,应用不当就会对人类自身或生存环境造成危害。基因工程也不例外,在开展基因工程应用的同时,特别要注意其潜在的危险性,切实加强安全管理。

2.2　DNA 分子的提取与检测技术

2.2.1　天然 DNA 的分类与存在形式

基因工程的起始步骤就是要对基因进行分离,基因存在 DNA 分子当中,因此 DNA 分子的提取技术是基因操作的第一步。自然界中存在多种 DNA 分子,天然 DNA 包括染色体 DNA、病毒 DNA(噬菌体 DNA)、质粒 DNA、线粒体 DNA 和叶绿体 DNA 等。这些 DNA 分子可以从不同的生物体中提取。

1.染色体 DNA　生物体的遗传信息主要存在于染色体 DNA 中,是生物界含量最丰富的 DNA 资源。染色体 DNA 是基因工程中分离目的基因的主要材料,同时也可以用于构建染色体载体和染色体基因整合。在原核生物和真核生物中均含有染色体 DNA。染色体分子很大,可长达 10^6 kb,小的也有 1 000 kb 左右。

2.质粒 DNA　质粒是目前基因工程应用最为广泛的载体工具。很多微生物细胞内含有质粒 DNA,这种 DNA 分子独立于染色体分子之外,游离于细胞质中,因此也被称为染色体外遗传物质。质粒分子大小范围从 1 kb 到几百 kb。质粒具有复制起始位点,能不依赖染色体自我复制。在基因工程操作中,主要用于构建基因克隆和表达载体。

3.病毒和噬菌体 DNA　病毒和噬菌体 DNA 能在相应的原核生物和真核生物宿主细胞内大量增殖和表达。这类 DNA 可以被体外包装,可用于构建基因克隆载体,可容纳较大片段的外源 DNA。同时病毒载体可用于原核生物和真核生物体内基因表达调控,加上病毒和噬菌体 DNA 也编码一些结构基因,因此可作为分离目的基因和基因表达调控因子的材料。

4.线粒体和叶绿体 DNA　线粒体和叶绿体是真核生物特有的细胞器,它们含有染色体外的遗传物质,分别与呼吸作用和光合作用相关。这些 DNA 主要作为分离目的基因的材料。

2.2.2　DNA 的提取

由于生物体的种类、生理结构、DNA 分子存在状态以及 DNA 分子的含量不同,加上不同的实验目的,在基因工程过程中,需要用不同的 DNA 提取方法。目前已探索出多种提取 DNA 的方法。但是不管用哪一种方法提取 DNA,都有相同的基本分离步骤,不同的方法在每一步骤中根据实际情况进行调整。DNA 提取的基本步骤包括生物材料的准备、细胞裂解、DNA 的分离和纯化。

1.材料的准备　一般来说,DNA 提取要选用 DNA 含量丰富、杂质含量小的材料或组织。在大肠杆菌中提取质粒 DNA,应把菌液培养至对数生长期后期,这样 DNA 得率和纯度都比较高。在提取植物 DNA 时选用植株幼嫩的部位,最好能够暗培养 1~2 h,甚至用黄化幼苗,这样的材料不仅 DNA 含量高,而且可以减少淀粉和糖分对提取 DNA 的干扰。提取肝脏 DNA 时,应将胆囊清除干净,胆囊中含有多种高活性的酶会影响提取 DNA 的得率。

2.裂解细胞　细胞裂解的好坏直接关系到能否提取到 DNA 以及 DNA 得率高低和质量。一般情况下,如果细胞没有裂解,则 DNA 不会释放出来,DNA 提取不到。细胞裂解不完全,则提取 DNA 的得率就低。如果细胞裂解过于激烈,会导致 DNA 链的断裂,DNA 的得率低,质量也比较差。细胞裂解的方法根据生物种类不同而不同。对细胞结构简单的原核生物,使用的方法有溶菌酶处理、超声波处理、NaOH 和 SDS 处理，或用煮沸、冰冻处理等方法。真核生物，如动物、植物材料，由于组织结构较为复杂，因此必须先将其粉碎，然后使用裂解原核生物细胞的方法裂解细胞。真核生物组织破碎的方法有液氮冻结结合研磨，或用捣碎机、研钵直接粉碎。

3.分离和纯化 DNA　细胞裂解后，需要将 DNA 和其他物质分离开来，并且纯化所需要的 DNA 分子。一般的策略是在裂解液中加入蛋白变性剂，使得蛋白质变性，然后通过离心，将蛋白质等杂质除去。然后将溶液中的 DNA 分子聚集沉降，离心除去溶液，最终得到 DNA 分子。

一般情况，提取总 DNA 只需在细胞裂解液中加入适量的酚/氯仿/异戊醇或氯仿/异戊醇等有机溶液，可使 DNA 与蛋白质分开，然后用乙醇或异丙醇处理含有 DNA 的水相，使 DNA 分子沉降，离心获得 DNA。DNA 获得后可利用酚/氯仿抽提，70%乙醇洗涤等方法按需要进行纯化。另外，为了去除 RNA 杂质，通常采用 RNase 来水解 RNA。

提取叶绿体或线粒体等细胞器的 DNA 以及病毒和噬菌体的 DNA，则必须先从细胞裂解液中分离出完整的细胞器、病毒和噬菌体，去除其他 DNA 的污染，然后根据以上的策略得到所需要的 DNA。提取质粒 DNA 时，为了去除宿主细胞中染色体 DNA，首先调节细胞裂解液的 pH 达到 12.6，使所有 DNA 都变性沉淀，随后再调节 pH 至中性，使质粒 DNA 复性后从沉淀物中释放出来。DNA 的提取过程见二维码 2-1。

二维码 2-1　DNA 提取

2.2.3　食品中 DNA 的提取

一般来说，食品 DNA 的提取主要用于转基因食品的检测，不会用于目的基因的制备，因此食品 DNA 的提取要按照转基因食品检测对 DNA 质量的要求进行，特别是 PCR 检测对 DNA 片段的要求。

由于食品成分复杂，除含有多种原料组分外，还含有盐、糖、油、色素等食品添加剂，此外，加工过程中的煎、炸、煮、烤等工艺也会使原料中的 DNA 受到不同程度的损坏。因此，从加工食品中提取 DNA 比从原材料中提取 DNA 相对困难。在食品 DNA 的提取过程中，为提高所提 DNA 的纯度，提取用的样品量不能太多。如发现提取纯度不够时，可用酚、氯仿等再进行多次抽提，直至达到检测要求。

植物组织含丰富的多糖、蛋白质及多酚等物质，这些物质即使在极低浓度下也可能抑制 PCR 反应，在所检测基因的拷贝数较多时，这种抑制作用对检测结果可能影响不大，但在大多数食品中，基因成分或转基因成分含量往往相对较低，在制备的 DNA 模板中如残留这些物质，则可能在通过 PCR 检测转基因成分时导致假阴性结果。由于大多数要求标识转基因食品的国家和地区规定转基因成分在食品中的含量不超过 1%～5%，因此，如何获得高质量的 DNA 模板至关重要。

由于食品尤其是深加工食品中抽提得到的 DNA 溶液浓度往往较低，电泳后大多无明显条带，且电泳也不能反映其中 PCR 抑制物的存在情况；DNA 在食品加工过程中可降解成与 RNA 的长度十分接近的小片段，这种小片段 DNA 对紫外光的吸收较长片段 DNA 明显增强，而其他物质也可能干扰紫外分光光度计检测结果。因此目前常通过 PCR 扩增内参照基因来验证 DNA 的质量是否适于作 PCR 模板。内参照基因的选择有两类,一是植物共有的叶绿体基因,另一类是待检测食品特异的低拷贝结构基因。前者的优点是仅用一对引物即可验证所有植物源食品 DNA,无须针对每一种植物设计特定引物,但叶绿体基因是高拷贝基因,在 DNA 溶液中的浓度相对较高,受抑制物的影响较小而较易通过 PCR 检测出,因而反应 DNA 溶液中 PCR 抑制物的灵敏性不如后者。

食品 DNA 提取的方法主要有 CTAB 法和 SDS 法,但是最重要的是样品的前处理,减少杂质,使得下面的提取步骤顺利进行。

1.固体食品与食品原料的前处理　将样品先在无 DNA 污染的灭菌研钵中研碎,加入液氮充分研磨成粉状。称取一定量的样品加入适量的提取溶液,其余步骤按 DNA 提取步骤。

2.油脂类食品的前处理　油脂类食品的前处理方法是将油脂成分用有机溶剂有效萃取分层,然后弃掉。具体方法举例:将 15 mL 油或 5 g 磷脂放入 50 mL 的灭菌无 DNA 污染的离心管中,加入 25 mL 的正己烷,用移液器反复抽打 15 次,加入 1.2 mL 的提取溶液,再用移液器反复抽打 30 次,形成均匀的乳浊液。在 8 000 r/min 离心 5 min,促进有机相与水相的分层,吸取水相 1.0 mL,其余步骤按 DNA 提取步骤,可以省略氯仿/异戊醇(25∶1)抽提步骤。

3.液态非油脂食品的前处理　液态非油脂食品的前处理主要是将多余的水分蒸发去掉。具体方法举例,将液态非油脂食品 10 mL 放入灭菌无 DNA 污染的烧杯中,加热到 80℃,蒸发 2 h,以减少水分。吸取 3 mL 经过浓缩的样品,放入灭菌无 DNA 污染的 7 mL 离心管中,加入 3 mL 的提取溶液,其余步骤按 DNA 提取步骤。

2.2.4　DNA 的检测——凝胶电泳技术

DNA 分子提取得到以后,需要通过电泳技术来检测其数量和质量。自从琼脂糖和聚丙烯酰胺凝胶被引入核酸研究以来,按相对分子质量大小分离 DNA 的凝胶电泳技术,已经发展成为一种分析鉴定 DNA 分子的重要实验手段。琼脂糖或聚丙烯酰胺凝胶电泳是基因操作的核心技术之一,它能够用于分离、鉴定和纯化 DNA 片段。该技术操作简单而迅速,已经成为目前许多通用的分子生物学研究方法,如 DNA 重组、DNA 核苷酸序列分析、DNA 限制性内切酶分析及限制性酶切作图等的技术基础。

1.凝胶电泳基本原理　当一种分子被放置在电场中时,由于本身带有一定的电荷,它们就会以一定的速度向适当的电极移动,电泳分子在电场作用下的迁移速度,叫作电泳的迁移率。迁移率与电场的强度和电泳分子本身所携带的净电荷数成正比。由于在电泳中使用了一种无反应活性的稳定的支持介质,如琼脂糖凝胶和聚丙烯酰胺凝胶等,从而降低了对流运动,因此电泳的迁移率同分子的摩擦系数成反比。根据分子大小的不同,构型或形状的差异,以及所带的净电荷的多寡,便可以通过电泳将蛋白质或核酸分子混合物中的各种成分彼此分离开来。

在生理条件下,DNA 分子糖-磷酸骨架中的磷酸基团是呈离子化状态的,DNA 和 RNA 的多核苷酸链可叫作多聚阴离子。因此,当核酸分子被放置在电场当中时,它们就会向正电极的方向迁移。由于糖-磷酸骨架在结构上的重复性质,相同数量的双链 DNA 几乎具有等量的净电荷,它们能以同样的速度向正电极方向迁移。在一定的电场强度和凝胶浓度条件下,DNA 分子的迁移率随着 DNA 片段长度的增加而减少。这就是应用凝胶电泳技术分离 DNA 片段的基本原理。实验者能够通过同已知分子质量的标准 DNA 片段的迁移位置进行比较,测定出共迁移的 DNA 片段的相对分子质量(图 2-2)。

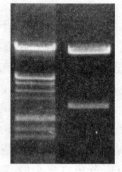

Marker DNA 片段

2.凝胶电泳的分辨能力　凝胶的分辨能力同凝胶的类型和浓度有关,如表 2-1 所示,琼脂糖凝胶分辨 DNA 片段的范围为 0.2～50 kb,而聚丙烯酰胺凝胶的分辨能力要高一些,能够分辨较小分子质量的 DNA 片段,其分辨范围为 1～1 000 bp。

图 2-2　DNA 片段的琼脂糖凝胶电泳图

凝胶浓度的高低影响凝胶介质孔隙的大小,浓度越高,孔隙越小,其分辨能力也就越强;反之,浓度降低,孔隙就增大,其分辨能力也就随之减弱。例如,20% 的聚丙烯酰胺的分辨力可达 1～6 bp DNA 小片段,而要分离 1 000 bp 的大 DNA 片段,则要用 3% 的聚丙烯酰胺的凝胶。2% 的琼脂糖凝胶可分辨小到 300 bp 的双链 DNA 分子,而对于较大片段的 DNA,则要用低至 0.3%～1.0% 的琼脂糖凝胶。

表 2-1　琼脂糖及聚丙烯酰胺凝胶分辨 DNA 片段的能力

凝胶浓度/%	分离 DNA 片段的范围/bp	凝胶浓度/%	分离 DNA 片段的范围/bp
0.3	1 000～5 000	4.0	100～1 000
0.7	100～20 000	10.0	25～500
1.4	300～6 000	20.0	1～50

3.凝胶电泳的显色　观察凝胶中 DNA 的最简便、最常用的方法就是利用荧光染料溴化乙锭(ethidium bromide,EtBr)进行染色。溴化乙锭是一种具有扁平分子的核酸染料,在高离子强度下,大约每 2.5 个碱基插入一个溴化乙锭分子。在 DNA-溴化乙锭复合物中,DNA 吸收 254 nm 处的紫外辐射并传递给染料,而结合的染料分子本身吸收 302 nm 和 399 nm 的光辐射,因此吸收的能量可在可见光谱红橙区的 590 nm 处重新发射出来。因此对核酸分子染色之后,将电泳标本放置在紫外光下观察,便可以十分敏感而方便地检测出凝胶介质中 DNA 的谱带部位,即使每条 DNA 带中仅含有 0.05 μg 的微量 DNA,也可以被清晰地显现出来。在适当的染色条件下,荧光的强度是同 DNA 片段的大小或数量成正比的。在包含有几种 DNA 片段的电泳谱带中,每一条带的荧光强度是随着从最大的 DNA 片段到最小的 DNA 片段方向逐渐降低的。

2.3　工具酶和基因载体

基因工程的操作,是依赖于一些重要的酶(如限制性内切酶、核酸酶、连接酶、聚合酶等)作为工具来对基因进行切割和拼接等操作,这些酶被称为工具酶(enzyme of tools)。到目前为止,常用的工具酶有 300 多种。

目的基因要进入宿主细胞,有两种方式,一种是直接导入,另一种是要通过载体的运载作用才能实现。这种在细胞内具有自我复制能力的运载目的基因进入宿主细胞的运载体,叫基因工程载体(vector 或者 carrier)。它们也是基因转移所不可缺少的重要工具。我们在学习基因工程的基本操作之前,先来了解一下工具酶和基因工程载体。

2.3.1 基因工程的工具酶

基因工程的工具酶在基因工程的操作中起着十分重要的作用,其种类主要有限制性内切酶、连接酶、聚合酶、核酸酶、碱性磷酸酶、逆转录酶等,它们正如建筑工程操作中常用的工具一样,是基因工程操作中必不可少的。

2.3.1.1 限制性内切酶

在基因工程的起步和发展中,限制性内切酶起了重要的作用。正是由于限制性内切酶的发现,使得基因工程的第一个试验在 1972 年首次获得成功。通过这种酶的作用,生物的基因组可以分成许多小的、独立的片段,因而能够从这些片段中分离出目的基因,并可进一步克隆和鉴定。

在早期,要进行 DNA 分子的重组,染色体 DNA 通过带小孔的针头或通过超声波破碎为 0.3~5 kb 的碎片,但这种方法只是随机地切断 DNA,无法确切地得到目的基因。自从在细菌中发现了一种能够在特定位置上切割 DNA 分子的酶以后,分子克隆才真正地得以发展。由于这些酶能在特定部位限制性地切割 DNA 分子,所以被称为限制性内切酶(restriction enzyme,RE)。

1. 限制性内切酶的分类　根据限制性内切酶的作用和特点,可将限制性内切酶分为 3 种类型。

Ⅰ型限制性内切酶:是多聚体蛋白质,具有切割 DNA 的功能,作用时需要 ATP、Mg^{2+} 和 S-腺苷蛋氨酸(SAM)的存在。切割 DNA 的方式是,先与双链 DNA 上未加修饰的识别序列相互作用,然后沿着 DNA 分子移动,在行进相当于 1 000~5 000 个核苷酸的距离之后在随机位置上切割单链 DNA。由于这类酶不能专门切割 DNA 的某些特殊位点,所以未在基因工程操作中大量使用。

Ⅱ型限制性内切酶:是一类分子质量较小的单体蛋白,作用时仅需要 Mg^{2+} 存在即可维持活性,它可在特殊位点切割 DNA,产生具有黏性末端或其他形式的 DNA 分子片段,因此这类酶被广泛地应用于基因工程,成为分解和重建 DNA 的基本工具。我们将着重介绍这类酶的特点和作用。

Ⅲ型限制性内切酶:是指一些具有独特的识别方式和切割方法的内切酶,如 Mbo Ⅱ,它识别 GAAGA 序列(注意:不存在二分体式的对称),然后在 DNA 的每一条链上识别序列的一侧开始测量一定距离(如 8 或 7 个核苷酸)以后进行切割,产生仅有一个碱基突出的 3′ 末端(N 表示任意一个碱基)。

例如:5′—GAAGANNNNNNNN↓—3′
　　　3′—CTTCTNNNNNNNN↑—5′

2. Ⅱ型限制性内切酶的命名　目前人们已经从各种不同的细菌中分离出了数百种Ⅱ型限制性内切酶,这些酶的命名方式与一般酶的命名不同。其命名原则是,用具有某种限制性内切酶的有机体学名缩写来命名,即有机体属名的第一个字母(大写,斜体)和种名的前两个字母(小写,斜体)构成基本名称;株系数字通常都省略,但如果酶是存在于一种特殊的菌株中,在基本名称后面还应该加上菌株的名称符号;罗马数字用来表示从同一个细菌中分离出来的不同限制性内切酶。例如,Eco RⅠ中的 Eco 表示从大肠杆菌(*Escherichia coli*)中分离出来的,R

表示大肠杆菌的 R 株，Ⅰ 表示从中分离出的第一种限制性内切酶。从流感嗜血菌（*Haemophilus influenzae*）中菌株 d 分离出来的 3 种限制酶，分别为 *Hin* dⅠ、*Hin* dⅡ、*Hin* dⅢ。

3. Ⅱ型限制性内切酶的识别位点和切割特性　限制性内切酶以环状或线性的双链 DNA 为底物，在一定的反应条件下，通过识别一定的核苷酸序列，在切割位点将两条链上的磷酸二酯键断开，形成两个分别具有 3′-OH 基团和 5′-OH 基团的片断。

Eco RⅠ是最早发现的Ⅱ型限制性内切酶，是从大肠杆菌中分离鉴定出来的。*Eco* RⅠ可特异地结合在一段 6 个核苷酸的 DNA 区域里，在每一条链的鸟嘌呤和腺嘌呤之间切断 DNA 链（图 2-3）。DNA 链经 *Eco* RⅠ对称切割后会产生两个单链末端，每个末端都会有 4 个核苷酸延伸出来。这种双链 DNA 中没有配对的碱基末端，被称为黏性末端（cohesive ends）。

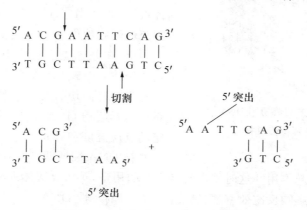

图 2-3　*Eco* RⅠ对 DNA 分子的切割

Ⅱ型限制性内切酶是一种位点特异性酶，能够识别双链 DNA 分子中的特异序列，并在特异部位上水解双链 DNA 中每一条链上的磷酸二酯键，从而造成双链缺口，切断 DNA 分子。限制性内切酶的识别位点可以是 4 个、5 个、6 个、8 个，甚至更多的碱基对（表 2-2）。这些 DNA 序列大多呈回文结构，也就是说，序列被正读和反读是一样的。

表 2-2　一些限制性内切酶的识别位点

限制性内切酶	识别位点	产生的末端类型	限制性内切酶	识别位点	产生的末端类型
Bbu Ⅰ	CGACG CGTACG	3′突出	*Not* Ⅰ	GCGGCCGC CGCCGGCG	5′突出
Sfi Ⅰ	GGCCNNNNNGGCC CCGGNNNNNCCGG	3′突出	*Sau* 3AⅠ	GATC CTAG	5′突出
Eco RⅠ	GAATTC CTTAAG	5′突出	*Alu* Ⅰ	AGCT TCGA	平末端
Hin dⅢ	AAGCTT TTCGAA	5′突出	*Hpa* Ⅰ	GTTAAC CAATTG	平末端

另外，有一些限制性内切酶来源不同，但是具有相同的识别序列，这种限制性内切酶被称为同裂酶。如 *Bam* HⅠ和 *Bst* Ⅰ为同裂酶，它们的识别序列为 GGATCC。还有一些限制性

内切酶虽然识别序列不同,但是在切割 DNA 分子之后,具有相同的 DNA 黏性末端,这种限制性内切酶被称为同尾酶。如 *Taq* Ⅰ、*Cla* Ⅰ和 *Acc* Ⅰ是一组同尾酶,在分别切割 DNA 分子后,都产生了 5′-CG 的黏性末端。在基因切割和连接重组时,同裂酶和同尾酶的使用往往使得核酸内切酶的选择变得容易。

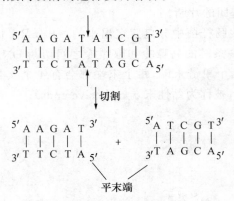

图 2-4　限制性内切酶切割 DNA
分子产生平末端的过程

有些限制性内切酶切割 DNA 后产生 5′磷酸基团突出的末端,有些则产生 3′羟基突出的末端,它们统称为黏性末端酶;还有一些在切割两条链时会产生两端平整(平末端)的 DNA 分子(图 2-4),这些末端叫平齐末端(blunt end)。由于限制性内切酶的识别位点在 DNA 分子中出现的频率不同,即识别位点序列短的限制性内切酶就会更频繁地切割 DNA 分子。因此,在分子克隆实验中使用最普遍的是那些识别 4 个或 6 个碱基对的限制性内切酶。

4. 限制性内切酶的反应系统　限制性内切酶反应系统包括底物 DNA、反应缓冲液、酶,另外还需要一定的反应温度和时间。

底物 DNA 纯度低,则会降低限制性内切酶的催化活性,甚至使酶不起作用。这时就需要增加酶的用量、扩大反应体系和延长反应时间。另外 DNA 的分子构型也影响反应效率,限制性内切酶切割线性 DNA 分子的效率明显高于切割超螺旋质粒 DNA 和环状病毒 DNA 的效率。

反应体系中酶的用量取决于酶本身的催化活性和底物 DNA 样品的质量和数量。当酶切反应体系中 DNA 的量确定后,为了完全切割该 DNA 分子,酶的用量与酶的催化活性成反比,酶活性越高,用量则越少。

限制性内切酶的反应缓冲液中含有氯化镁或醋酸镁、氯化钠或醋酸钾、二硫苏糖醇或 β-巯基乙醇、Tris-HCl 或 Tris-Ac。限制性内切酶只有在最适反应缓冲液中才能具有最大的催化活性。生产厂家在销售限制性内切酶时都提供了该酶的最佳反应缓冲液。

大多数限制性内切酶的最适反应温度是 37℃,只有少数限制性内切酶的最适反应温度不是 37℃,如 *Taq* Ⅰ的最适反应温度是 65℃,*Sma* Ⅰ则是 25℃。

5. Ⅱ型限制性内切酶的主要用途　对于基因克隆来说,Ⅱ型限制性内切酶其重要性是毋庸置疑的。用同一种限制性内切酶酶解 DNA 样品时,假设其识别位点被切割,它会产生相同的 DNA 片段。如果用不同的限制性内切酶酶解同一个 DNA 分子,然后用琼脂糖凝胶电泳的方法对酶解过的 DNA 片段的大小进行比较,最后将这一 DNA 片段上的限制性内切酶位点的顺序标出来,就可以制出酶切位点的物理图谱。

限制性内切酶的另一个非常重要的用途是,将两个不同的 DNA 样品用同一种黏性末端酶酶切后,能产生相同的黏性末端,把酶切后的分子混在一起时,由于黏性 DNA 片段也可以进行相互拼接,故会产生新的杂合分子。当然,单靠几个配对的碱基产生的氢键还不足以把两个 DNA 分子拴在一起,还需要通过 DNA 连接酶在 3′羟基和 5′磷酸基团之间形成新的磷酸二酯键,以使分子牢固结合。

总之,在 DNA 重组技术中,限制性内切酶的主要用途有:

(1)在特异位点上切割 DNA,产生特异的限制性内切酶切割的 DNA 片段;

(2)建立 DNA 分子的限制性内切酶物理图谱;

(3)构建基因文库;

(4)用限制性内切酶切出相同的黏性末端,以便重组 DNA。

2.3.1.2　DNA 连接酶

能将两段 DNA 拼接起来的酶叫 DNA 连接酶(ligase)。该酶催化 DNA 相邻的 $5'$ 磷酸基和 $3'$ 羟基末端之间形成磷酸二酯键,将 DNA 单链缺口封合起来。用于共价连接 DNA 限制片段的连接酶有两个不同的来源,一种是来源于大肠杆菌染色体编码的连接酶,另一种是由大肠杆菌 T_4 噬菌体 DNA 编码的 T_4 DNA 连接酶。为将限制性酶切片段共价地连接起来,可使用 T_4 DNA 连接酶或大肠杆菌连接酶,而以前者为最常用。这两种 DNA 连接酶,除了前者用 NAD^+ 作能源辅因子,后者用 ATP 作能源辅因子,其他的作用机理没有什么差别。大肠杆菌 DNA 连接酶只能够催化双链 DNA 片段互补黏性末端之间的连接,不能催化双链 DNA 片段平末端之间的连接。T_4 DNA 连接酶既能催化双链 DNA 片段互补黏性末端之间的连接,又能催化双链 DNA 片段平末端之间的连接(图 2-5)。

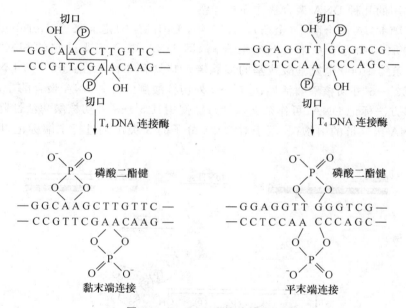

图 2-5　T_4 DNA 连接酶的作用

连接酶连接缺口 DNA 的最佳反应温度是 37℃。但是在这个温度下,黏性末端之间的氢键结合是不稳定的。如由 Eco R I 产生的黏性末端,连接之后的结合部位总共有 4 个 A-T 碱基对,在 37℃ 的温度下,是不足以抵抗这种热的破坏作用的。因此连接黏性末端的最佳温度介于酶作用的最佳温度和末端结合速率最佳温度之间,一般认为 4～15℃ 是比较合适的。

2.3.1.3　DNA 聚合酶

DNA 聚合酶(DNA polymerase)在细胞内的 DNA 复制过程中起着重要的作用。它们通常被分为 DNA 聚合酶 Ⅰ、Ⅱ、Ⅲ 三类。DNA 聚合酶 Ⅰ 是基因工程中最常用的工具酶。DNA 聚合酶 Ⅱ 是一条相对分子质量为 120 000 的肽链,催化 $5'→3'$ 方向合成 DNA,也具有 $3'→5'$ 外切酶活性,但不具有 5′→3′ 外切酶活性。当细胞 DNA 受到化学或物理损伤时,DNA 聚合酶Ⅱ在修复过程中起特殊作用。DNA 聚合酶Ⅲ全酶是一种相对分子质量大于 250 000 的由多种亚基组成的蛋白质,它是不对称的二聚体,两个亚基可分别同时催化前导链(leading strand)及后随链的合成。DNA 聚合酶Ⅲ与 DNA 聚合酶Ⅰ相同,也具有 3′→5′ 外切酶活性。在 DNA 聚合作用中,核苷酸添加的错误率达 1/10 000。由于 DNA 聚合酶Ⅰ和 DNA 聚合酶Ⅲ全酶的 3′→5′ 外切酶活性,可以终止核苷酸加入并除去错误核苷酸,然后可继续加入正确的核苷酸,可将错误率减少到百万分之一或更少。

基因工程中很多都需要 DNA 聚合酶催化 DNA 体外合成反应,这些酶作用时大多都需要模板,合成产物的序列与模板互补。基因工程中常用的 DNA 聚合酶有:①大肠杆菌聚合酶Ⅰ(全酶);②大肠杆菌聚合酶Ⅰ大片段(Klenow 片段);③T₄ 噬菌体 DNA 聚合酶;④T₇ 噬菌体聚合酶及经修饰的 T₇ 噬菌体聚合酶(测序酶);⑤耐热 DNA 聚合酶(Taq DNA 聚合酶);⑥末端转移酶(末端脱氧核苷酸转移酶,也属 DNA 聚合酶);⑦逆转录酶(依赖于 RNA 的 DNA 聚合酶)。这些 DNA 聚合酶的共同特点在于,它们都能够把脱氧核糖核苷酸连续地加到双链 DNA 分子引物链的 3′-OH 末端,催化核苷酸的聚合作用,而不从引物模板上解离下来。

下面将常用的几种 DNA 聚合酶作简单介绍。

1. 大肠杆菌 DNA 聚合酶Ⅰ(全酶) 1957 年,美国的生物化学家 A. Kornberg 首次证实,在大肠杆菌提取物中存在一种 DNA 聚合酶,即 DNA 聚合酶Ⅰ。它的相对分子质量为 109 000,是一条约 1 000 个氨基酸残基的多肽链。它具有 3 种活性:①5′→3′ DNA 聚合酶活性(图 2-6);②3′→5′ 外切核酸酶活性;③5′→3′ 外切核酸酶活性。DNA 聚合酶Ⅰ的主要用途:①用切口平移方法标记 DNA(可作杂交探针);②使用其 5′→3′ 外切核酸酶活性降解寡核苷酸作为合成 cDNA 第二链的引物;③用于对 DNA 分子的 3′ 突出端进行末端标记,用于 DNA 序列分析。

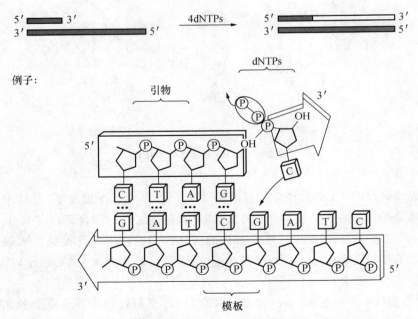

图 2-6 DNA 聚合酶Ⅰ的 5′→3′ DNA 聚合酶活性

2. 大肠杆菌 DNA 聚合酶 I 大片段（Klenow 片段）　大肠杆菌 DNA 聚合酶 I 的 Klenow 片段又叫 Klenow 片段或 Klenow 大片段酶，它是由大肠杆菌 DNA 聚合酶 I 全酶用枯草杆菌蛋白酶裂解后产生的大片段分子。该大片段既可由完整的 DNA 聚合酶 I 裂解产生，也可通过克隆技术而获得。它的相对分子质量是 76 000，为一条单多肽链，具有 $5'\rightarrow 3'$ 聚合酶活性和 $3'\rightarrow 5'$ 外切酶活性，而无 $5'\rightarrow 3'$ 外切酶活性。

Klenow 片段的主要用途是：①补平限制性内切酶切割 DNA 产生的 $3'$ 凹端；②用 $[^{32}P]$ dNTP 补平 $3'$ 凹端，对 DNA 片段进行末端标记；③对带 $3'$ 突出端的 DNA 分子进行末端标记；④cDNA 克隆中，用于合成 cDNA 第二链；⑤在体外诱变中，用于从单链模板合成双链 DNA；⑥应用双脱氧链末端终止法进行 DNA 测序。

3. T_4 噬菌体 DNA 聚合酶　相对分子质量为 114 000，功能与 Klenow 片段相似，都具有 $5'\rightarrow 3'$ 聚合酶活性及 $3'\rightarrow 5'$ 外切核酸酶活性，但其 $3'\rightarrow 5'$ 外切酶活性对单链 DNA 的作用比对双链 DNA 的作用更强，而且外切核酸酶活性比 Klenow 片段要强 200 倍。它的主要用途是：①补平或标记限制性内切酶消化 DNA 后产生的 $3'$ 凹端；②对带有 $3'$ 突出端的 DNA 分子进行末端标记；③标记用作探针的 DNA 片段；④将双链 DNA 的末端转化成为平端；⑤使结合于单链 DNA 模板上的诱变寡核苷酸引物得到延伸。

4. T_7 噬菌体 DNA 聚合酶及其改造的测序酶　该酶是所有已知 DNA 聚合酶中持续合成能力最强的一个，它所催化合成的 DNA 的平均长度要比其他 DNA 聚合酶催化合成的 DNA 平均长度大得多。它的 $3'\rightarrow 5'$ 外切核酸酶活性约为 Klenow 片段的 1 000 倍，但它没有 $5'\rightarrow 3'$ 外切核酸酶活性。它的主要用途：①用于复制长段模板的引物延伸反应；②通过补平或交换（置换）反应进行快速末端标记。

改造后的酶的持续合成能力很强，是双脱氧链终止法对长段 DNA 进行测序的理想用酶。后来由美国 Biochemical 公司以测序酶（sequenase）作为商品名投放市场，现在已通过基因手段生产出一种改进的测序酶，它完全丧失了外切核酸酶活性。

5. 耐热 DNA 聚合酶（TaqDNA）　最初从嗜热的水生菌 *Thermus aquaticus* 中纯化来，相对分子质量为 65 000，是一种耐热的依赖 DNA 的 DNA 聚合酶。现在可以用基因工程技术生产并出售 AmpliTaq™。它具有依赖于聚合物 $5'\rightarrow 3'$ 外切核酸酶的活性，可用于：①DNA 测序；②聚合酶链式反应（PCR）对 DNA 片段进行体外扩增。

6. 末端转移酶　从动物胸腺和骨中提取。它催化脱氧核苷酸添加到 DNA 分子的 $3'$-OH 末端上，催化作用不要求有模板，但需有 Co^{2+} 的存在。末端转移酶可给一些 DNA 分子的 $3'$-OH 末端接上寡 dA 或 dG，另一些 DNA 分子的 $3'$-OH 末端接上寡 dT 或 dC，混合这些分子，即可使同聚物尾部退火形成环状分子。末端转移酶主要用于：①给载体或 cDNA 加上互补的同聚尾；②DNA 片段 $3'$ 末端的放射同位素标记。

2.3.1.4　碱性磷酸酯酶

在基因工程中得到广泛使用的碱性磷酸酶有两种，一种是从大肠杆菌提取的 BAP，另一种是从牛小肠提取的 CIP。两种碱性磷酸酶均能催化去除 DNA、RNA、rNTP 和 dNTP 的 $5'$ 磷酸基，产生 $5'$ 羟基末端。两种酶反应均需 Zn^{2+}。由于 BAP 耐热，而 CIP 在 70 ℃加热 10 min 或经酚抽提则灭活；CIP 的特异活性较 BAP 高 10～20 倍，因此，CIP 应用更广泛。基因工程中碱性磷酸酶主要用于：①去除 DNA 和 RNA 的 $5'$ 磷酸基，然后在 T_4 多聚核苷酸激酶催化下，用[α-^{32}P]ATP进行末端标记，继后进行序列分析；②去除载体DNA的5′磷酸基，防止自我环化，降低本底，提高重组DNA检出率。

2.3.1.5　S1核酸酶

S1核酸酶是从米曲霉(*Aspergilloryzae*)中提取的。S1核酸酶是一种特异性单链核苷酸外切酶，能降解单链DNA和单链RNA，产生5′单链核苷酸或寡核苷酸。双链DNA、双链RNA和DNA-RNA杂交分子对S1核酸酶具有较大的抵抗力，只有高浓度的酶才可使其消化。它水解单链DNA的速率要比水解双链DNA快75 000倍。酶反应的最适pH为4.0～4.3，pH 4.9时酶活性下降50%。通常酶反应在pH 4.6进行，以防DNA变性。酶反应需要低浓度Zn^{2+}，但可被EDTA和柠檬酸盐等螯合剂所抑制。范围在10～300 mmol/L内变化的NaCl浓度对酶活性无影响。该酶在尿素、SDS和甲酰胺中稳定。

S1核酸酶在基因工程中主要用于：①去除DNA片段的单链突出端，使之成为平端，利于某些情况下片段之间的连接；②去除cDNA合成时形成的发夹结构；③施行S1核酸酶保护试验(S1 protection或S2 mapping)，分析转录产物；④成熟mRNA与基因组DNA杂交后，结合S1核酸酶水解，可确定内含子在基因组DNA中的定位；⑤修整渐进性删除突变的末端。

2.3.1.6　逆转录酶

逆转录酶(reverse transcriptase)又称依赖RNA的DNA聚合酶。1970年，很多研究者从一些致癌RNA病毒中发现这种酶。该酶催化以单链RNA为模板生成双链DNA的反应。由于这一反应中的遗传信息的流动方向正好与绝大多数生物转录生成方向(以DNA为模板转录生成RNA的方向)相反，所以此反应称为逆转录作用。逆转录酶具有3种活性：①RNA指导的DNA合成反应；②DNA指导的DNA合成的反应；③RNA的水解反应。

2.3.2　基因工程载体

目的基因或DNA片段一般是不容易进入受体细胞的，即使采用物理或化学的方法使其进入受体细胞，也不容易在受体细胞维持而被降解。承载目的基因或外源DNA片段进入宿主细胞，并且使其得以维持的DNA分子成为基因克隆的载体(vector或者carrier)。一般来说，理想的基因工程载体应具备以下特征：

(1)能在宿主细胞内进行独立和稳定的DNA自我复制。在外源DNA插入其DNA之后，仍能保持稳定的复制状态和遗传特性。

(2)易于从宿主细胞中分离，并进行纯化。

(3)在其DNA序列中有适当的限制性内切酶单一酶切位点。这些位点位于DNA复制的非必需区内，可以在这些位点上插入外源DNA，但不影响载体自身DNA的复制。

(4)具有能够直接观察的表型特征(有报告基因)，在插入外源DNA后，这些特征可以作为重组DNA选择的标志。

目前常见的基因载体有细菌质粒载体、农杆菌质粒载体、λ噬菌体载体、柯氏质粒载体和植物病毒载体等。

2.3.2.1　质粒载体

1.质粒载体的定义　质粒(plasmid)是能自主复制的双链环状DNA分子，在细菌中独立于染色体之外而存在(图 2-7)。每个质粒都含有一段 DNA 复制起始位点的序列,它帮助质粒 DNA 在宿主细胞中复制。质粒广泛存在于多种细菌的细胞中,在一些蓝藻、真菌和绿藻细胞中也发现质粒的存在。一般情况下,质粒在宿主细胞中是以超螺旋共价闭合环形存在的。当两条多核苷酸链中有一条保持着完整的环形结构,而另一条出现缺口时,质粒就成为开环 DNA 分子。当质粒 DNA 分子经过适当的核酸内切酶切割后,发生双链断裂而形成线性分子。这是环形双链 DNA 分子的 3 种不同构型。质粒在显微镜下的观察图见二维码 2-2。

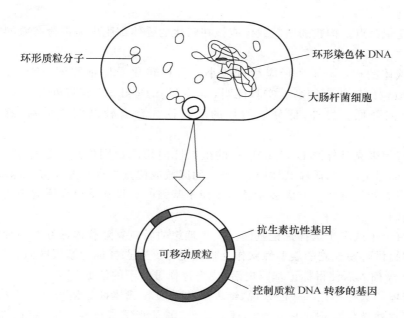

图 2-7　质粒载体

质粒的大小差异很大,小的不到 1 kb,大的超过 500 kb。质粒的存在非常普遍,几乎所有的细菌株系都含有质粒。质粒按照作用被分为多种类型,如携带帮助其自身从一个细胞转入另一个细胞的信息的质

二维码 2-2　质粒载体的电镜图

粒,即 F 质粒;表达对一种抗生素抗性的质粒,即 R 质粒;携带参与或控制一些不同寻常的代谢途径基因的质粒,即降解质粒。

质粒的命名,通常用一个小写的 p 来代表质粒,而用一些英文缩写或数字来对这个质粒进行描述。以 pBR322 为例,BR 代表研究出这个质粒的研究者 Boli-var 和 Rogigerus,322 是与这两个科学家有关的数字编号。

有些质粒在每个宿主细胞中可以有 10～100 个拷贝,称为高拷贝数质粒;另一些质粒在每个细胞中有 1～4 个拷贝,为低拷贝数质粒。在一个细菌细胞中,质粒最多可以占到细菌总 DNA 的 0.1%～5%。高拷贝质粒通常在松弛控制下进行复制,而低拷贝的质粒则常常是在严紧控制下复制。高拷贝质粒 DNA 复制启动是由质粒编码基因合成的功能蛋白质调节的,与在宿主细胞周期开始时合成不稳定蛋白质控制的复制起始蛋白质无关。因此,

当用蛋白质合成抑制剂氯霉素或壮观霉素处理宿主细胞时,使染色体DNA复制受阻的情况下,松弛的质粒仍可继续扩增,而低拷贝质粒受宿主细胞不稳定的蛋白控制,与宿主细胞染色体同步进行。

有些质粒的复制起始点较特异,只能在一种特定的宿主细胞中复制,称为窄宿主范围质粒;还有些质粒的复制起始点不太特异,可以在许多种细菌细胞中复制,称为广宿主范围质粒。

作为一种自主性自我复制的遗传因子,质粒具有携带外源DNA、成为克隆载体的潜在可能性,但质粒要变成克隆载体,需要对它进行遗传改造。一种理想的用作克隆载体的质粒必须满足以下几个要求:

(1)具有复制起点。构建的质粒载体应该在转化的受体细胞中能进行有效的复制,并且具有较多的拷贝数。

(2)质粒载体的相对分子质量应尽可能小。质粒转化受体细胞同质粒DNA分子大小相关,小分子质粒的转化率较高。实验证明,质粒大于15 kb时,其将外源DNA转入大肠杆菌的效率就大大降低。另外,低分子质量的质粒往往含有较高的拷贝数,这有利于质粒DNA的制备。

(3)应该有用来克隆外源DNA的单一的限制性内切酶识别位点。这种单一的限制性内切酶位点数量要尽可能多,质粒载体中,一个小的区域或位点内含有连续多个的单一限制性内切酶,被称为多克隆位点。一方面多克隆位点便于基因的克隆和重组载体的构建,另一方面不影响质粒的复制。

(4)应该有一个或多个选择标记基因。一个理想的质粒克隆载体最好有两种标记基因,以便为宿主细胞提供容易检测的表型性状作为选择记号。在选择标记基因区内有合适的克隆位点,当外源DNA插入后使得标记基因失活,成为选择重组子的依据。

2.质粒载体的选择标记 一般来说,绝大多数的质粒载体都是使用抗生素抗性基因作为选择标记的。这些选择标记主要包括四环素抗性、氨苄青霉素抗性、链霉素抗性及卡那霉素抗性等。这些选择抗性一方面由于许多质粒本身就含有抗生素抗性基因的R因子,另一方面是由于抗生素抗性标记使得基因克隆更易于操作,便于选择,所以在构建质粒载体时加入(表2-3)。

表2-3 若干抗生素的作用机理

抗生素基因	作用方式	抗性机理
氨苄青霉素(Amp)	这是一种青霉素的衍生物,它通过干扰细菌细胞壁合成之末端反应,而杀死生长的细胞	氨苄青霉素抗性基因编码一种同质酶,即β-内酰胺酶,可特异地切割氨苄青霉素的β-内酰胺环,从而使之失去杀菌的效力
氯霉素(Cml)	这是一种抑菌剂,通过与核糖体50S亚基的结合作用,干扰细胞蛋白质的合成,并阻止肽键的形成	氯霉素抗性基因编码的乙酰转移酶,特异地使氯霉素乙酰化而失活
卡那霉素(Kan)	这是一种杀菌剂,通过与70S核糖体的结合作用,导致mRNA发生错读	卡那霉素的抗性基因编码的氨基糖苷磷酸转移酶,可对卡那霉素进行修饰,从而阻止其同核糖体之间发生相互作用

续表 2-3

抗生素基因	作用方式	抗性机理
链霉素(Sm)	这是一种杀菌剂,通过与核糖体的 30S 亚基的结合作用,导致 mRNA 发生错译	链霉素抗性基因编码一种特异性酶,可对链霉素进行修饰,从而抑制其同核糖体 30S 亚基的结合
四环素(Tet)	这是一种抑菌剂,通过与核糖体 30S 亚基之间的结合作用,组织细菌蛋白质的合成	四环素抗性基因编码一种特异性的蛋白质,可对细菌的膜结构进行修饰,从而阻止四环素通过细胞膜从培养基中转运到细胞内

3. 质粒载体的种类

(1)高拷贝数质粒载体。除了一些特殊用途的克隆载体,一般情况下的克隆实验仅仅是为了分离得到大量高纯度的 DNA 片段,因此选择分子质量小、高拷贝数的质粒,如 ColE1、pMB1,它们在没有蛋白质合成的情况下仍能继续复制。

(2)低拷贝数质粒载体。低拷贝数的质粒载体在一些情况有特定的用途。因为有些克隆的编码基因用高拷贝数质粒载体时,其产物含量过高会严重干扰宿主细胞的正常新陈代谢。因此选用低拷贝数质粒载体,使克隆基因的表达在严谨的控制下,从而使蛋白质产物对宿主细胞的毒害作用降低到最低限度。

(3)失控型质粒载体。一些克隆基因表达的蛋白质会导致细胞死亡,因此不能选择高拷贝数质粒载体。而低克隆质粒载体的拷贝数太少,不能满足实验的需求。因此解决的办法是使用失控型质粒载体。pBEU1 和 pBEU2 在 30℃下,每个细胞中只有适量的拷贝数,当培养温度超过 35℃时,质粒的复制失去控制,每个细胞的拷贝数持续上升。在高温下,细胞的生长和蛋白质合成可正常持续 2~3 h,当克隆基因产物超过常量导致细胞死亡时,质粒 DNA 分子的量的积累已经满足了实验的要求。

(4)插入失活型质粒载体。在基因克隆时,选择插入失活型质粒载体,将外源 DNA 片段插入在会导致选择标记基因(如抗生素抗性基因)失活的位点,就可以通过抗生素抗性的筛选,大幅度提高阳性重组子的概率。

(5)正选择的质粒载体。根据遗传学上的正选择原理,正选择质粒载体只有在外源基因插入后,质粒 DNA 分子的宿主细胞才能在正常的培养条件下进行选择。如 pLX 100,在质粒载体所带有的木糖异构酶基因序列中,带有连续的 *Hin* dⅢ、*Pst* Ⅰ、*Bam* HⅠ和 *Xho* Ⅰ的单一限制性酶切位点,而且是在 lac 启动子控制之下。带有 pLX100 质粒的大肠杆菌无法在含木糖的培养基中生长,只有当外源 DNA 片段插入到它的单一酶切位点时,其转化子才能在该培养基中生长。

4. 常见的质粒载体

(1)质粒载体 pBR322。pBR322 是目前研究最多、使用最广泛的质粒载体之一。pBR322 大小为 4 363 bp,含有两个抗生素抗性基因(抗氨苄青霉素和抗四环素);还有单一的 *Bam* HⅠ、*Hin* dⅢ 和 *Sal* Ⅰ的识别位点,这 3 个位点都在四环素抗性基因内;另一个单一的 *Pst* Ⅰ识别位点在氨苄青霉素抗性基因内。pBR322 带有一个复制起始位点,它可以保证这个质粒只在大肠杆菌中行使复制功能(图 2-8)。在大肠杆菌里,pBR322 以高拷贝数存在。

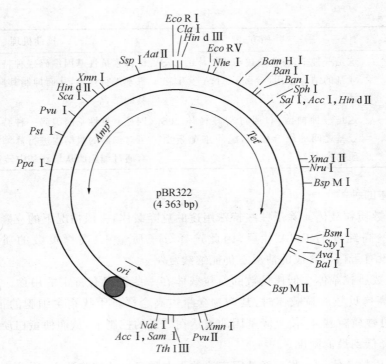

图 2-8　质粒载体 pBR322

pBR322 质粒载体的构建改造过程，由 3 个不同来源的部分组成：第一部分来源于 pSF2124 质粒转座子 $Tn3$ 的氨苄青霉素抗性基因（Amp^r），第二部分来源于 pSC101 质粒的四环素抗性基因（Tet^r），第三部分来源于 ColE1 的派生质粒 pMB1 的 DNA 复制起点（ori）。如图 2-9 所示。

pBR322 质粒载体有 3 个优点。其一，具有较小的相对分子质量，不仅易于自身的纯化，而且即使克隆了一段大小为 6 kb 的外源 DNA，其重组体分子的大小仍然能满足实验的需要。其二，该质粒具有两种抗生素抗性基因可作为转化子的选择标记。Eco R Ⅴ、Nhe Ⅰ、Bam H Ⅰ、Sph Ⅰ、Sal Ⅰ、Xam Ⅲ 和 Nru Ⅰ 位点插入外源基因会导致四环素抗性基因失活，在 Pst Ⅰ、Sca Ⅰ 位点插入外源 DNA 会导致氨苄青霉素抗性基因失活，这种插入失活效应为基因克隆重组子的选择提供了方便。其三，该质粒具有较高的拷贝数，而且经过氯霉素处理之后，每个细胞中可累积 1 000～3 000 个拷贝，重组体 DNA 的制备变得极其方便。

（2）质粒载体 pUC19。pBR322 使用广泛，但它带的单一克隆位点较少，筛选程序还较费时间，因此，人们就在 pBR322 的基础上发展了其他的一些质粒克隆载体，如质粒 pUC19。此类载体取名为 pUC，是因为它是由美国加利福尼亚大学（University of California）的科学家首先构建的。

pUC19 长 2 686 bp，带有 pBR322 的复制起始位点，一个氨苄青霉素抗性基因和一个大肠杆菌乳糖操纵子半乳糖苷酶基因（lac Z′）的调节片段，一个调节 lac Z′ 基因表达的阻遏蛋白（repressor）的基因 lac Ⅰ，还有多个单克隆位点，另外，pUC19 的筛选过程相对来说比较简单。

与 pBR322 相比，pUC19 有 3 方面的优点。第一，是具有更小的分子质量和更高的拷贝

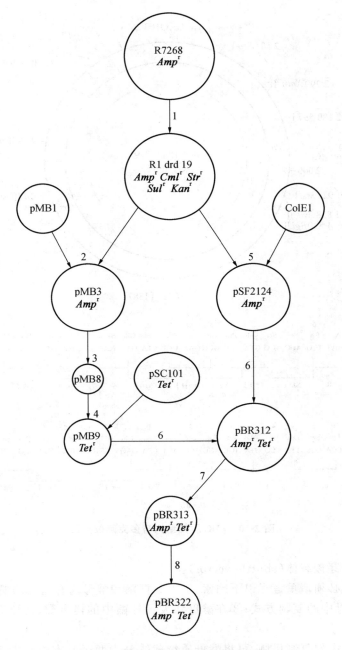

图 2-9　pBR322 质粒载体的构建过程

数。第二,pUC19 适用于组织化学方法检测重组体,由于其含有大肠杆菌操纵子的 lacZ 基因,所编码的 α-肽链可参与 α-互补作用,可用 X-gal 显色的组织化学方法一步实现对重组转化子的鉴定。第三,具有多克隆位点 MCS 区,在这个区域有连续 10 个单一限制内切酶位点,为基因的克隆和重组提供极大的方便(图 2-10)。

　　(3)酵母质粒载体。酵母质粒载体既可以在大肠杆菌中复制,又可以在酵母系统中复制,

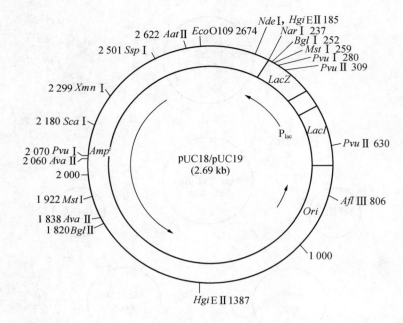

多克隆位点
pUC18

1	2	3	4	5	6	1	2	3	4	5	6	7	8	9	10	11	12	13	14	15	16	17	18	7	8
Thu	Net	Ile	Thr	Asn	Ser	Ser	Ser	Val	Pro	Gly	Asp	Pro	Leu	Glu	Ser	Thr	Cys	Arg	His	Ala	Ser	Leu	Ala	Leu	Ala
ATG	ACC	ATG	ATT	ACG	AAT	TCG	AGC	TCG	GTA	CCC	GGG	GAT	CCT	CTA	GAG	TGG	ACC	TGC	AGG	CAT	GCA	AGC	TTG	GCA	CTG	GCC

EcoR I　Sac I　Kpn I　Sma I　BamH I　Xba I　Sal I　Pst I　Sph I　Hind III
　　　　　　　　　　　Xma I　　　　　　　Acc I
　　　　　　　　　　　　　　　　　　　　　Hind II

pUC19

1	2	3	4	1	2	3	4	5	6	7	8	9	10	11	12	13	14	15	16	17	18	5	6	7	8
Thr	Met	Ile	Thr	Pro	Ser	Leu	His	Ala	Cys	Arg	Ser	Thr	Leu	Glu	Asp	Pro	Arg	Val	Pro	Ser	Ser	Asn	Ser	Leu	Ala
ATG	ACC	ATG	ATT	ACG	CCA	AGC	TTG	TCG	GTA	TGC	AGG	TCG	ACT	CTA	GAG	GAT	CCC	TGC	GTA	CCG	AGC	TCG	AAT	TCA	CTG	GCC

Hind III　Sph I　Pst I　Sal I　Xba I　BamH I　Sma I　Kpn I　Sac I　Eco R I
　　　　　　　　　　Acc I　　　　　　Xma I
　　　　　　　　　　Hin d II

图 2-10　pUC 质粒结构与多克隆位点图

故此类载体又称为穿梭载体(shuttle vector)。

选择酵母载体必须慎重考虑以下因素:①大肠杆菌和酵母均有适当的遗传标志;②结合实际需要,考虑在酵母中的复制方式;③在酵母和大肠杆菌中的拷贝数;④要有简单易行的筛选插入物的方式。

根据转化细胞中的复制机制,可将酵母质粒载体分为两个基本类型即整合载体和自我复制载体。整合型酵母载体包含一个酵母 URA3 标志基因和大肠杆菌的复制和报告基因,由于质粒 DNA 与酵母基因组 DNA 之间发生同源重组,在转化的细胞中可检测到质粒的整合复制。整合载体中的 YIp 载体(yeast integrating plasmid)其转化效率较低,而且不稳定,目前使用较少。

自我复制型酵母载体因在酵母中有自我复制的能力而得名。属于这类载体的有 YRp(yeast replication plasmid),YEp(yeast extrachromosomal plasmid)和 YCp(yeast centromere plasmid)。其中 YEp 在遗传学方面序列稳定,应用较多。应用酵母人工染色体构建的载体是

pYAC,该质粒不仅可直接克隆大片段 DNA,而且可在连接反应后,直接利用线性 DNA 转化细胞,并按标准方法筛选。

酿酒酵母作为基因克隆寄主的应用,包括调节表达的序列(RNA 聚合酶识别位点及核糖体识别位点)的克隆载体应用,是十分有效的。某些自身复制型质粒(如大肠杆菌质粒)使酵母细胞核中亦能获得高拷贝。要在酵母中最大限度表达基因,需要特异的启动子(乙醇脱氢酶同工酶 1、磷酸甘油激酶、酸性磷酸酶和 α 因子等基因的启动子)。通过重组 DNA 技术,还可以利用酿酒酵母生产医用的外源蛋白。用酵母生物技术方法得到的第一种医用产品是乙型肝炎疫苗,其他类似产品包括人小肠三叶因子、胰岛素和水蛭素。

酿酒酵母作为表达系统有其优缺点。在理论上,酵母生产外源蛋白的最佳表达盒(expression box)包括有效的启动子序列(可为诱导性或组成性)、目的蛋白 cDNA 和转录终止序列。应注意产生蛋白的性质,因为这将决定产物是在胞内表达还是向外分泌。使用酿酒酵母表达系统还要考虑:①启动子和终止子的选择;②表达盒的稳定性;③外源蛋白的累积部位;④产量的高低。

(4)农杆菌质粒载体。农杆菌质粒载体是天然存在的优良载体,经过人工改造之后,现已成为植物基因工程最为重要的载体之一。

①土壤农杆菌 Ti 质粒:Ti 质粒是一种天然的极好的基因工程载体,它是土壤农杆菌中的质粒,通过感染植物(特别是双子叶植物)的伤口,诱发伤口组织形成冠瘿瘤(crown gall tumout),同时在冠瘿瘤内合成一类精氨酸衍生物即冠瘿碱(opines)(图 2-11)。冠瘿碱主要包括章鱼碱(octopine)和胭脂碱(nopaline),由此,Ti 质粒也分为两类,即章鱼碱型 Ti 质粒和胭脂碱型 Ti 质粒。冠瘿瘤是农杆菌唯一的碳源和氮源,而其他有机体,包括植物和微生物则不能利用。冠瘿瘤中的植物细胞在体外培养时,在没有激素的条件下仍能快速生长。

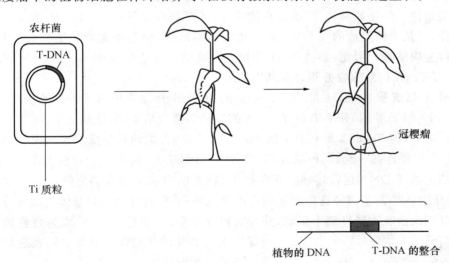

图 2-11　土壤农杆菌 Ti 质粒诱导冠瘿瘤的形成

(引自:谢友菊,1990)

瘤中植物细胞所形成的重要特性完全是由于农杆菌中 200 kb 左右大小的 Ti(tumor-indueing)质粒所引起的。图 2-12 显示了 Ti 质粒的基因图,从基因图中可以看出,Ti 质粒有以下几个重要区域:a. T-DNA(transfer DNA)即转移-DNA 也称 T 区(T-region),它含有冠瘿碱生化合成和冠瘿瘤生长的基因,冠瘿瘤中细胞转化的原因就是 Ti 质粒上的 T-DNA 进入细胞核并整合到植物染色体上所致;b. *vir*(virulence)区域,即毒性区,是引起 T-DNA 转移的区域,和冠瘿瘤的形成有关;c. 细菌吸收和利用冠瘿碱的区域;d. 其他区域。

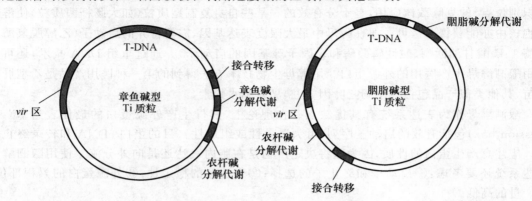

图 2-12　两种土壤农杆菌 Ti 质粒的基因图

(引自:谢友菊,1990)

农杆菌侵染植物伤口以后,在 Ti 质粒的 *vir* 区和农杆菌染色体的某些位点的帮助下,Ti 质粒上的 T-DNA 进入细胞核,并随机整合到植物的染色体上。T-DNA 有左右边界,是转移必需的部分,其上有致瘤因子(包括生长素合成酶基因和细胞分裂素合成酶基因)及冠瘿碱合成酶基因等。这些基因能利用植物细胞的表达系统进行表达,为农杆菌的生存创造条件。

由此可见,Ti 质粒上的 T-DNA 具有转化功能,这就为 Ti 质粒作为植物遗传工程的载体创造了先决条件。但是如果将 Ti 质粒直接应用,还存在许多问题:一是野生型 Ti 质粒太大,不便于操作;二是未经改造的 T-DNA 转入植物基因组后,引起不正常的生长和分化特性,以至于不能再生成植株。因此,必须对 Ti 质粒进行改造。改造的原则是:保留 T-DNA 的转移功能,取消 T-DNA 的致瘤性并将外源基因插入 T-DNA 中。

经过研究和试验发现,去除 T-DNA 上的致瘤因子等造成 T-DNA 的大段缺失或在 T-DNA 上插入外源基因,并不影响 T-DNA 的转移和整合功能,由此建立了改造 Ti 质粒的共整合系统。另外,与 T-DNA 转移有关的 *vir* 区对 T-DNA 的转移是反式起作用的,即 T-DNA 与 *vir* 区并不需要连在一起,而可以分别位于两个复制子上,其中一个质粒上的 *vir* 区可以使另一个质粒上的 T-DNA 进行转移。在含有 T-DNA 的质粒上加入多克隆位点和抗生素抗性基因,以便于插入外源基因并选择转化植物细胞,这一质粒就称为双元载体。双元载体既能在农杆菌中复制又能在大肠杆菌中复制,并且质粒分子小,便于操作,因此成为目前植物基因转化最主要的载体。共整合系统和双元表达系统示意图见二维码 2-3。

二维码 2-3　共整合系统和双元表达系统

以农杆菌 Ti 质粒为载体的转化方法有以下优点:a. 寄主范围广,可侵染多种双子叶植物及少数单子叶植物。据不完全统计,约有 93 科 331 属 643 种双子叶植物对 Ti 质粒敏感。b. 操作简单,不需要特别的组织培养技术。c. 转化频率和可重复性高。d. 目的基因能比较完整地转入受体细胞,整合到染色体上,并以孟德尔方式遗传和表达。这些特点是非载体法无法比拟的。

②土壤发根农杆菌 Ri 质粒载体：土壤发根农杆菌（*Agrobacterium rhizogenes*）和土壤农杆菌同属根瘤菌科的植物病原细菌。发根农杆菌也能侵染大多数双子叶植物，并在伤口处引起植物细胞迅速扩增，形成大量根毛，这些根毛是由病菌中的 Ri 质粒（root-inducing plasmid）引起的。和 Ti 质粒一样，Ri 质粒在结构和功能上和 Ti 质粒具有一定的共性，其 T-DNA 也可整合到寄生植物细胞的染色体上。发根农杆菌的促发根图见二维码 2-4。

二维码 2-4　发根农杆菌的促发根图

目前已发展出了以 Ri 质粒为基础的基因克隆载体，此类载体的优点是可构建完整的 onc⁺ 载体。这是因为在许多种植物中，由 Ri 质粒诱发产生的不定根经过植物激素的刺激作用，都可分化成完整的植物。

2.3.2.2　植物病毒载体

在植物中表达外源基因有两种途径，一种是用转基因的方法将外源基因整合入植物基因组进行稳定表达；另一种是应用新近发展的植物病毒载体系统进行瞬时表达。植物病毒能够在被感染的植物寄主细胞中实现复制和表达，因为这类病毒核酸具备植物 DNA 复制及转录有关的一些酶的识别顺序，而且也编码一些可以改变宿主细胞功能的基因，因此，这些 DNA 序列和编码区段，有可能用作植物细胞内复制和表达外源基因的载体。

目前已有多种病毒用于构建在植物中表达的病毒载体，其中从花椰菜花叶病毒（cauliflower mosaic virus，CaMV）、烟草花叶病毒（tobacco mosaic virus，TMV）和马铃薯 X 病毒（potato virus X，PVX）构建的载体最为常用。与转基因植物相比，利用植物病毒载体表达外源基因具有以下优点：①基因表达水平高。伴随病毒细胞的快速增殖和生长，外源基因可以高水平地表达。②产生表型速度快。由于病毒可以直接感染植物，加上病毒增殖速度快，许多载体可通过机械伤接种感染大面积的植物，并且通常在接种后 1~2 周外源基因就可大量表达，因此避免了耗时的植物遗传转化和再生过程。③易于纯化和保存。④宿主范围广，农杆菌不能或很难转化的单子叶、豆科和多年生木本植物，病毒载体都能侵染这些植物，因此扩大了基因工程中用于转化的宿主范围，同样扩大了植物研究和改良的范围。

在烟草（*Nicotiana benthamiana*）中过量表达八氢番茄红素合酶（phytoene synthase）可使植物中八氢番茄红素合酶的量增加 10 倍。通常在烟草中不存在辣椒红，如果在烟草中过量表达辣椒（*Capsicum frutescens* L.）中的辣椒红-辣椒红素合酶基因（capsanthin-capsorubinsynthase），可在烟草中产生辣椒红，并且其含量能达到植株中类胡萝卜素总量的 35%。

此外，植物病毒载体另外一个用途就是抑制目的基因的表达。在以前的研究中，病毒载体是被用来超量表达某一特定基因的，但在很多情况下，它还具有抑制基因表达或使基因沉默的功能。目前知道这种功能主要是通过转录后基因沉默（posttranscriptional gene silencing，PTGS）机制进行的，并且利用这种特性可以研究许多基因的功能。如在番茄果实中利用含有乙烯合成关键酶基因 *LeACS2* 片段的烟草脆裂病毒载体（图 2-13），就可以引起果实中 *LeACS2* 基因的沉默，从而抑制乙烯生物合成，延缓果实的成熟衰老过程。

花椰菜花叶病毒是一种由昆虫传播、专门侵染花椰菜和其他十字花科植物的病毒。CaMV 有一个环状双链 DNA 基因组，8 kb，其中包括 3 个单缺口（α 链上有 1 个缺口，β 链上有 2 个缺口）。基因组上有一些不必要的区段可以缺失掉，并且在特定的区段插入一定长度的外源基因，不会影响 CaMV DNA 在植物中的表达。

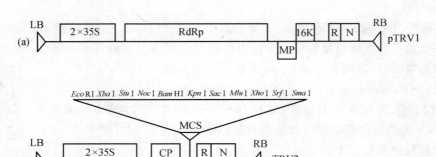

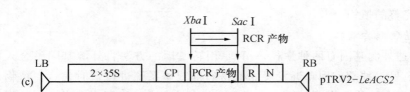

图 2-13　烟草脆裂重组病毒载体 pTRV1, pTRV2-LeACS2

CaMV 作为载体的研究还处于初级阶段,同时发现 CaMV 具有以下的局限性:①寄主范围狭窄,仅限于十字花科植物;②它的感染会使寄主感病,导致减产;③病毒 DNA 无法整合到寄主染色体上,这使得目的基因不可能通过有性过程稳定地遗传给后代;④所容纳的外源 DNA 长度有限。

CaMV 有一个非同一般的启动子,称为 CaMV35S 启动子。Nagy(1985)用 35S 启动子进行植物的转化实验,通过分析转基因植物和转基因愈伤组织发现,在叶、茎、根和花瓣中测到 RNA 表达浓度相等。另有人发现,35S 启动子不受光调控,因此 35S 启动子可以作为非特异性表达的组成型启动子(constitutive promoter)。另外,35S 启动子有许多复合顺序元件(multiple sequence elements),每一复合顺序元件对不同的细胞类型有不同的特异性。

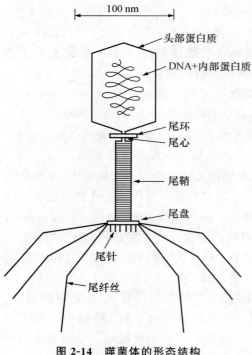

图 2-14　噬菌体的形态结构

2.3.2.3　噬菌体载体

细菌质粒载体在基因工程研究中快速简便,但由于其自身特性的限制,最大可以克隆的 DNA 片段一般在 10 kb 左右,若要构建一个基因文库,往往需要克隆更大一些的 DNA 片段,以减少文库中克隆的数量,为满足这一要求,人们把噬菌体发展成为一种克隆载体。

1. 噬菌体的特点　噬菌体(phage)是寄生在细菌中的病毒,又称细菌病毒。噬菌体由蛋白质外壳和头部外壳内的 DNA 组成(图 2-14)。当噬菌体感染细菌时,先将头部吸附到细菌的表面,随后像注射器一样从尾部将 DNA 注入细菌体内,蛋白质外壳留在外面。噬菌体 DNA 借助细菌的原料和能量,增殖出新的子代噬菌体,子代噬菌体生长使细菌细胞破裂,释放出噬菌体。如此反复侵染、增殖。

　　噬菌体 DNA 分子作为载体,可插入 10～20 kb 甚至更大的一段外源 DNA 片段。由于噬菌体具有较高的增殖能力,有利于目的基因的扩增,从而成为当前基因工程研究的重要载体之一。其中 λ 噬菌体就是目前基因克隆中最常用的一种。

　　2. λ 噬菌体　　λ 噬菌体是一种温和噬菌体,在其生活史中,它将 DNA 注入大肠杆菌之后,可以进入溶菌和溶源两种循环。当 λ 噬菌体进入裂解循环,20 min 后就可使宿主细胞发生裂解,同时释放出大约 100 个噬菌体颗粒。当 λ 噬菌体进入溶源循环,即注入的 DNA 整合到大肠杆菌的染色体中,与染色体一起复制,而并不给寄主带来任何危害。当在某种营养条件或是环境胁迫条件下,整合的 λ 噬菌体 DNA 可以被切割出来,进入裂解循环(图 2-15)。

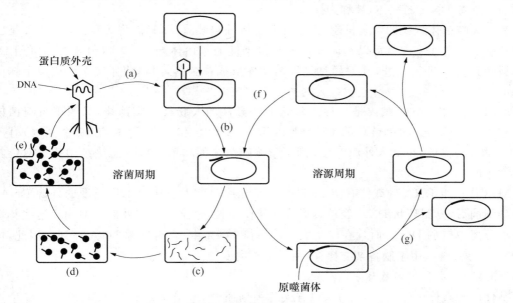

图 2-15　溶源性噬菌体的生命周期

　　λ 噬菌体 DNA 大约 50 kb,其中大约 20 kb 对于整合切割过程极为关键,称为整合切割(I/E)区域。对于构建核基因文库来说,可将这 20 kb DNA 片段去掉,强迫重组的 λ 噬菌体进入裂解循环。

　　λ 噬菌体是一种线状双链分子,长约 50 kb,具有 60 多个基因,基因组分几个不连续的区域(图 2-16),这对于作为基因工程的载体来说非常有用。噬菌体 DNA 通常由 3 个片段组成:①左臂为 19.6 kb,从 A 至 J 共 12 个构成头部和尾部外壳蛋白的基因;②中央片段为 12～24 kb,含有 PL 控制的 red 和 gam 基因;③右臂为 9～11 kb,含有 λDNA 复制和溶菌有关的蛋白编码基因,而与裂解有关的 S 和 R 基因、与 DNA 复制有关的 O 基因和 P 基因等也都分别聚集在右臂上。左右两臂包含了复制和成熟所需的全部机能蛋白编码,而中央片段为非必需区,即从 J 到 N 基因的片段可被其他大肠杆菌 DNA 片段所取代。

　　将 λ 噬菌体的非必需区作部分切除,使之减少或增加某些限制性内切酶的酶切位点,或者

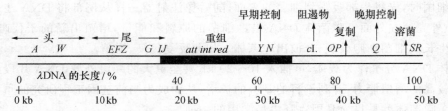

黑色为非必需区,其余为必需区。

图 2-16　λ 噬菌体基因简图

插入某种报告基因,便构成了两类 λ 噬菌体载体。一种是可被外源 DNA 置换的 λ 噬菌体非必需区两侧有一对限制性酶切位点的载体,被称为置换型载体;另一种是只含有一个限制性位点可供插入外源 DNA 的载体,被称为插入型载体。

利用 λ 噬菌体颗粒的组装机制,人们发明了体外包装系统,只需将 λ 噬菌体 DNA 尾巴和纯化的空的头混在一起就可以在体外产生具侵染性的噬菌体颗粒。λ 噬菌体文库可用 DNA 探针或免疫分析进行筛选,其差异只是细菌文库形成单菌落,而噬菌体文库形成单个噬菌斑(plaque)。

3. M13 载体　M13 载体是一种细丝状的特异性的大肠杆菌噬菌体,又叫单链噬菌体载体。它含有 6～7 kb 的单链环状 DNA 基因组,在基因 Ⅱ 和 Ⅴ 之间(共有 10 个基因)有一段 508 bp 的非必需区,可插入外源 DNA 而不影响噬菌体的增殖。M13 感染细菌后呈双链复制型(RF)DNA。

M13 作重组 DNA 的载体有两个特性,一是允许包装大于病毒单位长度的外源 DNA,二是感染细菌后,复制环状 DNA 经包装形成噬菌体颗粒,分泌到细胞外而不溶菌。这些特性不仅便于分离单链的 DNA,而且在产生大量的单链 DNA 中,含有外源 DNA 序列。因此,可用于 DNA 序列分析,用于制备杂交探针,用于定点突变等。

2.3.2.4　黏性质粒载体

黏性质粒载体(cosmid vector),也有人称柯斯质粒,是指含有抗性基因、单一克隆位点及 λDNA cos 位点的细菌质粒。

柯斯质粒可克隆携带 40 kb 大小的 DNA 片段,并在大肠杆菌中复制保存,因此柯斯质粒综合了质粒载体和噬菌体载体二者的优点。柯斯质粒上有多个单克隆位点(RE2),两个 cos 位点,即 DNA 复制起始位点和抗生素抗性基因,在两个 cos 位点之间还有一个限制性内切酶位点(RE1)。

以柯斯质粒作载体克隆时,先用限制性内切酶(RE1)将柯斯质粒切开,再用单克隆位点中的另一个限制性内切酶(RE2)酶解,然后将 RE2 酶解的长约 40 kb 大小的外源 DNA 片段克隆到单克隆位点上,形成一个长约 50 kb 的线性 DNA 分子。由于分子两端含有 cos 位点,因此可以在体外包装进入空的噬菌体头部,其中没有插入 DNA 的空载体,或者插入片段大小不符合要求的重组分子则无法包装。

重组噬菌体的 DNA 可以通过侵染大肠杆菌而传递,如图 2-17 所示。重组噬菌体的 DNA 进入大肠杆菌之后,由于进入头部时两个 cos 位点都已被切割掉了,它们通过碱基配对可以将整个 DNA 分子变成一个环状的质粒分子。复制起始位点的存在又可以保证其在宿主细胞中稳定复制保存,转化的细胞可以通过抗生素进行筛选。柯斯质粒适用于作基因簇和大基因的克隆。

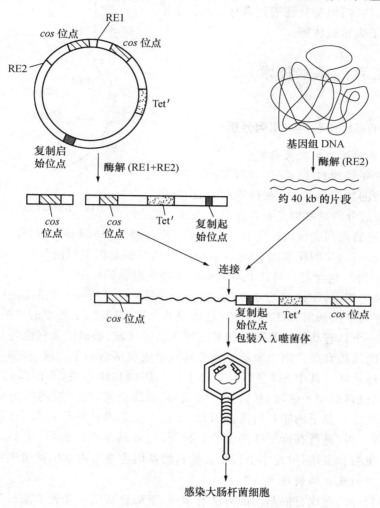

图 2-17　用柯斯质粒克隆大片段 DNA 的流程示意图

2.3.2.5　表达载体

在基因工程技术当中,克隆载体主要用于目的基因的数量扩增。当需要获得目的基因的表达产物时,则需要使用基因表达载体。在生物体内,完整的基因包括启动子区域、编码区域、终止区域,因此表达载体将外源基因在宿主细胞中表达成蛋白质,其必要条件是:①需要很强的启动子,并能被宿主细胞的 RNA 聚合酶识别并启动转录,这样保证基因大量表达;②需要很强的终止子,使得 RNA 聚合酶转录目的基因的序列而不是其他无关的序列;③目的基因的编码区必须具有翻译起始密码子 ATG,原核表达载体还需要 SD 序列(图 2-18)。

根据重组表达载体产生的蛋白存在形式,将表达载体分为融合型载体和非融合型载体。就一般情况而言,实验者是希望得到非融合蛋白。但是融合蛋白质有其优势,一方面,载体上的融合标签序列使得蛋白纯化变得容易;另一方面,融合序列可使蛋白的翻译效率提高,基因产物较为稳定。最后,融合蛋白可通过化学方法裂解成非融合蛋白。

基因表达载体有很多类型,如诱导型表达载体、反义基因表达载体、组织特异性表达载体、分泌型表达载体、双启动子表达载体等。

2.4　基因工程的基本技术

2.4.1　目的基因的获得与序列分析

2.4.1.1　目的基因的定义与结构

基因工程主要是通过人工的方法,分离、改造、扩增并表达生物的特定基因,以获得有价值的基因产物。目的基因的分离是基因工程操作的第一步。

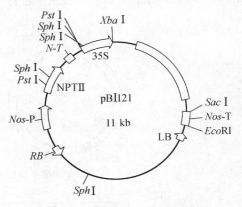

图 2-18　pBI121 植物表达载体图

通常,我们把插入到载体内的非自身的 DNA 片段称为"外源基因"(foreign gene)。目的基因(objective gene),又叫靶基因(target gene),是指根据基因工程的目的和设计所需要的某些 DNA 分子的片段,它含有一种或几种遗传信息的全套密码(code)。

食品原料种类繁多,DNA 分子结构复杂,每个 DNA 分子所包含的基因也很多,要从数以万计的核苷酸序列中挑选出非常小的感兴趣的目的基因,是基因工程中的难题。

一般来说,一个具有功能的基因包括基因的启动子区域、编码区和转录终止区。不同类型的生物,其基因的结构有所差别。原核生物的基因组成包括启动子区域、基因编码区域、SD 序列和转录、翻译终止区。其中 SD 序列与原核生物基因的翻译有关,基因编码区没有内含子。真核生物的基因包括启动子区域、基因编码区域、翻译终止区,其中编码区包括内含子和外显子,蛋白质的序列由外显子的序列决定。因此,在基因工程具体操作过程中,要针对具体来源的基因结构进行分析,进行有针对性的实验。另外,在食品基因工程中,主要是对基因的编码区域进行分离、重组和表达,因此本书所提及的目的基因主要是指基因的编码区域。

2.4.1.2　目的基因的制备方法

目前采用的分离、合成目的基因的方法有多种,下面将常用的几种方法做简要介绍。

1. 目的基因的直接分离法

(1)限制性内切酶酶切法。这是一种非常简单而实用的分离目的基因的方法。该方法直接用限制性内切酶从载体或基因组上将所需要的基因或基因片段切割下来,然后通过凝胶电泳,把 DNA 片段分离开来并回收。限制性内切酶酶切法分离基因的前提,就是对目的基因所在载体或基因组上的位置、酶切位点十分清楚,如果在基因组上,则基因组必须比较小。

(2)物理化学法。所谓物理化学法分离基因,就是利用核酸 DNA 双螺旋之间存在着碱基 G 和 C 配对、A 和 T 配对的这一特性,从生物基因组分离目的基因的方法。

常用的物理化学法分离基因的主要方法有:①密度梯度离心法;②单链酶法;③分子杂交法。

密度梯度离心法:根据液体在离心时其密度随转轴距离而增加,碱基 GC 配对的双链 DNA 片段密度较大,利用精密的密度梯度超离心技术可使切割适当片段的不同 DNA 按密度大小分布开来,进而通过与某种放射性标记的 mRNA 杂交来检验,分离相应的基因。

单链酶法:碱基 GC 配对之间有 3 个氢键,比 AT 配对的稳定性高。当用加热或其他变性试剂处理 DNA 时,双链上 AT 配对较多的部位先变成单链,应用单链特异的 S1 核酸酶切除单链,再经氯化铯超速离心,获得无单链切口的 DNA。

分子杂交法:单链 DNA 与其互补的序列总有"配对成双"的倾向,如 DNA∶DNA 配对或者 DNA∶RNA 配对,这就是分子杂交的原理。利用分子杂交的基本原理既可以分离又可以鉴别某一基因。

（3）逆转录获取法。逆转录获取法是分离真核生物体内目的基因操作的常用方法。提取真核生物的 mRNA,以 mRNA 为模板,通过逆转录酶的作用合成 cDNA。cDNA 经过合适引物和 Taq 酶的作用大量扩增目的基因片段,将基因片段电泳回收后,连接到相应载体进行重组,从而获得大量的目的基因。这是逆转录获取法分离基因的一般过程。利用该方法可以很容易分离得到目的基因,不过该方法要求目的基因的序列比较清楚,所选的生物材料中有一定丰度的 mRNA。

一般基因工程的目的是通过获取目的基因,然后在宿主细胞中进行表达,从而获得所需的蛋白产品。在真核生物的基因结构中,其编码区域含有内含子。由于原核生物的基因结构不含有内含子,如果将真核生物基因组上的基因放在原核细胞中表达,往往得不到真实的蛋白质。这时需要从 mRNA 中进行基因分离,通过逆转录获取法分离基因,保证编码蛋白的忠实性。

2.基因文库筛选法　真核生物基因组 DNA 数目十分庞大,而且基因结构复杂,要想直接从基因组中获取某个基因十分困难。加上分离基因时并不知道目的基因的序列和具体功能,不能采用特异性扩增,因此采用目的基因直接分离法是无法成功的。基因文库筛选法针对这种情况,将生物体基因组上的基因全部构建到相应的载体上,形成一个基因文库,然后采用特定的方法将目的基因筛选出来,最后分离得到目的基因。

（1）鸟枪法。这是一种由生物基因组提取目的基因的方法,可以说这是利用"散弹射击"原理去"命中"某个基因。由于目的基因在整个基因组中太小,在相当程度上还得靠"碰运气",所以人们称这个方法为"鸟枪法"（shot gun）或"散弹枪"实验法。

具体做法是,首先利用物理方法（如剪切力、超声波等）或酶化学方法（如限制性内切核酸酶）将生物细胞染色体 DNA 切割成为基因水平的许多片段,继而将这些片段与适当的质粒载体结合,将重组 DNA 转入受体菌扩增（如大肠杆菌）,获得无性繁殖的基因文库。再采用简便的筛选方法,从众多的转化子菌株中选出含有某一基因特性的菌株,从中将重组的 DNA 分离、回收。

鸟枪法在基因工程初期曾发挥了重要的作用,但是鸟枪法从巨大的真核生物基因组中分离出某一个目的基因,需要很大的运气成分,消耗很大的人力、物力、财力。

（2）基因组文库法。真核生物基因组中含有大量的基因,通过电泳技术和杂交技术是无法将目的基因直接分离出来的。将真核基因组通过限制性酶切或超声波处理生成许多大小不等的基因片段,将这些基因片段全部构建到合适的载体上,如噬菌体载体或黏粒载体,然后将重组体转入到宿主细胞当中（噬菌体或黏粒）,这样就形成了一个宿主细胞群,其中不同宿主细胞个体就含有不同的基因片段,而这个含重组子的宿主细胞群就含有整个基因组的基因信息,由此也就形成了一个生物的基因组文库。

基因文库的基因筛选可以采用一个短的同源或异源基因片段作为探针,与整个基因文库进行杂交,找到具有杂交信号的宿主细胞,将其所带有的重组基因片段分离出来,即为所要克隆的目的基因。也有采用蛋白质探针进行相关的基因分离(图 2-19)。

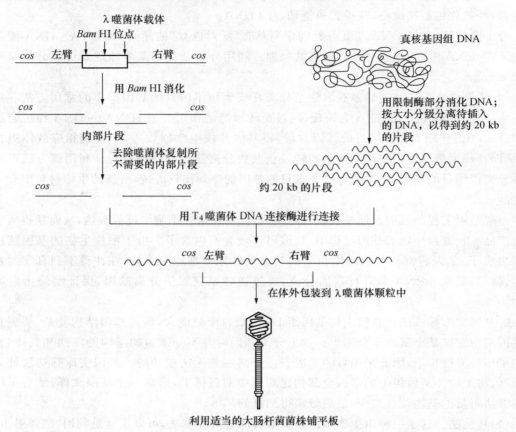

图 2-19　λ 噬菌体基因组文库的构建

(引自:Sambrook,1989)

(3)cDNA 文库法。基因组中的基因数目庞大,而基因文库中往往含有许多非基因序列。在某一时期的个体或细胞中表达的基因大约只有15%,因此采用 mRNA 来构建文库,复杂程度要比基因文库小得多。

由 mRNA 通过逆转录酶作用而得到的 DNA 片段称为 cDNA。cDNA 文库的构建过程是通过一系列酶的作用,使生物体内总的 mRNA 变成许许多多大小不一的双链 cDNA 群,将这些 cDNA 全部构建到合适的载体上,然后再转化到宿主细胞中,这样就形成了包含所有基因的 cDNA 文库。采用合适的核酸探针或蛋白质探针可以筛选到所需的目的基因(图 2-20)。

由于真核生物基因组比原核生物要大得多,目的基因的获得较困难,而此方法是目前获得真核生物目的基因的好方法。目前采用 cDNA 克隆技术已经分离了许多与园艺产品采后生理相关的基因,如在番茄 cDNA 文库中建立了 146 个与成熟相关的克隆,得到了与果实硬度有关的 PG 基因,与乙烯生物合成有关的 ACC 合酶基因、ACC 氧化酶基因等;豌豆铁硫蛋白 $NADP^+$ 还原酶基因,还有马铃薯过氧化物酶 cDNA 克隆和番茄超氧化物歧化酶(SOD)基因等(图 2-21)。

3.聚合酶链式反应法(PCR)　当已知目的基因的序列时,通常利用多聚酶链式反应

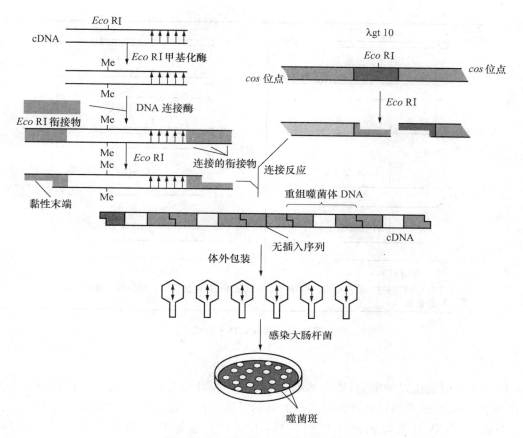

图 2-20　λ 噬菌体 cDNA 文库构建图

(引自:Sambrook,1989)

(polymerase chain reaction,PCR)技术来分离目的基因。PCR 模拟 DNA 聚合酶在生物体内的催化作用,在体外进行特异 DNA 序列的快速聚合及扩增。PCR 技术是 1985 年由美国 Cetus 公司 Mullis 等开发的专利技术,它能快速、简便地在体外扩增特定的 DNA 片段,具有高度的专一性和灵敏度。由于这项工作,Mullis 在 1993 年获得了诺贝尔化学奖。在一项实用性的发明做出后仅仅 8 年的时间就荣获诺贝尔奖,这在科学史上是绝无仅有的,这也从另一个侧面说明了 PCR 技术的重大价值。事实上,PCR 技术自问世以来已在生物学、医学、考古学、人类学等许多领域内获得了广泛的应用,可以说 PCR 技术给整个分子生物学领域带来了一场变革。

(1)PCR 扩增基因的原理。PCR 技术简便易行,原理不是十分复杂。首先以所要分离目的基因所在双链 DNA 分子作为模板,在接近沸点的温度条件下,双链 DNA 解离开来,然后在相对较低的温度下(50℃左右),根据要求设计的小片段 DNA 作为引物,它能够与模板 DNA 结合,在 72℃左右,利用 DNA 聚合酶的作用,开始复制新的 DNA 链。这是 PCR 扩增反应的起点。紧接着进行第二轮相同的反应,所不同的是新合成的 DNA 链与原有模板 DNA 链同时作为合成模板进行反应。这样经过几十轮的 PCR 反应,合成 DNA 链的数量以指数形式增长,即合成 $M \times 2^{n-1}$ 个 DNA 链(M 为模板 DNA 的量,n 为反应循环数),因此该反应也称为链

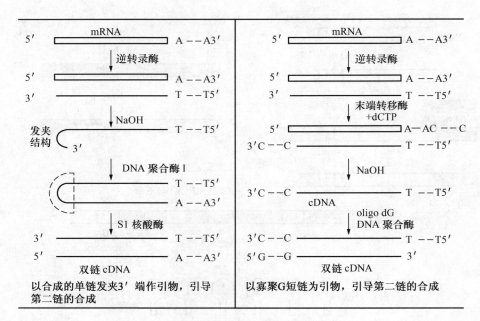

图 2-21　酶促 cDNA 合成

(引自:贺淹才,1998)

式反应。由于引物位置的限制,最后扩增得到的 DNA 片段为两个引物之间的序列。于是通过 PCR 反应能快速得到特异性而且大量的目的基因片段。这就是 PCR 反应的原理。

因此,一个 PCR 反应的基本过程包括:①变性。这是 PCR 反应的第一步,即将模板 DNA 置于 94℃的高温下,使双链 DNA 的双链解开变成单链 DNA。②退火。将反应体系的温度降低至 55℃左右,使得一对引物能分别与变性后的两条模板链相配对。③延伸。将反应体系温度升高到 TaqDNA 聚合酶作用的最适温度 72℃,然后以目的基因为模板,合成新的 DNA 链。如此反复进行约 30 个循环,即可扩增得到目的 DNA 序列(图 2-22)。PCR 原理见二维码 2-5。

二维码 2-5　PCR 原理

(2)PCR 的反应体系。一个完整的 PCR 反应应具备以下条件:①要有与被分离目的基因的 DNA 双链两端序列相互补的 DNA 引物(约 20 个碱基);②具有热稳定性的酶,如 TaqDNA 聚合酶;③dNTP;④作为模板的目的 DNA 序列;⑤反应缓冲液。一般 PCR 反应可扩增出 100~5 000 bp 的目的基因。

(3)PCR 反应的特点与用途。PCR 反应的扩增能力十分强大,在理论上,一个 DNA 分子作为模板,通过 30 个循环的反应,能扩增出 10^9 个基因拷贝数,在实际上也能扩增出 10^6~10^7 的拷贝。正因为这种扩增能力使得 PCR 具有很强的敏感性,加上引物能控制 PCR 反应的特异性,最终扩增产物的特异性非常强,因此在实际应用中可用于痕量 DNA 样品中特定 DNA 的检测,如血迹、头发及牙签,对于刑侦和法医鉴定具有非常重要的作用。PCR 反应由于敏感性非常强,容易由于污染或引物不合适造成假阳性,这必须在实验过程中的各个环节加以克服。

PCR 反应的应用非常广泛,可用于生物学的各个领域,如已知和未知基因的克隆、基因序

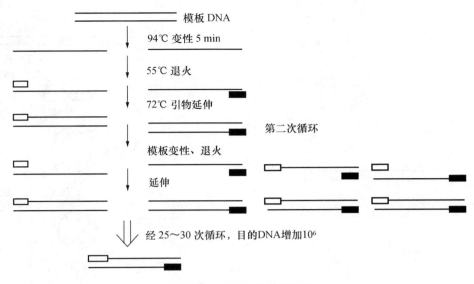

图 2-22　PCR 技术扩增原理

列测定、基因表达、基因重组和突变、基因检测、疾病诊断、分子进化分析等。除了生物学研究，还可应用于农学、医学、食品、环境保护等领域。

　　（4）PCR 反应的其他种类。在获得目的基因时，除了要用到普通的 PCR 方法外，还要用到一些改进的 PCR 方法，以下分别介绍。

　　①逆转录 PCR（reverse transcription PCR，RT-PCR）：这种方法指的是以 RNA 为模板，经逆转录获得与 RNA 互补的 DNA 链，即 cDNA，然后以 cDNA 链为模板进行的 PCR 反应（图 2-23）。

　　②锚定 PCR：锚定 PCR（anchored PCR）特别适合于扩增那些只知道一端序列的目的 DNA。例如，对于一端序列已知、一端序列未知的 DNA 片段，可以通过 DNA 末端转移酶给未知序列的那一端加上一段多聚 dG 的尾巴，然后分别用多聚 dC 和已知的序列作为引物进行 PCR 扩增（图 2-24）。

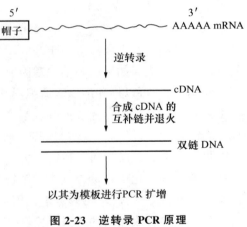

图 2-23　逆转录 PCR 原理

　　③反向 PCR：反向 PCR（inverse PCR）特别适用于扩增已知序列两端的未知序列。如果在目的基因一端有一段已知序列，我们就可以此法来进行克隆。其具体做法是选择一个在已知序列中没有、而在其两侧都存在的限制性内切酶位点，用相应的限制性内切酶酶解后，将酶切的片段在连接酶的作用下环化，使得已知序列位于环状分子上。根据已知序列的两端序列设计两个引物，以环状分子为模板进行 PCR，就可以扩增出已知序列两侧的未知序列（图 2-25）。

　　上面介绍的是几种较为常用的改进的 PCR 方法。随着 PCR 技术越来越广泛地应用，还会有更多的新的改进方法问世。总之，PCR 技术与不同领域的专门技术结合使用是 PCR 技术未来发展的方向。

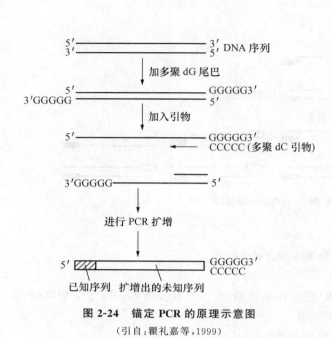

图 2-24　锚定 PCR 的原理示意图
(引自:瞿礼嘉等,1999)

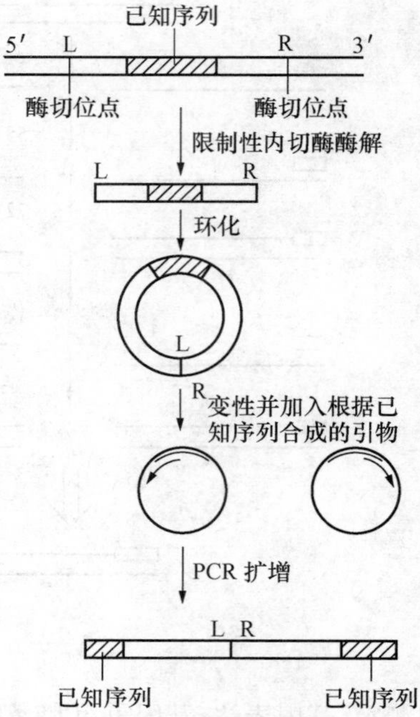

图 2-25　反向 PCR 原理

4.基因的化学合成法　由于基因就是具有一定功能的核苷酸序列,因此可以直接用化学的方法进行合成。如果已知某种基因的核苷酸序列,或者根据某种基因产物的氨基酸序列,仔细选择密码子,可以推导出该多肽编码基因的核苷酸序列,就可以将核苷酸或寡核苷酸片段,一个一个地或一片段一片段地接合起来,成为一个一个基因的核苷酸片段。为了保证定向合成,需要将一个分子的 5′端与另一个分子的 3′端封闭保护。这种封闭可用磷酸化等方法,必要时可以酸或碱解除封闭。目前有关寡核苷酸片段合成的方法有磷酸二酯法、磷酸三酯法、亚磷酸三酯法等。化学直接合成法对于较长基因片段,其缺点就是价格较为昂贵,如果用其他方法不能得到该基因片段,可以考虑使用化学直接合成法。

除了直接合成相关的基因片段,化学合成法还可以合成 PCR 扩增的引物、基因序列分析的引物、核酸分子杂交的引物、基因定点诱变、重组 DNA 连接的构建等。目前单链 DNA 短片段的合成已经成为分子生物学和生物技术实验室的常规技术了。

2.4.1.3　目的基因的分离策略

随着分子生物学研究的发展和基因工程研究的深入,已经有一大批基因得到分离和应用,如食品中的酶制剂基因、蛋白质合成相关基因、脂肪酸代谢相关基因、果实抗衰老基因等。生物体内的基因数目很大,直接分离这些基因不是很容易,需要采用一定的策略,结合前面介绍的基因分离方法来克隆相应的目的基因。下面介绍几种主要的基因克隆策略。

1.利用蛋白功能克隆基因　这一方法是根据基因表达的蛋白的功能进行分析,在已知基因的功能后,根据蛋白质的序列来分离基因。先构建 cDNA 文库或基因组文库,然后纯化相应的编码蛋白,根据蛋白的序列从 DNA 文库中筛选基因,主要可用两种办法进行,一是将纯化的蛋白质进行氨基酸测序,根据氨基酸序列合成寡核苷酸探针从 cDNA 库或基因组文库中筛选编码基因,另一种方法将编码蛋白制成相应抗体探针,从 cDNA 表达库中筛选相应克隆。功能克隆是一种经典的基因克隆策略,很多基因的分离利用这种策略,如葡萄中克隆了两个编码白藜芦醇合成的二苯乙烯合成酶基因(Vst1 和 Vst2),水稻中的巯基蛋白酶抑制剂基因。

2. 利用序列同源性克隆基因 不同生物之间相同功能的酶或蛋白质,其基因的序列都有一定的同源性,在某些部位具有很强的保守性。同一种生物中,某一酶或蛋白质是由基因家族来编码的,家族成员之间在序列上是同源的。因此,根据已知基因的序列,就可以分离出同源的目的基因。此方法的基本做法是在其他种属的同源基因被克隆的前提下,构建 cDNA 文库或基因组文库,然后以已知的基因序列为探针来筛选目的克隆。如有人根据文献报道的甜菜碱醛脱氢酶(BADH)基因的序列作了菠菜甜菜碱醛脱氢酶基因的克隆和序列分析。

3. 定位克隆 通过遗传学的分析,可以将某个基因定位到染色体的具体位置上,然后进行染色体步移不断缩小筛选区域,最后将该基因克隆出来,这种方法叫基因定位克隆。它是克隆编码产物未知基因的一种有效方法。例如 Arondel 等首次在拟南芥中克隆到了 Fad3 基因。由于定位克隆不仅要构建完整的基因组文库,而且还要做大量的测序工作,操作起来极其烦琐。随着对目的基因进行精细定位,同时构建大尺度的物理图谱,该技术将会得到更广泛的应用。

4. 表型克隆 在有些情况下,既不了解生物体内某个基因的产物,也没有对它们进行基因定位,但是知道该生物在表型上存在差异,那么可以利用表型差异或组织器官特异表达产生的差异来克隆植物基因,这就是表型克隆法。如 San 等用表型差异从拟南芥中克隆出赤霉素合成酶基因。表型克隆法能够将生物表型与基因结构或基因表达的特征联系起来,从而分离特定表型相关基因,这在事先并不要求知道基因的生化功能或图谱定位,根据基因的表达效果就直接分离该基因。

5. 差异显示技术分离基因 生物体中所有的生理和病理变化,不论是由单基因控制的还是由多基因控制的,最终都是通过基因表达的差异体现出来。通过比较不同组织中基因表达,将表达差异不同的基因分离出来,从而为克隆复杂性状相关基因开辟了重要的途径。这就是差异显示分离基因的方案。其基本程序是:①提取两种细胞的 mRNA,反转录后成为两种 cDNA。②采用随机引物进行聚合酶链式反应。③通过扩增产物的电泳分析,分离出不同样品间的差异条带。④将差异 DNA 做成探针。⑤在 cDNA 文库或基因组文库中筛选基因并作功能分析。这种方法灵敏度和成功效率都很高,应用广泛。如小麦热激蛋白基因和水稻蔗糖调节基因的分离等。

6. 基因芯片技术和电子克隆 随着各种生物基因组计划的开展,基因序列、定位、表达和功能等方面研究都积累了大量的数据,这些数据都通过互联网免费向公众开放,基因芯片技术和电子克隆就是人们利用这些数据资源发展起来的基因发现和克隆的主要策略。基因芯片技术就是通过基因芯片将不同组织中表达有差异的基因全部分离出来,然后通过数据库得到这些基因的序列,并进一步得到全长基因和功能分析。电子克隆技术是建立在 EST(基因表达序列标签)库的基础上进行的,基因大规模测序为 EST 库提供了充分的数据,代表了某个组织中表达的全部基因及其数量,然后通过计算机进行相关基因的搜索、拼接、电子杂交等操作,最后挖掘到所需要的基因。

7. 大规模测序与功能基因分析　直至目前,随着二代大规模测序技术的发展和应用,大量的植物、动物和微生物的全基因组测序得以完成,其全基因组范围的功能基因的序列、定位和注释为目的基因的分离提供了强大而系统的数据来源。根据所需目的基因的序列,就可以直接通过常规的基因扩增得到该目的基因片段。当然,功能基因的序列、定位和注释等生物信息工作的正确性和完善性,是对目的基因分离克隆的重要保障。

2.4.1.4　DNA 序列测定

在目的基因获得以后,一项重要的工作就是对所获得的基因进行测序,以比较该基因的核苷酸顺序与已知序列的同源性或者对新的基因进行登记。所谓 DNA 序列分析(DNA sequencing)是指对某一段 DNA 分子或片段的核苷酸排列顺序测定,也就是测定组成 DNA 分子的 A、T、G、C 的排列顺序。测序也常常用于对转化子的序列分析,其结果是最直接、最客观反映转化子中有无目的基因的方法。

核苷酸序列测定的方法,有化学降解法、酶促法(双脱氧终止法)、自动测序法及 PCR 测序新方法等。

1. 化学降解法　化学降解法(chemical cleavage method)是由美国哈佛大学的 A. M. Maxam 和 W. Gilbert 教授发明的,因此也叫 Maxam-Gilbert 法。它的原理是用一些特殊的化学试剂,分别作用于末端具有放射性标记的 DNA 序列中 4 种不同的碱基。这些碱基经过处理后,它在核苷酸序列中形成的糖苷键连接变弱,因此很容易从 DNA 链上脱落下来。丢失了碱基的核苷酸链再经适当处理,就可在缺失碱基处断裂。在进行这些反应时,将反应条件控制在每条 DNA 链上相同的碱基位置都能断开,因此经过处理,产生一系列长短不等的 DNA 片段。经过凝胶电泳按大小将其分离,放射自显影,根据 X 光片上所出现的条带,可直接读出 DNA 分子的核苷酸序列。具体操作见图 2-26。

在化学降解法测序中,化学试剂切割 DNA 链的过程包括碱基的修饰、修饰的碱基从糖环上脱离下来、失去碱基的糖环部位发生 DNA 链的断裂。这 3 个步骤中导致化学切割的特异性是由碱基的修饰作用决定的,其他反应都是相同的。Maxam-Gilbert DNA 序列分析法的碱基特异性的切割反应如表 2-4 所示。

2. 酶促法　酶促反应序列分析法又叫 Sanger 法和双脱氧链终止法(chain-termintor method),是 1977 年由英国剑桥大学的生物化学家 Sanger 教授发明的。该方法的基本思路就是将待序列分析的 DNA 片段作为模板,采用特殊的核苷酸原料和合适的引物,利用 DNA 聚合酶进行 DNA 的复制,根据合成产物的特性进行序列分析。

DNA 聚合酶具有两种酶促反应特性,一是根据待测序的 DNA 模板能合成出准确的互补链,另一是能够用 2′,3′-双脱氧核苷酸作为原料来合成 DNA,而双脱氧核苷酸没有 3′-羟基,从而使链的合成终止。在正常的 DNA 复制合成反应中,加入一定量的特定双脱氧核苷酸(ddATP 或 ddTTP 或 ddCTP 或 ddGTP),就产生了一系列长短不等的 DNA 片段,这些片段的末端都是相同的双脱氧核苷酸。在这些片段末端都加上放射性标记,就可以通过 X 光片子显影读出它们的大小,从而确定特定核苷酸的位置。在 4 个反应管正常的复制合成反应体系

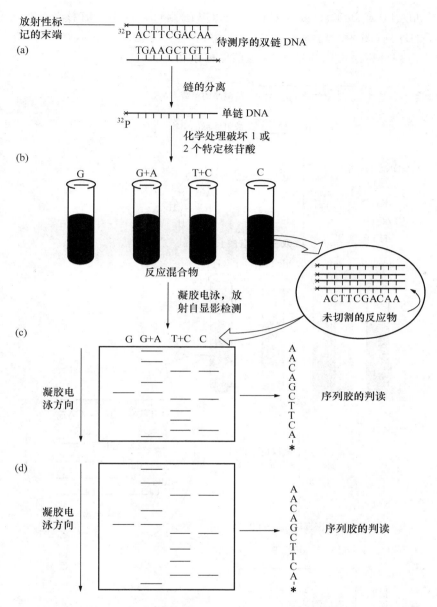

图 2-26 Maxam-Gilbert 化学修饰 DNA 序列法原理

表 2-4 碱基特异性的切割反应

反应	切割	碱基修饰	修饰碱基的转移	DNA 链的断裂
1	G	硫酸二甲酯	六氢吡啶	六氢吡啶
2	G+A	酸	酸	六氢吡啶
3	C+T	肼	六氢吡啶	六氢吡啶
4	C	肼＋盐	六氢吡啶	六氢吡啶

中,分别加入 ddATP 或 ddTTP 或 ddCTP 或 ddGTP,则可以读出所有核苷酸的位置,确定模板 DNA 分子的序列(图 2-27)。

酶促反应序列分析法常用的是 M13 噬菌体体系和 pUC 体系。

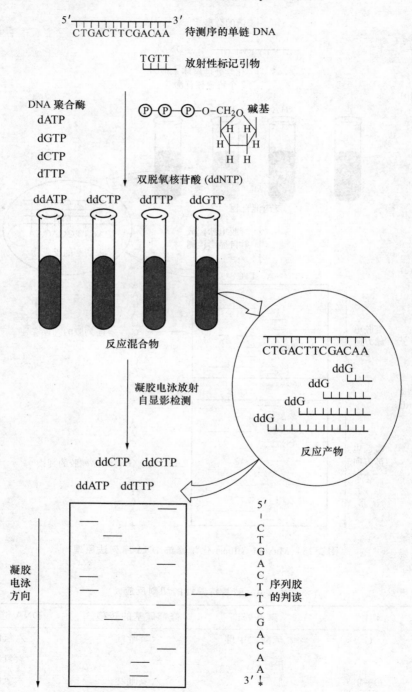

图 2-27　Sanger 双脱氧链终止 DNA 序列分析

3. 自动化测序法　链终止法与化学降解法均为现时较为流行的测定 DNA 序列的方法。但是这两种方法都有其共同的弱点。一是这两种方法都用到放射性同位素作为标记,这需要专门的实验场所操作和存放同位素,而且对实验人员身体健康造成危害。二是 X 光片子显影后,读片的过程十分繁杂。加上目前基因组计划的实施,需要对多种生物的全基因组进行大规模测序,因此必须采用自动化测序来提高效率和保证安全。

Prober 等 1987 年将链终止法加以改进,并与电子计算机程序的自动化技术相结合,加快了序列测定进程,并且不用放射性同位素标记脱氧核苷酸,避免了放射线对操作者的危害。这种技术的实际作法是在每种脱氧核苷酸上分别都以共价键接上不同荧光染料,然后与 4 种三磷酸核苷在同一器皿中,依照上述链终止法条件进行,即会复制出一系列不断增加较长一点的多聚脱氧核苷酸链,其 3′末端都各自带有特色荧光染料的双脱氧核苷酸。为了测定序列,将反应混合物在一条道上进行凝胶电泳,结果这条道上出现一系列有荧光的带。这些有荧光的带中每一条都代表一个碱基在复制链中所在的位置。凝胶荧光测定体系由电子计算机控制。这个体系是用激光激发不同颜色的染料所发生的荧光,用短波长的蓝光及长波长的红光分别测量荧光强度之比值,测定在复制链中各碱基的位置,从而得到 DNA 的序列。熟练的操作者用这种方法一天可测 1 000 个以上的碱基,而现在其他测序方法一般一人一年只能测 50 000 个碱基。这种方法因用电子计算机控制,自动化操作,大大缩短测定时间,而且结果准确可靠,是目前最优越的测序方法(图 2-28)。

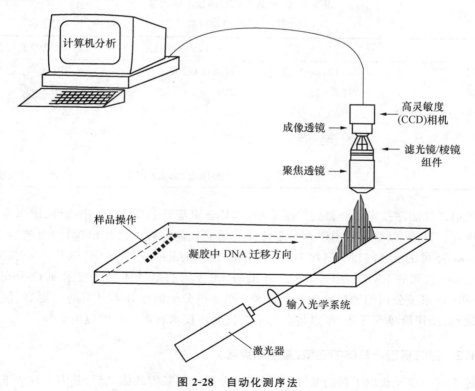

图 2-28　自动化测序法

4. 第二代及第三代 DNA 测序技术　传统的化学降解法、酶促法、自动化测序法以及在它们基础上发展来的各种 DNA 测序技术统称为第一代 DNA 测序技术。随着人类基因组计划的完成,人们进入了功能基因组时代,传统的 DNA 测序方法已经不能满足大规模基因组测序的需求,这促使了第二代测序技术的诞生。第二代测序技术的基本原理是将片段化的基因组 DNA 两端连上接头,然后运用不同的步骤产生几百万个空间固定的 PCR 克隆阵列,其中每个克隆由单个文库片段的多个拷贝组成,之后进行引物杂交和酶延伸反应。由于所有的克隆都在同一平面上,所以这些反应就能够大规模平行进行。相同地,每个延伸所掺入的荧光标记的成像也能同时被检测以获取测序数据。DNA 序列延伸和成像的持续反复构成了相邻的测序阅读片段,经过计算机分析之后就可以得到完整 DNA 序列信息。

第二代测序技术的应用,推动了许多生物体大规模基因组测序前所未有的发展,促进了基于全基因组测序的各学科研究的迅猛进步。第二代测序技术主要包括 Roche 公司的 454 测序技术、Illumina 公司的 Solexa 测序技术和 ABI 公司的 SOLiD 测序技术。454 测序技术是第二代测序技术中第一个商业化运行的测序平台,它利用了焦磷酸测序原理,其优势是较长的读长。Solexa 测序技术也是利用合成测序的原理,实现了自动化样本的制备及大规模平行测序,其优势是需要的样品量低至 100 ng,运行成本较低,性价比较高。与 454 和 Solexa 测序技术的合成测序不同,SOLiD 测序技术是通过连接反应进行测序的,其基本原理是以四色荧光标记的寡核苷酸进行多次连接合成,取代传统的聚合酶连接反应,其最突出的特点是超高通量。这三种第二代测序技术各有所长,其各自特点见表 2-5。

表 2-5　三种第二代测序技术的比较

(引自:李晓艳,2012)

	454 测序技术	Solexa 测序技术	SOLiD 测序技术
所属公司	Roche 公司	Illumina 公司	ABI 公司
上市时间	2005	2007	2007
测序价格/万美元(2007 年)	50	45	59
单次反应数据量/G	0.4	20	50
读长/bp	400	50×2	50
优势	长读长	低测序成本,高性价比	高通量,高准确度

虽然第二代测序技术已经得到广泛应用,但其必须基于 PCR 扩增,准确性、成本等关键问题仍然存在。目前,以单分子测序为主要特征的第三代测序技术已经出现,主要包括 Helicos Biosciences 公司的 tSMSTM 测序技术、Pacific Biosciences 公司的 SMRT 测序技术、Life Technologies 公司的 FRET 测序技术、Ion Torrent 公司的半导体测序技术和 Oxford Nanopore Nechnologies 公司的纳米孔单分子技术。由于单分子测序技术具有通量更高、仪器和试剂相对便宜、操作简单等优势,所以将会比第二代测序技术有更广阔的应用空间。

2.4.2　目的基因与载体的连接(重组与克隆)

通过不同的途径获取了目的基因,选择或构建适当的基因载体之后,基因工程的下一步工作是如何将目的基因与载体连接在一起,即 DNA 的体外重组。基因重组是基因工程的核心。所谓基因重组(gene recombination),就是利用限制性内切酶和其他一些酶类,切割和修饰载体 DNA 和目的基因,并将两者连接起来的过程。

任何基因或 DNA 片段的克隆方案都由 4 个部分组成：①DNA 片段的产生，也就是目的基因的制取；②外源基因 DNA 与载体的连接反应（主要有黏末端连接、平末端连接、同聚物加尾连接和人工接头连接 4 种）；③将重组体 DNA 导入合适的宿主细胞，根据所用载体与宿主细胞的不同，选用转化、转染、转导等不同途径；④通过选择或筛选，找到含有理想重组体的受体（宿主）细胞。

基因重组是靠 T_4 DNA 连接酶将适当切割的 DNA 即目的基因与其载体共价连接的。认真设计构建的重组体分子，是目的基因正确表达的前提。除表达载体的一般标准外，还需要考虑用适当的启动子、增强子等调节序列和终止序列，将外源编码基因置于启动子的转录起始点下游，并审视阅读框架是否正确，这些对表达融合蛋白至关重要。如果研究目的是对某一基因的上游序列进行调控机能分析，则需要考虑适当的报告基因，如 cat 基因、lacZ 基因、β 珠蛋白基因等，将可能具有调控机能的目的基因置于报告基因的上游适当位置。如果考虑目的基因可能有增强子样作用(enhancer-like function)，还应在报告基因下游适当部位设计插入位点。最后，通过限制性核酸内切酶的适当切割、同聚物接尾和人工接头(linker)的运用，实现目的基因与载体的巧妙连接。通常连接的形式有亚克隆、黏性末端连接、平端连接、人工接头连接、同聚物加尾连接等。

1. 亚克隆　这是分子克隆中常用的操作技术之一。把 DNA 片段从某一类型的载体无性繁殖到另一类型载体，如从重组的 γ 噬菌体克隆到质粒，或从某种质粒克隆到另一种质粒，这种过程称为亚克隆(sub-cloning)。

当靶片段末端的限制性内切酶位点与另一载体的限制性内切酶位点相同或者相匹配时，靶 DNA 片段和载体都不必用酶修饰便可连接起来。但是，当靶片段的末端与载体并不匹配时，必须改变其中一个或两个片段的末端形式以便使之连接。通常改变末端形式的方法有以下 3 种。

3′ 凹端补平：使用 Klenow 片段部分补平 3′ 凹端，将不匹配的 3′ 凹端转换为黏性末端；或者完全补平，产生平端 DNA 分子，可与任何其他平端 DNA 相连接。

3′ 突端切除：用 S1 核酸酶、绿豆核酸酶或大肠杆菌 DNA 聚合酶Ⅰ Klenow 片段处理，切除 3′ 突出端。

平端加上合成接头：合成接头是自相互补的两个化学合成的寡核苷酸的等摩尔混合物，这两个寡聚体则可形成带一个或多个限制性酶切位点的平端双链体。因此在平端 DNA 加接头可为其亚克隆操作增加一个或多个限制性酶切位点。目前，有各种各样的合成接头提供，可将靶 DNA 和载体的末端转换成理想的形式。

2. 黏性末端连接　黏性末端连接有两种情况。

(1)同一限制酶切位点连接。由同一限制性核酸内切酶切割的不同 DNA 片段具有完全相同的末端，当这样的两个 DNA 片段一起退火(anneal)时，黏性末端单链间进行碱基配对，然后在 T_4 DNA 连接酶催化作用下形成共价结合的重组 DNA 分子。例如 pBR322 用 Bam HⅠ切割后，环状质粒就被切成具有 Bam HⅠ黏性末端的线性质粒，如果外源基因也用 Bam HⅠ切割，并混于含上述黏性末端质粒溶液中反应，则目的基因的两端就会与线性 pBR322 的两端的黏性末端互补结合，形成氢键吸引的黏合状态。通过连接酶的处理，这种弱的氢键就会变成共价连接的环形重组质粒。

(2)不同限制酶切位点连接。由两种不同的限制性核酸内切酶切割的 DNA 片段、具有相同类型的黏性末端,彼此称为配伍末端(compatible end),也可以产生末端连接。如同属于 CC 族的 *Msp*I、*Hpa*Ⅱ(C↑CGG)和 *Taq*I(T↑CGA);GATC 族的 *Mbo*I(↑GATC)和 *Bam* HⅠ(G↑GATCC);TCGA 族的 *Xho*I(C↑TCGAG)和 *Sal*I(G↑TTCGAC)等,共 7 族 30 多个限制性核酸内切酶,切割 DNA 后,均可与相应的配伍末端相互连接。

同族的酶也叫同裂酶(isoschizomer),是指来源于不同机体但具有相同的识别和切割序列的酶。同裂切割可以产生完全配伍(互补)的黏性末端,便于两个 DNA 片段的连接。例如 *Apy*Ⅰ、*Atu*Ⅰ和 *Eco* RⅠ三种酶识别的序列和切割位点是 CC↑ATGG。

还有一些内切酶,例如 *Bam* HⅠ和 *Sau* 3A 虽然不是同裂酶,但也可产生配伍(互补)的黏性末端。

3. 平端连接　一些内切酶如 *Hae*Ⅲ和 *Hpa*Ⅰ切割产生的 DNA 片段没有黏性末端,而是平末端(blunt end)。具有平末端的酶切载体只能与平末端的目的基因连接。T₄ DNA 连接酶可催化相同和不同限制性核酸内切酶切割的平端之间的连接。平端连接比黏性末端连接要困难得多,其连接效率很低,只有黏性末端连接效率的 1%,故在平端 DNA 片段连接工作中,常常增加 DNA 的浓度,同时用数倍于黏性末端连接的连接酶处理,以期获得比较满意的连接结果。这种连接常出现多联体连接。

4. 人工接头连接　人工接头(linker)是人工合成的具有特定限制性内切酶识别和切割序列的双股平端 DNA 短序列,将其接在目的基因片段和载体 DNA 上,使它们具有新的内切酶位点,应用相应的内切酶切割,就可以分别得到互补的黏性末端,如图 2-29 所示。

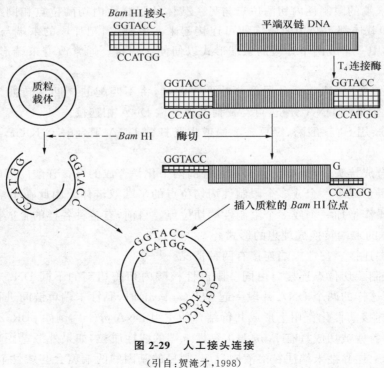

图 2-29　人工接头连接

(引自:贺淹才,1998)

5. 同聚物加尾连接　同聚物(homopolymer)加尾连接是利用同聚物序列之间的退火作用完成的连接。利用末端转移酶(terminal transferase,也称 DNA 转移酶)在 DNA 片段的 3′末端添加同聚物造成延伸部分（如 dA 及 dT 碱基），末端转移酶在二甲砷酸缓冲液的存在下，可以不需要模板，在线状 DNA 分子末端添加上一脱氧核苷酸残基，对于末端转移酶来说，具有平滑末端的 DNA 分子并不是最佳底物，但只要将缓冲液中的镁离子换成钴离子，则也能由双链末端延伸出同聚物末端。由于末端转移酶不具有特异性，在 4 种 dNTP 中任何一种均可作前体物，因此，可以产生由单一核苷酸所构成的 3′同聚物末端（图 2-30）。

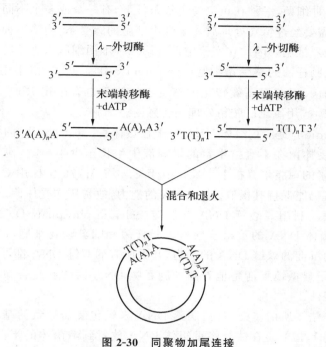

图 2-30　同聚物加尾连接

2.4.3　重组 DNA 向受体的转化

　　在目的基因与载体连接成重组 DNA 以后，将其导入受体细胞进行扩增和筛选，得到大量的重组分子，这就是外源基因的无性繁殖，即克隆（clone）。

　　由于外源基因与载体构成的重组 DNA 分子性质不同、宿主细胞不同，将重组 DNA 导入宿主细胞的具体方法也不相同。重组 DNA 导入受体细胞的方法大体上可划分为：①转化（transformation）：是将重组质粒导入受体细菌细胞，使受体菌遗传性状发生改变的方法；②转染（transfection）：是将携带外源基因的病毒感染受体细胞的方法（其中又分磷酸钙沉淀法与体外包装法）；③微注射技术（microinjection）：是将外源基因直接注射到真核细胞内的方法；④电转化法（electrotranformation）；⑤微弹技术（microneblast technique，也叫高速粒子轰击法 microprojector 或基因枪技术 geneblaster technique）；⑥脂质体介导法（liposome mediated gene transfer）；⑦其他方法：很多高效的新颖的导入方法，如加速冷冻法、碳化硅纤维介导法等正在研究并逐渐达到实用水平。

　　受体细胞也叫宿主细胞，分为原核受体细胞（最主要是大肠杆菌）、真核受体细胞（最主要是酵母菌）、动物细胞和昆虫细胞（其实也是真核受体细胞）。宿主细胞必须具备使外源 DNA 进行复制的能力，并且还能够表达重组体所带有的表型特征，以便于转化细胞的选择和筛选。

将常用的重组 DNA 导入受体细胞方法介绍如下。

1.转化反应　转化反应最早是 1928 年 Griffith 在肺炎双球菌中发现的。其实这种现象广泛存在于细菌当中。大肠杆菌是目前基因工程中最常用的受体细胞。外源基因能够转化进入细菌与细菌的状态有关。能够吸收游离 DNA 片段的细菌细胞称为感受态细胞,或者细菌细胞处于感受态。

自然界中存在 3 种细菌,一种在正常的生长条件下,有一个或多个不同生长时期都处于感受态;另一种细菌则需要经过特殊处理后才表现出细胞的感受态;而第三种细胞无论如何处理也都对转化表现为强烈抵制。因此在实验中选择第二种细菌细胞来进行转化反应。

通常采用的是大肠杆菌的感受态细胞(competent cell),即在冰浴中用一定浓度的 $CaCl_2$ 处理对数生长期的细菌,以获得高效转化的感受态细胞。也有采用 Rb^+、Mn^{2+}、K^+、二甲亚砜、二硫苏糖醇(DTT)或用氯化己胺钴处理制备感受态细胞。

转化(transformation)是使重组体 DNA 分子在热休克(heat shock)的短暂时间内被导入受体。热休克后,将受体菌在不含抗生素的培养液中生长至少半小时,使其蛋白得到足够表达,以便能在含抗生素的琼脂培养板上生长。由于 *E.coli* Ⅺ776 菌株用 $CaCl_2$ 处理后制备的感受态细胞长期冷藏仍能保持其摄取外源 DNA 的能力,故常用作受体菌。

2.磷酸钙沉淀法　利用磷酸钙-DNA 共沉淀(calcium phosphate-DNA coprecipitation),把外源基因与 λ 噬菌体 DNA 的重组子导入大肠杆菌和哺乳动物细胞,简称磷酸钙沉淀法。细胞具有摄取磷酸钙沉淀的双链 DNA 的能力,几乎所有的双链 DNA 都可以通过这种方法导入细胞,而且可在电子显微镜下清楚地看到细胞吞噬 DNA-磷酸钙复合颗粒。此法的转染效率远远不如体外包装法。

3.体外包装转染法　所谓转染,是指病毒 DNA 未经包装而导致的基因转移现象。体外包装(*invitro* package),指的是在体外将重组体 DNA 放置到噬菌体的蛋白质外壳里,然后通过正常的噬菌体感染过程,将它们导入宿主细胞。将重组子噬菌体包装成噬菌体颗粒,使其能够感染细菌,并在宿主菌体内扩增和表达外源基因。

4.共转化　将外源基因与报告基因(report gene)共同导入感受态真核细胞的方法,称为共转化(co-transformation)。应用磷酸钙-DNA 沉淀法将重组 DNA 导入细胞并不困难,但是只有极少量的外源 DNA 分子真正地与宿主 DNA 整合。因此,有效筛选出这些整合有外源基因的宿主细胞,成了磷酸钙-DNA 沉淀转化技术的关键。为此,人们将具有明显表型变化、便于选择的报告基因与目的基因连接或混合起来,再通过磷酸钙沉淀法导入真核宿主细胞。由于整合有报告基因的细胞极易识别和筛选出来,所以共转化过程的同时也可以确定细胞内是否存在外源基因。

5.电转化法　电转化法(electro-transformation),也有人称作高压电穿孔法(high-voltage electroporation,简称电穿孔法 electro-poration),即在受体细胞上施加短暂、高压的电流脉冲,使质膜形成纳米大小的微孔,DNA 能直接通过这些微孔,或者作为微孔闭合时所伴随发生的膜组分重新分布而进入细胞质中。该法可用于真核细胞(如动物细胞和植物细胞)和原核细胞(转化大肠杆菌和其他细菌等)的外源 DNA 的直接导入。

电穿孔法具有简便、快速、效率高等优点,因此既可用于克隆化基因的瞬时表达,又可用于建立整合有外源基因的细胞系。与磷酸钙介导或原生质融合相比,电穿孔往往只产生仅带一个或多个整合外源基因拷贝的细胞系。

　　6.基因枪法　基因枪法(gene gun)又称高速微型子弹射击法(high-velocity micro-projec-tiles)、微弹射击法(microprojectile bombardment),最早由 Sanford 等于 1984 年发明,Klein 等 1987 年首次报道了应用该技术实现外源基因在洋葱表皮细胞的瞬时表达。其原理是,将 DNA 吸附在微型子弹(1 μm)的表面通过放电或机械加速,使子弹射入完整的细胞或组织内。基本做法是,先将外源 DNA 溶液与钨(tungsten)、金等金属微粒(直径 0.5~5 μm)共同保温,使 DNA 吸附于金属颗粒表面,然后放电加速金属颗粒,使之以 400 m/s 的速度直接喷射受体细胞,外源遗传物质随金属颗粒进入细胞内部(图 2-31)。现有各种新设计的弹药枪(化学推进剂动力)、电子枪(以放电为动力)或高压气体(氮气、氢气、氦气)等用于粒子轰击细胞的新工具,具有很大的应用潜力,今后更有效的电子枪将会取代弹药枪。

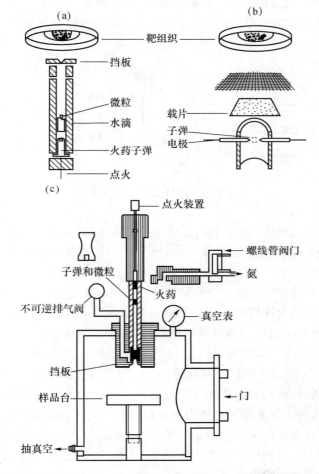

(a)火药爆炸为加速动力　(b)高压气体为加速动力　(c)高压放电为加速动力

图 2-31　基因枪法转基因技术原理

(引自:王关林等,1998)

　　7.微注射技术法　微注射技术(micro-injection),也有人称为直接显微注射(directmicro-injection)。一般是用微吸管吸取供体 DNA 溶液,在显微镜下准确地插入受体细胞核中,并将 DNA 注射进去。此法常用于转基因动物的基因转移。

　　以培养转基因鼠为例。先对供体雌鼠注射怀孕母马的血清和人的绒毛膜促性腺激素,使其超量排卵。然后,在这些雌鼠进行交配后把它们杀死,小心地从输卵管中取出受精卵,随后将外源基因注射进受精卵中。

　　在哺乳动物中,精子进入卵细胞的 1 h 内,精原核(male pronucleus)和卵细胞的核都是分开的。等到卵细胞核完成减数分裂,成为卵原核(female pronucleus)时,核融合才开始。DNA 微注射要在精原核注射时才有效。精原核比卵原核更大,在显微镜下可以找到处于精原核状态下的受精卵。

　　具体操作时,将平皿放置在显微注射仪上,移动载物台,把视野移到受精卵液滴处。注射时,先用显微操纵仪慢慢移动固定受精卵用的微吸管,同时使注射器缓慢减压,吸引目标受精卵并固定之,再用另一侧显微操纵仪移动微注射针,对准精原核迅速刺入,并导入目的基因(图 2-32)。注入的液体量通常为每个卵不超过 10 pL。熟练的操作者每小时可注射 200 个细胞。

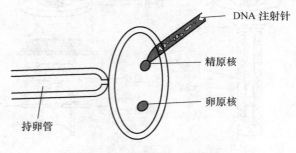

図 2-32　DNA 显微注射技术

　　8.脂质体导入法　脂质体(liposome,又叫作人工膜泡)作为体内或体外输送载体的方法,一般都需要将 DNA 或 RNA 包囊于脂质体内,然后进行脂质体与细胞膜的融合,通过融合导入细胞。

　　脂质体是由脂质双分子层组成的环形封闭囊泡、无毒、无免疫原性。脂质体介导基因的转染率受脂质体的组成及理化性质的影响。根据需要可制备出不同大小(0.03～50 μm)、不同电荷、不同流动性及对 pH 敏感和热敏感的脂质体,可用归巢装置(homing devices),如抗体、糖脂,连接形成靶向脂质体,将其携带的基因特异性地转入靶细胞。目前应用的脂质体有 lipofectin 和用去污剂透析或反相蒸发制备的负电荷脂质体。在体外,脂质体作为基因载体可将基因转化到细菌、真菌、植物原生质和动物细胞中。在动物体内可将基因转入肝细胞、血管内皮细胞、神经组织和肺。外源基因在体内体外均可瞬时表达或稳定表达。

　　9.转化酵母菌　对酵母菌转化常用醋酸锂方法。Elbele 等对转化酵母菌的醋酸锂方法进行简化,使之简单而有效,每份样品仅需 2～3 min 的处理。无论酵母菌处于任何生长期都可被转化。本法也适用于粟酒裂殖酵母。

2.4.4　植物细胞转化技术

　　植物细胞转化技术是指将重组 DNA 通过生物、物理、化学等方法导入植物细胞以获得转基因植株的技术。近年来,植物细胞转化技术得到迅猛的发展,建立了各种转入系统,如以土壤农杆菌(*Agrobacterium tumefaciens*)的 Ti 质粒(tumor inducing plasmid)和发根农杆菌(*Agrobacterium rhizogenes*)的 Ri 质粒(root inducing plasmid)为载体的转化系统,以 PEG 介导的原生质体化学导入法、电击法、基因枪法、花粉管通道法等的 DNA 直接转移方法。下面将目前应用广泛、效果较好的几种方法加以介绍。Ti 质粒结构示意图见二维码 2-6。

二维码 2-6　Ti 质粒结构示意图

2.4.4.1　重组 DNA 载体转化法

重组 DNA 载体转化法简称载体法，即以载体为媒介的基因转移，就是将目的基因连接于某一载体 DNA 上，然后通过宿主感染受体植物而将外源基因转入植物细胞的方法，这是目前最常用的一种方法。以土壤农杆菌 Ti 质粒转化法为例，载体为 Ti 质粒，宿主为土壤农杆菌，通过土壤农杆菌感染受体植物，将 Ti 质粒上的目的基因转入植物细胞。目前的载体法按载体种类不同，分为以土壤农杆菌 Ti 质粒和 Ri 质粒介导的转化法，以及植物 DNA 病毒等介导的转化法。按操作方法不同，又可分为创伤植物感染法、原生质体共培养法和叶盘法等。

1. 根癌农杆菌介导的基因转移技术及应用　1983 年 1 月，比利时 Gent 大学的 M. V. Montagu，J. Sehell 和美国 Monsanto 公司的 R. Frally 报道了将根癌农杆菌中脱毒的 Ti 质粒转移到了植物基因组中，从此标志着植物遗传工程的开始。目前绝大多数双子叶植物的转基因技术都是通过该技术来完成的。

根癌农杆菌是使受感染植物形成冠瘿瘤（tumor）的病原因子。冠瘿瘤的形成是由于根癌农杆菌含有一种大的 Ti 质粒（plasmid），它是一组控制植物激素（生长素、细胞分裂素）基因从根癌农杆菌转移并整合到植物细胞基因组的结果。Ti 质粒中能够转移的部分称为 T-DNA（transerDNA）。切除 T-DNA 区的植物激素合成基因，插入目的基因，可使根癌农杆菌丧失诱导细胞恶性增殖的能力，从而构建有效的植物转化系统。

根癌农杆菌介导的基因转移技术是目前应用最广泛、最成功的转基因技术。该方法简单易行，受体范围广，在具备组织培养条件的实验室即可进行。由根癌农杆菌介导的外源基因，绝大多数的表达稳定性都较好。基因转移的成功率，在很大程度上受敏感植物细胞的调节，一般来说，在双子叶植物中的转化率大大高于单子叶植物，对于某些单子叶植物不能形成愈伤组织，使基因转移难以实现。到目前为止，根癌农杆菌介导的基因转移获得成功的蔬菜有萝卜、芜菁、芥菜、甘蓝、黄瓜、南瓜、番茄、莴苣、豌豆、马铃薯、甜椒、辣椒、芹菜、石刁柏等；水果有苹果、李子、葡萄、核桃、草莓、猕猴桃等；花卉有矮牵牛、菊花、康乃馨等。

2. 病毒衍生载体转化　病毒衍生载体是最近新出现的一种用于植物转化的载体。与 Ti 质粒衍生的载体相比，这类载体比较小，便于在实验室中进行操作，而且这类载体只要与植物细胞共培养就可以较高效率感染植物细胞，并在植物细胞中高水平地表达外源基因。但是病毒衍生载体的容量有限，而且至今还没有确定的证据表明植物病毒是否可以整合进植物细胞的基因组中。有人认为多数植物病毒难以在植物种子中保存，也就是说，转入的外源基因稳定遗传的可能性不大，因此目前植物病毒衍生的载体还得不到广泛应用，但是它仍然是植物转化方面的一个重要领域。

目前最常用来构建载体的植物病毒是烟草花叶病毒（tobacco mosaic virus，TMV）。在构建 TMV 载体时，可以将外源基因置于外壳蛋白基因启动子的调控之下，这种载体可以通过系统侵染感染植物并高效表达外源基因。例如有人曾用这一方法在植物中高效表达了一种具有抗 HIV 潜力的核糖体激活蛋白（ribosome inactivating protein，RIP）α-天花粉蛋白（α-trichosanthin）。

3. 载体转化具体方法

(1)创伤植株感染法。创伤植株感染法,是指把新鲜培养的根瘤土壤农杆菌接种在植物的伤口部位,从而诱发肿瘤形成,此方法的关键是必须在植株上形成新的伤口,并使用生活力强的细菌培养物。造成伤口的方法有很多,如刀切、针刺和切除植株幼嫩枝的顶部。吴乃虎等(1989)利用 onc$^+$ 质粒载体和 onc$^-$ 质粒载体实现了外源基因的转移。

(2)原生质体共培养法。原生质体共培养法,是指将刚刚再生出的新细胞的原生质体与农杆菌作短暂的共同培养,以促使植物细胞发生转化的方法。应用这种方法转化植物细胞,可以根据特定的抗生素抗性或植物激素自养性快速地鉴定出来,其转化频率可高达 5%,由于转化似乎是从单细胞或双细胞阶段发生的,因此转化愈伤组织绝大部分从一开始就是单克隆的,在大多数情况下无须附加进行单细胞克隆这一步。此法的优点在于可以从同一转化细胞产生出一批遗传上统一的转基因植物体。它的缺点是只有活性非常高的健康的原生质体才能共培养转化,因此该法适用于为数不多的几种植物。

(3)叶盘法。叶盘法(leaf disc transformation)是一种简单易行的植物细胞转化、选择与再生的方法,1985 年由 R. B. Horsch 等发明,也是目前植物转基因应用最广泛的方法。

具体的做法是先将植物材料如番茄叶子表面消毒,再用消毒过的不锈钢打孔器在叶上打出直径 1~1.5 cm 的圆片,即叶盘(leaf disc),放在农杆菌培养液中浸泡 2~3 min,然后用滤纸吸干,叶盘背面向下在铺有灭菌滤纸的培养基上共培养 2 d,使农杆菌继续侵染叶盘细胞,以提高转化率。2 d 后,将叶盘转移到含有适当抗生素的培养基上培养,经过 1~2 周后,叶盘周围会长出愈伤组织,然后将愈伤组织转移到生芽培养基(shooting medium)上,进行筛选与再生,接着再转移到生根培养基(rooting medium)上诱导生根,使之发育成完整植株,最后将小植株移栽到土壤中。通过对幼苗进一步检测(如胭脂碱吸印法、Southern 吸印法、Northern吸印法、Western 吸印法等)可以确定植株细胞基因组中是否含有外源基因及外源基因的表达情况。

叶盘法的优点是操作简便,适用性广。对于那些能被农杆菌感染并能从离体叶盘形成愈伤、再生成完整植株的各种植物都适用,尤其是双子叶植物转化效果好。此法具有良好的重复性,便于大量常规地培养转化植株,已成为双子叶植物外源基因导入的主要手段。目前,用这种方法所得的转化体,其外源基因能稳定地遗传和表达,并按照孟德尔遗传规律方式分离。

2.4.4.2 植物细胞外源基因的直接转化法

直接转化法又叫 DNA 直接导入法,是指不需要载体,而利用物理、化学的方法将外源基因导入受体植物细胞的技术。此法可克服载体法的寄生局限性,在单子叶植物的基因转移中显示了广阔的前景,下面将近些年发展起来的方法做一介绍。

1. 电击法(electroporation)   基本原理同 2.4.3 中的电转化法,具体做法有所不同,植物细胞首先酶解去壁,获得原生质体(protoplast),并与外源基因混合置于电击仪的样品小室中,然后在一定的电压下进行短时间(微秒或者毫秒)直流电脉冲,电击后的原生质体被移至培养基中培养、筛选并诱导新植株的分化。

迄今为止,利用该技术转入植物细胞并获得表达的基因有 Ti 质粒的 T-DNA,CAT 基因、NPT Ⅱ基因等,禾谷类作物原生质体再生植株方面已有很大突破,如水稻原生质体相继在法国、日本和中国的多个实验室获得再生植株,玉米原生质体再生植株也已在中国和美国相继取得成功,这对利用电击法进行基因转移的研究工作无疑是很大的推动。

2. 基因枪法　原理同 2.4.3 中的基因枪法(gene gun)。该法的优点是转化受体可以是原生质体、单细胞或组织块,避免了只用原生质体作受体而引起的再生困难;另外,由于喷射面广,转化频率高,操作迅速、简单,因此该法具有广阔的应用前景。目前已成功地将外源 DNA 送入洋葱的表皮细胞及玉米盾片、水稻、玉米、小麦、烟草、大豆、木薯等作物的组织中,并得到了很好的表达。基因枪法仍存在着转化效率低、外源基因向植物中插入不够精确和稳定性不高等缺点。随着基因枪性能以及轰击条件的不断完善,该技术的应用效果将得到进一步提高,应用前景也越来越广阔。

3. 激光微束穿孔法　激光是一种很强的单色电磁辐射,一定波长的激光束经聚焦后到达细胞膜表面时,其直径大小为 $0.5 \sim 0.7~\mu m$,这种直径很小但能量很高的激光微束可引起膜的可逆性穿孔,因此,人们利用激光的这种效应对细胞进行遗传操作。

激光微束穿孔法的具体做法是,在荧光显微镜下找到适当的细胞,然后用激光光源替代荧光光源,聚焦后发生激光微束脉冲,细胞壁被击穿,DNA 分子随之进入细胞。

1987 年 Weber 等利用这一技术将外源 DNA 分子导入原生质体、花粉及完整生活细胞内的叶绿体中,黄大全等也利用这一技术将 GVS 基因引入水稻并获得表达。由于激光孔径小,这一技术为开展线粒体、叶绿体的遗传工程及细胞质遗传的研究提供了有效的手段。

4. 细菌圆球体融合法　细菌圆球体是指去除了细胞壁的细菌细胞。细菌圆球体与脂质体类似,可以通过与原生质体融合及吞噬作用,将外源遗传物质引入植物细胞。利用细菌圆球体转移基因的优点是不需游离和纯化的质粒 DNA,且细菌染色体 DNA 的存在,可作为一种附加的植物内切酶底物,使载体 DNA 能保持足够长的时间以使其整合到核内,导致确定的转化。

5. 多聚物介导法　聚乙二醇(PEG)、多聚赖氨酸等是人们常采用的协助基因转移的多聚物,其中尤以 PEG 研究最多。PEG 介导的转化原理是,PEG 和二价阳离子(如 Ca^{2+}、Mg^{2+}、Mn^{2+} 等)及 DNA 在原生质体表面形成沉淀颗粒,通过原生质体的内吞作用而吸收外源 DNA。多聚物还常与其他方法,如电击法、脂质体介导法、细菌圆球体融合法等结合使用,以协助外源基因的转移。该方法简单易行,由于原生质体容易吸收外源 DNA,使基因转移较容易;缺点是受体仍需要去除细胞壁的原生质体。目前,利用该技术成功获得的转基因作物有草莓、莴苣、甘蓝、油菜、玉米、水稻、大豆、烟草等。

6. 花粉管通道法　此法将外源 DNA 涂于授粉的柱头上,然后外源 DNA 沿花粉管通道或传递组织,通过珠心进入胚囊,来转化尚不具备正常细胞壁的卵、合子及早期的胚胎细胞。这一方法简单易行,一般育种工作者易于掌握,且能避免体细胞变异等问题,故为国内外广泛采用。有人报道采用花粉管通道法将 NPTII 基因转入水稻,并证明该基因已整合到水稻基因组上。为提高转化效率,简化操作程序及避免组培的困难,新的方法还在不断涌现,如直接注射法、脂质体法、超声波法、气枪法、涡流法、花粉介导法等。

2.4.5　重组体的筛选与外源基因的鉴定

2.4.5.1　重组体的筛选

在利用载体间接转化外源基因或直接转化处理之后,大部分受体细胞是没有被转化的,这就需要采用特定的方法将转化细胞与未转化细胞区分开来。

为了淘汰未转化的细胞,人们试验了各种不同的基因作为转化的报告基因(reporter

gene），包括一些显性的选择标记基因，以及可用特定方法检测其蛋白质产物的基因（表 2-6）。例如，在植物基因工程中，转化细胞的筛选常采用抗生素抗性基因及抗除草剂基因（总称筛选基因）的选择法，即转化的植物细胞能够抵抗一定浓度某一特定的抗生素或除草剂，转化细胞再生成完整的植株，而没有转化的植物细胞在这种抗生素或除草剂存在的情况下枯黄，不能再生。目前常用的报告基因有 NOS（nopaline synthase）、OCS（octopine synthase）、CAT（chloramphenicol acetyl transferase）、NPTⅡ（neomycine phosphotransferase）、LUC（firefly luciferase）和 GUS（β-glucuronidase）基因等（表 2-6），其中 GUS 基因和 NPTⅡ 基因能耐受氨基末端融合，而且检测简单，是目前应用最多的报告基因。在植物基因工程中双子叶植物（如番茄、辣椒、马铃薯）的转化及部分单子叶植物的转化用 NptⅡ 基因所抗的卡那霉素（kanamycin）来筛选。近年来抗除草剂基因作为筛选标记应用得越来越多，含抗除草剂基因的转基因植物没有发现对人畜有毒害作用。

表 2-6　植物细胞中适用的报告基因
（引自：瞿礼嘉，1999）

酶活性	是否显性选择	检验方法是否成熟
新霉素磷酸转移酶（卡那霉素激酶）	显性	成熟
潮霉素磷酸转移酶	显性	成熟
二氢叶酸还原酶（四氢叶酸脱氢酶）	显性	成熟
氯霉素乙酰基转移酶	显性	成熟
庆大霉素乙酰基转移酶	显性	成熟
胭脂碱合成酶	隐性	成熟
章鱼碱合成酶	隐性	成熟
β-D-葡萄糖苷酶	隐性	成熟
链霉素磷酸转移酶	显性	成熟
萤火虫荧光素酶	隐性	成熟
细菌荧光素酶	隐性	成熟
苏氨酸脱氢酶	显性	成熟
5-enolpymvylshikimate-3-磷酸转移酶	显性	不成熟
磷酸肌醇乙酰转移酶	显性	成熟
乙酰乳酸合成酶	显性	不成熟
绿色荧光蛋白	显性	成熟
bromoxynil 硝化酶	显性	不成熟

2.4.5.2　重组体的鉴定

经过转化的重组体，如转基因微生物、转基因动物和转基因植物细胞，经过培养在其形成了一定的菌株、品系之后，就需要对它们进行鉴定，检验它们在生长发育、传宗接代过程中是否保留了已获得的外源基因。

随着分子生物学及基因工程技术的发展，会有越来越多的转基因生物的鉴定方法出现，并且可从不同的程度、不同的层次来检验外源基因是否存在。下面将常用的转基因生物鉴定方法作简要介绍。

1. 报告基因的检测法　这是一种快速而简易地区分转基因生物和非转基因生物的方法。报告基因（report gene）检测法，就是指在构建目的基因时将一种报告基因（如 GUS 基因）构建在一起，当目的基因转化受体细胞时，报告基因一同被转入。这种报告基因是受体细胞本身基因组中不存在的，而且具有易于检验的表型。目前植物基因工程中常用的报告基因有：GUS（β-glucuronidase）基因、NPT Ⅱ 基因、CAT（chloramphenicol acetyl transferase）基因、NOS（nopaline synthase）基因、OCS（octopine synthase）基因、LUC（firefly luciferase）基因等。报告基因检测方法见二维码 2-7。

二维码 2-7　报告基因检测方法

（1）GUS 基因。即 β-葡萄糖苷酶基因（β-D-glucuronidase，GUS）。最常用的就是大肠杆菌的 GUS 基因。该基因编码的酶很稳定，而且在一般植物中都没有这种酶。该基因的产物葡萄糖苷酶能降解葡萄糖苷键。用化学合成的方法合成一些具有葡萄糖苷键的化合物，经降解后变成两种或多种具有某种特殊性质的物质。使用不同的酶反应底物，这个基因的表达产物可以分别用分光光度计法、荧光分析法和组织化学元素法等多种方法来检测，反应灵敏度高，由此为检测基因的转化及转化基因在受体细胞中的表达提供了方便的手段。例如，GUS 基因在转入植物组织后，可将无色底物 5-溴-4-氯-3-吲哚-β-D-葡萄糖醛酸（5-bormo-4-chloro-3-indolyl-β-D-glucuronate）水解，产生蓝色的水解产物，观察产生的蓝色反应即可对 GUS 基因的表达进行分析。GUS 基因是目前植物基因工程中使用最多的报告基因，英国植物育种研究所（PBI）设计了一个包含 GUS 基因的很好的载体，转化植物组织或叶片的提取液，经过颜色反应，可在仪器上直接测到该基因是否表达。

（2）NPT Ⅱ 基因。即新霉素磷酸转移酶基因，是从细菌转座子 Tn5 分离出来的。该基因编码的酶能将 $[\alpha\text{-}^{32}P]\text{-}dCTP$ 上具有放射性的 γ 磷酸基转移到新霉素分子上。新霉素能与 ^{32}P 磷酸纤维素离子交换滤纸相结合，经过放射性自显影，就可以检测出 NPT Ⅱ 基因是否表达，因此，也可以在含卡那霉素的培养基中筛选被转化的细胞。

（3）CAT 基因。即氯霉素乙酰转移酶基因，是从细菌转座子 Tn9 中分离出来的。在乙酰辅酶 A 存在的条件下，该酶能将氯霉素（用 ^{14}C 标记过）转变为乙酰化衍生物。因此，将 ^{14}C 标记过的氯霉素和乙酰辅酶 A 与转化过的植物细胞或愈伤组织提取液进行反应，通过薄层层析，可以把乙酰化和未乙酰化的氯霉素分开。经放射自显影，就可以知道这种酶是否存在，也就知道 CAT 基因是否表达了，用这种方法还能粗略地估计 CAT 基因表达的程度。

（4）NOS 基因。即胭脂碱合成酶基因，它是农杆菌 Ti 质粒上的一个基因，表达产物是胭脂碱合成酶（nopaline synthase），此酶的催化产物是胭脂碱，这种物质通过一定操作在紫外光下可以直接检测。在常用的中间载体上几乎都带有此基因，将选择出的转化细胞所形成的愈伤组织或植株的某一部分取样，经过纸层析，在紫外光下可直接鉴定 NOS 基因表达后的生成物。

（5）LUC 基因和 GFP 基因。LUC 基因是荧光素酶（luciferase）的基因，荧光素酶能够引起萤火虫在夜晚发光。人们将编码这种酶的基因从萤火虫细胞中克隆出来，换上一个植物的启动子，再转移到植物细胞中去就可以使转化的植物细胞发出微弱的光，通过非常灵敏的仪器或 X-光片可直接检测出来。将目的基因和 LUC 基因连在一起转入植物细胞，通过上述方法，则可知目的基因是否已被转入植物基因组中。

GFP 基因即绿色荧光蛋白(green fluorescence protein)基因,是从水母中分离得到的一种报告基因。这种基因的产物经一定波长的紫外光照射后,可以激发出绿色荧光。这种基因最早是由下村修等人在 1962 年在一种学名 Aequorea victoria 的水母中发现,基因所产生的蛋白质发出绿色荧光的过程中,还需要冷光蛋白质 Aequorin 的帮助,且这个冷光蛋白质与钙离子(Ca^{2+})可产生交互作用。2008 年,美籍华裔科学家钱永健,因研究绿色荧光蛋白方面的突出贡献而获诺贝尔奖。目前,这种报告基因已被广泛地应用于基因调控和发育模式的研究中,特别适用于在活体中进行原位检测。

随着研究的进展,还有一些新的报告基因在不断出现,如黄色荧光蛋白(yellow fluorescent protein,YFP)可以看作绿色荧光蛋白的一种突变体。随着食品安全意识的提高,报告基因的选择日益受到重视,如果它的表达会干扰正常的生物体机能或产生影响食品安全的产物时,就不能用于植物的转化。

2.转基因生物的 PCR 鉴定　　PCR 能够特异性的扩增出目的基因片段,是一种检测外源基因整合的常用方法。这种方法操作简单、快速灵敏,能够在较少的样品中检测出所转入的目的基因。这是在基因转化后得到再生生物体后,特别是再生植物体,要进行的初步外源基因整合鉴定。另一方面,由于 PCR 扩增十分灵敏,在实验中容易出现基因污染和假阳性,因此,对外源目的基因整合的鉴定还需要进一步的 Southern 杂交鉴定。

(1)PCR 鉴定的原理。PCR 鉴定的基本过程是,以被检测的 DNA 为模板,在外源基因的两侧设计合适的引物,通过 PCR 反应进行扩增,然后通过凝胶电泳分析扩增产物。如果被检测植株中已经转入了外源基因,则可以得到扩增产物,电泳时能够在相应大小的位置出现条带。如果被检测植株中不含有外源基因,则电泳后在相应位置不会出现基因条带。

(2)PCR 扩增体系。

①模板:一般来说,PCR 对模板 DNA 的质量要求并不高,甚至可以直接用细胞裂解液进行扩增反应。但是裂解液中成分复杂,目的基因浓度较低,扩增反应后会造成很多非特异性条带,给分析带来很大的误差。质量较高的 DNA 对 PCR 扩增十分有利,但是 DNA 的纯化分离步骤过多,污染的概率增大,不利于扩增结果的分析。

为了排除扩增反应中的假阴性和假阳性问题,为了确保检测的真实性,还需要设置阴性对照和阳性对照,在实验中要设置 3 个对照:第一是空白对照,无任何 DNA 模板;第二是阳性对照,以外源基因的重组质粒 DNA 作为模板;第三是阴性对照,以非转化植株基因组 DNA 作为模板。

②引物:引物及设计的原则为:a. G+C 含量应在 45%~55%;b. 3′端最后一个碱基不能选 A;c. 碱基序列应随机分布,避免单一碱基的连续排列;d. 两个引物之间不要发生互补,以免生成引物二聚体;e. 防止引物内部形成二级结构。

引物设计时要知道外源基因的序列,根据上述原则设计即可。对于转入的外源基因与受体的基因高度同源,或完全相同时,则不能以该基因的序列来设计引物。此时要选择其他 DNA 片段,如启动子序列、终止子或标记基因等。

③Taq 酶:Taq 酶的最大优点就是较高的热稳定性,在 PCR 循环过程中一直保持较高的活性。该酶的高温半衰期为:92.5℃,130 min;95℃,40 min;97℃,5 min。此外,Taq 酶能在相当宽的温度范围内保持核苷酸聚合活性,只是速度有所不同,其中以 70~75℃最高。所以在 PCR 反应循环中,采用 95℃的变性温度和 72℃的链延长温度。

④dNTP:在反应中,dNTP 的浓度较高时,聚合反应加快,同时碱基的错误参入率增加。而低浓度的 dNTP 导致反应速度减慢,但是可以提高产物的特异性。

⑤反应缓冲液:PCR 反应的缓冲液一般含有 10～15 mmol/L Tris-Cl、50 mmol/L KCl、1.5 mmol/L MgCl$_2$。其中 Mg^{2+} 的浓度尤为重要,浓度过低,产物量下降,甚至扩增不出产物;浓度过高,则容易造成非特异性的产物积累,影响结果分析。因此 Mg^{2+} 对扩增反应的成败至关重要。

(3)扩增结果的分析。扩增反应完成后,通过琼脂糖凝胶电泳分离扩增条带,并在紫外光下观察扩增结果(图 2-33)。扩增结果分析情况时:①空白对照中没有任何条带出现,若出现条带,则是试剂中有 DNA 的污染;②阳性对照应该有条清晰的特异性条带,并且条大小与预期一致;③非转化植株在相应大小的位置不同出现条带;④待检测的样品中若产生与阳性对照相同的特异性条带,可初步认为样品中含有外源基因。

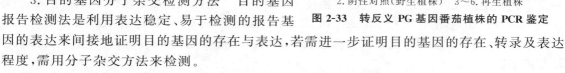

M. DL2 000 DNA Marker　1.阳性对照(质粒)
2.阴性对照(野生植株)　3～6.再生植株

图 2-33　转反义 PG 基因番茄植株的 PCR 鉴定

3. 目的基因分子杂交检测方法　目的基因报告检测法是利用表达稳定、易于检测的报告基因的表达来间接地证明目的基因的存在与表达,若需进一步证明目的基因的存在、转录及表达程度,需用分子杂交方法来检测。

(1)探针的制备。基因探针(probe)是一段与目的基因互补的核酸序列,可以是 DNA,也可以是 RNA,用它与待测样品 DNA 或 RNA 进行核酸分子杂交,可以判断两者的同源程度。作为基因探针,必须是单链而且带有容易被追踪和检测出来的标记。

基因的制备方法有很多,可分为放射性同位素标记法和非同位素标记法。由于同位素具有半衰期短、污物处理麻烦、昂贵、自显影时间长及对人体有害等缺点,非同位素标记法在近几年发展较快。目前放射性同位素标记法较为常用的是缺口平移法和随机引物标记法。非同位素标记法主要有生物素标记法、酶(蛋白质)标记法、半抗原标记法。

①缺口平移法:利用低浓度 DNase 在 DNA 链上产生缺口及大肠杆菌 DNA 聚合酶Ⅰ的 5′→3′外切酶活性及 5′→3′聚合酶活性,使 DNA 链上的核苷酸不断被切除,而带放射性同位素标记的前体 dNTP 不断填入缺口位置,形成具有高比活性的标记探针。

②随机引物标记法:以随机的六核苷酸混合物为引物,单链 DNA(常用目的 DNA 的一段)为模板,在 Klenow 聚合酶催化下合成 DNA 互补链,4 种合成原料 dNTP 中,有一种(如 [α-^{32}P]dCTP)或多种是放射性单核苷酸。DNA 探针模板可直接从胶中分离得到。此法标记频率很高,但标记链与模板链比值小于或等于 1,一般比放射性可达 1.0×10^9 cpm/μg DNA。

③生物标记法:将生物素直接或间接共价连接在探针上,然后利用抗生素-酶偶联体与连接在探针上的生物素特异性结合性质,及酶-底物反应产生特殊颜色的性质,指示出杂交的位置。标记方法可分为参入法、末端标记法和光化学法,参入法是先制备生物素 dNTP 或生物素 NTP,再由体外 DNA 或 RNA 合成体系使生物素标记前体参入被合成的 DNA 或 RNA 链中。末端标记法有两种途径:一是利用化学反应在探针片段的 3′端或 5′端加上"桥"或"连接臂",再将生物素接在"桥"或"连接臂"上;二是通过酶促反应将生物素连接在探针的末

端。光化学法是采用光敏素代替生物素,在可见光照射后即与单链或双链核酸形成交联,该法具有快速、安全、成本低、标记探针稳定和易于纯化等特点,但灵敏度较低,只能用于多拷贝基因的检测。

④酶(蛋白质)标记法:将酶通过"桥"或"连接臂"直接连接在探针上,然后利用酶-底物的显色反应指示杂交反应的位置。此法灵敏度高于生物素标记探针,且可直接显色,操作简便快速。

⑤半抗原标记法:将某些具有一定抗原性的物质连接在探针片段上,然后利用抗体荧光素偶联体或抗体酶偶联体与抗原的特异性结合,用荧光素或酶的显示反应来指示杂交反应的位置。

总的来说,非同位素标记法在灵敏度、稳定性方面还不如同位素标记,科学家们正致力于这方面的研究。目前已有一些非同位素标记系统制成试剂盒作为商品出售,如地高辛标记试剂盒,该标记系统可利用显色反应或化学发光原理通过杂交检测指示。

(2)分子杂交技术。为了从分子水平鉴定目的基因是否已经整合到受体细胞中,是否转录,是否表达,经常用到基因探针杂交技术,即用已知基因片段(往往是目的基因片段)制作的探针,与待测样品的基因片段进行核酸分子杂交,从而判断二者的同源程度。到目前为止,这一技术日臻完善,已广泛应用于食品生物技术的研究中。这种技术通常包括原位杂交、点杂交(dot blot)、Southern 杂交(Southern blot)、Northern 杂交(Northern blot)、Western 杂交(Western blot)等。后三者需要琼脂糖凝胶电泳(agar gel electrophoresis)与分子杂交相结合的分析手段。

①点杂交:将待测 DNA 或 RNA 或细胞裂解物变性后直接点在硝酸纤维素膜(nitrocellulosefilter)上,不需限制性酶进行酶切,即可与探针进行杂交反应。该技术对于基因拷贝数多的样品很适合,具有间接快速的特点,一般可作大批量样品的筛选。

②Southern 杂交:Southern 杂交是 1975 年由 Southern 首创的,以后又由多人改造,目前被认为是最经典和应用最广泛的杂交方法。根据基因探针与待测 DNA 限制酶的酶解片段杂交带谱,可以直接确定是否已经转入受体细胞并整合到受体细胞的基因组中。

Southern 杂交的基本原理和操作过程是:提取重组体总 DNA,限制性酶切后进行琼脂糖凝胶电泳,在碱溶液中使 DNA 变性即双链变为单链,再经毛细管虹吸作用被原位转移到硝酸纤维素膜或尼龙膜上,将膜上的 DNA 烤干固定后加入杂交液和标记探针进行杂交,洗去多余探针,在 X 光底片上放射自显影(图 2-34)。

③Northern 杂交:Northern 杂交的基本原理与 Southern 大致相同,只是检测的对象不是 DNA,而是 RNA。具体做法大致是:提取重组体总 RNA 或 mRNA,在强变性剂如甲基汞或甲醛存在的情况下(防止 RNA 形成二级结构环),进行琼脂糖凝胶电泳,电泳后,将电泳分离开的 RNA 原位吸印到经化学处理过的纸或硝酸纤维素膜上,用同位素标记的探针进行杂交,然后放射自显影,根据 X 光片上的条带,可以了解与探针互补的 RNA 的大小及数量,由于 RNA 比 DNA 更易受到各种因素的降解,整个操作过程必须十分小心,按规程操作。对转基因生物 Northern 杂交显示阳性,说明外源基因已经转入受体基因组中,并且顺利地进行转录,形成 mRNA。

④Western 杂交:Western 杂交主要是用于检测外源基因在转化细胞中的表达情况,即是否进行了翻译,是否产生了外源基因所编码的蛋白质(图 2-35)。

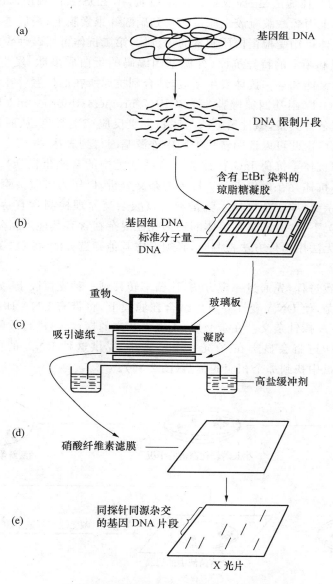

图 2-34 Southern 杂交的基本过程

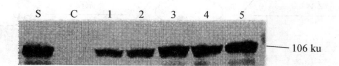

S.阳性植株 C.阴性植株 1~5.转基因再生植株

图 2-35 转基因水稻 Western 吸印杂交结果图

(引自:张方等,2003)

Western 杂交的具体做法是:提取重组体蛋白质,用 SDS-聚丙烯酰胺凝胶电泳分离蛋白质,然后将蛋白质从聚丙烯酰胺凝胶上原位转移到硝酸纤维素膜上,最后进行抗体与抗原结合反应。其中,第一抗体可用受检蛋白质制备的兔抗体,第二抗体可用碱性磷酸酶连接的羊抗体 IgG。第一抗体可以和膜上的特异抗原(外源基因编码的蛋白质多肽)发生免疫反应,从而结合在膜上,第二抗体又能和第一抗体发生反应,结合到抗原所在的位置。在第二抗体上连有碱性磷酸酶,在底物 NBT(硝基四氮唑蓝)和 BCIP(5-bromo-4-chloro-3-indolylphosphate)存在的情况下,如果反应条件具备,碱性磷酸酶与底物发生反应产生紫色,从而标出抗原和第一抗体在膜上作用的位置,由此可以证明转化细胞中外源基因得到表达,并产生了由它编码的蛋白质。但是,由于第二抗体羊抗兔 IgG 往往会与有些细胞中的某些蛋白质成分发生免疫反应,因此,需另作无第一抗体存在而仅有第二抗体的杂交分析,以作为对照实验。

⑤原位(菌落)杂交:原位杂交技术就是利用核酸杂交原理检测含有特殊 DNA 序列的重组分子。在许多情况下,含有理想重组体的细菌往往混杂在含有其他重组分子的细菌之中,当理想重组体的存在无法用遗传方法检测时,必须考虑其他筛选方法,原位(菌落)杂交法是最常用的方法之一。

原位杂交的大致过程:先通过一定方法,让菌落转移到一种支撑膜上,如硝酸纤维素滤膜,然后裂解膜上的细菌,使 DNA 变性并原位结合在滤膜上,将带有 DNA 印迹的滤膜与放射性标记的 RNA 或 DNA 探针杂交。在杂交后,先洗未杂交的探针,再进行放射性自显影,与探针有同源性的 DNA 印迹将会显露在 X 光片上。显然,提供这种 DNA 的菌落包含着理想的DNA 序列,可从主盘中找到那个相应的菌落(图 2-36)。

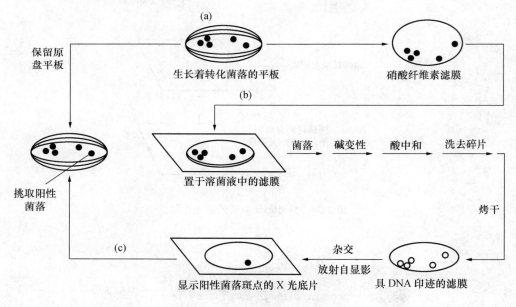

图 2-36　原位(菌落)杂交

原位杂交手段对鉴定真核生物基因文库中的特定重组体很有价值。因为此法能适应大量菌落的检测。

此法稍加修改,就可适用于噬菌斑的筛选。它的做法是将硝酸纤维素膜盖在培养基表面,使噬菌斑和滤膜直接接触。噬菌斑中含有相当量的未包装的重组 DNA，它们可以结合到滤膜上，并进一步使其变性、固定和杂交。这种方法的优越性是从一个盘子上，很容易得到几张含有同样 DNA 印迹的滤膜，这不仅使筛选的结果有重复，增加了可靠性，同时也使一批重组体可用两个或两个以上的探针进行重复筛选。

2.4.6　反义基因技术

反义基因技术（antisense technique）是 19 世纪 80 年代发展起来的一项基因表达调控技术，它为植物基因工程在农业上及相关产业上的应用开辟了广阔的前景。

1. 反义基因技术的基本概念和原理　所谓反义 RNA（antisense RNA）是指有义（sense）DNA 链转录成的、与特异的靶 RNA 互补结合并能抑制靶 RNA 表达的一段序列。转录产生反义 RNA 的基因称为反义基因（antisense gene）。所谓反义 RNA 技术是指把一段 DNA 序列以反义方向插入到合适的启动子和终止子之间，然后把此基因构建体转化到受体细胞中去（通常用农杆菌转化的方法），通过选择培养获得转化生物体的技术。

反义基因转录生成的 mRNA 可以抑制具有同源性的内源基因的表达，用这种方法可获得特定基因表达受阻而其他基因表达不受影响的转基因植株。

反义基因的表达载体构建方法如图 2-37 所示：第一步，分离得到的 mRNA 为模板，合成反义 DNA；第二步，以此反义链为模板合成有义 DNA 链；第三步，以细菌质粒（DNA）为载体，用限制性内切酶在靠近启动子处切割一缺口；第四步，将有义 DNA 插入表达载体的缺口中，即得到一表达质粒，如果启动子开始转录，表达载体即转录原来的 mRNA；如果将插入的表达载体用限制性内切酶切割后，以相反的方向插入载体 DNA 环中，即表达载体转录形成反义 RNA。

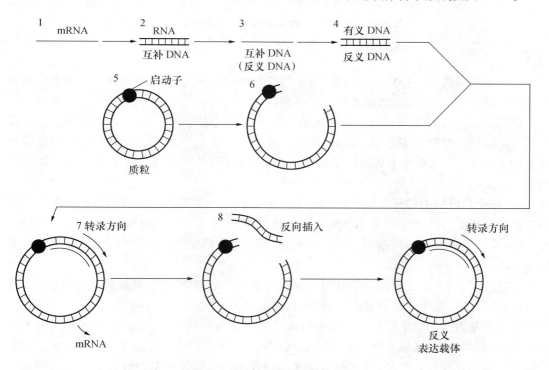

图 2-37　反义基因表达载体的构建

一般认为,在原核细胞中反义RNA与靶RNA具有特异互补性,通过碱基配对结合的方式在复制(replicate)、转录(transcript)、翻译(translation)等过程中对目的基因起着负调控作用(图2-38),但详细的机理还不清楚。真核生物尚未找到天然存在的反义RNA,但有一些小RNA分子可能起类似反义RNA的作用,反义RNA在真核细胞中的作用机制目前尚不清楚。研究发现,不仅与靶5′端互补的反义RNA有抑制作用,而且与3′端互补的反义RNA也有抑制作用,反义RNA在真核细胞中的抑制作用具有高度的专一性。进一步研究认为与反义RNA或DNA形成RNA·DNA或DNA·DNA杂交链,或抑制翻译起始,或抑制RNA多聚体上的翻译,或抑制从核内向胞质的转运。

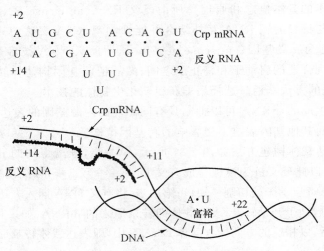

图 2-38 反义 RNA 对 mRNA 翻译过程的调控作用

(引自:闻伟等,1990)

2.反义基因技术的特点 经过20多年的研究和应用发现,反义基因技术有许多特点使其能够很好地应用于实践,总结起来有以下一些特点:

(1)反义RNA可以高度专一地调节某一特定基因的表达,不影响其他基因的表达。反义基因的不同区段抑制效率不同,基因的部分片段(小至41 bp)就可起到抑制效果,抑制程度理论上为0～100%,这不同于基因的完全致死抑制,因此可从转基因个体中筛选到所需要的基因型。

(2)转化到植物中的反义RNA的作用类似于遗传上的缺陷型,表现为显性。所以被转化的植物材料不必为纯合体就可表现相应的性状,从而避免了二倍体内等位基因的显隐性干扰。

(3)反义基因整合到植物的基因组中可独立表达和稳定遗传,后代符合孟德尔遗传规律(Mendelian Genetics Rule)。

(4)反义基因不必了解其目的基因所编码的蛋白质结构,可省去对基因产物的研究工作。

(5)反义基因不改变目的基因的结构,在应用上更加安全。

3.反义基因技术的应用 反义基因技术已经是相对比较成熟的技术,利用反义基因技术人为地控制生物体内某些基因的表达是植物基因工程中有巨大应用前景的研究。世界上第一个基因工程商业化园艺产品,就是利用反义基因技术将反义 *PG* 基因转入番茄得到的耐贮运的番茄。

以反义 *PG* 番茄为例,介绍其培育过程:

首先,通过一定的方法,如反转录、化学合成或者筛选基因文库等方法,得到目的基因 *PG*。

第二步,构建反义 *PG* 基因重组子,即 *PG* 基因反向构建到适宜的载体上,如农杆菌 Ti 质粒。或者需要通过一个中间载体如大肠杆菌质粒再转移到农杆菌 Ti 质粒上。利用载体本身所带的抗生素基因对构建后的重组子进行筛选,然后进一步鉴定。

第三步,利用携带反义 *PG* 基因的农杆菌 Ti 质粒,通过叶盘法进行转化番茄子叶或下胚轴。

第四步,被转化的番茄子叶或者下胚轴在含有一定浓度的抗生素培养基上培养,经历愈伤组织形成、发芽、生根等过程,逐渐形成一颗完整植株。

第五步,对再生植株进行鉴定,如点杂交、Southern 杂交、Northern 杂交和性状观察等,检测外源基因是否已经转录、翻译和表达等。

第六步,对正确表达目的基因的植株进行选育,获得纯合体后代,通过安全评价程序,进行田间释放、中试和商业化生产。

美国 Colgene 公司研制的转 *PG* 基因番茄 FLAVAR,SAVR™在美国通过美国药物与食品管理局认可,在 1994 年 5 月 21 日推向市场,成为第一个商业化的转基因食品。利用反义基因技术得到的反义 *PG* 番茄具有许多明显的经济价值,如果实硬度较大,耐贮运,同时果实采后的贮藏期可延长 1 倍,可大大减少因过熟和腐烂所造成的损失。

可以说,反义基因技术为食品生物技术的发展开辟了广阔的应用前景。

2.4.7　RNA 沉默技术

RNA 沉默技术是最近发展起来的基因调控技术,它特异性强,效率很高,逐渐成为基因功能分析和作物改良的重要手段。

1. RNA 沉默的发现　　1990 年,Napol 和 Stuitje 分别领导的研究小组发现超量表达查耳酮合成酶基因的矮牵牛植株出现共抑制现象,1992 年,Romano 和 Maciano 发现在粗糙脉孢菌中由于转基因的超量表达而出现的目的基因沉默现象,1998 年,Andy Fire 第一次证明了 RNA 沉默是由双链 RNA 引起的,并第一次提出 RNA 干扰的概念(RNAi)。除了转基因能导致目的基因的沉默外,研究发现病毒载体也能诱导目的基因的 RNA 发生特异性的降解。动物、植物和微生物中的 RNA 沉默都具有相同的机理。

2. RNA 沉默的种类　　基因沉默是生物体中一种普遍存在的现象,它可以用来调节生物体中基因时间和空间上的表达,是生物体的一种防卫系统,用来抵抗外源核酸的入侵。基因沉默可以发生在 DNA(TGS)和 RNA(PTGS)水平,TGS 发生在细胞核,PTGS 发生在细胞质中。RNA 沉默在不同的生物体中的叫法也不相同,植物体中被称为转录后基因沉默(PTGS),动物中称为 RNA 干扰(RNAi),微生物中被称为 RNA 消除(quenling)。研究表明 TGS 往往与目的基因启动子的甲基化密切相关,RNA 沉默则由目的基因的 mRNA 特异性降解引起。植物体中诱导 RNA 沉默的外部因素有转基因和病毒诱导。与传统的转基因技术相比,病毒诱导的基因沉默(virus-induced gene silencing,VIGS)是一种瞬时表达体系,能在较短的时间里取得良好的效果,目前被广泛地用来研究植物基因的功能。

3. RNA 沉默的原理　　不同类型的 RNA 沉默有一个共同点就是形成双链 RNA,在双链

RNA 的基础上，对目标基因 RNA 降解。双链 RNA 在 Dicer 作用下产生小的干扰 RNA（small interfere RNA，siRNAs），该 RNA 大小为 21～25 个核苷酸，它是 RNA 基因沉默的代表性特征，目前在所有类型的 RNA 基因沉默都发现了这种小 RNA 的存在。Dicer 除了催化产生 siRNA 外，还能产生 stRNA，它对生物体的基因调控具有重要的作用。siRNA 的前体是双链的 RNA，stRNA 的前体是单链茎环结构的 RNA。上述产生的 siRNA 在生物体内与特定的蛋白结合形成 RNA 诱导的基因沉默复合体（RNA-induced silencing complex，RISC），带有 siRNA 的 RISC 能特异性的识别细胞质中的目的基因的单链 mRNA，造成目的基因 mRNA 的特异性的降解，从而导致了目的基因在 RNA 水平的沉默。有研究发现，植物体内还可以 siRNA 为模板，通过一定的途径合成双链 RNA，实现了沉默信号的扩大，siRNA 可能还可以和目的基因的启动子区域结合，通过甲基化而导致目的基因在 DNA 水平的沉默，这种由甲基化引起的 DNA 沉默可以稳定遗传。病毒诱导基因沉默机理如图 2-39 所示。

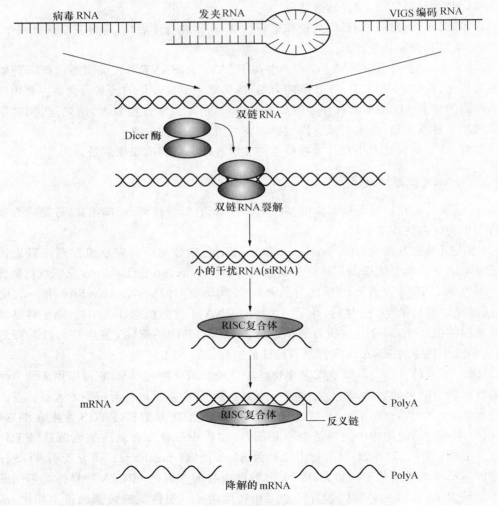

图 2-39   病毒诱导基因沉默机理模式图

4.实现 RNA 沉默的方法   通过形成双链 dsRNA 能引发同源 mRNA 的降解从而阻断目

的基因的表达,dsRNA 能通过以下几种方法在植物体内实现。

直接注射法:将 dsRNA 或含内含子的发夹结构 RNA(ihpRNA)表达载体通过显微注射直接导入植物体内,诱导 RNAi 的产生。

农杆菌介导法:即将带有植物外源基因序列或发夹结构 RNA 的 T-DNA 质粒通过农杆菌介导整合到植物基因组上,引发植物产生 RNAi。

病毒诱导的基因沉默(virus induced gene silencing,VIGS)是指携带目标基因片段的病毒侵染植物后,可诱导植物内源基因沉默、引起表型变化,进而根据表型变异研究目标基因的功能。VIGS 是根据植物对 RNA 病毒防御机制发展起来的一种技术,其内在的分子基础可能是转录后基因沉默(post-transcript gene silence)。与传统的基因功能分析方法相比,VIGS 能够在侵染植物当代对目标基因进行沉默和功能分析;可以避免植物转化;克服功能重复;可以在不同遗传背景下起作用,对基因功能分析更透彻。因此,VIGS 一经建立,即被视为研究植物基因功能的强有力工具,得到了深入的研究和广泛应用,已用于烟草、番茄等植物的抗病反应、生长发育以及代谢调控的功能基因研究。基因沉默的原理详见二维码 2-8。

二维码 2-8　VIGS 原理示意图

以上每种 RNAi 技术在沉默效率和应用范围方面都有其优缺点,如直接注射法和病毒诱导基因沉默能快速鉴定生物体内基因的功能,但是诱导的沉默只是瞬时的,并不能长期保持。而农杆菌介导表达 ihpRNA 的方法由于能在各种植物体内诱导 RNAi,并且能够在植物体中稳定遗传,性状也很稳定,且诱导目的基因沉默的效率达到 90%~100%,具有广泛的适用性,但是由于需要复杂遗传转化体系,需要花费较长的时间和一定的实验场所。

5.RNA 沉默的优点　病毒诱导的基因沉默技术和传统的转基因技术相比,在鉴定基因功能方面具有以下优势:

(1)它比反义 RNA 技术和同源抑制效率要高,能使目标基因表达降低到极低水平,甚至完全剔除。

(2)VIGS 操作简单,进行农杆菌的侵染就能取得良好的效果。

(3)节省时间,一般 2~3 周就有比较明显的效果,转基因需要获得转基因植株,需要完成复杂的传代鉴定工作。

(4)现在开发的病毒载体能应用于单子叶和双子叶植物,运用范围广,而有些植物建立理想的遗传转化体系有很大的难度,如向日葵。

(5)有些基因的功能研究不能通过转基因的方法进行,因为它可能导致植物的死亡,由于 VIGS 是个瞬时表达体系,它不会受此影响。

(6)植物的很多基因由大的基因家簇组成,设计好的目的基因片段,VIGS 能特异地沉默单个或多个基因,能解决基因家簇的冗余性问题。

6.RNA 基因沉默技术的应用

(1)用于目的基因的功能分析。通过抑制目的基因在植物体中表达后的表型分析,可以了解该基因在植物生理过程中的作用。

(2)用于功能基因组学研究。目前在烟草中采用 VIGS 筛选了 5 000 个基因,发现 100 个与烟草的细胞死亡有关,进一步研究发现,其中有 10 个与烟草的抗病性有直接的关系,另外 90 个基因与细胞的死亡没有直接关系。Rui Lu 等利用马铃薯病毒 PVX 建立了一个文库,进行 VIGS 的高通量筛选了 4 992 个 cDNA 克隆,获得了一个新的热激蛋白基因 $HSP90$。耶鲁大学把 gateway 高通量克隆载体运用与 TRV 病毒载体有机结合创造了一个新的载体,该载体可以用于 EST 的功能鉴定。

(3)用于作物的品质改良。有人通过基因沉默技术对棉籽油的成分进行了改良,提高了棉花籽油中硬脂酸与油酸的比例。另外病毒诱导的基因沉默技术已经被用于番茄果实采后处理,从而延长番茄的贮藏寿命和货架期。

2.5　基因工程在食品产业中的应用

随着人民生活水平的提高,人们对饮食质量的要求也越来越高,这就要求科学家们在关心食品产量和种类的同时,更要关心食品的质量。将一些用传统育种方法无法培育出的性状通过基因工程的手段引入微生物、动物、植物等食品原料,通过基因工程改进食品的生产工艺和流程,生产食品添加剂和功能食品等。

2.5.1　利用基因工程改造食品微生物

2.5.1.1　改良微生物菌种

最早成功应用的基因工程菌(采用基因工程改造的微生物)是面包酵母菌(*Saccharomyces cerevisiae*)。人们把具有优良特性的酶基因转移至该食品微生物中,使该酵母含有的麦芽糖透性酶(maltose permease)及麦芽糖酶(maltase)含量大大提高,面包加工中产生 CO_2 气体的量高,用这种菌制造出的面包膨发性能良好、松软可口,深受消费者的欢迎。在面包烘焙过程中,经过基因工程改造后的面包酵母菌种和普通面包酵母一样会被杀死,使用安全。1990 年,英国已经批准允许使用这种酵母。

又如,啤酒生产中要使用啤酒酵母,但由于普通啤酒酵母菌种中不含 α-淀粉酶,所以需要利用大麦芽产生的 α-淀粉酶使谷物淀粉液化成糊精,生产过程比较复杂。现在人们已经采用基因工程技术,将大麦中 α-淀粉酶基因转入啤酒酵母中并实现高速表达。这种酵母便可直接利用淀粉进行发酵,无须麦芽生产 α-淀粉酶的过程,可缩短生产流程,简化工序,推动啤酒生产的技术革新。

干啤酒具有纯正、爽口、低热值等特点,有益于人体健康,自从 1987 年在日本上市以来,迅速在欧美流行。但干啤酒生产要求麦汁发酵度要达到 75% 以上。在传统干啤酒生产工业中,要提高麦汁可发酵性糖的比例,就必须外加糖化酶或异淀粉酶来解决,增加工序,生产成本也提高。采用基因工程技术,把糖化酶基因直接导入啤酒酵母中,可减少以上步骤,直接发酵生产干啤。Lancashire 等已把 *S. occidentalis* 或 *S. diastaticus* 的糖化酶基因引入啤酒酵母中表达和分泌,实现直接发酵生产干啤酒和淡色啤酒。

利用基因工程技术还可将霉菌的淀粉酶基因转入大肠杆菌(*E. coli*),并将此基因进一步转入单细胞酵母中,使之直接利用淀粉生产酒精。这样,可以省掉酒精生产中的高压蒸煮工序,节约能源 60%,并且生产周期大大缩短。

目前,利用基因工程技术在改造其他微生物方面也取得成功(表 2-7)。此外,食品生产中所应用的食品添加剂或加工助剂,如氨基酸、有机酸、维生素、增稠剂、乳化剂、表面活性剂、食用色素、食用香精及调味料等，也可以采用基因工程菌发酵生产而得到，基因工程对微生物菌种改良前景广阔。

表 2-7　基因工程改良的基因工程菌

基因工程菌名称	改良之处	用途
A. lactobacillus	修饰细菌素合成	乳制品生产、无污染物质生产
Lactococcus	修饰蛋白酶活性	乳制品生产加速干酪熟化
	避免噬菌体感染	提高菌种稳定性
	修饰溶菌酶合成	干酪生产，预防杂菌感染
Saccharomyces cerevisiae	修饰麦芽发酵	啤酒生产，缩短发酵时间
	修饰豌豆脂肪氧化酶	增强面团流变学特性及稳定性
Saccharomyces calrsbergensis	修饰来自 *Enterobacter aerogenes* 或 *Acetobacter pasteurianus* 的 α-乙酸乳酸脱羧酶基因	缩短酿造周期
	修饰来自 *Aspergillu sniger* 的葡萄糖淀粉酶	应用于淀粉降解和低热量啤酒生产
	修饰来自 *Schwanniomyces occidentalis* 的淀粉酶和葡萄糖淀粉酶	应用于淀粉生产酒精和低热量啤酒的生产
	修饰来自 *Bacillus subtilis*、*Trichodermabarzianum* 或 barley 的 β-葡聚糖酶	应用于葡聚糖降解和啤酒过滤澄清

2.5.1.2　改良乳酸菌遗传特性

(1)抗药基因。目前，利用乳酸菌发酵得到的产品很多，如酸奶、干酪、酸奶油、酸乳酒等，已应用的乳酸菌基本上为野生菌株，大多数没有用分子生物学检查是否携带抗药因子。有的野生菌株本身就抗多种抗生素，因而在其使用过程中，抗药基因将有可能以结合、转导和转化等形式在微生物菌群之间相互传递而发生扩散。从食品安全性角度来说，一般应选择没有或含有尽可能少的可转移耐药因子的乳酸菌，作为发酵食品和活菌制剂的菌株。因此，需要对乳酸菌的抗药基因进行鉴定。利用基因工程技术可选育无耐药基因的菌株，当然也可去除生产中已应用菌株中含有的耐药质粒，从而保证食品用乳酸菌和活菌制剂中菌株的安全性。

(2)风味物质基因。乳酸菌发酵产物中与风味有关的物质主要有乳酸、乙醛、丁二酮、3-羟基-2-丁酮、丙酮和丁酮等。可以通过基因工程选育风味物质产量高的乳酸菌菌株。此外，乳酸菌产生的黏性物质——黏多糖对产品的风味和硬度也起着重要的作用。因而筛选产生黏多糖物质多的乳酸菌菌株或将产黏多糖基因克隆到生产用乳酸菌菌株中，也具有良好的应用前景。

(3)产酶基因。乳酸菌不仅具有一般微生物所产生的酶系，而且还可以产生一些特殊的酶系，如产生有机酸的酶系、合成多糖的酶系、降低胆固醇的酶系、控制内毒素的酶系、分解脂肪的酶系、合成各种维生素的酶系和分解胆酸的酶系等，从而赋予乳酸菌特殊的生理功能。若通过基因工程克隆这些酶系，然后导入到生产干酪、酸奶等发酵乳制品生产用乳酸菌菌株中，将会促进和加速这些产品的成熟。另外，把胆固醇氧化酶基因转到乳酸杆菌中，可降低乳中胆固醇含量。

（4）耐氧相关基因。乳酸菌大多数属于厌氧菌，这给实验和生产带来诸多不便。从遗传学和生化角度看，厌氧菌或兼性厌氧菌几乎没有超氧化物歧化酶基因和过氧化氢酶基因或者说其活性很小。若通过生物工程改变超氧化物歧化酶的调控基因，则有可能提高其耐氧活性。当然将外源 SOD 基因和过氧化氢酶基因转入厌氧菌中，也可以起到提高厌氧菌和兼性厌氧菌对氧的抵抗能力。

（5）产细菌素基因。乳酸菌代谢不仅可以产生有机酸等产物，还可以产生多种细菌素，如 nisin、diplocoxin、lactocillin 等。然而并不是所有的乳酸菌都产细菌素，若通过生物工程技术将细菌素的结构基因克隆到生产用菌株中，不仅可以使不产细菌素的菌株获得产细菌素的能力，而且为人工合成大量的细菌素提供了可能。

2.5.1.3　酶制剂的生产

凝乳酶（chymosin）是第一个应用基因工程技术把小牛胃中的凝乳酶基因转移至细菌或真核微生物生产的一种酶。1990 年美国 FDA 已批准在干酪生产中使用。由于这种酶生产寄主基因工程菌不会残留在最终产物上，符合 GRAS（generally recognized as safe）标准，被认定是安全的，无需要标识。

20 世纪 80 年代以来，为了缓和小牛凝乳酶供应不足的紧张状态，日本、美国、英国纷纷开展了牛凝乳酶基因工程的研究。Nishimori 等于 1981 年首次用 DNA 重组技术将凝乳酶原基因克隆到 *E. coli* 中并成功表达。随后英国、美国相继构建了各自的凝乳酶原的 cDNA 文库，并成功地在 *E. coli* 酵母、丝状真菌中表达。

重组 DNA 技术生产小牛凝乳酶，首先从小牛胃中分离出对凝乳酶原专一的 mRNA（内含子已被切除），然后借助反转录酶、DNA 聚合酶和 St 核苷酸酶的作用获得编码该酶原的双链 DNA。再以质粒或噬菌体为运载体导入大肠杆菌。由于所用的 mRNA 样品依然含有各种 RNA 片段，因此所得到的 cDNA 克隆实际上是一个混合的 cDNA 文库，用放射性 mRNA 或 cDNA 探针进行杂交，可以挑选出含有专一性 cDNA 的克隆。所获得的 1 095 bp 核苷酸序列基本与凝乳酶原的氨基酸序列相符合，并在 N 端有一个由编码 10 个疏水性氨基酸组成的信号肽序列。为使外源基因在细菌中有效表达，在上游端还需插入适当转录启动子序列，核糖体结合部位以及翻译的起始位点 AUG。表达产物为一融合蛋白（N 端带有一小段细菌肽），但这不影响随后的酶原活化作用。在这一过程中该小肽与酶原的 42 肽一起被切除。用色氨酸启动子可以获得高效表达，问题是表达产物以不溶性的包涵体（inclusion bodies）的形式存在。因此，表达后的加工及基因的改造都是不可缺少的。

利用基因工程菌生产凝乳酶是解决凝乳酶供不应求的理想途径。1984 年，Marston，1987 年，Kawagucho 根据电泳扫描凝乳酶原基因在大肠杆菌中的表达水平为总蛋白的 8% 和 10%～20%。1986 年，Uozumi 和 Beppu 报道从每升发酵醪液的菌体中可获得 13.6 mg 有活性的凝乳酶。Melior 等构建了无前导肽凝乳酶的克隆，并将凝乳酶原基因导入酵母细胞（*Saccharomyces cerevisiae*），其表达效率达总酵母蛋白量的 0.5%～2%。在酵母中，大约 20% 的酶原以可溶形式存在并可被直接激活，剩余的 80% 仍与细胞碎片混在一起。1990 年，Strop 把携带凝乳酶原基因的质粒 pMG13195 导入大肠杆菌 *E. coli* MT 中，然后在含有胰蛋白胨、酵母膏和乳糖的培养基中培养（37℃），重组凝乳酶原在包涵体中逐渐积累，包涵体占整个细胞的 40%，根据 Marston 的方法可获得有活性的凝乳酶原的表达效率为 1 mg/g 噬菌体。另外，还有报道基因工程应用于生产高果葡糖浆的葡萄糖异构酶的基因克隆至大肠杆菌中后，获得了比原菌高几倍的酶产率。

2.5.2　利用基因工程改善动物食品原料的品质

动植物是食品加工的基本原料,原料的品质与食品质量息息相关。基因工程对动、植物食品原料的改造已经取得了可喜的成果。

2.5.2.1　改良动物食品性状

1. 肉品品质改良　自从 1997 年多利羊培育成功以来,动物基因工程的研究备受鼓舞,克隆羊多利详见二维码 2-9。目前,生长速度快、抗病力强、肉质好的转基因兔、猪、鸡、鱼已经问世。基因工程生产的动物生长激素(porcine somatotropin, PST)对加速动物的生长、改善饲养动物的效率及改变畜产动物及鱼类的营养品质等方面具有广阔的应用前景。为了提高猪的瘦肉含量或降低猪脂肪含量,可采用基因重组(recombinant)的猪生长激素,注射至猪上,便可使猪瘦肉型化,有利于改善肉食品质。

二维码 2-9　多利羊的克隆

在肉的嫩化方面,可利用生物工程技术对动物体内的肌肉生长发育基因进行调控,通过基因工程获得嫩度好的肉。可以从两个方面着手:一是活体调控钙激活酶系统,这是利用基因工程在动物的生长发育阶段提高钙激活酶系统中钙激活酶抑制蛋白的含量,从而降低肌肉中蛋白质的代谢速度,增加肌肉中蛋白质的积存,提高瘦肉的生产量;而在动物准备屠宰前则通过调控提高钙激活酶和钙激活酶抑制蛋白的基因克隆染色体定位,并正着手进行转基因动物的研究。二是调控脂肪在畜体内沉积顺序以达到改善肉质的目的。均匀分布于肌肉中的脂肪使肌肉呈大理石状,嫩度好,而皮下脂肪对肉的品质则没有任何益处,在肉品加工中也很难利用。因此,改变或淡化畜体的脂肪沉积顺序,减少皮下脂肪的产量具有相当的经济意义。

2. 乳品品质改良

(1)提高牛乳产量。有人将采用基因工程技术生产的牛生长激素(BST)注射到母牛上,由此可提高母牛产奶量。目前采用 DNA 重组技术,利用基因工程菌株生产 BST,然后将生成的外源 BST 注射到乳牛体中,可提高 15% 左右的产奶量。在英、美等国,BST 现已进入商业化领域,都已采用 BST 来提高乳牛的产奶量,产生了极大的经济效益,并且对人体和牛自身都无害。

(2)改善牛乳的成分。1985 年,美国奶业协会进行了一项调查研究,结果表明全世界约 70% 人口患有乳糖不耐症。而通过转基因技术的方法可以用来减少乳中乳糖含量。如利用 β-半乳糖苷酶水解乳中的乳糖,做法是将编码 *Lactococculactis* subsp. *lactis* ATCC7962 β-半乳糖苷酶的基因克隆至大肠杆菌中并表达,其 β-半乳糖苷酶活性比原 *L. lactis* 要提高 30%。其实许多微生物中都含有 β-半乳糖苷酶,但是由于受到使用时酶残留的安全限制,这些微生物不能用于食品当中。利用基因工程技术将 β-半乳糖苷酶基因转入 GRAS 级的微生物细胞作为宿主,通过宿主细胞发酵生产表达有优良特性的 β-半乳糖苷酶基因。在乳腺特异性表达系统,直接在乳品中表达 β-半乳糖苷酶来减少乳糖的含量,该法有望在奶业中应用。

牛乳和人乳之间有很多不同的功能成分。人乳中乳清蛋白比酪蛋白含量高,并且含有高含量的乳铁蛋白和溶菌酶,但是人乳中缺乏 β-乳球蛋白。为了使牛乳母乳化,满足婴幼儿营养需求,可通过转基因技术抑制牛乳腺细胞中乳球蛋白的生成,同时在牛乳中增加人乳中所含的一些蛋白。乳中主要蛋白基因部分被测序、定位,其中牛乳中 6 种主要蛋白基因 κ-酪蛋白、$\alpha s1$-酪蛋白、$\alpha s2$-酪蛋白、β-酪蛋白、β-乳清蛋白、β-乳球蛋白基因已全部被克隆,这些基因的分析和利用将有助于牛乳的品质改善。

(3)表达用于治疗药物的蛋白。目前许多药物活性大分子物质,如山羊源抗凝血酶Ⅲ、抗纤溶酶原激活剂、α-抗胰蛋白酶、白细胞介素-2、尿素酶、生长激素、蛋白 C 等,已在转基因鼠、兔、绵羊、山羊、牛等乳腺中分泌。通过利用乳腺特异性启动子,可以在乳中大量表达这些药物蛋白,从而为医疗服务。

(4)提高加工中的牛乳热稳定性。在牛乳加工中如何提高其热稳定性是关键问题。牛乳中的酪蛋白分子含有丝氨酸磷酸,它能结合钙离子而使酪蛋白沉淀。现在可以采用基因操作,增加 κ-酪蛋白编码基因的拷贝数和置换,κ-酪蛋白分子中 Ala-53 被丝氨酸所置换,但可提高其磷酸化,使 κ-酪蛋白分子间斥力增加,以提高牛奶的热稳定性,防止牛奶消毒中的沉淀现象。

2.5.2.2 改造植物性食品原料

基因工程改造过的马铃薯(potato)可以提高固形物含量;经基因工程改造后的大豆(soybean)、芥花菜(canola),其植物油组成中不饱和脂肪酸的比例较高,可提高食用油的品质;谷物蛋白质中的氨基酸比例也可以采用基因工程方法改变,弥补赖氨酸等氨基酸含量较少的缺陷,使其具有完全蛋白质的来源,提高营养价值。

1. 植物蛋白质品质改良

(1)提高作物中蛋白质的含量。大部分作物的蛋白质含量低,氨基酸构成不合理,利用基因工程技术提高农作物蛋白质含量和质量,已取得一定突破。如秘鲁"国际马铃薯培育中心"培育出一种蛋白质含量与肉类相当的薯类;转移云扁豆蛋白基因可获得具有较高贮存蛋白质的转基因向日葵。我国在此方面也做了不少工作,培育出了一批作物新品种,有的已经在生产上推广应用。如山东农业大学将小牛胸腺 DNA 导入小麦系814527,在第二代出现了蛋白质含量高达 16.51% 的小麦变异株;中国农业科学院作物研究所将大米草 DNA 引入水稻品种早丰,出现了籽粒蛋白质含量高达 12.74% 的受体变异类型等,都取得了较好的经济效益和社会效益。

(2)改良氨基酸的组成。基因工程技术在改善农作物种子蛋白中氨基酸组成方面发挥着重要作用。如小麦、玉米等谷物种子缺乏赖氨酸,豆类作物种子缺乏蛋氨酸,将富含赖氨酸和蛋氨酸的种子中分离与这些氨基酸合成相关的基因,并转入相应的作物中去,可以得到相应高含量氨基酸的蛋白质。如将巴西坚果或豌豆蛋白相应基因转入大豆中,就可以获得含量较高含硫氨基酸的转基因大豆,使大豆的必需氨基酸模式更趋合理。

人们在尝试用基因工程的方法提高种子中某种氨基酸的合成能力,从而提高相应的氨基酸在贮存蛋白中的含量。例如,可以对 Lys 代谢途径中的各种酶进行修饰或加工,从而使细胞积累更大量的 Lys。在植物细胞中,Lys 是由 Asp 衍生而来的,在这个过程中有两个起重要作用的酶,天冬氨酸激酶(aspartate kinase,AK)和二氢吡啶二羧酸合成酶(dihydrodipicolinate synthetase,DHDPS)。这两个酶都受到它们所催化的反应的终产物——Lys 产物抑制。因此只要能够解除 Lys 对 AK 和 DHDPS 的抑制,就可以在细胞内积累较高含量的 Lys。现在已经从玉米等植物中克隆到了对 Lys 的抑制作用不敏感的 DHDPS 的基因,并正在对转入此基因的植物进行检测。

此外,还可针对性地将富含某种特异性的氨基酸的蛋白转入目的植物,以提高相应的植物中特定氨基酸的含量。例如通过分析发现,玉米 β-phaseolin 富含 Met,将此蛋白基因转入豆科植物,就可以大大提高豆科植物种子贮存蛋白的 Met 含量,而 Met 正是豆科植物种子贮存蛋白所缺少的成分。

2. 植物淀粉改良

(1)提高淀粉含量。负责淀粉合成的酶有 3 种:腺苷二磷酸葡萄糖焦磷酸化酶(ADPG-PP)、淀粉合成酶和分支酶。淀粉改良的出发点就是针对这 3 个酶所对应的基因。如从大肠杆菌的突变体中,克隆出不受反馈抑制的 *ADPGPP* 基因,将其构建到马铃薯块茎贮藏蛋白基因的启动子下,然后转入到马铃薯中,这种马铃薯块茎中的淀粉含量明显增加。Monsanto 公司就是采用这种技术,开发出了淀粉含量提高了 20%～30% 的转基因马铃薯。这种新型马铃薯在油炸加工时,由于固形物含量提高而水分含量减少,油炸后的产品具有更强的马铃薯风味、更好的质地、较低的吸油量和较少的油味。

(2)对淀粉组成的改良。淀粉是植物中仅次于纤维素的第二大多糖。水稻中直链淀粉与支链淀粉含量的比例高低,直接影响稻米的食用品质,直链淀粉含量越高,稻米口感就越差。有人将水稻蜡质基因的部分编码区构建成反义 Waxy 基因,并通过电击法将其导入水稻中,在转基因后代植株中发现部分籽粒中的直链淀粉含量明显降低。

(3)提高糖分含量。蔗糖-6-磷酸聚合酶在高等植物中催化 UDPG2 葡萄糖转化为蔗糖-6-磷酸。有人将玉米的蔗糖-磷酸合成酶基因导入番茄叶片,观察到番茄叶片中该酶的活性增加了 1 倍,并且转基因叶片中的淀粉含量降低,蔗糖含量升高。又如实验者将编码异戊烯转移酶的基因转入到番茄当中,从而提高了番茄果实子房中内源细胞分裂素的含量,这时番茄果实中固体内含物含量大幅度增加,糖与酸比值(SAR)也升高,一方面可降低番茄运输和加工过程中水分的散发,另一方面又能提高番茄的食用口味。

3. 植物油脂改良　油料是人类希望从植物中获得的另一大类物质。大豆、向日葵、油菜、油棕榈 4 种植物是全球的 4 大油料作物,这 4 种植物给全球提供了价值可达 70 亿美元的产品。植物油脂约占全世界食用油脂的 85%,据中国营养学会 2012 年全国营养调查资料显示,我国每人脂肪的日平均摄入量为 86 g。流行病学调查及实验研究均表明:高脂肪的摄入将导致肥胖、心血管疾病、糖尿病和癌症;高饱和脂肪酸的摄入将导致血浆中 LDL-C 和血液黏度的升高,从而诱发动脉粥样硬化;而摄入适量的多不饱和脂肪酸(PUFA)对冠心病的治疗、智力发育和视觉能力的提高有益处。为此 FAO/WHO 脂质营养专家小组建议:脂肪的摄入量应占膳食总供热能的 20%～30%,其中长链饱和脂肪酸的摄入应少于总供热能的 10%,长链多不饱和脂肪酸为 4%～10%。而现有的植物油脂很难适应食品加工和营养两方面的需求,因此,有必要利用基因工程技术对植物脂质加以改造。其中最易用基因工程的方法进行改造的油料作物是油菜,这一植物是最早成功地进行了基因转化的植物之一,其转化技术相对来说较为成熟。迄今为止,在世界范围内种植的良种油菜有 31% 是转基因品种(表 2-8)。

表 2-8　目前已获得或将要获得的转基因油菜种类

(引自:瞿礼嘉等,1999)

种子中的主要成分	工业产品种类	研究状况
40%硬脂酸(18:0)	人造黄油,可可奶油	大田试验阶段
40%月桂酸(12:0)	去污剂	大田试验阶段
60%月桂酸(12:0)	去污剂	大田试验阶段
80%油酸(18:1)	食品,润滑剂,油墨	大田试验阶段
Petraselinic acid(18:1)	聚合剂,去污剂	已获得转基因植物
Jojoba 蜡(C_{20},C_{22})	化妆品,润滑剂	已获得转基因植物
40%肉豆蔻酸酯(14:0)	去污剂,肥皂,护肤洗涤用品	已获得转基因植物
90%芥子酸(22:1)	聚合剂,化妆品,油墨,药品	已获得转基因植物
蓖麻油酸(18:1-OH)	润滑剂,塑料制品,化妆品,药品	已获得转基因植物
聚 β-羟基丁酸	可生物降解的塑料	已获得转基因植物
植酸酶	饲料	已获得转基因植物
工业用酶	发酵用酶,纸张生产用酶,食品加工酶	已克隆得到编码基因
外源小肽	医药	大田试验阶段

植物油中主要的脂肪酸是 C16:0,C18:0,C18:1,C18:2 和 C18:3 脂肪酸。通过抑制或增加油脂生物合成途径中特定的关键酶,已能培育出 1~2 个主要脂肪酸含量减少或占优势的植物。目前,采用 FDA2(fatty acid desaturase)反义基因技术构建的芥花菜种子油中油酸含量已达 80%,并已完成大田试验。使用共抑制(cosuppression)技术构建的大豆突变体的油酸和饱和脂肪酸的含量分别为 80% 和 11%;利用反义基因技术构建的转基因大豆植株,亚油酸的含量从 8% 下降到 2% 以下。例如,美国杜邦公司通过反义抑制和共同抑制油酸酯脱氢酶,成功开发出高油酸含量的大豆油。这种新型大豆油中含有 80% 以上的油酸,而普通大豆油只含有 24% 的油酸。此外这种新型大豆油拥有良好的氧化稳定性,非常适合用作煎炸油和烹调油。此外,美国 Calgene 公司用同样的转基因技术开发出高硬脂酸含量的大豆油和芥花菜(canola)油,这些新型的大豆油和芥花菜油中含有 30% 以上的硬脂酸,而普通大豆油和芥花菜油分别只含 4% 和 2% 左右的硬脂酸。这些转基因的新型油可取代氢化油用于制造人造奶油、液体起酥油和可可脂替代品,并且不含氢化油中含有的反式脂肪酸产物。

另外,通过反义技术或共抑制技术能很好地解决植物油脂在生物体内或体外的氧化稳定性,延长产品的货架期,如利用 AOM 实验测定的普通大豆油的稳定时间为 10~20 h,而高油酸含量的转基因大豆油的稳定时间为 140 h,转基因芥花菜油也表现出同样的优良稳定性。1998 年,美国已有大约 8 万 hm^2 的高油酸转基因大豆种植,可以预计,这种转基因大豆将成为一种重要的大豆油来源。

利用基因工程技术还可以提高油脂中抗氧化剂的含量。油脂中抗氧化剂一方面可以延长油脂的稳定期,另一方面可以维护人体中抗氧化体系,提高人们的健康水平,尤其是摄入较高含量的 PUFA 对油脂中的天然抗氧化剂的需要量增加。目前,已成功地从拟南芥(Arabidopsis)中克隆甲基转移酶基因并转导到大豆中,甲基转移酶是 γ-生育酚形成生育酚的关键酶。

转这种酶基因的大豆能在不降低总生育酚的前提下,使 α-生育酚的含量提高 80% 以上。

4.提高食品中的维生素含量　维生素是维持人类和动物正常生长发育所必需的微量营养物质,可分为水溶性维生素和脂溶性维生素。目前已知的维生素有 20 多种,由于人和动物自身都不能合成维生素,必须从植物性食物中摄取。摄入体内的维生素,除满足生长和代谢的需要外,还将贮存一部分。因此,一些动物体中也含有维生素。为了满足人们对维生素的需求,不仅能从原料中提取一些维生素,也可以人工合成一些维生素。即使许多维生素可以通过人工合成的方法来获得,但由于成本、环境和安全等因素的制约,人们更倾向于植物来源的维生素。近些年来,一些维生素在植物中的合成途径已经阐明,其相关关键酶的基因也已经被克隆出来,通过基因工程技术,调控相应基因的表达,可以改良植物中维生素的含量。

(1)维生素 A。维生素 A 的主要功能是维持眼睛在黑暗情况下的视力。因此,当人体缺乏维生素 A 时容易患夜盲症。此外,维生素 A 能促进儿童的正常生长发育,缺乏时可引起生殖功能衰退,骨骼成长不良以及生长发育受阻。维生素 A 还能维持上皮组织的健康,增加对传染病的抵抗力。长期缺乏维生素 A 时会引起皮肤和黏膜的上皮细胞萎缩、角质化或坏死。因此,提高植物源食品中的维生素 A 的含量对提高人们的健康水平至关重要。

植物中虽然不含有维生素 A,但是含有类胡萝卜素,其中约 10% 的类胡萝卜素是维生素 A 的前体,因此也称为维生素 A 原。1993 年,将细菌八氢番茄红素合成酶基因导入烟草,结果转基因烟草中 β-胡萝卜素的合成明显增加,这是人们最早提高植物 β-胡萝卜素含量的尝试。另外,有实验者将八氢番茄红素合成酶基因导入番茄的不能成熟突变体,这种转基因番茄在果实成熟时能够重新积累番茄红素。此后科学家将番茄自身的 β-番茄红素环化酶基因导入番茄植株,在强启动子的作用下,果实中 β-胡萝卜素含量增加 3.8 倍,但其类胡萝卜素总量基本不变。也有人将欧氏杆菌的八氢番茄红素合成酶基因构建在油菜籽特异性启动子表达载体上,并将其转到油菜当中,结果油菜籽中类胡萝卜素的含量增加了 50 倍,并且转基因油菜的胚呈橙色,而对照呈绿色。

而提高作物中维生素 A 原最著名的例子是"金水稻"的培育。关于金水稻见二维码 2-10。一般情况下,水稻胚乳能够合成和积累类胡萝卜素的前体 GG-PP,但是不能形成类胡萝卜素,于是科学家分别将黄

二维码 2-10　黄金大米

水仙的八氢番茄红素合成酶基因和番茄红素 β-环化酶基因连接到胚乳特异性表达的谷蛋白启动子上,同时将细菌八氢番茄红素脱氢酶基因连接到花椰菜花叶病毒 35S 启动子上,然后一起构成表达载体转入到水稻当中,结果获得了胚乳呈黄色的金色大米,就是著名的金米。这种大米中 β-胡萝卜素的含量最高达 $1.6\ \mu g/g$ 干重。用该转基因的"金水稻"做亲本,同本地的水稻品种进行杂交,就可以选育出适合本地栽培且富含 β-胡萝卜素的水稻新品种,这样有利于减轻亚洲、非洲、南美洲等贫穷地区人们维生素 A 缺乏的状况。

(2)维生素 E。维生素 E 能促进人体内黄体激素的分泌,具有抗不育活性,所以又称生育酚。生育酚在植物叶绿体中含量十分丰富,它能够保护脂类双层膜上的多不饱和脂肪酸免受脂肪氧化酶的攻击。此外,维生素 E 对于提高动物的免疫力,改善动物肉质,提高动物的繁殖性能,缓解动物应激反应等具有良好的效果。

在植物中尿黑酸叶绿基转移酶(HPT)是生育酚生物合成途径中的一个限速酶,它催化尿

黑酸(HGA)与叶绿基二磷酸(PDP)发生缩合反应,生成 2-甲-6-叶绿基-1,4-氢醌。将拟南芥的 HPT 基因构建到表达载体上,然后重新转化到拟南芥中进行组成型表达,这样在转基因拟南芥的叶片中生育酚的总量比野生型增加了 4.4 倍,在种子中生育酚的总含量比野生型高40%。

(3)维生素 C。又称抗坏血酸。人体中缺少维生素 C 时,就会出现牙龈出血、牙齿松动、骨骼脆弱、黏膜及皮下易出血、伤口不易愈合等症状。虽然植物和大多数动物可以合成维生素 C,但人类缺乏维生素 C 合成最后步骤的一个酶,并且人体中不能贮存维生素 C,因此必须从日常饮食特别是植物中获得维生素 C。许多植物食物含维生素 C 并不丰富,因此采用基因工程技术来提高植物中的维生素 C 的含量将提高其营养价值。

将从小麦中分离的脱氢抗坏血酸还原酶基因置于 35S 启动子下构成表达载体,将重组载体转化到烟草中,T1 代转基因烟草正在生长的叶片脱氢抗坏血酸还原酶活性增加了 11 倍,维生素 C 的含量也增加了 2.4 倍,而在成熟的叶片中脱氢抗坏血酸还原酶活性增加了 13 倍,维生素 C 的含量增加了 3.9 倍,在衰老的叶片中该酶的活性增加了 32 倍,维生素 C 的含量也增加了 2.2 倍。如果将脱氢抗坏血酸还原酶基因构建到玉米特异表达启动子 Ub 或 Sh2 上,并转化玉米,结果转基因玉米的叶片中脱氢抗坏血酸还原酶活性增加了 25~50 倍,维生素 C 的含量增加了 1.8 倍。

5.改善园艺产品的采后品质　　近年来,随着生物技术的飞速发展,与果实成熟衰老有关的基因工程也取得了令人瞩目的进展,在调控细胞壁代谢如 PG、乙烯生物合成等领域,取得了可喜的研究成果,有的已经进入了商业化生产。

(1)多聚半乳糖醛酸酶基因。多聚半乳糖醛酸酶(polygalacturonase,PG)是一个果实成熟过程中特异表达的细胞壁水解酶,随着果实的成熟而积累,长期以来,PG 一直被认为参与果胶的溶解从而在果实的软化中起着重要的作用。

PG 是一个受发育调控的具有组织特异性的酶,在果实成熟过程中合成,在叶子、根和未成熟的果实中检测不到它的存在。利用转基因技术得到的反义 PG 番茄具有许多明显的经济价值,如果实采后的贮藏期可延长 1 倍,因而可以减少因过熟和腐烂所造成的损失;果实抗裂、抗机械伤、便于运输;抗真菌感染;由于果胶水解受到抑制,用其加工果酱可提高出品率。美国 Colgene 公司研制的转基因 PG 番茄 FLAVAR,SAVR™ 在美国通过美国药物与食品管理局认可,在 1994 年 5 月 21 日推向市场,成为第一个商业化的转基因食品。目前已经从桃、猕猴桃、苹果、西洋梨、砂梨、鳄梨、番茄、黄瓜、甜瓜、马铃薯、玉米、水稻、大豆、烟草、甜菜、油菜、拟南芥等植物中克隆得到 PG 的编码基因。

(2)乙烯合成相关酶基因。过去对乙烯生成的调控主要是物理性和化学性的,10 余年来分子生物学研究为乙烯合成的控制提供了新途径,采用基因工程手段控制乙烯生成已取得了显著的效果(图 2-40),如导入反义 1-氨基环丙烷基羧酸(ACC)合酶基因;导入反义 ACC 氧化酶基因;导入正义细菌 ACC 脱氨酶基因;导入正义噬菌体 SAM 水解酶基因。

(3)ACC 合酶(ACC synthase,ACS)基因。ACC 合酶是乙烯生物合成的关键酶,由一个多基因家族所编码,同时,ACC 合酶有许多同工酶,酶活性和生物合成受多种因素调控,如果实发育、生长素、逆境和伤害、金属离子(如铬离子、锂离子)等。此酶在植物组织中的含量很低,在成熟的番茄果皮(pericarp)中,ACC 的含量不到可溶性总蛋白的 0.000 1%。

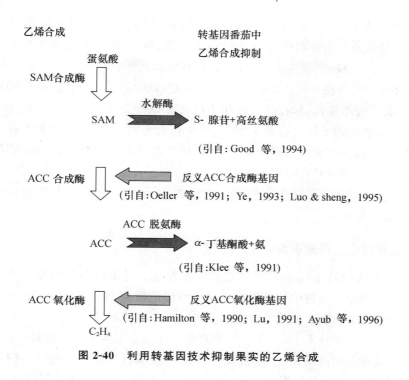

图 2-40 利用转基因技术抑制果实的乙烯合成

目前,已经从番茄、苹果、康乃馨、绿豆、夏南瓜、笋瓜等植物中得到了 ACC 合酶基因。国内外有多个实验室成功地将反义 ACC 合酶基因导入番茄,使 ACC 合酶的 mRNA 的转录大大降低。Oeller 等(1991)获得成熟受阻碍的反义 ACC 合酶 cDNA 转基因番茄植株。他们发现,在反义 RNA 转基因番茄的纯合子后代果实中,乙烯合成的 99.5% 被抑制了,其乙烯水平在 0.1 nL/(g·h)以下,果实不能正常成熟,不出现呼吸高峰,叶绿素的降解和番茄红素的合成受阻,在室温放置 90～120 d 也不变红、不变软。用外源乙烯或丙烯处理可诱导果实出现呼吸高峰和正常成熟,果实在质地、颜色、风味和耐压性(compressibility)等方面与正常番茄没有差异。国内的研究者汤福强等于 1993 年获得了转基因植株,1995 年罗云波、生吉萍等在国内首次培育出转反义 ACS 的转基因番茄果实,该果实在植株上表现出明显的延迟成熟性状,采收以后室温下放置 15 d 果实仍为黄绿色,用 20 μL/L 的乙烯处理 12 h 后果实开始成熟,5 d 后果实出现正常的成熟性状,其风味、颜色和营养素含量与对照没有明显差异。培育得到的转基因番茄纯合体,其乙烯的生物合成被抑制 99% 以上,果实可在室温下贮藏 3 个月而仍具有商品价值。

(4)ACC 氧化酶(ACC oxygenase)基因。ACC 氧化酶又叫乙烯形成酶(ethylene forming enzyme,EFE),也是乙烯生物合成途径中的关键酶。ACC 氧化酶是一种与膜结合的酶,在细胞中的含量比 ACC 合酶还少,并且也是由一个多基因家族编码。目前已经从番茄、甜瓜、苹果、鳄梨、猕猴桃以及衰老的麝香石竹花、豌豆、甜瓜等分离出 ACC 氧化酶基因,并进行了鉴定分析。

番茄的 ACC 氧化酶 cDNA 首先由 Holdsworth 等从成熟特异性的 cDNA 文库中筛选得到,取名为 pTOM13,杂交试验表明,与 pTOM13 同源的 mRNA 能在番茄成熟过程中或者在受伤组织(如叶子或不成熟的果实)中表达,此 cDNA 编码一个相对分子质量为 33 500 的蛋白质。Hamilton 等从番茄中分离出另一个 cDNA 克隆,两者相比,核苷酸同源性为 88%,两个 cDNA 分别在酵母和蛙卵中表达出正常的 ACC 氧化酶活性和催化的立体专一性。

Hamilton 等(1990)将 pTOM13cDNA 以反义基因的形式转入番茄,获得的转基因植株中乙烯的生物合成受到严重抑制,在受伤的叶子和成熟的果实中乙烯释放量分别降低了 68% 和 87%,通过自交所获得的子代纯合体果实,乙烯生物合成被抑制 97%。果实成熟的启动不延迟,但成熟过程变慢,果实变红的程度降低,并且在贮藏过程中耐受"过度成熟"能力和抗皱缩能力增强,加工特性改善,具有一定的商业价值。

另外,利用基因工程方法延缓蔬果成熟衰老、控制果实软化,提高抗病虫和抗冷害能力等方面均有广阔的应用前景。

2.5.3　利用基因工程改进食品生产工艺

1.利用 DNA 重组技术改进果糖和乙醇生产方法　通常以谷物为原料生产乙醇和果糖时,要使用淀粉酶等分解原料中的糖类物质。这些酶造价高,而且只能使用一次,对这些酶进行改进,可大大降低果糖和乙醇的生产成本。

(1)利用微生物培养技术,大量生产所需的酶。这比直接从组织中提取成本更低。

(2)利用 α-淀粉酶的高温突变体(自发突变或通过基因工程获得突变)进行"高温"生产。这种突变体可在 80～90℃时起作用,可以在这种高温下进行液化,加速明胶状淀粉的水解,同时节约了使用正常淀粉酶水解的冷却降温所消耗的能量。

(3)改变编码 α-淀粉酶和葡萄糖淀粉酶的基因,使它们具有同样的最适温度和最适 pH,使液化、糖化在同一条件下进行,减少生产步骤,降低生产成本。

(4)利用 DNA 重组技术获得能够直接分解粗淀粉的酶,可节省明胶化过程中所需的大量能量,提高效率,降低成本。

(5)寻找或人工"创造"一种发酵微生物,使之能够分泌葡萄糖淀粉酶,在发酵过程中可不再添加淀粉酶,直接生产果糖或乙醇。

2.改良啤酒大麦的加工工艺　啤酒制造对大麦醇溶蛋白含量有一定要求,如果醇溶蛋白含量过高会影响发酵,使啤酒易产生浑浊,也会增加过滤的难度。采用基因工程技术,使另一蛋白基因克隆至大麦中,便可相应地使大麦中降低醇溶蛋白,以适应生产的要求。

3.改良小麦种子贮藏蛋白的烘烤特性　小麦种子贮藏蛋白对面包烘烤质量有很大影响,特别是高分子谷物蛋白(HMVgllutenin)中的 5(x)和 10(y)的亚基,有助于面包质量的改善,同时 HMV 谷物蛋白的 N-端和 C-端含有 CYS 残基,它可形成分子间的二硫键,产生高分子质量的聚合物,从而使面团具有较好的弹性。利用基因工程技术,通过增加 HMY 谷物蛋白的 5(x)和 10(y)的亚基的拷贝数、引入 CYS 残基以及改变交联特性等手段,可望使小麦具有更理想的加工特性。

利用基因工程还可以实现不同豆球蛋白亚基的适当组合,从而改变豆球蛋白在豆粉制作过程中的功能特性,如凝胶时间和凝胶强度。

4.提高马铃薯的加工性能　在食品加工过程中,马铃薯去皮后极易在多酚氧化酶(PPO)的作用下发生褐变。因此需将去皮的马铃薯浸泡在含抗氧化剂的溶液中,并随后立即采用漂烫工艺使 PPO 失活。这一问题一直困扰着马铃薯的加工应用。现在可以采用反义基因技术解决这个问题,即培养出抗褐变的马铃薯品种。澳大利亚的科学家将 PPO 的 cDNA 片段,即一段名为"POT32"的 DNA 片段,构建反义基因表达载体,通过农杆菌介导转入澳大利亚的马铃薯主栽品种"Norchip"中,从而成功地培育出抗褐变的马铃薯品种。这种转基因马铃薯在切开或碰撞后仍然保持白色而不会发生褐变。

另外,马铃薯在收获、运输和加工过程中容易遭受碰伤和机械擦伤,受伤后的马铃薯对微生物的抗性大为降低,特别容易被霉菌感染,形成了黑色或褐色斑块。孟山都公司研究人员利用转基因技术,提高了马铃薯中蔗糖合酶的含量,使得马铃薯不容易碰伤,并且具有较好的低温耐受性,这种耐冷且不易碰伤的马铃薯给马铃薯油炸加工带来极大的好处。

2.5.4 利用基因工程改良食品的风味

1. 甜蛋白 有些水果蔬菜的营养价值很高,但却不好吃,尽管在烹调过程中加入盐、糖及调味品可增加食物的味道,但如果食物本身变得美味可口,无疑对食品工业是很有利的。

亚洲有一种植物叫应乐果(Dioscoreophyllum cumminsii),人们将它称作 serendipity,即"能偶然发现珍宝的天赋才能"的意思,研究人员在其果实中发现了一种叫作应乐果蛋白(monellin)的蛋白质,咀嚼时比蔗糖大约甜 10 万倍,而它所含的蛋白质却又不会在新陈代谢中具有与蔗糖相同的作用,它的这种特性使之成为蔗糖的理想替代品。

天然应乐果蛋白是有两条链通过弱的非共价键相互作用而形成的二聚体。A 链由 45 个氨基酸残基组成,B 链由 50 个氨基酸残基组成。但由于是由两条分离多肽链组成,烹调过程中遇到的加热、遇酸(例如醋酸、柠檬酸)等情况很容易使之解离,失去甜味。局限了它作为甜味剂的用途。如果分别对两个分离基因以一种协调的方法进行克隆、表达,无论在植物中还是在微生物中,都使此蛋白的表达变得更为复杂。为了解决这一难题,人们采用化学方法合成出应乐果蛋白基因,它可以编码同时包括 A、B 两条链的单链肽段。此融合蛋白在转基因番茄和莴苣中进行了表达。在番茄中采用果实特异性启动子 E8,仅在果实成熟时激活;在莴苣中则采用 35S 启动子。在转基因番茄的果实中检测到应乐果蛋白的表达,而在未成熟果实中则没有表达;在转基因莴苣的叶子中检测到应乐果蛋白的表达。此外,还发现植物激素乙烯的大量生成会引起番茄中应乐果蛋白表达水平的提高。用基因工程方法改造甜味的食品其综合性味觉试验还未见报道,假若试验结果是肯定的,那么这种无需糖或其他化学添加物就可使植物变甜的方法可能适用于多种水果和蔬菜。除了应乐果蛋白外,还可用基因工程的方法获得新的糖类。例如环化糊精(cyclodextrins,CD)就是一种新的糖类物质。这种物质有可能作为一种新型甜味剂用于食品工业,研究表明,环化糊精除了具有甜味外还有分解食物中的咖啡因和胆固醇等有害物质的功能。将环化糊精糖基转移酶(cy-clodextringlycosyl transferase,CGT)的基因转入植物,可以在转基因植物中获得环化糊精。据分析,在目前得到的转基因植物中有0.001%~0.01%的淀粉转化成了环化糊精。

2. 酱油风味 酱油风味的好坏与酱油在酿造过程中所生成氨基酸的量直接相关。而与此相关的羧肽酶和碱性蛋白酶基因已经被克隆出来,并成功转化。在利用基因工程技术构建的新菌株中,碱性蛋白酶的活力可以提高 5 倍,而羧肽酶的活力也可大幅提高到 13 倍,利用这些基因工程菌株可以改善酿造过程中酱油的风味。另外,木糖可与酱油中的氨基酸反应产生褐色物质,因此在酿造过程中能影响酱油的风味。酱油中木糖的生成与制造酱油的曲霉中木聚糖酶密切相关。因此采用反义 RNA 技术抑制该酶基因的表达,可大大地降低这种不良反应的进行。在生产中采用该方法所构建的工程菌株酿造酱油,能够酿造出颜色浅、口味淡的酱油,从而适应特殊食品制造的需要。

此外,酱油酿造中与压榨性相关的纤维素酶、葡聚糖酶、多聚半乳糖醛酸酶和果胶酶等的基因都已被克隆和应用。例如,用高纤维素酶活力的转基因米曲霉生产酱油可使酱油的产率明显提高。

3. 啤酒风味　双乙酰是影响啤酒风味的重要物质,啤酒中双乙酰的含量有一定的阈值(0.02~0.10 mg/L)。当超过双乙酰的阈值时,就会产生一种令人不愉快的馊酸味,严重破坏啤酒的风味与品质。在啤酒生产过程中,双乙酰是由啤酒酵母细胞产生的 α-乙酰乳酸经非酶促的氧化脱羧反应自发产生的。

去除啤酒中双乙酰的有效措施之一就是利用 α-乙酰乳酸脱羧酶将 α-乙酰乳酸去除。但是酵母细胞本身没有 α-乙酰乳酸脱羧酶活性,不过可以利用基因工程技术,将外源 α-乙酰乳酸脱羧酶基因导入啤酒酵母细胞,并使其表达,这是目前降低啤酒中双乙酰含量的有效途径。如有人用乙醇脱氢酶的启动子和穿梭质粒载体 Yep 13 将产气肠杆菌 α-乙酰乳酸脱羧酶基因导入啤酒酵母并成功表达,该基因工程菌株在金星啤酒酿造时,可使啤酒中的双乙酰含量明显降低,且不会影响到酵母其他的发酵性能,保持了啤酒中的正常风味物质。不过这种方法有一个缺点就是所构建的基因工程菌株中 α-乙酰乳酸脱羧酶基因是存在于酵母的质粒上,而不是染色体上,因此该基因会由于质粒的丢失而丧失,使得酵母的降低双乙酰含量的性能不稳定。于是,科学家将外源的 α-乙酰乳酸脱羧酶直接整合到啤酒酵母的染色体中,从而构建了能稳定遗传的转基因啤酒酵母。这种酵母能保持降低啤酒中的双乙酰含量的特性,而且不会影响啤酒酿造过程中的其他发酵性能。

2.5.5　利用基因工程生产食品添加剂及功能性食品

1. 生产氨基酸　氨基酸在人们的日常生活中非常重要,如在食品工业中可用作味增强剂、抗氧化剂、营养补充剂;在农业上也可用作饲料添加剂;在医学上可用于手术后的输液。目前,全世界每年生产 50 多万 t 的氨基酸,价值超过 30 亿美元,其中谷氨酸占将近一半。中国人炒菜时,所用的味精就是谷氨酸单钠盐(MSG)。

目前大多数的氨基酸产品,都是从蛋白水解物中提取得到的,或者用 *Corynebacterium* 或 *Brevibacterium* 这两种不产生孢子的革兰氏阳性细菌来发酵生产的。提高氨基酸的产量的传统方法主要是通过突变筛选过量表达某一种氨基酸的菌株。但是,大规模筛选的方法效率低,费工费时,缺点很多。DNA 重组技术出现以后,人们开始考虑利用 DNA 重组技术调控某一个特定的代谢途径中的某一个特定的成分,以达到提高氨基酸产量的目的。人们现在发现原生质体的转化,即通过溶菌酶把革兰氏阳性菌的细胞壁去掉,制备出原生质体,再用 PEG 法进行转化的效果比较好。例如,生产色氨酸,在正常的色氨酸生物合成途径中,其限速步骤所涉及的酶是邻氨基苯甲酸合成酶。把编码这种酶的基因,转化到生产色氨酸的菌株中使之正确高效表达,就会达到增加色氨酸的产量的目的。

邻氨基苯甲酸合成酶基因的克隆过程是,首先将 *Brevibacterium flavum* 菌的染色体

DNA 酶解,而后克隆进 *C. glutamicum* 大肠杆菌穿梭载体,将重组质粒转入 *C. glutamicum* 的突变体,这个突变体无法产生有活性的邻氨基苯甲酸合成酶,然后让转化的突变体在不加邻氨基苯甲酸合成酶的情况下生长,如果菌在这种培养基上生长起来,就说明其中含有邻氨基苯甲酸合成酶的基因。把长起来的这些克隆的基因再转到野生型的 *C. glutamicum* 中去,使色氨酸的合成能力提高 130% 左右。因此,增加一个氨基酸生物途径中的某一个关键性基因的拷贝数,就有可能提高终产物的产量。

2. 生产黄原胶　在奶酪的制作过程中,会产生一种叫作乳清(whey)的副产品。这种副产品中乳糖含量高达 3.5%～4%,还有少量的蛋白质、矿物质和相对低分子质量的有机物,但牛奶场却很难处理这种乳清。如果随水冲走,流入河流水系,则会造成河水缺氧,使水生微生物窒息死亡;如果埋入地下,不但运输费用很高,而且埋入土中还有可能污染地下水资源;另外,乳清里还有一些无法分开的固体成分。研究发现,大肠杆菌的 lac Z 操纵子包含了半乳糖苷酶和乳糖渗透酶(lactose permease)的基因,这两个基因置于 *X. campestris* 启动子的驱动下,转入广宿主范围的质粒载体,导入大肠杆菌,然后通过三亲交配转入 *X. campestris*。本来,野生型的 *X. campestris* 不能利用乳糖,只能在以葡萄糖为碳源的环境中生产黄原胶,而用这两个基因转化后,*X. campestris* 就可以利用乳清高水平地生产黄原胶了。

黄原胶(xanthan gum)是一种高分子的多糖,其物理化学性质非常稳定,常被作为稳定剂、乳化剂、加浓剂、悬浮剂使用,在食品加工中用途广泛。

3. 超氧化物歧化酶(SOD)的基因工程　采用基因工程手段改良产酶菌株,近年来还应用于超氧化物歧化酶(SOD)。Hallewell 等报道了人的 Cu/Zn-SOD 的 cDNA 的核苷酸序列、分子克隆和用 Tacl 启动子在大肠杆菌中的高效表达。利用酵母甘油醛磷酸脱氢酶启动子指导人的 SOD 基因在酵母菌中高效表达,产生的人的 Cu/Zn-SOD 是可溶的,酶比活正常而且对铜、锌表现出低水平的抗性。酵母产生的人的 SOD 在其 N-末端乙酰化,它与人红细胞的 Cu/Zn-SOD 物化特性相同。可见,用酵母表达生产人的 SOD,具有广泛的应用前景。

另外,Brehm 等将 *B. stearothermophilus* 的 Mn-SOD 基因克隆至大肠杆菌中并测定了其完整氨基酸序列。重组体 Mn-SOD 在大肠杆菌中高效表达,产生的 SOD 占可溶性蛋白的 49%。Chembers 等将 *B. caldotenax* 的 Mn-SOD 基因克隆到大肠杆菌中并获得高效表达,产生的 SOD 占可溶性蛋白的 40%。

4. 生产保健食品的有效成分　当今,保健食品的发展有赖于基因工程这门新技术。现在,可以采用转基因手段,在动、植物或其他细胞中使目的基因得到表达而制造有益于人类健康的保健成分或有效因子。例如,将一种有助于心脏病患者血液凝结溶血作用的酶基因克隆至牛或羊中,便可以在牛乳或羊乳中产生这种酶。又如,把人的血红素基因克隆至猪中,那么,猪的血可以用做人类血液的代用品。这些都是转基因动物生产特殊成分的例子。

❓ 思考题

1. 什么是基因工程?基因工程的操作步骤有哪些?了解近年来基因工程的进展。

2. DNA 提取基本步骤是什么?了解食品中 DNA 的提取方法。

3. 什么是限制性内切酶?了解其命名方法、分类及其作用,熟悉常用的限制性内切酶。

4. 理想的基因工程载体应具备的特征有哪些?举例说明质粒载体的特点及其作用。

5.什么叫目的基因？通常获得目的基因的方法有哪些？获得新基因的策略有哪些？

6.结合所学的内容，简述如何设计构建一个理想的DNA重组体分子。

7.举例说明重组DNA导入受体细胞的方法。

8.简述农杆菌Ti质粒的特点及植物外源基因转化的方法。

9.什么是报告基因？常用的报告基因有哪些？

10.简述植物中外源基因的PCR检测原理。

11.什么是基因探针？常用的制备基因探针的方法有哪些？

12.了解从不同水平上检测外源基因是否导入的方法，即点杂交、Southern杂交、Northern杂交和Western杂交。

13.简述反义基因技术的基本概念、原理及其特点，并熟悉反义基因技术在食品产业中的应用。

14.简述利用生物技术的方法如何调控乙烯的生物合成。

指定学生参考书

[1] 阎隆飞,张玉麟.分子生物学.2版.北京:中国农业大学出版社,2006.

[2] 谢友菊,王国英,林爱星.遗传工程概论.2版.北京:中国农业大学出版社,2005.

[3] 王关林,方宏筠.植物基因工程.2版.北京:科学出版社,2014.

[4] 瞿礼嘉,顾红雅,胡苹,等.现代生物技术.北京:高等教育出版社,2004.

[5] 贺淹才.简明基因工程原理.2版.北京:科学出版社,2005.

[6] 余叔文.植物生理与分子生物学.2版.北京:科学出版社,2003.

[7] 龙敏南,楼士林,杨盛昌,等.基因工程.3版.北京:科学出版社,2014.

[8] 吴乃虎.基因工程原理(上册).2版.北京:科学出版社,2005.

参考文献

[1] Hamilton A J, Lycett G W, Grierson D. Antisense gene that inhibits synthesis of the hormone ethylene in transgenic plants. Nature,1990,346:284-287.

[2] Klee H J, Hayford M B, Kretzmer K A, Barry G F, Kishore G M. Control of ethylene synthesis by expression of a bacterial Enzyme in transgenic tomato plants. Plant Cell,1991,3:1187-1193.

[3] Oeller P W, Lu M W, Tayor L P, Pike D A, Theologis A. Reversible inhibition of tomato fruit senescence by antisense RNA. Science,1991,254:437-439.

[4] Sambrook J, Fritsch E F, Maniantis T. Molecular Cloning, A Laboratory Mammual (fourth edition), Cold Spring Harbor Laboratory Press,2012.

[5] Smith C J S, Watson C G, Ray J, et al. Antisense RNA inhibition of polygalaeturonase gene expression on transgenic tomatoes. Nature,1988,334:724-726.

[6] 贺淹才.简明基因工程原理.2版.北京:科学出版社,2005.

[7] 瞿礼嘉,顾红雅,胡苹,等.现代生物技术.北京:高等教育出版社,2004.

[8] 罗云波,生吉萍,申琳.番茄中反义ACC合酶基因的导入和乙烯生物合成的控制.农

业生物技术学报,1995,3(2):38-43.

　　[9] 彭志英.食品生物技术导论.北京:中国轻工业出版社,2010.

　　[10] 王关林,方宏筠.植物基因工程.2 版.北京:科学出版社,2014.

　　[11] 闻伟,杨胜利.反义 RNA 在基因调控中的作用.生物工程进展,1990,3:38-45.

　　[12] 谢友菊,王国英,林爱星.遗传工程概论.2 版.北京:中国农业大学出版社,2005.

　　[13] 龙敏南,楼士林,杨盛昌,等.基因工程.3 版.北京:科学出版社,2014.

　　[14] 吴乃虎.基因工程原理(上册).2 版.北京:科学出版社,2005.

　　[15] 张方,迟伟,金成哲,等.高粱 C4 型磷酸烯醇式丙酮酸羧化酶基因的分子克隆及其转基因水稻的培育.科学通报,2003,14:1542-1546.

第 3 章
细胞工程与食品产业

本章学习目的与要求

了解细胞工程的含义,学习微生物、动物、植物细胞的基本培养方法和技术;掌握制备和培养植物愈伤组织和悬浮细胞的基本技术;掌握制备微生物细胞和植物细胞原生质体及其细胞融合的基本原理和方法;了解植物细胞工程、动物细胞工程在食品产业中的应用。

3.1　细胞工程的基本原理

3.1.1　细胞工程的概念和分类

细胞工程(cell engineering),也称细胞技术(cell technique),是生物技术的主要内容之一。细胞工程是以细胞为基本单位,在离体条件进行培养或人为的精细操作,使细胞在体外大规模地繁殖,使细胞的一些生物学特性按人们的意愿发生改变,从而达到体外生产生物产品的目的。

细胞工程根据其研究对象不同,分为植物细胞工程、动物细胞工程和微生物细胞工程。由于细胞来源和培养条件方式的不同,在研究内容和深度上都有很大的不同。在后续的内容中会具体介绍。

3.1.2　细胞基础概述

3.1.2.1　原核细胞和真核细胞

细胞——作为生物体的基本组成单位,是细胞工程的主要研究对象。根据进化程度与结构的复杂程度,可分为原核细胞和真核细胞两大类。详细见二维码 3-1。

由原核细胞构成的有机体包括细菌、放线菌和蓝藻等。原核细胞的细胞小,无典型细胞核,细胞内脱氧

二维码 3-1　原核与真核细胞结构模式图

核糖核酸(DNA)的区域没有被膜包围,裸露于细胞质中,不与蛋白质结合;胞内无膜系构造细胞器,胞外由肽聚糖组成细胞壁,不过原核细胞生长迅速,无蛋白质结合的 DNA 易于人们的遗传操作,因此它们是细胞改造的良好材料。

酵母、动植物等细胞属于真核细胞,体积较大,结构复杂,内有细胞核和众多膜系构造细胞器。植物细胞与动物细胞相比,具有一些特有的细胞结构和细胞器,如液泡、叶绿体、细胞壁等。植物细胞壁是在细胞有丝分裂过程中形成的,主要成分是纤维素,还有果胶质、半纤维素与木质素等。液泡是植物细胞的代谢库,起调节细胞内环境的作用。液泡内部溶有盐、糖与色素等物质,溶液的浓度可以达到很高。叶绿体是植物细胞内最重要、最普遍的质体,它是进行光合作用的细胞器,具有将光能转变为化学能储存在碳水化合物中的作用。

3.1.2.2　细胞的增殖和调控

对于体外培养细胞,首先要调节培养环境,即模拟体内细胞生长环境。同时,也要从细胞内部着手进行调控,使之按照人们的意愿生长或合成产物。这就需要对细胞个体和群体生长机制加以了解,以便调控整个细胞培养过程。

1.单个细胞的生长　　细胞的生长增殖是借助于细胞分裂来实现的,细胞通过细胞周期完成分裂。所谓细胞周期是指正常连续分裂的细胞从前一次分裂结束到下一次分裂完成所经历的连续动态过程。细胞周期可分为间期和分裂期(M 期)两个不同阶段。间期是细胞内遗传物质 DNA 的合成期;分裂期是完成遗传物质的分配。其中间期又分为 DNA 合成前期(G_1期),DNA 合成期(S 期),DNA 合成后期(G_2期)。见图 3-1。

不同的细胞,细胞周期不同。培养细胞的周期短,细胞增殖大于细胞死亡,属生长旺盛的

细胞群。在细胞体外培养过程中,细胞周期常随培养阶段而有所变化。如在接种或传代后,细胞并不立即进入活跃的细胞周期活动,一般先经过一个潜伏期。潜伏期是细胞适应或同化培养基的过程。不同培养细胞的潜伏期长短不一样。传代细胞系的潜伏期短,初代培养细胞的潜伏期长。此外,潜伏期长短与接种细胞的数量有关,接种量多的细胞潜伏期短于接种量少的细胞。

一个细胞周期就是细胞一次倍增的时间。培养中的"代"的概念只是指一次接种到再培养的时间,并不等于细胞周期。实际细胞传代一次,细胞能倍增6~7次。

2. 细胞群体的生长　单个细胞经过一定时间的培养生长,就会分裂出两个子细胞。两个子细胞经过同样一段时间生长,又成为4个子细胞,依此类推,整个细胞数呈指数增长。但自然情况下这是不可能发生的。对于一个细胞群体而言,可能有些细胞正在分裂,有些却已经分裂,还有在准备分裂。即在同一时间,所有细胞不可能处于同一个生长繁殖阶段。因此,人们通常考察整个细胞群体的变化情况。对于群体细胞的生长,一般可分为滞后期、对数生长期、稳定期和衰亡期,见图 3-2。

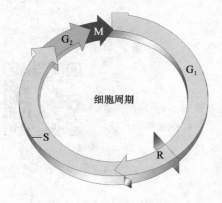

图 3-1　细胞周期时相图

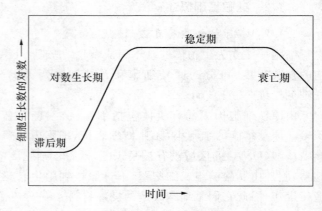

图 3-2　群体细胞生长曲线

滞后期:当细胞接种或传代至合适培养基中,细胞并不立即进入快速对数生长期,而是存在一个缓慢生长阶段,称为滞后期。这期间细胞数不增长或增长很少。不同细胞,滞后期的长短差异很大,即使同一类型的细胞,不同的培养亦有差异。影响因素是多方面的,比如接种细胞所处的生长阶段对滞后期的影响就很大,用处于对数生长期的细胞比处于稳定期的细胞接种时,滞后期要短一些;接种量大时比接种量小时滞后期短,这可能是由于细胞能更快地分泌某些对数生长期所需要的物质的缘故。

对数生长期:经过滞后期准备,细胞适应了新的环境,只要细胞生长所需要的各种营养条件具备,细胞数目就呈几何级数增加,而进入对数生长期。此时,细胞生长旺盛,某一时刻细胞数的增长速率与细胞数成正比。处于对数生长期的细胞,是传代接种或冻存细胞的理想时期。

稳定期:细胞如果在体积和营养含量固定的培养基中,不可能无限制地生长下去,一方面营养成分终究耗尽,另一方面细胞代谢废物会达到一个较高浓度对细胞生长造成抑制。此时,新生的细胞数与死亡的细胞数大致相当,细胞数保持一个恒定数值,即进入了生长的稳定期。

衰亡期:处于稳定期的细胞如果不传代或不加入新鲜培养基,则会进入衰退死亡期。由于培养基中营养成分耗尽,代谢产物大量积累,这时能够增殖的细胞越来越少以至降到零,而死亡的细胞则越来越多。培养基中细胞总数虽然不变,但活细胞数显著下降。

3.1.2.3　细胞的全能性

细胞的全能性是细胞工程学科领域的理论核心。简单地讲,一个与合子具有相同遗传内容的体细胞具有产生完整生物个体的潜在能力称为细胞的全能性。

细胞是生物体结构和功能的基本单位,同时,细胞显示出了生命的基本特征:自我复制、新陈代谢、应激性等。一个微生物细胞就是一个生命;而已分化的植物细胞在合适的条件下具有潜在的发育成完整植株或个体的能力。1970 年 Steward 用悬浮培养的胡萝卜单个细胞培养成了可育的植株,至此,植物分化细胞的全能性得到了充分论证。与植物和低等细胞相比,高等动物体细胞的发育潜能有显著差异,早期胚胎细胞具有发育的全能性,但随着分化程度的提高,细胞的发育潜能也逐渐变窄,所以动物细胞是否有全能性一直没有定论。1997 年将羊的乳腺细胞核移植到去核的卵细胞中,培养出成体羊"多莉",证明了已分化的体细胞核具有全能性。动物克隆的成功只能证明动物体细胞核具有发育全能性,对于成熟体细胞本身是否也具有发育全能性尚不能完全解释。然而最近对于细胞研究的一系列新发现表明,在成熟机体的多种组织中均存在可多向分化的全能细胞——组织干细胞,不仅刷新了人们对于细胞的传统认识,而且也使科学家不得不重新认识高等动物体细胞的发育全能性问题。

细胞的全能性意味着每个培养细胞仍然保持着完整的遗传信息,植物细胞全能性的概念在 20 世纪 80 年代之后又进一步发展,除了体细胞具有发育成完整植株和个体的潜能之外,还具有产生亲本植株所具有的化合物的能力。利用植物细胞培养可产生高价值的细胞次生代谢产物,比如香料、色素、生物碱、酶类等;利用动物细胞培养可产生细胞因子、抗体等。

3.1.3　细胞工程的基本操作和技术

3.1.3.1　无菌操作技术

细胞工程的所有实验都要求在无菌条件下进行,实验操作应在无菌室内进行。无菌室应定期用紫外线或化学试剂消毒,实验前后还应各消毒一次。

无菌室外有间缓冲室,实验人员在此换鞋、更衣、戴帽,做好准备后方可进入无菌室,操作时实验者的双手应戴无菌手套或者用 75% 乙醇消毒双手。此外还应注意周围环境的卫生整洁。

超净工作台是最基本的实验设备,一切操作都应在超净台上进行才能达到较高的无菌要求。对生物材料进行彻底的消毒与除菌是实验成功的前提,实验所用的一切器械、器皿和药品都应进行灭菌或除菌。生物材料一般采用化学消毒剂,如 2%～5% 次氯酸钠、75% 酒精、0.1% 氯化汞等处理一定时间,然后用无菌的器械获取小块的组织或细胞,接种在高压灭菌或滤过的合适的培养基上;耐高温的器皿如玻璃、金属制品、聚乙烯塑料制品都可进行高温湿热灭菌。

3.1.3.2　细胞培养技术

细胞培养是指动物、植物和微生物细胞在体外无菌条件下的保存和生长。虽然这些细胞培养在营养要求等方面有许多差异,但作为细胞培养,它们也有些共同之处。首先,要取材和除菌。除了淋巴细胞可直接抽取以外,植物材料在取材后,动物材料在取材前都要用一定的化学试剂进行严格的表面清洗、消毒。有时还需要某些特定的酶对材料进行预处理,以期得到分散生长的细胞。其次,根据各类细胞的特点,配制细胞培养基并进行灭菌。将生物材料接种于培养基中,最后将接种后的培养基放入培养室或培养箱中培养。当细胞达到一定生物量时应及时收获或传代。

3.1.3.3　细胞融合技术

两个或多个细胞相互接触后,其细胞膜发生分子重排,导致细胞合并、染色体等遗传物质重组的过程称为细胞融合。细胞融合是细胞工程的重要基本技术,主要过程包括:①制备原生质体。由于微生物及植物细胞具坚硬的细胞壁,因此通常需用酶将细胞壁降解。动物细胞则无此障碍。②诱导细胞融合。两亲本细胞(原生质体)的悬浮液调至一定细胞密度;按1∶1的比例混合后,用物理、化学或生物的方法促进融合。③筛选杂合细胞。将上述混合液移到特定的筛选培养基上,让杂合细胞有选择地长出,其他未融合细胞无法生长。以获得具有双亲遗传特性的杂合细胞。

上述细胞培养技术、细胞融合技术以及其他有关实验原则和技术的细节将在以下各节中详细叙述。

3.2　细胞培养技术

本节所指的细胞培养,既包括微生物细胞的培养,也包括动物和植物细胞的培养。微生物细胞的培养历史悠久,动、植物细胞的培养则完全是近代的事情。通过细胞培养可以得到大量的细胞或其代谢物,如单细胞蛋白、抗生素、氨基酸、酶制剂、疫苗等,具有广泛的用途。细胞培养技术是生物技术中最核心、最基础的技术,且已应用于工业化生产。随着细胞培养技术在工业化生产中的地位越来越重要,在应用该技术时,需更加注意实验操作的规范性,有关细胞培养技术在实验操作中的注意事项见二维码3-2。

二维码 3-2　细胞培养技术简介

3.2.1　微生物细胞的培养

3.2.1.1　培养基的组成

微生物种类繁多,从细菌到真菌,从原核到真核,从需氧微生物到厌氧微生物,所需的培养条件相差很大。有的微生物可以利用化学成分简单的物质甚至是完全无机的环境中生长发育,有的则需要一些现成的维生素、氨基酸及其他一些有机化合物才能生长。一般的培养基均包括以下成分:

(1)碳源。碳元素是构成菌体成分的主要元素,又是产生各种代谢产物的重要原料。除此之外,碳元素同时又是供给微生物维持生命活动所需能量三磷酸腺苷(ATP)的主要来源。

培养微生物最常用的碳源是糖类物质。实验室培养碳源主要是化学纯试剂如葡萄糖、蔗糖、淀粉等。工业化发酵生产中则常利用谷物、马铃薯、甘薯、木薯等作为碳源。

除此之外,一些天然的原料物质,如麦芽及麦芽汁是酿制啤酒的上好原料;蔗糖的结晶母液——糖蜜(分蔗糖糖蜜和甜菜糖蜜)、乳清等常作工业生产的原料;工业植物油(橄榄油、玉米油、亚麻子油、棉籽油)也可用于配制培养基,但其作为碳源之外,尚可起到消泡的作用。近年来,把醇类、简单的有机酸以及烷烃作为碳源,也日益受到重视,石油及天然气也可和糖类物质一样被某些微生物利用,生产菌体蛋白、有机酸、氨基酸、维生素和酶制剂等。

(2)氮源。氮是构成微生物细胞、蛋白质和核酸的主要元素。因此,氮源在微生物培养过程中,是仅次于碳源的另一重要元素,但氮元素一般不为微生物提供能量(硝化细菌除外)。

工业微生物利用的氮源可分为无机氮源和有机氮源两类。氨气、铵盐或硝酸盐等,均可作为微生物的无机氮源,其中铵盐用得最多,铵盐的利用率也较高。硝酸盐的利用则对微生物有一适应过程,故不及铵盐。用氨气的微生物较少。

通常配制实验室用的培养基,可用蛋白胨、牛肉膏、酵母膏等作为氮源;工业生产中常用的氮源有硫酸铵、尿素、氨水、黄豆粉、花生粉、棉籽粉、玉米浆等。

(3)无机盐。无机盐类是微生物生命活动所不可缺少的物质,其功能主要是:①构成菌体的组成成分;②作为酶活性基团的组成部分;③调节微生物体内的 pH 等。无机元素包括主要元素和微量元素两类。主要元素有磷、硫、镁、钾、钙等,它们通常是在配制培养基时以磷酸盐、硫酸盐、氯化物及含有钠、钾、钙、镁、铁等金属元素的化合物形式加入。微量元素有钴、铜、铁、锰、钼及锌等,因为它们所需数量极微,故以“杂质”的形式存在于其他主要成分中就已足够,而不必另外添加。

(4)维生素。维生素是生物体生长不可缺少的一种或数种极微量的有机物质,对生物体的正常生长却关系重大;但微生物在生长时,自身往往又缺乏合成这种有机物的能力,因此,必须外界提供。由于在很多天然的碳源与氮源中,均含有为数众多的维生素,所以我们配制培养基时,一般不需另外加入。

3.2.1.2　培养基的种类和应用

培养基种类繁多,根据其成分、物理状态和用途可将培养基分成多种类型。

1.按成分划分

(1)天然培养基(complex medium)。这类培养基含有化学成分还不清楚或化学成分不恒定的天然有机物,也称非化学限定培养基(chemically undefined medium)。牛肉膏蛋白胨培养基和麦芽汁培养基就属于此类。基因克隆技术中常用的 LB(Luria-Bertani)培养基也是一种天然培养基。天然培养基成本较低,除在实验室经常使用外,也可用于工业上大规模发酵生产。

(2)合成培养基(synthetic medium)。合成培养基是由已知化学成分的营养物质组成,也称化学限定培养基(chemically defined medium)。高氏Ⅰ号培养基和查氏培养基就属于此种类型。配制合成培养基时重复性强,但与天然培养基相比其成本较高,一般适于在实验室用来进行有关微生物营养需求、代谢、分类鉴定、生物量测定、菌种选育及遗传分析等方面的研究工作。

2.根据物理状态划分

根据培养基中凝固剂的有无及含量的多少,可将培养基划分为固体培养基、半固体培养基和液体培养基 3 种类型。常用的凝固剂有琼脂(agar)、明胶(gelatin)和硅胶(silica gel)。对绝大多数微生物而言,琼脂是最理想的凝固剂。

(1)固体培养基(solid medium)。在液体培养基中加入一定量凝固剂,使其成为固体凝胶状态。在实验室中,固体培养基一般是加入平皿或试管中,制成培养微生物的平板或斜面。固体培养基为微生物提供一个营养表面,单个微生物细胞在这个营养表面进行生长繁殖,可以形成单个菌落。固体培养基常用来进行微生物的分离、鉴定、活菌计数及菌种保藏等。

(2)半固体培养基(semisolid medium)。培养基中凝固剂的含量比固体培养基少,如琼脂含量一般为 0.2%～0.7%。半固体培养基常用来观察微生物的运动特征、分类鉴定及噬菌体效价滴定等。

(3)液体培养基(liquid medium)。液体培养基中未加任何凝固剂。在用液体培养基培养微生物时,通过振荡或搅拌可以增加培养基的通气量。同时使营养物质分布均匀。液体培养基常用于大规模生产发酵产品和菌体。

3. 按用途划分

(1)基础培养基(minimum medium)。尽管不同微生物的营养需求各不相同,但大多数微生物所需的基本营养物质是相同的。基础培养基是含有一般微生物生长繁殖所需的基本营养物质的培养基。牛肉膏蛋白胨培养基是最常用的基础培养基。

(2)加富培养基(enrichment medium)。加富培养基也称营养培养基,即在基础培养基中加入某些特殊营养物质制成的一类营养丰富的培养基,这些特殊营养物质包括血液、血清、酵母浸膏、动、植物组织液等。加富培养基是用来增加所要分离微生物的数量,使其形成生长优势,从而分离得到该种微生物。因此加富培养基一般用来培养营养要求比较苛刻的异养型微生物;还可用来富集和分离某种微生物。

(3)鉴别培养基(differential medium)。鉴别培养基是用于鉴别不同类型微生物的培养基。根据需鉴别微生物(如产淀粉酶菌株)产生的代谢产物(胞外淀粉酶),可与基础培养基中添加的某种特殊化学物质(可溶性淀粉)发生特定的化学反应,产生明显的特征性变化(淀粉水解圈),据此达到区分鉴别菌种的目的。鉴别培养基主要用于微生物的快速分类鉴定,以及分离和筛选产生某种代谢产物的菌种。

(4)选择培养基(selective medium)。选择培养基是用来将某种或某类微生物从混杂的微生物群体中分离出来的培养基。根据不同种类微生物的特殊营养需求或对某种化学物质的敏感性不同,在培养基中加入相应的特殊营养物质或化学物质,抑制不需要的微生物的生长,有利于所需微生物的生长,从而达到分离所需微生物的目的。

一种类型选择培养基是依据某些微生物的特殊营养需求设计的,例如,利用以纤维素或石蜡油作为唯一碳源的选择培养基,可以从混杂的微生物群体中分离出能分解纤维素或石蜡油的微生物。另一种类型选择培养基是在培养基中加入某种化学物质,这种化学物质没有营养作用,对所需分离的微生物无害,但可以抑制或杀死其他微生物,例如,在培养基中加入数滴10%的酚可以抑制细菌和霉菌的生长,从而由混杂的微生物群体中分离出放线菌。

现代基因克隆技术中也常用选择培养基,在筛选含有重组质粒的基因工程菌株过程中,利用质粒上具有的对某种(些)抗生素的抗性选择标记,在培养基中加入相应抗生素,就能比较方便地淘汰非重组菌株,以减少筛选目标菌株的工作量。在实际应用中,有时需要配制既有选择作用又有鉴别作用的培养基。

除上述 4 种主要类型外,培养基按用途划分还有很多种,比如分析培养基(assay medium)常用来分析某些化学物质(抗生素、维生素)的浓度,还可用来分析微生物的营养需求;还原性培养基(reduced medium)专门用来培养厌氧型微生物;组织培养物培养基(tissue-culture medium)含有动、植物细胞,用来培养病毒、衣原体(chlamydia)、立克次氏体(rickettsia)及某些螺旋体(spirochete)等专性活细胞寄生的微生物。

3.2.1.3　培养方法

1. 固体培养(solid-state culture)　固体培养基表面上的培养,多用于菌种的分离、纯化、保藏和种子的制备。将含有许多微生物的悬浮液稀释到一定比例后,接种到琼脂培养基的固体斜面上,经保温培养,可以得到单独孤立的菌落。这种单独的菌落可能是由单一细胞形成,因而获得纯种细胞株。生长在斜面上的菌体,在 4℃ 下可以保藏 3～6 个月。实验室进行固体培养常使用试管、培养皿。

在工业生产中,固体培养常用来制曲以及进行食用菌菌丝的培养。制曲的一般操作是:将接种的固体基质薄薄地摊铺在容器表面,这样,既可使微生物获得充分的氧气,又可让微生物在生长过程中产生的热量及时释放。这就是曲法培养的基本原理。食用菌菌丝的培养一般用棉籽壳、花生壳等固体基质进行规模生产。

2. 液体培养(liquid-state culture) 在液体培养中,菌体在液体培养基中处于悬浮状态,导入培养基的空气中通过气-液界面传质进入液相,再扩散进入细胞内部。采用液体培养法易于获得混合均匀的菌体悬浮液,从而便于对系统进行监测控制。同时,液体培养法也容易放大到工业规模。液体培养法基本上克服了固体培养法规模小、不均一和不便监控的缺点,成为大量培养微生物的一个重要方法。

实验室里的小型液体培养常使用摇瓶。瓶口封以多层纱布或用高分子滤膜以阻止空气中的杂菌或杂质进入瓶内,而空气可以透过瓶塞进入瓶内供菌体呼吸。摇瓶培养法是实验室获取菌体的常用方法,也用作大规模生产的种子培养。摇瓶培养的优点不仅在于操作简便,还在于可以同时采用许多摇瓶(在大摇床上可多达上百个)在相同的温度、振荡速度条件下进行实验,从而能广泛地改变培养条件并节省反复多次实验所需的时间。采用适当的传感器可以随时监测生长过程中的各种变化。从摇瓶培养得到的结果一般还需经过实验罐或中试罐才能转移到大罐生产。液体培养法在工业化的生产中又分为以下几种:

(1)连续培养(continuous culture)。在分批培养中,随着微生物的活跃生长,营养物不断消耗,有害的代谢产物不断积累,对数生长期不可能长期维持。从理论上讲,若将营养物浓度和培养条件维持在对数生长期不变,则对数生长可以无限延长。连续培养法就是根据这种设想以保证细胞高速增长或产物高速形成。对连续培养的理论和实践的研究,可以解决许多至今其他培养技术难以解决的有关微生物生理、生化代谢和遗传等方面的问题,为探索发酵中各种因素的作用开辟新的前景,对于提高设备利用率、控制产品质量等,都有重要意义。

根据控制方式的不同,连续培养可分为恒浊培养(turbidostatic culture)和恒化培养(chemostatic culture)两种。

恒浊培养:根据体系内微生物的生长密度,通过自控仪表调节料液的流量,以取得菌体浓度和生长速度恒定的微生物细胞的培养方式。在恒浊培养中,微生物的生长速度主要受流速控制,但也与菌种、培养基成分和其他培养条件有关。恒浊培养可以不断提供具有一定生理状态的、始终以最高生长速度生长的微生物细胞。并可在一定范围内控制不同的菌种密度。

恒化培养:保持培养液的流速不变,使培养罐内的营养物质浓度基本恒定,并使微生物始终在低于其最高生长速度的条件下进行繁殖。恒化培养中,必须将某种必需的营养物质限制在最低浓度(即生长限制因子),而其他的均过量,使微生物的生长速度主要决定于生长限制因子。在恒化培养中,生长限制因子的供给速率与微生物的消耗速率达到平衡,其化学组成能够保持稳定。恒化培养与恒浊培养相似之处是维持一定的体积,不同的是不控制菌体浓度,而是通过控制培养液中某一生长限制组分的浓度不变来控制的。

恒化培养与恒浊培养的比较见表 3-1。

表 3-1   恒浊培养与恒化培养的比较

培养方法	控制对象	培养基	培养基流速	生长速率	产物	应用范围
恒浊培养	菌体密度（内控制）	无限制生长因子	不恒定	最高速率	大量菌体或与菌体相平行的代谢产物	生产为主
恒化培养	培养基流速（外控制）	有限制生长因子	恒定	低于最高速率	不同生长速率的菌体	实验室为主

连续培养面临的主要问题是：①一个生产罐染菌，所有的罐都要停止运作，必须灭菌后再启动，在许多情况下有可能设计出一种染菌概率最小的培养过程，如提高培养温度、改变 pH 或原料等，可使杂菌不易生长；②连续培养的收率和产物浓度相对分批培养要低，这将不利于下游的提取操作；③连续培养的营养物质利用率较低，会增加生产成本；④连续培养必须与整个作业的其他工序连贯进行，它对设备的要求较高，需要复杂的检测和控制系统；⑤连续培养更易受菌种退化的影响，因为退化菌往往比生产菌更具生长优势，少数退化菌经较长时间的培养，会逐渐占据优势，从而造成减产。采用短期的连续培养方法仍然是有利的。由于上述问题的存在，连续培养在工业生产上的应用还不多见，只局限于酒精发酵、单细胞蛋白培养及丙酮、丁醇发酵等少数几个工业发酵产品。在抗生素和酶制剂工业中，还处于试验研究阶段。

（2）中间补料培养（fed-bath culture）。在生产实践中，完全封闭式的分批培养或纯粹的连续培养较为少见，更多见的是两者的折中形式——中间补料培养，又称为半连续（semi-continuous culture）、流加培养、补料分批培养等。中间补料培养是根据菌株生长和初始培养基的特点，在分批培养的某些阶段适当补加培养基，使菌体或其代谢产物的生产时间延长。

补料分批培养的优点体现在如下几个方面：①可以消除底物抑制：某些微生物的生长受到高浓度底物的抑制，如果采用间歇培养，将限制初始底物浓度，这样，也就限制了菌体密度和产物浓度的提高。采用补料分批培养可以从较低的底物浓度开始培养，就不存在底物抑制的问题，随后通过不断地流加限制性底物，使菌体能够不断生长，代谢产物也能不断地积累。对于存在葡萄糖效应的体系，通过补料操作，可以避免葡萄糖效应对微生物生长和产物积累的影响。②可以达到高密度细胞培养：由于补料分批培养能不断地向发酵罐补偿限制性底物，微生物始终能获得充分的营养，菌体密度就可以不断增加，通过选择适当的补料策略并配合氧传递条件的改进，细胞密度可以达到 150 g 干细胞/L，对于以细胞本身或胞内产物作为目标产物的发酵过程，高密度培养显然可以大大提高生产效率。③延长次级代谢产物的生产时间：次级代谢产物的合成往往与细胞生长速率无关，常常在生长到达稳定期才开始合成，因此与稳定期的细胞密度和延续时间直接相关。在一般的间歇培养中稳定期比较短。因为营养物质已经大量消耗而只能维持很短的时间就进入细胞死亡阶段。这使次级代谢产物的生产时间很短，从而影响了产量。通过补料就可以给微生物生长继续提供所需要的营养，延长稳定期的时间，因此能达到较高的次级代谢产物的生产水平。④稀释有毒代谢产物：微生物在代谢过程中，都会分泌出一些有毒的代谢产物，对微生物本身的生长产生影响。通过补料就能够稀释有毒的代谢产物，减轻毒害作用，补料操作也能起到稀释产物，降低目标产物抑制作用的效果。⑤降低染菌和避免遗传不稳定性：补料分批培养的操作时间有限，因此在染菌控制方面不必像连续培养那样严格。菌种的遗传不稳定性问题的影响也与分批培养类似，操作和控制都比较简单。由于上述优点,补料分批培养在发酵工业中得到了广泛的应用。在生产次级代谢产物和需要细胞高密度培养的发酵工业中普遍采用了补料分批培养技术。例如,在青霉素发酵中,前期是菌体生长阶段,后期是产物形成阶段;前期希望菌体能以最大比生长速率快速生长,后期则希望能限制菌体生长和控制氧的消耗,使青霉素快速合成,在前期过多的葡萄糖将导致有机酸积累和溶解氧下降,葡萄糖不足将使有机碳源中的碳被迅速利用而导致 pH 上升,因此,可以用 pH 或溶氧为控制参数进行前期的葡萄糖补加。在后期一般采用控制溶氧和补加葡萄糖的操作方式。

(3)同步培养(synchronous culture)。在分批或连续培养中,微生物群体以一定速度生长,并非所有细胞同时进行分裂,即培养中的细胞不是处于同一生长阶段。通常有关微生物的生理、生化特性的测定实际上是取其群体的平均值,因为对单个细胞很难测定。测定群体的平均值来代替单个细胞的生长或生理特性,在某些情况下是不合理的。因而发展了细胞的同步培养技术,使培养中的细胞同时分裂,即进行同步生长。于是,群体行为和个体行为取得一致,就可以利用研究群体的方法来研究个体了。同步化方法有两种:选择法,是根据处于不同生长阶段的细胞的性质差异,将其分离出来培养。例如,可将不同步生长的细胞培养物通过微孔滤膜,收集刚刚分裂的细胞。因为新分裂的细胞较小,可以通过滤膜。由于它们处于生长周期中的同一阶段,把它们接种到新鲜培养基中,可得到同步培养。选择法的优点是在不影响细胞代谢的情况下得到同步培养,细胞的生命活动必然比较正常。诱导法,是控制环境条件,使细胞生长处于相同阶段,从而得到同步培养。把细胞在低于最适生长温度的条件下保持一段时间,它们将缓慢进行代谢但不分裂。然后将培养温度提高到最适温度,大多数细胞就同时开始分裂。诱导同步的方法还有光照、限制性营养成分、生长抑制剂等。诱导同步生长的环境条件往往是可以使细胞生长,但特异性抑制细胞的分裂,移去该抑制条件后,细胞便立即同时开始分裂。研究同步生长诱导因素的作用,有助于揭示细胞分裂的机制。

(4)混合培养(mixed culture)。在混合培养条件下,微生物之间存在各种关系。一个极端是互不相干,不存在相互作用,一种菌的生长不因另一菌的存在而改变,如链球菌和乳酸杆菌的恒化培养。可以认为,它们的限制性基质不同,终产物得到有效的稀释。这是比较罕见的情况。较常见的是竞争关系。因为有共同的营养需求,其生长相互有不利影响。另一极端是互生关系,两种菌相互提供对方生长所需的营养物质或消耗其生长抑制剂。例如,一种假单胞菌依赖甲烷作为其唯一碳源和能源,在有一种生丝微菌存在时,生长更好。前者生长时产生的甲醇对其生长和呼吸有可逆抑制作用,而生丝微菌能消耗甲醇而消除抑制,后者的存在并不消耗前者所需的溶解氧。由于他们的相互依存关系,在连续培养中,该混合培养保持稳定。共栖现象也是很常见的,其中只有一种微生物得益,如细菌产生酶来分解抗生素,使其同伴能够生长。有时一种菌产生的化合物作为其同伴的碳源或能源,而有利于同伴的生长。显然,混合培养也可用于生物转化。如一种菌能把化合物 A 转化为 B,另一种菌能把 B 转化为 C,在混合培养条件下,可期望产生协同效应,A 向 C 的转化比分步进行时要好。这一原理已经在生产上得到应用。

3.2.1.4　微生物菌种的保藏方法和防止退化的措施

菌种保藏的目的是使已有的菌种保持原来的性状和活力,便于进行研究、交换和使用。菌种保藏的原理是根据微生物的生理生化特点,人工的创造环境条件,如低温、干燥、缺氧等,使微生物长期处于代谢不活泼、生长繁殖受抑制的状态。

1. 常用的菌种保藏方法

(1)斜面保藏法。将菌种接种在适宜的斜面培养基上,待菌种生长完全后,置于 4℃ 左右冰箱中保藏。隔段时间进行移植培养后,再将新斜面继续保藏,如此连续不断。细菌、霉菌、放线菌和酵母都适用。由于方法简单,设备要求低,存活率高,所以许多生产单位、研究单位对经常使用的菌种大多采用这种方法。此法的缺点是菌株保存时间不长,传代多,菌种较易变异。

(2)冷冻干燥保藏法。用脱脂牛奶和血清等作保护剂制备菌悬液,$-20 \sim -40℃$ 低温下使菌悬液冻结,通过真空干燥过程获得干燥菌体,并封闭隔绝空气。此法优点是具备低温、缺氧和干燥 3 种保藏条件,效果优良;缺点是手续较麻烦,需要一定的条件设备。

(3)甘油悬液低温冷冻保藏法。将状态良好的菌体用 $15\% \sim 30\%$ 的灭菌甘油制成密度为 $10^7 \sim 10^8 /mL$ 的菌体悬浮液,加入专用塑料螺口冻存管中,旋紧螺口瓶盖,置 $-70℃$ 冰箱保藏。该法适应于细菌和酵母菌等微生物,保藏期可达 10 年。若将保藏管先用液氮快速预冻,然后立即放入 $-70℃$ 冰箱,则保藏效果更佳。

2. 防止菌种退化的措施 菌种退化是指群体中退化细胞在数量上占一定比例后,所表现出群体性能变劣的现象。菌种退化的原因多种多样,为了防止菌种退化,主要是控制传代次数,即尽量避免不必要的传种和传代,并将必要的传代降到最低限度。对于生产菌种,可以采取一次接种足够数量的原种进行保藏,在整个保藏期内使用同一批原种。再者创造良好的培养条件,可在一定条件下防止退化。

3.2.2 植物细胞的培养

广义的植物细胞培养是指在无菌条件下,将离体的单个游离细胞在人工控制的环境里培养,以获得再生的完整植株或生产具有经济价值的其他生物产品的一种技术。而食品工业意义上的植物细胞培养主要是指细胞悬浮培养,即使游离的植物细胞或一些小的细胞团在液体培养基中增殖并分离提取细胞产生的代谢产物。

3.2.2.1 植物细胞培养基组成及种类

植物细胞培养与动物细胞培养相比,其最大的优点是植物细胞能在简单的合成培养基上生长。其培养基的成分由无机盐类、碳源、维生素、植物生长激素、有机氮源、维生素和一些复合物质组成。包括植物生长所必需的 16 种营养元素和某些生理活性物质。

无机盐类:分为大量元素和微量元素。大量元素包括 N、P、K、Ca、Mg、S;微量元素包括 Fe、B、Mn、Cu、Zn、Mo、Cl 等。对于不同的培养形式,无机盐的最佳浓度是不同的。一般可参照有关资料配比。

碳源:蔗糖或葡萄糖是常规的碳源。果糖比前二者差。其他的碳水化合物或有机碳化物不合适作为单一的碳源。通常增加培养基中蔗糖的含量,可增加培养细胞的次生代谢产物量。

植物生长激素:大多数植物细胞培养基中都含有天然的或合成的植物生长激素,激素分为两类,生长素和分裂素。生长素促进细胞生长,最有效和最常用的有吲哚乙酸(IAA)和萘乙酸(NAA);分裂素促进细胞分裂,常用的是腺嘌呤衍生物,使用最多的是 6-苄氨基嘌呤(6-BA)和玉米素(ZT)。分裂素和生长素通常一起使用,来促进细胞的分裂、生长。

有机氮源:通常采用的有机氮源有蛋白质水解产物、谷氨酰胺或氨基酸混合物。有机氮源对细胞的初期培养的早期生长阶段有利。

维生素:培养中的植物细胞中都需要硫胺素,加入烟酸、吡哆醛、泛酸、生物素和叶酸,效果更好。

复合物质：这些物质通常作为细胞的生长调节剂。它们有酵母抽提液、麦芽抽提液、椰子汁和水果汁。

制备培养基时，应按培养基配方成分的顺序逐一称取。通常植物细胞培养基都是按大量元素、微量元素、有机物、EDTA-Fe 盐等大类配成 10 倍或 100 倍的母液置于 4℃ 冰箱分别保存备用。使用时分别稀释成 1 倍量混合均匀，然后称取需要量的蔗糖（2%～3%）和琼脂粉（0.7%～0.8%），用 0.1 mol/L 的 NaOH 调节 pH 至 5.7，经 121℃ 湿热灭菌 20 min，分装后即配置好所需的固体琼脂培养基。

在植物细胞培养中，选择好的培养基是细胞培养成功的关键，常用的培养基有几十种。如 MS、B_5、E_1、N_6 培养基等。其中以 MS、B_5 等应用较为广泛。其组成成分详见有关植物细胞培养的参考书目。近年来，为了方便植物培养基的配置，国外公司有商品化的 MS 培养基粉末（包含植物细胞培养所需的大量元素、微量元素、有机物、维生素），使用时直接按照配方，每升水加入一定量粉末（如 *Phyto* Technology Laboratories 的 M519，加入 4.43 g），再加入需要的蔗糖、琼脂，调节 pH，灭菌分装即可。大大简化了植物组织及细胞培养基的制备。

3.2.2.2　植物细胞培养方法

植物细胞培养已形成了多种方法，有单细胞的培养、原生质体培养；有固体培养、液体培养；液体培养又包括摇瓶悬浮培养及大规模悬浮培养等。本节针对食品产业发展比较完善的植物细胞悬浮培养和固定化培养分别介绍。

1.植物细胞悬浮培养　悬浮细胞培养是一种使组织培养物分离成单细胞并不断扩增的液体培养技术。在进行细胞培养时，需要提供容易裂碎的愈伤组织进行液体振荡培养。

（1）植物悬浮细胞系的建立。植物悬浮细胞体系建立的关键是获得优良的愈伤组织。愈伤组织是指由外植体组织增生的细胞产生的一团不定型的疏散排列的薄壁细胞，这些细胞的大小、形态、液泡化程度、胞质含量、细胞壁特性等具有很大的差异。愈伤组织作为一团细胞，没有明显的组织或器官上的分化，见二维码 3-3。

二维码 3-3　马铃薯的愈伤组织

获得愈伤组织的具体操作过程是：利用 2% 次氯酸钠溶液、酒精或 0.1% 氯化汞等消毒剂对合适的植物材料进行表面消毒灭菌；在无菌条件下切取未受损伤或未被污染的组织或器官（外植体），置于加入不同比例和种类的植物生长物质的固体培养基上培养，随着细胞增殖形成不定型细胞团（愈伤组织），将此愈伤组织移入新鲜固体培养基中继代培养或转入液体培养基中悬浮培养。见图 3-3。

愈伤化时间随植物种类和培养基条件不同而不同，慢的需要几周以上，一旦增殖开始，就可反复继代培养，加速细胞生殖。继代培养可用试管或烧瓶等，大规模悬浮培养，可用传统的搅拌罐、气升式发酵罐。本节重点介绍的是悬浮液体培养系统。

分散性好的愈伤组织转入液体培养基中，进行振荡培养，得到分散的游离的悬浮细胞。悬浮细胞培养技术是在生产中应用最多的一种培养方法。

一个成功的悬浮细胞培养体系必须满足 3 个基本条件：一是悬浮培养物分散性良好、细胞团较小，一般在 30～50 个细胞以下，在实际培养中很少有完全由单细胞组成的植物细胞悬浮系；二是均一性好，细胞形状和细胞团大小大致相同，悬浮系外观为大小均一的小颗粒，在倒置

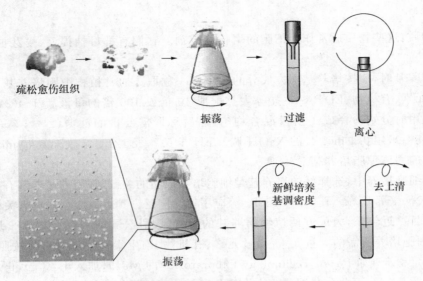

疏松愈伤组织　→　振荡　→　过滤　→　离心

新鲜培养基调密度　去上清

振荡

图 3-3　植物细胞悬浮培养流程

显微镜下观察为体积和形状大致相同的细胞团,培养基清澈透亮,细胞色泽呈鲜艳的乳白或淡黄色;三是生长迅速,悬浮细胞的量一般 2～3 d 甚至更短时间便可增加 1 倍。

悬浮细胞体系的建立为人们在细胞水平的遗传操作提供了理想的条件,悬浮细胞可以直接用来进行原生质体的分离、培养与杂交、次生代谢物生产等,具有愈伤组织或其他外植体无可比拟的优越性。

要建立良好的悬浮细胞系,应注意以下事项:

①选择合适的外植体。大量事实表明,选择合适的外植体进而诱导出疏松易碎的愈伤组织对以后建立悬浮细胞系可起到事半功倍的效果。

②诱导疏松易碎的愈伤组织。愈伤组织的外观形态和生理状态直接影响悬浮细胞系的质量。因此在选用愈伤组织时,最好挑取那些颗粒细小、疏松易碎、生长快的愈伤组织进行起始培养。

③选择合适的培养基。悬浮细胞培养基可以参照愈伤组织培养基,但有时愈伤组织培养基并不适合悬浮培养,如悬浮细胞变褐、生长很慢或停止等,需重新选择培养基,选择顺序为:基本培养基、激素种类与浓度。并要及时更换新鲜培养基,一般以 3～5 d 为宜。

④培养液的灭菌。一般采用高温高压灭菌,但过滤灭菌的培养基更适合悬浮细胞的生长,因为高压灭菌时,培养液中的部分成分被破坏,而且 pH 也会发生改变,还可能出现沉淀。这些对悬浮细胞的生长不利。

⑤悬浮培养。开始进行悬浮培养时,取疏松易碎的愈伤组织放入盛有液体培养基的三角瓶中,在摇床上黑暗或弱光培养。

⑥悬浮细胞的继代与选择。悬浮细胞刚开始培养时,生长较慢,且有许多较小的细胞团逐渐变大,同时又有许多较小细胞团产生,因此需弃去大块细胞团或愈伤组织块,保留小细胞团,直到得到均一的悬浮系为止。

(2)植物细胞悬浮培养方法。植物细胞悬浮培养方法虽然繁多,但概括起来主要有以下 3 种。下面就这些方法的特点作一简要说明,并介绍一些具体实例。

①分批培养法：所谓分批培养法是指在新鲜的培养基中加入少量的细胞，在培养过程中，既不从培养系统中放出培养液，也不从外界向培养系统中补加培养基的一种培养细胞的方法。其特征是培养基的基质浓度是随培养时间而下降，细胞浓度和产物则随培养时间的增长而增加。由于它操作简便，因此，广泛用于实验室和生产中。在分批培养中，和微生物培养一样，经历诱导期、对数期、稳定期和衰亡期。可是，与细菌和酵母之类的微生物相比，植物生长速度比较缓慢，即使是烟草细胞，分批培养的时间也要 6 d。

②半连续培养法：在反应器中投料和接种培养一段时间后，将部分培养液和新鲜培养液进行交换的培养方法谓之半连续培养法。反应过程通常以一定时间间隔进行数次反复操作，以达到培养细胞与生产有效物质的目的。此法可不断补充培养液中营养成分，减少接种次数，使培养细胞所处环境与分批培养法一样，随时间而变化。工业生产中为简化操作过程，确保细胞增殖量，常采用半连续培养法。

③连续培养法：连续培养是指在培养过程中，不断抽取悬浮培养物并注入等量新鲜培养基，使培养物不断得到养分补充和保持其恒定体积的培养方法。连续培养的特点如下：第一，连续培养由于不断加入新鲜培养基，保证了养分的充分供应，不会出现悬浮培养物发生营养不良的现象；第二，连续培养可在培养期间使细胞长久地保持在对数生长期，细胞增殖速率快；第三，连续培养适于大规模工业化生产。

连续培养的种类如下：a. 封闭式连续培养，新鲜培养液和老培养液以等量进出，并把排出的细胞收集，放入培养系统中继续培养，所以培养系统中的细胞数目不断增加；b. 开放式连续培养：在连续培养期间，新鲜培养液的注入速度等于细胞悬浮液的排出速度，细胞也随悬浮液一起排出，当细胞生长达到稳定状态时，流出的细胞数相当于培养系统中新细胞的增加数，因此，培养系统中的细胞密度保持恒定。

连续培养和分批培养、半连续培养不同，细胞生长的环境可以长时间维持恒定。因此，可以利用这一特征来研究培养细胞的生理和代谢。

2. 植物细胞固定化培养技术　所谓固定化细胞培养（immobilization culture），即把细胞固定在一种惰性基质，如琼脂、藻酸盐、聚丙烯酰胺、纤维膜上面或里面，细胞不能运动，而营养液可以在细胞间流动，供应其营养。细胞固定化培养技术按照其支持物不同可以分为两大类：包埋式固定化培养系统，支持物多采用琼脂、琼脂糖、藻酸盐、聚丙烯酰胺等；附着式固定化培养系统，支持物采用尼龙网、聚氨酯泡沫、中空纤维等材料。

固定化细胞与悬浮细胞培养相比，具有以下优点：①可以较容易地控制培养系统的理化环境，从而可以研究特定的代谢途径，并便于调节；②细胞位置的固定使其所处的环境类似于在植物体中所处的状态，相互间接触密切，可以形成一定的理化梯度，有利于次生产物的合成；③由于细胞固定在支持物上，培养基可以不断更换，可以从培养基中提取产物，免除了培养基中因含有过多的初生产物对细胞代谢的反馈抑制，也由于细胞留在反应器中，新的培养基可以再次利用这些细胞生产初生产物，从而节省了生产细胞所付出的时间和费用；④正是由于细胞固定在一定的介质中，并可以从培养基中不断提取产物，因此，它可以进行连续生产。对那些天然情况下不向外释放产物的细胞来说，也可用化学处理来诱导产物的释放，并易于收集。这对消除产物对代谢的反馈抑制作用，把产量提高到最大程度是很重要的。

常见的植物固定化细胞培养系统有以下两大类：

（1）平床培养系统。本系统由培养床、贮液罐和蠕动泵等构成（图 3-4）。新鲜的细胞被固定在床底部由聚丙烯等材料编织成的无菌平垫上。无菌贮液罐被紧固在培养床的上方,通过管道向下滴注培养液。培养床上的营养液再通过蠕动泵循环送回贮液罐中。本系统设备较简单,比悬浮培养体系能更有效地合成次生物质。不过它占地面积较大,累积次生代谢物较多的滴液区所占比例不高,而且在这密闭的体系中氧气的供应时常成为限制因子,经常还得附加提供无菌空气的设备。

　　(2)立柱培养系统。本方法将植物细胞与琼脂或海藻酸钠混合,制成一个个 1～2 cm 见方的细胞团块,并将它们集中于无菌立柱中(图 3-5)。这样,贮液罐中下滴的营养液流经大部分细胞,亦即"滴液区",比例大大提高,次生物质的合成大为增强,同时占地面积大为减小。

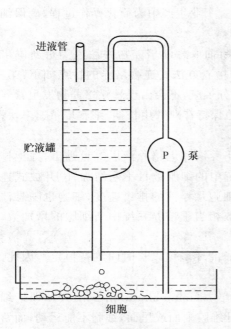

图 3-4　细胞平床培养系统

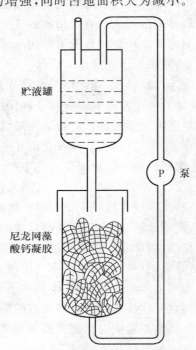

图 3-5　细胞立柱培养系统

以下简要介绍褐藻酸钙固定植物细胞的技术路线:

大量培养植物细胞
海藻酸钠 ⎱⟶ 混合 ⟶ 注入尼龙网 ⟶ 氯化钙溶液浸浴
⟶ 2% 海藻酸钙固定的细胞团 ⟵

　　在立柱培养系统中,由于细胞被固定化,因此应尽可能选择那些次生物质能自然地或经诱导后能逸出胞外的细胞株系。此外,为了提高次生物质的产量,还应注意:①要选用高产细胞株系;②在营养液中加入目的产物的直接或近直接前体物质,往往对增产目的产物有特效;③对各类细胞的培养都应反复摸索碳源、氮源和生长调节物质配比,找出最佳方案;④适量光照及通气在多数情况下有利于产物的生成。

　　截至目前,人类通过植物细胞培养获得的生物碱、维生素、色素、抗生素以及抗肿瘤药物等不下 50 多个大类,其中,已有 30 多种次生物质的含量在人工培养时已达到或超过亲本植物的水平。在已研究过的 200 多种植物细胞培养物中,已发现可产生 300 余种对人类有用的成分,其中不乏临床上广为应用的重要药物。因此,利用培养植物细胞工厂化生产生物天然次级代谢产物具有良好的应用前景。深入发掘我国特有的巨大中草药宝库,结合现代细胞培养技术,我国植物细胞次生物质的研制与生产一定会硕果累累。

3.2.2.3　植物细胞的保存

培养的植物细胞,特别是筛选得到的细胞株需要很好的保存。一般有以下几种细胞保存的方法:

(1)继代培养保存法。悬浮培养的植物细胞每隔 1～2 周换液进行一次继代培养,是高等植物细胞常用的方法。

(2)低温保存法。一般选择 5～10℃的温度下培养,每隔 10 d 左右更换一次培养液。

(3)超低温保存法。植物超低温保存技术建立在生物细胞冻害和抗冻机理的基础之上。种质超低温保存成功的关键,在于降温冰冻过程中避免细胞内结冰。为此,针对不同种类的植物材料,筛选适合的冰冻保护剂,采用适当的降温冰冻速度和化冻方式,可能使细胞不受损伤或使损伤减小到最低程度。常用的超低温保存方法可分为两类,即冷冻诱导保护性脱水的超低温保存和玻璃化处理的超低温保存。在超低温条件下,生物的代谢和衰老过程大大减慢,甚至完全停止,因此可以长期保存植物材料。

3.2.3　动物细胞的培养

3.2.3.1　动物细胞培养概述和培养细胞的获得

动物细胞培养是将动物细胞或组织从机体取出,分散成单个细胞,给予必要的生长条件,模拟体内生长环境,在无菌、适温和丰富的营养条件下,在体外继续生长和增殖的过程。在整个过程中细胞不出现分化,不再形成组织。

体外培养的动物细胞可分为原代细胞(primary culture cell)和传代细胞(subculture cell)。原代细胞是指从机体取出后初次培养的细胞,也有人把培养的第 1 代细胞与传 10 代以内的细胞都称为原代细胞。适应在体外培养条件下持续传代培养的细胞称为传代细胞。

根据细胞是否贴附于支持物上生长的特性,培养的细胞可分为两大类:悬浮型和贴附型。悬浮型细胞是指生长时呈悬浮状态的细胞;贴附型是指贴附于支持物上生长的细胞。

动物细胞培养的一般程序是:组织切碎—酶处理得单个细胞—培养—再扩大培养。从供体取得组织细胞后在体外进行的原代培养(primary culture),是建立各种细胞系的第一步,也是获得细胞的主要手段,但原代培养的组织由多种细胞成分组成,比较复杂。当原代培养的细胞增殖到一定时候(一般标准是瓶底被细胞覆盖),这时需要进行分离培养,否则细胞会因生存空间不足或密度过大、营养障碍,影响细胞生长。细胞由原培养瓶内分离稀释后转到新的培养瓶的过程,称为传代(subculture)。进行一次分离再培养,称为传一代,初次培养的首次传代成功后,即成细胞系,一般可传 30～50 代。细胞系的维持,就是通过换液、传代、再换液、再传代实现的。

细胞培养技术日益完善,现在已经能够用新颖的微载体等系统对细胞进行大量培养,从而为工业上利用动物细胞培养技术生产疫苗、干扰素、激素和其他免疫试剂等开辟了一条新路。

3.2.3.2　动物细胞培养基的组成和种类

1.培养基的组成　动物细胞能在体外传代和繁殖促使人们找到化学成分更加稳定的培养基,以维持细胞的连续生长,培养基的常用成分有以下几种:

(1)氨基酸。12 种必需氨基酸是生物体本身不能合成的,必须依靠培养液提供,其余非必需氨基酸,细胞可以自己合成或通过转氨作用由其他物质转化而来。几乎所有的细胞对谷氨酰胺有较高的要求,细胞需要谷氨酰胺合成核酸和蛋白质。所以各种培养液中都含有较多的谷氨酰胺。

(2)维生素。Eagle 最低基本培养基只含 B 族维生素,其他都靠从血清中获得。

(3)盐。盐主要是指其中 Na^+、K^+、Mg^{2+}、Ca^{2+}、SO_4^{2-}、PO_4^{3-} 和 HCO_3^- 等金属离子和酸根离子,它们是决定培养基渗透压的主要成分。对悬浮培养,要减少钙,使细胞聚集和贴壁最少。

(4)葡萄糖。多数培养基都含有葡萄糖以作能源。

(5)有机添加剂。复杂培养基中含有核苷、柠檬酸循环中间体、丙酮酸、脂类及其他各种化合物。

(6)激素和生长因素。一般加血清即可满足需要。常用的有小牛血清、胎牛血清、人血清等,其成分较复杂,含有蛋白质、多肽、激素等,对细胞的培养和生长是有利的。血小板生长因子是一族有有丝分裂活性的多肽,可能是血清中的主要生长因子。生长激素存在于血清中,与生长调节素相结合,具有促使细胞分裂的作用。血清中还含有氢化可的松,它能促进细胞贴壁和分裂。

2. 常用培养基 培养基是维持动物细胞体外生存和生长的基本溶液,可分为天然培养基、合成培养基和无血清培养基。

(1)天然培养基。天然培养基主要是取自动物体液或从动物组织分离提取,主要有血清、组织浸液、凝固剂等。其优点是营养成分丰富,培养效果良好;缺点是成分复杂,个体差异大,来源受限。血清(serum)是天然培养基中最有效和最常用的培养成分。它含有许多维持细胞生长繁殖和保持细胞生物学性状不可缺少的未知成分。常用的动物血清主要有小牛血清和马血清。

血清的已知成分主要有蛋白质、氨基酸、葡萄糖、激素等。蛋白质主要是白蛋白和球蛋白。纤维粘连素(fibronectin)和胎牛血清中的胎球蛋白(feluin)有助于细胞的附着。转铁蛋白(transferrin)结合铁离子减少其毒性并被细胞利用。巨球蛋白有抑制胰蛋白酶的作用。多肽血小板促生长因子(platelate derived growth factor,PDGF)具有促使成纤维细胞和胶质细胞分裂增殖的作用。一些细胞生长所必需的微量元素结合在某些蛋白上。氨基酸、葡萄糖是细胞的营养成分。氨基酸是细胞合成蛋白质的基本成分,全部 20 种氨基酸中有 12 种是细胞本身不能合成的,必须由培养液提供。激素(hormone)如胰岛素(insulin)、生长激素(GH)和多种生长因子如表皮生长因子(EGF)、成纤维细胞生长因子(FGF)、增殖刺激因子(MSA)、类胰岛素生长因子(IGFI,IGF2)等,对细胞作用机理复杂,尚不完全清楚。胰岛素能助细胞摄取氨基酸和葡萄糖,可能与细胞分裂有关。IGFI、IGF2 由于能和细胞表面的胰岛素受体结合,故有与胰岛素相同的作用。氢化可的松——(hydrocortisone)具有促细胞贴附和增殖的作用,当细胞达到一定密度时,又可能具有抑制和诱导分化作用。血清的缺点是:①价格昂贵,供量有限;②其中激素含量变化甚大;③培养结束时在培养液中残存的血清给产品纯化带来困难;④其中精氨酸酶,能使培养基中精氨酸降解。

水解乳蛋白(hydrolytic albumin)、胶原(collagen)是两种较好的天然培养基。前者是乳白的水解产物,蛋黄色粉末状,富含氨基酸。一般配制成 0.5% 溶液,微酸性。后者是从动物真皮中提取的,具有附着生长作用。

(2)合成培养基。合成培养基是对动物体内生存环境中各种已知物质在体外人工条件下的模拟,它给细胞提供了一个近似体内的生存环境,又便于控制标准化的体外生存空间。由于细胞种类和生存条件的不同,合成培养基的种类也相当多。但实际上,它们往往适用多种细胞培养。合成培养基成分已知,便于对实验条件进行控制。因而对细胞培养技术的发展具有很大的推动作用。

合成培养基多是商品化的粉剂,主要成分是氨基酸、维生素、碳水化合物、无机盐和其他一些辅助物质。最简单的合成培养基是 Eagle 基本培养基,复杂的有 DMEM、RPM1640 等。其具体成分组成可参见有关专业培养基书目。尽管现代合成培养基的成分和含量已经较为复杂,但是有些天然的未知成分无法用已知的化学成分替代,不能满足体外培养细胞生长的需求。因此,在合成培养基中都或多或少加入一定比例的天然培养基,比例由百分之几到百分之几十不等,以克服合成培养基的只能维持细胞不死、不能促进细胞分裂的不足。最常用的就是加入牛血清。

(3)无血清培养基。动物血清成分复杂,各种生物大小分子混合在一起,有些成分至今尚未搞清楚。虽然血清对细胞生长很有效,但后期对培养产物的分离、提纯以及检测造成一定困难。另外,高质量的动物血清来源有限,成分高,限制了它的大量使用。

为了深入研究细胞生长发育、分裂繁殖以及衰老分化的生物学机制,人们开发研制了无血清培养基。无血清培养基不加动物血清,在已知细胞所需营养物质和贴壁因子的基础上,在基础培养基中加入适宜的促细胞生长因子,保证细胞的良好生长。无血清培养基就是试图全部采用已知营养成分代替血清,这其中包括血清中的细胞生长有效因子。

现今已发现的细胞生长因子多达几十种,其中多种促细胞生长物已经用生物工程方法制出并商品化。在补充的生长因子中,胰岛素和转铁蛋白几乎是所有细胞株所必需的。它们的基本功能不是促进细胞生长,但因为具有促生长的作用,人们也将其看作为生长因子。另外,激素也是很多种类的细胞株培养时所需要的。胰岛素、生长激素、胰高血糖素、氢化可的松等是常用的补充因子。此外,还有成纤维细胞生长因子、无脂肪酸牛血清白蛋白、冷不溶性球蛋白、胎球蛋白、丁二胺、亚麻油酸等低分子质量营养成分以取代血清中对应物质。

3.2.3.3　动物细胞培养方法

动物细胞体外培养方法有两种类型:一是类似于微生物细胞的培养方法,即悬浮培养,或者称之为非贴壁依赖性细胞培养;二是贴壁依赖性细胞培养,即使细胞附着在带有适量电荷的固体或半固体表面上进行培养的方法。表 3-2 反映了微生物细胞与动物细胞在生理特性以及在培养方法上的差异。

表 3-2　微生物细胞和动物细胞培养方法的比较

参数	微生物细胞	动物细胞
pH 控制	添加酸、碱	CO_2-HCO_3^- 缓冲液
搅拌速度	快	较慢
溶氧控制	改变搅拌速度、通气量、进入气体的氧浓度	改变进入气体的氧浓度
培养基灭菌方法	高温蒸煮	过滤
培养时间	几小时至几天	几天至三四周
对水纯度的要求	较低	很高

1.悬浮培养　是指细胞在培养器中自由悬浮生长的培养方法,它是在微生物发酵的基础上发展起来的一种动物细胞培养技术,主要用于非贴壁依赖性细胞的培养。由于动物细胞没有细胞壁保护,不能耐受剧烈的搅拌和通气等条件,所以,悬浮培养又不完全等同于经典的微生物发酵培养。对于小规模培养,悬浮培养可采用转瓶和滚瓶培养方式,大规模培养则可采用发酵罐式的细胞培养反应器。

悬浮培养对设备的要求简单,有成熟的理论予以指导,并可以借鉴微生物发酵的部分经验和放大规律,但是悬浮培养的细胞密度低且容易发生变异,因此有潜在的致癌危险,用此种方法培养病毒易失去病毒标记而降低免疫力,此外,有许多动物细胞属于贴壁依赖性细胞,不能进行悬浮培养。

2.贴壁培养　指必须将细胞贴附在固体介质表面上才能进行细胞培养的方式,主要用于非淋巴组织等贴壁依赖性细胞的培养。由于大多数动物细胞属于贴壁依赖性细胞,所以贴壁培养是动物细胞培养的一种重要方法。

通常,细胞贴壁包括贴壁因子吸附于培养表面、细胞与表面接触、细胞贴壁于培养表面和贴壁细胞在培养表面上扩展等几个步骤。在贴壁培养过程中,贴壁依赖性细胞首先附着在带有适量正电荷的固体或半固体表面上,一经贴壁原来是圆形的细胞就迅速铺展开来,然后开始有丝分裂,并很快进入对数生长期。一般可在数天后铺满生长表面,形成致密的细胞单层。

最初,人们采用滚瓶系统培养贴壁依赖性细胞,这种装置具有结构简单,投资少,技术成熟以及重复性好等优点。但是,滚瓶培养系统也存在劳动强度大,单位体积提供细胞生长的表面积小,细胞产量低,占用空间大以及监测和控制环境条件受到限制等问题。为了克服这些不利因素,研究人员开发了微载体系统来培养贴壁依赖性细胞。采用这种培养方法,细胞可贴附在微载体表面上,并悬浮于培养基中,逐渐生长成细胞单层。这种培养方式实质上是综合了单层培养和悬浮培养两种培养方式的优点,具有表面积/体积比大,容易控制和检测细胞生长情况,培养基利用率高,采样重复性好,收获过程简单,放大容易,劳动强度小和占用空间小等特点,现已广泛应用于动物细胞的大规模培养以及细胞生物制品的商业化生产。

3.固定化培养　属于一种既适用于贴壁依赖性细胞,又适用于非贴壁依赖性细胞的包埋培养方式,具有细胞生长密度高、抗剪切力和抗污染能力强等优点。由于所培养的细胞种类不同,固定化培养的方式也不同。一般贴壁依赖性细胞通常采用胶原包埋培养,而对于非贴壁依赖性细胞则常采用海藻酸钙包埋培养。常用的细胞固定化方法主要有吸附、共价贴附、离子共价交联、包埋和微胶囊化等,表3-3列出了动物细胞固定化的各种方法的特点。

表 3-3　各种动物细胞固定化方法和特点

方法	吸附	共价贴附	离子/共价交联	包埋	微胶囊
负载能力	低	低	高	高	高
机械保护	无	无	有	有	有
细胞活性	高	低	高	高	高
制备	简单	复杂	简单	简单	复杂
扩散限制	无	无	有	有	有
细胞泄漏	有	低	无	无	无

4.大规模培养法　动物细胞大规模培养技术是在贴壁培养和悬浮培养的基础上,融合了固定化细胞、流式细胞术、填充床、生物反应罐技术以及人工灌流和温和搅拌系统等技术后发展起来的。始于 20 世纪 60 年代初 CapStick 及其同事为生产 FMD 疫苗而对 BHK 细胞的研究。其后,随着生物技术产品备受世人青睐,动物细胞大规模培养技术也随之得到了迅猛发展,并形成了几种比较成熟且有应用价值的大规模培养方法。

(1)空心纤维法。空心纤维培养法是 Richard Kncazek 等在 1972 年创建的。最初使用的空心纤维是一种由醋酸纤维素和硝酸纤维素混合组成的可透性滤膜,外径为 1/3~3/4 mm,表面具有海绵状多孔结构,既能使水分子、营养物质和气体透过,也能使细胞在上面贴附生长。这种培养系统的核心部分是由 3~6 层这样的空心纤维组成的,培养时将待培养细胞接种于空心纤维的外腔,培养一段时间后,当细胞密度达到 10^7~10^8 个/mL 时,逐渐用无血清培养液代替含血清培养液。此时细胞虽不再增殖,但能正常生活并继续分泌所需的蛋白质或其他生物制品。由于这种培养方法在分离和纯化分泌物时很方便,因而在生产激素和单抗时被广泛应用。并相继开发出了由硅胶、聚砜、聚丙烯等材料构建的新的空心纤维培养系统。

(2)微载体法。随着细胞基本培养技术的日益成熟,大规模细胞培养技术收获高细胞产量的方法应运而生。对于贴壁性细胞,最初采用在培养液中加入一定数量的小滚瓶,增加细胞生长的贴壁面积。此方法构造简单,成本低,重复性好,放大过程可依靠滚瓶数量的增加,简单易行。但是,由于其劳动强度大,滚瓶空间大,提供面积有限,相对细胞产率较低,监控条件不便等,限制了它的进一步发展。1967 年,Van Wezel 开发了微载体系统培养贴壁细胞。其所采用的微载体是由天然葡聚糖聚合物或其他聚合物制成的固体小珠,其直径在 50 μm 到数百微米之间。培养动物细胞时,先将微载体在血清中浸泡一下(可加快细胞与微载体的贴附速度),然后将制备好的细胞悬液和微载体混合孵育一段时间,待细胞贴附于微载体上后,再转移至培养液中培养,并借助温和搅拌系统使细胞随载体均匀悬浮于培养液中。这样细胞就能够在微载体表面迅速生长、增殖,细胞浓度可高达 10^7 个/mL。微载体法是一种完全将贴壁培养和悬浮培养融为一体的培养方法。因而不但能使细胞均匀分布,提高了对培养液和培养空间的利用,而且适于各种细胞的大规模培养,收获过程简单,放大生产也很容易,因而是一种比较理想的大规模培养方法。只是此法对微载体的要求较高。

(3)微囊法。微囊法也是一种比较理想的大规模动物细胞培养法,微囊是一种用人造的半透膜制成的多孔微球体,小分子物质可以自由透过,而各种酶、辅酶、离子交换剂、活性炭及蛋白等大分子物质包裹在其中不能逸出,利用它们催化反应底物。微囊化培养是借鉴此种固定化技术将细胞包裹在微囊中,在培养液中悬浮培养,细胞生长在各自的微小环境里受到一定的保护,细胞总的生长体积有了一定的增加,而且减少了搅拌对细胞产生的剪切力,由于环境的改善,细胞得到很好的生长,细胞密度增加,细胞纯度提高。在细胞密度达到 10^7/mL 时即可分离收集微囊,最后破开微囊就能获得高度纯化的大分子产物。微囊化培养对单克隆抗体,干扰素等有用产品的大规模生产提供了一种有效途径。目前,全球多家公司已将微囊法广泛应用到疫苗的生产中,二维码 3-4 中展示了国外使用微载体生物反应器生产病毒疫苗的情况。

二维码 3-4　国外反应器微载体培养生产疫苗现状

3.2.3.4　动物细胞的冻存复苏和运输

（1）动物细胞在液氮中的保存。长期传代的方法费时费力，而且可能出现变异。哺乳动物细胞可以在液氮或−70℃中保存数月，甚至数年。处于对数生长期的细胞传代后，细胞浓度至少为$(2～5)×10^6$ 个/mL，加入含 10％二甲基亚砜（DMSO）培养液，分装于冻存管中。细胞先经历一个慢冻的过程，可以用慢冻仪按每分钟下降 1℃的速度进行，或者将细胞挂至液氮口缓慢下降，或者先放置−70℃冰箱过夜，最后投置到液氮中长期保存。

（2）动物细胞的复苏。冻结保存的细胞拿出后，将细胞冻存管放置 37℃水浴中使其快速融化。离心后去除上清液，用培养液重新悬浮细胞于 37℃培养箱中培养数小时，使细胞复苏。

（3）动物细胞的运输。大多数的动物细胞不必冷藏运输，实际上用空运至各地后，仍可保持其活性。运输时主要防止温度的影响和污染。

细胞运输可为悬浮状态（浓度为 10^6 个/mL 细胞），或为单层培养。单层培养时要防止由于液体振荡冲脱细胞，可将生长液装满培养瓶。培养瓶口用封口膜封好。

3.3　细胞融合技术

3.3.1　细胞融合的定义和意义

细胞融合技术（cell fusion technology）是 20 世纪 60 年代发展起来的一项细胞工程技术。它是指在一定条件下，将不同来源的原生质体（除去细胞壁的细胞）相融合并使之分化再生，形成新物种或新品种的技术，细胞融合又称体细胞杂交（somatic hybridization）。

除了动物细胞因没有细胞壁可以直接用于融合外，植物细胞和微生物细胞常因有细胞壁不能直接用于融合，须经酶法除去细胞壁而得原生质体（protoplast）而后再进行融合。

细胞融合的最初变化，是细胞在促融因子的作用下，出现凝集现象，细胞之间的质膜发生粘连，细胞开始融合，然后在培养过程中，进而发生核融合，形成杂种细胞。现在不仅微生物、动物、植物种内或种间可以杂交，而且微生物、动物、植物细胞之间也可以杂交，其可促进基因重组，对遗传育种、选育优良品系，以获得高产优质的品种具有重要实践意义。

3.3.2　细胞融合的原理与方法

1. 细胞融合的原理　细胞融合实际上包括多个过程：首先是两个亲本细胞并列，细胞膜相接触以后膜组织局部破坏，最终形成包围融合细胞的连续胞膜。

不同的融合方法对细胞膜有不同的作用，但是它们都在由磷脂双分子层构成的细胞膜上引起类似的变化。一般说糖蛋白分布在细胞的细胞膜表面，其疏水结构域埋在膜的脂双层内部，亲水性的结构暴露在膜外，水分子结合在膜外，形成的水合层阻抑了相邻细胞的脂双层膜接触。而细胞融合的关键就是要有脂双层的接触，并需要除去糖蛋白，露出无糖蛋白覆盖的区域（形成小孔以交换胞溶胶成分）。所有的融合剂都可诱发暴露区域，让两个细胞的脂双层能紧密结合。这些过程虽然在体外培养条件下会自然发生，但自发融合的频率极低，所以一般都需要添加具有诱导细胞融合的生物或化学因子，或应用物理方法如电场介导的电融合，以人工促进细胞融合。

2. 细胞融合的方法　无论是微生物，还是动、植物，细胞融合的方法基本有以下几种：

（1）生物学法。采用病毒促进细胞融合，如仙台病毒、疱疹病毒、天花病毒、副流感型病毒、副黏液病毒和一些致癌病毒等均能诱导细胞融合。其中仙台病毒（HVJ）是最早应用于动物细胞融合的融合剂。仙台病毒具有毒力低，对人危害小，而且容易被紫外线或 β-丙炔内酯所灭活等优点，这是生物学法最常用的细胞融合剂。

（2）化学融合剂法。20 世纪 70 年代以来，采用的化学融合剂包括 PEG、二甲亚砜（dimethylsulfoxide，DMSO）、甘油醋酸酯、油酸盐及磷脂酰丝氨酸等脂类化合物。在 Ca^{2+} 存在下皆可促进细胞融合；其中 PEG 的应用更为广泛，因为 PEG 作为融合剂比病毒更容易制备和控制。作为表面活性剂，其活性稳定，使用方便，同时促进细胞融合的能力比较强。由于 PEG 与水分子以氢键结合，使自由水消失，导致高度脱水的原生质凝集融合。融合时必须有 Ca^{2+} 参与，因为 Ca^{2+} 和磷酸根离子结合形成不溶于水的络合物作为"钙桥"，由此引起融合。有研究报道，PEG 与 DMSO 并用时融合效果更佳。

（3）电处理融合法。1973 年，研究发现在高频电场脉冲条件下，细胞透性增加，这种效应称为可逆电降解。20 世纪 80 年代初，Zimnermann 等发展了电诱导原生质体融合技术。发生细胞降解所需的膜电压为 1 V 以上，4 μm 球状细胞压强为 3 kV/cm，如果两极之间距离为 200 μm，要达到 3 kV/cm 强度所需电压为 60 V，操作温度为 4℃。当细胞处于电场中时，细胞壁两面产生电势，其数值与外加电场的强度以及细胞的半径成正比。由于细胞膜两面相对电荷正负相吸，使细胞膜变薄，随着外加电场强度升高，膜电场增强，当膜电势增强到临界电势时，细胞膜处于临界膜厚度，导致发生局部不稳定和降解，从而形成微孔。形成的微孔寿命与所处温度有关，4℃时膜微孔寿命可达 30 min，若 37℃则其寿命仅为几秒或几分钟。为了使原生质体间更紧密接触，采用双向电泳技术，使其受到一个非均匀交流电场（kHz 到 MHz）的作用，泳动的一个一个细胞靠拢形成链状排列，有利于细胞的融合。

3.3.3　微生物原生质体的制备与融合

1. 微生物原生质体的制备　为制备微生物的原生质体，必须有效地去除细胞壁，根据各种微生物细胞壁的不同结构和组成，可以用不同的方法来脱壁。目前，常用酶法来脱壁，革兰氏阳性菌（G^+ 菌）易被溶菌酶除去壁，但革兰氏阴性菌（G^- 菌）由于其成分及结构较复杂，必须采用溶菌酶和 EDTA 一起处理，一般溶菌酶用量为 100～1 000 U/mL。酵母菌则用蜗牛酶，它是由蜗牛胃液制备而得名，其商品名为"Helicase"。丝状真菌常用纤维素酶或纤维素酶与蜗牛酶配合使用，霉菌则往往添加壳聚糖酶或其他酶互相配合，从而达到细胞原生质体化的目的。

原生质体制备之前，微生物细胞需经过种子培养、振荡培养到一定的对数生长期，菌悬浮液中约含 4×10^8 个/mL（OD_{570}＝2）菌体时为宜，然后加溶菌酶在 42℃轻轻振荡 45 min，即形成原生质体。由于原生质体对渗透压敏感，因此在琼脂培养基上涂布培养，原生质体会在低渗条件下破裂失活，不能形成菌落，菌落越少说明原生质体化效果越好。

$$原生质体形成率＝原生质体数/未经酶处理的总菌数×100\%$$

2. 微生物原生质体融合和再生　融合就是把两亲本的原生质体混合在一起，采用不同的方法进行，最常用的是 PEG 融合和电融合。我们以 PEG 融合为例来说明其融合过程：将 A 株和 B 株原生质体悬浮液混合在一起，离心（4 000g）去上清液，菌体沉淀置于高渗稳定液中，加 40% PEG，用滴管轻轻吹打，使细胞分散均匀，水浴保温一定时间，再稀释，取少量最后稀释液涂布在高渗再生平板上，保温培养后检查其重组菌株。原生质体化后能否复原再生显得特别重要，如果不能再生则失去其实用意义。因此，必须创造适宜条件，使原生质体再生成完整细胞，再生效率的高低将直接影响原生质体融合育种的重组效果。一般采用的是高渗培养基，在基础培养基内加入 17% 的蔗糖，使原生质体再生。再生率随菌种、操作不同而不同。最高可达 100%。

$$融合率＝融合子/两亲本原生质体再生菌落的总数×100\%$$

原生质体融合是微生物育种的重要手段，它的最大特点是超越了生物体所具有的性障碍，给育种和不同细胞间的融合提供了理论的可能性。目前，在酵母和其他微生物中运用原生质体融合已获得了一些性状优良和稳定的菌株。例如，酿酒酵母（*Saccharomyces cerevisiae*）和糖化酵母（*S. diastatius*）种间融合成功，融合子具有糖化和发酵的双重能力；酿酒酵母（*S. cerevisiae*）不耐高渗，而蜂蜜酵母（*S. mellis*）能耐 40% 以上的葡萄糖，二亲株融合得耐高渗的酿酒酵母，产乙醇的速度大大提高；有人采用原生质体融合技术选育耐高温的高产酒精酵母，能适应 38～40℃ 的高温；有人用构巢曲霉（*A. nidulans*）、产黄曲霉（*P. chrysogenun*）和总状毛霉（*M. racetnosus*）等进行融合，选育蛋白酶分泌能力强、发育速度快的优良菌株，进行酱油的生产；还有人成功得到枯草芽孢杆菌（*Bacillus subtilis*）和地衣芽孢杆菌（*B. lichemiformis*）的种间融合子，其蛋白酶和淀粉酶产量大为提高。

3.3.4　植物原生质体的制备

如果我们以培养的植物细胞为亲本进行融合，其原生质体的制备和微生物原生质体的制备过程基本一致，如果我们没有该植物的培养细胞，则必须经以下步骤进行原生质体的制备。

（1）取材与除菌。原则上植物任何部位的外植体都可成为制备原生质体的材料。但人们往往对活跃生长的器官和组织更感兴趣，因为由此制得的原生质体一般都生活力较强，再生与分生比例较高。常用的外植体包括：种子根、子叶、下胚轴、胚细胞、花粉母细胞、悬浮培养细胞和嫩叶。对外植体的除菌要因材而异。悬浮培养细胞一般无须除菌。对较脏的外植体往往要先用洗涤剂清洗再以清水洗 2～3 次，然后浸入 70% 酒精消毒后，再放进 3% 次氯酸钠处理。最后用无菌水漂洗数次，并用无菌滤纸吸干（以下过程全部无菌操作）。

（2）酶解。由于植物细胞的细胞壁含纤维素、半纤维素、木质素以及果胶质等成分，因此市售的纤维素酶实际上大多是含多种成分的复合酶，如中科院上海植物生理研究所生产的纤维素酶 EA3-867 和日本产的 Onozuka R-10 就含有纤维素酶、纤维素二糖酶以及果胶酶等。此外，直接从蜗牛消化道提取的蜗牛酶也有相当好的降解植物细胞壁的功能。现以叶片为例说明如何制备植物原生质体。①配制酶解反应液：反应液应是一种 pH 为 5.5～5.8 的缓冲液，内含 0.3%～3.0% 纤维素酶以及渗透压稳定剂、细胞膜保护剂和表面活性剂等。②酶解：除菌后的叶片，撕去下表皮，剪成 1 mm² 大小，放入 25～28℃ 恒温水浴内酶解，并不时轻摇，直至反应液转绿。反应液转绿是酶解成功的一项重要指标，说明已有不少原生质体游离在反应液中。经镜检确认后应及时终止反应，避免脆弱的原生质体受到更多的损害。

（3）分离。在反应液中除了大量的原生质体外，尚有一些残留的组织块和破碎的细胞。为了取得高纯度的原生质体就必须进行原生质体的分离。可选取 200～400 目的不锈钢网或尼龙布进行过滤除渣,也可采用低速离心法或比重漂浮法直接获取原生质体。

(4)洗涤。刚分离得到的原生质体往往还含有酶及其他不利于原生质体培养、再生的试剂,应以新的渗透压稳定剂或原生质体培养液离心洗涤 2~4 次。

(5)鉴定。只有经过鉴定确认已获得原生质体后才能进行下阶段的细胞融合工作。由于已去除全部或大部分细胞壁,此时植物细胞呈圆形。如果把它放入低渗溶液中,则很容易涨破,涨破后留下的残迹应该是无形的。也可用荧光增白剂染色后置紫外显微镜下观察,残留的细胞壁呈现明显荧光。通过以上观测,基本上可判别是否形成原生质体及其百分率。此外,尚可借助台盼蓝活细胞染色、胞质环流观察以及测定光合作用、呼吸作用等参数定量检测原生质体的活力。

3.3.5　动物单细胞的获得

动物细胞虽然没有细胞壁,但细胞间的连接方式多样而复杂,在进行有效的细胞融合之前,也必须获得单个分散的细胞。首先采用适宜方法处死动物,无菌取出组织放入小烧杯中,用剪刀将组织剪成 1 mm² 大小,用 Hanks 溶液冲洗组织碎块,用吸管轻轻吹打,低速离心,弃上清,留下组织块。随后根据不同的组织对象采用不同的酶液消化,如最常用的有胰蛋白酶和胶原酶等。其中胰蛋白酶适合细胞间质较少的软组织,如胚胎、上皮、肝、肾等;胶原酶对胶原和细胞间质有较强的消化作用,适用于消化纤维组织、癌组织等。

用胰蛋白酶消化动物组织的基本步骤如下:

(1)向剪碎的组织块中加入 30~50 倍体积的 0.25% 浓度的胰蛋白酶;

(2)在 37℃ 水浴中消化 30~60 min,每 5~10 min 摇动一次,根据具体情况中间更换消化液;

(3)Hanks 液漂洗两次,每次 2~3 min;

(4)800 r/min 离心 5 min,弃上清液,加入培养基溶液培养。如果有大块,可用纱网过滤。

用胶原酶消化动物组织的具体消化方法如下:

(1)向剪碎的组织块中加入用 BBS 和含血清培养基配成的 200 U/mL 或 0.1~0.3 mg/mL 的胶原酶溶液;

(2)37℃ 水浴 4~48 h,无须摇动,中间可更换酶液一次;

(3)当组织变软,分散瓶底,轻轻振荡即散成细胞团或单个细胞;

(4)800 r/min 离心 5 min,弃上清液,重新悬浮 BBS 溶液中,再离心一次;

(5)加入培养液制成细胞悬浮液。

3.3.6　融合子的筛选

在上述融合条件下,并非所有的细胞都能融合,例如在以 PEG 作为融合剂时,大约只有十万分之一的细胞最终能够形成会增殖的杂种细胞,再加上细胞融合本身又带有一定的随机性,除不同亲本细胞间的融合外,还伴有各亲本细胞的自身融合。

因此,为了从融合细胞群中选育目的杂种细胞,必须采用合适的筛选方法。根据研究对象和目的的不同,可用各种方法,如按细胞的形态大小、细胞繁殖状态的差异,或利用融合细胞对温度、药物的敏感性、营养要求不同等特性进行分离选育。下面就微生物和动植物融合子的筛选作一简单介绍。

3.3.6.1 微生物融合子的筛选

原生质体融合后,来自两亲本的遗传物质经过交换并发生重组而形成的子代称为融合重组子或融合子。根据不同的实验目的和所选择亲本细胞性状的不同,可以选择不同的方法来鉴别分析融合子,一般可通过两亲本遗传标记的互补而得以识别,有直接法和间接法。

对于微生物而言,常用的方法是直接法:对于营养互补型的亲本,可从不补充两亲本生长所需营养物的再生基本培养基上直接筛选;对于抗药性作为选择标记的融合,可从含药物的平板培养基上分离鉴定;对形态特征或色素方法的标记,其融合子可根据色素、形态特征来分析鉴定。直接法的优点是准确可靠,缺点是会使部分融合子遗漏。

间接法是把融合液涂布在高渗再生完全培养基上,使亲本细胞和融合子都再生成菌落,然后用影印法将它们复制到选择培养基上检出融合子。从实际效果上看,直接法虽然方便,但由于选择条件的限制,对某些融合子的生长有影响;虽然间接法操作上要多一步,但不会因营养关系限制某些融合子的生长,特别是对一些有表型延迟现象的遗传标记,宜用间接法。

对于无适当遗传标记的原生质体的融合子只能根据细胞大小、DNA 含量、某种产物、产量的提高等性状与亲株进行比较后加以判别鉴定。但这种融合子的选择、鉴定、分析工作量大。

以上获得的仅仅是融合子,还需要对它们进行生理生化测定及生产性能的测定,以确定是否为符合育种要求的优良菌株。比如菌体或孢子形态、大小的比较;DNA 含量的比较,同工酶电泳谱带的比较,酶活力的测定;等等。

3.3.6.2 植物融合子的鉴定

双亲本原生质体经融合处理后产生的杂合细胞,一般要经含有渗透压稳定剂的原生质体培养基培养(液体或固体),再生出细胞壁后转移到合适的培养基中培养。待长出愈伤组织后按常规方法诱导其发芽、生根、成苗。在此过程中可对其是否是杂合细胞或植株进行鉴别与筛选。植物融合子的鉴定常用两亲本原生质体的形状和结构的差异,如色素的有无、原生质带的状态、核大小、核的分裂等方法。

(1)杂合细胞的显微镜鉴别。根据以下特征可以在显微镜下直接识别杂合细胞:若一方细胞大,另一方细胞小,则大、小细胞融合的就是杂合细胞;若一方细胞基本无色,另一方为绿色,则白绿色结合的细胞是杂合细胞;若双方原生质体在特殊显微镜下或双方经不同染料着色后可见不同的特征,则可作为识别杂合的标志。发现上述杂合细胞后可借助显微操作仪在显微镜下直接取出,移至再生培养基培养。

(2)互补法筛选杂合细胞。显微鉴别法虽然比较可信,但实验者有时会受到仪器的限制,工作进度慢且未知其能否存活与生长。遗传互补法则可弥补以上不足。遗传互补法的前提是获得各种遗传突变细胞株系。如不同基因型的白化突变株 aBXAb,可互补为绿色细胞株 AaBb,这叫作白化互补。甲细胞株缺外源激素 A 不能生长,乙细胞株需要提供外源激素 B 才能生长,则甲株与乙株融合,杂合细胞在不含激素 A、B 的选择培养基上可能生长,这种选择类型称生长互补。假如某个细胞株具某种抗性(如抗青霉素),另一个细胞株具另一种抗性(如抗链霉素),则它们的杂合株将可在含上述两种抗生素的培养基上再生与分裂,这种筛选方式即所谓的抗性互补筛选。如果一个细胞株是需要烟酸的缺陷型,另一个是叶绿体缺陷型并要求葡萄糖的突变体,这两者融合,可在无烟酸的培养基上选择杂种,这就是营养缺陷型互补。此外,根据碘代乙酰胺能抑制细胞代谢的特点,用它处理受体原生质体,只有融合后的供体细胞质才能使细胞活性得到恢复,这就是代谢互补筛选。

(3)采用细胞与分子生物学的方法鉴别杂合体。经细胞融合后长出的愈伤组织或植株,可进行染色体核型分析、染色体显带分析、同工酶分析以及更为精细的核酸分子杂交、限制性内切酶片段长度多态性(RFLP)和随机扩增多态性 DNA(RAPD)分析,以确定其是否结合了双亲本的遗传素质。

(4)根据融合处理后再生长出的植株的形态特征进行鉴别。自从 Cocking 教授(1960)取得制备植物原生质体的重大突破以来,科学家在植物细胞融合,甚至植物细胞与动物细胞融合等方面进行了不懈的努力,已在种内、种间、属间乃至科间细胞融合得到了近 200 例再生株。最突出的成就当属番茄与马铃薯的属间细胞融合,二维码 3-5 简单说明了番茄与马铃薯细胞融合的具体流程图。已经获得的番茄-马铃薯杂交株,基本像马铃薯那样的蔓生,能开花,并长出 2~11 cm 的果实。成熟时果实黄色,具番茄气味,但高度不育。

二维码 3-5 植物体细胞杂交技术流程图

综上所述,虽然细胞融合研究至今尚面临种种难题和挑战,但该领域在理论及实践两方面的重大意义,仍然吸引了不少科学家为之忘我奋斗,更为激动人心的研究成果一定会不断地涌现出来。

3.3.6.3 动物细胞融合子的鉴定

最早由 Banki 等发现的动物细胞融合子,也称杂种细胞,是由于其增殖比任何一种亲本细胞都快而被分离出来的。但这种情形很少。通常面临的问题,则是须从大量快速增殖的亲本细胞中分离出少量生长缓慢的杂种细胞。最简便的办法无疑是应用选择培养基,使亲本细胞死亡,而仅让杂种细胞存活下来。同微生物、植物细胞融合子筛选一样,利用亲本细胞的药物抗性、营养缺陷型和温度敏感性等遗传标记,建立了多种选择系统,已成功地用于杂种细胞的筛选。此外,在融合前用人工标记亲本细胞,或以致死剂量的生化阻抑剂处理亲本细胞,也是一种较为有效的筛选办法。目前,杂种细胞筛选比较成功的有以下几种。

(1)由抗药性细胞组成的杂种的筛选。Szybalski 等(1962)在研究抗药时发现,抗嘌呤突变型细胞缺乏次黄嘌呤鸟嘌呤磷酸核糖转移酶(HGPRT⁻),而抗嘧啶突变型细胞缺乏胸腺嘧啶核苷激酶(TK⁻),因此无法合成 DNA 所需要的嘌呤和嘧啶。突变细胞在 HAT 选择培养基上无法存活。相反,HGPRT⁻细胞与 TK⁻细胞的杂种细胞可在 HAT 培养基上生长。原理如下:HAT 培养基是加有次黄嘌呤(H)、氨基蝶呤(A)或氮丝氨酸(A)和胸腺嘧啶核苷(T)的培养基。细胞为合成 DNA 所需要的嘌呤和嘧啶,可由两条途径获得。一条为主要途径,即从磷酸核糖焦磷酸(PRPP)和谷氨酰胺合成肌苷酸(IMP),进而转变为脱氧鸟苷三磷酸(DGTP),以从脱氧尿苷酸(DUMP)合成脱氧胸苷酸(DTMP),再转变为脱氧胸苷三磷酸(DTTP)。这一合成途径,可被二氢叶酸还原酶的叶酸类似物 A 所阻断。此时,只有 HGPRT⁻和 TK⁻细胞才能通过另一条应急途径,利用外加的核苷酸的"前体"H 来合成 IMP 和利用 T 来合成 DTMP,而得以存活下来。相反,HGPRT⁻和 TK⁻细胞则将因无法利用 H 和 T 来合成 DNA 而死亡。因此,在 HGPRT⁻和 TK⁻细胞融合后,应用 HAT 培养基即可通过基因互补而同时将 HGPRT 和 TK 酶的杂种细胞筛选出来。

(2)由营养缺陷变异型细胞组成的杂种的选择。营养缺陷型是指在一些营养物(如氨基酸、碳水化合物、嘌呤、嘧啶或其他代谢产物)的合成能力上出现缺陷,而难以在缺乏这些营养物的培养基中存活的变异型细胞。可按反选择分离法进行分离,在缺失培养基中加入氨甲蝶吟去除掉生长中的原养型细胞之后,再补入所需营养物使其杂种细胞增殖;或利用分裂细胞具有 5-溴脱氧尿嘧啶核苷(BUDR)的能力,在含有 BUDR 的缺失培养基中,使迅速增殖的原养型细胞因渗入 DNA 的 BUDR 具有光敏性而被光照杀死后,再移入含有所需营养物的完全培养基,使其杂种细胞长成克隆。

(3)由温度敏感突变型细胞组成的杂种的选择。培养的哺乳细胞,均可在 32～40℃ 生长,其最适温度则为 37℃,但用筛选营养突变型细胞的类似方法,也可分离得到不能在 38～39℃(非许可温度)生长的温度敏感突变型细胞。简单来说,就是先用化学诱变剂诱发细胞突变,再在正常条件下培养一段时间,使突变固定下来。然后,将培养物移到非许可温度下培养,使温度敏感突变体表型得以表达。同时,借加入选择性作用物,以杀死所有能在非许可温度下繁殖的正常细胞。而后再回到许可温度下培养,凡存活者即为温度敏感突变型细胞。

由于温度敏感突变型,是在由两不同温度敏感突变型细胞融合而成的杂种,或由温度敏感突变型细胞与抗药性细胞或营养缺陷型细胞生成的杂种细胞中均呈隐性,故采用非许可温度进行培养,或根据需要结合使用适当的选择培养基,即可将由其组成的杂种细胞筛选出来。

3.4　植物细胞工程及其在食品工业的应用

3.4.1　植物细胞工程概述

植物细胞工程目前尚无明确、统一的定义,植物细胞工程的基本含义是:以植物细胞为基本单位在离体条件下进行培养、繁殖或人为的精细操作,使细胞的一些生物学特性按人们的意愿发生根本改变,从而达到改良品种或生产生物产品的一种技术。

植物细胞工程包括的内容较广,主要有原生质体的培养技术、植物细胞杂交技术、植物单倍体培养技术等。与食品工业密切相关的细胞培养技术,即利用植物细胞体外培养生产次生代谢产物。

植物次生代谢产物是指植物中一大类并非植物生长发育所必需的小分子有机化合物,其产生和分布通常有种属、器官组织和生长发育期的特异性。植物中含有极为可观的次生代谢物,据保守的估计,目前已发现的植物天然代谢物已超过 2 万种,而且还在以每年新发现 1 600 种的速度递增。许多植物次生代谢物是重要的食物成分,如药用成分、色素、生物碱、酶等。其中有些是微生物或人工不能合成的。但是由于植物生长缓慢、自然灾害频繁,即使是大规模人工栽培仍然不能从根本上满足人类对经济植物日益增长的需求;再者有些植物从种植到收获要花几年的时间,并很难选出高产植株。因此,利用植物细胞大规模培养技术生产有价值的次生代谢产物具有广阔的应用前景。

同时,植物细胞培养技术具有如下优点:

不受地理、季节和气候条件的限制;节省土地,降低成本,生产周期短,可大大提高经济效益;可代替整体植株在工厂内连续生产所需产物;可以生产亲本体内不存在的化合物;可通过添加抑制剂等使生物合成按照人的意志进行;可通过诱变筛选,获得高产细胞株,并且可以进行特定的生物转化获得新的有用物质。

3.4.2 提高植物细胞培养次生代谢产物的策略

利用植物细胞培养技术生产次生代谢产物是取代完整植株获取有用资源的一种极具吸引力的方法。现在,虽然已经获得一些次生代谢产物产量超过亲本植株的细胞系,但是,细胞系不稳定、次生代谢物产量低、细胞生长缓慢、大规模生产困难等难题限制了该产业的发展。表3-4就目前提高植物培养细胞次生代谢产物产量的一些需要考虑的问题作一总结。

表 3-4 提高植物细胞培养次生代谢产物产量的总策略

1. 利用愈伤培养获取生长效率高的细胞系
2. 筛选目标代谢物产量高的高产细胞系
   a. 突变细胞
   b. 培养条件的优化
3. 固定化培养细胞提高胞外代谢物和生物转化产物量
4. 利用诱导子在短时间内提高产量
5. 胞内代谢物渗出胞外,利于下游操作
6. 从培养基中吸附代谢物,防止反馈抑制
7. 合适的生物反应器中大规模细胞培养

1. 高产细胞系的选育 首先,利用目标代谢物含量高的亲本外植体进行愈伤组织的诱导,以获取高产细胞系。但要考虑到分化与次生代谢产物的相互关系,即已分化外植体的次生代谢产物含量高并不意味着未分化的愈伤组织内含量也高;再者,某些组织部位所含有的高含量的次生代谢产物并不一定就是在该部位合成的,有可能是在其他部位合成后通过运输而于该部位积累,比如烟草的尼古丁是在根部合成而输送到叶部积累的。有的植物是在某一部位合成了某一产物的直接前体而转运到另一部位,通过该部位的酶或其他因子的转化而成的。因此,必须要弄清楚该物质的合成部位。

注意到整体植株次生代谢物存在的差异,还必须考虑到各种不同的细胞。所以诱导出愈伤组织后,对所产生的不同细胞系要多次比较,从不同的细胞团克隆中筛选出含目标代谢物最高的细胞系。因为不同外植体产生的细胞群体在某一活性化合物的含量上是存在差异的,例如从生产紫草素细胞培养中就筛选出含量提高了 13～20 倍的细胞系。

除此之外,化学突变诱导策略也常用于高产细胞系的选育,细胞群被置于含细胞毒抑制剂或胁迫环境下培养,能够耐受选择压的细胞可以生长。P-荧光苯丙氨酸(PFP)常用于筛选酚类化合物含量高的高产细胞系。

近年来,随着分子生物学、代谢组学研究的发展,对植物次生代谢途径解析及调控基因的深入研究及理解拓宽了人们对高产细胞系的选育思路。比如,通过转基因技术,增加萜类代谢途径中限速步骤酶编码基因的拷贝数,或通过反义 RNA 和 RNA 干涉等技术,以增加灭活代谢途径中具有反馈抑制作用的编码基因,在不影响细胞基本生理状态的前提下,阻断或抑制与目的途径相竞争的代谢流;利用已有的途径构建新的代谢旁路,合成新的萜类化合物;或者通过转入外源基因,对次生代谢过程中的关键酶进行改造,生产出对人体有益的化合物。在莨菪烷类生物碱生产的改造中,将天仙子中编码天仙子胺 6β-羟化酶的 cDNA 转化到颠茄中,就可以使其生产出高浓度的有益的东莨菪碱,取代了原有的高浓度的天仙子胺。除此之外,利用调控次生代谢途径基因表达的关键转录因子,为产生高含量的次生代谢产物提供了有效的方式,比如将金鱼草中的 Delila (Del)和 Rosea1 (Ros1)两个调控花青素合成的转录因子转入番茄中,得到了紫色的番茄,果实中花青素平均含量由 0 升到(2.83 ± 0.46) mg/FW,同时紫色番茄中的调控花青素合成的基因表达上调,果实的抗氧化性比对照果实高 3 倍。

2. 营养条件的调控 培养环境的调控必须能有效地提高代谢物的积累。因为培养基的营

养条件、逆境因素、光和生长调节物质很容易改变次生代谢产物代谢途径。蔗糖的浓度、氮及磷酸盐的含量变化都影响着次生代谢物的产量。不同的培养体系并无统一标准,需要设置不同浓度梯度进行比较优化。

植物生长调节物质在次生代谢物质积累过程中起着重要作用。生长素或细胞分裂素浓度和种类或生长素/细胞分裂素的比值显著地影响细胞的生长和次生产物的积累。人工合成的生长素 2,4-二氯苯氧乙酸(2,4-D)在大多的培养体系中抑制次生代谢产物的积累,以萘乙酸或吲哚丁酸替代会提高培养物的产量。细胞分裂素的影响因不同的代谢产物和培养细胞的种类而异。

前体物添加也是提高次生代谢产物的有效方法之一,前体或是次生代谢合成途径中的某一中间化合物或是合成的起始物。在许多培养体系中,前体的添加提高了产物的得率。在 B5 培养基中添加终浓度为 10^{-6} mol/L 的外源 L-苯丙氨酸,能显著地增加产色素细胞花青苷的积累量;浓度为 10^{-7} mol/L 的槲皮素,可使悬浮培养的玫瑰茄细胞花青苷产量提高 113 倍。在葡萄细胞培养中,在对数生长期开始添加 ^{13}C-苯丙氨酸,可促进花青素的积累,获得的 ^{13}C-花青素含量占总量的 65%。在培养基中添加 0.05～0.2 mmol/L 的苯丙氨酸、苯甲酸、苯甲酰甘氨酸、丝氨酸和甘氨酸,能使东北红豆杉中紫杉醇含量高出 1～4 倍,这些物质参与了紫杉醇侧链的合成。但从应用角度考虑,前体费用低是很重要的。

3. 培养条件的优化   培养条件的优化包括光照、培养基 pH、温度、通气等。

一般来说,愈伤组织和细胞培养的温度范围 17～25℃ 比较合适。但是,不同物种又具有不同的偏爱温度,比如洋地黄毒苷向异洋地黄毒苷的生物转化时,降低温度可以提高细胞干重中总脂肪酸的含量;烟草细胞在 32℃ 产生的辅酶 Q 高于 24℃ 或 28℃ 培养产生量。

光照也影响次生代谢产物的合成,比如玫瑰茄(*Hibiscus sabdariffa*)悬浮细胞合成花青素受光调节,蓝光(波长 420～530 nm)是促进玫瑰茄细胞产生花青素的最有效单色光,产量为 416 mg/L,和全色光下差不多(396 mg/L);红光和橙光(波长＞580 nm)无效。

培养基的 pH 通常在灭菌前调整在 5～6,实验结果表明,长春花培养以 pH 5.8 为宜。一般的培养过程中,培养基的氢离子浓度随培养进程而改变。如果在培养基中加入酪蛋白水解物和酵母提取液一些有机成分,可以使培养基得到良好的缓冲。供氧情况对大规模的细胞培养非常重要,培养细胞在空气提升生物反应器中培养 20 d,50% 的氧气量可使生物碱的产量达到 3 g/L。但是,过高的通气量所引起的剪切力会对细胞产生破坏作用,反而不利于细胞生长和代谢。

4. 诱导剂的使用   自然条件下,植物产生的次生代谢产物作为防御物质抵御外界病虫的攻击。据此,人们根据植物对外界刺激所产生的防御反应,尝试用微生物或其他物质作为诱导剂胁迫植物细胞合成和积累次生代谢物,并取得了一定的成果。诱导剂的类型是多种多样的,根据性质可分为生物诱导剂和非生物诱导剂两种:前者包括真菌菌丝体、酵母提取液和植物细胞壁片段等;后者有紫外照射、金属离子等。

在滇紫草(*Onosma paniculatum*)细胞处于对数生长初期的悬浮培养物中,加入曲霉菌丝体的粗提物,诱导物促进紫草色素合成的作用最大,为对照的 2 倍。在 Ti 质粒转化的丹参(*Salvia miltiorrhiza*)细胞悬浮培养体系中,加入酵母诱导剂可使隐丹参酮的产量增加 100%。

培养基中添加 0.5～100 $\mu mol/L$ 的 $CuCl_2$，能诱导红豆杉培养细胞中紫杉醇的合成。在 0.5～30 $\mu mol/L$ 浓度范围内，紫杉醇含量随 $CuCl_2$ 浓度增加而增加。$CuCl_2$ 浓度为 30 $\mu mol/L$ 时，诱导效果最佳。而对照的紫杉醇含量为 0，说明不加诱导剂，紫杉醇合成途径没有开启。Cu^{2+} 作用于红豆杉细胞后，活化了紫杉醇合成途径，从而促进了紫杉醇的合成。对数生长期末的红豆杉培养细胞对 Cu^{2+} 诱导处理具有最强的反应能力。

5.渗透作用　大多数情况下，细胞代谢产物贮存在液泡中，产物从液泡中释放到胞外必须穿越液泡膜和质膜两层阻碍。细胞渗透依赖于膜上孔道的产生，这样不同的分子可进出细胞。细胞的渗透性程度通过测定初级代谢酶活来鉴定，如己糖激酶、6-磷酸葡萄糖脱氢酶。提高细胞渗透性的试剂有二甲基亚砜、多聚糖等；也可以通过超声、电操作等方法使细胞内的代谢物质释放出来。

总之，对于影响植物细胞培养物的生物量增长和次生代谢物积累的因素是错综复杂的，往往一个因素的调整会影响其他因素的变化，所以，在培养过程中要不断地加以平衡和研究。同时，植物有机体是各不相同而具有其本身特殊性的。因此，对一种植物细胞或一种次生代谢物生产合适的条件，不一定对其他的细胞或次生代谢作用合适。所以，必须个别对待，认真研究，以求得最佳条件。

目前，对植物细胞大量培养一般采用的方法是分成两个阶段，第一个阶段是尽可能快地使细胞的生物量得到增长，一般是利用所谓的生长培养基完成的；第二阶段是诱发和保持次生代谢作用的活跃，是通过所谓的生产培养基完成的。但在具体的工作中还要更仔细的优化研究。

3.4.3　植物细胞工程在食品工业的应用

目前，通过植物细胞培养已能高效地生产多种碳水化合物、蛋白质、糖、氨基酸、酶、黄酮类、酚类、色素等食物成分。从较多的研究资料来看，有些次生代谢物的生产仅仅停留在实验室阶段，培养细胞积累的次生代谢物的产量还有限，以下仅就各种培养细胞能积累的各种次生代谢物进行简单的介绍。

（1）利用植物细胞工程生产香料。利用植物细胞大规模培养技术已能生产许多种香料物质。例如，在洋葱细胞培养中，从蒜碱酶抑制剂羟基胺中提取出了香料物质的前体——烷基半胱氨酸磺胺化合物。在玫瑰的细胞培养中发现增加成熟的不分裂细胞能产生除五倍子酸、表儿茶、儿茶酸之外的更多的酚。在热带栀子花的细胞培养中产生的单萜葡糖苷、格尼帕苷和乌口树苷的产量很高。

（2）利用植物细胞培养技术生产食品添加剂。进入 20 世纪 70 年代，人们才对天然食品添加剂生产方面有了重大突破，并逐步进入工业化生产。其主要的成功尝试可用下面的例子来说明。①色素——甜菜苷：Misawa 报告了从十蕊商陆愈伤组织与悬浮培养物中分离甜菜苷。红色素甜菜苷是一种糖苷，是由甜菜苷配基和葡萄糖组成，可用于食物着色。使用含有 3％蔗糖，1 mg/L 的 2,4-D 的 MS 培养基，细胞在 28℃、15 000 lx 日光灯下摇床培养，通过纤维素柱色谱分析，由 1 g 干细胞制得的 30 mg 粗制色素，鉴定其物理化学性质，其性质与甜菜苷一样。纪文（Kibun）公司也发现了用品种为 Rubra 的甜菜、藜和菠菜的冠瘿组织累积的红色素属于甜菜苷类。Mitsuoka 和 Nishi 发现了日本草木樨（Meliotus japonlcus）的愈伤组织中累积红色素。当愈伤组织培养在含有 2,4-D 的 LS 培养基中，光照条件下（3 000 lx），通过低色谱及吸收谱鉴定证实是花色素苷。②甜味剂——甜菊苷：甜菊叶中含有一种类皂角苷，名叫甜菊苷，它是一种天然甜味剂，甜度大，约是蔗糖的 300 倍。这种植物用种子繁殖非常困难，无性繁殖还存在品质退化的问题。在甜菊叶愈伤组织和悬浮培养物的提取液中通过薄层色谱证明含有甜菊苷。③鲜味剂——5'-核苷酸和有关的酶：在长春花培养的细胞中能积累磷酸二酯酶（phosphodimerase），此酶能催化细胞中 RNA 分解成 5'-核苷酸，这类核苷酸是一种味道极好的调味品；在旱芹悬浮培养的愈伤组织细胞中，也能分析到有邻二酸酐[最多的是甲基邻苯二酸酐（phthalicanhydride）]和类萜烯（最多是二萜烯）调料化合物的积累。在日本是从某些真菌和放线菌中取得这种酶，用来生产 6'-肌苷酸和 5'-鸟苷酸。由于核苷酸作为调味品需要量很大，通过植物细胞悬浮物可大规模生产这种酶。例如 1 L 长春花细胞匀浆液，加入 10 g 酵母 RNA 和 NaF，在 60℃和 pH 在 8.0 的条件下，2 h 后，生成 2.1 g AMP、2.4 g GMP、1.6 g CMP 和 1.4 g UMP，这些产物可用阴离子交换树脂分离。④防腐剂——没食子酸乙酯：Veliky 和 Latta 发现来源于多种植物的愈伤组织表明有抗微生物活性。后来，Khanna 报告了在药用余甘子（*Emblica officinalia*）培养物中发现抗微生物的活性是由于细胞形成大量的没食子酸乙酯所致。⑤增稠剂——琼胶：Nakamura 在 1974 年报告了从石花菜、江篱、扁平石花菜的海藻愈伤组织中产生琼胶。一小片成熟的石花菜放在含有 2 mg/L 的 IAA、0.2 mg/L 的 KI、蔗糖、NH_4NO_3、椰子汁、酵母膏、金属离子和海水的培养基中，20 d 后愈伤组织的重量增加 11.3 倍。100 g 干愈伤组织细胞悬浮在 5 L 水中（pH 6.0），加热 15 min，过滤，滤过物经冻干法得到了 5 g 琼胶。用江篱、扁平石花菜和其他海藻的愈伤组织，可以用同样的方式生产琼脂。

（3）利用植物细胞培养技术生产天然食品。除食品添加剂以外，用植物细胞培养技术还可生产天然食品，如从咖啡培养细胞中可收集可可碱和咖啡碱；用放线菌素 D、黑曲霉多糖或钒酸钠处理豇豆、红豆等植物的培养细胞，可诱导、产生出 5 种黄豆苷；从海藻（如石花菜、江篱、扁平石花菜）的愈伤组织培养物中可生产琼脂等。

（4）利用植物细胞培养技术生产植物药。近年来，由于环境的破坏，无计划的采挖，栽培药用植物的技术还不成熟，栽培的代价较高等问题的存在，使得野生药用植物资源日益减少，现在仅奇缺的植物药就在 100 种以上。化学合成植物药也因成本、技术、劳保及应用上的抗药性等问题而受到限制。因此，利用植物组织培养技术生产植物药以其特有的优势脱颖而出。现在已有 60 多种药用植物可通过组织细胞培养技术生产其内含的药物，有 30 多种药用植物细胞培养物积累的药物等于或超过其亲本植株的含量，后者包括人参皂苷、迷迭香酸、醌、小檗碱和治疗某些心脏病的辅酶 Q10 等。利用植物组织培养除了能够产生原植物已有的天然化合药物以外，还能够进行生物转化和产生原植物所没有的化合药物。随着对植物培养细胞的生理、生化和遗传特性的深入了解以及提高产物积累方法的发展，利用植物细胞培养技术商业化生产植物药（天然药物）必将在医药工业中得到广泛的应用，并获得巨大的经济效益。

（5）利用植物细胞培养生产抗氧化剂。利用细胞培养生产人体所需的抗氧化剂越来越受到重视。向日葵绿色愈伤组织在含 0.5 mg/L 的 6-BA 和 NAA 的 MS 培养基上可产生 15 μg/g（以总重计）的 α-生育酚。当加入前体物质尿黑酸，α-生育酚的产量可提高 30%；添加 5 μmol/L 的茉莉酸处理 72 h 可使 α-生育酚产量提高 49%。

3.5　动物细胞工程及其在食品中的应用

3.5.1　动物细胞工程概述

　　动物细胞工程是细胞工程的一个重要分支,它主要从细胞生物学和分子生物学的层次,根据人类的需要,一方面深入探索、改造生物遗传种性,另一方面应用工程技术的手段,大量培养细胞或动物本身,以期收获细胞或其代谢产物以及可供利用的动物。可见,动物细胞工程不仅具有重要的理论意义,而且它的应用前景也十分广阔。

　　早在 1885 年,Roux 就开创性地把鸡胚髓板在保温的生理盐水中保存了若干天。这是体外存活器官的首次记载。不过,Larrison 才是公认的动物组织培养的鼻祖。1907 年,他培养的蛙胚神经细胞不仅存活数周之久,而且还长出了轴突。在 20 世纪 40 年代 Carrel 和 Earle 分别建立了鸡胚心肌细胞和小鼠结缔组织 L 细胞系,令人信服地证明了动物细胞体外培养的无限繁殖力。至今,科学家们建立的各种连续的或有限的细胞系(株)已超过 5 000 种。1958 年冈田善雄发现,已灭活的仙台病毒可以诱使艾氏腹水瘤细胞融合,从此开创了动物细胞融合的崭新领域。20 世纪 60 年代,童弟周教授及其合作者独辟蹊径,在鱼类和两栖类中进行了大量核移植实验,在探讨核质关系方面做出了重大贡献。1975 年,Kohler 和 Milstein 巧妙地创立了淋巴细胞杂交瘤技术,获得了珍贵的单克隆抗体,免疫学取得了重大突破。1997 年,英国 Wilmut 领导的小组用体细胞核克隆出了"多莉"(Dolly)绵羊,把动物细胞工程推向 20 世纪辉煌的顶峰。如果说在 20 世纪初 Larrison 刚刚栽种下动物细胞工程这株小苗的话,那么经过近一个世纪的发展,这株小苗已经长成枝繁叶茂、硕果累累的大树。

　　动物细胞工程所涉及的主要技术有组织培养、细胞融合、细胞拆合、染色体或染色体组转移等方面。关于组织培养(细胞培养)、细胞融合在第二、三节已详细介绍了。细胞拆合是指以一定的实验技术从活细胞中分离出细胞器及其组分,然后在体外一定条件下将不同细胞来源的细胞器及其组分进行重组,使其重新装配成为具有生物活性的细胞或细胞器。细胞的精细装配技术,是随着核质关系的研究而逐渐发展和完善起来的。故以核移植的研究最早、也最成熟。此技术是通过观察由不同来源的细胞核和细胞质组成的细胞所出现的功能变化,来研究细胞核和细胞质的功能及其相互作用。1997 年"多莉"绵羊的问世是核移植的最大成功。除了在细胞整体水平和胞质水平上转移整个核的基因组外,还有把同特定基因表达有关的染色体或染色体片段转入受体细胞,使该基因得以表达,称为染色体转移。随着体细胞遗传学的发展,染色体转移的研究正日益发展成为一项重要的既有基础理论研究意义,又有广阔应用前景的细胞工程技术。

3.5.2　影响动物细胞反应的因素

　　细胞的生长、繁殖和代谢等生理特性,在很大程度上受各种环境因素的影响。为了使动物细胞反应处于最佳状态,了解环境因素对其影响无疑是很重要的。影响动物细胞生长、繁殖的环境因素很多,主要有温度、pH、营养成分、溶氧及气体环境、渗透压及其他因素等方面。

　　1.温度　温度是细胞在体外生存的基本条件之一,来源不同的动物细胞,其最适生长温度也不尽相同。例如,鱼属于变温动物,鱼细胞对温度变化耐受力较强,冷水、凉水、温水鱼细胞适宜培养温度分别为 20℃、23℃、26℃,昆虫细胞为 25～28℃,人和哺乳动物细胞最适宜温度为 37℃,不能超过 39℃。

细胞代谢强度与温度成正比,偏离于此温度范围,细胞的正常代谢和生长将会受到影响,甚至导致死亡。总的来说,细胞对低温的耐受力比高温强;如温度上升到 45℃,细胞在 1 h 内会被杀死。相反,降低温度,把细胞置于 25～35℃时,它们仍能生长,但速度缓慢,并维持长时间不死,放在 4℃,数小时后再在置于 37℃培养细胞仍能继续生长。如果温度降低至冰点以下,细胞可因胞质结冰而死。但如向培养液中加入保护剂(二甲基亚砜或甘油),可以把细胞冻结贮存于液氮中,温度达—196℃,能长期保存下去,解冻后细胞复苏,仍能继续生长。

2. pH 合适的 pH 也是细胞生存的必要条件之一,动物细胞合适的 pH 一般为 7.2～7.4,低于 6.8 或高于 7.6 都对细胞产生不利影响,严重时可导致细胞蜕变和死亡。不同细胞对 pH 也有不同要求:原代培养细胞对 pH 变动耐受性差,传代细胞系耐受性较强。对于同一种细胞,对数生长期和稳定期最适 pH 也不尽相同,对大多数细胞来说,偏酸性环境比碱性环境更利于生长。

初代培养的新鲜组织或经过消化成分散状态的细胞,对环境的适应力差,此时应严格控制培养基 pH,否则细胞难以生长。细胞量少时比细胞量多时对 pH 变动耐力差。生长旺盛细胞代谢强,产生二氧化碳多,培养基 pH 降低快;如果二氧化碳从培养环境中逸出,则 pH 升高,上述两种情况对细胞都将产生不利影响,因此维持细胞生存环境中的 pH 是至关重要的。常用的方法是加磷酸缓冲液,缓冲液中的碳酸氢钠具有调节二氧化碳的作用,因此在一定范围内可以调节培养基 pH。由于二氧化碳容易从培养环境中逸出,故只适用于封闭培养。为克服碳酸氢钠的这个缺点,有时也采用羟乙基哌嗪乙烷磺酸(HEPES),它对细胞无毒无害,主要防止 pH 迅速波动,具有较强的稳定培养基 pH 的能力。

3. 营养成分 细胞的生长、繁殖以及产物的合成,都必须从环境中获取各种物质,以合成细胞物质,提供能量以及在新陈代谢中起调节作用。这些物质称为营养物质,包括碳源、氮源、氨基酸、无机盐、微量元素、生长因子等。

碳源是指构成细胞物质和代谢产物中碳架来源的营养物质,其主要作用是构成细胞物质和提供细胞生长代谢所需的能量。大多数动物细胞以葡萄糖作为主要碳源。它既是主要能量,也是合成某些氨基酸的原料。葡萄糖经过乙酰 CoA 可合成脂肪,经过糖酵解能合成核酸。也有不少采用果糖、半乳糖等作为碳源,谷氨酰胺也可作为碳源。

所有动物细胞都需要以下 12 种基本氨基酸:精氨酸,组氨酸,胱氨酸,异亮氨酸,亮氨酸,蛋氨酸,苯丙氨酸,苏氨酸,色氨酸,酪氨酸,赖氨酸和缬氨酸。以上氨基酸都是细胞用以合成蛋白质的原料,此外还需要谷氨酰胺。它除了作为碳源、氮源外还有特殊功能,它能促进各种氨基酸进入细胞膜,所含的氮是核酸中嘌呤和嘧啶的来源。

细胞也需要维生素。如生物素、叶酸、烟酰胺、泛酸、吡哆醇、核黄素、硫胺素及维生素 B_{12} 等,这些维生素在很多常用限定培养基中已成为固定组织成分。维生素 C 也是不可缺少的,尤其对具有合成胶原能力的细胞更为重要。但维生素 C 易氧化,不很稳定,在长期培养中,如何维持持久效应,尚待进一步研究。脂溶性维生素对细胞生长也有促进作用,一般从血清中可以得到补充。

无机元素也是细胞所必需的。其主要功能是:构成细胞的主要成分;作为酶的组成成分,维持酶的作用;调节细胞渗透压,氢离子浓度和氧化还原电位等。

培养液中除需要上述营养成分外,还需要激素物质和促细胞生长因子。血小板生长因子 PDGF 是一种多肽,具有强烈刺激分裂细胞的活性,它可能为血清中主要的促生长物质。从凝血中分离出的血清含有更多的 PDGF。另一促细胞生长物质为生长调节素 SM,是一种低相对分子质量多肽,能促进胸腺嘧啶核苷酸掺入 DNA 中,对培养肿瘤细胞有利。

4.溶氧及气体环境　氧是细胞代谢所必需的,氧参与三羧酸循环,产生能量供给细胞生长、增殖和合成各种成分。不同的细胞和同一细胞的不同生长时期对氧的需求均不尽相同。一般在培养初期控制较低的溶氧水平,在对数生长期或培养后期,当细胞增多时,提高溶氧至更高水平。溶氧主要影响细胞的繁殖,溶氧浓度太低,细胞处于缺氧状态,生长代谢受到阻碍;溶氧浓度太高,又有毒性。因此,需根据具体情况,选择最佳的溶氧水平。

二氧化碳既是细胞代谢产物,也是细胞所需要的营养成分,此外,二氧化碳还具有调节培养基 pH 的作用。

3.5.3　动物细胞工程的应用

动物细胞工程的应用主要是指利用动物细胞大规模培养技术生产植物和微生物难于生产的具有特殊功能的蛋白质类物质。

已实现商业化的产品有口蹄疫苗、狂犬病毒疫苗、脊髓灰质炎病毒疫苗、牛白血病病毒疫苗、α 及 β 干扰素、血纤维蛋白溶酶原激活剂、凝血因子 Ⅷ 和 Ⅸ、蛋白 C、免疫球蛋白、促红细胞生成素、松弛素、激肽释放酶、尿激酶、生长激素、乙型肝炎病毒疫苗、疱疹病毒 Ⅰ 型及 Ⅱ 型疫苗、巨细胞病毒疫苗及 HIV 病毒疫苗的抗原、疟疾及血吸虫抗原及 200 种单克隆抗体等。

1.在疫苗生产上的应用　疫苗的主要成分是具有免疫原性的蛋白质。它是利用动物细胞大规模培养技术生产的最成熟的一种产品。而基因工程疫苗主要使用 DNA 重组生物技术,将某些特定的天然或人工合成的遗传物质定向插入载体细胞的基因,通过细菌、酵母菌或哺乳动物细胞进行充分表达,最后经过纯化后得到成品疫苗。口蹄疫苗是用动物细胞大规模培养方法生产的主要产品之一。1983 年,英国 Wellmme 公司就已能够利用动物细胞进行大规模培养生产口蹄疫苗。美国 Cenentech 公司应用 SV40 为载体,将乙型肝炎表面抗原基因插入哺乳动物细胞内进行高效表达,已生产出乙型肝炎疫苗。法国巴斯德研究所将含 S 和 S2 基因的 DNA 片段插入哺乳动物细胞(CHO)内,进行大规模培养生产乙型肝炎疫苗。我国长春生物制品研究所研制的哺乳动物细胞疫苗已完成了人体观察,通过了国家新药审批进行批量生产。根据国内外疫苗生产发展趋势来看,利用细胞高密度培养生产兽用和人用疫苗是疫苗生产发展的必然趋势,是疫苗质量保障的重要源泉,是降低疫苗成本的关键。

2.在干扰素生产上的应用　干扰素是一种在同种细胞上具有广谱抗病毒活性的蛋白质,其活性的发挥受细胞基因组的调节和控制,涉及 RNA 和蛋白质的合成。干扰素分子只具有抑制病毒的作用而不能杀灭病毒。干扰素抑制病毒的机制是,当干扰素作用于细胞后,使细胞产生多种其他蛋白质,从而阻断病毒的复制过程。自 1957 年发现了干扰素以来,它经历了自然干扰素(包括白细胞干扰素、成纤维细胞干扰素和 T 细胞干扰素)、基因重组干扰素和蛋白质工程干扰素 3 个发展阶段。英国 Wellmme 公司为了满足临床试验的需要,采用 8 000 L Namalwa 细胞生产 α-干扰素。英国 Celltech 公司用气升式生物反应器生产

α、β 和 γ-干扰素。

3. 在单克隆抗体生产上的应用　高等动物的免疫系统能对各种抗原起反应产生相应的抗体。在抗体应答过程中,免疫原分子上不同的抗原决定簇可以激活许多具有不同特异性及亲和力的 B 细胞克隆。因此,当动物用特定的抗原免疫后,免疫原上各决定簇或表位激发一系列不同的 B 细胞克隆所分泌的抗体在免疫血清中都混合在一起(即多克隆抗体),难以分离出所需要的特定 B 细胞克隆所分泌的抗体。即使产生不同抗体的 B 细胞在体外将其分开,也无法让其继续生长,增殖并分泌抗体。

1975 年,英国剑桥大学分子生物学研究室的克莱尔(Kohler)和米尔斯坦(Milstein)合作,将已适应于体外培养的小鼠骨髓瘤细胞与绵羊红细胞免疫小鼠脾细胞(B 淋巴细胞)进行融合,发现融合形成的杂交瘤细胞具有双亲细胞的特征,既能像骨髓瘤细胞一样在体外培养时能无限快地增殖,又能持续地分泌特异性抗体,通过克隆化可使杂交细胞成为单纯的细胞系。由此克隆系就可以获得结构与各种特性完全相同的高纯度抗体,即单克隆抗体(McAb)。通过二维码 3-6 中所提供的视频,能够初步了解单克隆抗体的具体制备流程。

二维码 3-6　单克隆抗体的制备

单克隆抗体一经问世,就因其具有特异性强和能够大量生产的特点而显示巨大的生命力。目前,单克隆抗体在医药领域主要通过显示组织细胞的特异性抗原而用于疾病诊断,用单克隆抗体制备的试剂盒如雨后春笋。在疾病治疗方面,单克隆抗体如人体卫士,能识别"自己"和"异己",在体内一旦发现病原体或异体成分便与之结合,同时补体、杀伤细胞、巨噬细胞便蜂拥而上,将其杀死或清除。单克隆抗体用于癌症治疗方面尤显特效。目前,获得美国食品与药品管理局(U. S. Food And Drug Administration,FDA)批准应用于抗肿瘤的单克隆抗体药物有 10 余种,占已批准抗体药物中的 42.5%。抗肿瘤抗体药物一般包括两类:一类是抗肿瘤抗体,这些抗体所针对的靶点通常为肿瘤细胞表面的肿瘤相关抗原或特定的受体;另一类是抗肿瘤抗体偶联物(antibody drug conjugate,ADC),或称免疫偶联物(immunoconjugate),免疫偶联物由抗体与抗肿瘤物质(放射性核素、毒素和药物)两部分构成,其中与放射性核素连接者称放射免疫偶联物,与毒素连接者称免疫毒素,与药物连接者称化学免疫偶联物。此外,酶结合抗体偶联物、光敏剂结合抗体偶联物也已进入肿瘤治疗的研究范畴。此外,单克隆抗体在农业上也有良好的应用前景,如用于动、植物疾病的诊断和治疗的单克隆抗体。在生物药工业中还可以利用单克隆抗体制备亲和吸附剂,纯化相应的药物。以单克隆抗体与细胞表面抗原特异性而分离纯化目的细胞已成为实验室重要的技术之一。

传统的小鼠和大鼠腹水瘤培养法生产单克隆抗体,已远远不能满足人类的需求。应用动物大规模培养技术生产单克隆抗体是一条经济、可靠的途径。例如,英国 Celltech 公司用无血清培养液在 10 000 L 气升式生物反应器中培养杂交瘤细胞生产出抗 A 和抗 B 单克隆抗体作为血型定型试剂。

4. 在干细胞体外诱导分化的应用　干细胞是一类具有自我更新和分化潜能的细胞。根据干细胞分化功能上的差异,干细胞可分为单能干细胞,如表皮干细胞;多能干细胞,如骨髓造血干细胞;全能干细胞,即具有无限分化潜能的细胞。根据来源,干细胞可以分为胚胎干细胞和成体干细胞,也可以通过导入特定的转录因子将分化的体细胞重编程为诱导性多能干细胞。

　　基于胚胎干细胞具有的全能性和由此而带来的潜在应用价值,目前胚胎干细胞已成为干细胞研究的热点。因此以下将重点对胚胎干细胞进行较为详细的介绍。

　　胚胎干细胞简称 ES 细胞,是从着床前胚胎内细胞团或原始生殖细胞经体外分化抑制培养分离的一种全能性细胞系,可以分化成任一组织类型的细胞。最早是由埃文斯(Evans)和考夫曼(Kaufman)以及马丁(Martin)等于 1981 年分别从小鼠早期胚胎中分离培养成功并建立的细胞系。在细胞培养液中加入不同的分化因子,可定向诱导其分化发育成心肌细胞、淋巴细胞或者神经细胞,甚至可以使其分化出机体的各种组织和器官。

　　此外,可以用不同的外源基因转染(将外源基因导入动物细胞的过程)胚胎干细胞,或者在胚胎干细胞水平进行基因剔除或基因打靶,经体外筛选后建立带有目的基因的细胞系或将筛选得到带有目的基因的胚胎干细胞注射到宿主着床前的胚胎内,并移植到假孕母体子宫内使之发育成个体,从而建立转基因动物、基因剔除动物,用于建立基因在分化发育过程中的表达与调控以及建立人类疾病动物模型。

　　通过严格的分离、鉴定、培养过程,建立胚胎干细胞系,经体外培养诱导分化产生特定的细胞或器官。虽然现今干细胞的众多工作多限于基础的研究阶段,但其广阔的应用前景显示了巨大的吸引力。

　　首先,利用干细胞培养可实现组织修复和器官再生。因为理论上,任何涉及丧失正常器官的疾病都可以通过移植由胚胎干细胞分化而来的特异组织细胞来治疗,如用神经细胞治疗神经变性疾病(帕金森综合征、亨廷顿舞蹈症、阿尔茨海默氏病等)、用造血干细胞重建造血机能、用胰岛素细胞治疗糖尿病、用心肌细胞修复坏死的心肌等。尤其是后两项,胚胎干细胞可能会特别有效,因为目前认为成年人的心脏和胰岛几乎没有干细胞,因而仅靠自身无法得到修复。

　　再者,结合克隆技术创建病人特异性的胚胎干细胞可以克服移植免疫排斥反应。用这种胚胎干细胞培养获得的细胞、组织或器官,其基因和细胞膜表面的主要组织相容性复合体与提供体细胞的病人完全一致,不会导致免疫排斥反应。

　　干细胞技术还可用于基因治疗。干细胞是基因治疗的较理想的靶细胞,因为它可以自我复制更新,治疗基因通过它带入人体中,能够持久地发挥作用,而不必担心像分化的细胞那样在细胞更新中可能失去治疗基因。但目前胚胎干细胞因伦理学争议、免疫排斥和实验条件限制阻碍了其在临床疾病治疗中的应用。

　　除胚胎干细胞外,成体干细胞和诱导性多能干细胞同样具有不可估量的应用价值。

　　成体干细胞是成体组织内能够分化产生一种或一种以上子代组织细胞的未成熟细胞,自我更新和多潜能性是成体干细胞最基本的特征。在特定条件下,成体干细胞通过不对称分裂成子代干细胞和具有定向分化能力的功能细胞,从而使得组织和器官维持生长和衰退的动态平衡,如血液细胞和皮肤细胞。成体干细胞可以实现自体干细胞移植而避免了胚胎干细胞应用的伦理学争议和移植免疫排斥问题,已成为诸多国家研究的重点,目前发现的成体干细胞主要有造血干细胞、间充质干细胞、神经干细胞、胰腺干细胞、肿瘤干细胞、肝脏干细胞、皮肤干细胞、肠上皮干细胞、肌源干细胞等。

　　2007 年美国和日本科学家相继报告利用基因重编程改造体细胞培育出诱导性多能干细

胞,其与胚胎干细胞一样,能够自我更新并维持未分化状态,在体内可分化为 3 个胚层来源的所有细胞,进而参与形成机体所有组织和器官。在体外,诱导性多能干细胞可定向诱导分化出多种成熟细胞。基因重编程技术可由皮肤细胞再诱导分化为心肌细胞、血管平滑肌细胞、角膜上皮细胞、神经元细胞、听神经祖细胞等。诱导性多能干细胞已在临床疾病治疗方面展现出广阔的应用前景。

　　5. 在其他基因重组产品生产上的应用　由于动物细胞能精确地转录、翻译和加工较大或更复杂的克隆蛋白质,动物细胞还可以把人们所需要的蛋白质分泌到培养液中,从而简化了蛋白质的分离纯化。因此,人们对动物细胞大规模培养技术愈来愈重视,希望通过动物细胞的大规模培养,生产出更多的生物制品。除单克隆抗体外,现在人们感兴趣的又一大规模培养产品是组织型纤维蛋白溶酶原激活剂(t-PA)。t-PA 是一种抗血栓药物,它能将纤维蛋白溶酶原转化为纤维蛋白溶酶,后者将纤维蛋白(血块)分解,实现溶栓。1983 年,Genetech 公司从黑色素瘤细胞株中得到 t-PA 基因,转染 CHO 细胞,获得高效表达,每升培养液中含 t-PA 50~80 μg。

思考题

　　1. 什么是细胞工程? 简述它的基本原理和基本技术。

　　2. 植物细胞培养的方法有哪些? 细胞生产次生代谢产物的策略有哪些?

　　3. 细胞融合的方法有哪些? 有何优缺点?

　　4. 融合子筛选的方法有哪些? 微生物、动物、植物细胞融合子鉴定方法有何异同?

　　5. 简述动植物细胞工程在食品工业中的应用。

指定学生参考书

　　[1] 奚元龄,颜昌敬. 植物细胞培养手册. 北京:农业出版社,1989.

　　[2] 焦瑞身,等. 细胞工程. 北京:化学工业出版社,1989.

　　[3] 冯伯森,王秋雨,等. 动物细胞工程原理与实践. 北京:科学出版社,2000.

　　[4] 薛庆善. 体外培养的原理与技术. 北京:科学出版社,2001.

　　[5] 李志勇. 细胞工程. 北京:科学出版社,2003.

参考文献

　　[1] 奚元龄,颜昌敬. 植物细胞培养手册. 北京:农业出版社,1989.

　　[2] 孙敬正,桂耀林. 植物细胞工程实验技术. 北京:科学出版社,1995.

　　[3] 俞俊棠,唐孝宣. 生物工艺学. 上海:华东理工大学出版社,1999.

　　[4] 彭志英. 食品生物技术. 北京:中国轻工出版社,1999.

　　[5] 俞新大,张富国,李建萍. 细胞工程. 北京:科学普及出版社,1988.

　　[6] 焦瑞身,等. 细胞工程. 北京:化学工业出版社,1989.

　　[7] 冯伯森,王秋雨,等. 动物细胞工程原理与实践. 北京:科学出版社,2000.

　　[8] 宋思扬,楼士林. 生物技术概论. 北京:科学出版社,1999.

　　[9] 薛庆善. 体外培养的原理与技术. 北京:科学出版社,2001.

［10］陈因良,陈志宏.细胞培养工程.上海:华东化工学院出版社,1992.

［11］Ramachandra Rao S, Ravishankar G A. Plant cell cultures: Chemical factories of secondary metabolites. Biotechnology Advances,2002,20:101-153.

［12］王岁楼.食品生物技术.北京:科学出版社,2013.

［13］张献龙.植物生物技术.2 版.北京:科学出版社,2015.

［14］王永飞.细胞工程.北京:科学出版社,2015.

［15］邓宁.动物细胞工程.北京:科学出版社,2014.

［16］陈耀锋.植物组织与细胞培养.北京:中国农业出版社,2007.

［17］刘小玲,孙鹂.动物细胞培养技术.北京:化学工业出版社,2013.

第 4 章

蛋白质工程

本章学习目的与要求

　　了解蛋白质工程研究的历史及推动蛋白质工程发展的主要应用技术；掌握蛋白质改造和设计的原理与主要方法；了解蛋白质工程在食品行业的应用潜势。

4.1　概述

4.1.1　蛋白质的结构与功能

　　与核酸一样,蛋白质是对生命至关重要的一类生物大分子,在生命活动中起着关键的作用。在了解蛋白质的结构与功能之前,我们应该先明确生物体内的蛋白质究竟是如何合成的,详见二维码 4-1。例如,在离体和活体条件下催化生物化学反应的酶,几乎全都是蛋白质。肌肉收

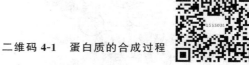

二维码 4-1　蛋白质的合成过程

缩、精子移动、细胞分裂过程中的染色体移动,都是通过蛋白质来实现的。蛋白质能识别特殊的 DNA 序列,并能调控 DNA 的表达。高等生物的有序生长和分化过程均受到各种蛋白生长因子的调节。例如,激素蛋白能协调多细胞生物中不同细胞间的活动。抗体蛋白能识别和结合特异性的外源物质,使人体具备抵抗各种细菌、真菌和病毒的能力。由神经细胞膜蛋白构成的离子通道,负责神经冲动的形成和传导。紫色硫细菌类囊体是负责能量转换的膜蛋白,在将光能转化成化学能的光合作用中起着重要的作用。血红蛋白是大家最为熟知的一种蛋白质分子,具有结合和释放氧的能力,是血液中氧、二氧化碳和氢离子的携带者。另外,人体的毛发和指甲属于角蛋白,而血栓是由血纤蛋白单体聚合而成的。

　　上述这些实例都说明,在生命有机体催化、运动、结构、识别和调节等许多方面,蛋白质显然是维持生命至关重要的生物大分子。

　　蛋白质在生物体内行使着重要的生物功能,而这些功能又与它的独特结构密切相关。主要表现在如下两个方面:

　　1.蛋白质具有独特的基本结构和高级结构　蛋白质分子中,氨基酸通过肽链连接形成多肽。每种蛋白都有其独特的氨基酸排列顺序,这种顺序由编码该蛋白质基因中的 DNA 碱基顺序决定,被称为蛋白质的一级结构(图 4-1)。构成蛋白质一级结构的氨基酸顺序又进一步决定了多肽链的折叠方式和高级结构。二级结构(secondary structure)指的是多肽链借助氢键排列成沿一维方向具有周期性结构的构象,如纤维状蛋白质中的 α-螺旋和 β-折叠片(图 4-2)。三级结构(tertiary structure)是指多肽链借助各种次级键(非共价键)盘绕成具有特定肽链走向的紧密球状构象(图 4-3)。三级结构中,除了属于二级结构的 α-螺旋和 β-折叠片等有规则的构象之外,还有无规则的松散肽段。四级结构(quaternary structure)是指寡聚蛋白质中各亚基之间在空间上的相互关系或结合方式(图 4-4 和图 4-5)。

　　胶原蛋白,或称胶原(collagen)是很多脊椎动物和无脊椎动物体内含量最丰富的蛋白质,它也属于结构蛋白,使骨、腱、软骨和皮肤具有机械强度。

　　2.蛋白质结构的多样性决定了其功能的多样性　由于组成每种蛋白质分子的氨基酸的种类不同,数目成百上千,排列组合的次序变化多端,空间结构也千差万别,因此蛋白质分子的结

二维码 4-2　蛋白质的功能举例

构是极其多样的,蛋白质分子的生物功能广泛而又各不相同,详见二维码 4-2。

牛核糖核酸酶 A 的氨基酸序列

图 4-1　蛋白质的一级结构举例

（引自：Reginald H. 等，2002）

　　例如，核酸酶在基因功能研究、核酸突变分析、生物传感器等方面已成为新型的工具酶，在生物技术领域具有很大的应用潜力，其中：牛核糖核酸酶（ribonuclease）的功能是水解核糖核酸，它是由 124 个氨基酸残基组成的一条多肽链，含有 4 对二硫键，使该酶可以在空间上折叠成一个具有催化活性的球状分子。如果用尿素和 β-巯基乙醇处理该酶，则分子中的二硫键全部被还原成巯基，酶的构象就会破坏而转变成一条松散无规则的线性多肽链，其催化活性也随之丧失（图 4-6）。可见，蛋白质的功能是与其高级结构相联系的，是由分子中原子的三维空间排列分布决定的。蛋白质的天然构象被破坏，必然导致其正常生物活力的丧失。

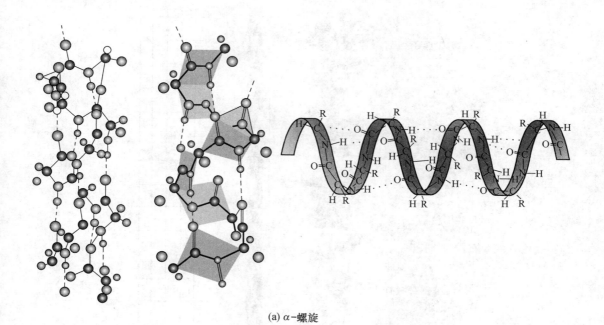

(a) α-螺旋

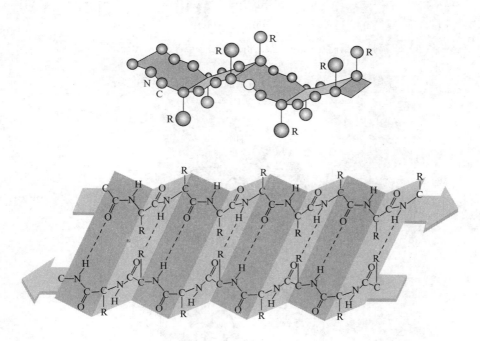

(b) β-折叠

图 4-2　纤维状蛋白质中的 α-螺旋和 β-折叠

（引自：Reginald H. 等，2002）

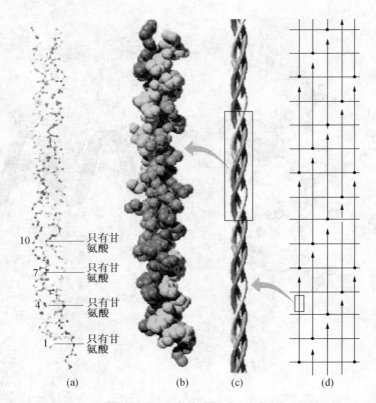

10　只有甘
　　氨酸

7　只有甘
　　氨酸

4　只有甘
　　氨酸

1　只有甘
　　氨酸

(a)　　　　(b)　　(c)　　(d)

(a)和(b)胶原蛋白的二级结构,每个分子中含 3 个 α-螺旋

(c)肽链间的交联　(d)分子间的交联

图 4-3　胶原蛋白的三级结构

(引自:Reginald H. 等,2002)

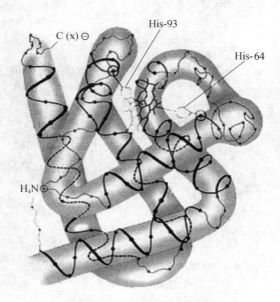

His-93

His-64

C (x)⊖

$H_4N⊕$

图 4-4　肌红蛋白的四级结构

(引自:Reginald H. 等,2002)

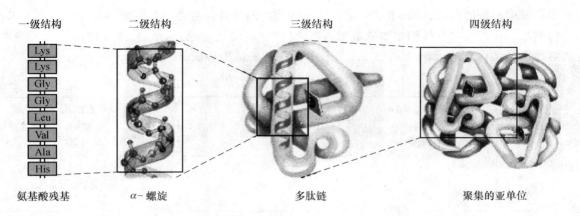

一级结构　　　二级结构　　　　　三级结构　　　　　四级结构

氨基酸残基　　α-螺旋　　　　　多肽链　　　　　聚集的亚单位

图 4-5　蛋白质结构的组成

（引自:Reginald H.等,2002）

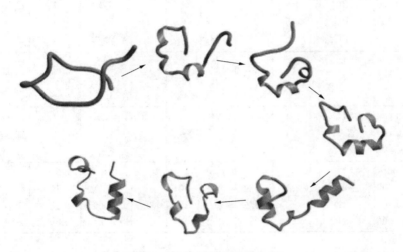

图 4-6　牛核糖核酸酶的变性

（引自:Reginald H.等,2002）

4.1.2　食品蛋白质的功能特性

　　食品蛋白质包括可供人类食用、易消化、安全无毒、富有营养、具有功能特性的蛋白质。乳、肉（包括鱼和家禽）、蛋、谷物、豆类和油料种子是食品蛋白质的主要来源。随着世界人口的增长,为了满足人们对蛋白质逐渐增长的需求,不仅要充分地利用现有的蛋白质资源和考虑成本,而且还应寻求新的蛋白质资源和开发蛋白质利用的新技术。因此,必须了解和掌握食品蛋白质的物理、化学和生物学性质,以及加工处理对这些蛋白质的影响,从而进一步改进蛋白质的性质,特别是营养品质和功能特性。

　　食品的感官品质诸如质地、风味、色泽和外观等,是人们摄取食物时的主要依据,也是评价食品质量的重要组成部分之一。食品中各种次要和主要成分之间相互作用的净结果则产生了食品的感官品质,在这些诸多成分中蛋白质的作用显得尤为重要。例如焙烤食品的质地和外观与小麦面筋蛋白质的黏弹性和面团形成特性相关;乳制品的质地和凝乳形成性质取决于酪蛋白胶束独特的胶体性质;蛋糕的结构和一些甜食的搅打起泡性与蛋清蛋白的性质关系密切;肉制品的质地与多汁性则主要依赖于肌肉蛋白质(肌动蛋白、肌球蛋白、肌动球蛋白和某些水溶性肉类蛋白质)。表 4-1 列出了主要食品蛋白质的结构特征。

表 4-1　某些主要食品蛋白质的结构特征

蛋白质	相对分子质量	类型:球状(G)纤维状(F)无规卷曲(RC)	二级结构		残基数	二硫键数	巯基数	pI	亚单位数	已知(K)和未知(U)顺序	平均疏水性/(kJ/mol)
			α-螺旋/%	β-折叠/%							
肌球蛋白	475 000	F	高		4 500	0	40	4~5	6	部分已知	4.25(T 兔)
肌动蛋白	42 000	G→F				0	5~6	4~5	1~300		4.4(兔)
胶原蛋白(原胶原蛋白)	300 000	F	胶原蛋白螺旋					~9	3	部分已知	4.5(鸡)
α_s-酪蛋白 B	23 500	RC			199	0	0	5.1	1	已知	5.0
β-酪蛋白 A	24 000	RC			209	0	0	5.3	1	已知	
K-酪蛋白 B	19 000	RC			169	0	2	4.1~4.5	1	已知	
β-乳球蛋白 A	18 400	G	10	30	162	2	1	5.2		已知	5.15
α-乳球蛋白 B	14 200	G	26	14	123	4	0	5.1		已知	4.8
卵清蛋白	45 000	G				1 或 2	4	4.6			4.65
血清蛋白	69 000					17		4.7	1	已知	4.7
麦醇溶蛋白(α,β,γ)	30 000	G→F	30			2~4	1	4.8	1	部分已知	4.5
麦谷蛋白	45 000~1 000 000	F	15			50			15		
大豆球蛋白	350 000	G	5	35		23	2	4.6	12	未知	
伴大豆球蛋白	200 000	G	5	35		2		4.6	9	未知	

蛋白质的功能性质(functional properties)是指食品体系在加工、贮藏、制备和消费过程中蛋白质对食品产生需要特征的那些物理、化学性质(表 4-2)。各种食品对蛋白质功能特性的要求是不一样的(表 4-3)。

表 4-2　食品体系中蛋白的功能作用

功　能	作用机制	食品	蛋白质类型
溶解性	亲水性	饮料	乳清蛋白
黏度	持水性,流体动力学的大小和形状	汤、调味汁、色拉调味汁、甜食	明胶
持水性	氢键、离子水合	香肠、蛋糕、面包	肌肉蛋白,鸡蛋蛋白
胶凝作用	水的截留和不流动性,网络的形成	肉、凝胶、蛋糕焙烤食品和奶酪	肌肉蛋白,鸡蛋蛋白和牛奶蛋白
黏结-黏合	疏水作用,离子键和氢键	肉、香肠、面条、焙烤食品	肌肉蛋白,鸡蛋蛋白的乳清蛋白
弹性	疏水键,二硫交联键	肉和面包	肌肉蛋白,谷物蛋白
乳化	界面吸附和膜的形成	香肠、大红肠、汤、蛋糕、甜食	肌肉蛋白,鸡蛋蛋白,乳清蛋白
泡沫	界面吸附和膜的形成	搅打顶端配料、冰淇淋、蛋糕、甜食	鸡蛋蛋白,乳清蛋白
脂肪和风味的结合	疏水键,截面	低脂肪焙烤食品,油炸面圈	牛奶蛋白,鸡蛋蛋白,谷物蛋白

表 4-3　各种食品对蛋白质功能特性的要求

食　品	功　能　性
饮料、汤、沙司	不同 pH 时的溶解性、热稳定性、黏度、乳化作用、持水性
形成的面团焙烤产品（面包、蛋糕等）	成型和形成黏弹性膜，内聚力，热性变和胶凝作用，吸水作用，乳化作用，起泡，褐变
乳制品（精制干酪、冰淇淋、甜点心等）	乳化作用，对脂肪的保留、黏度、起泡、胶凝作用、凝结作用
鸡蛋代用品	起泡、胶凝作用
肉制品（香肠等）	乳化作用、胶凝作用、内聚力、对水和脂肪的吸收与保持
肉制品增量剂（植物组织蛋白）	对水和脂肪的吸收与保持、不溶性、硬度、咀嚼性、内聚力、热变性
食品涂膜	内聚力、黏合
糖果制品（牛奶巧克力）	分散性、乳化作用

食品的感官品质是由各种食品原料复杂的相互作用产生的。例如蛋糕的风味、质地、颜色和形态等性质，是由原料的热胶凝性、起泡作用、吸水作用、乳化作用、黏弹性和褐变等多种功能性组合的结果。因此，一种蛋白质作为蛋糕或其他类似产品的配料使用时，必须具有多种功能特性。动物蛋白，例如乳（酪蛋白）、蛋和肉蛋白等，是几种蛋白质的混合物，它们有着较宽范围的物理和化学性质，及多种功能特性，例如蛋清具有持水性、胶凝性、黏合性、乳化性、起泡性和热凝结等作用，现已广泛地用做许多食品的配料，蛋清的这些功能来自复杂的蛋白质组成及它们之间的相互作用，这些蛋白质成分包括卵清蛋白、卵黏蛋白、溶菌酶和其他清蛋白。然而植物蛋白（例如大豆和其他豆类及油料种子蛋白等）和乳清蛋白等其他蛋白质，虽然它们也是由多种类型的蛋白质组成，但是它们的功能特性不如动物蛋白，目前只是在有限量的普通食品中使用。目前，蛋白质的功能特性也已被广泛应用于食品的加工过程中，详见二维码 4-3。

二维码 4-3　在食品加工中如何利用蛋白质的特性

对于这类蛋白质的功能以及它们的分子结构，特别是立体构象对其功能的影响，还不甚了解。

蛋白质的大小、形状、氨基酸的组成和序列、净电荷及其分布、亲水性和疏水性之比，二级、三级和四级结构、分子的柔顺性或刚性，以及分子内和分子之间同其他组分作用的能力等诸多因素，均影响与蛋白质功能有关的许多物理和化学性质，而且每种功能性又是诸多因素共同作用的结果，这样就很难论述清楚何种性质与某种特定功能作用之间的相关性。

从经验上看食品蛋白质的功能性质分为两大类：①流体动力学性质；②表面性质。第一类包括水吸收和保持、溶胀性、黏附性、黏度、沉淀、胶凝和形成其他各种结构时起作用的那些性质（例如蛋白质面团和纤维），它们通常与蛋白质的大小、形状和柔顺性有关；第二类主要是与蛋白质的湿润性、分散性、溶解度、表面张力、乳化作用、蛋白质的起泡特性，以及脂肪和风味的结合等有关的性质，这些性质之间并不是完全孤立和彼此无关的。例如，胶凝作用不仅包括蛋白质-蛋白质相互作用，而且还有蛋白质-水相互作用；黏度和溶解度取决于蛋白质-水和蛋白质-蛋白质的相互作用。

近十几年来，人们已经能通过遗传措施改变蛋白质的基本序列，从而改变蛋白质的结构，这为食品科学家利用分子手段对食品中的蛋白质进行修饰,改变蛋白质的功能特点开辟了途径。同时,化学、酶学和分子生物学技术也可以帮助食品学家更好地了解影响蛋白质功能特点的结构与功能间的关系。当然,分子生物学也可以从实践上提供可能的途径,把人们渴望的理化特性体现到食品蛋白质中,这就使得蛋白质工程在食品产业中展示了美好的应用前景。

4.1.3　蛋白质工程的概念

所谓的蛋白质工程(protein engineering),是指通过生物技术对蛋白质的分子结构或者对编码蛋白质的基因进行改造,以便获得更适合人类需要的蛋白质产品的技术。蛋白质工程离不开蛋白质的分离纯化、顺序分析、结构与功能研究以及发酵后处理等有关蛋白质化学的基础知识与技术。随着蛋白质结晶学、分子遗传学、计算机辅助设计和蛋白质化学等诸多研究领域的发展以及相互交叉、渗透和融合,20 世纪 80 年代逐渐形成了一个新型的应用技术领域,即"蛋白质工程"。1983 年,美国科学家厄尔默(Ulmer)在"Science"上发表以"Protein Engineering"为题的专论,率先提出了"蛋白质工程"这一新名词,之后,这一概念被广泛接受和普遍采用,此时也被视为蛋白质工程诞生的标志。

4.1.4　蛋白质工程的研究内容

蛋白质工程的主要研究内容和基本目的可以概括为:以蛋白质分子的结构规律及其与生物功能的关系为基础,通过有控制的基因修饰和基因合成,对现有蛋白质加以定向改造、设计、构建,并最终生产出性能比自然界存在的蛋白质更加优良、更加符合人类社会需要的新型蛋白质。

4.1.5　蛋白质工程的发展历史

蛋白质工程是 20 世纪 80 年代初诞生的一个新兴生物技术领域,它一出现就以其在应用上的广阔前景和对分子生物学有关前沿研究的巨大推动而为世人瞩目,受到学术界和产业界的广泛重视。

蛋白质工程的研究和发展是与对蛋白质结构的深入了解密不可分的。1953 年,英国的桑格(Sanger)首先阐述了胰岛素的一级结构;其后不久,英国的肯德鲁(Kendrew)和佩鲁茨(Perutz)成功地用 X 射线衍射测定了肌红蛋白和血红蛋白的晶体结构,为以后研究蛋白质一级结构、高级结构与生物活力之间的相互关系开了先河。

蛋白质晶体学属于 X 射线结晶学的一个新分支,即根据 X 射线衍射原理解析蛋白质中的原子在空间的位置与排列(立体结构)。自从 20 世纪 50 年代末首次用 X 射线晶体学方法测定了蛋白质——肌红蛋白的结构以来,已确定了二三百种蛋白质的三维结构,包括各种酶、激素、抗体、运载蛋白、毒素、肌肉蛋白、基因调控蛋白和膜蛋白等。这些众多的蛋白质结构,一方面让我们看到了成千上万的原子在三维空间精巧而复杂的排布是怎样与它们特定的生物学功能相关联的,大自然赋予每个蛋白质分子一个独特的结构,使它具有高度的专一性;另一方面,我们却又看到,蛋白质的基本结构是有规律的,多肽链可能的折叠方式也是有限的,从三维结构上可以将蛋白质归为简单的几大类。应当说,蛋白质晶体学仍然是人类所掌握的可以精确测定蛋白质分子中每个原子在三维空间位置的唯一工具,通过比较蛋白质与配体结合前后的不同活性状态,研究人员能够阐明该蛋白质发挥活性作用的分子机理。蛋白质晶体学的缺点是,必须分离足够量的纯蛋白质(至少几毫克到几十毫克),制备出衍射分辨率优于 0.3 nm 的单晶体,特别是需要长达数年的数据收集、计算和分析工作。20 世纪 80 年代以来,由于基因工程技术能够让大肠杆菌大量产生人们感兴趣的蛋白质,科学家可以方便地对那些在机体内含量极微却又难以提取的蛋白质进行结构研究。另一方面,同步辐射、强 X 线源及镭探测器的使用,使数据收集过程大大加速,从而使测定一个大分子结构所需的时间比过去大为缩短。如 Bossman 等仅用了 13 个月的时间就完成了分子质量为 800 万 u 感冒病毒的结构测定,而 8 年前 Harrison 完成第一个植物病毒的结构测定却花了整整十年的艰苦努力。

蛋白质晶体学提供的仅仅是一个静态的结构,更深刻的问题在于一维的多肽链究竟是怎样折叠成三维蛋白质的;蛋白质在与其作用对象相互作用时,它的三维结构又是经历什么样的动态过程并发挥其活力的,这是蛋白质动力学的重要研究课题。只有深刻了解这些问题,才能预测基因水平的改造最终会对蛋白质结构与功能产生什么后果,才能称得上是具有真正意义的分子设计。应该说,在这个领域中人们目前知道得并不多。就蛋白质工程而言,眼下我们能做的事情是发展一种微扰方法,即用计算机控制的图像显示系统把所要研究蛋白质的已知三维结构显示在屏幕上,仔细分析哪些残基对分子内相互作用可能是重要的,哪些对分子间相互作用可能是重要的。前者通常对稳定蛋白质结构是重要的,而后者则多是分子识别及活性的重要部位。按预先设想替换蛋白质上的一些侧链基团,经过"微扰"后,用计算机寻找使蛋白质分子的能量趋于极小化的状态,预测由于这种替换可能造成的后果,这无疑为蛋白质工程的研究带来了某种可能性。

近年来,随着蛋白质结构测定技术的改进和先进仪器设备的采用,已经积累了大量的有关蛋白质高级结构和一级结构的数据,使我们能够从中寻找出一些有关蛋白质折叠方式、结构以及与其功能性相关的规律,加之 DNA 测序技术的发展,大大加速了蛋白质工程工作的研究进展。特别需要指出的是,由于计算机技术和图像显示技术的快速发展,已经使人们有可能利用现有的蛋白质和基因数据库,分析蛋白质结构,构建蛋白质模型,进行结构预测、分子设计和能量计算,与此相关的理论、技术和软件正在成为定向改造蛋白质分子的重要手段,是蛋白质工程设计工作中不可或缺的条件。

分子遗传学是蛋白质工程的另一支柱。采用定位突变的方法,可以根据分子设计所提供的改造方案,在多肽链确定的位置上有目的地增加、删除或者置换一个或一段氨基酸,达到定向改造蛋白质的目的。如果目的基因很难获得,人们可以利用已获得的蛋白质确定其氨基酸顺序,用化学方法部分或全部地合成一条适用的基因,并借助日趋成熟的基因操作和表达技术,就能得到一个定向改造的突变体蛋白。然后,对于这个突变体蛋白再进行结构和生物活力测定,考查它是否达到了改造的目的。根据这些测定结果,分析成功或不成功的原因和经验,在此基础上提出第二轮的改造方案。如此循环反复,以期逐步逼近改进蛋白质性能的预定目标。

实质上,自然界漫长的进化和选择过程会导致一系列天然突变的发生,即天然的蛋白质工程。这些天然突变对于机体可能是有害的,但值得我们学习和借鉴,并从中寻找和总结规律,满足人类自身的需要。例如,酶在人类生产和生活中的应用有着悠久的历史,在长期的实践中,人们早已发现尽管酶在机体内能最好地发挥生物活力,但是在体外条件下,特别是当人类将它用于工业生产时,就往往需要予以改造,如提高稳定性、耐热性,或耐酸碱、抗氧化的能力

二维码 4-4　蛋白质工程应用示例

等,以适应工业生产条件的苛刻要求。目前蛋白质工程的应用也是十分广泛,其目前的应用示例详见二维码 4-4。蛋白质工程不仅为此提供了强有力的工具,而且还预示人类能设计并创造出自然界不存在的优良蛋白质的可能性,从而为社会提供巨大的经济效益。

近年来,现代生物工程技术日新月异,以酶为主要研究对象的蛋白质工程技术发展非常迅速。杂合酶,又称为杂交酶(hybrid enzyme)是在蛋白质工程应用于酶学研究取得巨大成绩的基础上兴起的一项新技术。目前,有关杂合酶的研究日益受到重视,尤其是表达克隆(expression cloning)、分子筛选(molecular screening)、人工进化(artificial evolution)、DNA 序列改组(DNA shuffling)和体外突变等技术开发的成功,为杂合酶的开发与生产铺平了道路。

所谓杂合酶是指由来自两种或两种以上的酶的不同结构片段构建成的新酶。杂合酶的出现及其相关技术的发展,为酶工程的研究和应用开创了一个新的领域。首先,人们可以利用高度同源的酶之间的杂交将一种酶的耐热性、稳定性等非催化特性"转接"给另一种酶。这种杂交是通过相关酶同源区间残基或结构的交换来实现的。新获得的杂合酶的特性,通常介于其双亲酶的特性之间。例如,利用根癌土壤杆菌(*Agrobacterium tumefaciens*)和淡黄色纤维弧菌(*Cellvibriogilvus*)的 β-葡萄糖苷酶进行杂交构建成的杂交 β-葡萄糖苷酶,其最佳反应条件和对各种多糖的 K_m 值都介于双亲酶之间。其次,人们可以创造具有新活性的杂合酶。其最便捷的途径就是调节现有酶的专一性或催化活性。迄今为止,所有杂合酶大都属于这类酶。有时单个氨基酸残基的变化就能够改变酶的催化活性。杂合酶技术还可以用于研究酶的结构和功能之间的关系。例如,可以用来确定相关酶之间的差异,当某个酶的特性在同源酶中缺失时,人们可以用杂合酶技术分析研究与该特性有关的残基或片段等。

由于杂合酶的产生利用了自然界进化的各种各样酶的性质以及自然界用于进化酶的各种策略,因而正成为人们获得所希望活力和性质的新酶的主要方法。近年来,杂合酶的发展非常迅速,1998 年就有 14 个利用杂合酶技术改良的酶,获得了美国专利。可以预期,杂合酶技术必将为酶工程的研究和应用发挥更大的作用。

杂合酶技术中发展十分迅速的一项技术就是融合蛋白技术,融合蛋白是在基因工程迅速发展的基础上,有目的地把两段或多段编码功能蛋白的基因连接在一起,进而表达所需蛋白,这种通过在人工条件下融合不同的基因编码区获得的蛋白质。融合蛋白技术是为获得大量标准融合蛋白而进行的有目的性的基因融合和蛋白表达方法。利用融合蛋白技术,可构建和表达具有双功能或多种功能的新型目的蛋白。

4.2　蛋白质工程的基本步骤与改造策略

4.2.1　蛋白质工程的基本步骤

蛋白质工程一般要经过以下的步骤:

(1)分离纯化目的蛋白,使之结晶并作 X 晶体衍射分析,结合核磁共振等其他方法的分析结果,得到其空间结构的尽可能多的信息;

(2)对目的蛋白的功能作详尽的研究,确定它的功能域;

(3)通过对蛋白质的一级结构、空间结构和功能之间相互关系的分析,找出关键的基团和结构;

(4)围绕这些关键的基团和结构提出对蛋白质进行改造的方案,并用基因工程的方法去实施;

(5)对经过改造的蛋白质进行功能性测定,看看改造的效果如何。

然后,重复(4)和(5)这两个步骤,直到获得比较理想的结果(图 4-7)。

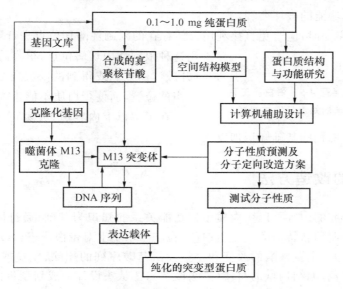

图 4-7　蛋白质工程的程序

如果人们十分了解需要被改造的蛋白质的结构与其功能间的关系,便能够准确地预知改变某种氨基酸残基可能会引起该蛋白质的结构和功能发生怎样的变化,就能够有目的地选择不同的氨基酸残基加以改变。但是,在大多数情况下,目的蛋白的结构与功能间的关系是不清楚的,这时,对蛋白质进行改造就比较困难。当然,也可以根据其中的一些规律进行改造。

4.2.2　蛋白质工程的改造策略与方法

蛋白质工程中,常根据一些经验性的规律而采取相应的策略和方法,它们包括:

(1)疏水性氨基酸常常出现在蛋白质的活性中心区域;α-螺旋和 β-折叠区通常不会是酶的活性中心或配体以及底物结合的中心,而是作为结构的支架;环(loop)区、转角(turn)区域和带电荷区域通常位于蛋白质的表面。基于这种经验,在设计突变时要注意保留脯氨酸或半胱氨酸残基。因为脯氨酸常被用来终止 α-螺旋区,而半胱氨酸常形成起稳定作用的二硫键,同时二硫键又是许多分泌性蛋白的标志。

(2)进行定点突变时,应注意保守氨基酸残基。如果要改变酶活性、底物结合活性等高度特异性的性质,则应尽量保留保守残基。

(3)应注意保留潜在的 N 糖基化位点(Asn-X-Ser/Thr-X-Pro)中的 Asn(天门冬酰胺)、Ser(丝氨酸)或 Thr(苏氨酸)。在很多情况下,特别是分泌性蛋白和穿膜蛋白,能否正确糖基化对蛋白活性物影响很大。

（4）对于含有内含子的序列，可以删除某一外显子或外显子组合，因为单个外显子通常编码独立折叠的结构域，删去该结构域后可能不会影响蛋白其余部分的正确折叠。

（5）构建两个同源蛋白的嵌合体时，应尽量使其接合部位处在具有相同或相近功能的氨基酸序列中；而当两个非同源蛋白组成嵌合体时，则应使接合部位尽量位于所预测结构的边缘。

（6）如果对目的蛋白的三维结构一无所知，那么可以在目的序列中随机插入六聚体接头以鉴定功能性结构域。插入六聚体接头后，在原蛋白质序列中添加两个氨基酸，比插入更多的氨基酸对蛋白质整体功能的破坏要轻。

（7）进行缺失突变时，应避免直接利用天然存在的限制性酶切位点进行删除。如果直接利用这种限制性内切酶位点，很容易破坏正确的 ORF（开放读码框），或得到的缺失突变体边界不能落在适当的位置，而使蛋白质不能正确折叠。

二维码 4-5　蛋白质工程
基础知识反馈练习题

在了解以上内容后，大家可参照二维码 4-5 中的练习题对蛋白质工程的基础知识加以巩固。

4.3　蛋白质的改造方法

蛋白质工程研究的内容是以蛋白质结构功能关系的知识为基础，通过周密的分子设计把蛋白质改造为有预期的新特征的突变蛋白质，在基因水平上对蛋白质进行改造，按改造的规模和程度可以分为：①个别氨基酸的改变和一整段氨基酸序列的删除、置换或插入（初级改造）；②蛋白质分子的剪裁，如结构域的拼接（高级改造）；③从头设计合成新型蛋白质。

4.3.1　初级改造

为了实现氨基酸的置换，需要采用 DNA 碱基突变的方法，改变编码氨基酸的密码子，以达到改变氨基酸进而改造蛋白质的目的。但是在 1982 年以前，一些科学家所采用的 DNA 碱基突变方法，都是用一些化学试剂或药物，如亚硝酸或亚硫酸氢钠等。这样产生的突变是随机的，不能做到想改变什么部位就改变什么部位，而不改变其他部位。因而科学家们根据蛋白质结构知识设计出的改造方案，往往不能实现。

目前，利用基因突变技术不仅可以对某些天然蛋白质进行定位改造，还可以确定多肽链中某个氨基酸残基在蛋白质结构和功能上的作用，以收集有关氨基酸残基线性序列与空间构象及生物活性之间的对应关系，为设计制作新型的突变蛋白提供理论依据。在 DNA 水平上产生多肽编码顺序的特异性改变，称为基因的定向诱变。

蛋白质工程研究中主要采用的基因突变方法包括基因定位突变和盒式突变。一般含有单一或少数几个突变位点的基因定向改变可以采用 M13-DNA 寡聚核苷酸介导诱变技术、寡核苷酸介导的 PCR 诱变技术、随机诱变技术和盒式突变技术，而大面积的定位突变则需要采取基因全合成的方法。

4.3.1.1　M13-DNA 寡聚核苷酸介导诱变技术

1982 年，佐勒和史密斯两位科学家根据已有的科学实践，首先阐述了一种定点突变的思想（图 4-8）。

这种方法能够准确地按照人们的意图进行 DNA 突变，即能做到想变哪一个碱基，就只改变哪一个，而不改变其他碱基。这种定点突变方法的基本原理是利用一种环状噬菌体 M13，

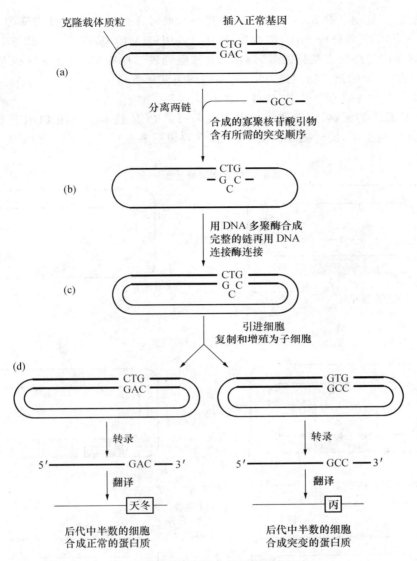

图 4-8 寡聚核苷酸介导诱变技术程序

这种噬菌体 DNA 可以以单链的形式在宿主细胞外存活。当它自身要繁殖时,就进入细胞中,把单链 DNA 变成双链 DNA,进行 DNA 复制。复制出的单链 DNA 被包装成噬菌体释放到细胞外。在体外(即试管内)也可以进行这种 DNA 复制。只要将单链 M13 噬菌体 DNA 与人工合成的一小段寡聚核苷酸(14~30 个碱基)拼接在一起,升温至 55℃,再逐渐冷却,相互配对后,再加入 DNA 聚合酶和 4 种脱氧核苷酸,在 37℃下保温,这样以单链 DNA 为模板,寡聚核苷酸为引物,同样可以将 M13 单链 DNA 变成双链 DNA。于是佐勒和史密斯首先将要改造的蛋白质目的基因重组到 M13 单链 DNA 中,以这种重组后的带有目的基因的 M13 单链 DNA 为模板,再人工合成一段寡聚核苷酸(其中包含了所要改变的碱基)作为引物,在体外进行双链 DNA 的合成。这样合成的双链 DNA,其中一条为含有天然目的基因的模板,而另一条单链则为新合成的含有突变目的基因的 DNA 链,因为它是以那段带有突变碱基的寡聚核苷酸为引物合成的。这种杂合 DNA 双链再转入大肠杆菌中,分别以这两种不同的单链 DNA 为模板,

进行 DNA 复制。复制出的 M13 双链 DNA,其中一半将含有已突变的目的基因。利用 DNA
杂交技术或核苷酸序列分析方法,将含突变目的基因的 M13 噬菌体筛选出来,提取它们的
DNA,用限制性内切酶把突变目的基因切下,并重组到表达质粒中,进行突变基因的表达。这
样就可以按照科学家的蛋白质改造方案,定向得到突变体蛋白了。

4.3.1.2 寡核苷酸介导的 PCR 诱变技术

随着 PCR 技术的成熟,定点诱变技术中也采用了 PCR 技术。利用 PCR 进行定点诱变,
可以使突变体大量扩增,同时提高诱变率,下面简要说明寡聚核苷酸介导的 PCR 诱变程序(图
4-9)。

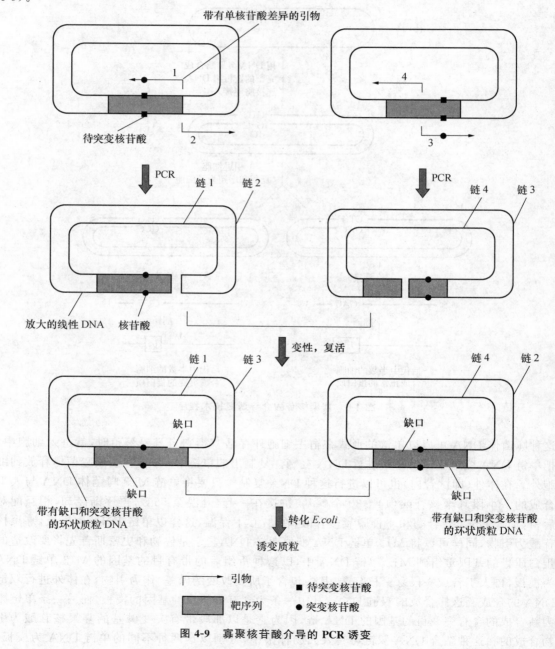

图 4-9 寡聚核苷酸介导的 PCR 诱变

首先,将目的基因克隆到质粒载体上,质粒分置于两管中,每管各加入两个特定的 PCR 引物,一个引物与基因内部或其附近的一段序列完全互补,另一引物和另一段序列互补,但有一个核苷酸发生了突变;两管中,不完全配对的引物与两条相反的链结合,即两个突变引物是互补的。由于两个反应中引物的位置不同,所以 PCR 扩增后,产物有不同的末端。将两管 PCR 产物混合,变性、复性,则每条链会与另一管中的互补链退火,形成有两个切口的环状 DNA,转入大肠杆菌后,这两个切口均可被修复。若同一管子中的两条 DNA 链结合,会形成线性 DNA 分子,它不能在大肠杆菌中稳定存在,只有环状 DNA 才能在大肠杆菌中稳定存在,而绝大多数的环状分子都含有突变基因。此方法不用将基因克隆到 M13 载体上,也不用 dut、ung 系统,而且不用将 M13 上的突变基因再亚克隆到表达载体上,因而简单实用。

4.3.1.3　随机诱变技术

顾名思义,随机诱变简单地说就是在突变位置上随机地引入一种突变。人们通常用的一种方法是,将基因克隆到质粒上,旁边有两个紧密相连的限制性酶切位点,位点是仔细选择的,双酶解后产生一个 3′凹陷的末端和一个 5′凹陷末端:与克隆基因相邻的末端是 3′凹陷,而另一末端是 5′凹陷。

大肠杆菌核酸外切酶 $Exo\,\text{III}$ 能从凹陷的 3′端降解 DNA,而不能从 5′端降解,也不能从突出的 3′端降解。向体系中加入 $Exo\,\text{III}$,一段时间后终止反应,再用 Klenow 片段补平,补平时加入 4 种脱氧核苷三磷酸和 1 种脱氧核苷三磷酸的类似物,用修复后的质粒转化大肠杆菌,此质粒的一个或多个位点含有脱氧核苷酸的类似物,在以后的质粒复制过程中,核苷酸类似物会在互补链中随机引入一个核苷酸(图 4-10)。

4.3.1.4　盒式突变技术

盒式突变技术(图 4-11)是 1985 年由 Wells 提出的一种基因修饰技术,它可经过一次修饰,在一个位点上产生 20 种不同氨基酸的突变体,从而可以对蛋白质分子中某些重要氨基酸进行“饱和性”分析,大大缩短了误试分析的时间,加快了蛋白质工程研究的速度。

同时,许多新的突变技术也迅速发展起来,如硫代负链法和生物筛选法(UMP 正链法)。除了这两种行之有效的改进技术外,双引物法、缺口双链法、质粒上直接突变法,以及各种方法之间的配合使用也被不同程度地应用。此外,在彻底改变天然蛋白质性质和功能方面,基因拼接与基因合成法发挥了重要的作用。这些先进的技术方法推动了蛋白质工程的研究,使人类真正开始进入蛋白质研究和利用的自由王国。

4.3.1.5　蛋白质初级改造举例

目前,定位突变技术改造蛋白质中的个别氨基酸序列的操作方法很多,各有其长处,但一个共同点就是需要人工合成一个含有点突变的引物,经过若干操作步骤后,最终用它来替换正常基因相应位点上的碱基,再把这样改造过的质粒放到细胞中表达,得到定点突变的蛋白质,详细的蛋白质的定点突变技术见二维码 4-6。下面以胰岛素为例介绍蛋白质初级改造的基本过程。

二维码 4-6 定点突变技术

胰岛素是世界上第一个被测序的蛋白质和第一个被人工合成的蛋白质,也是最早被批准上市的基因工程药物。胰岛素分子由两条多肽链组成(图 4-12),A 链有 21 个氨基酸残基,B 链有 30 个。两条肽链之间有两对二硫键 A7-B7 和 A20-B19 相连,A 链内部还有一对二硫键 A6-A11。胰岛素分子是一种极易缔合的蛋白质,缔合的程度与它的浓度和 pH 条件密切相

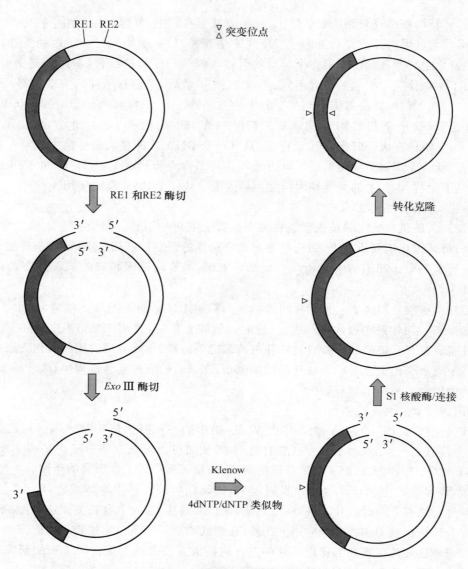

图 4-10　克隆基因的随机诱变

关。浓度越高,缔合物的量就越大。在通常的浓度下,胰岛素主要以二聚体的形式存在。3 个二聚体之间还可以借助 Zn^{2+} 配位,形成六聚体。

　　胰岛素最重要的代谢作用是刺激血液中的糖进入细胞,调节患者的血糖水平。然而,皮下注射胰岛素需要经过 30 min 甚至更长的时间才能刺激血糖进入细胞。所以,临床上迫切需要改进胰岛素的性能。现在已经知道,皮下注射的胰岛素迟缓进入血液的原因在于胰岛素分子缔合成二体和六体,这些大的聚合物从注射位置进入血液要比单体慢。一旦在血液中被稀释后,胰岛素六体和二体分子就很快解离为具有生物活力的单体。因此,研究工作的目标就是寻找一个稳定的单体胰岛素分子,改进胰岛素的性能,以改善患者对血糖的控制能力。

　　蛋白质工程为构建这样一种胰岛素分子提供了可行的途径。20 世纪 70 年代初,英国人 Hodgkin 等对胰岛素进行了高分辨率(19～18 nm)的结构分析,他们发现胰岛素分子 B 链 C 末端的 β-折叠部分参与二体胰岛素的形成,通过 4 对氢键联结的反平行折叠使两个单体分子

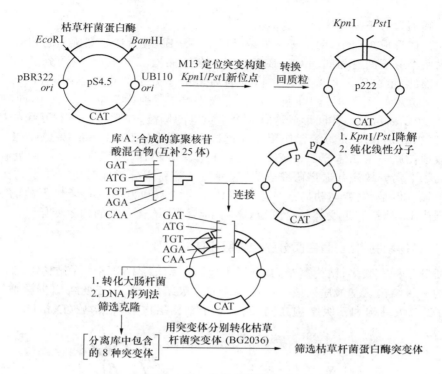

图 4-11　盒式突变技术

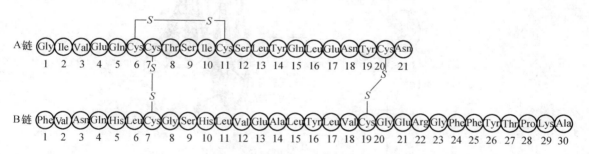

图 4-12　猪胰岛素的一级结构

缔合。为了构建一个速效而又稳定的胰岛素单体分子,最有效的方法是阻止二体和六体的形成。研究人员提出了几种可能的解决方案:一是在二体形成的表面之间引入一个大的侧链,干扰胰岛素二体表面间的接触;二是在二体内原本带有电荷的侧链上,引入带相同电荷的侧链,使两个单体之间发生同电荷互斥的现象,以降低其稳定性。

1987 年,我国科学家梁栋材等提出,胰岛素的受体结合部位和活力中心主要由分子中的两部分组成,一个是具有相当面积的疏水区,主要包括 PheB24、B25、TyrB16 和 Val、B12 等,全部是疏水残基;另一个是分散在这个疏水区周围的带电荷基团或极性基团,主要是 Gly,它们构成一个亲水面。疏水表面是胰岛素和受体分子专一结合的部位,也是单体结合成二体的部位,还可能在识别受体以及结合后诱发受体分子的构象变化中起特殊作用。亲水表面属于胰岛素的活性部位。在疏水区中,芳香环十分重要,其他基团或主链部分即使发生某些改变,只要这个疏水面仍然保持在 1 500 nm 左右,就不会影响胰岛素分子与受体间的结合作用。这种结构与功能关系提示我们,在选定进行突变的残基位置时,必须考虑到替换的氨基酸将不会影响到突变胰岛素分子与受体结合的能力。

已知在二体形成过程中,两个分子的结合面上 Ser B9 与 B 链 α 螺旋上的 Glu B13 侧链相靠近。如果两个分子间有相同的 Glu B13,并且侧链上带有相同电荷,则两分子本身间就存在互斥作用。因此,蛋白质工程改造构建稳定胰岛素单体分子的指导思想是,以 Ser B9 Asp/Thr B27 Glu 双突变形式,即把 B9 残基位置上极性 Ser 置换为带电荷的 Asp,同时把 B27 位的 Thr 置换为 Glu,可在二体间形成连续 4 个带负电的侧链,在六体中这种互斥的接触重复 3 次,有利于降低胰岛素分子的缔合作用。经过这样的改造,双突变 Ser B9 Asp/Thr B27 Glu 方式能有效地使胰岛素二体分子在毫摩尔浓度下解聚为单体,使它进入血液的吸收率比天然胰岛素提高了 3 倍。核磁共振谱研究表明,这种突变胰岛素分子同时也保持了与天然蛋白相同的结构特征。但是,突变体胰岛素分子与受体结合的亲和力却只有天然蛋白的 20% 左右,这可能是因为 B9 侧链邻近受体结合部位,影响了与受体结合有关的构象变化。

4.3.2 结构域的拼接(蛋白质分子的高级改造)

蛋白质分子种类繁多,结构复杂,其分子大小、形状也各不相同。在结构上,通常认为,蛋白质分子的一级结构氨基酸序列按一定规则构成二级结构,再由二级结构折叠成三级结构。研究证明,在二级结构和三级结构之间,还有一个结构层次,即结构域(Domain),见图 4-13。

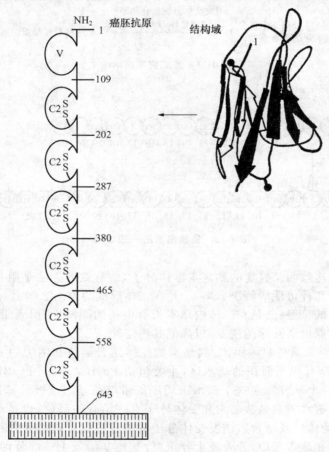

层次癌胚抗原由 7 个相似的结构域组成

图 4-13　结构域是蛋白质分子的一个基本结构

结构域是由 α-螺旋、β-折叠等二级结构单位按一定的拓扑学规则构成的三维空间结构实体。有些小相对分子质量的蛋白质分子,如蝎毒、蛇毒和蜘蛛毒素等多肽类神经毒素,只包含一个结构域,而大部分蛋白质分子则是由若干个结构域构成的。例如,有一种和癌症的发病有关的癌胚抗原 CEA(carcinoembryonic antigen),是由 7 个大小和形状都非常相似的结构域拼接构成的,各结构域之间由柔韧性较大的"铰链"片段相连。研究发现,癌胚抗原的这种多结构域特征有利于它所起的细胞识别和黏合作用。有的蛋白质分子则是由结构完全不同的几个结构域构成。例如,丙酮酸激酶的分子就是由 4 个完全不同的结构域组成。人体中有一种与金属元素的代谢、解毒有关的金属硫蛋白(metallothionein,MT),则是由两个既不相同、又有些相像的结构域连接而成的。

结构域是蛋白质分子中一种基本的结构单位,结构域拼接是通过基因操作把位于两种不同蛋白质上的几个结构域连接在一起,形成融合蛋白,它兼有原来两种蛋白的性质。这是研究蛋白质功能的一种非常有力的手段,同时也为提高某些蛋白类药物的功效、改善其性能提供了一种思路。如今我们可以利用蛋白质工程的手段,加快自然界中的结构域拼接过程,以达到人们所预期的目标。

下面以金属硫蛋白为例,简单介绍结构域拼接技术。

4.3.2.1　金属硫蛋白的作用与结构特点

金属硫蛋白是一类小相对分子质量的球蛋白,大量存在于哺乳动物体内,其他低等动物如鱼、螃蟹、海胆中也有分布,在植物和微生物中也发现有各种不同亚型的金属硫蛋白。这类蛋白质分子中半胱氨酸的含量极高,约占全部氨基酸总量的 1/3,在分子中以与金属原子相结合的方式存在。金属硫蛋白参与微量元素锌、铜等的贮存、运输和代谢,参与重金属元素镉、汞、铅等的解毒以及拮抗电离辐射和清除自由基等,在改善健康等诸多方面发挥着重要的作用。

天然金属硫蛋白的重金属解毒特性还可应用于环境保护中,以清除受污染土壤和水域中的铜、汞等有毒金属。利用基因工程的方法,目前已经把天然金属硫蛋白的基因克隆到烟草、矮牵牛等植物中,实验证明,转基因植株具有很大的抗镉污染能力。如果把 MT 基因转入易于大量繁殖的植物中去,如红花草和浮萍等,将它们种植到受到镉、汞污染的田地里或湖泊和河流中,大量吸收土壤和水域中的有毒金属,则可以起到清除有害金属的作用。

金属硫蛋白的种类很多,哺乳动物中的金属硫蛋白分子由 61 个氨基酸残基组成,分为两个结构域,分别叫 α 结构域和 β 结构域(图 4-14)。两个结构域各含 29 个残基,中间由 3 个残基相连。α 结构域含 11 个半胱氨酸,能结合 4 个金属原子,趋向于与镉和汞等重金属离子结合;而 β 结构域含 9 个半胱氨酸,能结合 3 个金属原子,趋向于与锌和铜等人体必需的微量元素结合。实验表明,α 结构域结合镉的能力比 β 结构域高出 1 000 倍以上。因此,若能将天然金属硫蛋白的 β 结构域改造成为 α 结构域,形成 α 结构域的"二倍体",那么,这种改造后的金属硫蛋白就会比天然金属硫蛋白具有更强的重金属结合能力,更适合于在环境保护中清除镉的污染。

当然,若能将天然金属硫蛋白的 α 结构域改造成为 β 结构域,形成 β 结构域的"二倍体",那么,这种改造后的金属硫蛋白就会比天然金属硫蛋白具有更强的人体必需的微量元素结合能力,更适合于功能食品的开发。

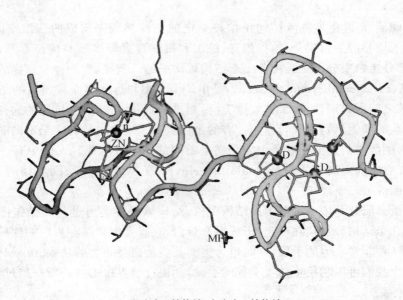

左边为 β 结构域，右边为 α 结构域

图 4-14　金属硫蛋白的三维空间结构模拟图

　　将金属硫蛋白的 β 结构域改造成为 α 结构域需要利用蛋白质工程中的分子设计技术，对分子改造的设计思想进行可行性分析，并提出具体的改造方案。首先，应在大量生物学实验的基础上，仔细分析金属硫蛋白的结构特点和生物功能，并利用贮存于计算机中的生物大分子信息数据库和序列分析、分子模型等计算机软件，确定金属硫蛋白的氨基酸序列、一级结构和高级结构。

　　用计算机分子模型软件对金属硫蛋白的空间结构进行分析，可以清楚地看到 α 和 β 两个结构域的形状和相对位置，以及它们与金属结合的方式。金属硫蛋白分子呈哑铃状，两个结构域位于哑铃的两端，中间由 3 个残基相连。在空间位置上，两个结构域之间是独立的。根据以上分析，可以初步得到以下结论：金属硫蛋白的两个结构域之间具有较大的独立性。

　　这种独立性可以通过实验得到证明。如美国约翰·霍普金斯大学的研究人员用基因工程的方法，在天然金属硫蛋白的两个结构域之间插入 4～12 个氨基酸残基，所得到的金属硫蛋白依然具有生物活性。在英国威尔士，研究人员证实了一个非常有趣的现象，即把来自人体细胞中的金属硫蛋白 β 结构域和来自鱼细胞中的金属硫蛋白 α 结构域拼接起来，这种人头鱼尾的"美人鱼"MT 仍然具有与金属结合的能力。此外，瑞士科学家将来自人、兔和小鼠细胞中的 3 种金属硫蛋白的 α 和 β 两个结构域拆开，用核磁共振分别测定它们的溶液构象，证实它们的空间构象与天然金属硫蛋白的构象完全相同。这些实例充分说明，天然金属硫蛋白的两个结构域是可以拆分和构建的，构建 α 结构域二倍体的设想是可行的。计算机分析结果表明，蛋白质序列数据库中 20 个金属硫蛋白的一级结构（氨基酸序列）序列非常保守，在哺乳动物的金属硫蛋白中，半胱氨酸的含量和位置保持不变，连接两个结构域的 3 个氨基酸残基 Lys-Lys-Ser 也保持不变（图 4-15）。在构建金属硫蛋白 α 结构域二倍体时，为保证其空间构象与天然 MT 的构象尽可能一致，可以采用天然 MT 的 β 结构域和 α 两个结构域之间的 3 个残基 Lys-Lys-Ser 作连接片段。

```
                10          20          30          40          50          60
 1 MDPNCSCATGGSCTCTGSCKCKECKCNSCKKSCCSCCPMSCAKCAQGCICKGASEKCSCCA
 2 .............A..........T.........VG.........V...........
 3 ...P.....A......A.R.P......T......VG.........V....D.......
 4 ...A.V....AS..........T...........VG....................
 5 ....V.....AD.........T............VG.........V........N..
 6 ....N.....AS..........T..........AG.T........D...........
 7 ...S......S..S..A..N..T...........VG.S.......V....AD..T..
 8 ...P......S.A....T..A.R.P.........VG.........V....D......
 9 ...S......SS..G..N....T...........VG.S.......V....D.T....
10 ...S......S.S.A...A.R.P...........VG.........D...........
11 .P.S.....A...S.A...T.A.R.P........VG.........V....D......
12 ...ST.....SS..G..d....T...........VG.S.......V....D..T...
13 ...A.D....A..........A............VG.........D...........
14 ..VA.D....A..........T............VG.........D...N.......
15 ..TA.E...A...........D..A.........VG.........V....D......
16 ..TA.E...A...........D..A.........VG.........V....D......
17 ....D....S.A.........TT...........VG.....S...V..E..D.....
18 ....D....S.A.......Q..T...........VG.....S........E...D..
19 .P......S.A....T..A.R.p...........VG.........V....D......
20 ...SD...S.A..A....Q...T...........VG.....S.......q...D...
```

氨基酸种类用单字符表示,分子中的 20 个半胱氨酸 C 用黑体字表示,
连接肽段 KKS 用下划线标出,相同的氨基酸用点表示

图 4-15　哺乳动物金属硫蛋白的一级结构序列比较

4.3.2.2　金属硫蛋白 α 结构域多倍体的构建

用 MT 的 α 结构域二倍体代替天然 MT,有可能使其结合重金属能力提高一倍。我们知道,无论是天然 MT,还是人工构建 MT 的 α 结构域二倍体,在将其转入植物中时,都需要用环状的 DNA 质粒作载体。如果能把 MT 的 α 结构域二倍体首尾相接,构建成 MT 的 α 结构域多倍体,再将其插入载体中,将有可能使表达产物成倍增加,清除镉等重金属的能力也就会相应的成倍提高。根据以上设想,可以利用基因工程的方法,构建金属硫蛋白 α 结构域的多倍体。

首先,用计算机辅助分子设计的方法,根据 20 种氨基酸残基的不同特点,选择合适的多肽链片段。然后,根据核酸与蛋白质翻译密码表,确定编码该多肽链的碱基序列,用化学合成的方法分别合成结构域和连接肽段的基因,并设法将它们拼接起来。为了便于拼接,在实际操作的时候,可以在 α 结构域和连接肽段基因的两端各加上一段特殊的碱基序列,称之为"黏性末端"。根据碱基配对的原理,用 DNA 连接酶作催化剂,在一定的条件下,所合成的单链 DNA 便可拼接成含有多个 α 结构域的双链 DNA。适当控制反应条件,便可以得到不同长度的结构域多倍体基因。

最后,将以上人工合成的基因插入载体后转入植物细胞中,使 MT 的 α 结构域多倍体基因在植物中表达,并大量结合从根部吸收的镉、汞等重金属,起到清除土壤和水域污染的作用(图 4-16)。利用某种特殊的表达载体,将金属硫蛋白 α 结构域基因转入水稻,使其只在水稻根部表达,既可以培育出高质量的无公害水稻新品种,又能使受污染的土地获得新生,对环境保护和农业生产都有重要的意义。当然,这种外源的金属硫蛋白多倍体基因能否在植物中得到很

好的表达,是否可以遗传给下一代,还需要作大量的试验。北京大学的茹炳根教授领导的研究小组,将小鼠金属硫蛋白的 α 结构域串联起来,形成 12 拷贝的多聚 α 结构域突变体,每两个 α 结构域之间用同样的 10 肽(-Glu-Leu-Ser-Arg-Pro-Ala-Arg-Ile-Leu-Met-)相连。目前已经成功地将该 MT 的 α-α 突变体转入烟草、矮牵牛、蓝藻等植物,结果表明其对重金属的耐受能力和结合能力大大提高,遗传稳定,有望将这些植物用于治理环境中的重金属污染。

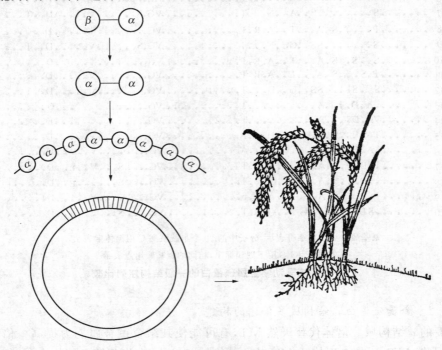

图 4-16   人工合成的基因转入植物,清除土壤污染

4.3.2.3   金属硫蛋白 β 结构域多倍体的构建

金属硫蛋白的 β 结构域含 9 个半胱氨酸,能结合 3 个金属原子,趋向于与锌和铜等人体必需的微量元素结合。人们希望能够通过蛋白质的分子改造,获得比天然金属硫蛋白具有更强的锌元素结合能力的 MT 突变体,然后将该突变体转入蔬菜、水果或者营养型藻类中,培育能够富集锌的营养型新品种,用于功能食品的开发。

北京大学的茹炳根教授领导的研究小组,首先合成了 β 结构域的部分基因 4 个片段,将各片段磷酸化后,按照图 4-17 所示的构建图谱用 T4 连接酶连接,获得 β-KKS-β 突变体的全序列基因。反应后产物用 2% 琼脂糖凝胶电泳进行鉴定,回收到大小约为 200 bp 的 β-KKS-β 突变体,然后经 *Eco*R Ⅰ 和 *Bam*H Ⅰ 酶切连接入经相同限制性内切酶酶切处理的表达载体 pGEX-4T-1 中,获得可以在大肠杆菌(pGST)中表达的新组合。将含有 β-KKS-β 突变体片段的表达载体转入大肠杆菌和植物中,发现其结合锌元素的能力增强。生吉萍的研究小组将 MT 基因和 β-KKS-β 突变体导入生菜、番茄和食用菌中,发现表达 β-KKS-β 突变体的再生体比表达 MT 基因的再生体具有更强的锌元素富集能力。转入 β-KKS-β 突变体的再生体锌元素富集量比对照高 30%～60%,同时其消除自由基的能力也增强了。

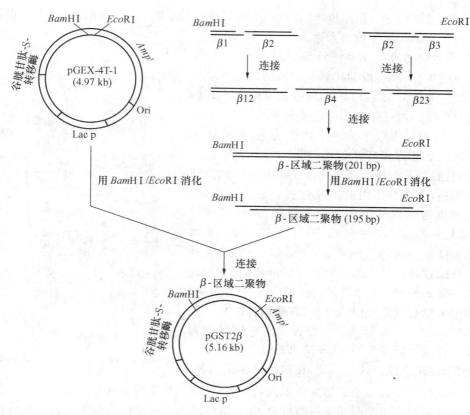

图 4-17　金属硫蛋白 β-KKS-β 突变体的构建

4.3.3　全新蛋白质的设计与构建

上述两种蛋白质改造方法,通常是从一个已知顺序、结构和功能的蛋白质出发,根据一定的目标和设计方案,使用多肽合成或者基因工程的方法,改变它的结构,以期达到改变其性质的目的。如果要从头设计和构建一个自然界不存在的蛋白质(DE Novo Design),则需要借助多功能模板和蛋白质二级结构元件组装成某种具有特定功能的人工蛋白质分子。在这里,人们渴求获得一个具有确定的结构,甚至是一个具有某种特定功能的蛋白质时,就必须先构建一个氨基酸顺序,然后按预想的要求将它折叠成所期望的结构。

在确定所期望的目标结构时,最好用自然界现存的某种蛋白质的基本结构图样(motif)作为参考,如含有夹心 β 层的 α-螺旋束,或由 α-螺旋和 β-链共同组成的其他规则结构图样等,都可以作为设计目标蛋白时的参考依据。但是,从头设计的蛋白质的氨基酸顺序又不能与任何已知蛋白质的天然氨基酸顺序相同,尽管由它们组成的多肽链最终能折叠成与天然顺序相类似的基本结构图样。

4.3.3.1　从头设计一个蛋白质的基本步骤

假如我们选定的设计目标是水溶性的球蛋白,基本结构图样是由几段螺旋区组成的螺旋束,那么首先就要作出一个草图,要使用几条或几段 α-螺旋,每条或每段的长度如何? 应该使相邻的 α-螺旋相互平行或反平行排列? 相邻 α-螺旋之间的堆积及界面情况如何? 然后使用构建蛋白质模型的软件,在计算机辅助的图像显示仪上,构建一个多肽链骨架模型。比较好的做法是从已知三维结构的数据库里,挑选出一个合适的片段,进行修改和组合,以避免设计的模型与天然的基本结构图样偏离太远。

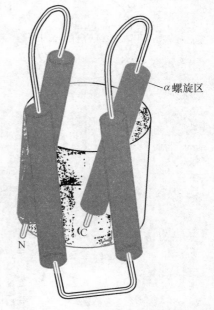

α螺旋区

　　首先,将各项物理标准和统计数据组合在一起,结合研究人员的工作经验,借助计算机辅助的图像显示仪选定一个能与水溶性球蛋白相匹配的氨基酸顺序。如果选定的目标结构是一条多肽链组成的单分子,链上有4个α-螺旋区,相互靠近形成一个四螺旋束,螺旋区之间通过伸展的肽链构成环区连接(图4-18)。为了使多肽链折叠成四螺旋束,所以就要设计α-螺旋上的侧链结构。已经知道,天然球蛋白的多肽链折叠方式虽多,但总的效果是把疏水残基埋藏在分子内部,形成疏水内核;把亲水残基暴露在分子外部,形成亲水表面。疏水内核里的侧链把内核的空间填满,很少留下空隙,并且把水分子排除在外。日常的生活经验告诉我们,分散在水面上的小油滴趋向于汇集到一起,形成一个大油滴。在原子水平上也有与此类似的过程,即非极性的分子或基因在水中倾向于汇集到一处。这种缔合作用被称为疏水性相互作用。研究认为,这种疏水相互作用促使多肽链折叠,形成疏水性内核。因此,在构建目标蛋白时,

图 4-18　由 4 个 α-螺旋区组成的结构域

必须按这个原则来设计 4 条 α-螺旋上的侧链排列,即疏水侧链分布在螺旋的一侧,以便 4 个螺旋区在疏水性相互作用的驱动下折叠成束,使水溶性球蛋白分子的内部形成疏水性内核,外部形成亲水表面。事实上,天然 α-螺旋结构中就存在着各种形式的侧链分布情况(图 4-19)。在这组 α-螺旋及其侧链残基沿螺旋轴方向的投影图里,从中心向外读数,每一圈螺旋上,每间隔 100°处就会有一个残基(共 360°/3.6 个残基)。左面的螺旋是疏水的,右面的螺旋是亲水的,而中间的螺旋则是左侧亲水,右侧疏水,这恰好与我们在设计和构建水溶性球蛋白时所遇到的情况相一致。当然,构建目标蛋白时,选定螺旋区的长度和确定螺旋区的连接长度也十分重要。

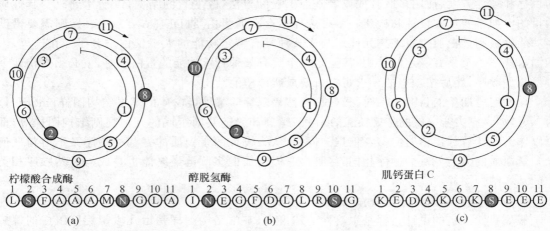

柠檬酸合成酶　　　　　　醇脱氢酶　　　　　　肌钙蛋白 C

(a)　　　　　　　　　　(b)　　　　　　　　　　(c)

　(a)柠檬酸合成酶中的疏水性 α-螺旋　　(b)醇脱氢酶中的两亲性 α-螺旋　　(c)肌钙蛋白 C 中的亲水性 α-螺旋

图 4-19　用螺旋轮显示的 3 段 α-螺旋结构

(引自:王大成,2003)

　　在勾勒出目标蛋白的大体轮廓后,紧接着是对设计蓝图进行具体操作。依据氨基酸残基的统计学数据和排列的优先顺序,先确定每个残基位置上的氨基酸。对已知水溶性球蛋白的分子结构进行调查和统计分析表明,在蛋白质片段的二级结构中,有些氨基酸在特定的位置上具有优先权。例如,有些氨基酸在靠近螺旋区的开头或末尾处出现的频率最高,其作用是使多肽链形成转角或环状,或者在两条 α 或 β 链之间、β 层和 α-螺旋之间、两个 β 层之间或 β 层与溶剂之间形成界面。正如前面已经指出的,Ala(丙氨酸)、Glu(谷氨酸)、Leu(亮氨酸)和 Met(蛋氨酸)等残基容易形成 α-螺旋,而 Pro(脯氨酸)、Gly(甘氨酸)、Tyr(酪氨酸)和 Ser(丝氨酸)则不具备这样的特点。由于 Pro 分子上含有环状大侧链,不仅妨碍 α-螺旋主链上 H 键的形成,而且容易造成空间障碍。例如,Gly 的侧链仅含有一个 H 原子,所以适宜于安排在主链特别需要柔韧性的位置上。在构建目标蛋白时,可以利用一对 Cys(半胱氨酸)来构筑共价的二硫键,可以利用 Trp(色氨酸)作为探针检查多肽链的折叠情况等。此外,还可以根据局部区域内氨基酸残基外形互补方式,侧链大小和极性,H 键和电荷间的相互作用形式等安排肽链上的氨基酸顺序。在目标蛋白构建的这个阶段,经常需要把正在设计中的蛋白模型与数据库里已知的同类三维蛋白结构作比较,经验表明这样做是十分有益的。

　　初步确定氨基酸顺序之后,再用 MonteCarlo 法或分子动力学进行能量极小化计算,使构象的能量水平达到最低和稳定,优化目标蛋白的三维模型。然后,用各种已获得的试验数据来检验和考核所给定的目标蛋白质结构是否合理,对所设计的模型做进一步修正。在实验室中,当开始制备这个全新从头设计的蛋白质时,应该使用一切可能的计算工具,对设计的模型进行几轮甚至是多轮的检验和修正,这样做会使人工构建蛋白质获得成功的机会增加。

　　对用多肽合成法或基因表达法获得的全新目标蛋白质,应采用光谱学的方法对其结构进行考查。如果原来设计的目标蛋白质具有特殊生物功能,那么还要采用相应的生物化学方法测定其生物活力。最后,还需要用 X 射线结晶学法准确测定目标蛋白质的三维结构。通常需要经过几轮或许多轮的设计、检验和再设计,方可获得一个正确折叠和带有人们渴望功能的目标蛋白质。

4.3.3.2　全新蛋白质的人工设计和构建举例

　　近年来,全新蛋白质的人工设计和构建工作可以通过 3 项重要的成果来反映。一种是称为 Felix 的球蛋白质,它是由 79 个氨基酸残基组成,是一种根据一级结构预测后由 4 股 α-螺旋结合在一起的人工蛋白质。同时,能够编码 Felix 球蛋白质的人工合成基因已经成功地在大肠杆菌细胞中融合和表达。在蛋白质工程研究和实践中,Felix 球蛋白的全新设计和构建成功具有里程碑式的意义,原因在于这种蛋白质的折叠基本正确,而且能够在大肠杆菌中成功表达。

　　另一个是称为 Betaballin 的蛋白质,这是一种由反平行的 β 层组成的 β-桶状结构蛋白质,人工合成的 Betaballin 最近已通过鉴定。第三种蛋白质是模拟三磷酸异构化酶设计和构建的,这种由平行 β 层组成的 β-桶状结构蛋白质也即将在大肠杆菌细胞进行表达。可以预计,今后几年这方面将会有更多有价值的产品推出,像 MOE 蛋白质的设计,就是近来推出的全新蛋白质的设计,详见二维码 4-7。

二维码 4-7　MOE 的蛋白质设计

4.3.4　蛋白质工程的新策略——蛋白质的定向改造

蛋白质分子蕴藏着很大的进化潜力,很多功能有待于开发,这是蛋白质的体外定向进化的基本先决条件。所谓蛋白质的体外定向进化(directed evolution of protein invitro),又称实验分子进化,属于蛋白质的非合理设计,它不需事先了解蛋白质的空间结构和催化机制,通过人为地创造特殊的条件,模拟自然进化机制(随机突变、重组和自然选择),在体外改造基因,并定向选择出所需性质的突变蛋白质。蛋白质的体外定向进化技术极大地拓展了蛋白质工程学的研究和应用范围,特别是能够解决合理设计所不能解决的问题,为蛋白质的结构与功能研究开辟了崭新的途径。

4.3.4.1　定向改造的原理

在待进化蛋白质基因的 PCR 扩增反应中,利用 Taq DNA 多聚酶不具有 $3'→5'$ 校对功能的性质,配合适当条件,以很低的比率向目的基因中随机引入突变,构建突变库,凭借定向的选择方法,选出所需性质的优化蛋白质,从而排除其他突变体。定向进化的基本规则是,"获取你所筛选的突变体"。简言之,定向进化＝随机突变＋选择。与自然进化不同,前者是人为引发的,后者虽相对于环境,但只作用于突变后的分子群,起着选择某一方向的进化而排除其他方向突变的作用,整个进化过程完全是在人为控制下进行的。

4.3.4.2　随机突变的策略

1.易错 PCR　易错 PCR 是指在扩增目的基因的同时引入碱基错配,导致目的基因随机突变。然而,经一次突变的基因很难获得满意的结果,由此发展出连续易错 PCR 策略。即将一次 PCR 扩增得到的有用突变基因作为下一次 PCR 扩增的模板,连续反复地进行随机诱变,使每一次获得的小突变积累而产生重要的有益突变。Frances H. Arnold 等人采用蛋白质工程的方法,通过有目的的或随机的突变表达,以提高酶在有机相中的稳定性,把酶蛋白与有机溶剂接触的疏水性氨基酸残基换成带电性的氨基酸残基,结果发现,对枯草杆菌蛋白酶的单一突变,使酶在非水相溶剂中的稳定性增加 2~6 倍,而双突变的结果稳定性增加了 27 倍。

在该方法中,遗传变化只发生在单一分子内部,故属于无性进化。它较为费力、耗时,一般适用于较小的基因片段(<800 bp)。此外,使用该方法易出现同型碱基转换。

2.DNA 改组和外显子改组　DNA 改组又称有性 PCR,原理如图 4-20 所示。该策略的目的是创造将亲本基因群中的突变尽可能组合的机会,导致更大的变异,最终获取最佳突变组合的蛋白质。在理论和实践上,它都优于"重复寡核苷酸引导的诱变"和"连续易错 PCR"。通过DNA 改组,不仅可加速积累有益突变,而且可使蛋白质的 2 个或更多的已优化性质合为一体。

外显子改组(exon shuffling)类似于 DNA 改组,两者都是在各自含突变的片段间进行交换,前者尤其适用于真核生物。在自然界中,不同分子的内含子间发生同源重组,导致不同外显子的结合,是产生新蛋白质的有效途径之一。与 DNA 改组不同,外显子改组是靠同一种分子间内含子的同源性带动,而 DNA 改组不受任何限制,发生在整个基因片段上。外显子改组可用于获得各种大小的随机肽库。

3.杂合蛋白质　杂合蛋白质是把来自不同蛋白质分子中的结构单元(二级结构、三级结构、功能域)或整个蛋白质分子进行组合或交换,以产生具有所需性质的优化蛋白质杂合体。有许多途径可以产生杂合蛋白质,如定位诱变、DNA 改组、不同分子间交换功能域,甚至整个分子融合。杂合蛋白质可用于改变酶学或非酶学性质,是了解蛋白质的结构-功能关系以及相

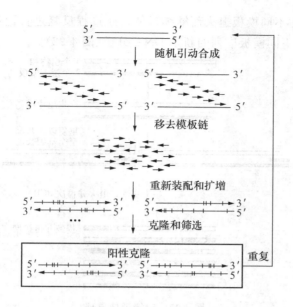

图 4-20　DNA 改组原理

关蛋白质的结构特征的有力工具,不仅如此,它还可以扩大天然蛋白质的潜在应用,甚至可以产生催化自然界不存在的反应的新蛋白质分子。杂合蛋白质方法的有效性和实用性已得到了实验的证实。

4.体外随机引发重组　体外随机引发重组以单链 DNA 为模板,配合一套随机序列引物,先产生大量互补于模板不同位点的短 DNA 片段,由于碱基的错配和错误引发,这些短 DNA 片段中也会有少量的点突变,在随后的 PCR 反应中,它们互为引物进行合成,伴随组合,再组装成完整的基因长度。如果需要,可反复进行上述过程,直到获得满意的进化酶性质(图 4-21)。该法优于 DNA 改组法的特点在于:①RPR 可以利用单链 DNA 为模板,故可 10～20 倍地降低亲本DNA 量;②在 DNA 改组中,片段重新组装前必须彻底除去 DNase Ⅰ,故 RPR 方法更简单;③合成的随机引物具有同样长度,无顺序倾向性。在理论上,PCR 扩增时模板上每个碱基都应被复制或以相似的频率发生突变;④随机引发的 DNA合成不受 DNA 模板长度的限制。

5.交错延伸　交错延伸原理的核心是,在 PCR 反应中把常规的退火和延伸合并为一步,并大大缩短其反应时间(55℃,5 s),从而只能合成出非常短的新生链,经变性的新生链再作为引

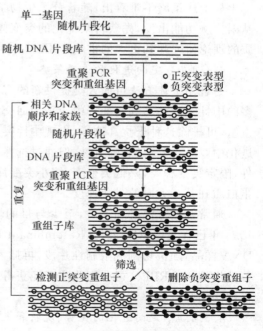

图 4-21　体外随机引发重组原理

(引自:C. Simmerling 等,2002)

物与体系内同时存在的不同模板退火而继续延伸。此过程反复进行,直到产生完整的基因长度,结果产生间隔的含不同模板序列的新生 DNA 分子(图 4-22)。

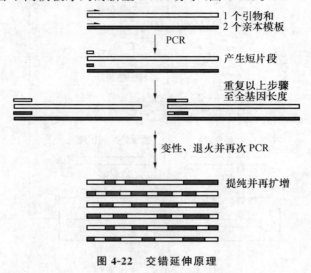

图 4-22　交错延伸原理

StEP 法重组发生在单一试管中,不需分离亲本 DNA 和产生的重组 DNA。它采用的是变换模板机制,这正是逆转录病毒所采用的进化过程。该法简便且有效,为蛋白质的体外定向进化提供了又一强有力的工具。

从上述策略不难看出,随着分子生物学技术的发展,可以更灵活、快速和简便地改造目的基因。从功能出发,先获得某优化的突变体,一方面可快速将其推向应用,另一方面将对蛋白质的理论研究起到更大的推动作用。

4.3.4.3　定向进化的选择策略

尽管用上述方法可向人类提供新的有价值蛋白质,但蛋白质的功能突变常常被埋没在众多的中性突变和不利突变群中。采用回交法,将已进化的子代突变酶基因与野生蛋白质基因重组,可排除这种干扰。这样,出现中性突变的频率只是 50%,可全部去除不利突变。在定向进化中,尽管突变具有随机性,但通过选择特定方向的突变限定了进化趋势,加之控制实验条件,限定突变种类,降低突变率,缩小突变库的容量,这不仅减少了工作量,更重要的是加快了蛋白质在某一方向的进化速度。

通常筛选方法必须灵敏,至少与目的性质相关。例如直接筛选极端酶基因方法,该方法 1994 年已在美国 RBI 公司(Recombinant Bio-catalysis,Inc.)采用,即直接从极端环境中收集 DNA 样品,随机切割成限制性片段,再插入寄主细胞(如 *E.coli* 或其他细菌等)进行表达,并筛选极端酶。RBI 公司利用此法已经获得 175 种新的极端酶,大大节省了时间和金钱,提高了极端酶的筛选效率。

4.3.4.4　定向进化的优势、现状和未来

较之蛋白质分子的合理设计,蛋白质的体外定向进化属于非合理设计。其突出的优点是,不需事先了解蛋白质的空间结构和催化机制。它适宜于任何蛋白质分子,大大地拓宽了蛋白质工程学的研究和应用范围。特别是它能够解决合理设计所不能解决的问题,使我们能较快、较多地了解蛋白质结构与功能之间的关系,为指导应用(如药物设计等)奠定理论基础。此外,

该技术简便、快速、耗资低且有实效。总之,蛋白质的体外定向进化是非常有效的更接近于自然进化的蛋白质工程研究的新策略。它不仅能使蛋白质进化出非天然特性,还能定向进化某一代谢途径;不仅能进化出具有单一优良特性的蛋白质,还可能使已分别优化的蛋白质的两个或多个特性叠加,产生具有多项优化功能的蛋白质,进而发展和丰富蛋白质资源;完全在试管中进行的蛋白质的体外定向进化使在自然界需要几百万年的进化过程缩短至几年,这无疑是蛋白质工程技术发展的一大飞跃。目前,对一些蛋白质、砷酸盐解毒途径、抗辐射性、生物合成途径、对映体选择性、抗体库以及 DNA 结合位点定向进化的可喜成果令众多的相关科学家为之振奋。可见,进化能发生在自然界,也能发生在试管中,它与合理设计互补,将会使分子生物学家更加得心应手地设计和剪裁蛋白质分子,将使蛋白质工程学更加显示出强大的威力和诱人的前景。

4.4 蛋白质工程在食品中的应用

蛋白质工程自 1981 年问世以来,短短十几年的时间,已取得了引人瞩目的进展,不仅大大加深了人们对许多理论问题的认识,而且在医学和工业用酶方面也获得了良好的应用前景。

根据世界各国对工业用酶的统计资料表明,工业用酶量以每年 13% 的速率递增,是一个具有广阔应用前景的产业。然而,绝大多数酶应用于工业化生产都存在不同程度的局限性。这是因为工业化生产环节中,不同反应过程中常常存在酸、碱或有机溶剂,且反应温度也较高,在高温和有机溶剂存在的条件下,大多数酶很快变性或失去活性。尽管从嗜热微生物中分离出了耐热的酶,但这类微生物往往不能产生工业化生产中所需的酶。因此,通过基因定点突变或基因克隆的方法,人们就可以对自然界存在的酶或蛋白质进行改造,使它们变成适合于工业化生产的新酶。当然,生产的产品中,除了对所使用的酶要求有较高的稳定性外,如果生产的产品是蛋白质,那么对产品的稳定性也有一定的要求,以获得较高的产率。可见,实际生产中,应用蛋白质工程对一些生产中重要酶或蛋白质的性质加以改造,提高现有酶或蛋白质的工业实用性,具有重要的实践意义。

一般来说提高蛋白质的稳定性包括以下几个方面:①延长酶的半衰期;②提高酶的热稳定性;③延长药用蛋白质的保存期;④抵御由于重要氨基酸氧化引起的活性丧失。其中第二点特别重要,因为为了加快反应速度,缩短反应时间,很多的生物反应(如发酵过程)需要在高温下进行,以便提高工业生产效率,同时降低其他酶的污染概率。对那些降温比较困难的反应器来说,尤其是在超热反应情况下,反应器的降温需消耗大量能量。因此,提高酶的热稳定性就能省去降温过程,从而大大降低成本。

4.4.1 消除酶的被抑制特性

芽孢杆菌是工业上发酵生产蛋白质水解酶的主要生产菌,枯草芽孢杆菌(*Bacillus subti-lis*)的不同菌株产生的胞外碱性蛋白酶统称为枯草芽孢杆菌蛋白酶。1985 年,美国的科学家借助寡核苷酸介导的定位诱变技术,用 19 种其他氨基酸分别替换枯草芽孢杆菌蛋白酶分子第 222 位残基上容易受到氧化的 Met(蛋氨酸),获得了一系列活性差异很大的突变酶(表 4-4)。显然,除了用 Cys(半胱氨酸)代替 Met 的突变体以外,其他突变体的酶活性都降低了。其次,与原来的野生型酶活力相比,含有不易氧化氨基酸(如 Ser,Ala 或 Leu)的突变酶尽管蛋白水解酶活力降低了,但是它们在浓度为 1 mol/L 的双氧水中可以保持较长的酶活,而野生型酶和替换成 Cys 的突变酶在 1 mol/L 双氧水环境中则很快就失去了活性。

表 4-4　枯草芽孢杆菌蛋白酶的 Met[222] 被其他氨基酸替换后的动力学常数

氨基酸	K_{cat}/(1/s)	K_m/(mol/L)
Met[222]	50	1.4×10^{-4}
Cys[222]	84	4.8×10^{-4}
Ser[222]	27	6.3×10^{-4}
Ala[222]	40	7.3×10^{-4}
Leu[222]	5	2.6×10^{-4}

通过对这些动力学数据分析,人们就可以判断出突变的枯草芽孢杆菌蛋白酶是否可以用于制造去污剂。在本例中,显然将 Met(蛋氨酸)置换为 Ala(丙氨酸)后获得的突变酶最有用。因为这种突变体蛋白水解酶虽然比原来野生型酶的活力降低了 53%,但是它在浓度为 1 mol/L 的双氧水中却可以保持 1 h 以上的酶活,而野生型的酶在同样的氧化条件下,几分钟内酶活就基本上丧失了。

显然,应用突变体蛋白酶作为添加剂或洗涤剂时,还是极具实用价值的,因为它有很好的抗氧化能力,可以和漂白剂一同使用,成为既有去除血渍、奶渍等蛋白污渍的能力,又有增白效果的新型洗涤剂。与此相仿,在改良枯草芽孢杆菌蛋白酶的热稳定性、极端 pH 稳定性和最适 pH 稳定性、底物专一性以及提高催化反应速率方面,研究人员也开展了许多富有成果的工作。

4.4.2　引入二硫键,改善蛋白质的热稳定性

溶菌酶是一种广泛用于食品工业的酶制品,其催化速率随温度升高而升高,因此,这种工业用酶的热稳定性是提高其应用潜力的重要标准。蛋白质晶体结构研究表明,T4 溶菌酶分子由一条肽链构成,并在空间上折叠形成两个相对独立的单元(即结构域),酶活性中心位于两个结构域之间。该酶分子的一个重要特性是,在第 97 位和 54 位残基上是两个未形成二硫键的半胱氨酸,所以,野生型的溶菌酶是不含二硫键的蛋白质分子。由于二硫键是一种稳定蛋白质分子空间结构的重要共价化学键,如像建筑所用的钢筋一样,因而能将分子中的不同部位牢固地联结在一起。因此,提高酶热稳定性最常用的办法是在分子中增加一对或数对二硫键。

基于对空间结构模型的仔细分析,采用定位突变技术使溶菌酶肽链第三位上的异亮氨酸(Ile-3)转变为半胱氨酸(Cys-3),构建了一对二硫键,并分别测定酶活性和热稳定性(表 4-5)。在 6 种突变蛋白中,有一种突变体(即 B,其第 9 和第 164 位氨基酸残基被转换为半胱氨酸,并形成一对二硫键)的酶活性高于对照 6%,熔点温度 T_m 提高 6.4℃;所有的变体随二硫键数目的增加其 T_m 值呈单调上升趋势;含有 3 对二硫键的变体酶的 T_m 值比对照提高了 23.6℃,但活性全部丧失。如果同时用碘乙酸封闭第 54 位的半胱氨酸或将其突变为苏氨酸或缬氨酸,则不仅提高了溶菌酶的热稳定性,而且也可以改善该酶的抗氧化活力。显然,新引入的"工程二硫键"能够稳定两个结构域之间的相对位置,进而稳定了由两个结构域所形成的活性中心。

表 4-5　T₄ 溶菌酶和 6 种突变酶的特性*

酶	氨基酸的位置							二硫键数量	相对活性/%	熔点温度/℃
	3	9	21	54	97	142	164			
wt	Ile	Ile	Thr	Cys	Cys	Thr	Leu	0	100	41.9
pwt	Ile	Ile	Thr	Thr	Ala	Thr	Leu	0	100	41.9
A	Cys	Ile	Thr	Thr	Cys	Thr	Leu	1	96	46.7
B	Ile	Cys	Thr	Thr	Ala	Thr	Cys	1	106	48.3
C	Ile	Ile	Cys	Thr	Ala	Cys	Leu	1	0	52.9
D	Cys	Cys	Thr	Thr	Cys	Thr	Cys	2	95	57.6
E	Ile	Cys	Cys	Thr	Ala	Cys	Cys	2	0	58.9
F	Cys	Cys	Cys	Thr	Cys	Cys	Cys	3	0	65.5

* wt:野生型 T₄ 溶菌酶;pwt:拟野生型酶;A～F:6 种半胱氨酸突变酶。

引入二硫键时必须仔细分析侧链残基 β 碳原子的相对位置,以避免因引入二硫键后造成的分子构象改变以及所产生的酶失活效应。例如,当一对互成氢键的丝氨酸或甲硫氨酸甲基与主链上甘氨酸的次甲基毗邻时,选择突变这些残基为半胱氨酸来构建新的二硫键,则对整个分子构象产生的影响最小,也可以选择突变两个邻近的丙氨酸来构建二硫键。一般来讲,增加二硫键、氢键、盐键以及分子内疏水残基间相互作用对创造高温酶是行之有效的手段,在蛋白质工程中应予以特别重视。

4.4.3　转化氨基酸残基,改善蛋白质热稳定性

在高温条件下,Asn(天门冬酰胺)与 Gln(谷氨酰胺)容易脱氨而变成 Asp(天门冬氨酸)和 Glu(谷氨酸),这种改变有可能导致肽链的局部构象发生改变,从而使蛋白质失去活性。因此,人为地将 Asn 与 Gln 突变为其他氨基酸,或许能够提高蛋白质的热稳定性。现在大量嗜热性蛋白已在大肠杆菌中表达成功,而且大多数是应用常规途径在 30～37℃ 获得成功的,如嗜热的谷氨酸脱氢酶。令人兴奋的是嗜热酶在表达完毕时,可以通过高温加热(80～85℃)来激活,而此时,绝大多数大肠杆菌的蛋白质因为受热而变性沉淀,由此极大地简化了嗜热酶的分离提纯条件。

正是基于这一原理,研究人员对酿酒酵母(*Saccharomyces cerevisiae*)的磷酸丙糖异构酶(triosephosphate isomerase)进行诱变改造。这种酶有两个相同的亚基,每个亚基含有 2 个 Asn,由于它们都位于亚基之间的界面上,可能对酶的热稳定性起决定性作用。通过寡核苷酸介导的定向诱变技术,研究人员将第 14 位和第 78 位上的 2 个天门冬酰胺分别转变成 Thr(苏氨酸)和 Ile(异亮氨酸)残基,会大幅度提高突变酶的热稳定性。实验证明,把任意一个 Asn 突变为 Thr 或 Ile 都有助于增强该酶的热稳定性,而将任一个 Asn 突变为 Asp 都会降低酶的热稳定性,当两个 Asn 均突变为 Asp 时,酶的热稳定性与酶活性均很低(表 4-6)。进一步检验酵母磷酸丙糖异构酶对蛋白水解作用的抗性表明,酶的热稳定性与对蛋白水解作用的抗性呈正相关。显然,通过对蛋白质中非必需的 Asn 进行突变,有利于提高蛋白的热稳定性。

表 4-6　酵母磷酸丙糖异构酶及其突变酶在 100℃下的稳定性

酶	氨基酸及其位置	半衰期/min
野生型磷酸丙糖异构酶	Asn^{14}，Asn^{78}	13
突变酶 A	Asn^{14}，Thr^{78}	17
突变酶 B	Asn^{14}，Ile^{78}	16
突变酶 C	Thr^{14}，Ile^{78}	25
突变酶 D	Asp^{14}，Asn^{78}	11

4.4.4　改变酶的最适 pH 条件

改变工业用酶的最适 pH 是蛋白质工程研究和实践中的另一个重要目标。改变食品级酶的最适 pH 条件，使酶适应食品加工环境，在工艺控制上显然是十分重要的。葡萄糖异构酶就是一个很好的例子。以淀粉为原料，经 α-淀粉酶和糖化酶的作用生成葡萄糖，然后利用葡萄糖异构酶将葡萄糖转变成高果糖浆，就可以生产出新型的食品添加剂——高果糖浆。由于糖化酶反应的 pH 为酸性条件，但葡萄糖异构酶的最适作用 pH 为碱性条件，所以尽管某些细菌来源的葡萄糖异构酶在 80℃时稳定，但在碱性条件下，80℃将导致高果糖浆"焦化"并产生有害物质。因此，反应只能在 60℃下进行。如果能将酶的最适 pH 改为酸性，则不仅可使反应在高温下进行，也可避免反复调节 pH 过程中所产生的盐离子，从而省去离子交换工序，其经济效益显而易见。目前，一些科学家已采用盒式突变技术将酶分子中酸性氨基酸（Glu 或 Asp）集中的区域置换为碱性氨基酸（Arg 或 Lys），对于改变葡萄糖异构酶的 pH 适应性有积极的促进效果。

4.4.5　提高酶的催化活性

如果想提高酶的催化活性，就需要知道其活性中心的空间结构，从而推断出哪些特定的氨基酸变化可以改变酶的底物结合特异性。

二维码 4-8　浅谈分子的定向进化技术

像胃蛋白酶原的激活，就是一个典型的例子，详见二维码 4-8。又如，研究人员对嗜热脂肪芽孢杆菌（*Bacillus stearothermophilus*）的 Tyr-tRNA 合成酶进行定位突变后，改变了其与底物结合的特异性，从而提高了催化效率。此酶分两步催化：

①$Tyr+ATP \rightarrow Tyr-A+PPi$

②$Tyr-A+tRNA^{Tyr} \rightarrow Tyr-tRNA^{Tyr}+AMP$

在第一步中，Tyr 被 ATP 活化形成与酶结合的 Tyr-A（酪氨酰腺苷酸），并形成焦磷酸（PPi）；第二步中，$tRNA^{Tyr}$ 分子中的 3′羟基攻击 Tyr-A，使酪氨酸与 $tRNA^{Tyr}$ 结合并释放 AMP。在上述两步反应过程中，所有的底物都将结合在酶分子上。

在天然状态下，酪氨酸-tRNA 合成酶分子内第 51 位苏氨酸残基的羟基能与底物酪氨酰腺嘌呤核苷酸戊糖环上的氧原子形成氢键，这个氢键的存在影响酶分子与另一底物 ATP 的亲和力。因此，利用定向诱变技术将酶分子第 51 位苏氨酸残基改变为丙氨酸或脯氨酸残基的结果表明(表 4-7),丙氨酸残基突变酶(Ala-51)与 ATP 的亲和力被提高了 2 倍,但最大反应速度无明显影响;脯氨酸残基突变酶(Pro-51)与 ATP 的亲和力被增加了近 100 倍,而且最大反应速度亦大幅度提高。

表 4-7 酪氨酰 tRNA 合成酶的氨酰化活性

酶	$K_{cat}/(1/s)$	$K_m/(mmol/L)$	$K_{cat}/K_m/[L/(mol \cdot s)]$
Thr-51(天然)	4.7	2.500	1 860
Ala-51(修饰后)	4.0	1.200	3 200
Pro-51(修饰后)	1.8	0.019	95 800

4.4.6 修饰酶的催化特异性

利用蛋白质工程技术可以改变新支链淀粉酶的催化特异性。借助定点突变技术,研究人员确定了嗜热脂肪芽孢杆菌产生的新支链淀粉酶的活性中心。通过与其他淀粉水解酶一级结构进行比较,构成新支链淀粉酶活性中心的氨基酸残基组成也可以被预测。当活性中心内的谷氨酸和天门冬氨酸残基分别被具有相反电荷或中性的氨基酸残基(如组氨酸、谷氨酰胺或天门冬酰胺)取代时,将导致突变体酶裂解 α-1,4 糖苷键与 α-1,6 糖苷键的活性比例发生明显改变。如果突变体酶裂解 α-1,4 糖苷键活性的增强,则由支链淀粉产生戊糖的产率会显著提高;相反,若提高突变体酶 α-1,6 糖苷键的活性,则戊糖的产率下降。最具挑战性的研究是对嗜热栖热菌的异丙基苹果酸脱氢酶(isopropylmalate dehydrogenase,IMDH)辅酶专一性的改变。Antony Dean 和他的团队研究了一种酶,名为异丙基苹果酸脱氢酶。为行使其正常功能,IMDH 的催化活性需要 NAD 分子的协助。与依赖 NADP 的大肠杆菌异柠檬酸脱氢酶(isocitrate dehydrogenase,IDH)比较显示,IMDH 结合 NAD 口袋中的 β 转角在 IDH 中却是一个 α-螺旋。因此,成功与否关键在于能否在酶的结合部位中插入工程二级结构,也就是用 *E. coli*-IDH 的 13 个残基组成的 α-螺旋取代 IMDH 中的 11 个残基组成的 β 转角。在 X 射线晶体结构和分子图示指导下,使用定点突变系统改变了嗜热栖热菌的 IMDH 的辅酶专一性。分子模型建议,要做 4 个氨基酸取代,以避免空间装配问题,另外做 4 个氨基酸取代来稳定结合口袋,工程化后的 IMDH 由原来对 NAD 优先 100 倍,改为对 NADP 优先 1 000 倍,同时酶活力比野生型提高 2 倍。这个例子证明,理论工程二级结构能够产生具有新性质的酶,也说明活性部位转移策略必须与结构模型结合起来,才能创造某些酶的新性质。

4.4.7 蛋白质定向改造的例子——木聚糖酶的改造

木聚糖酶是可将木聚糖降解成低聚木糖和木糖的水解酶。一个木聚糖分子的完全酶解需要几步酶促反应,其中作用于主链的酶有两种:β-1,4-木聚糖酶和 β-木糖苷酶。一般而言,前者从主链内部作用于木糖苷键,将木聚糖分解成低聚木糖,而后者则作用于低聚木糖的末端,释放出木糖。木聚糖酶的酶学性质决定了其在应用上的潜力及应用领域,一般要求木聚糖酶有较高的催化效率、较好的抗逆性、较广的 pH 和温度适应范围等。

Chen 等用随机突变的方法研究来自 *Neocallimastix patriciarum* 的木聚糖酶 xyn-CDP-

WT。先将 xyn-CDPWT 的基因克隆在 pGEX-4T-1 载体上，用 PCR 的方法构建随机突变库，并用含有木聚糖的高 pH 的平板筛选出耐碱突变株 xyn-O9D，再对 xyn-O9D 进行随机突变，又筛选出 5 株比 xyn-O9D 的耐碱性更好的，再利用定点突变将各突变株的突变位点集中起来，获得含 7 个突变位点（I97S，K168N，G214V，N164D，S128F，E24VN，V218A）的突变株 xyn-CDBFV。实验证明 xyn-CDBFV 比任何一种随机突变酶的耐碱性都高。野生型酶 xyn-CDPWT 的最适 pH 为 6.0，当 pH 为 7.5 时，酶活只余 10％，而在 pH 为 8.5/9.0 时酶活为 0。相比之下，突变株 xyn-CDBFV 的酶活在 pH 为 7.5，8.5，9.0 时的酶活是 pH 为 6.0 时的 60％，45％，25％。进一步研究表明，G214V 及 S128F 和 E24V 提高了酶的疏水性，N164D 使酶的负电性提高了，这些对提高酶的耐碱性都有帮助。K168N 也通过对带正电的赖氨酸的替换，间接提高了酶的负电荷，使酶的耐碱性提高。同时，xyn-CDBFV 突变酶的耐热性也有所提高。

4.4.8　预测蛋白质结构

2002 年，Carlos Simmerling 利用电脑模拟技术，根据一种蛋白质的基因编码，准确地预测了它是怎样折叠成三维结构的。有关蛋白质结构与功能预测详见二维码 4-9。

二维码 4-9　蛋白质结构与功能预测

随着人类和其他动物基因组破译工作的完成，生物学研究面临的最重要的挑战之一，就是如何由这些生物大分子的基因序列预测它们的结构。如果能够做到这一点，将在所有生物技术与药物设计领域产生巨大的影响。

DNA 中的基因控制合成蛋白质，基因里所包含的信息决定了蛋白质里的氨基酸的种类及其排列顺序。但是科学家们还不知道人类大部分蛋白质的结构究竟是什么样、执行什么样的功能，因为知道组成蛋白质的氨基酸序列仅仅是一个开始。蛋白质分子的多肽链折叠成一个紧凑的三维结构。目前研究员们正在用相当繁琐的实验技术确定这种三维结构中每一个原子的位置。

利用电脑分析模拟多肽链的折叠、了解氨基酸之间怎样相互吸引或排斥，应该可以预测蛋白质的结构。但是，由于许多蛋白质有数百个或者数千个氨基酸，这个问题对于现在的电脑而言还太过复杂。

纽约州立大学石溪分校的 Carlos Simmerling 和他的同事们从分子质量较小的蛋白质开始着手。他们研究了一种小分子质量的人造蛋白质——"色氨酸笼"（Trp-cage）。这种蛋白质仅由 20 个氨基酸构成，是华盛顿大学的 Jonathan Neidigh 于 2001 年制造出来的。大部分小分子短链结构比较松散，这种蛋白质却像大分子蛋白质一样，具有紧凑、明确的结构。Simmerling 等的预测结果，几乎完全符合华盛顿大学研究小组利用核磁共振技术测量出的这种"迷你"蛋白质的形状（图 4-23）。

在这之前有许多学者试图预测蛋白质的折叠方式，但还没有人如此详细地预测出蛋白质的最终形状。组成蛋白质的氨基酸数量越多，预测就越难。科学家现在还远远没有达到能够预测天然蛋白质的分子结构的水平。但是色氨酸笼的预测成功，至少说明我们目前已掌握了这项研究的正确方法。

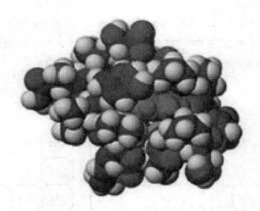

图 4-23　预测得到的"色氨酸笼"蛋白质的三维结构

4.4.9　修饰 Nisin 的生物防腐效应

Nisin 是一种由乳酸乳球菌（*Lactococcuslactis* ssp. *lactis*）在代谢过程中合成和分泌的有较强抑菌作用的小分子肽，是目前研究最多，应用较广，由乳酸菌产生的唯一能应用于商业化生产的细菌素。1969 年世界粮农组织（FAO）和世界卫生组织（WHO）同意将 Nisin 作为一种生物型防腐剂应用于食品工业，以便提高食品的货架期。1988 年，美国食品和药物管理局（FDA）也正式批准将 Nisin 应用于食品中。1992 年 3 月 29 日我国卫生部食品监督部门签发了 Nisin 在国内的使用合格证明，同时将 Nisin 列入 1992 年 10 月 1 日实施的国标 GB 2760—86 中的增补品种，用于罐藏食品、植物蛋白食品、乳制品和肉制品的保藏。迄今为止，Nisin 已在全世界约 60 个国家和地区被用做食品保护剂，并获得了广泛的应用。

作为一种小分子多肽，成熟的 Nisin 分子由 34 个氨基酸残基组成，分子质量为 3 510 u，分子式为 $C_{143}H_{228}N_{42}O_{37}S_7$。Nisin 分子结构中（图 4-24）包含 5 种稀有氨基酸，即 Aba、Dha、Dhb、Ala—S—Ala 和 Ala—S—Aba，它们通过硫醚键形成 5 个内环，其活性分子常为二聚体或四聚体。

利用蛋白质工程技术可以了解 Nisin 残体中氨基酸的特殊作用。例如，在自然状态下，Nisin 分子有两种形式：Nisin A 和 Nisin Z。Nisin A 与 Nisin Z 的差异仅在于氨基酸顺序上第 27 位氨基酸的种类不同，Nisin A 是组氨酸（His），而 Nisin Z 是天门冬酰胺（Asn）。除了与 Nisin A 一样有相似的生物活性外，资料表明，在同样浓度下，Nisin Z 的溶解度和抗菌能力都比 Nisin A 强，特别是 Nisin Z 在介质中有更好的扩散性。蛋白质工程研究表明，当用苏氨酸替换 Nisin 分子上第 5 位的丝氨酸后，Nisin 分子在翻译后修饰过程中，苏氨酸也会经脱水步骤变成 Dhb，使新生成的 Nisin 分子中原来位置的 Dha 由 Dhb 取代，研究人员惊奇地发现，与 Nisin A 相比，这个新生成的 Nisin 衍生物活性大为降低。同样，若在 Nisin A 的第 33 位氨基酸上，用丙氨酸代替脱水丙氨酸，也会导致 Nisin 活力大量损失。所以，人为改变 Nisin A 氨基酸的序列将提高我们对 Nisin 生物合成中特定氨基酸作用的了解，并通过蛋白质工程对 Nisin 的特性加以改造（如增强稳定性、增加溶解度和扩大抑菌谱等），扩大 Nisin 的应用范围。

总之，以分子定向改造为目标的蛋白质工程必须借助于分子三维结构的精确信息，而目前只有 X 衍射单晶结构分析能满足这一要求。但培养适合于蛋白质结构分析用的单晶体尚无

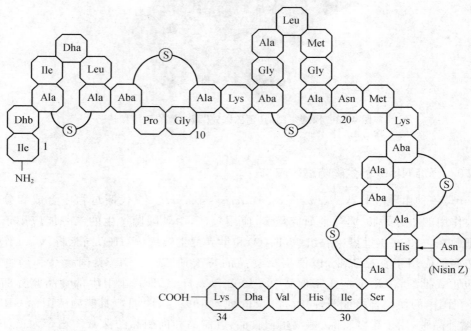

Met Ser Thr Lys Asp Phe Asn Leu Asp Leu Val Ser Val Ser Lys Lys Asp Ser Gly Ala Ser Pro Arg
−23　　　−20　　　　　　　　　　　　　　−10　　　　　　　　　　　−1
Ile Thr Ser Ile Ser Leu Cys Thr Pro Gly Cys Lys Thr Gly Ala Leu Met Gly Cys Asn Met Lys Thr
1　　　　　　　　　　10　　　　　　　　　　　　　　20　　　　23
Ala Thr Cys His Cys Ser Ile His Val Ser Lys
24　　　　30　　　　　34

(a)Pre-Nisin（Nisin前体）分子结构图

(b)Nisin分子结构图

NH₂—氨末端;COOH—碳末端;Ala—S—Ala—羊毛硫氨酸;
Ala—S—Aba—β-甲基羊毛硫氨酸;Aba—氨基丁酸;
Dhb—β-甲基脱氢丙氨酸;Dha—脱氢丙氨酸

图 4-24　Pre-Nisin(Nisin 前体)和 Nisin 分子结构图

确定的规律可循,常常要耗费大量样品和时间,因而成为蛋白质工程研究中的限制性因素。正在发展中的三维重组显微图像和二维核磁共振技术以及分子动力学研究,或许能够弥补这一缺陷,成为研究蛋白质构象的重要工具。

限制蛋白质工程研究的另一重要因素是如何寻找高效的基因表达系统。用尽可能少的工作量获得尽可能多的研究材料,并开展蛋白质晶体结构、溶液构象以及生物学性质测试,尽可能快地提出目标蛋白的改造和创新方案,这很大程度上都取决于产物的高效表达和分离。因此,高效表达载体、可分泌性寄主系统、HPLC、亲和层析以及相分离技术等都将成为蛋白质工程研究和实践中的重要手段。

蛋白质工程作为一门新兴学科,尽管目前尚处于起步阶段,但由于它能按照人们的意志构造出新型蛋白质,因此通过它能了解更多的蛋白质结构与功能、结构与稳定性之间的关系以及生命的奥秘,创造出更多有益于人类的物质。

思 考 题

1. 什么是蛋白质工程？与蛋白质工程相关的技术和研究方法有哪些？
2. 何为定位突变技术，它对改造蛋白质特性有什么重要意义？
3. 阐述蛋白质工程技术在设计和改造新型蛋白质方面的主要步骤。
4. 简述蛋白质工程技术在食品行业中的应用。

指定学生参考书

[1] 黄诗笺. 现代生命科学概论. 北京：高等教育出版社，2001.
[2] 王大成. 蛋白质工程. 北京：化学工业出版社，2003.

参考文献

[1] Inouye M and Sarma R. Protein Engineering. New York：Academic press，1986.

[2] King R D and Cheetham P S J. Food Biotechnology. London：Elsevier Applied Science，2011.

[3] Gauri S Mittal. Food Biotechnology：techniques and applications. Technomic Publishing Company Inc.，Lancaster，Pennsylvania，U. S. A.，1992.

[4] 周妍娇. 金属硫蛋白的分子改造和结构功能研究. 博士论文. 北京大学生命科学学院，2000.

[5] Pan AH，Tie F，Yang MZ，et al. Construction of multiple copy of α-domain gene fragment of human liver metallothionein IA in tandem arrays and its expression in transgenic tobacco plants. Protein Engineering，1993，6：755-762.

[6] Jiping Sheng，Lin Shen，Kailang Liu，et al. Advances of Metallothionein Research in Plant. Proceeding of the fifth international conference on metallothionein，2005：94-95.

[7] Cleland JL.，Craik CS. Protein Engineering. New York：Wiley-Liss，Inc.，1996.

[8] 王大成. 蛋白质工程. 北京：中国化学工业出版社，2003.

第 5 章

食品酶工程

本章学习目的与要求

了解食品酶工程的基本概念、原理和内容;掌握食品酶工程中酶制剂分离、改造和应用技术的原理和方法;熟悉酶工程在食品行业中的应用。

5.1　食品酶工程概述

5.1.1　酶工程的概念及其在生物工程中的地位

酶工程(enzyme engineering)又称酶技术,就是利用酶催化的作用,在一定的生物反应器中,将相应的原料转化成所需要的产品的过程,它是酶学理论与化工技术相结合而形成的一种新技术。随着酶学研究的迅速发展,特别是酶应用的推广,使酶学基本原理与化学工程相结合,便形成了酶工程。酶生物学的基本原理见二维码 5-1。酶工程是生物工程的重要组成部

二维码 5-1　酶生物学的基本原理

分,它与基因工程、细胞工程、发酵工程相互依存、相互促进(图 5-1),它们在生物工程的研究、开发和产业化过程中要靠彼此合作来实现。随着生物工程的发展,各分支领域的界限会趋于模糊,相互交叉渗透、高度结合的趋势会越来越明显。

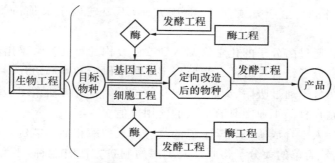

图 5-1　酶工程与发酵工程、基因工程、细胞工程的关系

食品酶工程(enzyme engineering of food)是将酶工程的理论与技术应用在食品工业领域,将酶学基本原理与食品工程相结合,为新型食品和食品原料的开发提供技术支持。食品酶工程在食品工业领域、酶制剂的生产和应用方面具有重要的地位,对食品原料的储藏、保鲜、改性,食品品质的提高、食品加工工艺的改进发挥重要的作用。

食品酶工程的主要任务是经过预先设计,通过人工操作,获得食品工业所需要的酶,并通过各种方法使酶充分发挥其催化功能。食品酶工程研究的主要内容包括食品工业用酶的生产,酶的提取与分离纯化、酶分子修饰与改造、酶固定化、酶反应器、酶的非水相催化、极端酶、人工模拟酶、酶的应用等。

5.1.2　酶工程的分类和内容

根据酶工程研究和解决问题的手段不同,可将酶工程分为化学酶工程和生物酶工程两大类。在食品行业中,这两类酶工程的应用都很广泛。

5.1.2.1　化学酶工程

化学酶工程亦称初级酶工程,是指自然酶、化学修饰酶、固定化酶及化学人工酶的研究和应用。它主要是由酶学原理与化工技术相互渗透和结合而形成的一门科学技术(图 5-2)。

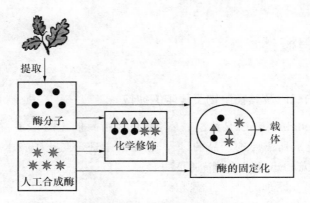

图 5-2　化学酶工程示意图

1. 自然酶　由材料中分离出来,制成酶制剂,应用于食品、纺织、制药等行业。例如化学合成可的松成本价格为每克 200 美元,改用酶法合成每克仅要 46 美分。目前酶制剂生产每年正以 8% 速率递增,主要是一些水解酶类如蛋白酶和糖酶(前者约为 60%,后者约为 30%)。这类酶的特点是:价格低,生产方式简单;应用方便,不要辅因子参加;产品种类少,应用范围窄。

2. 化学修饰酶　通过酶分子的化学修饰达到改性改构的目的。常采用酶分子功能基团修饰、交联反应,酶与高分子结合等方法。主要应用于酶学研究和疾病治疗。

3. 固定化酶　酶分子通过吸附、交联、包埋及共价键结合等方法束缚于某种特定支持物上而发挥酶的作用。它在食品工业上具有极大的使用价值。

4. 人工合成酶　人工合成酶是化学合成的具有与天然酶相似功能的催化物质。它可以是蛋白质,也可以是比较简单的大分子物质。人工酶的制备方法有两种:半合成法和全合成法。合成人工酶的要求很高,它要求人们弄清楚:酶是如何进行催化的,关键是哪几个部位在起作用,这些关键部位有什么特点。此外,对人工酶还有另一层要求,那就是简单、经济。

5.1.2.2　生物酶工程

生物酶工程是酶学和以基因重组技术为主的现代分子生物学技术结合的产物,亦称高级酶工程。

生物酶工程主要包括 3 个方面:一是用基因工程技术大量生产酶(克隆酶),目前已经克隆成功的酶基因有 100 多种,其中尿激酶、纤溶酶原激活剂与凝乳酶等已获得有效的表达,已经或正在投入生产;二是修饰酶基因产生遗传修饰酶(突变酶),这方面的研究,目前尚处于"只见树木不见森林"的阶段,但已揭开了序幕;三是设计新酶基因,合成自然界不曾有的酶(新酶),主要目的是创造性能稳定、催化效率更高的优质酶,用于特殊的高价化学药品和超自然生物制品的生产,满足人类的其他需要(图 5-3)。

1. 非水相介质中的酶反应　近年来,酶在非水相介质中催化反应的研究,成为酶工程的一项新的重要内容。如蛋白水解酶类,在非水相中能催化肽键的形成,利用这一发现,便可以利用蛋白酶在非水介质的催化特性,合成某些肽类物质,用于制备食品添加剂。

2. 酶反应器和酶传感器

(1)酶反应器。酶反应器是完成酶促反应的装置。其研究内容包括:酶反应器的类型及特性;酶反应器的设计、制造及选择等。

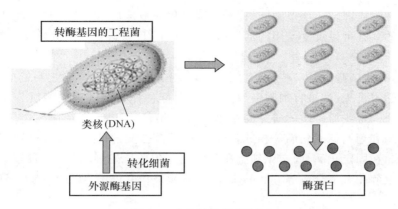

图 5-3　生物酶工程示意图

（2）酶传感器。酶传感器又称酶电极。酶电极是由感受器（如固定化酶）和换能器（如离子选择性电极）所组成的一种分析装置。用于测定混合液中某种物质的浓度。其研究内容包括：酶电极种类、结构与原理；酶电极制备性能与应用。

5.1.3　酶工程的发展、意义及展望

最原始的酶工程要追溯到人类的游牧时代。那时候的牧民已经会把牛奶制成奶酪，以便于贮存，用现代的眼光看那就是在使用凝乳酶。美国宾夕法尼亚大学考古和人类学博物馆帕特里克带领的小组发现：古埃及人 5 000 多年前就懂得向酒中添加辅料治病。酒是酵母发酵的产物。我国早在 4 000 多年前就掌握了酿酒技术；夏禹时代，酒的酿制已普遍流行。

1894 年，日本科学家首次从米曲霉中提炼出淀粉酶，并将淀粉酶用做治疗消化不良的药物，从而开创了人类有目的地生产和应用酶制剂的先例。1908 年，德国科学家从动物的胰脏中提取出胰酶（胰蛋白酶、胰淀粉酶和胰脂肪酶的混合物），并将胰酶用于皮革的鞣制。同年，法国科学家从细菌中提取出淀粉酶，并将淀粉酶用于纺织品的退浆。1911 年，美国科学家从木瓜中提取出木瓜蛋白酶，并将木瓜蛋白酶用于除去啤酒中的蛋白质浑浊物。由此，酶制剂的生产和应用就逐步发展起来了。然而，在此后的近半个世纪内，酶制剂的生产一直停留在从现成的动植物和微生物的组织或细胞中提取酶的方式。这种生产方式不仅工艺比较复杂，而且原料有限，所以很难进行大规模的工业生产。1949 年，科学家成功地用液体深层发酵法生产出了细菌 α-淀粉酶，从此揭开了近代酶工业的序幕。

早在 1916 年，美国科学家就发现，酶和载体结合以后，在水中呈不溶解状态时，仍然具有生物催化活性。但是，系统地进行酶的固定化研究则是从 20 世纪 50 年代开始的。Crubhofet 和 Schleith 从 1953 年开始研究酶的固定化，他们将胃蛋白酶、淀粉酶、羧肽酶和核糖核酸酶等结合在重氮化的树脂上，实现了酶的固定化。1969 年，日本科学家千畑一朗首先在工业上应用固定化氨基酰化酶生产出 L-氨基酸。从此以后，固定化酶研究十分活跃，进展很快。现在已有十多种固定化酶用于工业生产。例如，利用固定化葡萄糖异构酶生产高果糖浆；利用固定化乳糖酶生产低乳糖牛奶。同年，各国科学家开始使用"酶工程"这一名称来代表生产和使用酶制剂这一新兴的科学技术领域。1971 年，第一次国际酶工程学术会议在美国召开，会议的主题就是固定化酶的研制和应用。20 世纪 70 年代后期，酶工程领域又出现了固定化细胞（又

叫作固定化活细胞或固定化增殖细胞)技术。固定化细胞是指固定在一定空间范围内的、能够进行生命活动的并且可以反复使用的活细胞。1978年,日本科学家用固定化细胞成功地生产出 α-淀粉酶。

我们知道,有些细胞中的一些物质之所以不能分泌到细胞外,原因之一就是细胞壁起到了阻碍作用。科学家设想,如果将细胞壁除去,就有可能使比较多的胞内物质分泌到细胞外,这就是科学家开展固定化原生质体研究的意图。1986年,我国科学家利用固定化原生质体发酵生产碱性磷酸酶和葡萄糖氧化酶等相继获得成功,为酶工程的进一步发展开辟了新的途径。

近20年来,在固定化酶、固定化细胞和固定化原生质体发展的同时,酶分子修饰技术、酶的化学合成以及酶的人工合成等方面的研究,也在积极地开展中,从而使酶工程更加显示出广阔而诱人的前景。

20世纪50年代末到60年代,Katchalsko等人用DEAE-右旋糖酐、多肽等修饰酶,使酶的性质得到了改善。从70年代开始,随着研究的普遍开展,在修饰剂的选用、修饰方法上,都有新的发展。现在,有一些酶(如 L-天冬酰胺酶等)用大分子修饰剂修饰之后,其热稳定性提高,抗失活因子能力加强,抗原性消除,体内半衰期延长。酶化学修饰在一定程度上可以克服天然酶的缺点,使其更适合于工业生产的需要。

近年来,人们对人工酶、模拟酶进行了大量研究,取得较大进展。尽管人工酶的效益尚不明显,然而从事人工酶研究的队伍却日益壮大。也许,在不久的将来,人工酶在酶工程的生产领域里将正式取得一席之地,而且地位不断上升,甚至压倒天然酶。

自1967年酶电极问世以来,酶电极的研究引起了人们的极大兴趣。现在,不少酶电极已经实用化、商品化,用于测定混合物溶液中某种物质的浓度。例如,用葡萄糖氧化酶电极测定血液、尿、发酵液中的葡萄糖浓度。酶电极在发酵生产、环境监测等方面展示了广阔的前景。近年来,人们正在研制各种新型的酶电极,如多功能酶电极、微型酶电极、抗干扰酶电极等。

有些酶是蛋白质和核酸一级结构测定和基因工程研究的重要工具。例如,胰蛋白酶、羧肽酶、氨肽酶作为测定蛋白质一级结构的工具酶;限制性内切酶、DNA连接酶、TaqDNA聚合酶等作为基因工程的工具酶。由此可见,工具酶是研究分子生物的重要手段之一,在一定程度上推动了分子生物学的发展。

酶工程的研究和应用,贯穿在国民经济的各个领域,具有广阔的发展前景。化学酶工程已在工业和医学领域中产生了巨大的经济效益。其中固定化酶具有强大的生命力,它吸引着生物化学、化学工程、微生物、高分子、医学等各领域的高度注视。以酶和活细胞固定化为基础的高效、专一、实用生物反应器的研究和应用不仅对生物工业革新具有实际意义,而且对推进生物化学、细胞生物学、生理学、仿生学等基础生物科学的研究具有重要的理论意义。生物酶工程学尚处在幼年阶段,它采用以基因工程技术为主的分子生物学技术改造酶,以生产满足人类需要的超自然的优质酶。它的研究和发展,将开创从分子水平根据遗传设计蓝图创造出超自然生物机器的新时代。在当今日新月异的技术革命中,酶工程具有广阔的发展前景,研究的热点和趋向:

(1)研制分解纤维素、木质素的酶;使低分子有机物聚合的酶;能分解有毒物质的酶及废物综合利用酶。

(2)利用基因工程技术开发新酶种和提高酶产量是革命性的导向。

(3)人工酶、模拟酶的制备和应用是酶工程发展的前沿生长点。

（4）固定化多酶体系及辅因子再生，特定生物反应器的研究和应用。

（5）用微生物和动、植物组织研究生物传感器。

（6）非水系统的反应技术，酶分子的修饰与改造以及酶型高效催化剂的人工合成研究。

（7）核酸酶、抗体酶等工具酶的研究和应用。

5.2　酶的生产与改造

从实践角度来讲，酶工程是由酶制剂的生产和应用两方面组成的。酶工程的整个过程包括酶的生产、提取、分离、纯化、修饰、固定化、应用等步骤（图 5-4）。在此过程中有很多相关的技术被创造出来，这些技术的发展和进步也推动了整个酶工程领域的革新。

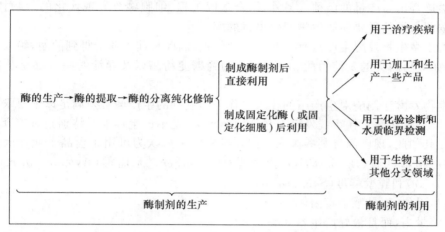

图 5-4　酶工程的基本过程示意图

5.2.1　酶的生产与分离纯化技术

5.2.1.1　酶的生产

酶的生产是指经过预先设计，并且通过人工控制而获得所需要的酶的过程。从理论上讲，人们可以通过三条途径获得酶制剂，即①从生物体内直接提取分离获得；②化学合成；③生物合成。

酶普遍存在于动物、植物和微生物的体内。酶的生产早期，人们主要是从动植物体中提取获得酶制剂。目前仍有蛋白酶、淀粉酶、溶菌酶等少数几种酶，以动、植物体为原料获得。酶的提取分离过程见二维码 5-2。但动植物由于生产周期、地理、气候和季节的限制，给大规模生产带来困难。随着酶工程日益广泛的应用，目前，生产酶制剂所

二维码 5-2　酶的提取分离

需要的酶大都来自微生物，这是因为同植物和动物相比，微生物具有容易培养、繁殖速度快和便于进行大规模生产等优点。继我国在 1964 年首先人工合成胰岛素以后，又在 1969 年人工合成了核糖核酸酶并且发展了一整套固相合成肽的自动化技术。但是化学合成法在经济和技术上来看仍是一个较遥远的事情。近年来在合成酶的类似物和模拟酶方面取得了一定进展，但它们的催化性和专一性方面都很低。所以，在较长的一段时间内，酶主要还是从生物体（特

别是微生物体)中提取。因此,在提取法、发酵法和化学合成法这 3 种酶的生产方法中,最常用的是微生物发酵法制酶。

1.微生物发酵生产法的优点   发酵法生产酶具有很多其他方法不能取代的优点:

(1)酶的品种齐全。微生物种类繁多,目前已鉴定的微生物约有 20 万种,几乎自然界中存在的所有的酶,我们都可以在微生物中找到。

(2)酶的产量高。微生物生长繁殖快,生活周期短,因而酶的产量高。许多细菌在合适条件下 20 min 左右就可繁殖一代,为大量制备酶制剂提供了极大的便利。

(3)生产成本低。培养微生物的原料,大部分比较廉价,与从动、植物体内制备酶相比要经济得多。

(4)便于提高酶制品获得率。由于微生物具有较强的适应性和应变能力,可以通过适应、诱变等方法培育出高产量的菌种。另外,结合基因工程、细胞融合等现代化的生物技术手段,可以完全按照人类的需要使微生物产生出目的酶。

正是由于微生物发酵生产具有这些独特的优点,因此目前工业上得到的酶,绝大多数来自于微生物,如淀粉酶类的 α-淀粉酶、β-淀粉酶、葡萄糖淀粉酶以及异淀粉酶等都是从微生物中生产的。

2.微生物发酵法制酶对生产菌的要求   作为酶制剂的生产菌必须满足以下要求:

(1)不能是致病菌。在系统发育上与病原体无关,也不产生毒素。特别是对于食品用酶和医药用酶尤其如此,现已经过某些国家和国际机构鉴定后认为可用于食品工业和医药工业的生产菌种有:枯草杆菌(B. substilis)、黑曲霉(Asp. niger)、米曲霉(Asp. oryzae)、啤酒酵母(Sac. cerevisiae)和脆壁酵母(Sac. fragieis)等。

(2)不易退化,不易感染噬菌体。

(3)产酶量高,而且最好产生胞外酶。

(4)能利用廉价的原料,发酵周期短,易培养。

生产菌种除了从菌种保存机构和有关部门获得外,一般都要通过筛选得到。筛选过程包括:菌样采集、菌种分离、纯化和生产性能检定。这些都与有关微生物学课程内容基本相同,在此不再赘述。

3.发酵方法与发酵条件

(1)发酵方法。酶的微生物发酵生产方式有两种,一种是固体发酵法,另一种是液体发酵法。

①固体发酵法,即以麸皮、米糠等为基本原料,加无机盐和适量水分(通常 50% 左右)进行的一种微生物培养。

固体发酵方法中最简单的是浅盘法,培养基一般不超过 5 cm 厚。其次是转鼓法,培养基在转鼓内翻动。近年来多用通气式厚发酵,培养基可达 20～30 mm,一般用于霉菌,如用曲霉和毛霉生产淀粉酶和蛋白酶;用青霉和曲霉生产果胶酶,用木霉生产纤维酶仍沿用这种固体发酵法,设备简单,便于推广,但培养基利用不完全,劳动量大。

②液体发酵法,即利用合成的液体培养基在发酵罐(图 5-5)内进行搅拌通气培养的发酵方法,是目前主要的发酵方式。

液体发酵又可分为间歇发酵和连续发酵两种。

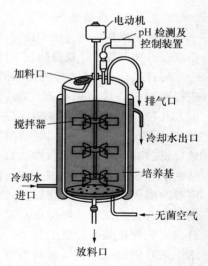

图 5-5   发酵罐的结构示意图

间歇发酵法是先在适于菌体生长条件下培养,然后再转入产酶条件下进行发酵。把菌体生产条件和产酶条件区别对待,并根据各自的特点提供相应的最适条件,因而产酶量高,同时营养物质与诱导物浪费少。

连续发酵法则是先将菌体培养至某一生长期(如对数期),然后一面连续加入新鲜培养液,另外又不断地以相同速度放出培养产物,二者的速度还应和生长速度一致,使菌体生长处于恒态条件,可大大提高劳动生产率,同时还可能打破酶合成的反馈阻遏,使产酶率提高。

(2)发酵条件的控制。发酵条件既要有利于菌体生长繁殖,又要不影响酶的形成。一般处理是先确定菌体生长的最适条件,然后作出调整以满足酶生成的需要。首先,培养基组成对菌的生长和酶的合成具有最直接的影响,碳氮源等营养成分的配比起到很重要的作用。其次,通风量、培养温度等因素不仅影响菌体生长,也影响酶的合成。一般来说在低于生长温度下产酶量高。培养温度还影响酶活力的稳定性。此外,适宜的酸碱度也是微生物正常生长以及产酶的必需条件,培养基的 pH 应根据微生物的需要来调节。一般来说,多数细菌、放线菌生长的最适 pH 为中性至微碱性,而霉菌、酵母则偏好微酸性。另外,在生产中掌握适宜酶的回收期时间也很重要,对于大多数胞外酶来说,酶合成与菌株生长大致平行,生长停止时酶产量达最大,再培养酶产量多要下降。纤维素酶发酵工艺实例见二维码 5-3。

二维码 5-3　纤维素酶发酵工艺实例

4. 提高酶产量的方法　在正常情况下,酶产量受其合成调节机制的调控,因此要提高酶产量就必须打破这种调控机制。总的来说,真核细胞酶的合成调节远比原核细胞的复杂。除了组织器官的调节外,在细胞水平上有复制、转录、翻译水平调节;有转录、翻译后水平调节;还有染色体、核等因素的调节;另外有神经递质、激素水平的昼夜周期等调节。克服这些调节系统,使酶量增加也相应复杂得多。因此下述内容仅以原核细胞为例进行介绍。

(1)酶合成的调节机制。酶合成主要取决于转录的速度,调控环节为转录,原核细胞的调控目前接受的是操纵子模型。操纵子(operon)是由结构基因、操纵基因和启动基因等组成的染色体上控制蛋白质合成的功能单位。图 5-6 是大肠杆菌乳糖操纵子(Lac 操纵子)的模型。其中 z、y、a 分别代表乳糖代谢有关的 3 种酶的结构基因。结构基因载有相关酶的结构密码,决定酶的结构与性质。操纵基因在操纵子中起着"开关"作用,它开启时,附着在启动基因上的 DNA 指导的 RNA 聚合酶(DDRP)开始转录,合成相应酶的 mRNA,通过翻译合成相应的酶。当它关闭时,DDRP 移动受阻,不能转录。操纵基因的开关又受调节基因调控,调节基因转录合成一种阻遏蛋白,后者具有与操纵基因结合的功能,结果不管机体需要与否,机体总是合成这种(些)酶,这样合成的酶叫组成酶。另外一种情况是阻遏蛋白呈失活状态,失去与操纵基因结合的能力,但如有相应的效应物存在时,二者形成阻遏蛋白-效应物络合物时,又可与操纵子结合而开闭结构基因,这种效应物称之为辅阻遏物。

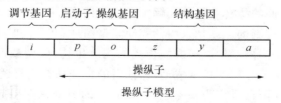

图 5-6　大肠杆菌 Lac 操纵子模型示意图

（2）诱导与阻遏。

①诱导。有些酶在通常情况下不合成或者很少合成，加入诱导物后，就能大量合成，这种现象叫诱导。诱导作用是由于阻遏蛋白与诱导物结合而发生变构，失去与操纵子结合的能力，所以结构基因能转录并翻译成相应的酶，这些酶叫诱导酶。许多参加分解代谢的酶类，如淀粉酶，纤维素酶等都是诱导酶。

②阻遏。阻遏有两种，尾产物阻遏和分解代谢产物阻遏。尾产物阻遏是指有些酶当它们的作用产物积累到一定浓度，并能满足机体需要后，它们的合成就受阻。这是由于阻遏蛋白本身没有与操纵子结合的能力，在正常时不产生阻遏，但它能以酶作用产物为效应物（辅阻遏物）并与之结合产生别构，变为能与操纵结合而关闭了结构基因。这些酶一般是参加合成代谢的酶接受这种调节，某些参与分解代谢的酶也直接或间接地接受这种调控。

另外一种情况是当细胞在容易利用的碳源（葡萄糖）上生长时，有些酶，特别是参与分解代谢的酶类的合成受阻，称之为分解代谢产物阻遏，又叫葡萄糖效益。这种阻遏与 CAMP 有关。CAMP 可以活化降解产物基因活化蛋白（CAP），与之结合后，再进启动子的结合位点上，使 DDRP 附着到启动子的相应位点上，开始转录。当有葡萄糖存在时 CAMP 含量下降，不能与 CAP 结合而促进 DDPR 与启动子的结合，从而出现阻遏，如果此时加入 CAMP，就可减轻或解除这种阻遏。

5.打破酶合成调节机制限制的方法　酶合成调节控制能保证机体最经济有效地将体内原料和能量用于合成生命活动最需要的物质，但是人们为了需要使某些酶大量合成就必须打破这种调节机制。打破这种调节机制的方式一般有 3 种：控制条件，包括添加诱导物和降低阻遏物浓度；遗传控制，包括基因突变和基因重组；也有其他如添加表面活性剂、产酶促进等一些方法。

（1）通过条件控制提高酶产量。

①添加诱导物。这种方法只适应于诱导酶的合成。其关键在于选择适宜的诱导物及其浓度。

诱导物：一是酶的作用底物，但有些底物并不一定是诱导物；二是一些难以代谢的底物类似物，如异丙基-β-D-巯基半乳糖不易被作用，但可使 β-半乳糖苷酶产量增加 1 000 倍；三是诱导物的前体物质，如犬尿氨酸的前体 Trp 和犬尿氨酸有同样的诱导效果。此外对于参加分解代谢的胞外酶，它们的产物也往往有诱导作用，如纤维二糖诱导纤维素酶。

诱导与阻遏之间没有绝对界限，其关键在于浓度。如当纤维二糖的浓度为 0.05 mg/mL 以下能诱导纤维素酶形成，当浓度提高 100 倍时纤维素酶合成受阻。诱导物的诱导作用范围内浓度低时与酶生成速度成正比，当浓度继续加大时，酶生成速度趋向平稳，最后达到饱和值。同时诱导和其他培养条件没有直接关系。

②降低阻遏物浓度。对于受分解代谢产物阻遏的酶，常采用直接限制碳源或相应的生长因子供应。对于合成代谢的酶有两种方法解决尾产物阻遏：一是于培养基中添加尾产物类似物或添加尾产物形成的抑制剂。二是采用营养缺陷型菌株，并限制其生长必需因子的供应。

（2）通过基因突变提高酶产量。根据酶合成的调节机构，要使酶产量因基因突变而提高，不外是两种可能：一是使诱导型变成组成型，即获得的突变株在没有诱导物存在的条件下酶产量达诱导的水平；二是使阻遏型变为去阻遏型，即获得的突变株在引起阻遏的条件下，酶产量达到无阻遏的水平。

诱导的方法有物理的如紫外线、X 射线(^{60}Co)、快中子等照射引起 DNA 分子中碱基 A、G、C、T，特别是 C、T 发生过氧化反应，造成 DNA 损伤或畸变。主要化学方法有 3 种：一是 5-溴代尿嘧啶等通过代谢参入 DNA 引起突变，但对代谢处于停滞状态细胞无作用；二是亚硝酸等通过 DNA 中的 A、C、G 等直接起化学反应而导致突变；三是吖啶黄染料等是通过插入或缺失核苷酸而造成移码突变。

①组成型变异株筛检的筛选方法。

a. 将诱变后的产酶株在以低诱导力的诱导物为主要碳源或氮源的培养基上培养，并同时限制诱导物为一定水平，或同时加入诱导抑制剂，在此条件下增殖的为组成型突变株。

b. 将诱导后产酶菌在含诱导物和不含诱导物的培养基上交替培养可获得变异株。

②抗分解代谢产物阻遏型变异株筛检。

a. 以被阻遏的酶的底物为唯一氮源。如产气杆菌诱变后在含有葡萄糖以 His 为唯一氮源的培养基上培养便得到产 His 酶的抗葡萄糖效应的变异株。

b. 变异后的产酶菌在含葡萄糖和不含葡萄糖培养基上交替培养。

③抗尾产物阻遏变异株的筛检。往往采用在诱变后的菌株的培养基中加入结构上和尾产物相类似的毒性抗代谢物。如用三氟 Len 筛选的变异株，其 Len 合成酶比亲本高 10 倍。

(3)其他提高酶产量的方法。

①添加表面活性剂。人们发现许多表面活性剂能提高酶的产量，特别有利于霉菌胞外酶的生产，而且它们对菌和酶没有专一性。通常用的是非离子型表面活性剂如 Tween80、TritonX-100 等，它们对微生物没有毒性或毒性很小，某些阴离子表面活性剂如油酸等，对微生物有一定毒性，但对某些酶的增产却比非离子型的更明显。如可使绿色木霉的纤维素酶产量提高 100 倍。至于阳离子表面活性剂还没有报告能提高酶产量的。通常在一定浓度范围内随着表面活性剂浓度的提高酶产量增加。目前认为，表面活性剂可能是提高了细胞膜的透性，有助于打破细胞内酶合成的"反馈平衡"。

②其他产酶促进剂。有时除了表面活性外，添加其他一些物质也能提高酶的产量。如枯青霉培养基中添加植酸钙镁，可使 5′-P-二酯酶产量增加 10～20 倍。

③通过基因重组提高酶的产量。请参阅本书第二章基因工程、第四章蛋白质工程、第六章发酵工程和第七章生物反应器的相关内容。

5.2.1.2　酶的分离纯化

酶的分离纯化是指从微生物的发酵液或动、植物组织提取液及细胞培养液中得到不同纯度、高质量的酶产品。酶分离纯化的方法是根据酶的蛋白质特性而建立的。

依使用目的不同，要求的酶的纯度也不同。一般工业上用的酶制剂用量大，纯度不高。但不同的工业用酶的纯度也不一样，如工业上销售的 α-淀粉酶，用于食品工业和用于织物退浆的纯度质量差别甚大；同样用于皮革工业和食品工业的蛋白酶其纯度和质量要求也相差甚远。甚至在同一行业中不同用途的酶制剂的纯度要求也会有很大的差别。因此需要根据不同使用目的来分离纯化酶，以满足各种不同的需求。食品工业用酶，需经过适当的分离纯化，以确保食品的安全卫生。

自 1926 年 Sumner 获得了第一个结晶酶(刀豆脲酶结晶)以来，酶的分离提纯技术发展很快，现已有 200 多种酶获得了结晶，并根据酶的物理化学性质开发出了各种类型的分离纯化方法。但是由于酶的种类和来源的多样性，且与酶共同存在的其他生物大分子的复杂性，在酶的分离纯化中需要多种方法的配合使用,也需要具体在实践中加以比较才能解决。

酶的分离提纯包括3个基本的环节:抽提,即把酶从材料转入溶剂中以制成酶溶液;纯化,即把杂质从酶溶液中除掉或从酶溶液中把酶分离出来;制剂,即将酶制成各种剂型的产品。

1.抽提　许多酶都存在于细胞内。为了提取这些胞内酶,首先需要对细胞进行破碎处理。细胞破碎的方法很多,主要包括机械破碎法、物理破碎法、化学破碎法和酶学破碎法等。机械破碎法是指利用捣碎机、研磨器或匀浆器等将细胞破碎开来。物理破碎法是指利用温度差、压力差或超声波等将细胞破碎开来。化学破碎法是指利用甲醛、丙酮等有机溶剂或表面活性剂作用于细胞膜,使细胞膜的结构遭到破坏或透性发生改变。酶学破碎法是指选用合适的酶,使细胞壁遭到破坏,进而在低渗溶液中将原生质体破碎开来。细胞破碎方法及其原理见二维码5-4。

二维码5-4　细胞破碎方法及其原理

酶的提取过程就是在一定条件下,用适当的溶剂处理细胞破碎后的含酶原料,使酶充分地溶解到提取液中的过程。酶的提取方法有盐溶液提取法、碱溶液提取法和有机溶剂提取法等。为了提高酶的提取率和防止酶提取后变性失活,提取过程中必须注意保持适宜的温度和 pH,并且添加适量的保护剂。

2.纯化　提取液中含有多种酶和其他的杂质,要想从提取液中分离纯化出某一种酶,必须根据这种酶的特性,选择适合的分离纯化方法。酶分离纯化的方法很多,下面简介利用酶相对分子质量的大小进行分离纯化的过程。

首先,通过透析的方法,使提取液中的酶和其他蛋白质分子与提取液中的各种小分子物质分离开来。其次,通过高速离心使酶和其他蛋白质分子沉降。在高速离心的情况下,酶和其他蛋白质分子虽然都会发生沉降,但是沉降的速度因各自相对分子质量的不同而不同。人们利用这一原理就可以达到分离纯化酶的目的。具体做法是,取一只离心试管,管内注入具有连续浓度梯度的蔗糖溶液(试管上部溶液的浓度低,下部溶液的浓度高)。在蔗糖溶液的表层,小心地滴上含有酶和其他蛋白质的待分离纯化的液体(图5-7)。通过高速离心后,酶和其他蛋白质就会沿着浓度梯度形成各自的区带,每个区带中只

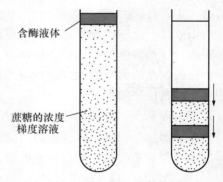

含酶液体

蔗糖的浓度梯度溶液

图5-7　酶在蔗糖浓度梯度溶液中的离心分离示意图

含有一种酶或一种蛋白质。将离心试管的底部钻一个小孔,使管内的溶液分段流出。这样就可以将各区带的溶液分开,进而通过结晶和干燥等方法获得所需要的那种酶。也可以将整个离心试管进行冷冻,然后通过切割获得含有所需酶的那个区带,进而通过结晶和干燥等方法获得那种酶。

3.制剂　得到的所需纯度的酶并不能作为商品来出售和使用,还需做成各种剂型的酶制剂产品,以适应各个领域中不同的应用需求。图5-8显示的是不同剂型、不同纯度的木瓜蛋白酶制剂。木瓜蛋白酶制作流程见二维码5-5。

二维码5-5　木瓜蛋白酶制作流程

图 5-8　木瓜与木瓜蛋白酶制剂

在酶的分离纯化工业中应注意下列问题：

（1）要注意防止酶变性失活。除少数情况外，所有操作必须在低温下进行，特别是有机溶剂存在时更要特别小心；大多数酶在 pH<4 或 pH>10 的条件下不稳定，故不能过酸过碱；酶溶液常易在表面上形成泡沫而变性，故应防止泡沫的形成；重金属能引起酶失效，有机溶液能使酶变性，微生物污染、蛋白酶能使酶分解，都必须予以防止。

（2）酶的分离纯化的目的是将酶以外的所有杂质尽可能地除去，因此在不破坏所需要酶的条件下，可使用各种"激烈"的手段。此外，由于酶与它的底物、抑制剂等具有亲和性，当这些物质存在时，酶的理化性质和稳定性会产生一定变化，从而提供了更多分离纯化酶的条件和方法。

（3）酶具有催化活性，检测酶活性，跟踪酶的来龙去脉，可以为选择适当方法和条件提供直接依据。因此，在工作过程中，从原材料开始每步都必须检测酶活性。

5.2.2　酶的改造与修饰技术

由于酶具有反应专一性、催化效率高及反应条件温和等优点，因此在工业、农业、医药和环保等方面已经得到越来越多的应用。但总体还没有达到大规模应用的程度，其主要原因在于酶自身性质上的一些不足，如不稳定性、对 pH 的要求严格以及具有抗原性等。因此，人们希望通过各种方法、按照需要定向地改造和修饰酶分子，甚至创造出自然界尚未发现的新酶，从而适合各行各业的需要。

5.2.2.1　化学修饰

所谓化学修饰，是指通过酶分子的改造以达到结构改性之目的，又称"生物分子工程"。

酶分子的化学修饰法技术较简单。但大多数酶经修饰后，理化及生物学性质会发生改变，因此应根据具体情况选定修饰方法，同时应注意采取一些保护性措施来尽量维持酶的稳定性及得率。

酶分子化学修饰方法种类繁多。根据修饰方法和部位的不同，酶分子的这种体外改造又可分酶的表面修饰和酶的内部修饰。

1. 酶的表面修饰

（1）化学固定化。一般是通过酶表面的酸性或碱性氨基酸残基将酶共价连接到惰性载体上。由于酶所处的环境的改变会使酶的性质，特别是动力学性质发生改变。如固定在电荷载体上,由于介质中的质子靠近载体并与载体上的电荷发生作用,使酶的最适 pH 向碱性(阴离子载体)或向酸性(阳离子载体)方向偏移。由于固定化可使不同酶的最适 pH 彼此靠近,当工艺中需要几个酶协同作用时,就可很好地简化工艺流程,在降低成本、提高生产效率的同时,提高产品的质量。如将糖化酶固定在阴离子载体上,其最适 pH 从 4.5 升到 6.5,这与 D-木糖异构酶的最适 pH(7.5)靠近,便可简化高果糖浆生产工艺。如果载体与底物带相同电荷,固定化后反应系统 K_m 值增加;带相反电荷则 K_m 值降低。当酶与载体连接点达到一定数目时,可增加酶分子构象稳定性,防止其构象伸展时失活。

(2)酶的小分子修饰。用小分子共价修饰酶可使酶稳定性提高。主要是利用一些适宜的小分子修饰剂来修饰酶表面的一些基团,如—COO$^-$、—NH$_3^+$、—SH、—OH、咪唑基等。如将 α-胰凝乳蛋白酶表面的氨基修饰成亲水性更强的—NH$_2$、—COOH 并达到一定程度时,酶的热稳定性在 60℃时提高了 1 000 倍,在温度更高时稳定化效应则更强烈,这种稳定的酶能耐受灭菌的极端条件而不失活,具有很高的应用价值。

马肝醇脱氢酶(HLADH)的 Lys 乙基化、糖基化和甲基化都能增加其活力,其中甲基化使酶活力增加最大,同时酶的稳定性也提高了;糖的手性会影响糖基化酶的性质;糖基化和甲基化酶的底物专一性还有所改变,这种操纵底物专一性的能力在立体专一性有机合成中十分重要。

经这种方法修饰后的水溶性稳定的酶,特别是蛋白酶和脂肪酶,必将在食品行业和洗涤剂工业中显示出巨大潜力。

2.酶的大分子修饰　根据修饰分子的大小和对酶分子的作用方式可分为大分子的非共价修饰和大分子的共价修饰两类。

(1)大分子的非共价修饰。大分子的非共价修饰即使用一些既能与酶非共价相互作用,又能有效地保护酶的添加物,如聚乙二醇、右旋糖酐等对酶进行修饰。它们既能通过氢键固定在酶分子表面,也能通过氢键有效地与外部水分子相连,从而保护酶的活力。另外还有一些添加物如多元醇、多糖、多聚氨基酸、多胺等也能通过调节酶的微环境来保护酶的活力。有些来自嗜热菌的酶具有较高的稳定性,正是由于保护性大分子(如肽和聚胺)发挥作用的结果。

另一类添加物就是蛋白质。蛋白质间相互作用时,从其表面区域内排除了水分子,降低了介电常数,因而增加了相互作用力,其稳定性也就增加了,酶的多聚体或酶聚合体的活力和稳定性比单体高就是这个原因。最近,人们用抗体来稳定酶,有些抗体能在蛋白质开始伸展的部位或蛋白水解的部位起作用,从而起到稳定作用。例如,α-淀粉酶与其抗体的复合物在 70℃半衰期为 16 h,而天然酶仅为 5 min。抗体保护的酶还有抗氧化、抗有机溶剂、抗低 pH、抗自溶、抗蛋白酶等作用。任何一种酶都有它相对应的抗体,制备亦较简单、迅速,所以用抗体稳定酶的方法应用十分广泛。

(2)大分子共价修饰。大分子共价修饰即用可溶性大分子如聚乙二醇、右旋糖酐、肝素等通过共价键连接于酶分子的表面,形成一层覆盖层。这种可溶性酶有许多有用的性质:如用聚乙二醇修饰 SOD 不仅可以降低或消除酶的抗原性,而且提高了抗蛋白酶的能力,延长了酶在体内的半衰期,从而提高了酶的药效。日本学者将聚乙二醇连接到脂肪酶、胰凝乳蛋白酶上所得产物溶于有机溶剂,在有机溶剂存在下有效地发挥作用。嗜热菌蛋白酶在水介质中通常催化肽链裂解,但用聚乙二醇共价修饰后其催化活性显著改变,在有机溶剂中催化肽键合成,已用于制造合成甜味剂(ospartahe)的前体。

(3)分子内交联。增加酶分子表面交联键的数目是稳定酶的方法之一。胰凝乳蛋白酶上羧基经二亚胺活化后,可与一系列二胺作用。结果发现,用 1,4-二氨基丁烷交联该酶可得到稳定性有所改善的酶制剂。

(4)分子间交联。用双功能或多功能试剂使不同的酶交联起来产生杂化酶。如有人用戊二醛将胰蛋白酶和胰凝乳蛋白酶交联在一起。这种杂化酶的优点是,胰蛋白酶的自溶作用降低,也使其反应器体积减小,将胰蛋白酶与碱性磷酸酯酶交联而形成的杂化酶,可用作部分代谢途径的模型,来测定复杂的生物结构。将大小、电荷和生理功能不同的二种药用酶交联在一起,则有可能在体内将它们输送到同一部位而提高药效。

(5)脂质体包埋。酶的脂质体包埋属于固定化修饰之一。许多医药酶如 SOD、溶菌酶等由于分子质量大,不易进入细胞内,而且在体内半衰期短,产生免疫原性反应,这些是酶在临床上必须解决的问题。为此,可通过酶的表面化学修饰来解决,如 SOD 用聚乙二醇(PEG)修饰后,其在体内的稳定性及免疫原性都可大大改善,至于如何进入细胞内,用脂质体包裹是有效方法。

脂质体是天然脂类和/或类固醇组成的微球体,酶分子可包埋在其内部,通过细胞的膜融合或内吞作用进入细胞内。脂质体无毒、易制作,同时可被用做基因载体。如把经过表面修饰的 SOD 包埋在脂质体中便可能进入细胞。Michelson 发现被脂质体包埋的 SOD 进入细胞的能力比非脂质体大得多,并且与脂质体的成分及电荷特性有关。

(6)反相胶团微囊化。酶的反相胶团微囊化技术是近年来发展起来的一种酶的修饰技术。把表面活性剂溶解在非极性的有机溶剂中就可自发形成球形反相胶团。该反相胶团的结构是表面活性剂的疏水尾部朝外极性头部朝内的微胶团。其内部可容纳一定量的水,这部分水的极性、黏度、酸碱性和亲和性不同于外部的水。把酶液、表面活性剂和非极性有机溶剂,经简单的振荡就会自发地形成反相胶团,酶分配在反相胶团内部的水性环境中,从而把酶和胶团外部有机溶剂分开,避免了酶变性。

反相胶团体系的优点是:①胶团内部能够为酶提供最佳的微环境;②拓展酶的应用领域,如双酶和多酶络合物用于酶联免疫分析等。双酶和多酶络合物的研究在生物化学中的应用日益广泛,酶免分析和酶靶就是两个重要的领域。

反相胶团体系由于克服了一般催化所带来的困难,因而得到广泛应用,在有机合成方面尤为突出。

3.酶分子的内部修饰

(1)非催化活性基团的修饰。经常被修饰的残基可以是亲核的(Ser、Cys、Met、Thr、Lys、His),也可以是亲电子的(Tyr、Typ),还可以是可氧化的(Tyr、Typ、Met)。对这类非催化残基的修饰可改变酶的动力学性态,改变酶对特殊稀薄物的束缚能力。如将胰凝乳蛋白酶的 Met_{192} 氧化亚砜,则使该酶对含芳香族或大体积脂肪族取代基的专一性底物的 K_m 值提高 2~3 倍,但对非专一性的底物的 K_m 值不变,这说明 Met_{192} 与酶对专一性底物的束缚有关。

（2）酶蛋白主链修饰。至今，酶蛋白主链修饰主要是靠酶法。如将 ATP 酶用胰蛋白酶有限水解，切除其十几个残基后，酶活力提高了 5.5 倍。该活化酶仍为 4 聚体，亚单位分子量变化不大，说明天然酶并非总是处于最佳的催化构象状态。

（3）催化活性基团的修饰。通过选择性修饰氨基酸侧链成分来实现氨基酸的取代，这种将一种氨基酸侧链化学转化为另一种新的氨基酸侧链的方法叫化学突变法，如 Berder 等人，将枯草杆菌蛋白酶活性部位的 Ser 残基转化为 Cys 残基，新产生的巯基蛋白酶对肽或脂没有水解能力，但能水解高度活化的底物如硝基苯酯。这种方法由于受到专一性试剂、有机化工业水平的限制，没有蛋白质工程技术普遍，但它通过产生非蛋白质氨基酸能力，可以有力地补充蛋白质工程技术。

4. 与辅因子相关的修饰

（1）依赖辅因子的酶的修饰。对依赖辅因子的酶可用两种方法进行修饰：第一种方法，如果辅因子与酶是非共价结合，则可将辅因子共价结合于酶分子上，如 NAD 衍生物共价结合到醇脱氢酶上后，酶仍具催化活性构象。活力仍有使用过量游离 NAD 时活力的 40%，而且能抵抗 AMP 的抑制剂，这是解决合成中昂贵辅因子再循环的一个有效方法。第二种方法，引入新的具有强反应的辅因子，巯基专一性试剂能改变某些依赖黄素的氧化酶所催化的反应。如用 disuphiram 处理黄嘌呤脱氢酶，可转化为黄嘌呤氧化酶，这类型为某一反应而使酶的氧化作用改变，在经济上颇有吸引力。又如 Kaiser 的黄素木瓜蛋白酶，将黄素溴衍生物与木瓜蛋白酶 Cyt_{25} 共价结合为黄素木瓜蛋白酶，其力学可与黄素酶相似。这类酶的半合成开发虽然刚开始，但可预见其应用。另外，酚类的羟化和硫醇立体专一性地氧化成手性亚砜，都可依赖黄素的半合成来完成。

（2）金属酶的金属取代。酶分子中的金属取代可以改变酶的专一性、稳定性及其抑制作用。如当酰化氨基酸水解酶活性部位中的 Zn 被 Co 取代后，酶最适 pH 和底物专一性都有改变；Zn 酶对乙酰 Ala 的最适 pH 为 8.5，而 Co 酶的最适 pH 为 7.0，钴酶对 N-氯-乙酰 Ala 等 6 种底物的水解活力增加，而对 N-氯-乙酰 Met 等 3 种底物的活力降低，在实用中可对不同底物选用不同的酶——Zn/Co 酶。又如 Fe-SOD 中的 Fe 被 Mn 取代后，酶的稳定性和抑制作用发生显著改变，Mn-SOD 对 H_2O_2 稳定性显著增加，而对 NaN_3 的抑制作用显著降低。

5. 肽链伸展后的修饰　为有效地修饰酶分子内部的区域，Mozher 等提出先用脲、盐酸胍处理酶，使其肽链充分伸展，这为修饰酶分子内部的疏水基团提供可能性，然后让修饰后伸展肽链在适当条件下，重新折叠成具有某种催化活性的构象，但至今尚未有成功的先例。Saraswothi 等描述了一种新奇的、原则上可能普遍适应改变底物专一性的方法，即先让酶变性，然后加入相应于所希望酶活力的竞争性抑制剂，待获得所希望酶的构象后，再用戊二醛交联，以固定这个构象，然后透析除掉这种抑制剂。他们以丙酸作竞争性抑制剂把核糖核酶制成一种"酸性脂酶"从而改变了酶的底物专一性，创造了新酶活力。

5.2.2.2　化学人工酶

近年来许多科学家，根据酶的催化原理，模拟酶的生物催化功能，用有机化学和生物学的方法合成具有专一催化功能的酶的模拟物——人工酶（arti-ficial enzyme）。人工酶的制作有两种：半合成酶和全合成酶。

1.半合成酶　　将具有一定结构和功能的物质与特异的蛋白质结合,便可形成新的生物催化剂——半合成酶(semisynthesis enzyme)。

(1)与金属或金属有机物的结合。有的半合成酶是与具有催化活性的金属或金属有机物结合而形成的。如美国和以色列的两位学者 H. Gray 与 R. Margalit 将钌(Rn)电子传递催化剂$[Rn(BH_3)_5]^{3+}$与巨头鲸肌红蛋白结合,产生一种"半合成的无机生物酶"(semisynthetic bioinorganic enzyme)。肌红蛋白可与 O_2 结合并通过循环系统输送氧气,但无催化功能。当 3 分子$[Rn(NH_3)_5]^{3+}$通过肌红蛋白表面的 His 残基与之结合,形成了能氧化各种有机物(如抗坏血酸)的半合成酶。这种人工酶的催化效率是钙-咪唑复合物的 200 倍,接近天然的抗坏血酸氧化酶的活力。

(2)与特异性的物质结合。有的半合成酶是与具有特异性的物质相结合而形成的。1988 年美国加州大学 Berkeley 分校的 Schultz 小组,将一段人工合成的寡聚核苷酸链经化学方法处理连接到 RNA 酶 166 位的 Cys 上,获得的半合成酶借寡聚核苷酸的碱基互补关系,显示了对 RNA 链特定位点的水解作用,从而创造了第一个不同于 DNA 限制性内切酶的天然来源的"RNA"限制性内切酶。最近,美国洛克菲大学的研究小组成功合成了一种称为"黄素木瓜蛋白酶"(FP)的半合成酶。木瓜蛋白酶(papain)已被详细研究并确定了空间结构,黄素是一组含 N 的三环芳香化合物,能催化许多不同种化学反应,其衍生物亦是许多酶反应的辅因子。木瓜蛋白酶 Cys_{25} 的巯基参与蛋白质水解反应。当黄素与此 SH 结合后,便丧失水解活性。Kiaser 等从众多的黄素衍生物中制备了多种 FP,其中一种由 8-溴乙酰黄素合成的 FP 效果最佳。此 FP 催化效率是黄素的 1 000 倍,是迄今催化效率最高的半合成酶。它达到了目前已知的具有最大催化效率的天然黄素氧化还原酶的活性。

2.全合成酶　　这类人工酶不是蛋白质,而是有机物,通过加入酶的催化基团与控制空间构象,像自然酶那样能选择性地催化化学反应,包括小分子有机物(大多为金属络合物)、抗体酶(催化抗体)和人工聚合物酶。

(1)小分子有机物全合成酶。这是利用各种有机分子(如 β-环糊精、卟啉等)和金属离子成功地水解、氧化还原、转氨等合成酶。

①氨肽酶全合成酶:是三乙撑四胺(trien)的 Co(Ⅲ)络合物;

②转氨全合成酶:Gly 与 Ala 的西佛氏碱的 Cu(Ⅱ)络合物;

③ATP 水解全合成酶:$[Co Ⅲ edda(H_2O)_2]^+$等,但其催化反应不及天然酶,而且专一性亦较差。最成功的当数被称为 β-benzyme 的人工酶,其模拟胰凝乳蛋白酶活性,催化速度达天然酶同一数量级水平。它由 β-环糊精和催化侧链组成,其催化侧链含有天然酶的 3 种基团:羟基、咪唑基及羧基,且处在恰当位置上,这类全合成酶因为不是蛋白质分子,故比天然酶具有更好的稳定性,在化工、日化、食品、医药的应用上具有较大优越性。

(2)人工聚合物酶。是用分子印迹技术制备的人工酶,其原理与抗体酶相同,只是用人工聚合物代替抗体。

5.2.2.3　抗体酶及分子印迹

抗体酶(abzyme)也属一种化学人工酶,是 20 世纪 80 年代后出现的一种具有催化能力的蛋白质,是利用生物学和化学的成果在分子水平上交叉渗透研究的产物。它在本质上是一种免疫球蛋白,只是在其易变区被赋予了酶的属性,所以又称催化抗体(catalytic antibody)。它是抗体的高度选择性和酶的高效催化能力巧妙结合的产物。

1.抗体酶的制备方法　目前抗体酶的制备方法主要有3种,即拷贝法、引入法和诱导法。

(1)拷贝法。拷贝法是用已知的酶为抗原免疫动物,获得抗体酶的抗体,再用抗体酶的抗体免疫动物进行单克隆化,即可获得单克隆的抗体酶。将抗体酶进行筛选,可获得具有原来酶活性的抗体酶(图5-9)。

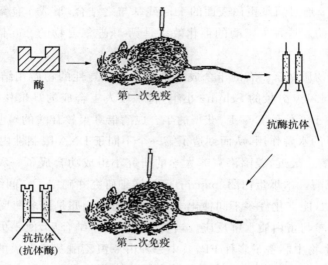

图 5-9　拷贝法制备抗体酶

由于抗原与该抗原产生的抗体具有互补性,经过上述两次拷贝,就把酶的活性部位的信息翻录到抗体酶上,使该抗体酶能高选择性地催化原酶所催化的反应。这种方法虽然不能产生新的催化反应,但对自然界来源稀少的紧缺酶,不失为一种有价值、有潜力的方法。

(2)引入法。引入法是借助于基因工程和蛋白质工程技术,将催化基团引入到已有底物结合能力的抗体的抗原结合位点上。如采用寡核苷酸定点诱变技术,将特定的氨基酸残基引入到抗体的抗原结合部位,使其具有催化能力。又可采用选择性化学修饰法,将人工合成的或天然存在的催化基团引入到抗体的抗原结合部位,使其具有催化活性。

1988 年 Pollack 等利用引入法,用可裂解亲和标记物,将亲核基团——巯基引入到抗2,4-二硝基苯酚(DNP)的单克隆抗体 MOPC315 的抗原结合位点上形成抗体酶。这种抗体酶对于含有 DNP 与香豆素的羧酸酯的水解反应比二硫苏糖醇快 6 000 倍,引入的巯基不但可以作为催化功能基团,还可以连接荧光基团,用来研究抗体原结合反应,为蛋白功能修饰开辟了新途径(图5-10)。

(3)诱导法。诱导法即用单克隆技术制备抗体酶的方法。其过程是用事先设计好的抗原(半抗原)和载体蛋白一起对动物进行免疫,最后取免疫动物的脾细胞与骨髓肿瘤细胞进行杂交,其杂交细胞就会源源不断地分泌单克隆抗体,经筛选和纯化,即可得到抗体酶(图5-11)。

除了上述 3 种抗体酶的主要制备方法外,科学家还在有免疫性缺陷的病人体内找到了抗体酶。近来,已在患全身红斑狼疮病的病人血清中分离出抗体酶,它具有催化水解 DNA 的活

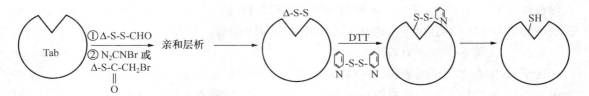

图 5-10　引入法制备抗体酶

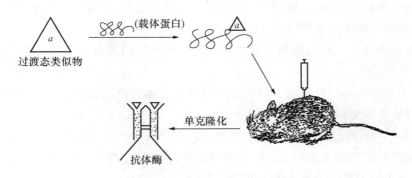

图 5-11　诱导法制备抗体酶

性。我们称这种抗体酶为天然抗体酶。

　　抗体酶的发展为酶分子设计提供了一个全新的思路。它打破了化学酶工程和生物酶工程的界限,结合了免疫学、细胞生物学、分子生物学、化学等技术,制备出具有高度底物专一性及特殊催化活力的新型催化抗体。

　　可以预期,随着科学的不断进步,抗体酶的制备方法将日益先进。多克隆技术、多次免疫和细胞杂交的交替应用、基因工程等技术手段将会不断地推陈出新;更方便、更快捷、更廉价的生产技术将会不断涌现,因此抗体酶的性能也会不断地提高。

　　2.分子印迹　分子印迹(molecular imprinting)是指对特定分子(印迹分子或称模板)具有选择性的聚合过程,包括:

　　(1)选定特定分子和单体,让它们之间发生互补作用。

　　(2)在印迹分子——单体聚合物周围发生聚合反应。

　　(3)用抽提法从聚合物中除去印迹分子。聚合物中留有恰似印迹分子的空间,可用于高分子高选择性分离材料。此技术又叫主-客体聚合(bost-guest polymerization)或模板聚合(template polymerization)。从人工酶角度来看,若用过渡态类似物作为印迹分子,则所得聚合物具有相应的催化活性,此时代替抗体的只是人工聚合物。

　　应用分子印迹时,可参照下述两种方法:

　　(1)印迹分子被共价可逆结合。

　　(2)单体与印迹分子间最初的相互作用是非共价的。这两种方法均使用了苯乙烯、丙烯酸和二氧化硅的聚合物。

　　分子印迹常用来修饰酶分子,如常用非共价相互作用的分子印迹来制备催化聚合物,即人工酶。Mosbach 等用对-硝基苯甲基酸酯的过渡态类似物做印迹分子,使之和 Co(Ⅱ)及多聚乙烯基咪唑于 65℃混合，反应 5 d，得到一种蓝色聚合物，抽去印迹分子后，这聚合物对硝基苯乙酸酯的活力比未印迹聚合物（硝基苯乙酸合成酶）高 60％。

5.2.2.4　非水介质中的酶催化反应

近年来，酶技术的研究表明，酶能在非极性溶液中起催化作用。例如，很多不溶于水或在水中不稳定的产品，可以在有机溶液中用酶催化来生产；通常在水中很难发生的有些反应（如转酯反应）在有机溶剂中在酶的催化下可以有效地进行，而水为反应物时，在非水介质中会有利于缩合产物方向移动（如酯化反应）。在有机介质中构建酶的催化反应，必须考虑的是水的作用、有机溶剂以及酶的存在形式。

1. 有机溶剂的选择　酶活性和稳定性与反应介质性质的关系，是研究酶在非水相介质中催化反应的重要课题。

（1）有机溶剂对酶活性的影响。溶剂主要是通过对体系中水、酶以及底物和产物的作用来间接地或直接地影响酶活性。

①对吸附在酶分子上的水分的影响，溶剂可以夺走吸附在酶分子表面的必需水，破坏了维持酶蛋白构象的氢键和疏水作用，降低了酶的活性和稳定性。不同溶剂根据其极性不同，水的溶解度不同，造成酶的失活程度也不一样。

②对底物和产物的影响，有机溶剂可以直接与底物、产物分子发生反应，或者可以通过底物和产物在水相和有机相的分配，从而影响其在酶分子表面的水层中的浓度来改变酶活性。

③对酶的直接影响，溶解于水层中的溶剂分子可以抑制处于水中的酶或使酶失活，酶与两相界面的接触也可导致酶的失活。

（2）有机溶剂的选择。酶在低极性溶剂中具有较高活性和稳定性，如何定量描述有机溶剂的极性？目前普遍采用的是溶剂的疏水参数 $\log P$。疏水参数 $\log P$ 是指：一种溶剂在辛醇/水两相之间的分配系数值。$\log P$ 越大，则溶剂的疏水性越强，酶在此介质中的反应活性越高。Laane(1987)检测了 107 种有机溶剂的 $\log P$ 值，发现在常用的有机溶剂中只有约 20％的有机溶剂可以用于酶促反应。实验证明，酶在 $\log P > 4$ 的非极性介质中保持较高的活性和稳定性；在 $\log P$ 为 2～4 的介质中具有中等活性；在 $\log P < 2$ 时，极性大，酶的催化活性较差。

关于 $\log P$ 和最佳水量实质上是溶剂对水的亲和力的问题。根据溶剂的疏水性质，在体系中加入同样多的水，吸附在酶分子上的水量却是完全不同的。$\log P$ 值越大的溶剂对水的亲和力越小，使更多的水吸附于酶分子上，所以酶活性越高。这样，要达到一定的酶活性，就必须保证酶的一定水化程度，那么在疏水性弱的溶剂中加入的水量就必然要比疏水性强的溶剂中加入的水量多。因此，上述溶剂对酶反应的作用，必须控制酶的水合程度，即在同样的水活度下比较酶的活性，以免使水分配行为的变化产生对酶活性的干扰。

$\log P$ 不是选择有机溶剂的唯一标准，有不少例外的情况。比如对多酚氧化酶来说，最佳溶剂因底物而异。

在选择有机溶剂时，必须考虑下面几个问题：

①有机溶剂与底物的相溶性。如酶催化糖的修饰反应，需在亲水性的与水互溶的溶剂（如二甲基酰胺等）中进行，若使用疏水溶剂，则底物不溶解。产物与溶剂互溶性也要考虑，极性产物分散于酶的周围，造成产物对酶的抑制作用或引起副反应的产物。在正己烷中，多酚氧化酶

催化多酚生成的醌在正己烷中不溶解,并在酶周围的水层中发生不必要的聚合反应。若以氯仿作溶剂,醌易分配到溶剂中,所以酶不失活。

②选择的溶剂对主反应必须是惰性的。例如,醇与酯之间发生的酯基转移反应生成新醇和新酯,不用醇也不用酯做溶剂,否则,主要反应无法定量发生。

③选择有机溶剂时还须考虑其他因素,如溶剂的密度、黏度、表面张力以及废物处理与成本等。

2.酶在有机溶剂中的催化特点

(1)酶分子在有机溶剂中的结构特点。近年来,大量实验结果表明,水溶性的酶悬浮于苯、环己烷等有机溶剂中,不但不变性,而且还能表现催化活性;同时,酶分子构象,至少是其活性中心的结构与水溶液中的结构基本相同。这与热力学预测球蛋白的构象在水溶液中不稳定是相矛盾的。酶是蛋白质,它在水溶液中具有一定构象。这种构象既有紧密又有柔性的状况。这种状态正是酶发挥其功能的结构基础。紧密状态取决于蛋白质分子内的氢键;而溶剂中水分子与蛋白质的功能基团之间所形成的分子间氢键,使蛋白质分子内的氢键受到一定破坏,蛋白质结构变得松散,呈一种"开启"状态。北口博司(1992)认为,酶分子的"紧密"和"开启"两种状态,处于一种动态平衡之中,表现出一定柔性(图 5-12)。

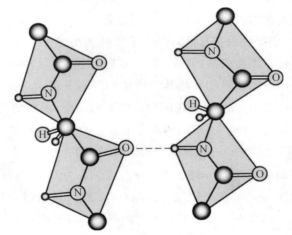

图 5-12　蛋白质分子内氢键和分子间氢键

因此,从结构上讲,水溶液中酶分子经其紧密的空间结构和相当大的柔性状态发挥其催化功能。酶悬浮在含微量水(小于 1%)的有机溶剂中时,由酶蛋白分子内氢键起主导作用,导致蛋白质结构变得刚性,活动自由度减少,这种动力学刚性限制了疏水条件下,蛋白质构象向热力学稳定状态转化,能维持着和水中同样的结构和构象,还表现出催化活性。而且,酶的稳定性得以提高。

(2)酶的作用 pH 与离子强度。有机溶剂中酶活性与酶干燥前或吸附于载体前所在的缓冲液 pH 和离子强度密切相关。其最适 pH 与水中酶的最适 pH 一致。这说明酶能"记住"它最后存在过的水溶液的 pH。其原因在于,在有机溶剂中,酶分子表面必需水维持酶的活性构象,酶活性中心周围的基团才能处于最佳的离子化状态,有利于酶活性的表现。因此,酶必须先从含最佳 pH 的水缓冲液中冻干或沉淀出来,才能用于有机溶剂的催化反应。

(3)酶的底物专一性。Rnssell 和 Klibanov 将枯草杆菌蛋白酶从含竞争性抑制剂的水溶液中冻干出来后,再把抑制剂除去,该酶在辛烷中催化酯化反应的速度比从不含抑制的水溶液冻干出来的酶反应速度明显加快。这很可能是因为竞争性抑制剂酶分子中产生了一种酶激活的结构变化,这种变化在除去抑制剂后由于酶结构在无水条件下的高度刚性得到保持。这种刚性结构可直接导致酶的底物专一性改变。例如,在酯基转移反应中,干的脂肪酶与湿酶相反,对底物三级醇完全没有活性,其原因是,由于干酶缺乏结构的可动性,在酶的活性中心不能容纳底物三级醇这样大的分子。另外,当有机溶剂取代水作为反应介质时,一些水解酶的底物专一性完全逆转,由水解反应逆转为合成反应,这可由酶的底物间或键间的自由能的利用来分析。因为在水溶液中,酶活性中心的极性基团和底物的底物分子间形成强的氢键,需要更多的能量来破坏它们之间的氢键,以利于酶-底物的络合物的形成,导致相应反应速度降低;而在有机相中,因其不能形成氢键,酶对底物的选择性当然相反了。

Dordick(1994 年)发现将酶于含有 KCl 的磷酸缓冲液中冻干,然后将酶悬浮在正己烷中进行反应,酶的活性得到大大提高。如用枯草杆菌酶和 α-胰凝乳蛋白酶催化的 N-Ac-L-PheO-Et 与正丙醇的转酯反应,测定酶的动力学常数 K_{cat}/K_m。发现含 98%(质量分数)KCl 的从缓冲液中冻干的枯草杆菌酶活力提高了 3 750 倍,同样含 95%(质量分数)KCl 的 α-胰凝乳蛋白酶活力提高了 50 倍。这些都说明在有机溶剂中盐能增加酶的催化活性。这可能是由于盐保护了酶不被有机溶剂直接作用而失活;另外,在冷冻干燥过程中,盐的加入增加了离子强度,盐的刚性结构和高度极性的表面帮助酶维持其天然结构而不受到破坏。又如在异辛烷中,用脂肪酶催化三丁酸甘油酯(tributyrin)和 2-戊醇的醇的转酯反应,观察酶的催化活性和立体选择性,发现在反应体系中加入一些低 $\log P$ 值的高介电常数的添加物如二甲基亚砜(dimethylsul-foxide,DMSO)、二甲基甲酰胺(dimethylform amide,DMF)等极性化合物,可以使转酯反应产率提高。不同添加物的浓度(如 DMSO 为 0.1%、DMF 为 0.2%)对于转酯反应的影响不同。尽管随着水量的增加,转酯反应速度加快,酯产率增加,但同时也伴随着水解产物增加。这可能是由于极性物的添加减少了围绕酶周围底物中极性氨基酸残基与酶分子之间的静电作用,从而使酶维持了其活性构象,而且添加物在一定程度上,代替水起到了增加酶柔性的作用,其本身又是底物,因此增加了酶的活性。所以 Adlercreutz 等认为有 3 个因素影响酶的活性:一是最佳含水量;二是载体使酶分散成薄薄一层使酶充分分散;三是添加物的最佳浓度。

3. 酶在非水体系中的应用　在有机相中使用冻干粉末形式的酶,一方面酶不稳定,另一方面也不利于底物分子和酶分子之间的扩散;为了提高酶在有机相中的稳定性,可采用固定化酶、化学修饰酶、新酶等多种形式。

综上所述,酶在非水体系中的催化反应是一个具有魅力的新课题。酶在非水体系中可以发挥其生物活性,可以顺利完成一些有意义的反应,在一定程度上也得到了应用(表5-1)。但在许多问题上,如反应的内在规律,反应结果的预测,以及反应体系各物质的性质及其相互影响等,还有待进一步研究。

表 5-1　酶在低水溶剂体系中的应用

应　用	例　子	所用酶（或细胞）
有机合成		
氧化	甾族化合物的氧化	细胞
	环氧化	细胞
	脂肪族的羟基化	细胞
	芳香族的羟基化	多酚氧化酶
光学活性物质的合成	醇、酮	乙醇脱氢酶
	羧酸及其酯	脂肪酶
	氰醇	苯乙醇氰裂解酶
油和脂肪的精制	棕榈油转化为可可油	脂肪酶
生物表面活性剂的合成	脂肪水解	脂肪酶
肽的合成	青霉素 G 前体肽的合成	蛋白酶
	甜蜜素双肽的合成	蛋白酶
	肽链中插入 D - 氨基酸	枯草杆菌蛋白酶
	由 X - Ala - Phe - Ome 和 Leu - NH$_2$ 在己烷中（反应物、产物均不溶）合成体	糜蛋白酶
其他的专一性合成	甘醇的酰基化	脂肪酶
	糖在无水 DMF 中的酰基化	枯草杆菌蛋白酶
	醇、甘油衍生物、糖和有机金属化合物的合成	脂肪酶
化学分析	胆固醇的测定	胆固醇氧化酶 - 过氧化物酶
	酚的测定	多酚氧化酶（酶电极）
聚合	酚的聚合	过氧化物酶
	二酯和二醇的选择性聚合	脂肪酶
解聚	木质素解聚集	过氧化物酶
外消旋混合物的分离	酸的外消旋混合物	脂肪酶
	醇的外消旋混合物	羧酸酯酶、脂肪酶
	胺的外消旋混合物	枯草杆菌蛋白酶

5.3　酶的固定化及其生产应用技术

5.3.1　固定化酶技术

　　固定化酶（immoblized enzyme）是 20 世纪 60 年代开始发展起来的一项技术。最初主要是将不溶性酶与水不溶性载体结合起来，成为不溶于水的酶的衍生物，所以曾叫作"水不溶酶"（water insoluble enzyme）和固相酶（solid enzyme）。但后来发现，也可以将酶包埋在凝胶内或置于超滤装置中，高分子底物与酶在超滤膜一边，而反应产物可以透过膜逸出，在这种情况下，酶本身仍是可溶的，只不过是固定在一个有限的空间内不再自由流动罢了。因此水溶酶和固相酶的名称便不恰当了。1971 年第一届国际酶工程会议上，正式建议采用"固定化酶"的名称。

从 20 世纪 60 年代起,固定化酶的研究发展很快,出现了大量的综述和专著。其初期,人

二维码 5-6　酶固定化技术
发展史和应用现状

们集中于各种制备方法的研究;而近年,人们的注意力已开始转向固定化酶和固定化细胞在工业、医学、化学分析、亲和层析和环境保护、能源开发以及理论研究等方面的应用。近年来国内已利用固定

化酶技术生产高果糖浆、增产啤酒等。酶固定化技术发展史和应用现状见二维码 5-6。

固定化酶与水溶性酶相比,具有下列优点:①极易将底物、产物分开;②可以在较长时间内进行反复分批反应和装柱连续反应;③在大多数情况下,可以提高酶的稳定性;④酶反应过程可以加以严格控制;⑤产物中没有酶的残留,简化了工业设备;⑥较水溶性酶更适合于多酶反应;⑦可以增加产物的得率,提高产物的质量;⑧酶使用效率提高,成本降低。

当然,固定化酶的研究和应用还有待于更好地发展。目前,固定化酶在使用中存在如下的问题:①固定化时,酶活力有损失;②增加了固定化的成本,工厂开始投资大;③只能用于水溶性底物,而且较适用于小分子底物,对大分子底物不适宜;④与完整菌体比,不适于多酶反应,特别是需要辅因子的反应;⑤胞内酶必须经过酶的分离手续。

5.3.1.1　酶的固定方法

酶的固定方法有下述 4 种,即吸附法、包埋法、共价结合法、交联法(图 5-13)。

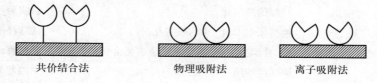

共价结合法　　物理吸附法　　离子吸附法

吸附法

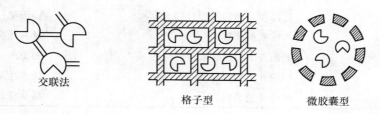

交联法

格子型　　　　微胶囊型

包埋法

图 5-13　各种方法制备固定化酶的示意图

1. 吸附法　依据原理的不同,又可将吸附法分为物理吸附法和离子吸附法:

(1)物理吸附法。通过氢键和 π 电子亲和力等物理作用,将酶固定在水不溶载体上的方法。常用的载体:无机吸附剂如高岭土、皂土、硅胶、磷酸钙胶、微孔玻璃等。无机吸附剂吸附容量低,一般小于 1 mg 蛋白/g 吸附剂,还易发生解吸。有机吸附剂有纤维素、骨胶原、赛璐玢、火棉胶等。吸附容量可达 70 mg 蛋白/cm² 膜。

物理吸附法制成的固定化酶,酶活力损失少,但酶易脱落,实用价值不高。

(2)离子吸附法。离子吸附法是将酶同含有离子交换剂的水不溶性载体相结合。酶吸附较牢固,在工业用途很广,其常用载体有:①阴离子交换剂 DEAE(二乙氨基乙基)-纤维素、EC-

TEOLA-(混合氨类)-纤维素、TEAE(四乙氨基乙基)-纤维素、DEAE-葡聚糖凝胶、Amberlite TRA-93、410、900 等;②阳离子交换剂如 CM-纤维素、纤维素-柠檬酸、Amberlite(G-50 IRC-50 IR-120 IR-200、Dowex-50)等。

2.包埋法　将聚合物单体和酶溶液混合,再借助于聚合促进剂(包括交联剂)的作用进行聚合,使酶包埋于聚合物中以达到固定化,包括格子型和微胶囊型。包埋法由于酶分子仅仅是被包埋,未受到化学反应,故酶活力高,但此法不适宜作用于大分子底物。

包埋法按照包埋材料和方式的不同可分为以下几种:

(1)聚丙烯酰胺凝胶包埋法。将 1 mL 酶液,加入含有 750 mg 丙烯酰胺单体和 40 mg 甲叉丙烯酰胺(交换剂)的 3 mL 溶液中,再加入 0.5 mL 的 5%二甲氨基丙腈(加速剂),加入 1%过硫酸钾作为引发剂,23℃混合保温 10 min。此凝胶孔径为 1~4 nm。

(2)辐射包埋法。酶溶解在纯单体水溶液、单体加聚合物水溶液中,在常温或低温下,用 γ、X 射线或电子束进行辐照,可以得到包埋有酶的凝胶。

(3)卡拉胶包埋法。卡拉胶是由角叉菜(一种红色海藻)提取的一种多糖。将 100 mg 酶在 37~50℃溶于蒸馏水中。又将 1.7 g 卡拉胶在 40~60℃溶于 34 mL 生理盐水中,上述两种溶液混合后,冷却到 10℃,使凝胶化,后浸在 0.3 mol/L KCl 溶液中,做成颗粒即为固定化酶。

(4)大豆蛋白质包埋法。将酶放在大豆蛋白溶液中,在 6℃用碳酸镁处理使其凝结、过滤,做成粒状,干燥,取后用戊二醛或六甲叉二胺处理,使其硬化。

(5)微胶囊法。微胶囊法是将酶包埋于半透性聚合体胶内,形成直径为 1~100 μm 的微囊,如 Asn 酶。其制法有下面 4 种。

a.界面聚合化法:将疏水和亲水单体用一种与水不混溶的有机溶剂做成乳化剂。再将溶于同一个有机溶剂的疏水单体溶液,在搅拌下,加入上述乳化液中,在乳化液中的水相和有机溶剂相互之间的界面发生聚合化,这样在水相中的酶即被包埋于聚合膜内。例如将亲水单体的乙二醇或多酶与疏水单体的多异氰酸结合成聚脲。目前已用此法制备过 Asp 酶、脲酶等的微囊。

b.液体干燥法:将一种聚合物溶于沸点低于水且与之不混合的溶剂中,加入酶水溶液,并用油溶性表面活化剂为乳化剂,使之成为第一个乳化液。再把它分散于含有保护性胶质如明胶、聚丙烯醇和表面活性的水溶液中,形成第二个乳化液,在不断搅拌下,低温(真空)蒸出有机溶剂,便得到含酶胶囊。常用的聚合体为乙基纤维素、聚苯乙烯、氯丁橡皮等溶于有机溶剂的聚合物。常用的有机溶剂为苯、环己烷和氯仿。

c.分相法:将酶的水溶液分散于含有聚合物的、与水不混合的有机溶剂中,一边搅拌一边加入另一种有机溶剂,此时聚合物浓缩,而在微水点的周围形成薄膜。

d.液膜(脂质体法):除了使用上述不溶于水的半透膜,近年又采用液膜的新微囊法。如糖化酶的液膜固定方法,是用脂质体(liposome)(由表面活化剂与卵磷脂制成)来作微囊。将卵磷脂、胆甾醇和二鲸腊磷酸酯以 7:2:1 溶于氯仿中,加入酶液,混合,在 N₂ 下于 37℃,乳化,室温下 2 h,再在 N₂ 气流中于 4℃,用超声波处理,室温下 2 h,过琼脂糖 6B 柱。收集脂质部分,离心分离。所得球状悬浮于缓冲盐水中,并过琼脂糖凝胶 6B 柱,收集微囊。

3.共价结合法　共价结合法是指将酶与聚合物载体以共价键结合的酶的固定方法。

酶与载体共价结合的功能基团包括:①氨基,Lys 的 ε-NH₂ 和肽链 N 端的 α-NH₂;②羧基,Asp 的 β-羧基、Glu 的 γ-羧基和 C 端的 α-羧基;③酚基,Tyr 的酚环;④巯基,Cys 的巯基;

⑤羟基，Ser、Thr、Tyr 的羟基；⑥咪唑基，His 的咪唑基；⑦吲哚基，Trp 的吲哚基。常见的包括—NH₂，—COOH，Tyr、His 的芳香环。

载体直接关系到固定化酶的性质和形成：①亲水性载体在蛋白的结合量、固定化酶的活力和稳定性上一般都优于疏水载体；②载体需要结构疏松，表面积大，有一定的机械强度；③带有在温和的条件下可与酶共价结合的功能基团；④没有或很少专一性吸附；⑤同时载体应便宜易得，并能反复使用。一般载体必须先活化。

偶联反应：选择什么偶联反应取决于载体的功能基团和酶分子上的非必须基团。

(1)重氮化反应。是带芳香氨基常用的载体，载体先用 HNO₃ 处理成重氮盐衍生物，然后在温和的条件下与酶蛋白反应。

此法常用的载体有：①多糖类和芳香氨基衍生物；②氨基酸的共聚物；③聚丙烯酰胺、聚苯乙烯、乙烯马来酸共聚体与多孔玻璃等。

(2)异硫氰酸反应。含芳香氨基的载体先用硫芥子处理（如光气）制成异硫氰酸的衍生物，得到的产物，极易在温和条件下和酶分子起反应，在中性 pH 它就与 α-NH₂ 反应。

(3)溴化氢-氨碳酸基反应。带—OH 的载体如纤维素、葡聚糖和琼脂等，在碱性条件下，载体的羟基与溴化氰反应，生成极活泼的亚胺碳酸基，在弱碱中直接与酶-NH₂ 偶联。

(4)芳香烃化反应。

(5)叠氮反应。带羟基、羧基和羧甲基的载体，先在酸性条件下，用甲酸使之酯化，后用水合肼处理成酰肼，最后在 HNO₂ 作用下转变成叠氮衍生物，也可以和羟基、酚基、羧基或巯基反应，但产物可以用中性羟胺水解掉，使之仅限于—NH₂。

常用载体有 OH-纤维素、葡聚糖、聚氨基酸、乙烯-顺丁烯酸酐共聚物，也用于带酰胺基化合物如尼龙。

(6)酸酐反应。乙烯等和顺丁烯二酸酐的共聚物，可通过其活泼的酸酐基直接和酶的氨基偶联，生成较高活性的固定化酶。

(7)缩合反应。利用羰二亚胺的活化作用使氨基和羧基直接偶联为肽键的反应。适用于带羧基和氨基的载体。在弱酸性条件下（pH 4.75～5），羰二亚胺与羧基反应生成极活泼的O-乙酰基异脲衍生物，并立即重排为酰基脲，或立即与氨基缩合成肽键和酰胺，在进行偶联时，酶、载体和羰二亚胺同时混合。

(8)巯基-二巯基交换反应。带—SH 或—S—的载体，通过巯基-二巯基的交换反应和酶分子上非必需巯基偶联。当载体的功能基团为巯基时，可先用 2,2′-二吡啶二硫化物处理为二巯基，生成的中间产物在酸性条件下，能与酶的巯基发生交换反应使之偶联，同时释放 α-硫基吡啶。

(9)金属偶联反应。某些过渡金属能使纤维素、尼龙、硼硅玻璃、滤纸以及酵母细胞转化为载体。将上述材料浸在金属溶液中，过滤洗涤后，加酶便成。常用过渡金属有钛、锡、锌以及铁等的氯化物。

4.交联法　利用双/多功能试剂在酶分子间或酶与载体间，或酶与惰性蛋白间进行交联反应以制备固定化酶。

交联剂根据它们的功能基团的相同或不相同可分为"同型"或"杂型"两类，前者如戊二醛、苯基二异硫氰、双重 N 联苯胺-2,2′-二磺酸；后者如甲苯-2-异氰-4-异硫氰等，其中戊二醛用得最多。

交联反应可以发生在酶分子之间,也可以发生在酶分子内部,酶浓度低时发生在酶分子内部,高酶浓度下分子间交联比例上升形成固定化酶后往往为不溶态。

4 种固定化方法各有优势、劣势(表 5-2),要根据产品的需要选择适宜的方法。

表 5-2　4 种固定化方法的简单对比

项目	吸附法	包埋法	共价结合法	交联法
制备	易	易	难	难
结合力	弱	强	强	强
酶活力	高	高	中	中
底物专一性	无变化	无变化	有变化	有变化
再生	可能	不可能	不可能	不可能
固定化费用	低	中	高	中

5.3.1.2　固定化酶的性质

1.固定化对酶反应系统的影响　固定化对酶活性和酶反应系统的影响十分复杂,常因酶的种类、反应系统的组成、特别固定的方法以及载体不同而显著不同。为了使问题简化,通常都要作两个共同的假设:①酶在载体表面上或在多孔介质内的分布完全均匀;②整个系统各向同性。

在上述条件下,固定化酶对酶反应体系的影响可概括为如下 3 种类型:

(1)构象改变和立体屏蔽效应

a.构象改变:指酶在固定化过程中,酶与载体的相互作用引起酶活力中心或变构中心的构象发生变化,从而导致酶活性下降。这种效应,难以定量描写,也难以预测,通常出现于吸附法和共价偶联法。

b.立体屏蔽效应:由于载体的空间大小,或由于固定方法与位置的不同,对酶的活性中心或者是调节中心造成空间障碍,因而 S 与效应物无法接触,从而影响酶活性。若在酶和载体间加臂可以改善。

(2)微环境影响。微环境是指紧邻固定化酶的环境区域。由于载体的亲水、疏水性质和介质的介电常数等直接影响酶的催化效率或者是酶对效应物作出反应的能力。通常可以通过改变载体与介质的性质作出判断和调节。

(3)分配效应与扩散效应。这些效应与微环境密切相关。

①分配效应:由于固定化载体的亲水和疏水性质,使酶的底物、产物以及其他效应物在微环境与宏观体系间发生了不等分配,改变了酶反应系统的组成平衡,从而影响了反应速度。一般规律是:

a.如果载体与底物带有相同电荷时,反应系统的 K 值将因固定化而增大;相反亦反。产物及其他效应物的情况也相同。

b.当载体带正电荷时,固定化以后,酶活性 pH 曲线将向酸性方向偏移;反之,阴离子载体将导致该曲线向碱性方向偏移。

c.上述效应可通过提高离子强度而减弱或消除。

d.采用疏水载体时,如底物为极性物质或电荷物质,则 K 值将因固定化而降低,其他效应物亦然。

②扩散限制效应：扩散限制效应即底物、产物或其他效应物的迁移和运转速度受到限制的一种效应。

a. 外扩散限制即上述物质以宏观体系穿过包围在固定化酶颗粒周围的近乎停滞的液膜层（又称为 Nernst 层）到颗粒表面受到的限制。

b. 内扩散限制即上述物质从颗粒表面到颗粒内部酶所在位点受到的限制。

c. 作为一般堆积：指对反应速度影响的程度既取决于该效应本身的大小，又取决于它和酶反应固有速度的相对大小，也就是说酶反应本身的速度就很小，扩散限制产生的影响就更小些。

2. 固定化对酶稳定性的影响　大多数酶在固定化以后，有较高的稳定性和较长的有效寿命，其原因是：固定化增加了酶结构型的牢固性程度；阻挡了不利因素对酶的侵袭；限制了酶分子的相互作用。但固定化如果触及酶的敏感区，也可能导致酶稳定性下降。

(1)增加热稳定化。大多数固定化酶都具有较高的稳定性。如氨基酸酰化酶，溶液酶在75℃15 min 时活力为 0；而固定于 DEAE-纤维素后，在同样条件下活力为 60%；固定于 DEAE-Sephadex 活力则为 8%。但有的固定化酶热稳定性反而下降。

(2)增大对变性剂、抑制剂的抵抗能力。酶经过固定化后，其对变性剂和抑制剂的抵抗能力一般会大大增加。如有些酶固定化后，其活性不仅不会被尿素和盐酸胍破坏，反而会增高，这可能是由于酶的柔顺性增加了的缘故。但个别酶固定化后对抑制剂更为敏感。

(3)固定化减轻蛋白酶的破坏作用。如氨基酸酰化酶在胰蛋白酶作用下保存活力 23%，DEAE 纤维素固定化酶作用下保存活力 33%，DEAE-Sephadex 固定化酶作用下保持活力 87%。而蛋白酶经固定化以后，一般可避免自消化引起的破坏作用。

(4)半衰期延长。固定化可以将酶操作和保存的有效期延长。

5.3.2　固定化细胞

固定化酶技术为酶工程增添了新的生机和活力。随着固定化技术的发展，在 20 世纪 70 年代初，又出现了固定化细胞技术，目的是解决需要辅酶参与的酶反应，因细胞有辅酶再生的能力。另外，也可省去从细胞中提取酶的复杂过程。

细胞固定化技术是将完整的细胞连接在固相载体上，免去破碎细胞提取酶的程序，保持了酶的完整性和活性的稳定。一般来说，固定化细胞制备的成本比固定化酶低。1973 年，日本的千田一朗博士首次在工业上成功地应用固定化微生物细胞连续生产 L-天冬氨酸。

细胞的固定化技术包括微生物、植物和动物细胞的固定化。一般情况下，要求被固定化细胞仍能进行正常的新陈代谢，也能进行增殖，故也称固定化增殖（或活）细胞。但在一定情况下，灭活的微生物细胞仍能进行某些生物转化作用，将之加以固定后也能做生物催化剂之用。固定化增殖和灭活细胞在应用时最大不同处在于前者仍要消耗一定营养物质以维持其存活以至增殖，而后者则不需要；另外对无菌操作要求，前者也高于后者。

除了某些细胞有自身凝聚作用外，通常用于细胞固定化的方法是物理吸附和天然凝胶包埋法。有些场合下也能用微囊法包埋动物细胞，但应避免采用剧烈的化学法以形成微囊。

固定化细胞因其成本低廉，操作简单从而显出越来越大的优越性。近年来，随着分子生物学和生物工程的发展，该技术又向动物细胞、植物细胞、杂交瘤细胞及其他工程化细胞扩展，其实际应用的速度已超过了固定化酶。

近年来,人们又提出了联合固定化技术,它是酶和细胞固定化技术发展的综合产物,将不同来源的酶和整个细胞的生物催化剂结合到一起,充分利用了细胞和酶的各自的特点。表 5-3 列出了直接使用酶、固定化酶和固定化细胞催化的优缺点。

表 5-3　直接使用酶、固定化酶和固定化细胞催化的优缺点

类　型	优　点	缺　点
直接使用酶	催化效率高,低耗能、低污染等	对环境条件非常敏感,容易失活;溶液中的酶很难回收,不能被再次利用,提高了生产成本;反应后酶会混在产物中,可能影响产品质量
固定化酶	酶既能与反应物接触,又能与产物分离,同时,固定在载体上的酶还可以被反复利用	一种酶只能催化一种化学反应,而在生产实践中,很多产物的形成都通过一系列的酶促反应才能得到
固定化细胞	成本低,操作更容易	固定后的酶或细胞与反应物不容易接近,可能导致反应效果下降等

5.3.3　酶反应器和酶传感器

5.3.3.1　酶反应器

由于固定化技术的发展,使酶可以和一般催化剂一样反复使用。同时,固定化细胞可以代替某些发酵过程。这样,酶反应器技术应运而生。

酶反应器是利用游离酶或固定化酶将底物转化成产物的装置。根据使用对象的不同,可分为游离酶反应器和固定化酶反应器。

1. 固定化酶反应器的类型及其特点

(1)间歇式搅拌罐。又称为间歇式酶反应器。分为搅拌罐反应器(batch stirred tank reactor,BSTR)以及搅拌式反应罐(图 5-14a)。它是由容器、搅拌器的恒温装置组成的。酶的底物一次性加入反应器,而产物一次性取出。反应完成,将固定化酶滤出,再转入下一批反应。反应器结构简单,造价较低;由于搅拌使内容物混合均匀;反应温度和 pH 易于控制;传质阻力小,反应能迅速达到稳态;能处理难溶底物或胶状底物,适用于受底物抑制的酶反应。但是,反应效率较低,搅拌动力消耗大,搅拌桨的剪切易使固定化酶颗粒受到磨损、破碎,容易造成酶失活,游离酶不能回收,操作麻烦,不适用于大规模工业生产,而适用于实验研究和食品工业,常用于游离酶。

(2)连续式搅拌罐。又称为连续搅拌釜式反应器(continuous stirred tand reactor,CSTR)。其结构如图 5-14b、c 所示。向反应器投入固化酶和底物溶液,不断搅拌,反应达到平衡之后,再以恒定的流速补充新鲜底物溶液,以相同流速输出反应液。该反应器具有与 BSTR 同样的优点。此外,不需要将固定化酶滤出,因而操作较简便。但是,反应效率较低,搅拌动力消耗大,搅拌桨的剪切力易使固定化酶颗粒遭到破坏。为了防止固定化酶流失,通常在反应器出口装上过滤器,使固定化酶不流失(图 5-14h)。亦可以用尼龙网罩住固定化酶,再将袋安装在搅拌轴上,进行酶促反应。为了提高反应效率,可以把几个搅拌罐串联起来组成串联酶反应器(图 5-14i)。

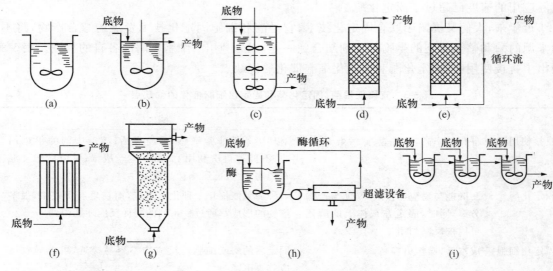

图 5-14 各类酶反应器

（3）固定床反应器。又称为填充床反应器（packed bed reactor，PBR）。其结构如图 5-14d 所示。将固定化酶填充于反应器内，制成稳定的固定床。底物溶液以一定的方向和流速不断地流进固定床，产物从固定床出口不断地流出来。在固定床横切面上，液体流动速度完全相同，沿液体流动方向，底物浓度和产物浓度都是逐渐变化的。但是，在同一横切面上，无论是底物浓度，还是产物浓度都是一致的。因此，可以把 PBR 看成是一种平推流型反应器或称活塞流反应器。优点是：可以使用高浓度的生物催化剂，反应效率较高；由于产物不断流出，可以减少产物对酶的抑制作用；结构简单，容易操作，适用于大规模工业生产。它适用于各种形状的固定化酶和不含固定颗粒、黏度不大的底物溶液，以及有产物抑制和转化的反应。缺点是：传质系数和传热系数较低；由于床内压力降相当大，底物溶液必须在加压下才能流入柱床内；床内有自压缩倾向，容易堵塞；更换固定化酶较麻烦。当底物溶液含固体颗粒或黏度很大时，宜采用 PBR。因为固定颗粒易堵塞柱床，黏度大的底物难以在柱床中流动。

近年来，PBR 有了新发展，产生带循环固定反应器（图 5-14e）和列管式固定床反应器（图 5-14f）。

（4）流化床反应器。流化床反应器（fluidized bed reactor，FBR）的结构如图 5-14g 所示。其特点是底物溶液以较大的流速，从反应器底部向上流过固定化酶柱床，从而使固定化酶颗粒始终处于流化（浮动）状态。其优点是：上述流动方式使反应液混合比较充分，进而使传质、传热情况良好；对温度和 pH 的调控及气体的供给都比较容易；柱床不易堵塞，可用于处理粉末状底物或黏度大的底物溶液；即使应用细颗粒固定化酶，压力降也不会很高。其缺点是：需要保持较大的流速，运转成本较高，难以放大；固定化酶处于流动状态，易使酶颗粒磨损；流化床的空隙体积大，使酶浓度不高；底物溶液高速流动，使固定化酶冲出反应器外，从而降低了产物转化率。

为了避免固定化酶冲出，提高产物转化率，可以采用下列方法：一是使底物溶液进行循环，提高产物转化率；二是使用锥形流化床；三是将几个流化床串联成反应器组。

（5）膜型反应器。由膜状或板状的固定化酶所组装的反应器（图 5-15a），均称膜型反应器。

①螺旋卷膜式反应器:此反应器的螺旋元件是将含酶的膜片与支持材料(衬垫)交替地缠绕在中心棒上(图 5-15b)。所用的膜片一般是胶原蛋白,而支持材料则是一种网状的惰性聚合物。后者可以将相邻的两层含酶膜片分开来,以防止膜层相互重叠,堵塞流道。把上述螺旋元件装进圆筒,筒两端加盖板,并安装进出口管,就制成了螺旋卷膜式反应器。含酶的膜是半透性,只允许小分子的底物和产物通过膜,而大分子酶则不能通过。具有螺旋模型将流体流动的单元分隔成许多独立空间,当底物溶液流经各个独立空间,并与酶接触时,均有相同的流体力学条件和停留时间,从而改善接触效果,消除短路。网状支持材料可以提高每一流动间隔的混合效果,加快物质传递。

②中空纤维膜式反应器:中空纤维壁内层是紧密光滑的半透性膜,有一定的分子质量截留值,可以截留大分子物质,而允许小分子物质通过。其外层是多孔海绵状的支持层。将酶固定于中空纤维的支持层中,然后,将许多含酶的中空纤维集中成一束,装进圆筒,筒两端封闭,并安装进出口管道,便制成了中空纤维膜式反应器(图 5-15c、d)。

中空纤维膜式反应器有 3 种类型:超滤反应器、反冲反应器以及循环反应器。

③超滤膜酶反应器:又称为搅拌罐-超滤膜组合反应器(CSTR-UFR)。在连续搅拌罐的出口处设置一个超滤器(图 5-15d)。超滤器中的超滤膜是半透膜,只允许小分子产物通过膜,不允许大分子的酶和底物通过膜。因此,这种膜可以将小分子产物与大分子底物和酶分开来,有利于产物的纯化。这种反应器适用于游离酶、固定化酶催化大分子底物转化成小分子产物的反应。

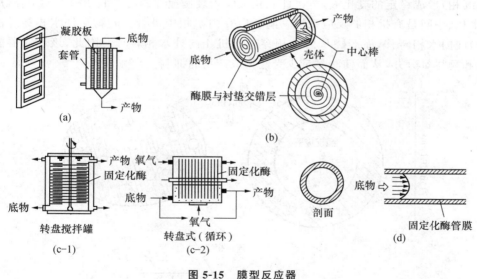

图 5-15　膜型反应器

(6)第二代酶反应器。从当前酶反应器的应用状况和前景来看,有下列技术问题需要解决:

①需要辅因子参与的酶反应,如何使辅因子再生。

②受产物抑制的酶反应,如何将产物移去,以消除产物抑制作用。

③底物不溶或微溶于水的酶反应,如何使酶反应在两相(有机相与水相)或多相中进行。

④多酶反应如何使几种酶在反应器中催化有序反应。

为了解决以上问题,需要开展下面第二代酶反应器的研究。

①辅因子再生的酶反应器:需要辅因子(如辅酶Ⅰ、辅酶Ⅱ、ATP)的酶反应无法在工业上大量应用,为了使辅因子能反复使用需要再研制含辅因子再生的新型酶反应器。例如,美国麻省理工学院有关专家设计了一个具有ATP再生能力的酶反应器。该反应器由3部分组成。第一部分由两个固定化酶系组成。通过这两个固定化酶系将几种氨基酸合成为短杆肽S(环状十肽)。每合成1分子短杆菌肽S,需要消耗10分子ATP。同时,产生10分子AMP和10分子磷酸。第二部分由固定化腺苷酸激酶和固定化乙酸激酶组成。通过这两种酶使AMP再生成ATP。反应如下:

$$AMP+ATP \xrightarrow{\text{固定化ATP激酶}} 2ADP$$

$$ADP+乙酰磷酸 \xrightarrow{\text{固定化乙酸激酶}} ATP+乙酸$$

第三部分由乙烯酮与第一部分产生的磷酸合成为乙酰磷酸:

$$乙烯酮+磷酸 \longrightarrow 乙酰磷酸$$

②两相或多相酶反应器:由于许多不溶或微溶于水的底物,如脂肪、类脂等,在水-有机溶剂两相中可以克服在纯水相进行酶促反应底物浓度低、反应体积大、能耗大、分离困难等缺点;两相或多相中进行的酶的反应,可以减少底物或产物对酶的抑制。例如,液膜酶反应器是两相酶反应器(图5-16)。将酶或水溶性固化酶溶于水,然后,在剧烈搅拌下,与一个溶有载体的有机相(连续相)形成稳定的乳化液,再将此乳化液倾入缓慢搅拌的溶有底物的水相中,就形成了内外是水相、中间是有机相的反应系统。酶反应在内水相中进行。底物从外水相穿过液体膜(有机相)向内水相转移,而产物从内水相穿过有机相向外水相转移。因此,该反应器能将底物、产物和酶尽量分开,从而使酶尽量少受底物或产物的抑制。

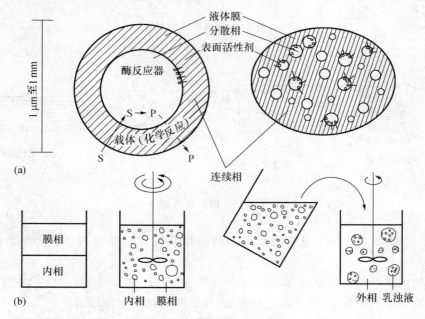

(a)模式图　(b)构成液膜反应器的过程

图5-16　液膜反应器的原理

③多酶反应器:有些产物需要好几种酶按顺序进行酶反应才能制备。例如,以淀粉为原料生产糖,需要 α-淀粉酶、糖化酶以及葡萄糖异构酶按顺序进行淀粉液化、糖化和异构化 3 步反应:

$$淀粉 \xrightarrow{\alpha-淀粉酶} 葡萄糖 \xrightarrow{葡萄糖异构酶} 果糖$$

如何使这些相关的酶在一个反应器中进行有序的反应,这就需要研究多酶反应器:如何把各个单酶反应器按顺序串联在一起,使各个反应按次序进行;将几种酶分别固定在载体颗粒上,然后按顺序装柱;或者混合装柱,或者将几种酶同时固定在同一个载体颗粒上,然后装柱。这样,都可以按顺序进行酶反应。

2.固定化酶反应器的设计原理与选型

(1)固定化酶反应器的设计原理。酶反应器设计的主要目标是:使产品的质量和产量最高,使生产成本最低。评价酶反应器的优劣,主要看它生产能力的大小,看它产品质量的高低。因此,酶反应器设计的主要内容,包括:提高酶的比活和浓度,更好的酶反应过程调控,更好的无菌条件,以及克服速度限制因素。一般表示物料平衡、热量平衡、反应动力学以及流动特性等各种关系式,都可以同时应用于反应器设计。

表示酶反应器性能的有下列参数。

①生产力:又称为生产率、生产强度。它表示每小时每升反应器体积所生产的产品的克数。生产能力的大小决定于酶的浓度和比活、反应器的特性以及操作方法等多种因素。其中,酶浓度和比活力是主要因素。从图 5-17 可知,生产能力随着酶浓度和比活的提高而提高,但是,酶浓度不是越高越好,过高,会造成浪费,经济上不合算。因此,在设计酶反应器时,应该在经济合理的基础上采用最大的酶浓度,使生产能力达到最大。从提高反应器生产能力考虑,应该尽可能提高酶的比活。提高酶比活,就意味着用较少量的酶可以获得较大的生产能力,生产成本就会下降。

当酶浓度和比活都足够高时,操作因素便成为酶反应器生产能力的限制因素。这些操作因素主要是传质(底物和产物的转移)和传热(热的转移)方面的问题。在酶浓度和比活很高时,最佳的质、热转移,可以获得最大生产能力。如果传质和传热受到阻碍,便能导致生产能力下降。

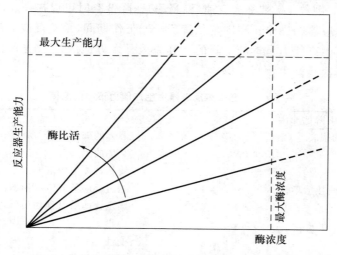

图 5-17　酶反应器生产能力与酶浓度和比活的关系

②产品转化率($Y_{p/s}$):它表示每克底物中有多少克转化为产物。即

$$Y_{p/s} = \frac{S_0 - S}{S_0}$$

式中,S_0 为流入反应器的底物浓度(g/L);S 为流出反应器的底物浓度(g/L)。

③酶的催化率($R_{p/e}$):它表示每克酶所能生产的产品的克数。例如,每克固定化葡萄糖异构酶可以生产大约 2 500 g 高果糖浆。酶的催化率与操作条件存在下列关系:

$$R_{p/e} = Y_{p/s} \int_0^t S_a(t) \, dt$$

式中,$Y_{p/s}$ 为产品转化率;$S_a(t)$ 为单位时间内每克酶能作用的底物的克数;t 为酶的有效时间,一般用酶的半衰期($t_{\frac{1}{2}}$)表示。由此可见,要提高酶催化率,必须选用高 S_a 的酶,并提高酶的半衰期。

④产物浓度和底物停留时间

a.产物浓度:绝大多数酶反应是在水溶液中进行的,产物浓度较低。产物浓度高低是影响产物回收成本高低的关键问题。在连续操作反应器中,产物浓度与操作条件存在下列关系:

$$P = \frac{X S_a V_R}{F}$$

式中,V_R 为反应器体积;X 为反应器中酶浓度;F 为料液通过反应器的流速;S_a 为单位时间内每克酶所能作用的底物克数。由上式可知,降低流速或者增加酶浓度可以提高产物浓度。在间歇式搅拌罐中进行反应时由于流速为零,可以得到最大的产物浓度。在连续操作反应器中进行酶反应时,可以得到较高的生产能力,但是,由于流速较大,使产物浓度较低。酶固定化可以提高酶浓度,从而提高产物浓度。

b.底物停留时间:底物在反应器内停留时间(t)与反应器体积(V_R)和流速(q)存在下列关系:

$$t = \frac{V_R}{q}$$

t 定义为空时,其倒数 $1/t$ 被称为空速(稀释率)。降低空时可以提高反应器的产能。

(2)固定化酶反应器的操作。在固定化酶反应器工作期间,希望反应器的生产能力保持不变,但是,实际上,其生产能力是逐渐下降的。其原因是多方面的(表 5-4),其中主要原因是固定化酶活性下降,其次是微生物污染等。

表 5-4　固定化酶反应器中生产能力下降的原因

生产能力下降的原因	根源
固定化酶的损失	载体的破碎
	载体的溶解
	酶从载体上脱落
酶-底物之间接触不良	通过反应器时流动形态不规则
	固定化酶被其他物质所包裹
酶本身活力损失	中毒
	变性
	微生物侵袭
底物、产物损失	微生物侵袭

目前,全世界正致力于第二代酶反应器的研究,随着一些相关技术问题的解决,酶反应器技术将在各行各业得到更为广泛的应用。

5.3.3.2　酶传感器

自从 20 世纪 60 年代酶电极问世以来,生物传感器获得了巨大的发展,已成为酶分析法的一个日益重要的组成部分。生物传感器的产生是生物学、医学、电化学、热学、光学及电子技术等多门学科相互交叉渗透的产物,具有选择性高、分析速度快、操作简单、价格低廉等特点,在工农业生产、环保、食品工业、医疗诊断等领域得到了广泛的应用。生物传感器是利用生物活性物质(即生物元件)做敏感器件,配以适当的换能器(即信号传导器)所构成的分析检测工具。生物传感器主要由信号感受器和信号转换器组成,它能够感受一定的信号并将这种信号转换成信息处理系统便于接收和处理的信号(如电信号和光信号)。生物传感器依照其感受器中所采用的生命物质的不同可分为很多种(图 5-18),酶传感器是其中的一种。

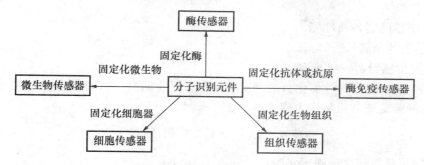

图 5-18　生物传感器的构成和类别示意图

酶传感器是发展最早,也是目前最成熟的一类生物传感器。它是在固定化酶的催化作用下,生物分子发生化学变化后,通过换能器记录变化从而间接测定出待测物浓度。

目前国际上已研制成功的酶传感器有 20 余种,其中最成熟的是葡萄糖传感器。使用时将酶电极浸入到样品溶液中,溶液中的葡萄糖即扩散到酶膜上,在固定于酶膜上的葡萄糖氧化酶作用下生成葡萄糖酸,同时消耗氧气,通过氧电极测定溶液中氧浓度的变化,推测出样品中葡萄糖的浓度。

1.酶传感器的结构、工作原理及其应用

(1)酶传感器的结构与分类。酶传感器是以固定化酶作为感受器,以基础电极作为换能器的生物传感器。根据感受器与基础电极结合方式的不同,将酶传感器分为电极密接型和液流系统型。

电极密接型:即直接在基础电极的敏感面上安装固定化酶膜,从而构成酶电极;液流系统型(分离型):固定化酶与基础电极是公载的。将固定化酶填充在反应柱内,底物溶液流经反应柱时,发生酶促反应,产生生化信号,再流经基础电极敏感面,此时,生化信号转换成电信号。

(2)酶传感器的工作原理。把酶电极插入待测溶液中,此时固定化酶专一地催化混合物中目的物质发生化学反应,产生某种离子或气体等电极活性物质(生化信号),再由基础电极给出混合物溶液中目的物质的浓度数据(图 5-19)。

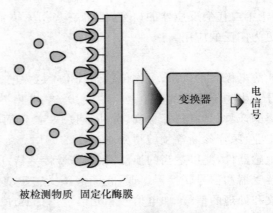

被检测物质   固定化酶膜

图 5-19   酶传感器工作原理

（3）酶传感器的制备及性能

①酶传感器的制备

A. 制备酶传感器的一般步骤

a. 选择酶：选择能专一性催化目的物质发生化学反应的酶。例如，要测定血液中的葡萄糖浓度，必须选择葡萄糖氧化酶作为感受器：

$$葡萄糖 + O_2 \longrightarrow 葡萄糖酸 + H_2O_2$$

b. 酶与固相载体结合成固定化酶。

c. 选择基础电极：根据酶促反应产生的生化信号（离子浓度或气体浓度变化），选择对生化信号有选择性响应的基础电极作换能器。例如，生化信号是 O_2，选择氧电极作为换能器；生化信号是 NH_4^+，选择铵离子电极作为换能器。

B. 几种常见酶传感器的制备

a. 透析膜包扎法：将粉状固定化酶或游离酶涂抹在基础电极的头部，用玻璃纸透析膜包住电极头，然后用橡皮圈扎紧，便制成了酶电极。注意：酶粉要涂抹均匀；使用前须将酶电极放入缓冲液中浸泡数小时。制法简单，若是固定化酶，则酶电极的稳定性好。

b. 聚丙烯酰胺固定化酶涂层法：在基础电极（如玻璃电极）的头部，套上一尼龙网，将少量含酶的聚丙烯酰胺凝胶溶液加入尼龙网内，使充满所有的网孔，照光聚合 1 h，便制成了酶电极。聚丙烯酰胺凝胶溶液的配方是：1.15 g N,N-甲叉双丙烯酰胺；6.0 g 丙烯酰胺；5.5 mg 核黄素；适量过硫酸钾，用 0.1 mol/L、pH 6.8 磷酸缓冲液定容至 50 mL。

取 1 mL 凝胶溶液，加入 0.1 g 酶，即得含酶的聚丙烯酰胺凝胶溶液。该法制备费时，但酶电极的稳定性好，其稳定期可达 3～4 周，可做 50～100 个样品分析，且酶膜更换方便。

c. 交联酶涂层法：将适量酶溶于 0.02 mol/L、pH 6.8 磷酸缓冲液中，加入 5 mL 17.5% 牛血清白蛋白，加入戊二醛使戊二醛的终浓度为 0.8%，搅拌 2 min，生成交联酶。将玻璃电极头部浸入上述溶液中，缓慢旋转 15 min，则交联酶牢牢地固定于玻璃电极头部，取出后，用去离子水、甘氨酸溶液洗涤，以除去残留的戊二醛，这样，便制成了酶电极。用该法制成的酶电极稳定性好。

②酶传感器的性能

A.稳定性:酶电极的稳定性可以用使用时间和使用次数来表示。例如:L-氨基酸氧化酶电极的使用时间(寿命)为 4～6 个月,可以测定 200～1 000 次。酶电极的稳定性如何,关系到酶电极使用时间的长短,使用次数的多少。稳定性越高,则使用时间越长,使用次数越多。随使用次数的增加,则酶活性逐渐下降,从而导致校正曲线的位移,影响测定数据的准确性。

B.响应特性:从酶电极插入被测试样到获得稳定测定值的电信号所需要的时间,称为响应时间。酶电极用于测量时,响应时间越短越好。影响酶电极响应时间的因素有下列几种:

酶的反应速度快,则酶电极响应时间短;酶固定化方法不同,则酶电极的响应时间不一样。酶膜厚度小,则响应时间短。基础电极的特性和酶反应特性也影响响应时间。

C.恢复时间:酶电极在完成第一个样品测定之后,不能立即做第二个样品测定,需要有一个恢复时间。这是因为酶膜有产物残留,必须充分洗涤酶电极,除尽酶膜中的产物,电位才能回到基线电位。这样酶电极才能做第二个样品测定。上述洗涤的时间,称为恢复时间。

影响酶电极恢复时间的因素有下列几种:基础电极的种类,酶电极制备方法。

D.测量范围:测量范围是指酶电极电位对目的物质浓度存在线性关系的底物浓度范围。当目的物质溶液位于测量范围时,测定数据是可靠的。测量范围受到下列因素的影响:酶电极的种类;同一种酶电极不同制备方法;用不同酶系统制备的酶电极。

E.测定中的干扰:很难找到没有干扰的酶和基础电极。在测量过程中,酶电极常常受到干扰,从而影响测量的准确性。其干扰因素有:抑制剂、激活剂、被测底物之外的其他底物。

2.酶传感器的应用　酶电极具有测试专一、灵敏、快速、简便、准确的优点,并且,稳定性较好,可以使用几十次到几百次。因此,它已广泛地应用于发酵过程、临床诊断、化学分析,以及环境监测等各个方面。不少酶电极已经商品化了,用于测定下列许多物质的含量:葡萄糖、尿素、尿酸、乳酸、乙酸、赖氨酸、乙醇、胆碱、乳糖、果糖、蔗糖、过氧化氢等物质。

在发酵过程中,已正式用酶电极监测发酵液中各种物质浓度的变化。可以及时获得预期的信息(一次参数),经过电子计算机处理,可获得二次参数;用以指导发酵生产,以便对发酵生产过程作出更精确的调控。

在临床诊断中,把固定化诊断酶制成酶电极,更加体现酶法诊断的精确性,易于进行数据处理和确定病因。

在环境监测中,酶电极用于野外检测,具有简便、快速、准确的优越性。

今后酶电极的发展方向是研制多种新型的酶电极,如多功能酶电极、微型酶电极、抗干扰酶电极;研制介体酶电极;研制高导电有机盐酶电极等。

5.4　酶工程在食品中的应用

早在我国古代劳动人民就开始将产酶的微生物运用于食品的制作中(图 5-20)。

图 5-20　古代已用产酶
微生物生产食品

　　在现代食品工业中,酶的应用渗透到各个领域(表5-5)。目前食品工业上用的酶主要是淀粉酶、蛋白酶、葡萄糖异构酶、果胶酶、脂肪酶、葡萄糖氧化酶等,而且大多为水解酶,其中60%为蛋白酶类(用于制造乳酪、啤酒、蛋白水解物等)。30%属于碳水化合物水解酶(用于淀粉加工、酿酒、果蔬加工、乳品加工等)。各种商品酶制剂的销售比例见表5-6。随着固定化酶、修饰酶、基因工程酶等技术的突破性发展,酶工程在食品工业中的应用将更加广泛与深入。

表 5-5　酶在食品加工中的应用

酶的用途	反　应	酶
水解淀粉生产葡萄糖	淀粉＋H_2O→葡萄糖	糖化酶 α-淀粉酶
水解 RNA 生产 $5'$-IMP 及 $5'$-GMP	RNA＋H_2O→$5'$-AMP＋$5'$-GMP＋$5'$-UMP＋$5'$-CMP	磷酸二酯酶 AMP 脱氨酶
用 Plastein 反应修饰蛋白质	$5'$-AMP＋H_2O→$5'$-IMP＋NH_3 肽＋蛋氨酸乙酯→肽-蛋氨酸	木瓜酶
消除橘汁苦味	柚苷＋H_2O→鼠李糖＋柚配质-7-葡糖苷 柚配质-7-葡糖苷→葡萄糖＋柚配质	柚苷酶 黄酮化合物糖苷酶
生产果葡糖浆	D-葡萄糖→D-果糖	葡萄糖异构酶
增加甜菜糖得率	棉籽糖＋H_2O→半乳糖＋蔗糖	蜜二糖酶（α-半乳糖苷酶）
分解牛奶及乳清中乳糖	乳糖＋水→D-半乳糖＋葡萄糖	β-半乳糖苷酶
消除食品中残留 H_2O_2	H_2O_2＋H_2O_2→O_2＋$2H_2O$	过氧化氢酶
分离鱼碎肉废水中油和蛋白质	蛋白质、油、聚丙烯酸钠、水→肽氨基酸、油聚丙烯酸	碱性蛋白酶
啤酒澄清	蛋白质→肽	木瓜酶
橘子脱囊衣	半纤维素(高分子)→半纤维素(低分子)	粥化酶
改进谷物淀粉得率	淀粉、半纤维素、蛋白质(高分子)→淀粉、肽、半纤维素(低分子)	半纤维素酶、果胶酶
提高饲料效率	淀粉、半纤维素、纤维素→肽、纤维、半纤维	粥化酶
生产干酪	酪素→肽	内肽酶
生产干酪用脂肪酶增香	脂肪→脂肪酸	脂肪酶
改良面团	淀粉→糊精	α-淀粉酶
生产环糊精		环糊精葡萄糖转移酶
消除大豆腥臭	RCHO＋NAD＋H_2O→RCOOH＋NADH RCHO＋H_2O＋O_2→RCOOH＋H_2O_2	醛脱氢酶 醛氧化酶
消除橘子汁柠碱		柠碱酶

表 5-6　各种商品酶制剂的销售比例

类别	销售比例/%
糖水解酶	
果胶酶	3.0
纤维素酶、乳糖酶	1.0
α-淀粉酶	5.0
糖化酶	13.0
蛋白酶	
胰蛋白酶	3.0
胃蛋白酶	10.0
酸性蛋白酶	3.0
中性蛋白酶	12.0
碱性蛋白酶	6.0
碱性蛋白酶（洗涤剂）	25.0
其他商品酶	
试剂、医药用酶等	10.0
脂肪酶	3.0

5.4.1　食品酶工程在啤酒生产中的应用

传统的啤酒生产主要依靠麦芽中的 α-、β-淀粉酶的水解作用，生成麦芽糖，进而发酵过滤等，又称全麦啤酒。但传统的生产过程缓慢，效率低，难以适应现代化的要求，正逐步向外加酶制剂的方向发展。20 世纪 80 年代以后，耐高温 α-淀粉酶在我国广泛推广，外加酶的范围不断扩大，已从糊化锅、糖化锅发展到前酵、后酵、清酒罐装等方面。啤酒生产实现了无麦芽糊化，节粮、节能显著，啤酒行业的综合经济效益得到进一步提高。多种酶的添加成为现代啤酒技术进步的一个标志。

5.4.1.1　固定化生物催化剂酿造啤酒新工艺

利用固定化酶和固定化细胞技术酿造酒是近年来国外啤酒工业的新工艺。苏联专家把酵母细胞镶嵌在陶瓷或聚乙烯材料的环形载体上（直径为 10～20 mm）进行啤酒发酵，发酵周期缩短到 2 d，鲜啤酒的理化指标均可达到传统工艺水平，产量比传统工艺增加 2～2.5 倍。

另外，把固定化酶与固定化细胞技术结合起来，可研制一种新型的生物催化剂——微生物细胞与酶结合型的固定化生物催化剂，用于啤酒酿造（利用葡萄汁酵母和糖化酶做成结合型固定催化剂）。固定化的方法主要有下述两种：一种是以藻朊酸作为交联剂通过与酶共价结合起来，再把微生物细胞包埋进去；另一种是将干燥的微生物酵母细胞悬浮在酶液中，使两者充分混合，脱水后加戊二醛和鞣酸（单宁）使两者结合起来。

上海工业微生物所和上海华光啤酒厂把卡伯尔酵母固定化后用于啤酒酿造，试验表明，啤酒的主发酵时间可以控制在 24 h 以内，发酵时间缩短到 7 d 左右，比传统工艺周期缩短一半以上，酿成的啤酒口味正常、泡沫性良好，各项理化指标均符合标准。

5.4.1.2　固定化酶用于啤酒澄清

啤酒中含有多肽（polypeptide）和多酚物质，在长期放置过程中，会发生聚合反应，使啤酒变浑浊。在啤酒中添加木瓜蛋白酶等蛋白酶，可以水解其中的蛋白质和多肽，防止出现浑浊。

但是,如果水解作用过度,会影响啤酒泡沫的保持性。研究用固定化木瓜蛋白酶来处理啤酒,既可克服蛋白酶的这一缺陷,又可防止啤酒的浑浊。

Witt 等人用戊二醛交联把木瓜蛋白酶固定化,可连续水解啤酒中的多肽。在 0℃下且施加一定的二氧化碳压力,将经预过滤的啤酒通过木瓜蛋白酶的反应柱,得到的啤酒可在长期贮存中保持稳定。

Finley 等人报道,木瓜蛋白酶固定在几丁质上,在大罐内冷藏时或在过滤后装瓶时处理啤酒,通过调节流速和反应时间,可以精确控制蛋白质的分解程度。固定化酶可以多次反复使用,成本低廉。经处理后的啤酒在风味上与传统啤酒无明显的差异。

5.4.1.3　添加蛋白酶和葡萄糖氧化酶,提高啤酒稳定性

啤酒是一种营养丰富的胶体溶液,啤酒的稳定性通常可分为生物稳定性和非生物稳定性。非生物稳定性是啤酒生产全过程中的综合技术问题,这是当前亟待深入探讨的课题。添加酶制剂是较为有效而安全的措施。

1.添加蛋白酶提高啤酒稳定性　此项措施是通过蛋白酶来降解啤酒中的蛋白质,提高啤酒稳定性。目前主要采用添加菠萝蛋白酶和木瓜蛋白酶,加入方式多数是在成熟啤酒过滤之前,与酒液混合进过滤机,或者直接加入清酒罐中。

但是,在生产中蛋白酶的添加量必须严格控制,否则,会对啤酒的持泡性产生不良影响。要求先试验,后使用。

固定化木瓜蛋白酶技术的应用,可大大简化处理过程。用聚丙腈戊二醛交联制得的固定化木瓜蛋白酶,每克表现活力达 150 U 以上,每千克固定化木瓜蛋白酶可处理啤酒 1 t 以上,在连续式反应器中,可连续使用 3 个月以上。效率高,使用安全。这种方法生产的啤酒具有良好的稳定性,对泡沫影响不大。浊度强化试验表明,保存期可达 180 d 以上。

2.添加葡萄糖氧化酶,提高啤酒稳定性和保质期　氧化作用是促使啤酒浑浊的重要因素。啤酒中多酚类物质的氧化不仅加速了浑浊物质的形成,而且使啤酒色泽加深,影响啤酒风味。

葡萄糖氧化酶能催化葡萄糖生成葡萄糖酸,同时消耗了氧,起到了脱氧作用。葡萄糖氧化酶的存在可以去除啤酒中的溶氧和成品酒中瓶颈氧,是阻止啤酒氧化变质、防止老化、保持啤酒原有风味、延长保质期的一项有效措施。

一般将葡萄糖氧化酶加在清酒罐内,加量约 4 U/L 酒。实践证明,添加葡萄糖氧化酶后的啤酒溶氧量大幅度减少,老化减轻,口感好,澄清度高,可延长保质期 1~2 个月。

葡萄糖氧化酶是一种天然食品添加剂,无毒副作用。该酶在 pH 3.5~6.5,温度 20~70℃范围内均可稳定发挥作用,作用后不产生沉淀、浑浊现象,可在啤酒行业大力推广。

5.4.1.4　β-葡聚糖酶提高啤酒的持泡性

啤酒原料大麦中含有一种称作 β-葡聚糖的黏性多糖,一般大麦中含量 5%~8%。在大麦发芽过程中,大部分 β-葡聚糖被 β-葡聚糖酶降解。适量的 β-葡聚糖是构成啤酒酒体和泡沫的重要成分,但过量却会产生不利影响。过多的 β-葡聚糖会使麦芽汁难以过滤,延长过滤时间,降低出汁率,易使麦芽汁浑浊。在发酵阶段,过量的 β-葡聚糖可与蛋白质结合,使啤酒酵母产生沉降,影响发酵的正常进行。如果成品啤酒中 β-葡聚糖含量超标,容易形成雾浊或凝胶沉淀,严重影响产品质量。

原料大麦本身不含 β-葡聚糖酶,在发芽过程中产生一定量的 β-葡聚糖酶并对 β-葡聚糖进行降解作用。在生产中常因发芽欠佳而导致 β-葡聚糖超标。添加 β-葡聚糖酶来降低 β-葡聚糖含量,以保障糖化和发酵的正常进行,提高啤酒的持泡性和稳定性。

5.4.1.5 降低啤酒中双乙酰含量

双乙酰即丁二酮（$CH_3COCOCH_3$），其含量的多少是影响啤酒风味的重要因素，是品评啤酒是否成熟的主要依据，在一定程度上决定着啤酒的质量。双乙酰由 α-乙酰乳酸经非酶氧化脱羧形成，是啤酒酵母在发酵过程中形成的代谢副产物。在啤酒生产中，双乙酰的形成与消除直接影响啤酒成熟和发酵周期。一般成品啤酒的双乙酰含量不得超过 0.1 mg/L，否则会使啤酒带有不愉快的馊味。

α-乙酰乳酸脱羧酶可使 α-乙酰乳酸转化为 3-羟基丙酮，改变了 α-乙酰乳酸转化途径，从而有效地降低啤酒中双乙酰的含量，加快啤酒的成熟。

5.4.1.6 改进工艺，生产干啤酒

与普通啤酒相比，干啤酒（dry beer）具有发酵度高、残糖低、热量低、干爽及饮后无余味等特点。随着人们生活水平的不断提高，干啤酒越来越受欢迎，已成为目前国际市场上的新潮饮品。

生产干啤酒，要求提高发酵度，降低残糖。提高发酵度主要通过提高麦汁可发酵糖的含量或选育高发酵度的菌种。

提高麦汁可发酵糖的含量可以直接添加蔗糖、糖浆等可发酵糖，也可以添加酶制剂强化淀粉糖化。前者较简单，不需要另增加设备，但成本高，效率低，操作也麻烦；后者使用方便，成本低，效率高，经济合算。

啤酒生产主要原料麦芽中含淀粉 55%～65%，辅料大米含淀粉 71%～73%，这些淀粉主要依靠麦芽自身的 α-、β-淀粉酶的水解作用而生成以麦芽糖为主的可发酵性糖。正常麦汁中，可发酵性糖只占总糖的 75%～80%，占总浸出物的 65%～73%。仅靠麦芽中的酶进行糖化，很难达到麦汁发酵度达 75% 以上的指标。

通过添加 α-淀粉酶、异淀粉酶、糖化酶、普鲁兰酶等酶制剂，可以提高发酵度，酿造干啤酒。

5.4.2 食品酶工程在果蔬加工中的应用

橘苷酶可用于分解柑橘类果肉和果汁中的柚皮苷，以脱除苦味；橙皮苷酶可使橙皮苷分解，能有效地防止柑橘类罐头制品出现白色浑浊；果胶酶可用于果汁和果酒的澄清；纤维素酶可将传统加工中果皮渣等废弃物综合利用，促进果汁的提取与澄清，提高可溶性固形物含量。目前已成功地将柑橘皮渣酶解制取全果饮料，其中的粗纤维经纤维素酶的酶解后，转化为可溶性糖和低聚糖，构成全果饮料中的膳食纤维，具有一定的医疗保健价值。另外，葡萄糖氧化酶可去除果汁、饮料中的氧气，防止产品氧化变质和微生物生长，延长保存期；溶菌酶也可防止细菌污染。下面以果胶酶的应用为例，分述生产过程。

5.4.2.1 果汁提取

苹果汁要先用机械压榨，然后离心获得果汁，但果汁中仍然含较多的不溶性果胶而呈浑浊状。通过外加酶制剂，即可澄清果汁。做法是先在浑浊果汁内加入果胶裂解酶（PL）并轻轻搅拌，在酶作用下，不溶性果胶渐渐凝聚成絮状物析出，从而可以获得清澈的琥珀色苹果汁。有的苹果因果肉柔软难以压出果汁，但添加 PL 能大大促进果汁的提取。可以在把果肉搅拌 15～30 min 后，直接添加 0.04% 果胶酶，并于 45℃ 下处理 10 min，即可多产果汁 12%～24%。也可以与不溶性聚乙烯吡咯烷酮配合使用，酶处理温度可降低到 40℃，可多产果汁 12%～28%。还可以把纤维素酶与果胶酶结合使用，使果肉全部液化，用于生产苹果汁、胡萝卜汁和杏仁乳，产率高达 85%，而且简化了生产工艺，节省了昂贵的果肉压榨设备，使生产效率大大提高。图 5-21 显示了在果汁生产中添加酶制剂可以提高果汁产量、减少废弃物的排出，并且

酶制剂比化学制剂更安全。

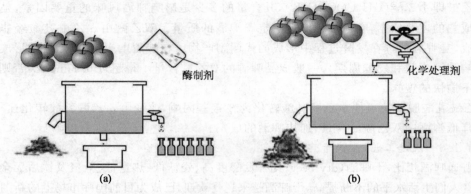

图 5-21 酶制剂(a)与化学处理剂(b)在果汁制造
过程中分解纤维的效果对比示意图

在樱桃汁的加工过程中,添加果胶酶使果胶水解,从而使樱桃汁黏度降低,过滤阻力减小,使后来的过滤过程大大加快;同时,由于樱桃汁中的悬浮果粒失去高分子果胶的保护,很容易发生沉降而使上层汁液清亮,在以后的澄清过程中,明胶澄清剂的加入量便可以大大减少,甚至可以免加澄清剂。

5.4.2.2　果汁澄清

新压榨出来的果汁不仅黏度大,而且浑浊。加果胶酶澄清处理后,黏度迅速下降,浑浊颗粒迅速凝聚,使果汁得以快速澄清、易于过滤。但对于橘汁,由于要求保持雾状浑浊,所以应使用不含果胶酯酶的内切多聚半乳糖醛酸酶制剂进行澄清处理。

利用 0.1% 的果胶酶处理苹果果汁、果浆,可明显地提高出汁率、可溶性固形物含量和透光率,降低 pH 和相对黏度,处理时间越长,效果越好。0.1% 的果胶酶与 0.1% 的纤维素酶结合使用,效果更好。

有些果汁含较多淀粉,为了防止果汁由于淀粉的存在出现浑浊,可用淀粉酶进行澄清处理。

5.4.2.3　果酒澄清、过滤

果胶的存在会降低果酒的透光率,并极易产生浑浊和沉淀。经果胶酶澄清处理能除去果酒中的果胶,提高果酒的稳定性。采用传统工艺生产苹果酒果香不足、新鲜感不强,将果胶酶应用于苹果酒酿造,并辅以其他工艺改革,不但提高出汁率 10.8%～14.3%,提高果汁的过滤效率,缩短苹果酒的贮存期,提高设备利用率,并能使苹果汁透光率由 30.1% 提高到 71.5%,酿出的苹果酒果香清新、典型性好。

果胶酶在食品工业中应用广泛,尤其适用于苹果、山楂、葡萄、草莓等水果的加工,改善果汁的澄清度和产品质量,提高生产效率。果胶酶还是饮料加工中安全高效的澄清剂。目前,已在许多国家广泛应用。

5.4.3　食品酶工程在食品保鲜上的应用

食品保鲜是食品加工、运输和保存过程中的一个重要课题,常见的保鲜技术主要有添加防腐剂或保鲜剂和冷冻、加热、干燥、密封、腌制、烟熏等。随着人们对食品的要求不断提高和科学技术的不断发展,一种崭新的食品保鲜技术——酶法保鲜正在崛起。由于酶具有专一性强、催化效率高,作用条件温和等特点,可广泛地应用于各种食品的保鲜。

酶法保鲜的原理是利用酶的催化作用,防止或消除外界因素对食品的不良影响,在较长时间内保持食品原有的品质和风味。目前应用较多的是葡萄糖氧化酶和溶菌酶的酶法保鲜。

5.4.3.1　利用葡萄糖氧化酶保鲜

葡萄糖氧化酶(glucose oxidase)是一种氧化还原酶,它可催化葡萄糖与氧反应,生成葡萄糖酸和双氧水,有效地防止食品成分的氧化作用,起到食品保鲜作用。葡萄糖氧化酶可以在有氧条件下,将蛋类制品中的少量葡萄糖除去,而有效地防止蛋制品的褐变,提高产品的质量。

葡萄糖氧化酶以黄素腺嘌呤二核苷酸(FAD)为辅基,相对分子质量约为 150 000。葡萄糖氧化酶在 pH 3.5～6.5 的条件下,具有很好的稳定性,最适 pH 5.6,当 pH>8.0 或<2.0 时,会导致酶的失活。底物葡萄糖对酶活性有保护作用。葡萄糖氧化酶在低温时有很好的稳定性。固体葡萄糖氧化酶制剂在−15℃可保存 8 年,在 0℃可保存 2 年以上,但当温度高于40℃时,活力下降。汞离子和银离子是该酶的抑制剂。甘露糖和果糖对其有竞争性抑制作用。

1.食品的除氧保鲜　食品在运输、储藏保存过程中,氧的存在容易引发色、香、味的改变。如花生、奶粉、饼干、冰淇淋、油炸食品等富含油脂食品的氧化;油脂的酸败,导致营养价值降低,甚至产生有毒物质;受伤的苹果、梨、马铃薯等水果蔬菜褐变以及草莓酱、苹果酱、肉类等变色,使其商品质量受影响。

葡萄糖氧化酶可有效防止氧化的发生,对于已经部分氧化变质的食品也可阻止其进一步氧化。

葡萄糖氧化酶可直接加入到啤酒及果汁、果酒和水果罐头中,不仅起到防止食品氧化变质的作用,还可有效防止罐装容器的氧化腐蚀。含有葡萄糖氧化酶的吸氧保鲜袋也已在生产中得到广泛应用。

2.蛋类制品的脱糖保鲜　常见的蛋制品主要有蛋白片、蛋白粉和全蛋粉等,是生产糕点和糖果的原料。由于在蛋类蛋白中含有 0.5%～0.6%的葡萄糖,葡萄糖的羰基与蛋白质的氨基反应,结合生成黑蛋白,出现褐变、小黑点,使加工产品色泽加深、溶解度降低并有不愉快气味,必须进行脱糖处理,除去蛋白中的葡萄糖。

传统的脱糖采用自然发酵法或接种乳酸菌法,但处理时间较长,而且不易控制,甚至会使蛋白发臭,产品质量也难以达到要求。将一定量的葡萄糖氧化酶加到蛋白液或全蛋液中,并适当配合一定量的过氧化氢酶,即可使葡萄糖完全氧化。既除掉了蛋白中的葡萄糖,又提高了生产效率,保障了产品的质量。

5.4.3.2　利用溶菌酶保鲜

通常是采用加热杀菌和添加化学防腐剂等方法防止食品的腐败。但在食品安全问题呼声日益高涨的今天,对食品质量或人体健康产生不良影响的传统方法正在受到人们的抵制,利用溶菌酶杀菌等酶法保鲜也应运而生。溶菌酶对人体无害,可有效防止细菌对食品的污染,用途广泛。

用一定浓度的溶菌酶溶液进行喷洒,即可对水产品起到防腐保鲜效果。既可节省冷冻保鲜的高昂的设备投资,又可防止盐腌、干制引起产品风味的改变,简单实用,易于推广。

在干酪、鲜奶或奶粉中,加入一定量的溶菌酶,可防止微生物污染,保证产品质量,延长贮藏时间。在香肠、奶油、生面条等其他食品中,加入溶菌酶也可起到良好的保鲜作用。

溶菌酶可替代水杨酸防止清酒等低浓度酒中落菌的生长,起到良好的防腐效果。

5.4.4　食品酶工程在乳制品加工中的应用

1.干酪生产　全世界生产干酪所耗牛奶达 1 亿多吨,占牛奶总产量的 1/4。干酪生产的第一步是将牛奶用乳酸菌发酵制成酸奶,然后加凝乳酶水解 κ-酪蛋白,在酸性条件下,钙离子使酪蛋白凝固,再经切块加热压榨熟化而成。

2.分解乳糖　牛奶中含有 4.5% 的乳糖。乳糖是一种缺乏甜味且溶解度很低的双糖,难于消化。有些人饮奶后常发生腹泻、腹痛等病,其原因即在于此。而且由于乳糖难溶于水,常在炼乳、冰淇淋中呈砂状结晶析出,从而影响食品风味。将牛奶用乳糖酶处理,使奶中乳糖水解为半乳糖和葡萄糖即可解决上述问题。

3.黄油增香　乳制品特有香味主要是加工时所产生的挥发性物质(如脂肪酸、醇、醛、酮、酯以及胺类等)所致。乳品加工时添加适量的脂肪酶可增加干酪和黄油的香味。将增香黄油用于奶糖、糕点等食品,可节约黄油用量,提高风味。

4.婴儿奶粉　人奶与牛奶区别之一在于溶菌酶含量的不同。奶粉中添加卵清溶菌酶可防止婴儿肠道感染。

5.4.5　食品酶工程在蛋白类食品加工中的应用

1.改善组织、嫩化肉类　酶技术可以促使肉类嫩化。牛肉及其他质地较差的肉(如老动物肉),结缔组织和肌纤维中的胶原蛋白质及弹性蛋白质含量高且结构复杂。胶原蛋白质是纤维蛋白,同副键连接成为具有很强机械强度的交联键,这种交联键可分成耐热的和不耐热的两种。幼年动物的胶原蛋白中,不耐热交联键多,一经加热即行破裂,肉质鲜嫩;而老动物的肉因耐热键多,烹煮时软化较难,因而肉质显得粗糙,难以烹调,口感亦差。采用蛋白酶可以将肌肉结缔组织中胶原蛋白分解(通常是将嫩肉粉的浆液涂抹在肉块的表面或浸泡肉块),从而使肉质嫩化。作为嫩化剂的蛋白酶可以分为两类:最常用的一类是植物蛋白酶,如木瓜蛋白酶、菠萝蛋白酶、无花果蛋白酶等;另一类是微生物蛋白酶,如米曲霉蛋白酶。

2.转化废弃蛋白　将废弃的蛋白如杂鱼、动物血、碎肉等用蛋白酶水解,抽提其中蛋白质以供食用或用做饲料,是增加人类蛋白质资源的一项有效措施。其中以杂鱼及鱼厂废弃物的利用最为瞩目。海洋中许多鱼类因其色泽、外观或味道欠佳等原因,都不能食用,而这类水产却高达海洋水产的 80% 左右。采用这项生物技术新成果,使其中绝大部分蛋白质溶解,经浓缩干燥可制成含氮量高、富含各种水溶性维生素的产品,其营养不低于奶粉,可掺入面包、面条中等食用,或用做饲料,其经济效益十分显著。

3.其他方面的应用　用酸性蛋白酶在 pH 呈中性条件下处理解冻鱼类,可以脱腥。现今开发利用碱性蛋白酶水解动物血液可脱色,用来制造无色血粉,作为廉价而安全的补充蛋白资源,这一技术已用于工业化生产。

5.4.6　食品酶工程在淀粉类食品加工中的应用

5.4.6.1　用于焙烤食品

面粉中添加 α-淀粉酶可调节麦芽糖的生成量,使二氧化碳的产生和面团气体保持力相平衡。添加蛋白酶可促进面筋软化,增加延伸性,减少揉面时间和动力,改善发酵效果。用蛋白酶强化的面粉制作面包,可使面包松软、体积增大,抗老化,风味佳(图 5-22)。用 β-淀粉酶强化面粉可防止糕点老化。糕点馅心常以淀粉为填料,添加 β-淀粉酶可以改善馅心风味。糕点制作使用转化酶可使蔗糖水解为转化糖,从而防止糖浆析晶。面包制作中适当添加脂肪酶可增进面包的香味,这是因为脂肪酶可使乳脂中微量的醇酸或酮酸的甘油酯分解,从而生成 δ-内酯或甲酮等香味物质。

5.4.6.2　利用固定化酶生产高果糖浆

食糖是日常生产必需品,也是食品、医药等工业原料。世界食糖年消耗量以 4% 速率增

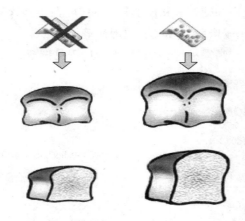

图 5-22　酶使面包更松软且保存更长久

加,而产量每年只增加 2%～3%,供不应求。因此目前各国都竞相生产高果糖浆(甜度为蔗糖的 173.5%)。在美国、日本等发达国家 2/3 的食糖已为高果糖浆代替。高果糖浆以淀粉为原料,经 α-淀粉酶和葡萄糖淀粉酶催化水解,得到 D-葡萄糖(图 5-23),再将它通过固定化 D-葡萄糖异构酶和固定化含酶菌体,完成由 D-葡萄糖至 D-果糖的转化(主要步骤),再通过精制、浓缩等手段,即可得到不同种类的高果糖浆。

1. 酶的固定化

(1)物理吸附法。本方法是指利用载体表面的物理吸附作用而将酶固定在载体上。Messing 以多孔氧化铝为载体,先用醋酸镁(MgAc)和醋酸钴 CoAc 处理载体,然后加酶混合,载体孔径以 140～220 Å 最好,活力回收 76%,半衰期 49 d。

(2)离子吸附法。本方法主要依靠酶分子与含有离子交换基团的固相载体结合,一般用阴离子载体进行吸附。如 DEAE-Sephadex、DEAE-纤维素为载体。用这种方法固定化的第一个酶是用 DEAE-纤维素离子结合的过氧化氢酶,第一个工业应用的是 DEAE-Sephadex 上

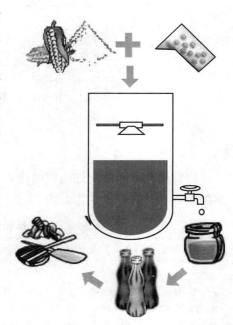

图 5-23　酶将玉米或小麦等作物中的淀粉转化为糖

的氨基酰化酶,目的是从 N-乙酰基-DL-氨基酸的消旋混合物中生产 L-氨基酸。

(3)共价键结合法。本方法是指将酶以共价键的形式结合在载体上。由于共价键的形成,该固定化酶结合得稳定性更强,不容易溶解到水溶液中。Stranberg 等将多孔玻璃珠与酶在 pH 8.5、0.05 mol/L 硼酸盐缓冲液中混合,4℃间歇摇动,静置 4 d,半衰期 12～14 d。

(4)包埋法。本方法是把酶固定于聚合物材料或膜的格子结构中,这样可以防止酶蛋白释放,而允许底物分子穿透。此法制备的固定化酶限于底物和产物分子较小的有关反应。Stranberg 等用 90% 丙烯酰胺,加酶后加入 10% N,N'-甲叉双丙烯酰胺作交联剂制成固定化酶,活力回收 50%～60%。

2.含酶菌体细胞固定化　葡萄糖异构酶为胞内酶,可直接将含酶的菌体细胞固定化。常见固定方法有加热固定法、离子吸附、絮凝法、包埋法等。

3.生产流程　以淀粉生产高果糖浆为例,其生产过程见图5-24。

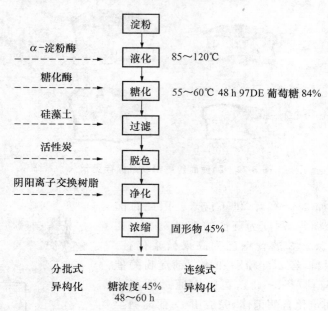

图 5-24　高果糖浆生产过程

固定化酶和固定化细胞在国民经济各领域应用广泛,代表着食品工业的发展方向,具有广阔的市场前景和强大的生命力(表5-7)。

表 5-7　固定化酶和固定化细胞目前和未来在工业方面的用途

固定化酶和固定化细胞	用　途
	(1)淀粉糖工业
α-淀粉酶和葡萄糖淀粉酶	由淀粉生产葡萄糖,进而生产葡果糖浆
葡萄糖异构酶	由葡萄糖生产葡果糖浆,生产纯果糖
蔗糖酶	由蔗糖生产转化糖
α-半乳糖苷酶	水解甜菜糖废糖蜜中的棉籽糖,提高出糖率,除去大豆制品中的胀气因素
葡聚糖酶	从甘蔗压榨汁液中除去葡聚糖,使以后的澄清工艺易于进行
β-淀粉酶＋茁霉多糖酶(pullulanase)	由淀粉生产麦芽糖
β-半乳糖苷酶	(2)乳制品工业
凝乳酶、胃蛋白酶	水解牛奶或乳清中的乳糖
过氧化氢酶、胰蛋白酶	凝集牛奶、生产干酪
过氧化氢酶	防止牛奶酸败,延长牛奶保存期
巯基氧化酶	连续除去低温消毒牛奶中残存的 H_2O_2

续表 5-7

固定化酶和固定化细胞	用　途
链霉菌蛋白酶	增加牛奶蛋白的稳定性,使之更为可口
	分解牛奶和乳清中的蛋白质,使之容易消化
	(3)其他食品与发酵工业
木瓜蛋白酶	防止啤酒的冷浑浊
复合酶系	发酵制造啤酒、酒精
复合酶系	发酵生产醋酸
葡萄糖氧化酶+过氧化氢酶	除去蛋清中的葡萄糖,防止变色、变味;防止蛋黄酱的分解腐败
柚苷酶	除去果汁中的苦味
果胶酶	果汁和果酒的澄清
α-淀粉酶和葡萄糖淀粉酶	酒精和酒类生产中淀粉原料的液化和糖化
α-淀粉酶+β-淀粉酶+蛋白酶	部分代替麦芽,用于生产中原料的处理
单宁酶	除去食品中的单宁酸;制造茶精
过氧化氢酶	在有卤素和 H_2O_2 存在时,用于液体食品的低温消毒
蛋白水解酶	水解廉价蛋白质,制造易于消化的人工食品
腺苷脱氨酶	由 AMP 生产肌苷酸
	(4)氨基酸生产
氨基酰化酶	生产各种 L-氨基酸和 L-多巴
β-酪氨酸酶	生产 L-酪氨酸和 L-多巴
天门冬氨酸酶	生产 L-天门冬氨酸
色氨酸合成酶	生产 L-色氨酸
精氨酸脱氨基酶	由 L-精氨酸生产 L-瓜氨酸
L-组氨酸氨解酶	由 L-组氨酸生产尿刊酸
亮氨酸氨肽酶	拆分消旋氨基酸酰胺生产 L-氨基酸
L-天门冬氨酸-β-脱羧酶	由 L-天门冬氨酸生产 L-丙氨酸
L-苯丙氨酸酶	由反肉桂酸和氨生产苯丙氨酸
二氨基庚二酸脱羧酶	由 DL-α-氨基-ε-己内酰胺生产 L-赖氨酸
α-氨基-ε-己内酰胺水解酶和消旋酶	
乳酸脱氢酶+丙氨酸脱氢酶	由乳酸生产丙氨酸
谷氨酸合成酶系复合酶系	合成 L-谷氨酸
	合成谷胱甘肽
	(5)制药工业
青霉素酰胺酶	由青霉素 G 生产 6-氨基霉烷酸,进而生产新青霉素;生产 7-氨基脱乙酰氧基头孢烷酸,进而合成头孢力新
氨苄基青霉素酰化酶	生产氨苄基青霉素酰胺
青霉素合成酶系	生产青霉素
谷氨酸脱氢酶系	γ-氨基丁酸
11-β-羟化酶	生产皮质醇(氢化可的松)
类固醇-Δ'-脱氢酶	生产脱氢皮质醇(脱氢泼尼松)
多核苷酸磷酸化酶	生产聚肌核苷酸,可抗人、畜病毒感染
类固醇脂酶	生产睾丸激素
前列腺素 A 异构酶	生产前列腺素 C
葡萄糖氧化酶+过氧化氢酶	生产葡萄糖酸

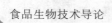

续表 5-7

固定化酶和固定化细胞	用　　途
乳酸合成酶系	生产乳酸
延胡索酸酶	生产 L-苹果酸
山梨糖脱氢酶＋L-山梨酮醛氧化酶	由山梨糖生产 2-酮-古龙酸,进而用于生产维生素 C
δ-氨基-γ-酮戊酸脱水酶	生产胆色素原
蛋白酶	生产无抗原性的蛋白质
链霉菌蛋白酶	从 6-氨基青霉烷酸制剂中除去抗原性物质
肝微粒体的混合功能氧化酶	催化药物的胺或肼基氧化,生产乙基吗啡 N-氧化的药物
复合酶系	生产短杆菌肽
	(6)核苷酸类
辅酶 A 合成酶系	生产辅酶 A
5'-磷酸二酯酶	生产 5'-核苷酸
3'-核糖核酸酶	生产 3'-核苷酸
NAD-焦磷酸化酶	催化 ATP 和 NMD 生成 NAD
醇脱氢酶	使 NAD 连续还原产生 NADH,组成 NAD 再生系统
NADH 氧化酶氨基甲酰磷酸激酶	由 ADP 连续产生 ATP
AMP 激酶＋乙酸激酶	由 AMP 和乙酰磷酸合成 ATP
复合酶系	生产 CDP 胆碱
	(7)其他
脂肪酶	生产三丁醇甘油和三乙酸甘油酯
复合酶系	生产 α-淀粉酶
复合酶系	生成氢气

❓ 思 考 题

1. 简述食品酶工程的概念、有哪些基本原理及内容。
2. 酶的发酵生产原理及分离纯化步骤是什么?
3. 酶反应器的种类有哪些? 固定化酶反应器的原理是什么?
4. 简述酶传感器的工作原理。
5. 固定化酶有哪些具体方法? 举例说明固定化酶技术在食品工业的作用。

📖 指定学生参考书

[1] 徐凤彩,姜涌明.酶工程.北京:中国农业出版社,2001.
[2] 彭志英.食品生物技术导论.北京:中国轻工业出版社,2010.
[3] 姜涌明,戴祝英,陈俊刚,等.分子酶学导论.北京:中国农业大学出版社,2000.
[4] 袁勤生,赵健,王维育.应用酶学.上海:华东理工大学出版社,1994.
[5] 李斌,于国萍.食品酶工程.北京:中国农业大学出版社,2010.

📕 参考文献

[1] 俞俊堂,唐孝宣.生物工艺学.上海:华东理工大学出版社,1997.
[2] 彭志英.食品生物技术导论.北京:中国轻工业出版社,2010.

[3] 宋思扬,楼士林.生物技术概论.北京:科学出版社,2014.

[4] 王关林,方宏筠.植物基因工程.2 版.北京:科学出版社,2014.

[5] 姜涌明,戴祝英,陈俊刚,等.分子酶学导论.北京:中国农业大学出版社,2000.

[6] 袁勤生,赵健,王维育.应用酶学.上海:华东理工大学出版社,1994.

[7] 张树政.酶制剂工业.北京:科学出版社,1984.

[8] 徐凤彩,姜涌明.酶工程.北京:中国农业出版社,2001.

[9] 李斌,于国萍.食品酶工程.北京:中国农业大学出版社,2010.

[10] 郑宝东.食品酶学.南京:东南大学出版社,2006.

第 6 章

发 酵 工 程

本章学习目的与要求

　　了解现代发酵工程的研究内容和发展趋势；明确发酵生产所包含的基本工艺环节以及发酵动力学的相关知识；熟悉各类发酵设备的结构及工作原理；掌握发酵过程控制的工艺原则和技术参数；了解基因重组细胞培养与发酵过程中的技术关键问题及对策。

6.1　发酵工程概述

6.1.1　发酵与发酵工程及其与现代生物技术的关系

发酵(fermentation)一词最初是来源于拉丁语"发泡、沸涌"(fervere)的派生词,即指酵母菌在无氧条件下利用果汁或麦芽汁中的糖类物质进行酒精发酵产生 CO_2 的现象。近代生物化学家对发酵进行了狭义的定义,认为:发酵是微生物在无氧条件下,通过分解代谢,降解有机物,同时积累简单的有机物并产生能量的生物氧化过程。而现代工业微生物学家对发酵进行了广义的定义,认为:发酵泛指微生物在无氧或有氧条件下,通过分解代谢或合成代谢或次生代谢等微生物代谢活动,大量积累人类所需的微生物体或微生物酶或微生物代谢产物的过程。本书所指发酵的含义均指发酵的广义定义。

发酵工程(fermentation engineering)系指利用生物细胞(或酶)的某种特性,通过现代化工程技术手段进行工业规模化生产的技术。因此,它是一门多学科、综合性的科学技术;它既是现代生物技术的重要分支学科,又是食品工程的重要组成部分。

现代生物技术的定义为:以 DNA 重组技术为主要手段,依靠清洁、经济的生物反应器(bioreactor),利用可再生资源加工人类所需产品的可持续发展的技术。现代生物技术包含基因工程技术、细胞工程技术、发酵工程技术、酶工程技术(包括蛋白质工程技术)、生化工程技术五大主要工程技术体系。这五大工程技术体系的关系如图 6-1 所示。

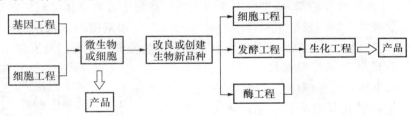

图 6-1　生物工程五大主要技术体系关系

从图 6-1 可以看出,现代发酵工程技术和现代生物工程技术密切相关:现代发酵工程技术需要基因工程技术和细胞工程技术提供优良的生物细胞(或酶);而基因工程技术和细胞工程技术获得的优良的生物细胞(或酶)必须经过发酵工程技术、酶工程技术、生化工程技术,才能实现生物工程技术的产业化。

6.1.2　现代发酵工程的研究内容及应用范围

6.1.2.1　现代发酵工程的研究内容

现代发酵工程研究的内容可分为上游工程、下游工程和辅助工程 3 部分。其中,上游工程包括:①物料的输送和原料的预处理;②发酵培养基的选择、制备和灭菌;③菌种的选育、保藏、复壮和扩大培养;④发酵过程的动力学;⑤发酵醪的特性;⑥氧的传递、溶解和吸收;⑦发酵生产设备的设计、选型和计算;⑧发酵过程的工艺技术控制。下游工程包括:①发酵醪与菌体的分离;②发酵产物的提取;③发酵产物的精制。辅助工程技术包括:①空气净化除菌与调节系统;②水处理和供水系统;③加热和制冷系统。

在上述研究内容中,上游工程是发酵工程研究的主要内容。典型的微生物发酵工艺流程图见图 6-2。

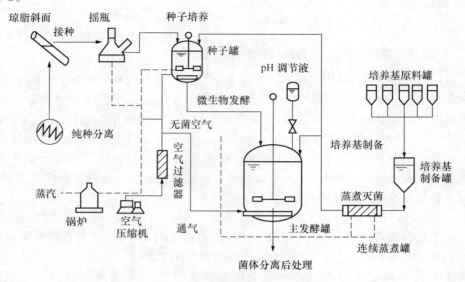

图 6-2　典型的微生物发酵工艺流程图

6.1.2.2　现代发酵工程的开发应用范围

随着发酵工程技术研究的深入,发酵工业同国民经济发生着越来越深刻的联系,涉及的范围十分广泛,前景极其广阔。发酵工程技术的研究、开发、应用范围根据依据的不同可以分为两类。根据产业部门划分的十大产业部门均为食品酿造和发酵产业部门及发酵工程技术涉及的其他产业部门;根据产品类型划分包括生物细胞的培养与发酵生产、生物酶的发酵生产、生物细胞代谢产物的发酵生产、生物转化发酵等。详细内容可以参见二维码 6-1。

二维码 6-1　现代发酵工程技术的应用范围

6.1.3　发酵工程的历史和发展趋势

发酵工程的历史大致可分为:自然发酵阶段、纯培养发酵阶段、深层通气发酵阶段、代谢调控发酵阶段、全面发展阶段、基因工程阶段 6 个阶段,其每个阶段的特点见表 6-1。

从现代生物技术发展趋势以及现代发酵工程与现代生物技术的关系来分析,现代发酵工程的发展趋势主要集中在以下几个方面:

1. 利用基因工程技术,人工选育和改良发酵菌种　基因工程技术为酿造与发酵工程技术提供了无限的潜力,掌握了基因工程技术就可以按照人们的意志来创造新的物种,利用这些新的物种为人类做出不可估量的贡献。

2. 结合细胞工程技术,采用发酵工程技术进行动植物细胞培养　细胞融合技术使动植物细胞的人工培养进入了一个新的阶段,借助微生物细胞培养与发酵的先进技术,大量培养动植物细胞,能够产生许多微生物细胞不具备的特有的代谢产物。目前,该技术已日臻完善,已有许多进行大规模生产的成功事例。

表 6-1　发酵工程的历史阶段及其特点

阶段及年代	技术特点及发酵产品
自然发酵阶段 （1900 年以前）	利用自然发酵制曲酿酒、制醋、栽培食用菌、酿制酱油、酱品、泡菜、干酪、面包以及沤肥等
纯培养发酵阶段 （1900—1940 年）	利用微生物纯培养技术发酵生产面包酵母、甘油、酒精、乳酸、丙酮-丁醇等厌氧发酵产品和柠檬酸、淀粉酶、蛋白酶等好氧发酵产品 该阶段的特点是：生产过程简单，对发酵设备要求不高，生产规模不大，发酵产品的结构比原料简单，属于初级代谢产物
深层通气发酵阶段 （1940—1957 年）	利用液体深层通气培养技术大规模发酵生产抗生素以及各种有机酸、酶制剂、维生素、激素等产品 该阶段的特点是：微生物发酵的代谢从分解代谢转变为合成代谢；真正无杂菌发酵的机械搅拌液体深层发酵罐诞生；微生物学、生物化学、生化工程三大学科形成了完整的体系
代谢调控发酵阶段 （1957—1960 年）	利用诱变育种和代谢调控技术发酵生产氨基酸、核苷酸等多种产品。 该阶段的特点是：发酵罐达 $500\sim2\,000\ m^3$；发酵产品从初级代谢产物到次级代谢产物；发展了气升式发酵罐（可降低能耗、提高供氧）；多种膜分离介质问世
全面发展阶段 （1960—1979 年）	利用石油化工原料（碳氢化合物）发酵生产单细胞蛋白；发展了循环式、喷射式等多种发酵罐；利用生物合成与化学合成相结合的工程技术生产维生素、新型抗生素；发酵生产向大型化、多样化、连续化、自动化方向发展
基因工程阶段 （1979—）	利用 DNA 重组技术构建的生物细胞发酵生产人们所希望的各种产品，如胰岛素、干扰素等基因工程产品 该阶段的特点是：按照人们的意愿改造物种、发酵生产人们所希望的各种产品；生物反应器也不再是传统意义上的钢铁设备，昆虫躯体、动物细胞乳腺、植物细胞的根茎果实都可以看作是一种生物反应器；基因工程技术使发酵工业发生了革命性变化

3. 应用酶工程技术，将固定化（酶或细胞）技术广泛应用于发酵工业　利用固定化细胞或酶进行工业化酿造与发酵生产，可以简化分离提取和纯化工艺，固定化后的细胞或酶稳定性提高，可以反复使用，改善了生物反应的经济性。还可以将某些产物的发酵法改为固定化符合酶多级反应，将成为发酵工程技术巨大革新。展望未来，酶工程技术在发酵工程技术中的应用必将不断扩大，特别是在解决未来世界环境和能源问题方面将起主导作用。

4. 重视生化工程技术在酿造与发酵工业中的应用　生化工程技术是指生化反应器、生物传感器、生化产品的分离提取和纯化等下游工程技术。自 1960 年以来，一直是生物工程技术中发展较快的工程技术体系。

生化反应器是生物化学反应的场所，其涉及流体力学、传质、传热和生化反应动力学等学科。现代生物工程技术从实验室成果转化为巨大的社会经济效益，都是通过各种类型和规模的生化反应器来实现的。现代酿造与发酵中绝大多数生化反应器属于非均相反应器，基本分为机械搅拌式、鼓泡式、环流式三大类。进行工艺设计时应考虑：第一，选择特异性高的酶或产物产量高的细胞，以减少发酵副产物，提高原料利用率；第二，尽量提高产物浓度，减少投资和产品回收指出。生化反应器设计亟待解决的问题是：生物工艺过程的程序控制、反应器的散热、提高反应效率等；对于非牛顿流体发酵醪（如丝状真菌发酵液）和高黏度多糖（如黄原胶）发酵液，缺乏流变特性数据，也是反应器设计和放大的困难所在。

　　生物传感器是酿造与发酵控制的关键,要实现生化反应器的自动化和连续化,其研究和设计是酿造与发酵工程技术发展的必然趋势。

　　产物的分离提取纯化技术是现代生物技术产业化重要环节,其技术水平的高低对取得应有的经济效益起到至关重要的作用。因此,深入研究并开发适应现代发酵工程技术的生化工程技术,是今后的发展方向之所在。

　　5.发酵法生产单细胞蛋白　当今世界面临的三大问题是:食物、能源和环境。目前生产的单细胞蛋白的主要用途是作为饲料,而食用的单细胞蛋白并不多见。因而,大力开发食用的单细胞蛋白是解决人类粮食问题的重要途径。

　　6.加强代谢调控研究,发酵生产更多代谢产物　由于生物代谢多样性的特点,至今研究透彻的生物代谢途径只是众多代谢途径中的一小部分。因此,加强代谢调控的研究,弄清更多生物的代谢调节机制,将会开发出更多有价值的生物代谢产物。

6.2　发酵培养基的制备及灭菌

6.2.1　发酵培养基的制备

　　发酵培养基是人工制备的、适合不同发酵微生物生长繁殖及积累代谢产物的营养基源。发酵培养基的营养成分及其配比是否合适,对微生物的生长繁殖、发酵产物的合成积累,产物的分离提取,产物的产量和质量都会产生相当大的影响。

　　关于培养基的营养成分、主要原料、类型和配制原则已在细胞工程一章或在相关的微生物学教材中均有阐述,在此不多赘述。感兴趣的读者可以扫描二维码 6-2,了解相关发酵培养基的基本内容。但在发酵培养基的制备中,首先要考虑的是成本和效益问题,使之尽量满足下列条件:第一,消耗单位质量

二维码 6-2　发酵培养基

的底物将产生最大的菌体得率和产物得率;第二,获得最高的产物合成速率;第三,最大限度减少副产物的生成;第四,原料来源丰富,供应充足,价廉物美;第五,减小通风搅拌及后期产物的提取、纯化难度。用甘蔗糖蜜、甜菜糖蜜、谷物淀粉等作为碳源,用铵盐、尿素、硝酸盐、玉米浆及发酵的残余物作为氮源,使能较好地满足上述配制培养基的条件。

6.2.1.1　发酵培养基中前体物质、促进剂和抑制剂添加

　　1.目的　根据发酵菌种的特性和生物合成代谢调控的需要,在发酵培养基中添加前体物质、促进剂和抑制剂,其目的是大幅度提高发酵生产率并降低成本。

　　2.添加前体物质及其应用　某些氨基酸、核苷酸、抗生素发酵必须添加前体物质才能获得较高的产量。

　　在丝氨酸、色氨酸、蛋氨酸、异亮氨酸及苏氨酸发酵时,培养基中分别添加其前体物质甘氨酸、吲哚、2-羟基-4-甲基硫代丁酸、α-氨基丁酸及高丝氨酸,可避免氨基酸合成途径的反馈和抑制作用,从而获得较高的产率。

　　5′-核苷酸在糖液的发酵培养基中添加前体物质——腺嘌呤,用腺嘌呤或鸟嘌呤缺陷型变异菌株直接发酵生产。

　　在青霉素 G 的生产过程中,人们发现加入玉米浆后,青霉素 G 的单位产量提高,单位产量

增长的原因是玉米浆中含有苯乙胺。进一步研究发现,苯乙酸、苯乙硫胺、丙酸均可以在青霉素 G 发酵生产中作为前体物质添加。抗生素发酵添加前体物质的作用是,其前体物质是抗生素分子的前身或其组成的一部分,它直接参与抗生素的合成,可控制生产菌的合成方向和增加抗生素的产量。

3. 添加促进剂和抑制剂及其应用　促进剂是指那些非细胞生长所必需的营养物,又非前体,但加入后却能提高产量的添加剂。抑制剂是抑制某些代谢途径的进行,同时刺激另一代谢途径,以致可以改变微生物的代谢途径的添加剂。

在酶制剂发酵培养基中添加诱导物,可使酶产量大幅度提高,一般来说,诱导物是相应酶的作用底物或底物类似物,这些诱导物往往能够启动微生物体内的产酶机构,如果没有诱导物,这种产酶机构通常没有活性,产酶受到抑制,这对于产诱导酶(如水解酶类)的微生物来说,尤为重要。在培养基中添加微量的促进剂可大大地增加某些微生物酶的产量。添加促进剂能够提高酶产量的重要原因是增加了细胞膜的通透性,加速了氧的流通速度,改善了菌体对氧的利用。常见的产酶促进剂有:表面活性剂(洗净剂、吐温-80、植酸、洗衣粉等)、EDTA、大豆精炼抽取物、甲醇等。

在抗生素发酵培养基中添加某些促进剂和抑制剂,常可促进抗生素的生物合成。在不同抗生素发酵中,不同的促进剂和抑制剂的作用不同。

(1)起生长因子作用的促进剂。如添加微量"九二○"或植物生长激素,可促进某些放线菌的生长发育,缩短发酵周期,提高抗生素的发酵单位。

(2)延迟菌体自溶的抑制剂。如巴比妥可延迟链霉菌产生菌的菌丝抗自溶的能力,提高链霉菌的产量。

(3)抑制其他产物合成途径的抑制剂。如在四环素的生产中加入溴化物可以抑制金霉素的合成;在头孢霉素 C 的生产中加入 L-蛋氨酸可以抑制头孢霉素 N 的合成。

(4)降低产生菌的呼吸作用,利用抗生素合成的促进剂。如在四环素发酵中加入硫氰化苄,可降低 TCA 循环中某些酶的活力,而增加了糖代谢,利于四环素的完成。

(5)改善通气效果的促进剂。如在某些抗生素发酵培养基中添加聚乙烯醇、聚丙烯酸钠、聚乙二醇或加入某些表面活性剂后,改善了通气效果,促使抗生素发酵单位的提高。

(6)与抗生素结合后降低抗生素在发酵液中浓度的促进剂。如在四环素发酵液中加入 N,N-二苄基乙烯二胺(DBED)碱土金属后与四环素结合形成的复盐,促使四环素向有利于合成的方向进行。

氨基酸发酵易于发生的问题,一是谷氨酸发酵时噬菌体引起的异常发酵,由于噬菌体有宿主专一性,现在的措施是交替更换菌种或选用抗噬菌体菌株,但噬菌体也可以发生宿主范围突变,因此,也可以采用添加氯霉素、多聚磷酸盐、植酸等防止;二是赖氨酸发酵等营养缺陷型菌株易发生回复突变,现已采用发酵时定时添加红霉素而解决。

在发酵过程中添加促进剂的用量极微,选择得好,效果较显著,但一般来说,促进剂的专一性较强,往往不能相互套用。

6.2.1.2　最佳培养基的确定

最佳培养基配比的确定应建立在对细胞生长和代谢情况完全了解的前提下,从生物化学和生化工程技术原理出发来推断和计算出来。但目前还无法实现这一点。因此,确定最佳培养基还是通过单因子试验法、正交试验设计和均匀设计等试验方法来确定培养基的组成和配比。单因子试验方法是一种传统有效的方法,但其效率太低。由于发酵培养基成分复杂,且多种因素互相影响,因此常采用正交试验方法以减少试验次数,提高试验效率。均匀试验法是我国数学工作者方开泰教授根据数论方法提出的一种实验设计方法,它的基本出发点是让试点在整个试验范围内更加充分地均匀分散,从而具有更好的代表性,但每个因素的每个水平只做一次试验,而且可用计算机计算给出回归方程,便于分析发酵条件对发酵产物的影响,并可以大大减少试验次数,提高工作效率,降低试验成本。通过试验确定了培养基的化学组成后,还需要根据具体情况确定原料组成,尽量选用价廉物美、来源丰富的原料,以达到最大的经济效益。

6.2.2　发酵培养基的灭菌

发酵培养基的灭菌方法有物理法(电磁波、射线)、机械法(如过滤与离心)、化学法(化学药剂)和加热法。由于培养基数量大,又含有固形物,一般不采用物理法和机械法,而采用化学法,但添加化学药剂又会对发酵产物的分离提取等都会产生影响,因此,培养基的灭菌特别是液体培养基的灭菌都采用加热灭菌法。

加热灭菌不可避免地造成培养基中营养成分的破坏,所以在加热灭菌操作时应选择一个适当的加热温度和时间,既达到了灭菌的要求,又将培养基的营养损失程度降低到最低限度。这就涉及培养基加热灭菌的动力学问题。

6.2.2.1　培养基加热灭菌的动力学

培养基加热灭菌动力学涉及的两个动力学方程为:对数残留定律(微生物的热死规律)和阿累尼乌斯(Arrhenius)方程。

1.对数残留定律和阿累尼乌斯(Arrhenius)方程的数学表达式

对数残留定律的表达式为:

$$t = \frac{2.303}{k}\lg\frac{N_0}{N_t}$$

式中,t为热致死时间(min);k为热致死速率常数(1/min);N_0为热处理前活菌数(个);N_t为热处理后活菌数(个)。

阿累尼乌斯(Arrhenius)方程的表达式为:

$$k = A \cdot e^{-E/RT}$$

式中,k为热致死速率常数(1/min);A为阿累尼乌斯常数(1/min);E为杀死细胞或孢子的活化能(J/mol);R为气体常数[8.314 J/(mol·K)];T为热力学绝对温度(K)。

2.对数残留定律和阿累尼乌斯(Arrhenius)方程的意义及其与培养基加热灭菌的关系

(1)对数残留定律反映了加热灭菌时间(t)与污染程度(N_0)、灭菌程度(N_t)及热致死速率常数(k)的关系。根据对数残留定律可绘出"微生物死亡速率曲线"(N_t/N_0-t曲线),通过"N_t/N_0-t曲线"可测出k值。

(2)k值的意义:k值是微生物耐热性的特征,与微生物种类和灭菌温度有关。在相同的灭菌温度下,微生物的抗热性越强,k值越小,微生物的抗热性越弱,k值越大。如121℃时,细菌芽孢的k值多为1(1/min),而其营养体的k值为$10\sim10^{10}$(1/min);同一微生物,灭菌温度越低,k值越大,灭菌温度越高,k值越小。

(3)由对数残留定律对灭菌程度进行规定:从对数残留定律中可知:$N_t=0$时,$t\rightarrow\infty$,表明实际达不到。因而在发酵工业中规定：以 $N_t = 10^{-3}$ 为达到灭菌要求，即 1 000 次灭菌中有一次失败或者灭菌失败的概率为 1/1 000 为达到要求。

（4）根据对数残留定律可导出活菌数衰减一个对数周期所需时间——D 值与热致死速率常数 k 的关系：表明 D 值只与 k 有关，而与最初活菌数无关。

根据 $t = \dfrac{1}{k}\ln\dfrac{N_0}{N_t}$，若 $N_t = \dfrac{1}{10}N_0$，则 $D = t = \dfrac{1}{k}\ln10 = \dfrac{2.303}{k}$

（5）阿累尼乌斯（Arrhenius）方程则反映了热致死速率常数（k）与加热灭菌温度（T）的关系。根据阿累尼乌斯（Arrhenius）方程可绘出"热致死速率常数 k 与加热灭菌温度（T 或 $1/T$）曲线"，通过"k-T（或 k-$1/T$）曲线"，可测出杀死微生物细胞或孢子的活化能 E。

（6）根据对数残留定律和阿累尼乌斯（Arrhenius）方程可导出加热灭菌的时间和温度之间的理论关系：

$$t = 1/A \cdot e^{E/RT} \cdot \ln N_0/N_t$$

Rahn 等将上述理论关系式计算了 100～130℃ 范围内大多数细菌芽孢在不同灭菌温度下的灭菌时间，如表 6-2 所示。

表 6-2　灭菌温度与灭菌时间的关系

灭菌温度/℃	100	110	115	121	125	130
灭菌时间（T）/min	1 200	150	51	15	6.4	2.4

上述数据表明：达到相同的灭菌效果，提高灭菌温度可明显缩短灭菌时间。

（7）对灭菌温度和时间的选择提供依据和指导。根据阿累尼乌斯（Arrhenius）方程，加热灭菌时，温度发生变化，微生物死亡速率常数 k 和培养基成分破坏速率常数 k' 都发生变化。当温度由 T_1 升至 T_2 时，则 k 由 k_1 变为 k_2，k' 由 k'_1 变为 k'_2。根据阿累尼乌斯（Arrhenius）方程，推导出：

$$\frac{\ln k_2}{k_1} > \frac{\ln k'_2}{k'_1}$$

上式表明：随温度升高，微生物死亡速率常数 k 增加的倍数大于培养基营养成分破坏速率常数 k' 增加的倍数，也就是说，温度升高，微生物死亡速率大于培养基成分破坏速率，表明，采用高温短时灭菌，可减少培养基营养成分的破坏。

6.2.2.2　发酵培养基加热灭菌的应用

1. 发酵培养基的分批式灭菌法——实消　发酵培养基的分批式灭菌法又称实消，指每批培养基全部进入发酵罐后，在罐内通入蒸汽加热至灭菌温度，维持一段时间，再冷却至接种温度。其特点是：发酵培养基在发酵罐中灭菌，无须专一灭菌设备，操作简便，对蒸汽的要求较低，一般在 $(3\sim4)\times10^5$ Pa 就可满足要求。但是，灭菌时间长，培养基的营养成分由于过热而遭到破坏，设备的利用率较低，大型发酵罐很难做到高温短时的灭菌要求。适用于固体（颗粒）培养基、液体培养基中的小型发酵罐或种子罐的培养基、容易产生泡沫的培养基的消毒灭菌。

2. 发酵培养基的连续式灭菌法——连消　培养基的连续式灭菌法又称连消，指培养基在发酵罐外连续进行加热、维持、冷却，最后进入发酵罐。其特点是：需要专门的灭菌设备，如连消塔、维持罐、冷却器等,可采用高温短时灭菌,培养基营养成分破坏少,发酵罐利用率高,蒸汽负荷均衡,蒸汽压力一般要求高于 5×10^5 Pa,易采用自动控制,减小劳动强度,提高发酵生产率。但是,连续灭菌设备比较复杂,投资较大。适用于大型发酵罐、大规模发酵生产的液体培养基的灭菌。目前,发酵培养基的连消技术在生产应用中主要有以下 3 种工艺:①连消塔加热喷淋冷却连消工艺;②喷射加热真空冷却连消工艺;③板式热交换器连消工艺。

6.3　发酵菌种及其扩大培养

6.3.1　发酵工业对菌种的要求

微生物广泛分布在土壤、水、空气等自然界,其中以土壤中的种类数量最多。有些发酵菌种从自然界分离出来就能利用。有些发酵菌种需要对分离到的野生菌株进行进一步选育后才能利用。当前,发酵菌种发展的总趋势是:从发酵菌转向氧化菌,从野生菌转向变异菌,从自然选育转向代谢控制育种,从诱变育种转向基因重组的定向育种。随着原料的转换和新产品不断出现,势必要求开拓更多新菌种。作为大规模发酵工业生产,对菌种选择有下列要求:①能在廉价原料制成的培养基上迅速生长和生成,并产生所需要的大量代谢产物。②可在易于控制的培养条件下(培养基浓度、温度、pH、溶解氧、渗透压等)迅速生长和发酵,且所需的酶活性高。③生长繁殖快,发酵周期短。④根据代谢调控要求,选择单产高的营养缺陷型突变菌种或调节突变菌株或野生菌株。⑤选择抗噬菌体能力强的菌株,使不易感染噬菌体。⑥菌种纯,不易变异退化,以保证发酵生产和产品质量的稳定性。⑦菌体不是病原菌,不产生任何有害的生物活性物质和毒素(包括抗生素、激素、毒素等),以保证安全。

6.3.2　发酵菌种的选育、保藏和复壮

在发酵工程领域,围绕发酵菌种,主要涉及以下 4 个方面:

1.选种　选种即选择符合发酵生产要求的菌种。菌种的来源有两个途径,一是直接向科研单位、高等院校、发酵工厂或菌种保藏单位购买;二是从自然界中分离筛选菌种。

2.育种　育种即按照发酵生产的要求,根据微生物遗传变异理论,对现有的发酵菌种的生产性状进行改造或改良,以提高产量、改进质量、降低成本、改革生产工艺。育种技术包括:自然选育、诱变育种、杂交育种、原生质体融合育种、基因工程定向育种。其中基因工程定向育种是现代育种技术的标志。

3.菌种保藏　菌种保藏即选择不同发酵菌种的适宜的保藏方法,保持菌种较高的存活率,避免菌种的死亡和生产性状的下降,防止杂菌污染,在适宜条件下,菌种可重新恢复原有的生物学活性而进行生长繁殖。

菌种保藏的主要方法包括:定期移植保藏法、液体石蜡封存法、干燥保藏法(主要有:沙土管或滤纸条保藏法、真空干燥法、真空冷冻干燥法)、液氮超低温保藏法。研究表明,酵母菌发酵菌种采用定期移植保藏法即可;产孢子的丝状真菌发酵菌种一般采用干燥保藏法;不产孢子的丝状真菌发酵菌种须用液氮超低温保藏法;产芽孢细菌发酵菌种一般采用干燥保藏法;非芽孢细菌发酵菌种最好采用真空冷冻干燥法;放线菌一般采用干燥保藏法。对于菌种保藏的方法可以参考二维码 6-3。

 二维码 6-3　菌种的保藏方法　　　　　　　　 二维码 6-4　菌种的退化与复壮

4.菌种复壮　狭义的菌种复壮是指一旦发现菌种生产性状下降或杂菌污染,就必须设法采用分离纯化的方法恢复其原有的生物学性状。广义的菌种复壮系指菌种的生产形状尚未衰退以前,经常有意识地进行纯种分离和生产形状的测定,以期菌种的生产性能逐步提高。狭义的菌种复壮是消极的,而广义的菌种复壮是积极的。对于菌种复壮的内容可以参考二维码6-4。上述涉及的发酵菌种的方面,在微生物学及相关的教材中均有专门论述,这里不多赘述。

6.3.3　发酵菌种的扩大培养

6.3.3.1　发酵菌种扩大培养的目的、任务

菌种的扩大培养是将保存的菌种接入试管斜面或液体培养基中活化后,再经过三角瓶(或肩瓶)液体摇床培养(或固体培养)以及种子罐逐级扩大培养而获得的一定数量和质量的纯种过程。这些纯种培养物又称种子。种子必须满足以下条件:①菌种细胞的生长活力强,移种至发酵罐后能迅速生长,迟缓期短;②生理性状稳定;③菌体总量及浓度能满足大容量发酵罐的要求;④无杂菌污染;⑤保持稳定的生产能力。

菌种扩大培养的目的是:为每次发酵罐的投料提供相当数量的、代谢旺盛的种子。菌种扩大培养的任务是:获得发酵活力高、接种量足够的微生物纯培养物。

6.3.3.2　发酵菌种扩大培养的类型和方法

按照不同的划分标准,发酵菌种的培养有以下几种基本类型和方法:

1.静止培养和通气培养　根据菌种对氧的要求不同,有静止培养和通气培养。静止培养又称嫌气培养或厌氧培养,指将发酵菌种接种于含有培养基的培养器中,进行不通气培养的方法,属于厌氧性微生物的培养方法,如双歧杆菌发酵、乳酸发酵、丙酮-丁醇发酵的菌种培养。通气培养又称好气培养或好氧培养,指将发酵菌种接种于含有培养基的培养器中,进行通气培养的方法,发酵工业中绝大多数发酵菌种的培养均采用此种培养方法。

2.固体培养和液体培养　根据培养的性质不同,有固体培养和液体培养。固体培养又称曲法培养,是指将发酵菌种接种于固体培养基中进行培养的方法,如酿酒制醋中各种曲的培养、酱油酿造和食用菌生产中的菌种培养。液体培养是指将发酵菌种接种于液体培养基中进行培养的方法,也是发酵工业中菌种培养的主要方法,如氨基酸发酵、有机酸发酵、核苷酸发酵、维生素发酵、酶制剂生产、食品添加剂发酵、抗生素发酵、有机溶剂发酵等发酵中的菌种培养。

3.浅层培养和深层培养　根据培养基的厚度,有浅层培养和深层培养。浅层培养又称表面培养,指在三角瓶、茄子瓶、克氏瓶、蘑菇瓶、瓷盘或曲盘(合)中进行液体或固体培养基浅层培养的方法,一般来说,实验室一级种子常采用浅层培养。深层培养系指在种子罐、发酵罐或曲池中进行液体或固体培养基深层培养的方法,一般来说,生产现场的二三级种子及发酵罐种子常采用深层培养。

上述为发酵菌种培养的6种基本类型和方法,在此基础上,又有厌氧固体浅层培养、厌氧固体深层培养、厌氧液体浅层培养、厌氧液体深层培养、好氧固体浅层培养、好氧固体深层培养、好氧液体浅层培养、好氧液体深层培养等多种培养类型和方法。

好氧固体浅层培养或深层培养,统称曲法培养,它源于我国酿造生产特有的传统制曲技术。固体培养最大的特点是固体曲的酶活力高,但无论浅盘与深层固体通气培养都需要较大的劳动强度。目前比较完善的深层固体通风制曲,可以在曲房周围使用循环的冷却增湿的无菌空气来控制温湿度,并且能根据菌种在不同生理时期的需要进行调节,曲层的翻动也全盘自动化。

近年来,由曲法培养衍生出来的一种新方法称为载体培养,它是以天然或人工合成的多孔材料代替麸皮之类的固态基质作为微生物生长的载体,营养成分可以严格控制。发酵结束后,将菌体和培养液挤压出来进行抽提,载体又可以重新使用。据报道,利用该法培养霉菌、酵母菌、放线菌,可以提取色素、肌苷酸、酶等多种产物。作为载体应具有以下特征:①具有多孔结构和足够的表面积,允许空气流通;②能够耐蒸气加热或药物灭菌;③几何形状无特殊要求,形体大小应有适当范围;④目前的载体材料以脲烷泡沫塑料应用得较多;⑤吸水率(指载体体积与吸收的培养基体积之比)应保持较大的变化范围,便于灵活控制。以泡沫塑料块为例,质量为 $1.5\ g/m^3$,边长为 $5\sim20\ mm$,吸水率 $30\%\sim90\%$。

好氧液体浅层培养的特点是菌种的生长繁殖速度受氧气供给的限制,而氧气的供给与培养基的深度有关;菌体培养时不需要搅拌通气,节省劳力。但该方法占地面积大,培养周期长,生产规模受到限制。柠檬酸发酵生产的早期曾采用液体浅层培养,随着生产规模的扩大,液体浅层培养很快被液体深层培养代替。

好氧液体深层培养是发酵工业中应用最多、最广泛的方法,系指从种子罐或发酵罐底部送入无菌空气,再由搅拌桨叶将无菌空气分散成微小气泡溶解在液体培养基中,从而促进菌体生长繁殖的培养方法,其特点是:能够按照菌种的代谢特性以及不同生理时期的通气、搅拌、温度、pH 等要求,选择最佳培养条件。目前几乎所有好气性发酵都采取液体深层培养法,发酵罐的容积达到 $500\sim1\,000\ t$,温度、pH、溶解氧等均采用自动仪器或微机控制,推动着整个微生物工业的发展。

根据工艺控制不同,好氧液体深层通气培养又衍生出多种方法,包括:放大法液体深层培养、两步法液体深层培养、控制法液体深层培养、分批法液体深层培养、分批补料法液体深层培养、连续法液体深层培养等。

6.3.3.3 发酵菌种扩大培养的一般工艺流程与级数控制

发酵菌种扩大培养过程可分为实验室和生产车间两个阶段。其一般工艺流程如下:

实验室阶段菌种的扩大培养:　　　　　原种活化
↓
试管固体或液体培养
↓
三角瓶液体振荡培养(或茄子瓶斜面培养)(或三角瓶固体浅层培养)　一级种子
↓
生产车间菌种的扩大培养:　　　　　种子罐培养　　　　　　二级种子
↓
扩大的种子罐培养　　　　　三级种子
↓
发酵罐

对于不同产品的发酵而言,应根据菌种生长繁殖速度的快慢决定菌种扩大培养的级数。

以细菌为发酵菌种的发酵生产,如谷氨酸及某些氨基酸发酵,由于细菌的生长繁殖速度快,一般采用二级扩大培养的种子进行发酵;以放线菌为发酵菌种的发酵生产,如抗生素发酵,由于放线菌的生长繁殖速度慢,一般采用三级扩大培养的种子进行发酵,有些采用四级扩大培养的种子进行发酵,如链霉菌;以霉菌和酵母菌为发酵菌种的发酵生产,大都采用三级扩大培养的种子进行发酵,有的采用四级扩大培养的种子进行发酵。

在实际发酵生产中,应尽量减少种子扩大培养的级数。扩大培养的级数减少,可简化操作工艺,减少种子罐污染的机会,减少消毒及值班工作量以及减少因种子罐生长异常而造成发酵的波动。菌体的特性、孢子瓶中孢子数、孢子发芽及菌丝繁殖速度、发酵罐种子培养液的最低接种量、种子罐和发酵罐的容积比等都影响种子罐的级数。

如果孢子瓶中的孢子数量较多,孢子在种子罐中发育较快,且对发酵罐的最低接种量小,可采用二级种子扩大培养流程;种子罐的级数可随产物的品种、生产规模、工艺条件的改进作适当的调整。例如,改进种子罐的培养条件、加速孢子的发育或改进孢子瓶的培养工艺,增加孢子的数量,均有可能使三级种子培养简化为二级种子培养。

6.4　发酵动力学

6.4.1　发酵动力学概述

发酵动力学(即生物反应动力学)是发酵工程的一个重要组成部分,它以化学热力学(研究反应的方向)和化学动力学(研究反应的速度)为基础,研究发酵过程中细胞生长、基质消耗、产物生成的动态平衡及其内在规律。发酵动力学的研究内容包括:细胞生长和死亡动力学、基质消耗动力学、氧消耗动力学、产物合成和降解动力学、二氧化碳生成动力学和代谢热生成动力学等。

研究发酵动力学的目的意义是:①建立发酵过程中细胞浓度、基质浓度、温度、pH、溶解氧等工艺参数和控制方案,确定最佳发酵工艺条件。②以发酵动力学模型为依据,利用计算机进行合理的发酵过程的程序设计,模拟最优化的发酵工艺流程和技术参数,使发酵工艺过程的控制达到最优化。③发酵动力学的研究正在为试验工厂数据的放大、为分批式发酵过渡到连续式发酵提供理论依据。

研究发酵动力学的步骤为:第一,获得发酵过程中能够反映发酵过程变化的多种理化参数。第二,寻求发酵过程变化的多种理化参数与微生物发酵代谢规律之间的相互关系。第三,建立多种数学模型,描述多种理化参数随时间变化的关系。第四,利用计算机的程序控制,反复验证多种数学模型的可行性和适用范围。

6.4.2　分批式发酵动力学

分批式发酵法又称分批式培养法,系采用单罐液体深层发酵法,即液体培养基一次性入发酵罐,杀菌、冷却、接种后,进行一次性培养与发酵,最后一次性收获的培养与发酵的方法。其特点是:属于非稳定状态下的培养与发酵的方法,发酵的环境条件(包括温度、pH、培养基成分、溶解氧、氧化还原电位等)随微生物生长代谢的变化而变化;其生长速率和比生长速率也随之变化;细胞的生长过程可分为延迟期、对数生长期、稳定生长期、衰亡期4个阶段。生长曲线和各个阶段的细胞特征的扩增内容可以参见二维码6-5。

二维码 6-5　细胞在分批培养中各个阶段的细胞特性

20世纪40年代以来,人们提出了许多描述微生物生长过程中的比生长速率(μ)与限制性营养物浓度(S)之间的数学模型。1942年,Monod首先提出了比生长速率(μ)与限制性营养物浓度(S)之间符合下列Monod方程式:

$$\mu = \frac{\mu_{max} \cdot S}{K_s + S}$$

式中,μ为比生长速率(1/h);μ_{max}为限制性营养物质浓度(S)过量时的比生长速率,即最大比生长速率(1/h);S为限制性营养物质的浓度(g/L或mmol/L);K_s为饱和常数,即$\mu = 1/2\mu_{max}$时的限制性营养物质的浓度(g/L或mmol/L)。

关于Monod方程的说明:

(1)Monod方程与酶动力学中的米氏(Michaelis)方程类似,所不同的是:Michaelis方程是通过酶学反应理论推导而来;而Monod方程是在大量试验基础上得到的经验方程。单细胞微生物的生长可视为由微生物本身催化培养基生成更多的微生物和产物的反应。

(2)在对数生长期,限制性营养物浓度(S)远远大于K_s,此时,菌体的比生长速率$\mu = \mu_{max}$,为一常数;随着限制性营养物(S)的消耗,当$S = K_s$时,$\mu = 1/2\mu_{max}$,菌体的生长进入稳定期,所以K_s是微生物由对数生长期转入稳定生长期的限制性营养物质的临界浓度;当S远远小于K_s时,$\mu = \mu_{max} \cdot S/K_s$,表明:微生物比生长速率($\mu$)与限制性营养物质的浓度(S)成正比,营养物质的浓度限制了菌体的生长。

(3)μ_{max}与K_s是反映微生物生长特性的重要参数,μ_{max}与K_s随微生物种类和培养条件不同而异,对某种特定的微生物在某种特定的培养条件下,μ_{max}与K_s是定值。其中K_s表示微生物对基质亲和力的强弱:K_s越大,微生物对基质的亲和力越弱,表现为菌体生长对基质浓度变化不敏感。通常,μ_{max}为0.09~0.95(1/h),而K_s一般为0.1~120 mg/L或0.01~3.0 mmol/L。一般来说,细菌的μ_{max}和K_s大于真菌,酵母菌的μ_{max}和K_s大于霉菌;同一细菌,培养温度越高,μ_{max}和K_s值越大;营养物质碳链越短,营养物质越容易利用,μ_{max}和K_s值越大。

(4)对于特定的微生物在特定的培养条件下的μ_{max}与K_s,可用Monod方程的双倒数图解法求得:

Monod方程的双倒数方程为:

$$\frac{1}{\mu} = \frac{K_s}{\mu_{max}} \cdot \frac{1}{S} + \frac{1}{\mu_{max}}$$

上式中以$1/S$为横坐标,以$1/\mu$为纵坐标,得到一条直线。其直线的斜率$= K_s/\mu_{max}$,在纵坐标上的截距$= 1/\mu_{max}$。

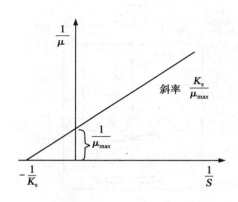

图 6-3　Monod 方程的双倒数曲线

(5)当培养基存在抑制剂或培养基中存在多种营养物质时,Monod 方程必须加以修改。当培养基中存在多种限制性营养物时,Monod 方程修改为:

$$\mu = \mu_{max} \cdot \left(\frac{k_1 S_1}{k_1 + S_1} + \frac{k_2 S_2}{k_2 + S_2} + \cdots + \frac{k_i S_i}{k_i + S_i} \right) \cdot \left(\frac{1}{\sum\limits_{i=1} k_i} \right)$$

(6)并不是所有微生物的生长都符合 Monod 方程。如当用碳氢化合物作为微生物的营养物质时,营养物质从油滴表面扩散的速度会引起对生长的限制,使生长速度不符合对数规律。某些丝状微生物的生长方式是顶端生长,营养物质在细胞内的扩散限制也使其生长曲线偏离上述规律。

6.4.3　连续式发酵动力学

连续式发酵法又称连续式培养法,指在分批式液体深层培养至微生物对数后期时,以一定的流速向发酵罐中连续添加灭菌的新鲜液体培养基,同时以相同的流速自发酵罐中排出发酵液的发酵方法。其特点是:属于稳定状态下的培养与发酵的方法,培养与发酵的环境条件,包括温度、pH、培养物浓度、产物浓度、溶解氧、氧化还原点等不发生变化,因此,可以无限延长分批法培养中微生物的对数生长期,保持微生物稳定的生长速率和比生长速率,维持发酵罐中的细胞浓度、总菌体量和培养液的体积恒定不变。可以减少分批法培养与发酵中每次清洗、装料、消毒、接种、放罐等作业时间,节省了人力、物力,降低了成本,提高了生产效率。并且产物质量较稳定,连续式是可以用于分析微生物的生理、生态以及反应机制的有效手段。由于连续长时培养与发酵,易发生菌种变异、退化、杂菌污染。如果操作不当,新加入的培养基与原来的培养基不易完全混合。而且连续式发酵必须和整个作业的其他工序是连续一致的,连续式发酵比分批发酵的收率及产物浓度稍低。

连续式发酵类型很多,现以最常用、最简单的开放式单级均匀混合非循环恒化器连续发酵系统(图 6-4)为例讨论连续式发酵动力学。

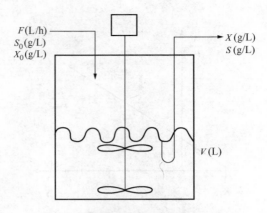

图 6-4　典型的单级恒化器示意图

6.4.3.1　稀释度 D

在开放式单级均匀混合非循环恒化器连续发酵系统中,新鲜培养基的流入速度(或培养液流出速度)$F(L/h)$是控制微生物生长的重要因素。如果 $F(L/h)$太快,微生物来不及利用,培养物被稀释;如果 $F(L/h)$太慢,代谢产物不能及时排出,造成微生物营养不足,生长速率降低。因此,控制新鲜培养液流入速度或培养液流出速度成为连续培养的关键。

假设新鲜培养液以恒定流速 $F(L/h)$流入培养基,并与恒化器内原有的培养液立即充分均匀混合;混合后的培养液以相同的流速 $F(L/h)$流出,培养器内的总体积 $V(L)$保持不变。显然,器内培养液更换速度的快慢与新鲜培养基的流入速度和培养液的总体积有关。当培养液的总体积 $V(L)$不变时,更换速度的快慢与新鲜培养液流入速度成正比。为了表示培养基中培养液更换速度的快慢,引入稀释度 D 的概念。稀释度 D 表示单位时间内新鲜培养基流入培养器的体积与培养器中培养基总体积之比:

$$D = \frac{F}{V}$$

式中,D 为稀释度,表示培养器中培养基的更换速度(1/h);F 为新鲜培养液流入或培养液流出的速度(L/h);V 为培养器中发酵液的总体积(L)。

则培养液在容器中的平均滞留时间:$t = 1/D = V/F$。

6.4.3.2　微生物比生长速率 μ 与稀释度 D 的关系

根据质量平衡关系:细胞增加的速率＝细胞生长速率－细胞流出速率－细胞死亡速率(可忽略不计)

可以得到:

$$\mu c(x) - \frac{F}{V} = \frac{\mathrm{d}c(x)}{\mathrm{d}t}$$

式中:μ 为微生物生长速率;$c(x)$为流出发酵罐的细胞密度;F 为新鲜培养液流入或培养液流出的速度;V 为培养器中发酵液的总体积。

当连续式发酵达到平衡时,$\mathrm{d}t = 0$,则 $\mu = D$。

表明:在开放式单级均匀混合非循环恒化器连续发酵系统中,通过人为调节新鲜培养液流入发酵器的速度 F,即调节稀释度 D,可使微生物达到恒定的比生长速率 μ,在数值上 $\mu = D$。

6.4.3.3　细胞浓度 x 与限制性营养物浓度 S 的关系

根据质量平衡的关系:流入的营养物质－流出的营养物质－生长消耗的营养物质－维持生命需要的营养物质－形成产物消耗的营养物质＝积累的营养物质

$$\frac{F}{V}S_0 - \frac{F}{V}S - \frac{\mu_P \cdot x}{Y_{X/S}} - mx - \frac{Q_P x}{Y_{P/S}} = \frac{dS}{dt}$$

如果发酵目的是培养菌体细胞, mx 和 $\dfrac{\mu_P \cdot x}{Y_{X/S}}$ 可以忽略不计,则当连续培养达到平衡状态时,式中 X 为培养器中菌体细胞浓度(g/L); $Y_{X/S}$ 为用于菌体生长的营养物质的消耗对菌体生长的得率(g 菌体/g 营养物质); S_0 为营养物质流入培养器浓度(g/L); S 为培养器中流出限制性营养物浓度(g/L)。

6.4.3.4　限制性营养物浓度 S、细胞浓度 x 与稀释度 D 的关系以及稀释度 D 对限制性营养物浓度 S、细胞浓度 x、细胞生长速率 $D \cdot x$、倍增时间 t_d 的影响

根据 Monod 方程: $\mu = \dfrac{\mu_{max} \cdot S}{k_s + S}$,当连续培养达到稳定状态时: $\mu = D$;假设达到最大生长比率 μ_{max} 时的最大稀释度为 D_c ,则 $\mu_{max} = D_c$,可推导出限制性营养物浓度 S 与稀释度 D 的关系式:

$$S = k_s \cdot \frac{D}{\mu_{max} - D} = k_s \cdot \frac{D}{D_c - D}$$

将 $S = k_s \cdot \dfrac{D}{\mu_{max} - D} = k_s \cdot \dfrac{D}{D_c - D}$ 代入 $x = Y_{x/s} \cdot (S_0 - S)$,得到细胞浓度 x 与稀释度 D 的关系式:

$$x = Y_{x/s} \cdot \left(S_0 - k_s \cdot \frac{D}{\mu_{max} - D}\right) = Y_{x/s} \cdot \left(S_0 - k_s \cdot \frac{D}{D_c - D}\right)$$

以上两关系式可以表明: k_s、 $\mu_{max}(D_c)$、 $Y_{x/s}$、 S_0 都是常数,可以在分批式发酵系统中获得,而基本的变量是稀释度 D ,当 D 固定时,细胞浓度 x 和限制性营养物浓度 S 相应固定,生长比速 μ、细胞生长速率 $D \cdot x$、倍增时间 t_d 也成为固定值;当 D 变化时, x、 S、 μ、 $D \cdot x$、 t_d 也相应变化,直至体系将生长速率 μ 重新调节到与稀释度 D 相等,在新的条件下建立新的平衡。

图 6-5 为稀释度 D 对限制性营养物浓度 S、细胞浓度 X、细胞生长速率 $D \cdot X$、倍增时间 t_d 影响的曲线图。

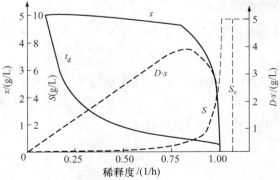

图 6-5　稀释度 D 对 S、 x、 $D \cdot x$、 t_d 影响的曲线图

对图 6-5 分析可以得出：第一，限制性营养物浓度 S 随稀释度 D 的增加而增加，但在相当大的范围内，这种增加并不明显；当 $D = D_c = \mu_{max}$ 时，则 $S = S_0$，此时称为临界稀释度或称"清洗点"。第二，细胞浓度 x 随稀释度 D 的增加而减小，但在相当大的范围内，这种减小并不明显；当 $D = D_c = \mu_{max}$ 时，则 $x = 0$，此时也称为临界稀释度或称"清洗点"。第三，在一定范围内，随稀释度 D 的增加，细胞倍增时间 t_d 显著缩短。第四，在一定范围内，细胞生长速率 $D \cdot x$ 与稀释度 D 成正比关系，即随稀释度 D 的增加，细胞生长速率 $D \cdot x$ 呈直线上升；当 $D = D_c = \mu_{max}$ 时，$D \cdot x = 0$，因此，稀释度 D 在 $0 \sim D_c$ 之间存在一个对应的细胞生长速率最高的稀释度 D_{max}，它是连续式发酵过程中理论上的最适稀释度。

6.4.4 分批补料式发酵动力学

分批补料式发酵又叫分批补料式培养，指在分批式液体深层培养至中后期时，通过间歇或连续地向发酵罐中补加灭菌的新鲜液体培养基，增加发酵液的总量，也就是为了使罐内限制性基质浓度在一定的范围，以维持较高的发酵产物的增长幅度，最后一次性收获的培养方式。其特点是：它是介于分批式发酵与连续式发酵之间的一种发酵方式，兼有两者的优点而克服了两者的缺点。与分批式发酵相比，解除了由于营养基质浓度过高而形成的阻遏效应；避免了由于代谢产物的积累过度而造成的反馈抑制作用。与连续式发酵相比，不易发生菌种衰老退化等杂菌污染。分批补料式发酵主要应用于抗生素、氨基酸、酶制剂、核苷酸、有机酸以及高聚物等的生产。

分批补料式发酵的类型很多。现以最简单的单级单一成分连续恒速变体积补料系统介绍其动力学。

假设在一个发酵罐中，起始培养液体积为 V_0(L)，起始培养液限制性营养物浓度为 S_0(g/L)，接种菌体细胞的起始浓度为 x_0(g/L)，限制性营养物的消耗量对细胞生长量的得率为 $Y_{x/s}$，进行分批式发酵。当细胞浓度达到最高时（$x_{max} = x_0 + Y_{x/s} \cdot S_0$），以恒速 F(L/h)连续向发酵罐中流入浓度为 S_0(g/L)的限制性营养物。当流入的营养物与细胞生长所消耗的营养物相等时 $\left(\dfrac{dS}{dt} = 0, \dfrac{dx}{dt} = 0 \right)$，称为"准恒定状态"，则有下列关系式：

(1)培养液的体积 V 随时间 t 变化的关系式：$V = V_0 + F \cdot t$

(2)稀释度 D 随时间 t 变化的关系式：$D = \dfrac{F}{V_0 + F \cdot t}$

(3)稀释度 D 与细胞生长比速 μ 的关系式：$D \approx \mu$

(4)稀释度 D 与发酵容器内限制性营养物浓度 S 之间的关系式：$S \approx \dfrac{D \cdot K_s}{\mu_{max} - D}$

(5)细胞浓度 x 随时间 t 变化的关系式：$x = x_0 + D \cdot Y_{x/s} \cdot S_0 \cdot t$

上述 5 个动力学方程式表明：稀释度 D 与细胞生长比速 μ 相等；但随培养时间延长，发酵液体积 V 增加，稀释度 D 与细胞生长比速 μ 以相同速率降低，限制性营养物浓度 S 减小，细胞浓度 x 保持不变，培养液中总菌量 $x \cdot V$ 增加。

6.5 发酵设备

现代发酵工程中的发酵生产设备主要是指发酵罐，发酵罐又称生物反应器，它在发酵过程中占据中心地位,是现代生物技术产业化的关键设备。新的发酵产品不断涌现,对发酵设备的要求越来越高。一些交叉学科逐渐形成,如化学工程和生物学交叉形成了生化工程学科;生物学、化学和工程学交叉形成了生物技术学科,它们对发酵设备的放大、发酵罐的研制及发酵过程的控制起着非常大的推动作用。

20 世纪初,出现了 200 m³ 的钢质发酵罐,在面包酵母发酵中开始使用空气分布器和机械搅拌装置;1944 年,第一个大规模工业化生产青霉素的工厂投产,发酵罐容积 54 m³,标志着工业发酵进入一个新阶段;随后,机械搅拌、通气、无菌操作、纯种培养等一系列技术逐渐完善起来,并出现了耐高温在线连续测定的 pH 电极和溶氧电极,开始利用计算机进行发酵过程控制;1960—1979 年,机械搅拌通气发酵罐的容积增大到 80~150 m³,由于大规模生产单细胞蛋白的需要,出现了压力循环和压力喷射型发酵罐,计算机开始在发酵工业中得到广泛应用;1979 年后,随着生物工程技术的迅猛发展,大规模细胞培养发酵罐应运而生,胰岛素、干扰素等基因工程的产品商品化;对发酵罐的严密性、运行可靠性的要求越来越高;发酵过程的计算机控制和自动化应用已十分普遍;pH 电极、溶氧电极、溶解 CO_2 电极等在线检测在国外已相当成熟;同时发酵罐更加趋于大型化(废水处理 2 700 m³,单细胞蛋白 1 500 m³,啤酒 600 m³,柠檬酸 200 m³)。

按照不同的划分标准,发酵生产设备的类型也不同。根据菌种生理特性,有好氧发酵设备和厌氧发酵设备;根据发酵培养基性质,有固体发酵设备和液体发酵设备;根据发酵培养基厚度,有浅层发酵设备和深层发酵设备;根据工艺操作,有分批式发酵设备和连续式发酵设备。其中,好氧液体深层发酵设备在发酵工业中应用最多、最广泛。在好氧液体深层发酵设备中,又有机械搅拌通风发酵设备(包括循环式的伍式发酵罐和文氏管发酵罐、非循环式的通风式发酵罐和自吸式发酵罐)和非机械搅拌通风发酵设备(包括循环式的气提式发酵罐和液体式发酵罐、非循环式的排管式发酵罐和喷射式发酵罐)。目前,最新型的超滤式发酵罐已开始在发酵工业中崭露头角,即成熟的发酵液通过一个超滤膜,使产物通过膜系统进行分离提取,酶可以通过管道返回发酵罐继续发酵,新鲜培养基可以连续加入罐内。

6.5.1　厌氧固体发酵设备

我国传统发酵工业中的白酒和黄酒的酿造均采用厌氧固体发酵法,工艺独特,其主要设施设备包括:发酵室、发酵槽(池)或发酵缸。在有关酿酒工艺教材中均有详述。

6.5.2　厌氧液体发酵设备

厌氧液体发酵设备是密闭厌氧发酵罐,厌氧发酵设备的特点是在发酵过程中不需通入氧气或空气,有时需通入二氧化碳或氮气等惰性气体以保持罐内正压,防止染菌,以及提高厌氧控制和提高醪液循环。主要应用于酒精、丙酮-丁醇、啤酒等发酵。下面以密闭厌氧发酵罐为例,介绍几种厌氧发酵设备。

1.酒精发酵罐　如图 6-6 所示,酒精发酵罐的罐体为圆柱形,顶盖和底盖为弧形或锥形,罐圆柱体径高比为 1:(2~2.5);在酒精发酵过程中,为了回收 CO_2 及其所带出的部分酒精,发酵罐宜采用密闭式;罐顶装有人孔、窥镜、CO_2 回收管、进料管和接种管、压力表、喷淋洗涤水入口等;罐底装有发酵液和污水排出口、喷淋水收集槽和喷淋水出口;罐身上下部装有取样口和温度计接口。对于大型发酵罐,为了便于维修和清洗,往往在近罐底装有人孔。

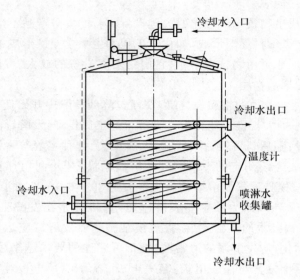

图 6-6　酒精发酵罐

　　发酵罐的冷却装置:对于中小型发酵罐,多采用罐顶喷水淋于罐外壁表面进行膜状冷却;对于大型发酵罐,罐内装有冷却蛇管或罐内蛇管和罐外壁喷洒联合冷却装置。为了避免发酵车间的潮湿和积水,要求在罐体底部和罐体四周装有集水槽。

　　发酵罐的洗涤:近年来,已逐渐采用水力喷淋洗涤装置,从而减小了劳动强度,提高了生产效率。它是一根直立的喷水管,沿轴向安装于罐的中央,在垂直喷水管上按一定间距均匀钻有 $\phi 4 \sim 6$ mm 的小孔。孔与水平呈 20°角。水平喷水管借助于活接头上端和喷水总管相连,洗涤水压为 0.6～0.8 MPa。水流在较高的压力下,由水平喷水管出口处喷出,使其以 48～56 r/min 的速度自动旋转,并以极大的速度喷射到罐壁各处。而垂直喷水管也以同样的水流速度喷射到罐体四壁和罐底。因此,在 5 min 内就可完成洗涤作业。

　　2. 丙酮-丁醇发酵罐　丙酮-丁醇发酵罐与酒精发酵罐类似,但比酒精发酵罐高,罐身需要耐高压,罐壁较厚,用钢板制成;由于灭菌要求较高,顶盖和底部采用球形封头,罐内表面平整光滑;采用表面喷淋冷却。

　　3. 啤酒发酵设备　传统的啤酒发酵工艺分为前发酵和后发酵,设备由分别设在发酵室的前发酵池和贮酒室的后发酵罐两部分组成。

　　前发酵池一般是由钢筋混凝土制成的开放型的水泥池,内刷防腐涂料,池中装有冷却蛇管或排管。后发酵罐为立式或卧式的圆筒形内刷防腐涂料的金属密闭容器,在贮酒室内呈"品"字形排列,中间用钢枕架开。我国小型啤酒厂仍采用该传统发酵设备。

　　现代啤酒发酵设备均采用大型露天圆柱锥形密闭发酵罐(图 6-7),进行一罐法发酵(前发酵和后发酵在一个发酵罐中)。该发酵罐用不锈钢制成,置于室外;罐身呈圆柱形,罐底呈圆锥状,罐的锥体高度为总高度的 1/4～1/3,锥角 70°～75°,罐的径高比为 1:3,罐容量 60～600 m³,工作压力 0.07 MPa;灌顶和罐身均装有人孔,便于观察和维修;灌顶装有压力表、安全阀、玻璃试镜、CO_2 排出口、加压及真空装置;罐内上部安装洗涤球,罐身外部装有取样管、温度计以及 2～4 段冷却夹套和盘管,内通乙二醇或酒精或液氨冷却;罐底装有净化的 CO_2 充气管,以在后发酵中进行 CO_2 的饱和;锥底部设有一段冷却夹套和盘管,利于发酵后酵母的沉积。整个罐体外部包扎聚氨酯泡沫塑料保温。

　　大型露天圆柱锥形密闭发酵罐的特点是:第
一,锥底具有一段冷却夹套和盘管,便于前发酵结
束后酵母的沉降和回收。第二,具有 2~4 段冷却
夹套和盘管,可满足发酵降温的需要。第三,罐体
本身为密闭罐,可进行 CO_2 的洗涤和回收。第四,
发酵过程中由于罐的高度而产生梯度,可形成发酵
液自上而下或自下而上的对流。第五,既可作为发
酵罐,又可作为贮酒灌;前醛和后醛可在一罐中进
行,防止传统工艺中前醛至后醛的 CO_2 损失,也避
免了传统工艺中前醛至后醛与氧接触后双乙酰的
回升,加速了啤酒的成熟。第六,罐的清洗、消毒均
可采用 CIP(clean in place)内部清洗系统自动控制。

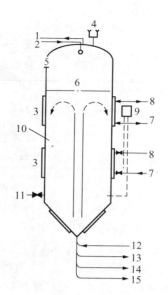

1.CO_2 排出　2.洗涤管　3.冷却夹套　4.加压装置
5.人孔　6.发酵液面　7.冷却剂进口　8.冷冻剂出口
9.温度控制器　10.温度计　11.取样口　12.麦汁管
13.嫩啤酒管路　14.酵母排出　15.洗涤剂管路
图 6-7　啤酒露天发酵罐

6.5.3　好氧固体发酵设备

6.5.3.1　好氧固体浅层发酵设备

　　传统的好氧固体浅层发酵也可称自然通风固
体浅层发酵,是传统发酵工业中制备种曲的方法,
其发酵的设施设备有:种曲室、曲盘或竹匾、种曲培
养工具(在"发酵菌种及其扩大培养"一节中已介绍),采用这种传统的好氧固体浅层发酵设备进
行生产,劳动强度高,易污染杂菌,发酵过程不易控制,占用面积大。

　　现代好氧固体浅层发酵设备是密闭箱式浅盘发酵设备,已应用于生产,可较大规模生产如酶
制剂、酒曲、酱油、食用菌、饲料添加剂等,其优点是:料层薄,发酵过程通入调温调湿的空气,温、
湿度易控制,不易污染杂菌;其缺点是占用面积大。

6.5.3.2　好氧固体深层发酵设备

　　1.机械搅拌通风制曲池　　机械搅拌通风制曲池(图 6-8),设在制曲室内,由池体、通风装置
(空调箱或风机)、搅拌装置(翻曲机)3 部分构成。池体一般用砖砌成,上抹水泥,呈长方形,上方
敞开,长 8~10 m,宽 2 m,高 1 m。池壁距池底 0.2 m 处还有 0.1 m 的宽边,上铺筛板,下置假底,
假底为通风道,底部向上倾斜,倾斜度为 8°~10°,以便通风均匀。池体两侧壁上设有齿轮导轨,
供翻曲机移动,翻曲机依靠螺旋式叶片深入曲料中转动,并可前后左右移动,避免曲料结块,消除
曲料中的裂缝,使曲料均匀疏松,利于通风。池体一端(倾斜较低的一端)设有通风口与风道相
连,通风口配有空调箱和风机,空调箱用砖和水泥砌成,外装人孔、进风阀、回风阀、出风口等,内
装有蒸汽加热喷嘴、进水管、溢水管、进水喷嘴等。空调箱的作用是把通入曲池风道的空气调节
到一定的温、湿度,同时对空气进行净化,空调箱的进风口与风机相连,出风口与风道相连。风机
一般选用离心式鼓风机,0.3 m 左右厚的曲料,易选用 130~140 kPa 的中压风机,风量(m^3/h)为
原料质量的 4~5 倍,风速 10~15 m/s。通过曲料后的空气含有 CO_2,且具有一定的温、湿度,可
以利用。所以曲室内装有回风管,把通过曲料后的废气掺入新鲜空气中,这样调节了空气的温、
湿度,而且,还可以利用空气中的 CO_2 减少霉菌由于剧烈呼吸而引起的淀粉过度分解。但 CO_2
含量最高不超过 10%,否则,致使霉菌窒息,故回风管要求安装阀门。

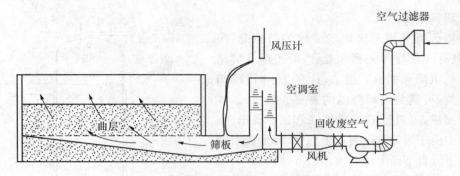

图 6-8　机械搅拌通风制曲池

2.旋转式固体深层发酵罐　旋转式固体发酵罐有鼓型和管型两种形态;将固体培养基接入菌种,放在发酵罐内;培养或发酵培养过程中,发酵罐以低速间歇式旋转,罐内培养物沿罐壁滑动,达到散热并与空气接触的目的;同时还可以通入经过调温调湿的空气,利于控制发酵条件。但由于罐体旋转,菌丝生长早期易遭损伤,易结块;而且,控制不当,易污染。

3.传送带式固体深层发酵设备　传送带式固体深层发酵设备由一组传送带组成。其工艺流程为:①将湿麦麸加热至 85℃以上,并在第一传送带上保持 15 min;②在第二传送带上用无菌冷空气将培养料吹冷至适当温度;③喷上孢子液或用种曲接入料中;④用布料器将接种的培养料分装入无菌的底部具多孔的金属盘中;⑤用空中吊车把金属盘送入培养隧道,采用适宜温度培养发酵至成熟;⑥用吊车把培养发酵好的金属盘送入干燥隧道。

这种发酵系统机械化程度高,但温度不易控制,投资较大。

6.5.4　好氧液体发酵设备

6.5.4.1　好氧液体浅层发酵设备

好氧液体浅层发酵的主要设施与设备包括:培养室、搪瓷盘、培养工具等。柠檬酸发酵生产的早期曾采用好氧液体浅层发酵,随着生产规模的扩大,好氧液体浅层发酵很快被液体深层发酵代替。

6.5.4.2　好氧液体深层发酵设备

1.机械搅拌通风密闭式发酵罐(机械搅拌通用式发酵罐)　机械搅拌通风密闭发酵罐又称机械搅拌通用式发酵罐,它是好氧液体深层发酵广泛应用的设备,也是好氧生物反应器的典型代表,其主要特点是:第一,利用机械搅拌的作用使无菌空气与发酵液充分混合,提高了发酵液的溶氧量,特别适合于发热量大、需要气体含量比较高的发酵反应。第二,发酵过程容易控制,操作简便,适应广泛。第三,发酵罐内部结构复杂,操作不当,容易染菌。第四,机械搅拌动力消耗大,对于丝状细胞的培养与发酵不利。

通用式发酵罐的基本条件是,第一,具有适宜的径高比。径高比适宜,罐身较长,氧的利用率较高。第二,能够承受消毒灭菌及发酵过程中的一定压力。发酵罐水压试验应为工作压力的 1.5倍。第三,具有合理的通风搅拌装置,以提高氧的利用率。第四,具有足够的冷却面积。第五,罐内抛光以减少死角,使灭菌彻底。第六,具有严密的轴封,防止泄漏。

通用式发酵罐的几何尺寸见图 6-9 。发酵罐常见的几何尺寸是:

$$H_0 : D_1 = (2.5 \sim 4) : 1; \quad D_i = 1/3D_1; \quad C = D_i; \quad S = 3D_i; \quad W = 0.1D_i$$

挡板与罐壁的距离 ＝(1/8～1/5)W

式中，H 为罐身高；H_0 为罐高；D_1 为罐径；D_i 为搅拌叶轮直径；S 为相邻搅拌叶轮间距；B 为挡板宽；C 为下搅拌叶轮与罐底距离；W 为壁厚。

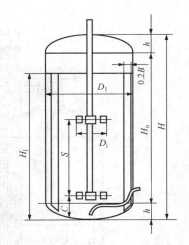

图 6-9　通用式发酵罐的几何尺寸

发酵罐的结构如图 6-10 和图 6-11 所示，其主要结构部件包括：罐体、搅拌器、挡板、通风管、热交换器(冷却器)、消泡器、联轴器、中间轴承、端面轴封、变速装置、人孔、视镜等。

罐体由不锈钢的圆柱体和两端椭圆形封头焊接而成，一般容量 50 m³ 左右为小型，100 m³ 左右为中型，500 m³ 左右及其以上为大型。小型发酵罐罐顶和罐身用法兰连接，灌顶设有清洗用的手孔。大中型发酵罐设有快开人孔，罐顶装有视镜、灯镜、进料管、补料管、接种管、排气管和压力表等。排气管尽量靠近罐顶中心位置，进料管、补料管、接种管可合二为一。罐身装有冷却水进出口、通气管、温度计和检测仪表。取样管可以装在罐顶或罐身。罐身上的管路越少越好。放料可以通过通风管压出。

搅拌器的主要作用是：延长气液接触时间，加速和提高溶氧，有利于传质和传热。常用的搅拌器有平桨式、螺旋桨式、涡轮式，其中以涡轮式使用最为广泛。涡轮式搅拌器叶片分为平叶式、弯叶式和箭叶式 3 种，尤以箭叶式消耗功率最小，翻动液体能力最强；而在相同功率下，平叶式粉碎气泡能力最大。工业生产上常使用两组以上搅拌器叶片，其材料使用不锈钢，且选择叶片类型必须通过试验确定。

搅拌功率是指搅拌桨输入发酵液的功率，即搅拌桨在转动时为克服发酵液阻力所消耗的功率，有时被称作轴功率。

通气条件下非牛顿流体搅拌功率的计算常用 Michel-Miller 公式表示：

$$P_g = Q_1 \left(\frac{P_0^2 N D_i^3}{Q^{0.56}} \right) Q_2$$

式中，Q_1、Q_2 为与流体黏度有关的系数；P_g 为通气功率(kW)；P_0 为不通气功率(kW)；N 为搅拌转速(r/min)；D_i 为搅拌器直径(m)；Q 为通气量(L/min)。

罐内安装挡板的作用是：阻止因液体的水平流动而在液面中心产生的漩涡，促使液体上下翻腾，增加氧的溶解，提高搅拌效率。罐内一般装有 4～6 块挡板，挡板一般为长方形，宽度为罐直径 D 的 1/12～1/8，垂直向下，接近罐底，上部与液面相平。挡板与罐壁的距离为罐直径 D 的 1/8～1/5，避免挡板与罐壁形成死角。

热交换器用于发酵培养基的加热、消毒、灭菌、冷却并且能够调节发酵过程中的温度。其类型包括：①夹套式热交换器：传热系数较小，适用于小型发酵罐或种子罐。②立式蛇管热交换器：传热系数大，适用于大中型发酵罐；一般分为 4～8 组安装在罐内托架上，上端不超过液面，下端距罐底 100 mm 左右，每组 4～5 圈。③立式排管热交换器：传热系数比蛇管热交换器低，用水量大，用于气温较高水源充足地区；以排管形式分组对称安装在管内。盘管换热器的外形和作用可以参见二维码 6-6.

二维码 6-6　盘管换热器

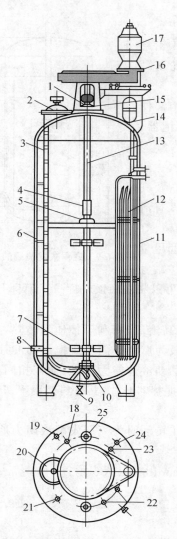

1.轴封　2.人孔　3.梯子　4.连轴节　5.中间轴承　6.热
电偶接口　7.搅拌器　8.通气管　9.放料口　10.底轴承
11.温度计　12.冷却管　13.轴　14.取样　15.轴承柱
16.三角皮带传动　17.电动机　18.压力表　19.取样
口　20.人孔　21.进料口　22.补料口　23.排气口
24.回流口　25.窥镜

图 6-10　大型发酵罐

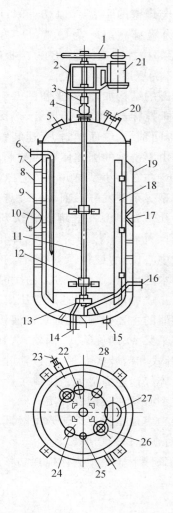

1.三角皮带转轴　2.轴承支柱　3.连轴节　4.轴封　5.窥镜
6.取样口　7.冷却水出口　8.夹套　9.螺旋片　10.温度计
11.轴　12.搅拌器　13.底轴承　14.放料口　15.冷水进口
16.通气管　17.热电偶接口　18.挡板　19.接压力表
20.人孔　21.电动机　22.排气口　23.取样口
24.进料口　25.压力表接口　26.窥镜
27.人孔　28.补料口

图 6-11　小型发酵罐

　　通风管是将无菌空气引入发酵液中的装置。小型发酵罐常采用多孔环状管或多孔十字形管,大型发酵罐采用单孔管。多孔环状管或多孔十字形管安装在搅拌器圆盘之下,其直径为搅拌器直径的 0.8 倍左右,通风管上开有许多向下的小孔,小孔直径 5～8 mm,小孔总面积约等于通风管截面积。单孔管安装在搅拌器下面,正对圆盘中心,管口向下,与罐底距离约40 mm,通风时,空气沿管口四周上升,被搅拌器桨叶打碎成小气泡而与醪液充分混合,增加了气液传质效果。一般通风管入口空气压力为 0.1～0.2 MPa,空气流速 20 m/s。

　　某些发酵如谷氨酸、蛋白酶、淀粉酶等在发酵过程中产生大量泡沫,除添加消泡剂外,在罐内液面之上安装消泡器同样起到很好的消泡效果。消泡器的常用类型有耙式消泡器、旋转圆盘式消泡器、流体吹入式消泡器、冲击反射板式消泡器、碟片式消泡器、超声波消泡器等。

　　在搅拌轴较长时,常分为两段或三段,用联轴器连接。联轴器分为鼓型和夹壳型两种。轴的连接应垂直,中心线对正。为了减少震动应装有可调节的中间轴承。

　　发酵罐常采用的变速装置有三角皮带传动、圆柱或圆锥齿轮减速装置两种类型,其中前者较为简单,噪声较少。

　　搅拌器轴与灌顶或罐底连接处需要密封,即轴封。以防止发酵醪泄漏和杂菌污染。常用的轴封有:填料函(填料函密封圈)和端面轴封(机械轴封)两种机械密封装置,以后者最为常用。端面轴封是靠弹簧和液体的压力,在做相对运动的动环和静环的接触面(端面)产生适当的压力,使这两个光洁平直的端面紧密贴合,端面间维持一层极薄的液体膜而达到密封目的。端面轴封具有密封可靠、使用时间长、无死角、清洁、易消毒灭菌、摩擦损耗小和对轴震动不敏感等优点,但结构较复杂,装拆不便,对动环和静环的光洁平直度要求较高。

　　2.改良的机械搅拌通用式发酵罐

　　(1)瓦尔德霍夫发酵罐:它装有一种独特的消泡装置。

　　(2)一种带有上下两个分离搅拌器的发酵罐:上搅拌采用螺旋桨,用以加强轴向流动;下搅拌采用涡轮桨分散气体,可以提高氧传递效率。这种设计方法充分发挥了这两种搅拌桨的各自特长。

　　(3)完全填充反应器:它是一种比通气搅拌罐能更有效地提高氧传递效率的发酵罐。气液混合时间短,即使对十分黏稠的液体也有同样效果。还消除了罐顶的空间,空气在罐内的滞留时间比通气搅拌罐长。

　　虽然改良型通用式发酵罐有一些改进,但是它的实际应用却远没有机械搅拌通用式发酵罐广泛。

　　3.机械搅拌自吸式发酵罐　机械搅拌自吸式发酵罐是一种不需要空气压缩机和通气管,而是在转子和定子组成的特殊搅拌器作用下自吸入空气的发酵罐。我国自 20 世纪 60 年代开始研制自吸式发酵罐,已应用到醋酸、酵母、蛋白酶、维生素 C 和力复霉素等发酵产品上。

　　该发酵罐的特点是:节省了空气压缩系统,减少了设备投资;溶氧系数高;应用范围广;便于实现自动化和连续化。但是,进罐空气处于负压状态,容易增加杂菌侵入的机会,不适合无菌要求较高的发酵过程;装料系数较低,约 40%;搅拌容易导致转速提高,有可能使某些微生物的菌丝被切断,影响细胞的正常生长。

　　图 6-12 为机械搅拌自吸式发酵罐的结构。其主要构件是自吸式搅拌器和导轮,简称转子和定子。转子由底轴或上主轴带动而旋转,空气则由导气管吸入。其吸气原理是:浸在发酵液中的转子迅速旋转,液体和空气在离心力

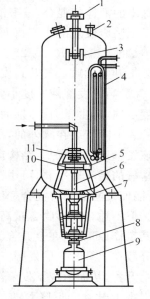

1.皮带轮　2.排气管　3.消泡器
4.冷却排管　5.定子　6.轴
7.双端面轴封　8.联轴节
9.马达　10.转子
11.端面轴封

图 6-12　机械搅拌自吸式发酵罐

的作用下,被甩向叶轮外缘。这时,转子中心处形成负压,从而将罐外的空气通过过滤器吸到罐内。转子转速越大,转子中心处形成的负压也越大,吸气量也越大。同时,转子的搅拌在液体中产生的剪切力又使吸入的空气粉碎成细小的气泡,均匀分散在液体之中。

根据搅拌器的不同及相应装置的改进自吸式发酵罐又有:喷射自吸式、溢流喷射自吸式、溢流单层自吸式、溢流双层自吸式等发酵罐。

4.机械搅拌伍式发酵罐　伍式发酵罐的主要部件是套筒、搅拌器,如图 6-13 所示。

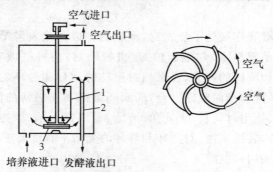

1.套筒　2.溢流管　3.搅拌器
图 6-13　机械搅拌伍式发酵罐

搅拌时液体沿着套筒外向上升至液面,然后由套筒内返回罐底,搅拌器是用 6 根弯曲的空气管子焊于圆盘上,兼作空气分配器。空气由空心轴导入,经过搅拌器的空心管吹出,与被搅拌器甩出的液体相混合,发酵液在套筒外侧上升,由套筒内部下降,形成循环。这种发酵罐多应用于纸浆废液发酵生产酵母。设备的缺点是结构复杂,清洗套筒较困难,消耗功率较高。$0.76\ m^3$ 的发酵罐,K_{La} 为 $220\sim312\ h$,传递每千克氧电耗约 $6\ kW\cdot h$。

5.气升发酵罐　气升式发酵罐属于非机械搅拌发酵罐。该发酵罐内分为上升管和下降管,含气量高的发酵液密度小向上升,而含气量低的发酵液密度高向下降;由于在管内外发酵液密度不同,产生压力差,推动发酵液在罐内循环。上升管和下降管装在罐内的,称为内循环;上升管和下降管装在罐外的,称为外循环。

该发酵罐的特点是:结构简单,节省动力,操作方便,杂菌污染机会少,装料系数高(80%~90%),氧的传质速率高,可用于高密度培养。另外,该发酵罐依靠空气流动带动发酵液循环流动,既能使发酵液均匀混合,又能使气体充分分散,而且没有动力剪切力,也适合动植物细胞的培养。但不适合固形物含量高、黏度大的发酵液或培养液。

其工作原理是:在上升管的下部设空气喷嘴,空气以 $250\sim300\ m/s$ 的高速喷入上升管,使气泡分散在上升管中的发酵液中,发酵液的密度下降而上升,罐内发酵液由于密度较大而下降进入上升管,从而形成了发酵液的循环。

根据上升管和下降管的位置及相应装置的改进,气升式发酵罐又有带升式发酵罐、气升外循环发酵罐(图 6-14a)、气升内循环发酵罐(图 6-14b)、空气搅拌高位发酵罐(塔式发酵罐)。

6.液提式发酵罐　液提式发酵罐是液体借助液体泵进行输送,同时气体在液体的喷嘴处被吸入的发酵罐。液提发酵罐的常见形式有:喷嘴塔式、喷嘴塔循环式、喷嘴循环式、喷射通道式、滴流式、六级塔循环式、管道循环式、下流塔式、液体流化床式。

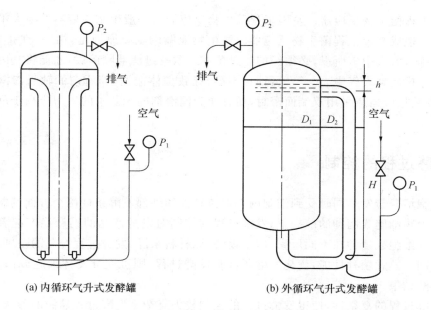

(a) 内循环气升式发酵罐　　　　　(b) 外循环气升式发酵罐

图 6-14　气升发酵罐

7. 膜生物反应器　膜生物反应器是将细胞或微生物等截留或存放在海绵体内,以实现生物催化剂和反应溶液的即时分离的膜反应器。其主要特点是:由于采用了膜分离技术与发酵过程的结合,实现了发酵过程中生物催化剂和反应溶液的即时分离,解除了代谢产物对细胞生长的抑制作用,可进行细胞高密度培养和提高代谢产物产率;生物催化剂能够重复使用,可采用固定化技术进行发酵;生化条件温和,也适用高分子膜;可用于微生物发酵和动、植物细胞的培养;是实现连续发酵的有效途径。随着研究的不断深入,膜生物反应器将成为最有发展前途的一种生物反应器。

如图 6-15 所示,用于发酵过程的膜生物反应器可分为两类,一类是中空纤维固定化细胞反应器,另一类是发酵罐与膜分离组件相结合的细胞循环膜发酵系统。

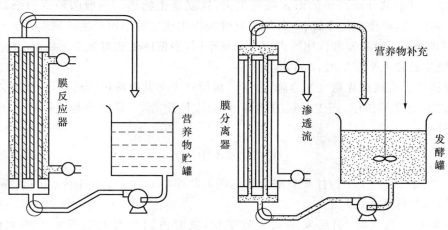

图 6-15　膜生物反应器

8.基因工程菌生物反应器　基因工程菌生物反应器与一般生物反应器的最大不同是防止菌体的泄漏。造成基因工程菌生物反应器内微生物泄漏的主要原因是:第一,在排气过程中,菌体随废气排入大气中。所以,必须经加热灭菌或经微孔过滤器除菌后,才能将基因工程菌反应器中的气体排放到大气中去。第二,轴封不严,导致菌体泄漏,即所谓的轴封渗漏现象。因此,基因工程菌反应器应采用双端面密封,而且作为润滑剂的无菌水的压力应高于反应器内液体的静压力。

6.6　发酵过程的控制

生物细胞培养与发酵同时受到细胞内部遗传特性和外部发酵条件两个方面的制约。在选育获得优良生物细胞或菌种的前提下,发酵过程的控制对发酵产品的高产稳产起着至关重要的作用。同一细胞或菌种在不同厂家,由于设备、原材料来源、发酵过程控制的差别,其发酵水平也不尽相同。熟悉菌种性能,优化发酵条件和发酵过程,则可充分发挥细胞或菌种潜力,获得满意的发酵结果。

由于发酵过程的复杂性,使得发酵过程的控制较为复杂。发酵过程控制的参数很多,可分为物理参数和化学参数两大类,但一些参数的在线控制比较困难,目前生产中较常见的参数主要包括:温度、pH、溶解氧、空气流量、基质浓度、泡沫、搅拌速率、罐压、效价等。

6.6.1　温度对发酵过程的影响及控制

6.6.1.1　发酵热及其测量

1.发酵热　发酵过程中随着菌体的生长以及机械搅拌的作用,将产生一定的热量;同时由于发酵罐壁的散热、水分的蒸发等将会带走部分热量。习惯上将发酵过程中释放的净热量称为发酵热。发酵热包括生物热、搅拌热、蒸发热和辐射热。

(1)生物热。在发酵过程中,由于菌体的生长繁殖和形成代谢产物,不断地利用营养物质,将其分解氧化获得能量,其中一部分能量用于高能化合物,供合成细胞物质和合成代谢产物所需要的能量。其余部分则以热的形式散发出来,这就是生物热。一般菌种活力强,培养基丰富,菌体代谢旺盛,产生热量多;同一种微生物呼吸作用比发酵作用产生热量多;同一种微生物在不同培养阶段,呼吸和发酵作用所产生的热量不同,当菌体处在对数生长期,产生热量多,特别是从对数生长转入平衡期时,产生热量最多。

(2)搅拌热。机械搅拌通气发酵罐,由于机械搅拌带动发酵液进行运动,造成液体之间、液体与设备之间的摩擦作用,产生可观的热量,称为搅拌热 $Q_搅$。搅拌热与搅拌轴功率 P 有关,可用下式计算:

$$Q_搅 = 3601(P/V)$$

式中,P/V 为通气条件下单位体积发酵液所消耗的功率(kW/m^3);3601 为机械能转变为热能的热功当量($kJ/(kW \cdot h)$)。

(3)蒸发热。通气时,引起发酵液水分蒸发,发酵液因蒸发而被带走的热量称为蒸发热 $Q_蒸发$。

$$Q_蒸发 = G(I_出 - I_进)$$

式中,$I_{出}$ 为出口空气的热焓(kJ/kg);$I_{进}$ 为进口空气的热焓(kJ/kg);G 为空气的重量流量(kg 干空气/h)。

(4)辐射热。因发酵液温度与周围环境温度不同,发酵热部分热量通过罐体向外辐射。辐射热大小,取决于罐内外温度差,冬天大些,夏天小些,一般相差不超过5%。

因此,发酵过程中发酵热为:

$$Q_{发酵} = Q_{生物} + Q_{搅} + Q_{蒸发} + Q_{辐射}$$

2. 发酵热的测定和计算

(1)测量一定时间内冷却水流量和进、出口温度,用下式计算发酵热。

$$Q_{发酵} = GC(t_2 - t_1)/V$$

式中,G 为冷却水流量(kg/h);C 为水的比热(kJ/(kg·℃));t_1、t_2 为冷却水进、出口温度(℃);V 为发酵液体积(m^3)。

(2)通过发酵温度自动控制,先使罐温达到恒定,再关闭自动控制装置,测量温度随时间上升的速率。

$$Q_{发酵} = (M_1C_1 + M_2C_2)S$$

式中,M_1、M_2 分别为发酵液和发酵罐质量(kg);C_1、C_2 分别为发酵液和罐材料比热(kJ/(kg·℃));S 为温度上升速率(K/h);V 为发酵液体积(m^3)。

(3)根据化合物的燃烧热值计算生物热:根据赫斯(Hess)定律,热效应决定于系统的初态和终态,而与变化的途径无关,反映的热效应等于作用物的燃烧热总和减去生成物的燃烧热总和。

$$\Delta H = \sum (\Delta H)_{作} - \sum (\Delta H)_{产}$$

6.6.1.2 温度对发酵过程的影响

(1)温度对微生物的影响。在生物学的范围内,温度每升高10℃,微生物的生长速度就加快1倍。高温可杀死微生物,而低温又能抑制微生物的生长。因此,各种微生物都有自己最适的生长温度范围,在此范围内,微生物的生长最快。同一种微生物的不同生长阶段对温度的敏感性不同,延迟期对温度十分敏感,将细菌置于较低温度时,延迟期较长;将其置于最适温度时,延迟期缩短;孢子萌发在一定温度范围内(最低萌发温度→最适萌发温度),随温度升高而缩短;处于对数生长期的细菌,如果在低于最适生长温度几度下培养,即使在培养过程中升温,升温的破坏作用也小;稳定生长期的细菌对温度不敏感,其生长速率主要取决于溶解氧。

(2)温度对微生物酶的影响。温度越高,酶反应速度越快,微生物细胞生长代谢加快,产物提前生成。但温度升高,酶的失活也越快,表现出微生物细胞容易衰老,使发酵周期缩短,从而影响发酵过程最终产物的产量。

(3)温度对微生物培养液的物理性质的影响。改变培养液的物理性质会影响到微生物细胞的生长。例如,温度通过影响氧在培养液中的溶解、传递速度等,进而影响发酵过程。

(4)温度对代谢产物的生物合成方向的影响。在四环素的发酵过程中,生产菌株金色链霉菌同时代谢产生四环素和金霉素。当温度低于30℃时,金色链霉菌合成金霉素的能力较强;随温度升高,合成四环素的能力也逐渐增强;当温度提高到35℃时,则只合成四环素,而金霉

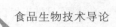

素的合成几乎处于停止状态。

(5)同一菌株的细胞生长和代谢产物积累的最适温度往往不同。例如,黑曲霉(*Aspergillus niger*)的最适生长温度为 37℃,而产生糖化酶和柠檬酸的最适温度都是 32~34℃;谷氨酸生产菌生长的最适温度为 30~32℃,而代谢产生谷氨酸的最适温度为 34~37℃。

6.6.1.3 发酵过程的温度控制

一般来说,接种后应适当提高培养温度,以利于孢子的萌发或加快微生物的生长、繁殖,而此时发酵液的温度大多数是下降的;当发酵液的温度表现为上升时,发酵液的温度应控制在微生物生长的最适温度;到发酵旺盛阶段,温度应控制在低于生长最适温度的水平上,即应该与微生物代谢产物合成的最适温度相一致;发酵后期,温度会出现下降的趋势,直到发酵成熟即可放罐。

在发酵过程中,如果所培养的微生物能承受高一些的温度进行生长和繁殖,对生产是有利的,既可以减少杂菌污染的机会,又可以减少夏季培养中所需要的降温辅助设备。因此,筛选和培育耐高温的微生物菌种具有重要意义。

生产上为了使发酵温度维持在一定的范围内,常在发酵设备上安装热交换器,例如,采用夹套、排管或蛇管等进行调温。冬季发酵生产时,还需对空气进行加热。

所谓发酵最适温度是指在该温度下最适于微生物的生长或发酵产物的生成。不同种类的微生物,不同的培养条件以及不同的生长阶段,最适温度也应有所不同。因此,为了使微生物具有最快的生长速度和最高产率的代谢产物,往往不能在整个发酵周期内仅选一个最合适的培养温度,因为最适合于细胞生长的温度不一定最适合于发酵产物的生成;反之,最适合于发酵产物生成的温度亦往往不是微生物细胞生长的最适合温度。

发酵温度的选择还与培养过程所用的培养基成分和浓度有关。当使用较稀或较容易利用的培养基时,提高温度往往会使营养物质过早耗尽,导致微生物细胞过早自溶,使发酵产物的产量降低。例如,在红霉素发酵过程中,当用玉米浆作培养基时,提高发酵温度的效果就要比采用黄豆粉培养基时的效果差,其原因是黄豆粉培养基相对比较难以利用,提高温度有利于微生物细胞对黄豆粉的利用。

发酵温度的选择还要参考其他的发酵条件。例如,在通气条件较差时,发酵温度应低一些,因为温度较低可以提高培养液的氧溶解度,同时减缓微生物的生长速度,从而能克服因通气不足而造成的代谢异常问题。

总之,应从菌种的生长特性、发酵的最终产物以及培养条件等各个方面综合选取和控制各个发酵阶段的最适合温度,并通过大量的生产实践活动才能正确掌握发酵规律。

6.6.2 pH 对发酵过程的影响及控制

pH 是影响微生物代谢活动的重要指标,是评价和控制发酵过程的重要参数。

6.6.2.1 pH 对发酵过程的影响

pH 对微生物的生长繁殖及代谢产物的形成和积累都有很大影响。不同的微生物对 pH 的要求不同。大多数细菌的最适生长 pH 为 6.5~7.5,霉菌 pH 一般为 4.0~6.0,酵母菌 pH 一般为 3.8~6.0,放线菌 pH 一般为 7.0~8.0,还有一些嗜碱或嗜酸的微生物。微生物生长 pH 可以分为最低、最适和最高 3 种。低于最低生长 pH 或高于最高生长 pH,微生物就不能生长或死亡。微生物生长的最适 pH 和发酵产物形成的最适 pH 往往是不同的。例如,丙酮-丁醇梭菌生长的最适 pH 为 5.5～7.0,而发酵产物形成最适 pH 为 4.3～5.3;青霉素生产菌生长的最适 pH 为 6.5～7.2,而青霉素合成的最适 pH 却为 6.2～6.3;链霉素生产菌生长的最适 pH 为 6.3～6.9,而链霉素合成的最适 pH 为 6.7～7.3。

pH 对微生物的生长繁殖和代谢产物形成的影响主要有以下几方面:第一,pH 影响酶的活性,pH 过高或过低均能抑制微生物体内某些酶的活性,使得微生物细胞生长和代谢受阻。第二,pH 的改变往往引起某些酶的激活或抑制,使菌体代谢途径发生改变,代谢产物发生变化。例如,黑曲霉在 pH 为 2～3 时合成柠檬酸,在 pH 接近中性时积累草酸;谷氨酸生产菌在中性和微碱性条件下积累谷氨酸,在酸性条件下形成谷氨酰胺和 N-乙酰谷氨酰胺;啤酒酵母的最适生长 pH 为 4.5～5.0,此时,发酵产物是酒精;但当 pH 大于 7.5 时,发酵产物除酒精外,还有醋酸和甘油。第三,pH 影响微生物细胞膜所带电荷状态,从而改变细胞膜的渗透性,影响微生物对营养物质的吸收和代谢产物的排泄。第四,pH 影响培养基中某些营养物质和中间代谢产物的离解,从而影响微生物对这些物质的利用。第五,pH 还对氧的溶解、氧化还原电位、营养物的物理状态等都有影响。控制 pH 维持在最适范围内,不仅是微生物生长的重要条件,而且还可以防止其他杂菌生长,因此,发酵过程中要正确控制和调节 pH。

6.6.2.2 影响发酵过程中 pH 变化的因素

发酵过程中 pH 的变化与微生物种类、培养基的组成和培养条件有关。一般情况下菌体本身对所处环境的 pH 有一定的调节能力,从而使自身处在适宜的 pH 下。在一定的温度及通气条件下,随着微生物对培养基中的营养物质的利用以及某些代谢物质的积累,发酵液的 pH 会发生一定的变化。引起发酵液 pH 下降的因素有:①培养基中的碳氮比例不当,碳源过多,特别是葡萄糖过量或者中间补糖过多或溶解氧不足,致使糖等物质氧化不完全,培养液中大量积累有机酸,使 pH 下降;②消泡油加得过多;③微生物生理酸性物质的存在,使 pH 下降。引起发酵液 pH 上升的因素有:①培养基中的碳氮比例失衡,氮源过多,氨基氮释放导致 pH 上升;②存在生理碱性物质;③中间补料时,氨水或尿素等碱性物质加入过多。

6.6.2.3 发酵过程中 pH 的控制

pH 对微生物生长繁殖和代谢产物的合成都有极大的影响。因此,为了使微生物能在最适的 pH 范围内生长、繁殖和发酵,首先应根据不同微生物的特性,不仅在原始培养基中要控制适当的 pH,而且整个发酵过程中,必须随时检测 pH 的变化情况,然后根据发酵过程中的 pH 要求,选用适当的方法对 pH 进行适当的调节和控制。

pH 调节和控制的方法应根据实际生产情况加以分析,再做出选择。pH 调节和控制的方法主要有:

(1)调节培养基的原始 pH,或加入缓冲物质,如磷酸盐、碳酸钙等,制成缓冲能力强、pH 变化不大的培养基。

(2)选用不同代谢速度的碳源和氮源种类和比例。

(3)在发酵过程中加入弱酸或弱碱进行 pH 的调节,进而合理地控制发酵过程。

(4)如果用弱酸或弱碱调节 pH 仍不能改善发酵状况时,通过及时补料的方法,既能调节培养液的 pH,又可以补充营养物质,增加培养液的浓度和减少阻遏作用,提高发酵产物的产率,这种方法已在工业发酵过程中收到了明显的效果。

(5)采用生理酸性盐作为氮源时,由于 N 被微生物细胞利用后,剩下的酸根会引起发酵液 pH 的下降;向培养液中加入碳酸钙可以调节 pH。但需要注意的是,由于碳酸钙的加入量一般都很大,容易染菌。

(6)在发酵过程中,根据 pH 的变化,流加液氨或氨水,既可调节 pH,又可作为氮源。谷氨酸、糖化酶发酵生产中多用此法控制 pH。

(7)流加尿素作为氮源,同时调节 pH,是目前国内味精厂普遍采用的方法。流加尿素引起的 pH 变化带有一定的规律性,实践中容易控制和操作。因通风、搅拌和微生物细胞内脲酶的作用,尿素分解并释放出氨,导致培养液 pH 上升;同时氨和培养基中的营养成分被微生物利用后会形成有机酸等中间代谢产物,一定时间后使培养液 pH 降低。通过反复流加尿素,培养液的 pH 表现出在流加尿素后,因微生物的脲酶分解尿素释放出氨导致 pH 上升,以及当氨被微生物利用和形成代谢产物后又导致 pH 下降这样一种规律,从而使培养液的 pH 维持在一定的范围内。

另外,发酵过程中,控制 pH 的应急措施还有:①改变搅拌转速或通风量,以改变溶解氧浓度,控制有机酸的积累量及其代谢速度。②改变温度,以控制微生物代谢速度。③改变罐压及通风量,改变溶解二氧化碳浓度。④改变加入的消泡油用量或加糖量等,调节有机酸的积累量。

6.6.3　溶解氧对发酵过程的影响及控制

发酵工业用菌种多属好氧菌,在好氧性发酵中,通常需要供给大量的空气才能满足菌体对氧的需求;同时,通过搅拌和在罐内设置挡板使气体分散,以增加氧的溶解度。但因氧气属于难溶性气体,故它常常是发酵生产的限制性因素。

6.6.3.1　溶解氧对发酵过程的影响

好氧微生物发酵时,主要是利用溶解于水中的氧,只有当这种氧达到细胞的呼吸部位才能发挥作用,所以增加培养基中的溶解氧后,可以增加推动力,使更多的氧进入细胞,以满足代谢的需要。不影响微生物呼吸时的最低溶解氧浓度称为临界溶解氧浓度。临界溶解氧浓度不仅取决于微生物本身的呼吸强度,还受到培养基的组分、菌龄、代谢物的积累、温度等其他条件的影响。在临界溶解氧浓度以下时,溶解氧是菌体生长的限制因素,菌体生长速率随着溶解氧的增加而显著增加;达到临界值时,溶解氧已不是菌体生长的限制性因素。临界溶解氧浓度和生物合成最适溶解氧浓度是不同的,后者是指溶解氧浓度对生物合成有一个最适的范围。过低的溶解氧,首先影响微生物的呼吸,进而造成代谢异常;但过高的溶解氧对代谢产物的合成未必有利,因为溶解氧不仅为生长提供氧,同时也为代谢供给氧,并造成一定的微生物的生理环境,它可以影响培养基的氧化还原电位。

6.6.3.2　发酵过程中溶解氧的变化

每种微生物在确定的设备和发酵条件下,溶解氧浓度变化均有自己的规律。一般来说,发酵初期,菌体大量增殖,氧气消耗大,此时需氧量大于供氧量,溶解氧浓度明显下降,同时菌体摄氧量则出现高峰。发酵中、后期,对于分批发酵来说,溶解氧浓度变化比较小,因为菌体已繁殖到一定程度,呼吸强度变化不大。到了发酵后期,由于菌体衰亡,呼吸强度减弱,溶解氧浓度也会逐步上升。菌体开始自溶后,溶解氧浓度上升更为明显。

6.6.3.3　溶解氧在发酵过程中的影响因素及其控制

发酵过程中,通入发酵罐内空气中的氧不断溶于培养液中,以供菌体细胞代谢之需。这种由气态氧转变成液态溶解氧的过程与液体吸收气体的过程相同,所以可用描述气体溶解于液体的双膜理论的传质公式表示：

$$N = k_L \alpha(c^* - c_L)$$

式中，N 为氧的传递速率（mmol/h）；c^* 为溶液中饱和溶解氧浓度（mmol/L）；c_L 为溶液主流中的溶解氧浓度（mmol/L）；k_L 为以浓度差为推动力的氧传质系数（1/h）；α 为比表面积，即单位体积溶液所含有的气液接触面积（m²/m³）。

因为 α 很难测定，所以将 $k_L\alpha$ 当成一项，称为液相体积氧传递系数，又称溶（解）氧系数（1/h）。

从上述公式可以看出，影响发酵过程中供氧的主要因素有推动力（c^*-c_L）和液相体积氧传递系数 $k_L\alpha$。若能改变这两个因素，就能改变发酵罐的供氧能力。

欲增加氧传递的推动力就必须设法提高 c^* 或降低 c_L。

1. 提高饱和溶解氧浓度（c^*）的方法　影响饱和溶解氧浓度（c^*）的因素有：温度、溶液的组成、氧的分压等。由于发酵培养基的组成和培养温度是依据生产菌种的生理特性和生物合成代谢产物的需要而确定的，因而不可任意改动。但在分批发酵的中后期，通过补入部分灭菌水，降低发酵液的表观黏度，以此改善通气效果。直接提高发酵罐压力或向发酵液通入纯氧气来提高氧分压的方法有很大的局限性；而采用富集氧的方法，如将空气通过装有吸附氮的介质的装置，减小空气中的氮分压，经过这种富集氧的空气用于发酵，提高氧分压，是值得深入研究的有效方法。

2. 降低发酵液中 c_L 的方法　影响发酵液中 c_L 的主要因素有：通气量和搅拌速率等。通过减小通气量或降低搅拌速率，可以降低发酵液中的 c_L，但发酵液中的 c_L 不能低于 $c_{临界}$，否则，将影响微生物的呼吸作用。因此，在实际发酵生产中，通过降低 c_L 来提高氧传递的推动力，受到很大局限。

3. 提高液相体积氧传递系数 $k_L\alpha$ 的方法　经过长时间的研究和生产实践证实，影响发酵设备的 $k_L\alpha$ 的主要因素有搅拌效率、空气流速、发酵液的物理化学性质、泡沫状态、空气分布器形状和发酵罐的结构等。试验测出的 $k_L\alpha$ 与搅拌效率、通气速度、发酵液理化性质等的关系可用下述的经验式表示：

$$k_L\alpha = k\left[(P/V)^\alpha \cdot (V_s)^\beta \cdot (\eta_{app})^{-\omega}\right]$$

式中，P/V 为单位体积发酵液实际消耗的功率（指通气情况下）（kW/m³）；V_s 为空气直线流速（m/h）；η_{app} 为发酵液表观黏度（kg·s/m²）；k 为经验常数；α、β、ω 为指数，与搅拌器和空气分布器的形式等有关，一般通过试验测定。

上述试验公式对于液相体积氧传递系数 $k_L\alpha$ 的意义是：①提高搅拌效率，可提高液相体积氧传递系数 $k_L\alpha$。②适当增加通风量，同时提高搅拌效率，这样，既可加大空气流速，又可减小气泡直径，从而可提高 $k_L\alpha$。③适当提高罐压并采用富集氧的方法，可提高氧分压，进而提高 $k_L\alpha$。④在可能的情况下，尽量降低发酵液的浓度和黏度，可提高 $k_L\alpha$。⑤采用机械消泡或化学消泡剂，及时消除发酵过程中产生的泡沫，可降低氧在发酵液中的传质阻力，从而提高 $k_L\alpha$。⑥采用径高比小的发酵罐或大型发酵罐进行发酵，可提高 $k_L\alpha$。

显然，发酵液中的溶氧浓度，是由供氧和需氧两方面所决定的。也就是说，当发酵的供氧量大于需氧量，溶氧浓度就上升，直到饱和；反之就下降。因此，要控制好发酵液中的溶氧浓度,需从这两方面着手。在供氧方面,主要是设法提高氧传递的推动力和液相体积氧传递系数。但供氧量的大小还必须与需氧量的大小相协调,也就是说,要有适当的工艺条件来控制需氧量,使产生菌的生长和产物形成对氧的需求量不超过设备的供氧能力,使产生菌发挥出最大的生产能力。

6.6.3.4　发酵过程中溶解氧的监测方法

发酵过程中溶解氧的监测方法有:①化学法(Winkler 法);②压力法;③极谱法;④覆膜氧电极法。其中,化学法及压力法等较为复杂,不适于在线监控。实际发酵工业应用的一般是由极谱法发展而来的覆膜氧电极法。可以监测发酵过程中溶解氧浓度(c)、菌体耗氧速率(r)及溶氧系数($k_L\alpha$)。此外,还可根据基质的消耗比速(μ_s),间接算出溶氧系数($k_L\alpha$)。

6.6.4　基质浓度对发酵的影响及补料的控制

6.6.4.1　基质浓度对发酵的影响

基质的种类和浓度与发酵代谢有密切关系,选择适当的基质和控制适当的浓度,是提高代谢产物产量的重要方法。

在分批发酵中,基质浓度与菌体细胞生长速率的关系可通过 Monod 方程曲线来描述(图 6-16)

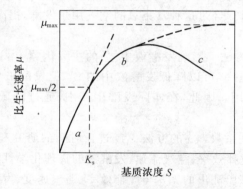

图 6-16　基质浓度对比生长速率的影响

图 6-16 可见,线段 a 表示 $S \ll K_s$ 的情况下,比生长速率与基质浓度呈直线关系;线段 b 适用于 Monod 方程式;线段 c 为基质浓度高的区域,正常情况下可达到最大比生长速率 μ_{max},然而,由于代谢产物或基质过浓而导致抑制作用,出现比生长速率下降的趋势。例如,当葡萄糖浓度低于 100~150 g/L,不会出现生长抑制现象;而当浓度超过 350~500 g/L 时,多数微生物不能生长。

基质浓度对产物形成的影响同样很大。高浓度基质会引起碳分解代谢物阻遏现象,并阻碍了产物的形成。如在淀粉酶的发酵中,葡萄糖浓度过高,会抑制淀粉酶的产生,发酵液中酶的活力不高。另外,基质浓度过高,发酵液非常黏稠,传质状况很差,通气搅拌困难,发酵难以进行。有时,培养基过于丰富,会使菌生长过盛,影响代谢产物的形成和积累。因此,现代发酵工厂很多都采用分批补料发酵工艺,如谷氨酸、赖氨酸、酶制剂、有机酸、抗生素等发酵工业。分批补料发酵工艺还经常作为纠正异常发酵的一个重要手段。

6.6.4.2　补料的控制

为了有效地进行中间补料,必须选择恰当的反馈控制参数,以及了解这些参数与微生物代谢、菌体生长、基质利用以及产物形成之间的关系。选择最适的补料时机,掌握最佳的补料方式,采用最优的补料工艺进行补料控制。关于补料内容、原则、方法可以参见二维码 6-7。

二维码 6-7　补料的内容、
原则和方法

优化补料速率也是补料控制中十分重要的一环,因为养分和前体需要维持适当的浓度,而它们则以不同的速率被消耗,所以补料速率要根据微生物对营养物质的消耗速率及所设定的培养液中最低维持浓度而定。

为了改善发酵培养基的营养条件和去除部分发酵产物,还可采用"放料和补料"相结合的方法,即发酵一定时间后,放出一部分发酵液(可供提炼),同时补充一部分新鲜营养液,并重复进行。这样就可以维持一定的菌体生长速度,延长发酵产物分泌期,有利于提高产物产量,降低成本。

6.6.5　泡沫对发酵过程的影响及控制

6.6.5.1　泡沫的形成及其对发酵的影响

在许多好氧性发酵过程中,发酵菌种在培养过程中由于菌体的生长和代谢、培养基的成分及其变化以及通气和机械搅拌因素的影响,使培养基中某些分子(如蛋白质及其胶体物质)在气液表面排列形成坚固持久的泡沫层。培养基的理化性质对泡沫形成有决定性的作用,此外,培养液的温度、酸碱度、浓度等对发酵过程的泡沫形成也有一定的影响。

对通气发酵过程来说,产生一定量的泡沫属正常现象,但是过多的持久性泡沫会对发酵产生很多不利的影响,主要表现在:①使发酵罐的装填系数减小;②造成大量逃液,导致产物的损失;③泡沫"顶罐",有可能使培养基从搅拌轴处渗出,增加了染菌的机会;④由于泡沫的液位变动,以及不同生长周期微生物随泡沫漂浮或黏附在罐盖或罐壁上,使微生物生长的环境发生了改变,使微生物群体的非均一性增加;⑤影响通气搅拌的正常进行,妨碍微生物的呼吸,造成发酵异常,导致最终产物产量下降;⑥使微生物菌体提早自溶,这一过程的发展又会促使更多的泡沫生成;⑦为了将泡沫控制在一定范围内,就需加入消泡剂,这将给发酵工艺以及产物的最终提取带来困难。因此,控制发酵过程中产生的泡沫,是使发酵过程顺利进行和稳产、高产的重要保障。

6.6.5.2　发酵过程中泡沫的消除与控制

1. 化学消泡法　化学消泡法是一种使用化学消泡剂进行消泡的方法。当化学消泡剂加入起泡剂体系中,由于消泡剂本身的表面张力比较低,当与气泡表面接触时,使气泡膜局部表面张力降低,力的平衡受到破坏,此外,被周围表面张力较大的膜所牵引,因而气泡破裂,产生气泡合并,最后导致泡沫破裂。其优点是:消泡效果好,作用迅速,用量少,不耗能,也不需要改造现有设备。这是目前应用最广的消泡方法。

发酵工业上使用的消泡剂必须具备以下条件:①消泡剂必须是表面活性剂,具有较低的表面张力;②具有一定的亲水性,对气-液界面的铺展系数足够大,能迅速发挥消泡活性;③在水中的溶解度必须较小,以保持长久的消泡能力;④无毒,不影响菌体生长和代谢;⑤不影响氧在培养液中的溶解和传递;⑥具有良好热稳定性;⑦来源方便、广泛,价格便宜。

　　发酵工业上常用的消泡剂主要有:①天然油脂类(花生油、玉米油、菜籽油、鱼油、猪油等);②聚醚类(GPE、PPE、SPE等);③醇类(聚二醇、十八醇等);④硅酮类(主要是聚二甲基硅氧烷及其衍生物);⑤氟化烷烃类。天然油脂类消泡剂消泡效率不高,用量很大,目前生产上多用化学消泡剂来代替。通常称为"泡敌"的聚醚类化学消泡剂广泛应用于酶制剂、氨基酸、维生素、抗生素等的发酵。

　　在发酵过程中消泡的效果,除了与消泡剂的种类、性质、分子质量大小、消泡剂亲水亲油基团等有密切联系外,还与消泡剂的浓度、加入方法和温度等有很大关系。消泡剂可在基础料中一次加入,然后连同培养基一起灭菌,此法操作简便但消泡剂用量较大。也可将消泡剂配制成一定浓度,经灭菌、冷却后在发酵过程中根据泡沫的消长情况分次加入。此法能充分发挥消泡剂作用,用量较少,但操作复杂,易造成杂菌污染。此外,还可通过机械分散及加入载体和乳化剂等方法增强消泡剂的作用。

　　2. 机械消泡法　机械消泡法就是靠机械力打碎泡沫或改变压力,促使气泡破裂的方法。机械消泡的优点在于不需要加入其他物质,从而减少了染菌机会和对下游工艺的影响。其缺点在于不能从根本上消除引起泡沫稳定的因素;消泡效果也较化学法差;同时还需要特定的设备和动力消耗。机械消泡装置类型有耙式消泡器、刮板式消泡器、涡轮式消泡器、射流消泡器、碟片式消泡器、离心式消泡器等。

　　3. 物理消泡法　物理法消泡就是利用改变温度和培养剂的成分等方法,使泡沫黏度或弹性降低,从而使泡沫破裂。这种方法在发酵工业上较少应用。

6.6.6　设备及管道清洗与消毒的控制

　　由于发酵罐的容量正在逐步增大,且大部分发酵罐安装在室外,同时工艺越来越复杂,所用的管道也越来越复杂,所以原来的清洗方法已不适用,必须采用自动化的喷洗装置。而采用较多的是CIP清洗系统。所谓CIP系统,是Clean In Place的简称,意即内部清洗系统。

　　CIP系统分为固定式和活动式,固定式可与一个至数个发酵罐连接,罐数越多,连接越繁杂,使用管线也越多。为此,目前也有使用活动CIP系统的工厂,CIP清洗液供应及返回管线不作固定的连接,CIP循环单位装于手推轮车上,使用时推至要清洗的大罐的底侧,用橡皮软管使CIP循环单位与大罐洗液进出口临时连接成循环系统,这样,一台CIP循环单位可用于数个发酵罐而不需使用众多的固定的连接管线。

6.6.7　杂菌与噬菌体污染的控制

　　绝大多数工业发酵,无论是单菌发酵还是混合菌种发酵,除发酵菌种以外的微生物都被视为杂菌。所谓染菌(contamination),是指在发酵培养基中侵入了有碍生产的其他微生物。几乎所有的发酵工业都有可能遭遇杂菌或噬菌体的污染。染菌的结果,轻者影响产量或质量,重者可能导致倒罐,甚至停产,造成原料、人力和设备动力的浪费。因此,防止杂菌和噬菌体污染是保证发酵正常进行的关键之一。

6.6.7.1　发酵过程中污染杂菌和噬菌体的检测

　　检测杂菌和噬菌体的方法要求准确、快速、可靠。目前在发酵生产中检测杂菌的常用方法有:显微镜观察、平皿培养检测、肉汤液体培养检测等。检测噬菌体的常用方法有:电子显微镜观察、双层琼脂平皿培养检测。发酵过程中感染噬菌体时,往往出现一些异常现象,如菌体停止生长,发酵液 OD 值不上升或下降,耗糖缓慢或停止,产物合成减慢或停止,镜检时菌体明显减少,pH 逐渐上升或出现大量泡沫(菌体裂解)等。

6.6.7.2　发酵过程中污染杂菌和噬菌体的原因

引起染菌原因很复杂,污染后发酵罐内的反应也多种多样,发现污染时还是要从多方面查找原因,采取相应措施予以解决。据国内外多年的发酵生产经验分析,污染原因或途径主要有以下几方面:

(1)种子污染。种子染菌包括种子本身(如斜面、沙土管、安瓿瓶)带有杂菌和种子培养过程中污染杂菌两方面。常由于无菌室设计不合理,消毒工作不够彻底,操作不妥及管理不善等造成。

(2)灭菌不彻底。培养基及发酵罐、补料系统、消泡剂、接种管道等灭菌不彻底,都可能导致发酵染菌。

(3)空气带菌。过滤器失效或设计不合理往往引起染菌。

(4)设备渗漏。夹套或列管穿孔,阀门、搅拌轴封渗漏及设备安装不合理,死角太多等。

(5)操作不合理、管理不善。这也是造成染菌的重要原因之一。

6.6.7.3　发酵过程中污染杂菌和噬菌体的处理

发酵过程中发现污染,首先应尽力寻找染菌的原因和途径,杜绝后患。同时对污染的发酵液根据具体情况作出相应处理。

(1)种子罐染菌。应立即用高压蒸汽灭菌后排放掉,不能往下道工序移种,以免造成更大损失。

(2)发酵罐染菌。发酵前期,污染对生产菌危害性大,蒸汽灭菌后放弃,如危害性不大,可补充营养物,灭菌后重新接种。发酵中、后期染菌,一是加入适量的杀菌剂,如呋喃西林或某些抗生素,抑制杂菌的生长;二是降低培养温度或控制补料量来控制杂菌的生长速度,或提前放罐。

(3)噬菌体的处理。发酵早期感染噬菌体,可加热至 60℃,灭噬菌体后再接入抗性生产菌株。发酵中、后期感染,杀菌后提前放罐或废弃,严防发酵液任意流失。对环境进行全面的清洗和消毒,断绝噬菌体的寄生基础,更换新菌种。

6.6.7.4　预防发酵过程中污染杂菌和噬菌体

积极预防发酵过程中污染杂菌和噬菌体,其主要方法是:对空气净化系统要提高进口空气洁净度,除尽压缩空气中夹带的油和水,保持过滤介质的除菌效率;对蒸汽要严格控制含水,稳定压力;对设备做到无渗漏和死角;对无菌操作室和培菌室定期消毒;严格执行工艺规程要求;选育抗性强的菌株等。

6.6.8　发酵终点的判断

发酵终点的判断,对提高产量和经济效益都是很重要的。发酵过程中产物的合成,有的随菌体生长而增加,如菌体蛋白和初级代谢产物如氨基酸等;有的则与菌体生长无明显关系,如抗生素、类胡萝卜素等次级代谢产物。但无论哪种类型的发酵,到了一定时期,由于菌体的衰亡,分泌能力下降,使得产物合成能力下降,甚至会由于菌体自溶释放出分解酶类破坏已合成的产物。如有些酶制剂生产中,由于蛋白酶的水解作用而使其他酶水解失活,发酵单位因而随时间延长而明显下降。因此,必须综合考虑各种因素,确定合理的放罐时间。

一般来说,对于发酵原料占整个生产成本主要部分的发酵品种,主要追求生产率$[kg/(m^3 \cdot h)]$、得率(kg 产物/kg 基质)的提高。但对于下游提取纯化工序占成本主要部分的发酵品种,则除了要考虑提高生产率和得率外,还要求有较高的产物浓度,以降低整个产品的生产成本。

对于成熟的发酵工艺,放罐时间一般都根据作业计划放罐,但是在发酵异常的情况下,则需根据具体情况,确定放罐时间。例如当发现发酵液染菌时,则放罐时间就需当机立断,以免倒罐,造成更大损失。

另外,临近发酵终点,加糖、补料或补消泡剂都要慎重,因过多的残留物对后续工艺有影响。判断放罐的指标有:产物产量、残糖、氨基氮含量、菌体形态、pH、发酵液外观、过滤速度、黏度等。发酵终点的掌握,就要综合考虑这些参数来确定。

6.6.9　其他因子的在线控制

除了以上涉及的各种控制措施外,还可以对影响菌体生长和产物形成的某些化学因素进行连续的监测,即在线监测,以保证发酵过程控制在良好的水平上。目前,已发展了许多与此有关的技术。

1.离子选择性传感器　可以利用离子选择性传感器来测定 Na^+、Ca^{2+}、K^+、Mg^{2+}、PO_4^{3-} 或 SO_4^{2-} 的浓度,从而对发酵过程进行监测和控制。然而,这类传感器的缺点是对加热蒸汽灭菌极为敏感。

2.酶电极　选择一种与 pH 或氧变化有关的酶,并将它包埋在 pH 电极中或与电极紧密接触的膜上,形成一支酶电极。Enfors(1981)曾报道过将葡萄糖氧化酶和过氧化氢酶共同包埋在一起,构建出酶电极来测定培养基中葡萄糖的浓度,用于发酵控制。

3.微生物电极　目前,已经建立了包埋全细胞的微生物电极来进行在线监测,这种微生物电极已应用于糖、乙酸、乙醇、维生素 B、烟酸、谷氨酸和头孢菌素的发酵控制中。然而,这些电极尚未在生物反应器上广泛应用。

4.质谱仪　质谱仪能够监测气体分压(O_2、CO_2、CH_4 等)和挥发性物质(甲醇、乙醇、丙酮、简单有机酸等),已经在发酵行业中广泛使用,而且全过程的响应时间很短(约 10 s),故可用于在线分析。应用配有毛细管装置的质谱仪测量气体的分压,同时利用配有膜装置的质谱仪测定溶解的气体和挥发性物质,并将它们与计算机数据处理系统连接,即可同时对数个发酵罐进行在线监测。

5.荧光计　细胞内的 NAD(烟酰胺腺嘌呤二核苷酸)浓度通常是保持恒定的,因此,利用荧光技术测定连续培养系统中细胞内 NAD-NADH(烟酰胺腺嘌呤二核苷酸磷酸酯)的水平,就有可能在原位跟踪细胞摄取葡萄糖的效果。最近,人们已研制出了一种小型的、能装入发酵器监测 NADH 且可以灭菌的设备,这种在线监测装置具有高专一性、强敏感性和稳定性好等特点。实验数据显示,在热带假丝酵母(*Canida tropicalis*)分批培养时,培养基中的生物物质变化与 NAD(P)H 相关的荧光信号间存在很好的相关性,所以可用这种方法在线监测发酵过程中因底物耗尽而引起的生物物质浓度变化,或因缺氧产生的发酵培养条件的变化。

6.6.10　发酵过程的计算机控制

按发酵动力学原理对发酵过程进行控制,首先必须了解达到高产所必须具备的产生菌生长状态(生长速率、形态、浓度等)、相应的基质和氧的需要率以及各种发酵条件对这种生长状态和需要率的影响。这涉及许许多多数据的采集、处理、综合运算和参数估计,因此,在当前工业化生产的规模上,计算机控制作为一种简单、快速、实时、有效的控制手段越来越受到重视并应用于发酵过程控制中。在发酵过程中的计算机控制,可分为在线操作和离线操作两种方式。前者是将计算机通过接口与发酵罐上的传感器连接,将传感器测得的参数经过模/数转换和信号变送进行显示,也可以将测得的数据与给定值进行比较,并通过计算给出控制信号,再经数/模转换,将其送入执行机构进行实时反馈控制。所以在线控制又称为联机操作。离线操作又称为离机操作,它是把计算结果提供给生产人员作为控制生产的参数,而过程的调节仍靠操作者执行。

利用从感应器得来的所有关于发酵程序的资料和额外的输入及储存的计算数据,计算机可执行下列程序控制:①简单监视;②分批或补料分批培养的程序控制自动化;③个别程序参数的控制;④程序最适化;⑤发酵过程的远程控制。以上最初两项计算机的控制工作包括警报信号、仪器设备之校正、超越安全界限时的机器运转之停止、从运转开始到休止的种种重复操作步骤的联结(如培养基进料、杀菌的加热、冷却、取样、出料、菌体与产物的分离等)。

计算机在发酵控制上的应用,无疑会日益普及。虽然,计算机控制与程序最适化由于缺乏不少精确可靠的传感器而未能达到完全利用,但是,今后期待能继续不断地开发种种新型传感器,以有效地配合计算机控制领域的应用与开发,使发酵程序亦能精益求精达到完全控制的境界,提升发酵技术的应用层次。

6.7　重组细胞培养与发酵过程中的技术关键问题、对策及应用实例

自从 1973 年 S. Cohen 和 H. Boyer 首次成功实现了 DNA 体外重组试验后,越来越多的基因被成功克隆,许多基因工程产品已投放市场。然而,由于重组细胞含有外源基因,因此重组细胞的生长与发酵过程与宿主菌相比将更加复杂。基因重组导致的后果有:①使宿主细胞生理发生改变;②外源基因的表达与宿主细胞本身基因表达的相互影响;③质粒的复制与外源基因的表达增加了宿主细胞的负担;④使宿主菌生长速率下降。

用于重组 DNA 技术中的宿主细胞既有原核生物,又有真核生物。典型的宿主细胞如大肠杆菌(*Escherichia coli*)、酿酒酵母(*Saccharomyces cerevisiae*)、枯草杆菌(*Bacillus subtilis*)和链霉菌(*Streptomyces* sp.)等。大肠杆菌由于结构简单、遗传背景丰富等优点,通常作为最常用的宿主菌。在重组大肠杆菌培养与发酵过程中,遇到的主要技术难点有:①有机酸类代谢副产物积累并抑制菌体生长和产物的表达;②大规模高密度培养过程中供氧的限制;③外源基因的高效表达引起宿主细胞生理负担过重;④质粒不稳定性问题。下面主要以大肠杆菌重组细胞为例,讨论其在培养与发酵过程中的技术关键问题、对策和应用实例。

6.7.1　重组质粒的不稳定性及其对策

所谓重组质粒的不稳定性,是指重组细胞在培养与发酵过程中发生的质粒突变或丢失现象,其结果使重组菌失去了原有的表型特征。

依据重组质粒的变化本质,质粒不稳定性可分为结构不稳定、分离不稳定及竞争性不稳定。结构不稳定是由于 DNA 的插入、缺失或重排,使需要的基因功能丢失;分离不稳定是由于质粒在细胞分裂过程中子代细胞中的不均匀分配而使部分细胞不含质粒;竞争性不稳定主

要是指在非选择性条件下培养重组菌时,由于宿主细胞的生长优于含质粒细胞而导致的不含质粒细胞逐渐取代含质粒细胞的现象。这些不稳定(也称之为质粒的不相容性)可受许多因素影响:包括宿主细胞的遗传特性、质粒的大小及其拷贝数、调控突变、培养与发酵条件及质粒中所携带的外源基因性质、重组细胞的生长速率、外源基因的表达水平等。这些因素有些需要在质粒设计和构建时仔细考虑;有些则与培养与发酵过程的条件控制有关。

由于重组质粒的不稳定性,重组细胞培养与发酵过程的培养物除了含有重组质粒的重组菌外,还可能含有因分配性不稳定而产生的宿主细胞,以及因结构不稳定而产生的含有结构改变了的各种质粒的细胞,因此培养物中往往含有两种或两种以上的细胞。重组细胞与其他细胞在形态、基质消耗速率、比生长速率、产物形成速率、耗氧速率等方面都具有不同特性,其中重组细胞与宿主细胞在比生长速率之间的差异对质粒稳定影响很大。

重组质粒的稳定性取决于重组质粒本身的分子组成、宿主细胞的遗传特性及培养与发酵条件等3方面。为了提高质粒稳定性,一般可采取以下策略。

6.7.1.1　构建合适的表达载体

一般外源基因由质粒载体携带,质粒载体含有的复制子、复制起始点、启动子类型、启动子的距离、启动子强度等都会影响质粒的稳定性。首先,如果在适当位点引入分配基因(par),可提高质粒稳定性,从而提高目的产物的表达量。这方面应用成功的例子有 hEGF 表达载体pWKW2 等。其次,为了防止外源基因过早表达而增加宿主细胞的负担,构建表达系统时,一般采用可诱导的启动子;在发酵前期选择合适的培养基和培养条件,使细胞快速生长、质粒稳定复制,但质粒不表达产物;当细胞生长至适宜时期,加入诱导物或在阻遏物耗尽后,外源基因便开始大量表达目的产物。另外,构建温度敏感型质粒,在温度较低时,质粒拷贝数较少;当温度上升到一定值时,质粒大量复制,拷贝数剧增。因此,可在较低温度下生长以维持质粒的稳定性,至适宜生长期时,升高温度进行诱导表达。根据以上方法构建的基因工程细胞,一般都采用两段培养与发酵工艺:第一阶段为细胞增殖阶段,不表达产物;第二阶段为产物表达阶段。

6.7.1.2　选择适当的宿主细胞

重组质粒的稳定性在很大程度上受宿主细胞遗传特性的影响。相对而言,重组质粒在大肠杆菌中比较稳定,在枯草杆菌和酵母中较不稳定。同一宿主细胞对不同质粒的稳定性不同,而同一质粒在不同宿主细胞中的稳定性也有差别。因此,对于不同的表达系统、外源基因表达产物的性质、表达产物是否需要进行后加工及其复杂程度,将决定宿主细胞的选择。

6.7.1.3　生物反应器中添加选择压力

重组细胞的稳定性受内部遗传及外部环境两方面因素控制。所以,在重组细胞培养与发酵过程中,通常在生物反应器中增加"选择压力",来限制反应系统中无质粒细胞(P⁻)的生长繁殖,增加含质粒细胞的比例,提高重组细胞的稳定性。"选择压力"通常包括:①在质粒中克隆上抗生素抗性基因,在生物反应器的培养基中加入抗生素,以抑制无质粒细胞(P⁻)的生长繁殖;②利用营养缺陷型作为宿主细胞,构建营养缺陷型互补质粒,设计营养缺陷型培养基,抑制无质粒细胞(P⁻)的生长繁殖;③噬菌体抑制及转化子中自杀蛋白的表达。在含"选择压力"的培养基中培养基因工程菌可以有效地抑制无质粒细胞(P⁻)的生长繁殖,提高质粒稳定性。这种方法对于质粒或宿主细胞本身发生了突变,虽保留了选择性标记、但不能表达目的产物的细胞无效。

6.7.1.4　控制培养与发酵条件并采取适当的流加方式

培养基组成、氧传递和搅拌、温度和 pH 等培养与发酵条件对重组细胞的稳定性至关重要。培养基组成比例对质粒的稳定性影响很大,研究发现 E. coli DH5α(pJMR1750)的质粒丢失概率随 C/N 比增加而增大;E. coli DH5α(pCPPS-31)的质粒稳定性随培养基复杂性降低而提高;Jones 和 Melling 研究了连续培养中 E. coli 中几种质粒的稳定性,分别以葡萄糖、磷酸盐和无机盐作为限制性基质,发现除 pBR325 外的大部分质粒在以磷酸盐为限制性基质时很快丢失。搅拌速率影响着培养液内的氧供应和对菌体的剪切力,对固定化重组细胞培养与发酵来说,氧传递受固定化胶粒屏障和胶粒表面高浓度细胞的限制,强烈搅拌使固定化胶粒内细胞浓度明显减少,质粒稳定性也显著降低。对于温度敏感型质粒,一般采用两段培养与发酵工艺:第一阶段采用较低的温度,使细胞生长繁殖,不表达目的产物;第二阶段采用较高的温度进行诱导,使外源基因表达目的产物。

在重组细胞培养与发酵过程中,为了达到细胞高密度培养和产物高效表达的目的,往往采取流加操作方式。不同流加方式对质粒的稳定性影响也很大。在研究生产葡聚糖酶重组枯草杆菌质粒稳定性时发现,周期性分批流加的酶产量和质粒稳定性高于间歇培养与发酵和恒化器培养与发酵。

6.7.1.5　重组细胞的固定化培养

相对于游离细胞悬浮培养与发酵来说,固定化细胞培养与发酵可以有效克服或减少质粒不稳定性现象,并且可提高反应器产率。但其机理尚不是十分清楚,主要原因可能有:①固定化细胞的生长速率下降;②细胞的区域化分布;③固定化材料的物理结构和化学性质影响传质,使质粒的分离不稳定性得到改善,不含质粒细胞的生长优势减少。同样,接种量、固定化介质种类、胶粒体积、基质浓度、营养缺陷、温度、pH 及溶氧浓度等因素影响着重组细胞固定化培养与发酵的质粒稳定性及目的产物的产率。

与游离细胞培养与发酵相比,重组细胞的固定化培养与发酵有以下优点:①许多质粒载体具有更高的稳定性;②结构不稳定和缺失现象减少或消失;③重组细胞的适应期缩短或消失;④避免了在游离细胞培养与发酵中因延长菌体生长期而出现的波动;⑤使宿主中质粒拷贝数在更长时间内保持不变;⑥由于胶粒的机械特性使 P⁺ 和 P⁻ 细胞在胶粒中不存在竞争;⑦只允许少数几代 P⁻ 细胞在脱离胶粒之前与 P⁺ 细胞竞争;⑧在细胞脱离胶粒之前限制其分裂代数;⑨脱落的细胞在完成多次分裂之前就被洗脱;⑩由 P⁺ 细胞衍生而来的 P⁻ 细胞在固定化体系中被位于胶粒更深处的新细胞不断补充,这些细胞的最初生长由于营养或氧气的缺乏而受到抑制;可以获得高密度培养的细胞和大量发酵外源基因产物,可减少反应器体积;固定化细胞可以反复或连续使用,容易与产物分离,可以降低成本和简化工艺。

目前,虽然许多人研究了重组细胞在培养与发酵过程中质粒稳定性问题,并有很多成功的实例,但仍存在各种理论和工程问题有待于解决。由于基因工程菌的多样性,所采用的手段常缺乏通用性,对于所研究的特定体系,往往要采取具有针对性的措施,才能获得较好的效果。

6.7.2　高密度培养与发酵过程中代谢副产物对重组细胞生长和表达的影响及其对策

为了提高重组细胞的培养效率和产物表达水平,往往需要采取高密度细胞培养与发酵技术。但是,高密度培养与发酵技术在实际应用中存在许多尚需解决的问题,其中最为严重的就是重组细胞培养与发酵过程中产生的代谢副产物对重组细胞的抑制作用,导致细胞过早衰老自溶、外源基因不能充分表达、比活性降低。

1.重组大肠杆菌高密度培养与发酵过程中乙酸的产生及抑制作用　在重组大肠杆菌高密度培养与发酵过程中,当葡萄糖加入量超过转化为菌体生长和形成 CO_2 的需要时,便会产生大量的代谢副产物——乙酸。大肠杆菌产生乙酸的途径有两条:一是在丙酮酸氧化酶的作用下直接由丙酮酸产生乙酸,但在大肠杆菌中此酶的活性较低,不足以产生大量的乙酸;二是在乙酸激酶(ACK)和磷酸转乙酰基酶(PTA)的作用下,将乙酰 CoA 转化为乙酸,这是大肠杆菌产生乙酸的主要途径。大肠杆菌产生乙酸代谢中的限速步骤与电子传递系统和三羧酸循环有关。在批式培养与发酵过程中,约 15% 的碳源摄入后以乙酸盐的形式分泌到基质中;而在高密度长时间培养与发酵过程中,乙酸的积累更为严重。

Mansi E.L 和 Luli 提出了乙酸抑制重组大肠杆菌生长的机理,认为:在中性 pH 环境中已经释放到环境中的乙酸以离子化(CH_3COO^-)和质子化(CH_3COOH)两种形式存在;质子化的乙酸具有弱亲脂性,可以重新穿过细胞质膜进入胞内,在胞内(pH 7.5)解离成 CH_3COO^- 和 H^+,降低了膜内的 pH,使膜内外的 pH 差——ΔpH 减小,减弱了质子推动力,从而大大减少了细胞产生能量的能力,扰乱了细胞的正常代谢和生理活性。

2.重组大肠杆菌高密度培养与发酵过程中减少乙酸积累的对策　影响重组大肠杆菌高密度培养与发酵过程中形成并积累乙酸的因素有:宿主菌、比生长速率、培养基配比及种类、培养温度等。其中,宿主菌的影响因素最大。Luli 和 Stroh 发现,在相同培养条件下,不同宿主菌产生的乙酸量相差 3 倍。减少乙酸积累的对策有:①利用代谢工程构建乙酸生成量低的宿主细胞;②通过发酵过程控制降低乙酸的积累等方法。减少乙酸积累的对策参见二维码 6-8。

二维码 6-8　减少乙酸积累的对策

6.7.3　重组细胞高密度培养与发酵过程中供氧的限制及其对策

重组细胞对氧的需求量和发酵设备的供氧能力在高密度培养大规模发酵生产过程中已成为一个限制因素。一般来说,好氧性细胞在发酵过程中的需氧量为 $20\sim50$ mmol/(L·h),而空气中的氧在培养基中的溶解度在 1 个大气压下,25℃时大约只有 0.2 mmol/(L·h),即每小时氧必须饱和 $100\sim250$ 次才能满足细胞代谢的需要。空气中的氧还需经过气膜、气液界面、液膜、细胞膜等一系列传递过程最后进入细胞内到达呼吸链,此过程需要克服相当大的传质阻力。传统的解决方法是:改善设备的供氧能力,从反应器着手,设计混合性能佳、低剪切力及氧传递性能好的反应器;提高搅拌转速、增大通气量以增大空气在培养液中的持气量和增加气液接触的比表面积;或者在培养液中加入某些助溶剂,以提高氧的溶解度。所有这些方法均受到设备和能耗的限制。随着基因工程技术的发展,利用代谢工程改善宿主细胞的氧传递和氧利用能力,可以从根本上解决氧缺乏问题。VHb 是原核生物中发现的一种氧结合蛋白,它可以在低氧条件下结合环境中的氧气,起到富集氧气以供宿主细胞利用的作用,并且在大肠杆菌中整合表达的 VHb 能促进宿主细胞生长及重组蛋白的表达。因此,细胞中表达 VHb 可望从提高细胞自身代谢功能入手解决溶氧供求矛盾。

6.7.3.1　VHb 的结构、功能和作用机制

Vitreoscilla 是一种专性好氧的革兰氏阴性原核丝状菌,习惯生长于泥塘腐叶等贫氧的环境中,并能诱导合成一种可溶性的血红素蛋白。20 世纪 70 年代,美国科学家 Tyree 发现了该

蛋白,并将其命名为 *Vitreoscilla hemoglobin*,简称 VHb。研究表明,VHb 是由两个大小完全相同的分子质量为 15 775 u 的亚基和二分子 b 型血红素组成的同源二聚体,在光谱学性质和氧合动力学上与氧合肌红蛋白相似。比较该蛋白的 146 个氨基酸全序列与其他动植物血红蛋白的氨基酸序列,具有相当高的结构同源性与相似性,仅在 N 端存在某些结构差异。

用二维电泳分析 VHb 表达前后菌体蛋白的组成,未发现有明显差异,说明 VHb 对细胞的促进作用是该蛋白自身的功能,而不是细胞在基因水平上的二次应答。用光谱分析方法发现 VHb 蛋白可与氧结合生成十分稳定的氧合态,氧合态的形成是 VHb 蛋白发挥生理功能的必需条件。

为了解释 VHb 的作用机理,Khosla 等提出了两种假说:扩散便利假说和氧化还原效应假说。扩散便利假说认为,在低氧条件下,VHb 大量积累而且有近一半的 VHb 分布于周质中,以活性氧合 VHb 存在。另外,氧合 VHb 能提高氧在呼吸链上的传递效率,加快质子传递,促进 ATP 的合成,提高整个能量代谢水平。氧化还原假说认为,氧合型 VHb 可能影响了细胞内某些关键性的氧化还原敏感的分子活性,如传感器元件、调控子,或者呼吸链上的某个关键酶,这种影响是通过提高能量转换效率逐级传导的。昊奕等提出了末端电子受体假说,认为氧合态 VHb 作为末端电子受体参与大肠杆菌呼吸链末端氧化过程,并依据这一假说定量研究了 VHb 对大肠杆菌能量代谢的影响。研究表明,VHb 在微氧代谢状态时的表达大大提高了呼吸链末端电子受体量,促使电子传递过程倾向能量代谢效率较高的 Cyo 途径,从而使细胞能适应贫氧的生活环境。

6.7.3.2 VHb 基因的氧调控特性及调节机制

研究发现,VHb 的表达调控有一强一弱两个启动子:P1 和 P2,经 mRNA 水平的测定发现,两个启动子虽然其转录起始点不一样,但却都在转录水平受氧调控。正常通气环境中对数生长中期的细胞在溶氧降低到大气饱和度的 2% 时,启动子被诱导,VHb 的表达量也随之增加,最后 VHb 含量可达细胞总蛋白的 20%,溶氧是正常大气饱和度(20%)的 10~15 倍。但在通氮等完全厌氧条件下,其诱导作用完全消失。

Khosla 和 Baley 发现,溶氧并不是影响 VHb 基因表达的唯一因素,cAMP-CAP 复合物也直接或间接地介入了基因表达的调控。后来,他们又发现 VHb 启动子的活性还可能在第三级水平受碳、氮源调节。还发现在生长期补加氮源可控制启动子的活性,加快菌体的生长。

竺嘉等发现,VHb 的氧调控特性与 FNR 调控蛋白有关,建立了 FNR 蛋白调控 VHb 基因的模式图,还构建了不同的带 VHb 基因的重组质粒。考察拷贝数、启动子强度以及方向性对重组质粒稳定性及对外源基因表达的影响,结果表明,低拷贝数、低启动子强度以及 VHb 基因表达方向与载体启动子转录方向相反时对提高重组质粒的稳定性及表达水平有明显影响。

6.7.3.3 VHb 在重组细胞培养与发酵过程中的应用实例

由于 VHb 在贫氧条件下可与环境中的氧分子结合,促进细胞生长和蛋白质合成,现已经被广泛应用于假单胞菌(*Pseudomonas*)、固氮菌(*Azotobacter*)、根瘤菌(*Rhizobium*)、酵母(*Saccharomyces*)、欧文氏菌(*Erwinia*)和链霉菌(*Stretomyces*)等各种宿主菌中。

VHb 基因引入到 α-淀粉酶工程菌后,该重组菌在对数生长中后期供氧不足时,仍表现出良好的生长优势,可将细胞密度和 α-淀粉酶产率提高为 1.4 倍和 3.3 倍。

青霉素酰化酶(pac)重组大肠杆菌中,pac 的表达严格受氧调控,低于或高于最适溶氧水平都会造成产物表达的明显下降。VHb 基因引入后,VHb 的表达可明显提高在低于最适通气量时青霉素酰化酶的表达量,而当通气量大于最适通气条件下时,VHb 几乎不起作用。

　　在欧文氏菌中转入带 VHb 基因的大肠杆菌质粒,应用于维生素 C 两步生产,改善了欧文氏菌的生长状况,并且通气状况越差,VHb 的促进作用越明显。

　　由于链霉菌培养产生的致密菌丝体使发酵液处于高黏度状态而使氧在发酵液中溶解度下降,而且次级代谢产物的合成对氧的供给相当敏感,所以链霉菌发酵中的供氧矛盾更为突出。VHb 在链霉菌中表达后,促进了菌体的生长,提高了次级代谢产物(如放线紫红素)的产量。

　　Demodena 等在 *Acremonium chrysogenum* 中克隆了 VHb 基因后,使头孢菌素 C 的产量在限氧条件下提高了 5 倍以上。

　　缺氧条件下,酵母发酵代谢转入乙醇形成途径。当乙醇量达到 10% 时,酵母的生长几乎停止。*Wilfred* 等将 VHb 基因引入 *S. serevisiae* 中进行表达,并研究其对好氧代谢的影响,发现 VHb 基因的表达可以减少乙醇的合成,故可作为酵母基因工程研究的宿主菌,用于外源基因的高表达和高密度培养与发酵研究,使酵母的代谢向合成外源蛋白方向进行。同时,还发现在野生型 SEY2101 中,VHb 也能促进乙醇合成,故可应用于酒精的生产菌株之中,提高酒精产量。

　　上述实例说明,VHb 具有在限氧条件下促进细胞生长、提高蛋白质合成能力、增加目的产物产量的作用,使生产菌在限氧条件下保持正常生长和提高合成目的产物的能力。VHb 应用于发酵工业后,可提高产量,降低能耗,又不需要增加设备投资,为解决溶氧问题提供了一条新的途径。

❓ 思考题

　　1. 工业上所采用的"发酵"一词与微生物代谢中所采用的"发酵"一词有什么区别?发酵工程的基本内容有哪些?

　　2. 何为生物反应器?包括哪些类型?发酵生产中怎样对发酵罐中的 pH 和通气条件进行控制?

　　3. 何为流加补料?其原则和优点是什么?

　　4. 简述生产浓缩型乳酸菌发酵剂的工艺流程和设备;生产上常用的乳酸菌发酵剂有哪些?

　　5. 什么是氧传递系数,影响氧传递系数的因素有哪些?如何利用工艺措施提高培养液的溶解氧含量?

　　6. 简述泡沫对发酵过程的影响和消除泡沫的主要措施。

▣ 指定学生参考书

　　[1] 彭志英. 食品生物技术. 北京:中国轻工业出版社,1999.

　　[2] 陈洪章. 生物过程工程与设备. 北京:化学工业出版社,2004.

　　[3] 贺小贤. 生物工艺原理. 北京:化学工业出版社,2003.

▣ 参考文献

　　[1] 贾士儒. 生物反应工程原理. 北京:科学出版社,2003.

［2］雷特迪吉,克里斯提森.生物技术导论.北京:科学出版社,2003.

［3］陈洪章,李佐虎.固态发酵新技术及其反应器研制.化工进展,2002,21(1):37-39.

［4］陈坚,李寅.发酵过程优化原理与实践.北京:化学工业出版社,2002.

［5］储炬,李友荣.现代工业发酵调控学.北京:化学工业出版社,2002.

［6］梁世忠.生物工程设备.北京:中国轻工业出版社,2002.

［7］伍德(英).发酵食品微生物学.2版.徐岩译.北京:中国轻工业出版社,2001.

［8］高孔荣.发酵设备.北京:中国轻工业出版社,2002.

［9］何国庆.食品发酵与酿造工艺学.北京:中国农业出版社,2001.

［10］张元兴,许学书.生物反应工程.上海:华东理工大学出版社,2001.

［11］李宗义.工业微生物学.北京:中国科学技术出版社,2000.

［12］钱铭镛.发酵工程最优化控制.南京:江苏科学技术出版社,1998.

［13］熊宗贵.发酵工艺原理.北京:中国医药科技出版社,1999.

［14］李艳.发酵工业概论.北京:中国轻工业出版社,1999.

［15］姚汝华.微生物工程工艺原理.广州:华南理工大学出版社,1996.

［16］俞俊棠,唐孝宣.生物工艺学.上海:华东化工学院出版社,1991.

［17］李玉英.发酵工程.北京:中国农业大学出版社,2009.

［18］徐岩.发酵工程.北京:高等教育出版社,2013.

［19］Stockar U,Valentiontti S,Mmarison I,et al. Know-how and know-why in biochemical engineering,Biotechnology Advances,2003,21:471-430.

［20］Chen H Z,Li Z H. Gas dual-dynamic solid state fermentation,22nd Symposium on biotechnology No. 10/34 956,2003,1,14.

［21］Harms P,kostov Y,Rao G. Bioprocess monitoring,Current Opinion in Biotechnology,2002,13(2):124-127.

［22］Zhong Jian Jiang. Advance in Applied Biotechnology,Shanghai:East China University of Science and Techonlogy Press,2002.

第 7 章

转基因生物反应器

本章学习目的与要求

理解转基因生物反应器的含义；掌握转基因动物的操作原理和方法，根癌农杆菌 Ti 质粒介导植物转化的方法、大肠杆菌表达系统以及酵母菌表达系统；了解转基因动物、植物和微生物生物反应器在食品、医药、化工和环保等领域的应用。

7.1　概述

生物反应器(bioreactor)一般是指用于完成生物催化反应的装置,分为细胞反应器和酶反应器。细胞反应器(cell bioreactor)是指为细菌、真菌、植物细胞和动物细胞提供无菌、温度适宜、营养良好的生长环境的装置。酶反应器(enzyme bioreactor)是指为酶催化特定生化反应提供合适条件的装置,我们将以物理装置为载体的生物反应器称为传统生物反应器。

自从 DNA 重组技术和转基因技术出现,全世界的农业、工业、畜牧、食品、医药等领域发生了革命性进步。例如,借助转基因技术,人们将各种来源的基因转入植物中进行表达,从而打破了植物传统育种的局限,创造出许多具有高产、抗逆等优良性状的植物新品种。近年来,基因工程又发展到一个新的阶段,人们已不满足植物仅仅作为食品、饲料等常规用途,而是提出了"将生物变为工厂"的口号,转基因生物反应器应运而生。

转基因生物反应器(genetically modified organism bioreactor,GMOB)是指利用基因工程技术手段将外源基因转化到受体中进行高效表达,从而获得具有重要应用价值的表达产物的生命系统,包括转基因动物、转基因植物和转基因微生物。利用转基因生物反应器可以来生产药物、工业原料等产品。"反应器"指明了它是一种定向的生产系统,是为了获取某种产品而定向构建和改造的装置,只不过对于转基因生物反应器而言,这种装置是一个具有自组织、自复制、自调节、自适应能力的生命系统。因此,转基因生物反应器像一个活的发酵罐,能够进行自我调节,所以,有人将它比喻为"分子农场"(molecular farming)。

转基因生物反应器较传统的生物反应器具有独特的优点,例如,转基因植物反应器具有无污染、可持续发展的特点,其生产只是利用光、空气、水、土壤等条件,因为植物本身是自然界的一部分,参与自然界中的各种循环,因此,生产成本低,生产过程只是简单的种植植物的过程,其规模由种植面积决定;而利用转基因动物生产药物,人们只需在整洁的棚圈里喂养一群健康的、携带有一种或几种重要人类基因的牛或羊,而每一头牛或羊就像一座生产活性蛋白的药物工厂,可以获得廉价的人体活性蛋白药物。所以,转基因生物反应器在食品、医药、化工和环保等领域具有非常广阔的应用前景。

7.2　转基因动物生物反应器

转基因动物是指人们按照自己的意愿有目的地将外源基因导入动物细胞内,通过与动物基因组进行稳定的整合,将生物性状传递给后代动物。转基因动物反应器是指从转基因动物体液或血液中收获目标产物的生命系统,其原理是将编码活性蛋白的基因导入动物的受精卵、早期胚胎干细胞或早期胚胎内,以制备转基因动物,并使外源基因在动物体内(乳汁、血液等)进行高效表达,然后提取目的产物。本节重点介绍转基因动物的操作原理与方法以及转基因动物反应器在医药领域中的应用。

7.2.1　转基因动物的操作原理与方法

转基因动物研制的指导思想是高效、高产与低成本,因此,无论从上游基因克隆、载体构建、基因转移还是下游的胚胎移植、表达产物的检测和动物建系,追求的目标都是外源基因在受体细胞中的高效表达。目前为止,人们已建立了多种转基因的方法,常用的转基因技术包括显微注射法、体细胞核移植技术、精子载体导入法和慢病毒载体法;新兴的转基因技术包括精原干细胞介导法、转座子介导法、诱导多能干细胞(iPS)技术以及基因打靶技术。

7.2.1.1　显微注射法

显微注射法是通过显微操作系统和显微注射技术将外源基因直接注入实验动物的受精卵原核,使外源基因整合到动物基因组,再通过胚胎移植技术将整合外源基因的受精卵移植到受体的子宫内继续发育,进而得到转基因动物。显微注射法是在 1980 年 Gordon 等将生长素基因导入小鼠构建转基因动物的过程中建立起来的。这种方法不但生产出了转基因小鼠,也生产出了兔、绵羊、猪、牛、鱼和鸡等各种转基因动物。经显微注射产生转基因小鼠的流程见二维码 7-1。

二维码 7-1　显微注射法建立转基因小鼠流程

迄今利用显微注射法已经建立了多种转基因动物品系,该方法主要优点有:①可用外源基因片段直接进行转移,基因转移率高;②外源基因的长度不受限制,可达 100 kb;③常能得到纯系动物。同时,这一技术也存在一些不足:①需要昂贵的精密的设备,显微操作复杂,需专门的技术人员;②导入外源基因拷贝数无法控制,常为多拷贝;③随机插入常导致宿主 DNA 片段缺失和重组等突变,易造成动物严重的生理缺陷,成活率低;④从体外受精到最后获得转基因动物,总效率低,成本高。由于这些原因,人们仍在致力于探索建立其他获得转基因动物反应器的方法。

7.2.1.2　体细胞核移植技术

通过体细胞克隆技术生产转基因动物的过程,分为两个步骤。首先是获得和培养体细胞系,在细胞中实现基因整合甚至表达。然后,以转基因动物细胞作为核供体,使用去核卵母细胞作为细胞质受体,通过克隆过程生产重构胚胎。重构胚胎经过融合、激活和培养等技术步骤,可以发育到桑葚胚和囊胚等胚胎高级阶段。将发育的克隆胚胎移植到同期化的受体动物中,所发育成的幼仔就是转基因动物。

1997 年 2 月,英国爱丁堡大学罗斯林(Roslin)研究所的伊恩·维尔穆特(Wilmut)实验室"多莉"(Dolly)羊的诞生,确认了动物体细胞在一定的条件下能展示其遗传全能性,获得了发育生物学上的理论突破与生物工程领域的技术突破。随后,该研究小组于 1997 年 6 月又报道用胚胎细胞为核供体,获得了表达治疗人血友病的凝血因子Ⅸ转基因克隆绵羊"波莉"(Polly)。2000 年 8 月 17 日,在《Nature》和《Science》杂志上各发表了一篇用成年体细胞克隆猪的论文,克隆猪的难度在于核移植时难以得到发育足够好的胚胎细胞,克隆猪的成功显示这种转基因细胞克隆法建立动物反应器在技术与方法上达到了一定的成熟度,其潜在的方法优势显示这一技术巨大的应用前景。目前体细胞克隆技术已在牛、羊、猪、马、骡、骆驼等多种家畜中获得成功。

7.2.1.3　慢病毒载体法

慢病毒是逆转录病毒科的病毒成员。病毒感染细胞后,在自身逆转录酶的作用下以病毒基因组 RNA 为模版,逆转录形成双链 DNA 中间体,即原病毒或前病毒 DNA,然后整合到宿主细胞染色体 DNA 上。慢病毒以其基因组为基础去除部分基因代之以所需的目的基因和目标产物,构建而成的慢病毒载体具有转移效率高、可整合入宿主细胞基因组、包装后更安全并可转染非分裂期细胞等特点。慢病毒载体种类很多,而 HIV-1 型已成为目前较为常用的慢病毒载体系统。慢病毒载体的构建原理就是将 HIV-1 基因组中的顺式作用元件（如包装信号、长末端重复序列）和编码反式作用蛋白的序列进行分离。载体系统包括包装成分和载体成分：包装成分由 HIV-1 基因组去除了包装、逆转录和整合所需的顺式作用序列而构建，能反式提供产生病毒颗粒所需的蛋白质；载体成分与包装成分互补，含有包装、逆转录和整合所需的 HIV-1 顺式作用序列。同时具有异源启动子控制下的多克隆位点及在此位点插入的目的基因。

Pfeifer 等用重组绿色荧光蛋白慢病毒感染小鼠 ES 细胞和桑葚胚，发现早起胚胎和出生后仔鼠稳定表达 GFP。同年，Lois 等利用慢病毒载体法成功制备转基因大鼠和小鼠。Hofrnann 等利用慢病毒载体法首次成功制备绿色荧光蛋白转基因猪，McGrew 等报道利用该方法高效制备了转基因鸡，效率比以往任何方法高出 100 倍。英国 Roslin 研究所的 Clark 和 Whitelaw（2003 年）认为慢病毒载体是今后转基因动物最有用的手段之一，特别是与 siRNA 结合使用。对于改良动物生长性状、提高饲料利用率和抗病毒能力都有重要的作用。特别是禽类受精卵产于体外时已经处于桑葚胚阶段，采用慢病毒载体作为基因转移的载体具有很多的优越性。

7.2.1.4 RNAi 介导的基因敲除法

利用基因靶位技术可以对目标基因进行定点修饰，改造基因特定位点，更精确地调控外源或内源基因的表达，故该技术一直是转基因动物研究热点之一。近年来更是涌现了如 RNA 干扰（RNAi）技术、锌指核酸内切酶（ZFNs）、类转录激活因子效应物核酸酶（TALEN）以及 RNA 引导的 CRISPR 干扰（CRISPRi）等重要的新技术。

RNAi 技术是一种普遍存在于绝大多数生物体内序列特异性的转录后沉默机制，它通过一段双链 siRNA 或单链 miRNA 导致同源靶 mRNA 降解，从而阻断目的基因的表达。Hasuwa 等首次报道成功建立了转基因小鼠，Jagdeece 等利用核移植克隆法与 RNAi 技术相结合，成功获得体内不繁殖猪内源性逆转录病毒的转基因猪。与传统的基因敲除方法相比，RNAi 的方法具有明显的优点：高效、周期短、特异性强和操作简单，因此 RNAi 可以作为一种简单有效的代替基因敲除的工具。

7.2.2 转基因动物生物反应器的应用

与传统基因工程微生物制品相比，动物反应器具备两个鲜明的优点：其一，动物反应器易于中试放大，因为它一旦成功，生产药品仅是一个畜牧的过程，工艺简单，成本低，适合商业开发；其二，动物反应器是高级生命体系，能对复杂蛋白生产加工。在近乎人体生理状态下生产的蛋白质，生物活性高，能迅速满足市场的需要。根据外源基因表达产物在转基因动物中来源不同分为动物乳腺生物反应器、动物血液生物反应器和动物膀胱生物反应器。

7.2.2.1 动物乳腺生物反应器

外源基因在乳腺中表达的转基因动物称为动物乳腺生物反应器。动物乳腺生物反应器突出的优点为：①生产成本低，产量大，可进行大规模的生产；②表达产物的生物活性高，接近天然产品。此外，分泌的乳汁不进入血液循环，直接分泌到体外，避免了外源基因表达的蛋白对转基因个体造成的不利影响。乳腺生物反应器主要用来生产溶血栓药物、细胞因子、出血性疾病治疗药物等药用蛋白及重组抗体，此外还用来改变乳汁的成分，提高营养价值。

1. 生产药用蛋白 由于重组药物具有巨大的前景与应用价值，许多科研单位与公司先后参与乳腺生物反应器的研发。20世纪90年代相继出现以研发乳腺生物反应器技术为核心的三大技术公司，即英国的 PPL（PPL Therapeutics）、荷兰的 PBV（Pharming BV）和美国的 GTC（Genzyme Transgenics）。英国的爱丁堡 PPL 公司是一家专门从事移植和转基因技术的公司，"多莉"就是 PPL 公司赞助罗斯林实验室研究的。PPL 公司的第一个成果是 1991 年培育成功用于生产 α1-抗胰蛋白酶（AAT）的转基因羊，AAT 能够抑制弹性蛋白酶的活性，临床上可用于治疗囊性纤维化和肺气肿，2001 年 PPL 公司宣布此蛋白已经进入Ⅲ期临床试验，这种转基因羊奶中含有 30% 以上的 AAT，超过奶蛋白总量的 30%，目前，该公司已经培育出产 AAT 的转基因羊数百只。该公司开发的第二个产品是纤维蛋白原，用于治疗出血和伤口愈合。除了 AAT 与纤维蛋白以外，PPL 公司正在从事人凝血因子Ⅸ、蛋白 C 以及相关多肽的转基因羊、转基因猪的研制工作。

荷兰 PBV 公司 1990 年宣布在世界上培育出含人乳铁蛋白的转基因牛，每升牛奶中含有人乳铁蛋白 1 g，这种转基因奶牛能够年产牛奶 10 t。2008 年该公司的每升牛奶中含有人乳铁蛋白达到 2.8 g。李宁等（2008）首次在国际上利用核移植技术制备出表达人乳铁蛋白（hLF）的牛乳腺生物反应器，表达量为 3.4 mg/mL，为世界重组人乳铁蛋白在乳汁中最好表达水平。同时 PBV 公司已培育出 C_1 抑制因子、胶原蛋白、纤维蛋白原的转基因动物反应器。

美国 GTC 公司（GTC Therapeutics）现在仅用几十只转基因山羊就能生产出满足世界一年需求量的抗凝血酶Ⅲ。在我国，上海医学遗传所与复旦大学遗传所于 1998 年 2 月已获得携带人凝血第九因子的转基因山羊，能在乳汁中分泌出有活性的能治疗血友病的人凝血第九因子，这是我国首次获得具有生物医药生产价值的转基因动物。从此，我国逐步成功制备兔、猪、绵羊、山羊和牛乳腺生物反应器，并表达了 20 多种重组蛋白。

目前全世界从事该项商业开发的公司已有 30 多家，表达水平达到可以进行商业生产的药物蛋白达 40 余种，其中已在临床试验的蛋白有 10 余种，如 AAT，hPc，tPA，Ⅸ，Ⅷ，乳铁蛋白，人血清白蛋白，抗凝血酶Ⅲ，胶原蛋白，血纤蛋白原等，有些已进入了三期临床阶段。

通过转基因养殖动物的乳腺生物反应器表达人重组药用蛋白产品的研发状况见表 7-1。

表 7-1　乳腺生物反应器表达人重组药用蛋白产品的研发状况

蛋白名称	转基因动物	启动子	表达量 /（mg/mL）	临床阶段	研发机构
胰岛素样生长因子-1	兔	Bovine α_{s1} casein	1.0	I-T	GTC
抗胰蛋白酶		Goat β-casein	4.0	Ⅱ-T	GTC
蛋白 C		Ovine BLG	0.7	I-T	GTC
凝血因子Ⅷ		Murine WAP	Unpublished	Indevelopment	GTC
超氧化物歧化酶		Murine WAP	2.9	I-T	PBV
降钙素		Bovine BLG	2.1	I-T	PPL
葡萄糖苷酶		Bovine α_{s1} casein	8.0	Ⅱ-T	PBV
C_1 抑制因子		Bovine α_{s1} casein	12.0	Seeking market approval	PBV

续表 7-1

蛋白名称	转基因动物	启动子	表达量 /(mg/mL)	临床阶段	研发机构
蛋白 C	猪	Mouse WAP	1.0	Ⅲ-T	GTC
血红蛋白		Porcine β-globin	40.0	Ⅲ-T	Baxter
蛋白 C		Ovine BLG	0.75	Ⅰ-T	PPL
凝血因子Ⅷ		Mouse WAP	2.7	Ⅱ-T	GTC
凝血因子Ⅸ	绵羊	Ovine BLG	1.0	Ⅰ-T	PPL
纤维蛋白原		Ovine BLG	5.0	Ⅰ-T	PPL
抗胰蛋白酶		Ovine BLG	35.0	Ⅲ-T	PPL
蛋白 C		Ovine BLG	0.3	Ⅰ-T	PPL
凝血因子Ⅶ		Ovine BLG	2.0	Ⅰ-T	PPL
组织型纤溶酶原激活剂	山羊	Goat β-casein	3.0	Ⅱ-T	GTC
抗凝血酶Ⅲ		Goat β-casein	14.0	Marketed	GTC
CD137		Goat β-casein	10.0	Indevelopment	GTC
抗胰蛋白酶		Goat β-casein	20.0	Ⅱ-T	GTC
α-胎儿蛋白		Goat β-casein	Unpublished	Ⅱ-T	GTC
丁酰胆碱脂酶		Goat β-casein	5.0	Preclinical	Nexia
胶原蛋白	牛	Bovine α$_{s1}$ casein	Unpublished	Preclinical	PBV
纤维蛋白原		Bovine α$_{s1}$ casein	3.0	Ⅰ-T	PBV
生长激素		Bovine α-casein	5.0	Preclinical	Bio Sides SA
乳铁蛋白		Bovine α-casein	2.8	Ⅱ-T	PBV
血清白蛋白		Goat β-casein	40.0	Preclinical	GTC

注:引自 Bosze 等(2008).

2.提高乳汁营养价值 通过基因工程的方法改良牛奶组成是乳品工业的一个热点,根据人们不同层次的需求,将不同的基因转入乳腺调控序列下,生产出人们所需要的目标产物。1990 年美国 Gmplam International 公司用酪蛋白启动子和人乳铁蛋白 cDNA 构建了表达载体,获得了世界上第一头转基因公牛,名叫 Herman,这样的乳可提高铁的吸收率,避免肠道感染。至今人们已经利用乳腺生物反应根据不同的目的生产出了许多转基因修饰奶。

7.2.2.2 动物血液生物反应器

外源基因在血液中表达的转基因动物叫动物血液生物反应器,外源基因表达的产物可以直接从血清中分离出来。大牲畜的血液容量较大,利用动物血液生产某些蛋白质或多肽等药物取得了一定进展。由于外源基因表达的产物进入血液循环,因此,一些会影响动物健康的物质,如激素、细胞分裂素、血纤维溶酶因子等,不能用血液生物反应器来生产,但是用血液生物反应器可生产人的血红蛋白、抗体、生长激素以及其他非活性状态的融合蛋白。

1.生产血红蛋白 目前为止,人们利用多种转基因动物生产人的血红蛋白,Behringer 等报道在转基因猪的红细胞中成功地表达了人的 α 和 β 珠蛋白基因,在所获得的转基因猪的血红蛋白中,人的血红蛋白约占 9%,通过传统的离子交换色谱纯化后,人的血红蛋白的纯度可大于 99%,纯化的重组血红蛋白的氧结合特性与人源的血红蛋白相同。尤其值得一提的是,这些转基因猪并无任何贫血症状。

Sharma 等用猪的 β 珠蛋白启动子与人的 β 珠蛋白基因序列相融合,所获得的转基因猪的血液中,人的血红蛋白组分表达的最高水平达到 24%,其中有 30% 的血红蛋白为人/猪杂合型。鉴于输液导致人类传染病出现的案例越来越多,而人血供应的日渐短缺,将这种新人源血红蛋白作为血液替代品是可信赖的,将会受到越来越多的欢迎。

2. 生产抗体　利用转基因家畜血液生物反应器生产抗体具有一定的优势。因为,一方面抗体基因的表达产物可增强家畜对疾病的抵抗能力,另一方面利用转基因动物生产的抗体可能会大大降低患者体内的免疫反应。Coffried Brem 等将编码小鼠单克隆的重链和轻链的基因导入小鼠、兔和猪的生殖系细胞内,所获得的两只转基因兔的血清中的抗体表达量达到了 $150\sim300$ mg/mL,其后代的表达量也可达 150 mg/mL。但是由于兔子每千克体重获得的血液只有 $50\sim60$ mL,因此,要在血液中生产抗体或其他蛋白质,主要的选择对象是中型动物,如猪、羊等。

转基因动物的血液不仅可以用来生产人的血红蛋白和抗体,而且还可以生产其他的重组蛋白质,如 α1 抗胰蛋白酶和血清白蛋白等。人的 α1 抗胰蛋白酶是血液的一种糖蛋白,其生理浓度为 2 g/L,血液中 α1 抗胰蛋白酶的紊乱会引起人体产生危及生命的肺气肿。将人的含有 1.5 kb 的启动区和 4.0 kb 侧翼序列的 α1 抗胰蛋白酶基因用于转化,在获得的原代转基因兔的血清中,α1 抗胰蛋白酶表达量平均达到了 1 g/L,且从兔的血液中纯化重组蛋白的过程,并不受兔体内内源相关组分的干扰。

7.2.2.3　动物膀胱生物反应器

外源基因在膀胱中表达的转基因动物叫动物膀胱生物反应器。尿液是一种比较容易收集的体液,与乳腺生物反应器相比,周期较短,转基因动物出生后不久就可以从雌雄动物尿中收获表达产物。并且,外源基因表达的产物不进入血液循环,通过收集尿液可直接获得。

现在用膀胱来生产药用蛋白的报道较少,但有资料报道,人们曾用膀胱生物反应器制备药用促性腺激素、人生长激素等取得了初步成果。最近的研究表明,人体生长激素基因在特异启动子的控制下,可特异地在小鼠尿道上皮中表达,人体生长激素在尿液中的表达量高达 $100\sim500$ ng/mL。虽然膀胱生物反应器的应用较少,但它却有着自身的优点:第一,可直接非侵入性地收集产物;第二,从尿中获得产物经济有效纯化方法多,提纯药用蛋白可省去分离脂肪的步骤;第三,生产周期短,雌、雄动物均可获得表达产物。

7.2.2.4　家禽输卵管生物反应器

目前对家禽输卵管生物反应器的研究主要在输卵管产蛋上,蛋白质成分简单易分离提纯。目的基因表达产物直接进入蛋内,不影响禽类的生命活动。转基因家禽输卵管生物反应器利用血清中含量丰富的卵清蛋白的基因调控序列来构建包含目的基因的输卵管特异性表达载体,通过显微注射等手段,将基因表达载体导入鸡等家禽动物体内。使目的基因在输卵管细胞中得以表达并在蛋清中获得相应的目的基因表达产物。目前已经用来生产免疫球蛋白和干扰素等。由于家禽具有周期短、生产性能高、研究成本低,而且表达的产物更接近天然状态和易于纯化等优点,输卵管生物反应器被称为继乳腺生物反应器之后最具发展前景的动物生物反应器。

7.2.3　转基因动物生物反应器存在的问题及展望

尽管转基因动物反应器在过去的几十年间,在操作方法与原理上获得一些技术突破,在实际的应用生产中也取得了一些成就,产生了极大的经济效益和社会效益。但作为一种新兴技术,转基因动物的研发仍存在一些问题。

(1)转基因技术支撑体系不够完善。主要表现为目前转基因动物的低效性、插入基因造成宿主基因突变以及外源基因的表达效率等问题,体细胞克隆、定点插入等技术环节还有待完善。

(2)作为动物反应器本身,还存在一些潜在的问题。第一,药品的产量与效率,对于以生产蛋白为目的的生物反应器来讲,高效、大量依然是关键。第二,蛋白表达的组织特异性还不能完全有把握像工业生产线一样。第三,作为药品的加工厂,对产品的安全性与有效性需要仔细地测试。第四,转基因动物反应器的遗传稳定性。

(3)应进一步扩大转基因乳腺生物反应器生产药用蛋白的范围,提供更多的候选基因。

(4)还需加大转基因动物生物安全性研究。由于横向遗传的恐惧,应保证在对环境、人类甚至宿主动物健康无害的基础上,对新型转基因动物反应器实行可行性综合评价。

总之,随着生物技术的发展和人们生活水平的提高,转基因动物生物反应器以其不同的利用目的渗入到人们生活的各个领域,目前市面上已出现很多转基因动物药用蛋白和激素等药物,已经给人们的生活带来了极大的方便。目前,国内外许多学者仍致力于动物生物反应器的研究,以期能广泛地被利用,获得更多的社会价值和经济效益。相信不久的将来,还会出现更多类型的动物生物反应器造福人类。

7.3 转基因植物生物反应器

转基因植物的概念:转基因植物是把从人、动物、植物或者微生物中分离到的目的基因,应用重组 DNA 技术和转基因技术,将其导入植物细胞中,并在其中整合、表达和传代,从而创造出的新型植物。迄今已经把具有实用价值的基因,如抗病毒、抗虫、抗除草剂、改变蛋白质组分、雄性不育、改变花色和花形、延长保鲜期等的基因,分别转入烟草、马铃薯、棉花、番茄、大豆、苜蓿、矮牵牛、河套蜜瓜等作物。转基因植物在农业生产上得到了应用。

尽管培育转基因植物的初衷或许只是想对植物进行遗传改良,使之更好地服务于人类。但随着科学技术的发展,人们越来越认识到,转基因植物还可以作为生物反应器生产具有商业价值的药物等。转基因植物生物反应器是指通过基因工程途径,利用植物细胞、组织、器官以及整株植物为工厂生产具有商业价值的药物(包括疫苗、抗体、药用蛋白、各种生长因子等)、工农业用酶、特殊碳水化合物、生物可降解塑料等工业原料的生产体系。因此,转基因植物反应器将为今后工业、农业及其他产业带来巨大的变革。

目前,在植物基因转化的研究中已建立了多种转化系统,如载体转化系统(包括农杆菌质粒载体法、植物病毒载体法)、原生质体 DNA 直接导入转化系统(包括 PEG 介导法、脂质体法、电击法、激光微束法、显微注射法、基因枪 DNA 介导法等)及利用生物种质细胞介导转化系统(花粉管通道法、花粉粒介导法、生殖细胞浸泡法等)等。其中根癌农杆菌 Ti 质粒介导的转化系统是目前使用最多,机理最清楚、技术最成熟、成功实例比较多的一种转化系统。因此,本节重点介绍通过根癌农杆菌 Ti 质粒介导获得转基因植株的过程和转基因植物反应器在医药和环保等领域的应用。

7.3.1　根癌农杆菌 Ti 质粒介导基因转化

根癌农杆菌是普遍存在于土壤中的一种革兰氏阴性细菌,它能在自然条件下趋化性地感染大多数双子叶植物的受伤部位,并诱导产生冠瘿瘤。根癌农杆菌中含有 Ti 质粒,其上有一段 T-DNA(transferred DNA,转移 DNA),根癌农杆菌通过侵染植物伤口进入细胞后,可将 T-DNA 插入到植物基因组中,植物细胞表达这些外源基因,致使植物细胞转化为肿瘤状态,并且合成大量的冠瘿碱。根癌农杆菌根据其诱导植物细胞产生冠瘿碱的种类不同分成三大类菌系,即章鱼碱型、胭脂碱型和农杆碱型。这些冠瘿碱又是根癌农杆菌的唯一碳源和氮源,有利于根癌农杆菌的繁殖和 Ti 的转移,进一步扩大侵染范围,故根癌农杆菌为自己设计了一个十分巧妙的化学分子内共生体系。这是一个典型的存在于自然界中天然的植物遗传转化系统。因此,人类将外源目的基因插入到 Ti 质粒衍生载体的 T-DNA 区,借助根癌农杆菌的感染实现外源基因向植物细胞的转移与整合,然后通过细胞和组织培养技术获得转基因植株。根癌农杆菌 Ti 质粒介导植物遗传转化分为 3 部分内容,即植物基因转化受体系统的建立、Ti 质粒转化载体的构建以及目的基因的转化。根癌农杆菌引起植物产生冠瘿瘤的过程见二维码 7-2。

二维码 7-2　根癌农杆菌引起植物产生冠瘿瘤

7.3.1.1　植物基因转化受体系统的建立

成功的基因转化首先依赖于良好的植物受体系统的建立。所谓植物基因转化受体系统是指用于转化的外植体通过组织培养途径或其他非组织培养途径,能高效、稳定地再生无性系,并能接受外源 DNA 整合,对用于筛选转化细胞的抗生素敏感的再生系统。

1.植物基因转化受体系统的条件

(1)高效稳定的再生能力。用于植物基因转化的外植体的组织细胞,必须具有全能性(totipotency)的潜能、高的再生频率以及良好的稳定性和重复性。

(2)较高的遗传稳定性。植物基因转化是有目的地将外源基因导入植物并使之整合、表达和遗传,从而达到修饰原有的植物遗传物质、改造不良的园艺性状的目的。这就要求植物受体系统接受外源 DNA 后应不影响其分裂和分化,并能稳定地将外源基因遗传给后代,保持遗传的稳定性,尽量减少变异。

(3)具有稳定的外植体来源。因为植物基因转化的频率低,需要多次反复的实验,所以需要大量的外植体材料,转化的外植体一般采用无菌实生苗的子叶、胚轴、幼叶等。

(4)对抗生素敏感。如果在质粒构建时采用抗生素基因作为筛选植物转化细胞的选择性标记,则要求植物受体材料对所选用的抗生素有一定的敏感性。当抗生素达到一定浓度时,能够有效抑制非转化细胞的生长,使之缓慢地死亡,而转化细胞由于携带该抗生素的抗性基因能正常生长、分裂和分化,最后获得完整的转化植株。

(5)对农杆菌侵染有敏感性。不同的植物,甚至是同一植物的不同组织细胞对农杆菌侵染的敏感性有很大差异。在选择农杆菌转化系统前必须测试受体材料对农杆菌侵染的敏感性,只有对农杆菌侵染敏感的植物材料才能作为其受体系统。

2.植物基因转化受体系统的类型

(1)愈伤组织再生系统。愈伤组织再生系统是指外植体经脱分化培养诱导愈伤组织,并通过分化培养获得再生植株的受体系统。

(2)直接分化再生系统。直接分化再生系统是指外植体细胞越过脱分化产生愈伤组织阶段而直接分化出不定芽获得再生植株。

(3)原生质体再生系统。原生质体是植物细胞除去细胞壁后的部分,它同样具有全能性,能在适当的培养条件下诱导出再生植株。原生质体在体外比较容易完成一系列细胞操作或遗传操作,能够直接高效地摄取外源 DNA 或遗传物质,从而为植物在细胞水平和分子水平上进行遗传操作提供了理想的实验体系。

(4)胚状体再生系统。在组织培养离体状态下任何的体细胞及单倍体细胞都可以诱导胚胎发生。经体细胞发生而形成的在形态结构和功能上类似于有性胚的结构被称之为体细胞胚或胚状体。这些胚状体可以像有性胚那样在一定的条件下发育成完整的植株。

3.植物基因转化受体系统建立程序　植物高频再生系统的建立主要包括外植体的选择和最佳培养基的确立、抗生素敏感性实验和农杆菌敏感性试验。

(1)外植体的选择。不同种类的外植体对离体培养反应不同,培养效果也不同。外植体选择中应遵守以下原则:

①选择幼年型的外植体。一棵植株的近根部区、茎尖区、生长点区的组织器官一般为幼年型。

②选择增殖能力强的外植体。减数分裂前的幼嫩花序和减数分裂后的珠心组织作为外植体是建立高频再生系统非常理想的材料。

③选择萌动期的外植体。外植体的生理状态与其分生能力具有直接的关系,代谢活跃、休眠萌动的细胞具有更强的生长潜能。

④选择具有强再生能力基因型的外植体。外植体的再生能力与其基因型有着直接的关系,在选择外植体时应对同一植物的不同基因型的外植体进行再生能力筛选,从而选择再生能力强的基因型外植体。但在筛选时要注意不能用一种培养基比较几种不同基因型的外植体再生能力,因为不同基因型的外植体的最佳培养基是不一样的。

⑤选择遗传稳定性好的外植体。再生系统的遗传稳定性是基因转化的特殊要求,如果获得的转基因植株把原有的优良性状丢失了,则无生产价值,再生系统的遗传稳定性与再生方式、培养条件等均有关。

总体看来,关于外植体的选择主要采用胚、幼穗、顶端分生组织、幼叶、幼茎等为宜。

(2)最佳培养基的确立。建立一个好的再生系统的另一个主要的工作是研制出一种最佳的培养基以及合理的激素配比。

①培养基选择的基本原则:同一物种的培养基基本相同;同一植物的不同组织器官的培养基类型基本相同;植物组织培养时所需营养成分与田间栽培具有相似性;MS 培养基是大多数植物的通用培养基;无机盐的浓度应该作为培养基选择的重要参数;有机成分主要是种类变化,每种成分含量变化不大;提高磷酸根的水平可以抵消 IAA 对芽的抑制作用,促进芽的分化。

②激素的选择原则:生长素主要是影响茎和节间伸长、向性、顶端优势、叶片脱落和生根等,细胞分裂素主要促进细胞分裂,改变顶端优势,促进芽的分化等。细胞分裂素与生长素的种类对不同植物的敏感性不同,因此,植物激素种类的选择应因植物种类而异。细胞分裂素与生长素的比例是激素使用的关键,原则是生长素浓度明显高于细胞分裂素则促进细胞脱分化诱导愈伤组织,反之则促进细胞分化。

(3)抗生素敏感性试验。在转化操作后的筛选过程中,利用选择性抗生素筛选转化细胞。抗生素的浓度要求是:既能有效抑制非转化细胞的生长,使之缓慢死亡,又不影响转化细胞的正常生长。为了适当运用抗生素,就需对抗生素种类及对不同植物受体类型的适用浓度进行敏感性测定。

(4)农杆菌的敏感性试验。农杆菌敏感性试验的原理是利用野生型农杆菌能在外植体组织中形成肿瘤,根据肿瘤的诱导率、发生时间及生长状态确定其敏感程度。

7.3.1.2　Ti 质粒转化载体的构建

1.Ti 质粒的结构与功能

(1)Ti 质粒的功能。Ti 质粒除上述诱导受侵染的植物组织产生冠瘿碱外,还具有以下几种重要功能:①赋予根癌农杆菌附着于植物细胞壁的能力;②赋予根癌农杆菌分解代谢冠瘿碱的能力;③决定根癌农杆菌的寄主范围;④决定所诱导的冠瘿瘤形态和冠瘿碱的成分;⑤参与寄主细胞合成植物激素吲哚乙酸和一些细胞分裂素的代谢活动。

(2)Ti 质粒的结构。Ti 质粒是根癌农杆菌细胞核外存在的一种环状双链 DNA 分子,长度约为 200 kb,有两个主要区域,即 T-DNA 区和 vir 区。另外,Ti 质粒上还具有质粒复制起始位点和冠瘿碱分解代谢酶基因。

①T-DNA 区:T-DNA 区,即转移 DNA 区,长度 12～24 kb。它是 Ti 质粒上可整合进植物基因组中的 DNA 片段,决定着冠瘿瘤形态和冠瘿碱的合成。T-DNA 区含有以下几个基因:编码章鱼碱合成酶基因 Ocs(或是编码胭脂碱合成酶的基因 Nos);编码控制植物生长素合成酶的基因 $Tm1$ 和 $Tm2$;编码细胞分裂素生物合成酶基因 Tmr。

T-DNA 的左右两侧是一段 25 bp 的重复序列,构成 T-DNA 的边界序列,分别称为左边界(left border,LB)和右边界(right border,RB)。研究表明,插入在 T-DNA 边界序列之间的任何 DNA 都可被转移到植物染色体中。

②vir 区:vir 区(vir-region),即毒性区,又称致瘤区域,其长度约为 35 kb。该区段的基因产物能激活 T-DNA 转移,使农杆菌表现出毒性,故称之为毒区。T-DNA 区与 vir 区在质粒 DNA 上彼此相邻,合起来约占 Ti 质粒 DNA 的 1/3,vir 区包含 6 个毒性基因($virA$、$virB$、$virC$、$virD$、$virE$、$virG$)。

vir 基因的活化是农杆菌转化的开关。植物细胞受伤后,细胞壁破裂,分泌物中含有高浓度的创伤诱导分子,它们是一些酚类化合物,如乙酰丁香酮和 α-羟基乙酰丁香酮。根癌农杆菌对这一类物质具有趋化性,在植物细胞表面附着后,受这些创伤诱导分子的刺激,Ti 质粒 vir 区毒性基因被激活和表达。最先激活表达的是 $virA$ 基因,它编码感受蛋白,位于细菌细胞膜的疏水区,可接受环境中的信号分子。在 virA 蛋白的激活下,$virG$ 基因表达,virG 蛋白经磷酸化由非活性态变为活性状态,进而激活 vir 区其他基因表达。其中 $virD$ 基因产物 virD1 蛋白是一种 DNA 松弛酶,它可使 DNA 从超螺旋型转变为松弛型状态,而 virD2 蛋白则能切割已呈松弛型状态的 T-DNA,导致两个边界产生缺口,使单链 T-DNA 得以释放。$virE$ 基因所表达的 virE2 蛋白是单链 T-DNA 结合蛋白,可使 T-DNA 形成一个细长的核酸蛋白复合物(T-复合体),以此保护 T-DNA 不被胞内外的核酸酶降解。T-复合体依次穿过根癌农杆菌和植物细胞壁及细胞膜,并进入植物细胞核,最终整合进入植物核基因组。T-DNA 的转移机理比较复杂,依赖于 T-DNA 区和 vir 区共同参与,涉及多个基因表达及一系列蛋白质和核酸的相互作用。

2. Ti 质粒的载体系统　　Ti 质粒是植物基因工程一种有效的天然载体,但野生型 Ti 质粒直接作为植物基因工程载体主要有以下几个缺陷:①Ti 质粒分子质量过大,其上含有各种限制性酶的多个切点,不利于重组 DNA 的构建和转化;②Ti 质粒所携带的植物激素及冠瘿碱合成基因,其表达产物破坏受体激素平衡,使转化细胞形成肿瘤,严重阻碍转化细胞的分化和再生;③Ti 质粒在大肠杆菌中不能复制,而农杆菌的转化率极低。因此,直接将外源基因和 Ti 质粒的连接产物转化到农杆菌中,进而获得重组质粒的分子操作是非常困难的。

以上这些问题影响了野生型 Ti 质粒直接用作外源基因表达的适用性,因此,Ti 质粒需经过一系列人工改造后,才能成为适合植物遗传转化的载体。人工改造后的 Ti 质粒一般具有以下特点:①保留 T-DNA 的转移功能,去掉 T-DNA 的致瘤性,有利于转化体再生植株;②在 T-DNA 左右边界序列中引入多克隆位点,以利于外源 DNA 的插入;③具有目的基因表达所需要的启动子、终止子以及供转化细胞筛选的标记基因等;④具有使质粒能在大肠杆菌中进行复制的 DNA 复制起始位点。以 Ti 质粒为基础现已构建了许多新的派生载体,可分为共整合载体和双元载体两种基本类型。

(1)共整合系统。共整合载体是由一个缺失了 T-DNA 上的肿瘤诱导基因的 Ti 质粒与一个中间载体组成。中间载体是一种在普通大肠杆菌的克隆载体中插入了一段合适的 T-DNA 片段,而构成的小型质粒。由于中间载体和经过修饰后的 Ti 质粒均带一段同源的 T-DNA 片段,当带有外源目的基因的中间载体转入根癌农杆菌后,通过同源重组,就可与修饰过的 Ti 质粒整合从而形成共整合质粒(载体)。共整合载体在大肠杆菌和根癌农杆菌细胞中均能复制。根癌农杆菌侵染植物细胞后,在来自修饰过的 Ti 质粒 vir 区基因表达产物的作用下,该载体上的外源基因及相关表达元件整合进植物核基因组,从而实现植物基因转化。

(2)双元载体系统。双元载体系统是指由两个彼此相融的 Ti 质粒组成的双元载体系统。其中之一是含有 T-DNA 转移所必需的 vir 区段的质粒称为辅助质粒(helper plasmid),它缺失或部分缺失 T-DNA 序列,另一个则是含有 T-DNA 区段的寄主范围广泛的 DNA 转移载体。后面这种含有 T-DNA 的质粒,既有大肠杆菌复制起始位点,又有农杆菌的复制位点,实际上是一种大肠杆菌和农杆菌穿梭质粒。按标准 DNA 操作方法可将任何期望的目的基因插入到该质粒的 T-DNA 区段上,从而实现目的基因的转化。这两种质粒在单独存在的情况下,均不能诱导植物产生冠瘿瘤,若根癌农杆菌细胞内同时存在这两种质粒时,便可获得正常诱导肿瘤的能力。因此,含有双元载体的根癌农杆菌细胞侵染植物时,就可将含有外源目的基因的 T-DNA 整合进植物染色体中。

双元载体系统与共整合载体系统之间存在着一些差异:①双元载体不需经过两个质粒的共整合过程,因此,构建操作步骤较简单;双元载体系统中的穿梭质粒分子小,且在农杆菌寄主中可大量复制,有利于直接进行体外遗传操作;②共整合系统的重组率低,而双元载体系统的两个质粒结合的频率至少高前者 4 倍;③由于根癌农杆菌感染的寄主范围是由 vir 基因及其染色体上的基因决定的。因此,使用双元载体系统便于根据受体材料的来源不同选择适宜的辅助系统。

7.3.1.3　根癌农杆菌 Ti 质粒介导目的基因的转化

转化工作是将目的基因导入受体的植物细胞,并且能得以表达和稳定遗传。所以它也是基因工程研究应用于生产的关键技术。图 7-1 所示为农杆菌 Ti 质粒介导基因转化的程序。

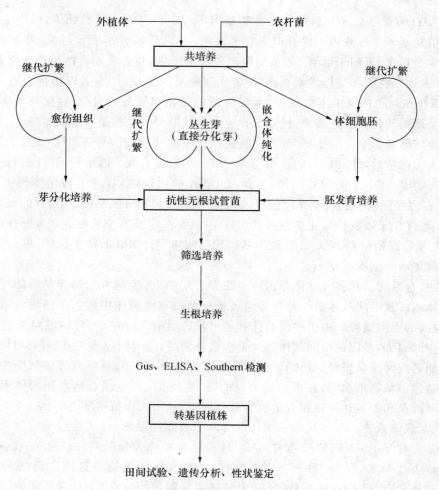

图 7-1　农杆菌 Ti 质粒介导基因转化程序
(引自:王关林,方宏筠,2014)

1. 根癌农杆菌工程菌液的制备　农杆菌的培养、生长状态及纯度对转化具有重要的作用。如果农杆菌本身生长不好,则其侵染能力会大大下降。如果农杆菌中的目的基因已经丢失,则无法用于转化。因此,制备纯度高、生长旺盛、侵染能力强的农杆菌侵染液是 Ti 质粒转化的第一步,这种侵染菌液也称之为工程菌液。

目前常用的农杆菌培养基有 LB、YEM、YEB、TY、523PA 及 MinA 等。农杆菌培养可分为固体平板培养和液体振荡培养,固体培养一般需 2～3 d,液体培养生长更快,一般需要 1～2 d。

液体振荡培养的工程菌,通常培养 12～24 h 后即可达到对数生长期,一定数量的菌液经 4 000 r/min 离心,倒掉上清液,再加入植物外植体诱导愈伤组织或分芽的液体培养基,使其光密度 OD 值达到 0.5,即可用作侵染外植体的工程菌液。

2. vir 区基因活化诱导物的使用　vir 区基因的活化是农杆菌 Ti 质粒基因转化的关键,直接调控着 T-DNA 的转移。常用的 vir 基因诱导物是乙酰丁香酮和羟基乙酰丁香酮,效果最佳的是乙酰丁香酮。关于诱导物的使用常采用以下 3 种方法:①在农杆菌液体培养时加乙酰丁香酮,加入时间一般在制备工程菌浸染液使用前 4～6 h。②乙酰丁香酮加在农杆菌和外植体共培养的培养基中。③在农杆菌液体培养基中及共培养培养基中都加入乙酰丁香酮。

3.外植体的预培养　关于外植体在转化前进行预培养的效果,许多研究结果不同,一些研究表明外植体预培养有以下作用:

(1)促进细胞分裂,分裂状态的细胞更容易整合外源 DNA,因而提高外源基因的瞬时表达和转化率。

(2)田间取材的外植体通过预培养起到驯化作用,使外植体适应于试管离体培养的条件,并保持活跃的生长代谢状态。

(3)减少外植体转化过程中的杂菌污染率,如果外植体上带污染源时,在预培养过程中会被筛掉。

(4)有利于侵染接种的外植体能与培养基平整接触。

4.外植体的农杆菌接种及与农杆菌共培养　所谓外植体接种就是把工程菌接种到外植体的损伤切面。其方法是将切割成小块的外植体浸泡在制备好的工程菌液中。接种菌体后的外植体培养在诱导愈伤组织或不定芽分化的固体培养基上,在外植体细胞分裂、生长的同时,农杆菌在外植体切口面也增殖生长,该两者共同培养过程称之为共培养。

农杆菌和外植体共培养是整个转化过程中非常重要的环节,因为农杆菌附着,T-DNA 的转移及整合都在共培养时期内完成。因此,共培养技术条件的掌握是转化的关键,共培养过程中需要注意最佳共培养的时间和农杆菌的增殖适度等因素。

5.外植体脱菌及选择培养

(1)外植体的脱菌培养。与农杆菌共培养后的外植体表面及浅层组织中共生有大量农杆菌,为杀死和抑制农杆菌的生长必须进行脱菌培养,使外植体更好地生长发育。所谓脱菌培养,即把共培养后的外植体转移到含有抗生素的培养基上,常用的脱菌抗生素有羧苄青霉素、头孢霉素等。

脱菌培养的时间,一般需 5～6 次继代培养,但有时仍然不能把残留的农杆菌杀死,特别是共生在维管束和细胞间隙中的农杆菌。如果停止使用抗生素后的外植体又有农杆菌生长,可再使用抗生素脱菌。也有的植物一直使用抗生素,直到试管苗形成。

(2)转化体的选择培养。如何选择转化的细胞也是转基因植物获得的一个重要环节。转化的细胞和非转化细胞在生长发育过程中存在着竞争,如果转化细胞不能生长起来,转化就不能成功。因此,转化细胞的选择是必不可少的步骤。

根据选择和再生的关系来看,选择有两种情况:一种情况是先再生后选择,即在愈伤组织诱导或不定芽的分化过程中不加入选择压,获得了愈伤组织、不定芽或再生植株后,再在选择培养基中进行转化体筛选。另一种情况是先选择后再生,即在愈伤组织诱导或不定芽分化培养的一开始就加入选择压,使非转化细胞的生长受到抑制,只有转化细胞能进行正常生长发育及转化体的再生。这两种情况,前者是在组织或个体水平上选择,而后者是在细胞水平上选择,各有其长,各有所用。

6.转化苗的生根　一般情况下试管苗对抗生素选择压力不如愈伤组织那样敏感,因此,非转化的试管苗也可能在选择培养基上生长,这就是所说的假阳性。由于根对抗生物的敏感性很强,因此,在高浓度的抗生素选择压力的培养基上,非转化的苗是很难生根的,所以,苗的生根能力是实现转化的一个有力保证。

7.转化苗的保持与繁殖　转化苗的保持与繁殖直接关系到生产实践应用,因此,同样是植物基因工程中的一个重要环节。目前主要采用两条途径实现转化苗的保持与繁殖。一是营养繁殖途径,它包括试管苗的无性快速繁殖及嫁接等田间的营养繁殖方式;二是种子繁殖,此途径的主要操作是将转化的试管苗在小花盆中移栽成活,然后定植田间,开花时套袋隔离防止杂交授粉及向环境中释放转化的花粉,结种子后,注意收集种子,保存。

上面已叙述了农杆菌 Ti 质粒转化的基本程序和步骤。但在转化研究中由于植物的基因型、转化目的及试材条件不同,应采取不同的技术措施。在长期的研究中已建立多种转化的方法适用于不同的要求,例如整体植株接种共感染法、叶盘转化法和原生质体农杆菌共培养方法。

7.3.2　转基因植物生物反应器的应用

利用植物系统大规模地生产各种蛋白质、多肽类等药物和疫苗一直是人们的梦想,转基因植物的快速发展使这一梦想逐渐变成现实。与利用微生物和动物细胞发酵系统作为生物反应器生产药物相比,转基因植物作为生物反应器具有多方面的优越性,例如,上游生产成本低、转基因植物所获得的遗传性状稳定、在正常自然条件下易于生长和管理以及作为食物可省去下游加工开支。因此,利用转基因植物作为生物反应器生产人类所需的各种药物、疫苗和工业原料已成为一个颇具前途的生长点,它吸引了众多公司进行投资,将成为"分子农业"主要发展领域之一。

7.3.2.1　转基因植物反应器在医药领域的应用

1.转基因植物生产疫苗　近年来,利用转基因植物生产基因工程疫苗用于疾病的预防及治疗已成为植物基因工程的一个新兴研究领域。将抗原基因导入植物并在植物中有效表达,人或动物摄入转基因植物或其中的抗原蛋白,从而产生对某种抗原的免疫应答。利用转基因植物生产疫苗开始于 1990 年,美国华盛顿大学 Roy Curtis 教授研制的利用花茎甘蓝、萝卜生产转基因的食用疫苗。它们首先证明烟草能表达变异链球菌表面蛋白抗原 A(Spa A),而且用该转基因烟草饲喂小鼠,能引起黏膜对 Spa A 蛋白免疫反应,诱导的抗体具有生物活性。从此,用转基因植物生产食用疫苗由于其独特的优势成为植物基因工程研究的新热点。

目前,转基因植物生产疫苗的研究主要有两个方向,一种是利用植物生产大量的蛋白质抗原,分离和提纯后,再制备成疫苗;另一种是不需要分离和提纯,将植物或其某部分作为可以直接口服的疫苗。

1992 年 MasonHS 等首次报道了将乙型肝炎病毒表面抗原(HbsAg)基因转入烟草中获得 0.01% 表达。1995 年 MasonHS 又将 HbsAg 基因转入马铃薯中,并使其在块茎中专一性表达,用薯块饲喂小鼠,在小鼠体内检测到保护型抗体。中国农业科学研究院生物技术研究所刘德虎等在马铃薯和番茄中成功地表达了乙肝表面抗原,将转基因马铃薯饲喂小鼠后,在小鼠血液中检测到乙肝病毒保护型抗体,该技术已经申请国家发明专利。到目前为止,在转基因植物中表达成功的疫苗见表 7-2。

表 7-2　用转基因植物生产的部分疫苗

疫　苗	针对疾病	受体植物种类	表达系统
大肠杆菌热敏肠毒素 B 亚单位（LT-B）	细菌性腹泻	烟草、马铃薯	农杆菌、TMV
霍乱肠毒 B 亚单位（CT-B）	霍乱	烟草、马铃薯、苜蓿	农杆菌 Ti 质粒
肺结核疫苗	肺结核	胡萝卜	
乙型肝炎表面抗原（HBsAg）	乙型肝炎	烟草、羽扁豆、莴苣、扁豆	农杆菌 Ti 质粒、TMV
人巨细胞病毒（HCMV）糖蛋白 B		烟草	农杆菌 Ti 质粒
兔出血症病毒（RHDV）VP60 蛋白	兔出血症	马铃薯	农杆菌 Ti 质粒
口蹄疫病毒（FMDV）VP1 蛋白	口蹄疫	拟南芥、苜蓿	CPMV
猪传染性胃肠炎冠状病毒（TGEV）S 糖蛋白	传染性胃肠炎	马铃薯、拟南芥	农杆菌 Ti 质粒
狂犬病毒 G 蛋白	狂犬病	番茄、马铃薯、苜蓿	农杆菌 Ti 质粒
诺沃克病毒外壳蛋白（NVCP）	急性肠胃炎	烟草、马铃薯	农杆菌 Ti 质粒
呼吸道合胞病毒（RSV）G 蛋白		烟草、番茄	
艾滋病病毒（HIV）表面抗原	艾滋病	烟草	CPMV
血凝素（HV）	流感	烟草	TMV
人鼻病毒表位（HRV-14）	鼻病毒	black-eyed bean	CPMV
疟原虫抗原决定簇	疟疾	烟草	农杆菌、TMV

　　植物口服疫苗或食用疫苗是转基因植物疫苗的研究热点和主要发展方向，近几年来用番茄和香蕉等植物来生产疫苗已成为人们的焦点。因为番茄是一种大众化的、日常食用的蔬菜，香蕉是世界上第四大类水果，利用特异启动子在番茄和香蕉果实中表达疫苗，通过食用这些植物果实达到防病的目的将使人类受益无穷。

　　2. 转基因植物生产抗体　随着抗体基因在转基因植物中有效表达研究的日益增多，出现了"植物抗体"（plant antibody）这一新名词，它是将动物抗体基因或基因片段在转基因植物中表达的免疫性产物，1989 年美国 Hiatt 等分离出一种催化抗体（IgG1）的重链（H）和轻链（L）基因，并用农杆菌介导法将它们分别导入烟草，得到转基因植株。用 ELISA 方法筛选转基因烟草植株，然后将两种烟草进行有性杂交，获得了表达完整抗体的转基因烟草。经检测，这种植物抗体具有与抗原结合的活性，开创了植物抗体的先河。

　　目前，已有几种转基因植物抗体具备潜在的商业价值：①在烟草中表达的抗链球菌表面抗原的分泌型 IgG-IgA 抗体，临床实验证明该抗体预防链球菌腐蚀牙齿的效果与鼠淋巴瘤产生的单抗 IgG 类似。②在小麦和水稻中表达的抗癌胚抗原的抗体。癌胚抗原是细胞表面糖蛋白，也是肿瘤相关的特征抗原之一，该抗体在体内像及肿瘤的免疫治疗方面有广泛的应用价值。③治疗单纯疱疹病毒的抗体。在大豆中表达的抗体 Anti-HSV-2 能有效地防止单纯疱疹病毒 HSV 在鼠阴道的存活，其活性与细胞培养得到的抗体相仿。④利用植物病毒载体表达的治疗淋巴瘤的抗体（ScFv），抗体基因来源于鼠 B 淋巴细胞瘤，利用该抗体免疫小鼠能使小鼠抵抗淋巴瘤的侵染。

　　已有的研究结果显示，植物体内能生产从小分子抗体到全抗体等各种工程抗体，它们都具功能性。因此,由抗体工程同植物转基因技术结合后,产生的工程抗体植株是基因工程技术的又一成就,它除了在抗体的医学传统研究和制药业的发展上发挥作用外,还将在植物生理、植物抗虫抗病育种的研究等方面开辟新的领域。

3. 转基因植物生产药用蛋白与多肽　药用蛋白的市场需求量非常大,如纯化的血清白蛋白,全世界的年需求量为 550 t,传统的生产方法是从人的血液中分离提取,这样提取不仅价格较高而且还有病原微生物污染的危险。而今人们可以利用转基因植物进行生产,最早的转基因药物是在烟草中生产的神经肽,它是 1988 年由比利时 PGS 公司研制的。他们将小肽基因的两端设计两个蛋白酶的酶切位点,然后将许多改造好的基因串联起来,转入烟草,这类在烟草中编码的小肽是以多聚体形式存在的,其产物用胰蛋白酶和羧肽酶进行酶切,最后得到高产量的五肽神经肽,此研究为转基因植物作为生物反应器生产药物开创了新的篇章。到目前为止,已经在植物中表达成功的转基因药用蛋白除前面介绍的疫苗和抗体外,还有人生长激素、脑啡肽、红细胞生长素、人血红蛋白、人表皮生长因子、巨噬细胞集落刺激因子、干扰素、尿激酶等(表 7-3)。

表 7-3　应用转基因植物生产的一些蛋白药物

药物名称	基因来源	表达宿主	应　　用
凝乳酶	小牛	烟草	促进消化
右旋糖酐转移酶	疱疹病毒	马铃薯	
脑啡肽	人	苜蓿、油菜、拟南芥	安神
促红细胞生成素	人	烟草	调节红细胞水平
生长激素	鲑鱼	烟草、拟南芥	刺激生长
α-干扰素	人	芜菁	抗病毒
β-干扰素	人	烟草	抗病毒
溶菌酶	鸡	烟草	杀菌
肌醇六磷酸酶		烟草	肌醇代谢
人血清蛋白	人	烟草、马铃薯	人造血浆
表皮生长因子	人	烟草	促进特殊细胞增殖
水蛭素	人工合成	油菜、烟草	血栓抑制剂
人乳铁蛋白	人	烟草	造血
天花粉蛋白	栝楼、玉米	烟草	抑制 HIV 复制
血管松弛酶抑制因子	牛奶	烟草、番茄	抗过敏
核糖体抑制蛋白	玉米	烟草	抑制 HIV

7.3.2.2　转基因植物反应器在食品领域的应用

1. 转基因植物生产人奶蛋白质　β-酪蛋白、乳铁蛋白及 α-乳清蛋白是人奶中重要的组成成分。以植物作为生产人奶蛋白的工厂的设想首先是由 Chong 等进行尝试的。将人奶 β-酪蛋白编码基因导入了马铃薯,形成稳定遗传的转基因马铃薯,是人奶蛋白基因整合到食用植物中并稳定表达的首例报道。β-酪蛋白的 cDNA 被克隆到 pPCV701 载体上,利用农杆菌介导法转入马铃薯,在直接启动子 MasP2 的启动下表达出 β-酪蛋白。β-酪蛋白的含量只占总可溶性蛋白的 0.01%，为了提高表达水平，利用了块茎专一性表达的 patatin 启动子，β-酪蛋白的产量由原来的 0.01% 增加到 2%。乳铁蛋白是人奶中另一个重要的蛋白，它是铁结合的糖蛋白，将乳铁蛋白基因导入马铃薯后，表达量占可溶性蛋白的 0.05%。据推算，一个 300 g 的转基因马铃薯所含 β-酪蛋白的量相当于 250 mL 人奶。1 hm² 转基因马铃薯创造出的 β-酪蛋白和乳铁蛋白分别相当于 19 250 L 和 12 250 L 的人奶中相应成分的含量。

2.转基因植物生产糖类　植物中糖类的主要贮存形式是淀粉，人们可以设法改变植物的代谢途径，从而使植物成为糖类生产的生物反应器。利用转基因植物生产糖类物质已取得了一些成果，例如，将细菌的 ADP 葡萄糖焦磷酸酶基因转入马铃薯，可以使低淀粉的马铃薯的淀粉含量提高 60%。

将枯草杆菌果糖转移酶基因转入烟草和马铃薯后，可以在这两种基本不含果糖的植物中贮存果糖，在转基因烟草中获得的果糖可达植物干重 3%~8%，转基因马铃薯叶中果糖含量达到了叶片干重的 1%~3%，在块茎中可达 1%~7%。大肠杆菌的甘露醇-1-磷酸脱氢酶基因转入烟草后，转基因植株中的甘露醇含量可达 6 μmol/g 鲜重，并且转基因植物的耐盐、耐旱能力也大大提高。海藻糖是近年来新出现的一种食品添加剂，它能提高食品的鲜味。现在主要的来源是从酵母中提取，成本高达每千克 200 美元以上，因此，难以大规模推广使用，有人正在尝试用转基因植物生产海藻糖。

7.3.2.3　转基因植物反应器在化工领域的应用

在工业生产中，碳链长度介于 6 和 24 之间的脂肪酸，具有重要的工业用途。而油料作物种子所含的脂肪酸大多是 16 和 18 碳脂肪酸，因此，人们在改变脂肪酸碳链长度方面做了很多尝试。

月桂酸（lauric acid，C12:0）是一种中链脂肪酸，是制造表面活性剂的重要原料。目前月桂酸的主要商业来源是一些热带经济作物的植物油，如椰子油、棕榈油等。Pollard 等（1991）在加利福尼亚州月桂树中发现了使其富含月桂酸的 12:0-ACP 硫酯酶，该酶在酰基达到 12 碳长度时便终止了聚合反应。将月桂树中的酰基载体蛋白（ACP）硫脂酶基因导入油菜，使得油菜种子中月桂酸的含量显著提高。由于月桂酸广泛应用于洗涤剂的生产，所以，月桂酸转基因油菜自面世以来备受工业界欢迎。

芥酸（erucic acid，C22:1，Δ3）是一种超长链脂肪酸，在工业上它是生产润滑剂、尼龙、化妆品、塑化剂涂料及防腐剂等的重要原料。目前，工业上芥酸的生产主要是以普通菜油为原料，但其芥酸含量低（30%~50%）。Lassner 等（1996）从西蒙德木植物种子中分离了 β-酮酯酰基 CoA 合酶基因，由于它能催化 18 碳以上的脂肪酸聚合反应，将其导入油菜可导致种子中芥酸含量明显增加，但无论是转基因或自然界中油菜芥酸含量都不会超过 55%。Metz 等（1996）发现油菜中 LPAAT 对 18 碳底物具有优先选择权，而对超长链脂肪酸亲核性极低，导致其理想的最高值仅 66%。因此，必须通过将能在 Sn-2 位置上插入芥酸的 LPAAT 基因转化油菜来进一步提高芥酸的含量。Zou 等将酵母中的一种超长链脂肪酸特异性的 LAPPT 基因导入油菜，使油菜种子中芥酸含量提高到 50% 左右。Lassner 和 Brown 等相继在池花属植物中克隆了 LPAAT 基因，但转化油菜发现，Sn-2 位置上的芥酸含量增加，但其芥酸总量并未增加，这说明芥酸在 Sn-2 位置上的增加是在 Sn-1 和 Sn-3 位置上芥酸含量减少的基础上形成的。Laurent 等对油菜、旱金莲、大豆、玉米等油料植物种子成熟过程的研究就曾发现只有草地泡沫植物的 LPAAT 酶可使芥酸 CoA 与 1-芥酸-3-磷酸甘油酯生成二芥酰甘油酯，若能将草地泡沫的 LPAAT 基因导入高芥酸油菜,理论上可产生芥酸含量超过 90% 的油菜新材料。

Calgene 公司已经用转基因油菜生产工业用润滑剂和洗涤剂,由于油菜容易栽培并生成大量优良油脂,Calgene 公司进一步获得了生产芥酸的转基因油菜,用来生产润滑剂和尼龙。

7.3.2.4　转基因植物反应器在生产生物可降解塑料的应用

随着塑料用途的不断扩大和消费量的日益增加,塑料废物所造成的"白色污染"已成为全球性的公害,要从根本上解决这一问题,必须寻找化学合成塑料的替代品——生物可降解塑料,如 PHA(polyhydroxyalkanoate ,聚-3-羟基链烷酸酯)、聚氨基酸以及蛛丝蛋白等。生物可降解塑料一般用微生物发酵来生产,但此法的高生产成本限制其实际应用。近几年重组 DNA 技术的发展,促使了用转基因植物生产生物可降解塑料的兴起,并已经取得了可喜的成果。

1.转基因植物生产 PHA　生物可降解塑料是环境友好的,其化学组成为聚羟基链烷酸酯(PHA),自然条件下可在 1 年内完全降解为 CO_2 和 H_2O。PHAs 是一类微生物合成的大分子聚合物,结构简单。现已从 90 多个细菌属中鉴定出 40 多种不同结构的 PHA,均由 3-羟基烷酸单体构成,长度 3~14 个碳原子。聚羟基丙酸酯(PHP)无侧链碳原子,聚羟基丁酸酯(PHB)侧链碳原子为 1 个(甲基),聚羟基戊酸酯(PHV)侧链碳原子为 2 个(乙基),其中 PHB 广泛分布在各种细菌中,而且含量最高,是 PHAs 中最典型的一种。从 1926 年发现 PHB 至今,人们对其生物降解性和应用做了大量研究,被认为是化学合成塑料的理想代替品,在工业、农业及医学领域中被广泛应用。

PHA 合酶是 PHA 合成的关键酶。迄今为止,人们已从微生物中克隆了 25 个以上 PHA 合成相关基因,例如,已从真菌产碱杆菌等微生物中分离到参与 PHB 生物合成的关键酶基因 *phbA*、*phbB*、*phbC* 等,并将这些基因导入到植物体内并能成功合成 PHB。Nawrath 等(1994)分别构建 CaMV35S 启动子+Rubisco 小亚基 1a 目标肽 N 端序列+ *phbA*(*phbB*、*phbC*)3 个表达载体,采用农杆菌介导法将携带 3 个基因的植物表达载体分别转化拟南芥获得转单个基因植株,再通过杂交使 3 个目的基因在同一株拟南芥中表达,并定位于质体中,转基因植株中 PHB 含量提高到 14% 干重。

孟山都公司研究小组选择油菜作为生产塑料的植物,使 *phbA* 等目的基因在油菜种子中特异表达,所获得转基因油菜种子中 PHB 含量达 5%,他们进一步将 4 个目的基因(*Ilv*466、*bktB*/ *phbA*、*phbB*、*phbC*)在油菜中特异表达,通过农杆菌介导法获得导入该多基因的油菜,转基因植株成熟种子中含有 7.7% 鲜重的 PHB,上述研究为大规模商品化生产优质廉价的生物降解塑料奠定了基础。

虽然目前用转基因植物来生产生物可降解塑料还存在着很多没有解决的问题,但生物合成塑料具有石化合成塑料所不具有的完全生物降解性和生物相容性,这一直吸引着各国研究者的目光。随着重组 DNA 技术的发展,用转基因植物来进行生物可降解塑料的商业化生产一定会实现,这必将促进生物可降解塑料的广泛应用,减轻环境压力,促进人和环境和谐发展。

2.转基因植物生产蛛丝蛋白　蜘蛛丝属线状蛋白质,具有强度比钢硬、柔韧性和弹性好及耐低温等优点,在生物医学、材料和军事等领域具有广泛的应用前景。更重要的是,蜘蛛丝由蛋白质构成,属于生物可降解材料,因此,引起了研究者的重视。目前,很多发达国家包括我国在内都在投入大量的科研力量对此进行研究,并且已经取得了相当大的进步。

蜘蛛的纤维蛋白分子质量很大并且具有高度重复的氨基酸序列,该蛋白基因在大肠杆菌或毕赤酵母等微生物中的表达量很低。德国植物遗传与栽培研究所将能复制 *Nephilaclavi-*

pes 蜘蛛拖丝的蛛丝蛋白的基因转化到烟草和马铃薯中,所培植出的转基因烟草和马铃薯含有数量可观的类似于蜘蛛丝蛋白的蛋白质,90％以上的蛋白质分子长度在 420～3 600 个氨基酸之间。这种经基因重组的蜘蛛丝蛋白含于烟草和土豆的叶子中,也含于土豆的块茎中。由于这种经基因重组的蛋白质有极好的耐热性,使其提纯与精制手续简单而有效。

　　总之,利用转基因植物作为生物反应器生产人类所需的各种原料,已成为一个颇具前途的新领域,与采用微生物及动物细胞生产上述产品相比,由于其独特的优势而备受人们关注。随着转基因植物作为生物反应器研究的深入发展,必然会有更多的物质从转基因植物中生产出来,传统的农业、制药业、食品及其他产业,将会产生重大的变革。

7.4　转基因微生物生物反应器

　　许多微生物产品与人类生活和健康有着密不可分的关系,但传统的产品都无非是利用每一种微生物的特性,生产特定种类的产品,至多通过诱发突变来提高产量,或者通过对代谢途径的控制而在有限程度上改变产品的性质。基因工程诞生后,人们可以通过基因工程技术赋予微生物新的遗传物质,生产人类所需要的产品。利用基因工程手段只要把克隆的外源基因构建到表达载体,然后导入合适的微生物细胞,便能用它来进行发酵生产目的产物。本节重点介绍大肠杆菌原核表达系统和酵母表达系统,以及转基因微生物反应器在食品及医药等领域的应用。

7.4.1　外源基因在原核微生物中的表达

7.4.1.1　原核生物基因表达的特点

　　同所有的生命过程一样,外源基因在原核细胞中的表达包括两个主要过程:即 DNA 转录成 mRNA 和 mRNA 翻译成蛋白质。与真核细胞相比,原核生物的基因表达有以下特点:

　　(1)原核生物只有 1 种 RNA 聚合酶(真核细胞有 3 种)识别原核细胞的启动子,催化所有RNA 的合成。

　　(2)原核生物的基因表达是以操纵子为单位的。操纵子是数个相关的结构基因及其调控区的结合,是一个基因表达的协同单位。

　　(3)由于原核生物无核膜,所以转录与翻译是偶联连续进行的。

　　(4)原核基因一般不含内含子,在原核细胞中缺乏真核细胞的转录后加工系统。因此,当克隆含有内含子的真核基因在原核细胞中转录成 mRNA 前体后,其中内含子部分不能被切除。

　　(5)原核生物基因表达的控制主要是在转录水平,这种控制比对基因产物的直接控制要慢。

　　(6)在大肠杆菌 mRNA 的核糖体结合位点上,含有一个转译起始密码子及同 16S 核糖体RNA3′末端碱基互补的序列,即 SD 序列(6～8 碱基),即 mRNA 中用于结合原核生物核糖体的序列。而真核基因则缺乏此序列。

　　从上述特点可以看到,欲将外源基因在原核细胞中表达,必须满足以下条件:①通过表达载体将外源基因导入宿主菌,并指导宿主菌的酶系统合成外源蛋白;②外源基因不能带有内含子,如果表达的基因具有内含子的,必须用 cDNA 做模板或化学合成目的基因,而不能用基因组做模板;③必须利用原核细胞的强启动子和 SD 序列等调控元件控制外源基因的表达;④外源基因与表达载体连接后,必须形成正确的开放阅读框(open reading frame);⑤利用在宿主菌的调控系统调节外源基因的表达,防止外源基因的表达产物对宿主菌的毒害。

7.4.1.2　原核表达载体的构成

在基因工程中,表达载体扮演着十分重要的角色。它负责携带目的基因在宿主中进行复制,指导目的基因在宿主体内的转录和翻译。原核表达载体要完成这些功能,必须具备以下 3 个系统(图 7-2)。

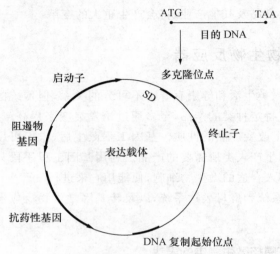

图 7-2　原核基因表达载体的构成示意图

1. DNA 复制及重组体的选择系统　这一系统与普通的克隆载体一样,由复制起始位点(ori)和选择性标记基因来完成。

(1)复制子。复制子是一段包含复制起始位点(ori)和有关序列在内的 DNA 片段。原核基因表达载体一般是质粒载体,含有能在大肠杆菌中有效复制的复制子。常见的复制子有 pMBI、p15A、ColEI 和 pSC101 等。其中 pMBI、p15A 和 ColEI 复制子的质粒载体为松弛型,含 pSC101 复制子的质粒载体为严紧型。松弛型复制起始位点,能使载体借用宿主的 DNA 复制体系大量复制载体 DNA,同时克隆的目的基因也得以大量复制,为基因的高水平转录提供大量的模板。

(2)选择标记。为了从大量的细胞群体中将转化的细胞分离出来,在构建基因表达载体时必须加上选择性标记,使得重组转化体产生新的表型,对于大肠杆菌来说,一般选用抗生素抗性基因作为选择性标记基因,常见的有抗氨苄青霉素、四环素、氯霉素等抗性基因。

表达载体的抗性基因赋予宿主特定的抗药性,使其能在有抗生素的培养条件下正常生长。这样就可筛除掉不含载体的宿主,同时保证载体在宿主细胞中的稳定存在。

2. 转录系统　这一系统包括启动子和转录终止子。启动子和终止子因宿主的不同而有差别,往往在不同的宿主中表达的效率也不一样,特别是原核生物和真核生物宿主间完全不同,相互间不能通用。

(1)启动子。外源基因转录的起始是基因表达的关键。启动子是 DNA 链上一段能被宿主 RNA 聚合酶特异性识别和结合并指导目的基因转录的 DNA 序列,是基因表达调控的重要元件。原核生物基因表达的启动子可分为诱导型和组成型 2 大类,如 *lac*(乳糖启动子)、*trp*(色氨酸启动子)、*tac*(乳糖和色氨酸启动子)及 P_L 和 P_R(λ 噬菌体的左和右启动子)等属于诱导型的启动子,而 T7 噬菌体则属于组成型启动子。

(2)转录终止子。转录终止子是一段终止 RNA 聚合酶转录的 DNA 序列,具有终止转录的作用。转录启动后,RNA 聚合酶沿 DNA 链移动,持续合成 RNA 链,直到遇到转录终止信号为止。转录终止子分为内终止子和依赖终止信号的终止子两类。内终止子是指不需要其他蛋白辅助因子便可在特殊的 RNA 结构区内实现终止作用,依赖终止信号的终止子则要依赖专一的蛋白质辅助因子(如 ρ 因子)。

转录终止子的功能不同于启动子,但它对基因的正常表达有重要意义。它使转录在目的基因之后立刻停止,避免作多余的转录以节省宿主内 RNA 的合成底物。另外,正常转录终止子的存在对外源基因的表达同样起着非常重要的作用,它能防止产生不必要的转录产物,有效控制目的基因 mRNA 的长度,提高 mRNA 的稳定性,避免质粒上其他基因的异常表达。

3.翻译系统　翻译是 mRNA 指导多肽链合成的过程,翻译的起始是多种因子协同作用的结果。蛋白质的翻译系统主要包括:核糖体结合位点(SD 序列)、翻译起始密码子和翻译终止密码子。

(1)核糖体结合位点。核糖体结合位点是指原核基因转录起始位点上游的一段 DNA 序列,即 Shine-Dalgarno 序列(简称 SD 序列)。SD 序列与核糖体 16S rRNA 特异配对,它对 mRNA 的翻译起着决定性的作用。核糖体与 mRNA 的结合程度越强,翻译的起始效率就越高,而核糖体与 mRNA 的结合程度主要取决于 SD 序列与核糖体 16S rRNA 碱基的互补性,因此,在构建表达载体时,要尽可能使 SD 序列与 16S rRNA 序列互补配对。

(2)翻译起始密码子。翻译起始密码子是翻译的起始位点,通常为 AUG(ATG),编码甲硫氨酸(Met)。也有极少数生物利用其他密码子作为翻译的起始位点。

(3)翻译终止密码子。翻译终止密码子与核糖体相遇时,能使核糖体从 mRNA 模板上脱落,终止蛋白质的翻译过程。

构建原核表达载体时,除了应具备上述 3 个系统外,还要考虑所表达外源基因碱基的组成。因不同生物所使用的密码子具有一定的选择性,有的密码子在一种基因组中使用的频率高,被称为主密码子,而在另一种基因组中使用的频率则较低,被称为稀有密码子。

如果外源目的基因 mRNA 主密码子与受体细胞基因组的主密码子相同或相近,则该基因表达的效率就高;反之,若外源基因含有较多的稀有密码子,其表达水平就低。因此,在构建大肠杆菌表达载体时,要考虑所表达基因的种类和性质,对外源基因中的稀有密码子可进行适当突变,以提高外源基因的表达效率。

7.4.1.3　几种类型的原核表达载体

为筛选携带载体的宿主细胞,载体需携带标记基因,一般情况下的标记基因为抗生素基因,例如卡那霉素、氨苄霉素或红霉素等,在原核细胞中表达外源基因时,由于实验设计的不同,总的来说可产生融合型和非融合型两种类型的重组蛋白。不与细菌的任何蛋白或多肽融合在一起的表达蛋白称为非融合蛋白,非融合蛋白的优点在于它具有非常近似于真核生物体内蛋白质的结构。因此,表达产物的生物学功能也就更接近生物体内天然蛋白质,非融合蛋白的最大缺点是容易被细菌蛋白酶破坏。为了在原核生物中表达出非融合蛋白,可将带有起始密码 ATG 的真核基因插入到原核启动子和 SD 序列下游,经转录翻译,得到非融合蛋白。

融合蛋白是指蛋白质的 N 末端有原核 DNA 序列或其他 DNA 序列编码,C 端有真核 DNA 的完整序列编码。含原核多肽的融合蛋白是避免细菌蛋白酶破坏的最好措施,而含另一些多肽的融合蛋白则为表达产物的分离纯化等提供了极大的方便。

由于抗生素标记基因对人体会产生危害,使其在食品工业中的应用受到限制,因此,开发食品级的表达载体势在必行。所谓食品级的表达载体为除多克隆位点外,载体上所有的 DNA 片段皆来自于食品,包括选择标记基因,例如,采用细菌素 Nisin 作为筛选标记基因或通过基因重组删除抗生素基因而将外源基因整合到宿主染色体上,从而实现食品级基因工程菌株的目的。下面分别介绍抗生素作为筛选标记的非融合型、融合型以及食品级表达载体。

1. 非融合型表达载体 pkk223-3　pkk223-3 载体是由 Brosius 等在哈佛大学 Gilbert 实验室组建的,在大肠杆菌中,它能有效地表达外源基因。该载体具有一个强的 *tac(trp-lac)* 启动子,由 *trp* 的-35 区和 lacUV-5 启动子的-10 区组成。在 *lac* I 宿主,例如 JM105,*tac* 启动子受阻遏,但只要在适当的时候,加入诱导物 IPTG,就可去阻遏,紧接 *tac* 启动子的是一个取自 pUC8 的多克隆位点,使之很容易把目的基因定位在启动子和 SD 序列后;在多克隆位点下游的一段 DNA 序列中,还包含一个很强的 rrnB 核糖体 RNA 的转录终止子,载体其余部分是由 pBR332 组成的。非融合型表达载体 pkk223-3 质粒图谱见二维码 7-3。

二维码 7-3　非融合型表达载体 pkk223-3 质粒图谱

2. 融合型表达载体 pGEX　pGEX 系统是 Pharmacia 公司构建的融合蛋白表达载体。由 3 种载体 pGEX-1λT、pGEX-2T、pGEX-3X 和一种用于纯化表达蛋白的亲和层析介质 Glutathione Sepharose 4B 组成。载体的组成成分基本上与其他表达载体相似,含有启动子(tac)、lac 操纵基因、SD 序列及 lac I 阻遏蛋白基因等。这类载体与其他表达载体不同之处是 SD 序列下游就是谷胱苷肽巯基转移酶基因,而克隆的外源基因则与谷胱苷肽巯基转移酶基因相连。当进行基因表达时,表达产物为谷胱苷肽巯基转移酶和目的基因产物的融合体。这个载体系统具有如下优点:①载体内含有 lac I 阻遏蛋白基因,可通过诱导高效表达外源基因;②表达的融合蛋白质纯化方便,即利用 GST 标签通过亲和层析纯化重组蛋白;③利用凝血酶(thrombin)和 Xa 因子(factor Xa)就可从表达的融合蛋白中切下所需要的蛋白质和多肽。融合型表达载体 pGEX-3X 质粒图谱见二维码 7-4。

二维码 7-4　融合型表达载体 pGEX-3X 质粒图谱

3. 食品级表达载体　鉴于乳酸菌是目前公认的食品级微生物,目前基于乳酸菌的食品级属性开发了各种各样的食品级筛选标记。根据筛选方式的不同,这些食品级筛选标记可分为两类:显性标记和互补标记。显性标记不依赖于特殊的宿主基因,作用方式跟抗生素抗性基因类似;互补标记一般选择编码重要代谢功能的特定基因,并依赖于宿主缺失突变而获得相应的缺陷型。常用的食品级筛选标记主要有以下几种:

(1)糖类发酵选择标记。根据菌株能够利用的糖类的种类和效率的不同,可将发酵某种糖类的基因通过载体导入非发酵菌株中使其获得这类糖的发酵能力,如木糖、菊糖和蜜二糖利用基因等。Jeong 等基于 pMG36e 构建了以 *L. plantarum* 的 α-半乳糖苷酶基因为筛选标记的食品级表达载体 pFMN30,载体携带诱导型强启动子 *PnisA* 和 *usp*45 信号肽。重组菌株在蜜二糖为唯一碳源的培养基上进行筛选。

（2）营养缺陷型选择标记。利用编码重要代谢功能的基因作为互补筛选标记,转入相应的缺陷型菌株来筛选重组子,如核苷酸生物合成基因和氨基酸代谢基因等。Sridhar 等基于 Q 复制型质粒 pW563,以天冬氨酸转氨酶基因 aspC 为筛选标记构建了食品级载体 pSUW611。以 AspC 突变株为受体,通过互补天冬氨酸转氨酶缺失使用牛奶培养基筛选重组子。

（3）细菌素抗性或免疫选择标记。利用某种细菌素抗性或免疫基因转入细菌素敏感菌株中,使其能够在含有细菌素的培养基上生存,从而筛选出重组子,如 nisin 抗性/免疫基因和 lactacin F 免疫基因等。Takala 等利用乳球菌 pSH71 复制子和携带组成型启动子 p45 的 nisI

二维码 7-5　乳酸菌食品级筛选标记系统

基因构建了食品级表达载体 pLEB590;将其电转化至 L. lactis MG1614,在 60 IU nisin/mL 的筛选浓度下获得了 10^5 转化子/μg DNA 的转化效率。

目前应用于乳酸菌的食品级筛选标记系统见二维码 7-5。

7.4.1.4　用于原核细胞表达的外源基因

利用原核细胞表达真核生物基因是比较困难的,这主要是因为真核生物基因组中含有内含子,而原核细胞缺乏真核细胞转录后的加工系统,导致 mRNA 中的内含子不能切除,成熟的 mRNA 不能形成。因此,用于原核细胞表达的真核生物基因应是删除内含子。目前主要有两种方法可以得到符合要求的目的基因。

（1）从真核细胞中分离 mRNA,在体外利用逆转录酶,反转录成 cDNA,cDNA 有完整的编码序列,但无内含子。进一步设计并合成特异性引物,以 cDNA 为模板,采用 PCR 技术扩增目的基因。

（2）体外合成法。如果要表达的蛋白质或多肽的相对分子质量较小,且氨基酸或核苷酸序列已知,根据遗传密码可以利用 DNA 合成仪合成一段"全基因",进行克隆和表达。

7.4.1.5　提高外源基因表达水平的措施

1.优化表达载体的构建　为了提高外源基因的表达效率,在构建表达载体时,必须着重对决定转录起始的启动子序列和决定 mRNA 翻译的 SD 序列进行优化设计。具体方法包括:在表达载体中组装强的启动子和强终止子;使 SD 序列与核糖体的 16S rRNA 中的碱基完全互补配对;适当调整 SD 序列与起始密码 ATG 之间的距离及碱基的种类;防止核糖体结合位点附近序列转录后的 mRNA 形成二级结构。

2.提高稀有密码子的表达频率　大肠杆菌基因对某些密码子的使用表现出了较大的偏爱性,在几个同义密码子中往往只有一个或两个被频繁地使用。同义密码子使用的频率与细胞内相应的 tRNA 的丰度成正相关,稀有密码子的 tRNA 在细胞内的丰度很低。

在 mRNA 的翻译过程中,往往会由于外源基因中含有过多的稀有密码子而使细胞内稀有密码子的 tRNA 供不应求,最终使翻译过程终止或发生移码突变。通过点突变等方法,可将外源基因中的稀有密码子转化为在大肠杆菌细胞高频出现的同义密码子。

3.利用诱导型载体减轻重组蛋白对宿主的毒害　将宿主菌的生长和外源基因的表达分开为两个阶段,是减轻宿主细胞代谢负荷最为常用的方法。一般采用温度诱导或化学诱导。例如,采用 tac 作为启动子的原核表达载体,则常用 F'tac4 菌株或将 lac I 基因克隆在表达载体上,当宿主菌大量生长时,lac I 产生的阻遏蛋白与 lac I 操纵基因结合,阻止了外源基因的转录,此时,宿主菌大量生长,当加入诱导物（IPTG）时,阻遏蛋白不能与操纵基因结合,则外源基因大量转录并高效表达。

4.提高外源基因表达产物的稳定性　大肠杆菌中含有多种蛋白质水解酶,某些外源基因的表达产物会被宿主细胞的蛋白水解酶识别而降解。因此,须采取多种措施提高外源蛋白在大肠杆菌细胞内的稳定性。常用的方法包括:

(1)采用分泌型表达载体,使外源基因表达的蛋白质分泌到细胞周质或直接分泌到培养基中,避免细胞内的水解酶对表达蛋白的降解。

(2)构建包涵体表达系统。外源基因的表达产物以包涵体的形式存在于受体细胞中,这种难溶性沉淀复合物不易被宿主蛋白水解酶所降解。

(3)克隆一段原核序列,表达融合蛋白。

(4)选用某些蛋白水解酶缺陷型菌株作为受体菌。

(5)对外源蛋白中水解酶敏感的序列进行修饰和改造。

5.优化工程菌的发酵过程　在进行工业化生产时,工程菌株发酵过程的优化设计和控制,对外源基因的高效表达至关重要。发酵过程的优化主要包括以下几个方面:

(1)选择合适的发酵系统或生物反应器。

(2)合理设计培养基的营养成分与细胞生长的关系。

(3)调节发酵系统中合适的溶氧、pH 和温度等条件,控制细胞的生长速度和代谢活动。

(4)优化外源基因表达条件,提高菌体浓度和表达水平,从而提高外源基因表达产物总量。

7.4.2　外源基因在真核微生物中的表达

在原核系统中表达真核基因合成真核蛋白往往存在两个主要问题:一是原核细胞对真核生物活性蛋白,特别是具有生物学功能的膜蛋白或分泌性蛋白,不能进行有效的翻译后加工,因而无法生产出名副其实的真核生物活性蛋白;二是在原核细胞中合成的真核蛋白活性比较低,这可能与蛋白的折叠方式不正确或折叠效率低有关。

鉴于上述原因,发展真核表达系统就显得很有必要,尤其对于生产生理活性物质的生物制药领域来说更具有重要意义,本节以酵母菌表达系统为例介绍真核微生物表达系统。

酵母菌是理想的真核生物基因表达系统,具有如下优点:①基因表达调控机制研究得比较清楚;②遗传操作相对简单;③具有蛋白质翻译后加工和修饰系统;④可将外源基因表达产物分泌到培养基中;⑤不含毒素和特异性病毒,对人体和环境安全;⑥发酵工艺简单,成本低廉。

7.4.2.1　酵母表达载体的构成

酵母菌表达载体一般是一种穿梭型质粒,能同时在酵母菌和大肠杆菌中进行复制。酵母菌表达载体主要由以下重要元件组成:

1.DNA 复制起始序列　酵母菌表达载体包含两类复制起始序列,一类是在大肠杆菌中进行复制的起始序列,另一类是在酵母菌中自主复制的序列,这两个序列区共同组成 DNA 复制起始区。

2.选择标记　酵母菌表达载体所采用的选择标记有两类,一类是营养缺陷型标记,用于转化的酵母细胞的筛选;另一类是抗生素抗性基因,用于转化大肠杆菌的筛选,目的是获得大量的重组子用于酵母菌的转化。

3.有丝分裂稳定区　酵母菌表达载体相当于微型染色体。表达载体上的有丝分裂稳定区,决定载体在宿主细胞分类时,能平均地分配到子细胞中去,它来源于酵母菌染色体着丝粒片段。

4.表达盒　表达盒由启动子、分泌信号序列和终止子等组成,是酵母表达载体的重要元件。

7.4.2.2　表达外源基因的酵母宿主菌

不同的表达载体具有不同的特异性启动子和终止子,因此,必须根据表达载体的特性选择合适的酵母受体系统,才能使外源基因在酵母中得到高效表达。目前,作为表达外源基因的酵母宿主菌主要有以下 3 种:

1.酿酒酵母　酿酒酵母具有作为宿主菌必须具备的条件,是最早应用于外源基因表达的酵母菌。目前,利用酿酒酵母为宿主系统,已成功表达了乙型肝炎疫苗、人胰岛素、人粒细胞集落刺激因子等多种外源基因产物。其缺点是在发酵过程中会产生乙醇,影响酵母的生长代谢和基因产物的表达。此外,酿酒酵母在蛋白质的加工过程中会发生过度糖基化作用,影响重组蛋白活性的发挥。

2.巴斯德毕赤酵母　巴斯德毕赤酵母是一种甲醇营养菌,甲醇可诱导与甲醇代谢相关基因的高效表达,如乙醇氧化酶基因(AOX1)的表达产物可在细胞中高水平积累。AOX1 的启动子是一种可诱导的强启动子。以 AOX1 为启动子,选择 AOX1 基因缺失的突变株作为受体细胞,可高效表达外源基因。

3.乳酸克鲁维酵母　乳酸克鲁维酵母的遗传背景比较清楚。某些质粒在酵母中稳定地保存下来,不易丢失。该酵母可表达分泌型和非分泌型重组异源蛋白,其表达水平和效果高于酿酒酵母。在分泌表达过程中,能形成正确的蛋白构象,故利用其表达高等哺乳动物蛋白具有一定的优越性。目前已有多种外源蛋白,如人白细胞介素-1 和 β-牛凝乳酶等在该酵母系统中得到了表达。

7.4.3　转基因微生物生物反应器的应用

基因工程产品约有 2/3 用于人类疾病治疗和预防性的药物以及疫苗,它给制药工业带来了革命性的变化。据估计,人用蛋白药物的全球市场,每年可达 200 亿美元,而且还在持续增长。在这种巨大利益的驱使下,世界各大制药公司相继投入巨资用于这些重组蛋白药物的研究开发。目前应用微生物发酵生产的基因工程产品主要种类有细胞因子、抗体、疫苗和寡核苷酸药物;主要对象是防治肿瘤、心脑血管疾病、传染病、哮喘、糖尿病和类风湿性关节炎等。此外,基因工程药物也用于降低外科手术出血、促进伤口的愈合和防止器官移植的排斥反应。由于重组药物较多,在此只介绍开发较早、应用较多的重组胰岛素、人生长素、人干扰素、疫苗和人抗体及其片段的转基因微生物的生产。

7.4.3.1　转基因微生物生物反应器与人类药物

1.重组人胰岛素　胰岛素是由人和动物的胰脏 β-胰岛细胞合成的蛋白质,最早发现于1922 年,翌年便开始在临床上作为药物使用。迄今为止,胰岛素仍是治疗胰岛素依赖型糖尿病的特效药物,其最初来源仅仅是从动物的胰脏中提取,而动物的胰岛素由于与人的胰岛素在氨基酸序列上存在一定的差异,长期使用会在患者体内产生自身免疫反应。

人胰岛素的基因工程生产一般采用两种方式:一种方法是分别在大肠杆菌中合成 A 链和B 链,再在体外用化学法连接两条肽链组成胰岛素。美国 EliLilly 公司采用该法生产的重组人胰岛素 Humulin,是第一个获准商品化的基因工程药物。另一种方法是用分泌型载体表达胰岛素源,如丹麦的 Novo 公司利用重组酵母生产胰岛素源,再用酶法转化为胰岛素。人胰岛素在大肠杆菌中的表达流程见二维码 7-6。

二维码 7-6   人胰岛素在大肠杆菌中的表达

2. 重组人生长激素   人生长激素(human growth hormone,hGH)是人的垂体腺前叶嗜酸细胞分泌的一种非糖基化多肽激素,具有调节生长与发育的功能,对多种人类疾病诸如垂体性侏儒症、特纳氏综合征、组织坏死等,都具有良好的治疗效果。

在所有的脊椎动物体内几乎都存在生长激素,但由于不同动物的生长素具有明显的种属特异性,即动物源的生长激素对人体是无效的,只有人类自身的生长激素才具有临床治疗功能,在重组人生长激素(rhGH)问世之前,其来源都是从死人脑垂体中提取。这种制取方法不仅材料来源困难,无法大量生产,而且一个令人意想不到的结果是,接受这种 hGH 治疗的患者中,有很多人传染上了来自尸体的致命病毒。所以在重组 DNA 技术问世不久,科学工作者便积极地从事 rhGH 的开发研究。美国的 Genentech 公司采用枯草芽孢杆菌系统表达 hGH 产量达 1.5 g/L,于 1985 年 10 月批准上市,成为得到美国政府许可生产使用的第二种基因工程药物,商品名为 Prptroin(hGH),1994 年 3 月又有新产品 Nutyopin 被批准上市。我国用大肠杆菌和哺乳动物细胞表达人生长激素,早已完成中试,1995 年开始进行临床试验,现有两家公司投入生产,其产品安全可靠,具有明显的社会经济效益。

3. 重组人干扰素   干扰素(interferon,IFN)是一类在同种细胞上具有广谱抗病毒活性的蛋白质,类似人多肽激素的细胞功能调节物质。根据其抗原特异性和分子结构,可将 IFN 分为 IFN-α、IFN-β 和 IFN-γ 三大类型。干扰素的生物功能活性可归纳为:抗侵入细胞内有害微生物活性、抗细胞分裂活性、调节免疫功能活性。干扰素在临床上主要用于治疗恶性肿瘤和病毒性疾病。

20 世纪 70 年代的 IFN 是从人白细胞中提取的,当时提取 1 g 纯天然 IFN 的费用相当于 1.5 t 黄金的价格。由于被感染的细胞只产生极少量的 IFN,无法给研究工作和临床试用提供足够的产品,使干扰素的研究工作长期受阻。另外,天然 IFN 的效力不足,使用上还存在局限性,迫切需要发展效力更高的具有新生物学功能的重组干扰素。因此,人工 IFN 基因工程的第一个目的就是把 IFN 基因克隆在 E. coli 细胞中进行表达,以制备大量纯化的 IFN。1989 年美国 FDA 批准重组人 IFN-α 上市,当年这种干扰素的市场销售额就已达 1.5 亿美元,目前,除 E. coli 生产人 IFN 外,干扰素基因也已在枯草芽孢杆菌、链霉菌以及酵母菌中获得高效表达。

4. 重组人抗体及其片段   抗体是存在于血清中的免疫球蛋白,它是脊椎动物受到抗原刺激时,由其免疫系统产生的一类糖蛋白,在高等动物自身免疫系统中具有多种生理功能。此外,抗体还被广泛应用于生命科学研究的各个领域,包括生物分子尤其是蛋白或多肽的定性分析、定量分析以及利用免疫亲和层析技术分离生物大分子。在临床上,抗体在免疫诊断、肿瘤治疗以及感染性疾病(如流感,乙肝等)的预防中更显示出巨大的应用前景。

基因工程抗体兴起于 20 世纪 80 年代早期,且一开始就受到人们的广泛重视,其原因主要有 3 个方面:①它在临床医学上具有巨大的应用潜力。②由于抗体的分子结构已经十分清楚,由单碱基变换引起的蛋白质分子中单一氨基酸取代反应,有可能使蛋白质的功能活性发生变化,或者用与抗体完全无关的各种不同的蛋白质结构域取代效应物区,产生出具有新效应物功能的重组单克隆抗体,这样便获得了最简单的工程抗体。③人肿瘤细胞株分泌的抗体数量要比类似的小鼠肿瘤细胞株的水平低得多,通常使用的单克隆抗体都是鼠源蛋白,当向病人体内注射小鼠单克隆抗体之后,便会迅速地产生出抗小鼠抗体的人抗体,亦称为人抗鼠抗体,在人体内最终把它当作外源蛋白被清除,致使小鼠单克隆抗体的实际应用价值受到限制。因此,必须通过更换互补决定区,使动物抗体的特异性转变成为一种人免疫球蛋白,使其在人体内不产生免疫原性,亦即动物抗体的人源化,这是目前最复杂的工程抗体。因此,基因工程抗体是蛋白质工程研究的重要领域,它更进一步地拓展了单克隆抗体尤其是新型单克隆抗体的应用前景。

7.4.3.2 转基因微生物生物反应器与疫苗生产

疫苗的发明和应用,是现代医学最伟大的成就之一,注射或口服疫苗接受者可以激活免疫系统,诱导产生对致病物质的抗体,从而保护疫苗接受者免受疾病的侵染。而传统的疫苗生产存在着一些局限性,例如,有些致病物无法在培养基上生长,所以有很多疾病没有办法获得疫苗;成本极高;需要对实验室以及参加实验的操作人员采取保护措施,以保证他们不被致病物质污染等。

针对传统疫苗存在的问题,迫切需要发展新的疫苗生产途径。借助重组 DNA 技术,有可能突破传统疫苗生产中的许多技术限制问题,开拓出新型的抗病疫苗。基因工程疫苗是指用重组 DNA 技术克隆并表达保护型抗原基因,然后将表达的产物(多数是无毒性、无感染能力、但具有较强的免疫原性)或重组体本身制成的疫苗,主要包括基因缺失活疫苗、亚单位疫苗、核酸疫苗以及蛋白工程疫苗 4 种。

1.基因缺失活疫苗 纯化的单一抗原中蛋白质的构象往往会发生改变,因此,单一纯化的抗原只能诱发较弱的免疫应答。在此情况下,可以用基因工程的方法对细菌和病毒进行改造,以去除与毒力有关的基因,获得缺失突变毒株制备疫苗,这种疫苗称为基因缺失活疫苗。这种活体重组疫苗可以是非致病性微生物,通过基因工程的方法使之携带并表达某种特定病原物的抗原决定簇基因,产生免疫原性,也可以本来是致病性微生物,通过基因工程的方法修饰或去掉毒性基因以后,仍保持免疫原性。目前已经生产应用的基因缺失活疫苗有兽用伪狂犬病疫苗、霍乱活菌苗、痘苗减毒活菌苗、腺病毒减毒活菌苗等。

2.基因工程亚单位疫苗 对于致病性病毒而言,人们已经证明单纯的外壳结合蛋白即可在受体体内激发生成足够多的抗体。因此,DNA 重组技术非常适于生产这种疫苗。通过重组DNA 技术构建的只含有一种或几种抗原,而不含有病原体的其他遗传信息的工程菌生产的疫苗,称为基因工程亚单位疫苗,简称为亚基疫苗。目前开发的亚基疫苗有抗单纯疱疹病毒(HSV)、抗乙型肝炎病毒(HBV)、口蹄疫病毒(foot-and-mouth disease virus,FMDV)等病毒的疫苗。目前正在研究的亚基疫苗有甲型肝炎、丙型肝炎、戊型肝炎、出血热、血吸虫等的疫苗,流感及艾滋病等的亚基疫苗也正在研究之中。

3.核酸疫苗 核酸疫苗是指使用能够表达抗原的基因本身(即核酸)制成的疫苗。核酸疫苗也要通过 DNA 重组技术构建表达载体。但其显著的特点是疫苗制剂的主要成分不是基因表达产物或重组微生物,而是基因本身。1992 年,Tang 等证实,给小鼠直接注射含有人生长激素基因的质粒 DNA,诱发小鼠产生了针对人生长激素的抗体。这一研究结果标志着核酸疫苗的出现,当时称为 DNA 疫苗,但后来发现注射 RNA 也可诱发机体产生同样效果,故在1994 年世界卫生组织(WHO)将此类疫苗统称为核酸疫苗。

4.蛋白工程疫苗 蛋白工程疫苗是指将抗原基因加以改造,使之发生点突变、插入、缺失、构型改变,甚至进行不同基因或部分结构域的人工组合,以期达到增强其产物的免疫原性,扩大反应谱,去除有害作用或副反应的一类疫苗。

新型疫苗的研究以基因工程技术为主体,同时涉及其他现代生物技术,如遗传重组技术、合成肽技术以及可控缓释囊技术等,是一个多学科共同开发研究的领域。目前,新型疫苗的研究主要集中在改进传统疫苗和研制传统技术不能解决的新疫苗两个方面,包括肿瘤疫苗、避孕疫苗、艾滋病疫苗及其他非感染性疾病疫苗的研究,其中发展治疗性疫苗已成为新型疫苗研究的重要组成部分。

关于转基因微生物反应器在食品工业中的应用在第 2 章中有详细的介绍,这里不再赘述。

思考题

1. 转基因生物反应器的含义是什么?
2. 简述转基因动物的操作原理和方法。
3. 根癌农杆菌 Ti 质粒的结构与功能是什么?
4. 根癌农杆菌 Ti 质粒介导植物遗传转化的步骤有哪些?
5. 以大肠杆菌为例,介绍原核表达载体的复制、转录和翻译三大系统。
6. 原核表达载体的种类有哪些?
7. 如何提高外源基因在原核表达系统中的表达效率?
8. 简述转基因动物反应器在医药领域中的应用。
9. 简述转基因植物反应器在医药、食品、工业和环保领域中的应用。
10. 简述转基因微生物反应器在医药领域中的应用。

指定学生参考书

[1] 王关林,方宏筠.植物基因工程.2 版.北京:科学出版社,2014.

[2] 陈永福.转基因动物.北京:科学出版社,2002.

[3] 吴乃虎.基因工程原理.北京:科学出版社,2002.

[4] 李宁.高级动物基因工程.北京:科学出版社,2012.

[5] 马建岗.基因工程原理.3 版.西安:西安交通大学出版社,2013.

参考文献

[1] Fischer R, Drossard J and commandeur U, et al. Towards molecular farming in the future:moving from diagnostic protein and antibody production in microbes to plants. Biotechnology Applied Biochemistry, 1999, 30(2):101-108.

[2] 闫新甫.转基因植物.北京:科学出版社,2003.

[3] 朱宝泉.生物制药技术.北京:化学工业出版社,2004.

[4] 杨汝德.基因工程.广州:华南理工大学出版社,2003.

[5] 劳为德.动物细胞与转基因动物制药.北京:化学工业出版社,2003.

[6] 陈永福.转基因动物.北京:科学出版社,2002.

[7] 郑月茂.转基因克隆动物理论与实践.北京:科学出版社,2012.

[8] 李青旺.动物细胞工程与实践.北京:化学工业出版社,2005.

[9] 李佳鑫,冯炜,王志钢,等.CRISPR/Cas9 技术及其在转基因动物中的应用. 中国生

物工程杂志. 2015，35(6):109-115.

　　[10] 沈彬. 利用 CRISPR/Cas9 进行基因编辑. 南京大学博士论文,2014.

　　[11] Bösze Z, Baranyi M , Whitelaw C B. Producing recombinant humanmilk proteins in the milk of livestock species. Advances in Experimental Medicine and Biology,2008，606：357-393.

　　[12] 付玉华,周秀梅,钱其军. 乳腺生物反应器的研究和产业化进展. 中国畜牧兽医,2010,37(8)45-51.

　　[13] 王关林,方宏筠. 植物基因工程. 2 版. 北京:科学出版社,2014.

　　[14] 周鹏. 转基因植物生物反应器. 北京:中国农业出版社,2006.

　　[15] 陈宏. 基因工程原理与应用. 北京:中国农业出版社,2003.

　　[16] 龙敏南. 基因工程. 3 版. 北京:科学出版社,2014.

　　[17] 曾庆平. 生物反应器——转基因与代谢途径工程. 北京:化学工业出版社,2010.

　　[18] 马建岗. 基因工程原理. 3 版. 西安:西安交通大学出版社,2013.

　　[19] 罗庆苗,苗向阳,张瑞杰. 转基因动物新技术研究进展. 遗传,2011,33(5):449-458.

　　[20] 王德技. 简述转基因动物的几种生物反应器. 生物学教学,2015，40(2):76-77.

第 8 章

生物工程下游技术

本章学习目的与要求

掌握生物工程下游技术的路线以及主要的分离纯化单元操作的硬件设施、原理、操作注意事项、适用范围和优缺点;掌握活性多糖和蛋白质等的分离纯化路线。

8.1　概述

生物工程下游技术也叫下游工程（downstream processing），或生物活性物质分离纯化（separation and purification of bioactive substances），是指从基因工程获得的动、植物和微生物的有机体或器官中，从细胞工程、发酵工程和酶工程产物（发酵液、培养液）中把目标成分分离纯化出来，使之达到商业应用目的的过程。

生物工程下游技术和生物活性物质分离纯化在原理和操作上是一致的，只是在目的和规模上有所区别。下游工程的目标成分和目的产物是一物的两面。从化学分离角度来看，它就是目标成分。从生产应用角度来看，它就是目的产物。

8.1.1　生物工程下游技术的重要性

在大多数情况下，基因工程、细胞工程、发酵工程和酶工程的产物不能直接成为产品和商品，必须经过分离纯化工程才能得到高纯度的产品和能被市场接受的商品。因此，生物工程下游技术是生物技术产业工业化的必不可少的重要组成要素。

生物工程下游技术也是生物制品成本构成中的主要部分。在一般情况下，在生物工程产品的成本构成中，分离纯化部分的成本占总成本的 50% 以上，而且在原料中目标成分的浓度越低，分离工程的人力、物力投入也就越大，产品的价格也就越高。因此改进分离纯化工程是生物技术产业降低生产成本和提高经济效益的关键。通过改进工艺路线和技术参数有可能较大幅度地减少分离纯化过程中目标成分的损失，提高回收率，增加经济效益。

现代分离纯化工程的发展，也在深刻地改造着传统的食品工业和制药工程，从而形成了精细食品工程（精细食品化工和精细食品生物化工）和生物制药工程两大学科和产业门类。

8.1.2　生物工程下游技术的特点

（1）在原料液中目标成分的含量较低。下游工程的原料通常是发酵液或培养液，目标成分在原料液中的含量低于 10%，有时只有千分之一或万分之一，而且通常生理活性越高的成分在原料液中的含量越低。原料液中却存在着在含量和种类上都大大超过目标成分的杂质，许多杂质在理化性质上又与目标成分十分接近，因而大大增加了分离的难度。

（2）原料液是复杂的多相体系，既有完整的有机体和残破的菌丝碎片，又有胶体溶液和真溶液。目标成分可能既分布在固相，又分布在液相。目标成分可能分布在胞内，或分布在胞外，或胞内、胞外都存在。

（3）目标成分的稳定性较差，对热、pH、酶、空气、光、重金属离子、机械剪切力十分敏感，在不适宜的分离条件下即会分解和失活。特别是生物大分子，其活性依赖于它的组成、序列和构象，在理化因子和生物因子的作用下，即使其组成和序列不发生变化，只要构象发生了变化，活性即丧失。因此，在分离工程中要求采取较为温和的条件，必须时刻关注目标成分的失活问题。

（4）要求产品的纯度很高。生物技术产品属于精细生物化工产品，必须达到各种法规标准，如蛋白质类产品要求杂蛋白含量<2%。不少产品要求呈稳定的无色的晶体。产品纯度越高，意味着得率就越低。也就是说，在正常情况下，超过 20% 的目标成分在不断的分离纯化过

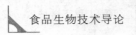

程中损失掉了。

8.1.3 下游工程的目的产物

食品生物技术目的产物是指对人体有保健或治疗作用的功能因子,专用添加剂,以及专用于食品工业的微生物或酶类等。

1.目的产物的特点

(1)通常是具有生理活性的有机化合物,不稳定,易变性,易失活。

(2)许多目的产物的相对分子质量较大,如酶类的相对分子质量介于 1 万~50 万之间,多糖介于 1 万到数百万之间。

(3)目的产物在制备液中的浓度往往很低,但要求产品的纯度却很高,通常应在 95% 以上,结晶态更为理想。产品的数量很小,但附加值很高。

(4)目的产物为生物制剂,含有丰富的营养成分,易被微生物污染和分解。

(5)目的产物成分较为复杂,有的可用常规分析方法检测,有的则需应用分子检测技术进行检测。

(6)许多功能因子参与人体机能的精细调节,因此发生任何在性质上或数量上的偏差,非但不能起到治疗保健作用,反而可能造成严重的危害。

2.目的产物的分类　食品生物技术目的产物可分为以下 5 类。

(1)蛋白质、多肽、氨基酸类。包括抗菌蛋白、内源抗生素、降压多肽、防御素、肿瘤坏死因子、干扰素、生长因子、红细胞生成素等。

(2)酶、辅酶、酶抑制剂类。包括溶菌酶、纤维素酶、麦芽淀粉酶、蛋白酶、弹性蛋白酶、尿激酶、天冬氨酸酶、超氧化物歧化酶、各种辅酶、蛋白分解酶抑制剂、糖苷水解酶抑制剂等。

(3)多糖类。包括食用胶、促红细胞生长素、肝素、硫酸软骨素、透明质酸、壳聚糖、真菌多糖等。

(4)免疫调节类。如生长激素、白细胞介素等。

(5)其他。包括脂类、多不饱和脂肪酸、去氧胆酸、维生素、芳香物质、色素等。

3.目的产物的商业用途　目的产物可以直接作为商品,或作为半成品进一步加工成商品。目的产物的商业用途有以下 4 种:

(1)功能食品。有许多蛋白质、活性多糖、脂类具有增强免疫和调节生理活动的功能,因而可制备成输液、片剂,满足部分人群的需要。

(2)食品添加剂。如食用胶、抗菌蛋白、乳链菌肽(nisin),可作为精细生物化工产品,用于食品加工业,改善食品的卫生质量和风味质量。

(3)生物药物。食品生物技术和医药生物技术在保障人体健康的目的上和生物技术的手段上是一致的。一些食品生物技术的目的产物不仅具有调节生理活动的功能,而且具有治疗作用,如干扰素等。

(4)化妆品。部分目的产物可作为原料加工成各种化妆品,满足人们追求美的需要,如超氧化物歧化酶 SOD。

8.1.4 下游工程的基本路线

不同的目标成分具有不同的分离纯化路线。分离纯化路线的确定,取决于目标成分的性质和它在细胞中所处的位置,即分布在胞内还是在胞外。整个分离纯化路线一般可分为预处理、固液分离、初步纯化、精细纯化、成品加工 5 个主要步骤。每一个步骤又通过若干个单元操作来完成。图 8-1 是以发酵液或培养液为原料时下游工程的基本框架。

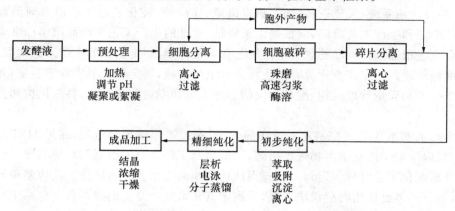

图 8-1　下游工程的基本框架

（1）预处理。采用加热、调节 pH、凝聚或絮凝等措施和单元操作改变发酵液的理化性质,为固液分离作准备。

（2）固液分离。采用珠磨、匀浆、酶溶、过滤、离心等单元操作除去固相,获得包含目标成分的液相,供进一步分离纯化用。

（3）分离单元操作。采用离心、过滤、萃取、吸附、沉淀等单元操作,将目标成分与大部分杂质分离开来。

（4）纯化单元操作。采用层析、电泳、分子蒸馏等单元操作,将目标成分与杂质进一步分离,使产物的纯度达到国家标准或企业标准。

（5）成品加工。采用结晶、浓缩、干燥等单元操作,将目标成分加工成适应市场需要的商品。

下面将按各步骤的单元操作进行讲述,其中有些单元操作,也许在不同的步骤中被使用。

8.1.5　下游工程的质量控制

生产者必须通过小试、中试、质量鉴定、试生产、正式生产等阶段,确定下游工程的工艺路线和参数。在生产过程中应严格执行经过验证的工艺流程和参数,以保证生产高质量的产品。生产工艺包括对厂房设施、工程仪表、机械设备、生产环境、工艺条件、计算机软件、介质、原材料、半成品、成品、操作人员素质和测试方法等的明确要求。当工艺中某一部分有较大变动时,如原料发生变化或溶剂的牌号发生变化时,就应重新进行验证,写出验证报告。

下游工程的安全保证,除遵循生物技术安全规定的一般原则外,还应要求清洁的 GMP 厂房。GMP(good manufacturing practice)是指"良好生产操作规范",是一种自主性管理制度,是一套适用于制药、食品等行业的强制性标准,确保产品的质量与卫生安全。GMP 厂房的基本要求如下:应按工艺流程及所要求的空气洁净级别进行合理布局。生产和检验应有相适应的生产车间、实验室、仪器、设施。操作区和设备应便于清洁和除去污染,并能耐受熏蒸消毒。管道系统、阀门和通气过滤器应当便于清洁和灭菌,封闭容器(如发酵罐、反应罐)应耐受熏蒸灭菌。生产所用原辅料的购入、储存、发放、使用等应制定管理制度,同时应符合现行《中国生物制品规程》、《生物制品的主要原辅材料的质量标准》和《中华人民共和国药典》的质量标准。生物制品的验证应包括制备系统、厂房洁净级别、灭菌设备(蒸汽消毒柜和干烤箱)、除菌和超滤设备、灌装及洗瓶系统、关键设备(如生物发酵罐、反应罐、纯化装置等)、消毒剂消毒效果的验证。产品验证和生产工艺验证,应根据国家审核、批准的生产工艺和产品质量标准来进行验证。生产企业应根据国家批准的制造生产工艺和质量标准,制定企业的生产工艺规程、岗位操作法和标准操作规程。生产企业应有防止污染的卫生措施,制定各项卫生管理制度,并确保执行。应建立生产和质量管理机构,配备相应的管理人员和专业技术人员,各级机构和人员应有明确职责。

安全生产的基本要求是控制进入现场的人员,保持工作现场的负压,通过 HEPA 过滤器排放空气,采取生物学或化学废物处理措施,定期监测工作人员的健康和环境状况。

制定分离纯化工艺时应测定每一步骤提纯倍数和回收率。分离纯化工艺应避免使用有毒有害物质,如万不得已使用时应设法去除,并测定其在最终产品中的残留量。食品生物技术产品的质量控制应包括产品的鉴证、纯度、活性、安全性、稳定性和一致性等。真核细胞表达制品的纯度应大于 98%,原核细胞表达制品的纯度应大于 95%。

如采用单克隆抗体作配基的亲和层析纯化技术,应确认不含有其他免疫球蛋白,也应避免单克隆抗体对目标成分的污染。在分离纯化过程中应避免病毒、核酸、宿主细胞杂蛋白的污染和有毒有害物质的进入。柱层析配制用水应为超纯水。如采用柱层析纯化,应使用有质量认证证明的填料,排除填料掉落有害物质的可能性。输液成品加工前应去除热原。热原质,pyrogen,即菌体中细胞壁的脂多糖,大多是革兰氏阴性菌产生的。注入人或动物体内会引起严重发热反应,故名热原质。通常用超滤法去除溶液中的热原。生物制药生产原理和生物分离工程分别见二维码 8-1 和二维码 8-2。

　二维码 8-1　生物制药生产原理　　　　　二维码 8-2　生物分离工程

8.2　原料与前期处理

下游工程的主体和核心是分离纯化,但是在分离纯化前必须对原料进行前期处理。前期处理是,在保证目标成分活性的前提下,去除占原料与前期处理总质量 90% 以上的杂质,得到可供分离纯化的粗制品。

8.2.1　原料(raw material)

下游工程的原料包括发酵工程、酶工程、细胞工程的发酵液和培养液,以及基因工程获得的动物、植物、微生物的有机体或器官。目前,发酵液和培养液仍是下游工程的主要原料。在分批发酵时应选择菌体处于一定生长阶段的发酵液作为原料。当目标成分是初级代谢产物如核酸、酶等时,应选择处于对数生长期的微生物菌体。当目标成分为次级代谢产物时,应选择生长速率已经减慢而目标成分产量增加并达到高峰时的菌体。

当原料为转基因的动植物材料时,应注意季节、生长期、组织器官部位、老嫩程度、新鲜程度对目标成分含量和活性程度的影响。同样,原料应及时加工,或者制成粗制品保存,在不得已的情况下应低温或速冻保存。

8.2.2　发酵液处理(pretreatment of zymotic fluid)

不同菌种的发酵液具有不同的性质,大多数目标成分存在于发酵液中,少数存在于菌体中,或者发酵液和菌体中兼而有之。原料发酵液的成分极为复杂,有微生物菌体、残存的培养基、各种有活性的酶类、微生物的代谢产物等。发酵液呈悬浮液状态,悬浮物颗粒小,浓度低,液相黏度大,为非牛顿型流体,性质不稳定。因此,发酵液应及时进行处理,否则轻则增加分离纯化的难度,重则使所含的目标成分分解失活。

发酵液预处理的目的:改变发酵液的物理性质,促进悬浮液中分离固形物的速度,提高固液分离器(离心,过滤)的效率。尽可能使目标成分转入便于后处理的某一相中(多数是液体)。尽可能去除发酵液中部分杂质,以利于后续各步操作。

为了进行固液分离,必须对发酵液作必要的简单的预处理。通过加热、调节 pH、凝聚或絮凝等措施,使发酵液的黏度下降,为以后的离心、过滤作准备。

1. 加热(heating)　加热法是最简单的预处理手段。提高发酵液的温度可显著降低悬浮液的黏度,提高过滤速率。适当的温度和受热时间还有利于作为杂质的一部分蛋白质凝聚,改善发酵液的过滤特性。

采用加热法的前提是目标成分必须具有热稳定性。即使目标成分较为耐热,也应严格控制加热的温度和维持时间,以免目标成分失活。具体操作方法,在目标成分较为耐热时,往往先调节发酵液的 pH,再加热发酵液至 $60\sim70℃$,维持 0.5 h。

2. 调节 pH(adjusting pH)　适当调节发酵液 pH,可使蛋白质等两性物质处于等电点,因不稳定而被沉淀,用固液分离方法除去。大多数蛋白质的等电点在 pH $4.5\sim5.5$ 的范围内。同时调节 pH 还可改变一部分大分子物质的电荷性质,因而在膜过滤时这些大分子不易被膜吸附,从而改善发酵液的过滤特性。

具体操作方法,用浓度小于 1 mol/L 的盐酸或氢氧化钠溶液,在搅拌下缓缓加入发酵液中。应避免局部浓度过大,引起蛋白质变性。也可用草酸代替盐酸,在调节 pH 的同时,去除发酵液中的钙离子。如要去除镁离子,可加入三聚磷酸钠。

3. 凝聚和絮凝(agglutination)　凝聚和絮凝都是指在化学试剂的作用下,改变发酵液中的大分子物质和细胞碎片的分散性质,使之聚结沉淀的现象。用于凝聚的试剂为电解质,常用的有硫酸铝、氯化铝、三氯化铁、碳酸镁等。用于絮凝的试剂为高分子絮凝剂,如聚丙烯酸、聚丙烯酰胺、聚苯乙烯、壳聚糖、脱乙酰壳聚糖、海藻酸钠等。聚丙烯酸类阴离子絮凝剂的絮凝效果好,无毒,适用于食品和生物医药工业。

具体操作方法,首先测定发生凝聚作用的最小电解质浓度(mmol/L),然后确定最佳的添加量、溶液 pH、搅拌转速和时间等因素,使达到最佳凝聚效果。凝聚剂或絮凝剂的用量超过最佳用量时,反而会引起吸附饱和,使凝聚和絮凝效果下降。一般情况下,絮凝剂比凝聚剂贵。絮凝剂的最佳使用剂量为粒子表面积约有一半被聚合物覆盖时的剂量。

8.2.3　固液分离(solid-liquid separation)

按照工艺路线,发酵液经预处理后即应进行固液分离步骤。在目标成分为胞外产物的情况下,液相部分即为操作者关注的部分。如目标成分为胞内产物,则固相部分为关注部分。固相部分必须经细胞破碎后,将目的产物转移至液相部分,才能以液相部分为对象进一步开展分离纯化。固液分离是下游工程的瓶颈问题,引起了各国科学家的重视和研究。固液分离的单元操作有离心、过滤等。细菌和酵母菌的发酵液一般采用离心分离,霉菌和放线菌的发酵液一般采用过滤分离。

离心是借助于离心力,使比重不同的物质进行分离的方法。过滤是借助于过滤拦截,使体积不同的物质进行分离的方法。离心和过滤的硬件设施、应用和操作方法见 8.3.1 离心分离和 8.3.2 过滤分离。

8.2.4　细胞破碎(cell disruption)

大多数目标成分是胞外产物,如微生物胞外多糖、胞外酶等,发酵液经离心分离或过滤分离以后,除去微生物细胞,得到含有活性物质的清液或滤液,即可进行下一步的分离纯化工作。但也有一些目标成分是胞内产物,特别是基因工程产品大多存在于宿主细胞内,就必须在预处理和固液分离以后进行细胞破碎,使目标成分释放到胞外,再进行固液分离,对液相进行分离纯化。

基因工程产品的分离更有其特殊的困难之处,动物细胞培养重组 DNA 技术表达的产品(如胰岛素、干扰素、白细胞介素等)必然是胞内产物。而且作为目标成分的蛋白质常常互相交联在一起,形成不溶性聚集物,在分离工程中称为包涵体(inclusion body)。存在于包涵体中的重组蛋白质(recombination protein)在大多数情况不溶于水也不具备生物活性,因为其分子内和分子间的二硫键搭错了位置。这也许是自然界保护物种免受外来基因侵袭的本能行为,使外来基因即使复制了也没有生物活性。因此,对于基因工程产品的分离除了细胞破碎以外,还要进行包涵体的分离、溶解和蛋白质复性等操作。

细胞破碎方法有机械和非机械两类,机械类包括珠磨法、高压匀浆法、超声波法等,非机械类包括酶溶法、化学渗透法等。机械破碎时,机械能转化为热量而使溶液温度升高,因此必须采取冷却措施,以免生物活性物质失活。

(1)珠磨法(bead mill)。细胞破碎常用珠磨机(图 8-2)。在珠磨机中细胞悬浮液与直径小于 1 mm 的玻璃珠、石英砂等快速研磨,使细胞破碎,使细胞内含物释放出来。珠磨法的细胞破碎率一般控制在 80%。一般采用夹套冷却和搅拌轴冷却使悬浮液冷却。珠磨法操作简便、稳定,可连续生产,破碎率高,但温度升高较多,对热敏感的成分易失活,细胞碎片较小,给后续操作增加了难度。测定导电率可知细胞破碎率,因为当细胞破碎时,内含物释放到水相,导电率随破碎率的增加而增加。

(2)高压匀浆法(high pressure homogenization)。高压匀浆机由高压泵和匀浆阀组成(图 8-3),细胞悬浮液通过针形孔,在高压驱使下高速运动并发生剧烈冲击,使细胞破裂。高压匀浆法操作简便,可连续操作,但细胞破碎率不如珠磨法,不适合于丝状真菌和含有包涵体的基因工程菌的破碎作业。高压匀浆法如果和酶溶法相结合,效果会更好。

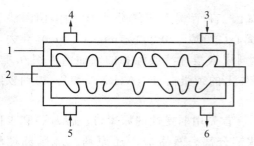

1.带冷却夹套的磨室 2.带冷却系统的搅拌轴
3.料液入口 4.料液出口 5.冷却剂进口
6.冷却剂出口

图 8-2 珠磨机

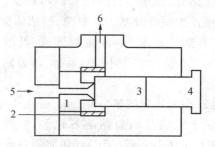

1.阀座 2.撞击环 3.阀杆 4.调节手柄
5.料液入口 6.料液出口

图 8-3 高压匀浆机

具体操作方法，一般采用 50～70 MPa 压力，循环匀浆 2～3 次，即可使细胞破碎率达到 70% 左右。增加匀浆压力和增加匀浆循环，可以提高细胞破碎率，但压力超过一定值以后，继续增加压力的效果并不显著。

（3）超声破碎法（ultrasonication）。在超声波的作用下，液体发生空化作用。空穴的形成，产生极大的冲击波和剪切力，使细胞破碎。超声波对 G-杆菌（革兰氏阴性细菌）破碎效果好，对酵母菌效果差。常用的超声波为 10～200 kHz 的超声波，超声破碎机操作简便，可连续操作，但超声振荡会使悬浮液温度升高，并使敏感的生物活性物质失活，因而使用受到限制。将超声探头没入混悬液内，进行超声破碎。具体操作，一般总超声时间约 2 min，分为几个周期，如 4×30 s，周期之间让样品在冰浴中冷却。

（4）酶溶法（enzymatic lysis）。酶溶法是非机械类细胞破碎法。微生物生长到一定阶段，即能产生溶胞酶，将自身的细胞壁溶解，因此控制发酵悬浮液的温度、pH 等条件，即可使细胞自溶。但在细胞壁水解的同时，作为目标成分的蛋白质也可能被水解变性。而且自溶法得到的悬浮液有较大的黏度，使过滤速率下降。因此，可向悬浮液中添加专门的能水解胞壁的酶，如溶菌酶、葡聚糖酶、蛋白酶、甘露糖酶、壳聚糖酶等，溶解胞壁而不分解目的蛋白质。酶种类的选择应根据微生物种类和目的产物的性质而定。此法成本较高，因而使用受到限制。

自溶法的具体操作方法，发酵液调整浓度为 3%，调节悬浮液 pH，加热至 20～60℃，保温搅拌 20 min，自溶即基本完成。添加酶溶法的具体操作方法，将菌体悬浮液于 pH 7.0，0.031 mol/L 磷酸缓冲液中，菌体浓度为 50 g/L，加入稳定剂聚乙二酸或蔗糖溶液，每升悬浮液加入 50～500 mg 溶菌酶，在 36℃ 下作用 30 min，酶溶即完成。

8.2.5 包涵体的处理(treatment of inclusion body)

与一般微生物细胞相比，基因工程菌的细胞破碎要复杂得多。基因工程菌新合成的重组蛋白，是没有活性的、折叠构型有误的蛋白质，叫包涵体。细胞破碎后先分离出包涵体，将包涵体溶解在变性剂中。再加入还原剂，还原蛋白质中的半胱氨酸，使二硫键断裂，得到单体肽链，再复性重新折叠。

细胞破碎→包涵体离心分离→冲洗→弱变性剂尿素溶解包涵体→还原剂打开折叠的蛋白质肽链成单链→透析→氧化→重新折叠蛋白质肽链→蛋白质复性

（1）包涵体的分离（separation of inclusion body）。含有包涵体的基因工程菌不宜用高压匀浆法破碎,而用溶菌酶法和超声波法。首先将基因工程菌悬浮于缓冲液中,用溶菌酶法和(或)超声波法处理基因工程菌,使菌体细胞破碎,离心(2 000~20 000 r/min,15 min),弃去上清液,得到包涵体。再用蔗糖溶液、低浓度弱变性剂尿素缓冲液或温和的表面活性剂 0.4% Triton-100 缓冲液等冲洗包涵体,清除附着在包涵体上的杂蛋白、DNA、RNA 和酶,得到较纯的包涵体。

(2)包涵体的溶解(solution of inclusion body)。首先用弱变性剂尿素(或盐酸脲)和表面活性剂十二烷基磺酸钠溶解包涵体,使蛋白质肽链分离。然后加入还原剂二巯基苏糖醇(DTT)、二巯基乙醇(ME)或还原型谷胱甘肽(GSH)等,使二硫键可逆地断裂。此时重组蛋白呈可溶解和单体肽链的状态。

(3)蛋白质的复性(reactivation of protein)。变性蛋白质经初步纯化浓缩以后,透析去除变性剂和还原剂,大部分蛋白质即重新折叠,被空气中的氧氧化,在正确位置上重建二硫键,恢复其活性。在此过程中加入微量的金属离子(如 Ca^{2+}),可加速折叠蛋白的氧化。

8.3 分离的单元操作

发酵液等生物材料经前期处理后,得到了液相的粗提物,供进一步的分离纯化。此液相粗提物仍是一个混合物,它既包含所需的目标成分,也包含各种杂质,而且杂质的种类多,杂质的数量大大超过目标成分的数量。杂质既有大分子,也有小分子;既有有机化合物,也有无机化合物。因此,必须通过分离的单元操作,把目标成分与大部分杂质分离开来,使杂质数量低于目标成分的数量,供精细纯化加工之用。

下游工程分离的单元操作与传统的食品加工的单元操作有许多是一样的,如离心、过滤、膜分离、吸附等。与传统的食品加工单元操作比较,分离单元操作较为精细,设备较为袖珍,处理能力小,规模小,步骤繁多,流程较长;要求在溶液中进行,避免失活。对作业环境要求严格,注意掌握温度、pH、离子强度等各种参数。与分析检验不同,分离单元操作更为精打细算,通常不使用昂贵的药品溶剂。一般情况下,组合 2~3 种分离单元操作即可完成分离。

8.3.1 离心分离(centrifugal separation)

离心是常用的分离手段。离心分离是在离心产生的重力场作用下使悬浮颗粒沉降下来的操作过程。单元操作可以是分批的、半连续的或者连续的。常用的离心设备有高速冷冻离心机、碟式离心机、管式离心机和倾析式离心机等。

(1)超速冷冻离心机和高速冷冻离心机。超速离心机的离心速度 60 000 r/min 或更多,离心力约为重力加速度的 500 000 倍。可分成制备性超速离心机和分析性超速离心机两大类。两者均装有冷冻和真空系统。温度控制在 −5~−30℃之间。用于制备具有生物活性的核酸、酶等生物大分子。高速冷冻离心机转速可达 10 000 r/min 以上。适用于分离热稳定性较差的目标成分。大容量高速冷冻离心机最大允许处理量达 100 mL×4。

(2)碟式离心机。一种立式离心机,可快速连续的对固液和液液进行分离,应用广泛,密封的转鼓内有倾斜的锥形碟片,颗粒沉淀在鼓壁上,上清液则经溢流口排出。碟式离心机适用于大规模的工业生产,最大允许处理量达 300 m³/h,可连续或分批式操作,操作稳定性好,但连续操作时固相部分的含水量较高,半连续操作时出渣和清洗较为困难(图 8-4)。

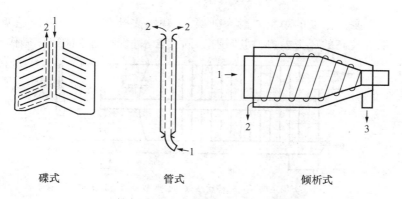

碟式　　　　　　　管式　　　　　　　倾析式

1.料液入口　2.上清液出口　3.排渣出口
图 8-4　碟式、管式和倾析式离心机

（3）管式离心机。分离型管式离心机，主要用于分离各种难分离的乳浊液，特别适用于浓度小黏度大，固相颗粒细的固液分离。管式离心机内有细长直管转筒，悬浮液由管底加入，在 50 000 r/min 的转速下离心，上清液由顶部排出，固相要停机后取出。管式离心机具有很高的离心分离效果，可用于微生物细胞、细胞碎片、细胞器、病毒、蛋白质等大分子的分离。生产能力则不如碟式离心机，最大处理量为 10 m³/h（图 8-4）。

（4）倾析式离心机。倾析式离心机把离心和螺旋推进结合在一起，悬浮液经加料孔进入螺旋内筒，再进入转鼓，颗粒沉降到转鼓壁，经螺旋输送至排渣孔排出，上清液则由另一端的溢流孔排出。倾析式离心机具有连续操作、稳定性好等优点，在下游工程中得到广泛应用，特别适合固形物较多的悬浮液的分离。但分离效果不够理想，液相的澄清度较差（图 8-4）。

（5）带分析的离心机。最常用的有差速离心和密度梯度离心。差速离心法，样品中各种组分的沉降系数不同而分离。通常两个组分的沉降系数差在 10 倍以上时可以用此法分离。差速离心主要用于从细胞匀浆中分离各种细胞器。细胞匀浆（在 0.25 mol/L 蔗糖溶液中）在 1 000g 时离心 10 min 得到细胞核，在 3 300g 时离心 10 min 得到线粒体，在 16 300g 时离心 20 min 得到溶酶体，在 100 000g 时离心 30 min 得到微粒体。密度梯度离心法，在密度梯度溶液中，密度不同的生物活性物质进行离心，被分布于不同位置而分离。制备密度溶液的最常用的材料为蔗糖、氯化铯（CsCl）、甘油等。具体操作方法，以蔗糖为例，首先将蔗糖配制成不同浓度的溶液，取相同容量的溶液依照浓度减小的顺序加入离心管中，形成不连续的密度梯度，在 20℃静置 2 h，形成连续的密度梯度。加样后离心，不同密度的组分被分配到不同密度梯度的溶液上。用注射针在离心管底部穿一小孔，不同密度的溶液可分步收集。

8.3.2　过滤分离(filtration separation)

过滤是传统的化工单元操作，在操作中迫使悬浮液通过固相支承物或过滤介质，截留固相，以达到固液分离的目的。待过滤的混合物称为滤浆，穿过过滤介质的澄清液体称为滤液，被截留的固体颗粒层称为滤饼。在下游工程中应用较广的过滤方法有压力过滤、真空过滤和错流过滤 3 种。

1.压力过滤(pressure filtration)　最常见的压力过滤装置是板框过滤机（图 8-5），当悬浮液通过滤布或填料时，固体颗粒被滤布或填料阻隔而形成滤饼，滤饼达到一定厚度时起过滤作用,压力来自于液压泵。内装的填料一般为硅藻土、颗粒多孔陶瓷等。板框过滤机结构简单,过滤面积大,能承受较高的压力差,应用范围广,固相含水量低,但不能连续操作。

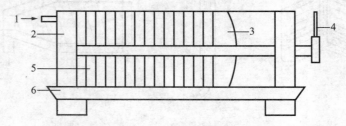

1.滤浆入口 2.固定端板 3.移动端板 4.调节手柄 5.滤布 6.滤液

图 8-5 压力过滤设备

2.真空过滤(vacuum filtration) 最常见的真空过滤装置是真空转鼓过滤机(图 8-6),工作部件是一个绕着水平轴转动的鼓,鼓的表面为滤布,鼓内维持一定的真空度,鼓外为大气压,即为过滤的推动力。转鼓下部浸于悬浮液中,随着转鼓旋转,悬浮液附着在转鼓上,透过滤布的滤液被吸入鼓内,滤渣附着在滤布上,被洗涤、吸干、刮卸下来。真空转鼓过滤机可连续操作,处理量大,自动化程度高,但不适于过滤黏度较大、菌体较大的细菌发酵液。

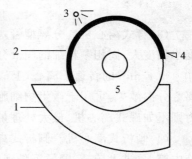

1.料液斗 2.转鼓 3.洗涤喷嘴
4.卸渣刮刀 5.真空

图 8-6 真空转鼓过滤设备

3.错流过滤(cross flow filtration) 错流过滤也叫切向流过滤,采用多孔高分子材料作为过滤介质,悬浮液在过滤介质表面作切向流动,利用流动的剪切力将过滤介质表面形成的滤饼移走,使污染层保持在一个较薄的水平,与死端过滤(dead-end flow filtration)相比较,提高了过滤速率,而且操作方便,但剪切力可能使蛋白质类生物活性物质失活(图 8-7)。

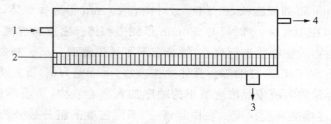

1.泵驱动的料液入口 2.膜滤器 3.滤液出口 4.浓缩液

图 8-7 错流过滤设备

8.3.3 萃取(extraction)

目标成分在发酵液或提取液中的浓度较低,必须通过萃取把目标成分与大多数杂质从混合物中分离出来。萃取包括溶剂萃取、超临界流体萃取、双水相萃取、反胶束萃取、凝胶萃取等。溶剂萃取和超临界萃取用于小分子物质的萃取,双水相萃取和反胶束萃取用于蛋白质等大分子的萃取。

1.溶剂萃取(solvent extraction) 溶质在溶剂中的溶解度取决于两者分子结构和极性的

相似性，相似则相溶。通常选择萃取能力强、分离程度高的溶剂，并要求溶剂的安全性好、价格低廉、易回收、黏度低、界面张力适中。

　　若目标成分是偏于亲脂性的物质，一般多用亲脂性有机溶剂，如苯、氯仿或乙醚进行两相萃取。若目标成分是偏于亲水性的物质，就需要用弱亲脂性溶剂，例如乙酸乙酯、丁醇等。还可以在氯仿、乙醚中加入适量乙醇或甲醇以增大其亲水性。

　　在用有机溶剂萃取水相中的目标成分时，应调节水相的温度、pH、盐浓度等，以提高萃取效果。萃取时水相温度应为室温或低于室温。用有机溶剂萃取水相中的有机酸时，应先将水相酸化。反之亦然，用有机溶剂萃取水相中的有机碱时，应先将水相碱化。在水相中加入氯化钠等盐类，可降低有机化合物在水相中的溶解度，增加其在有机溶剂相中的量。在溶剂萃取时加入去乳化剂可防止操作引起的乳化现象和分离困难，常用的去乳化剂为阳离子表面活性剂溴代十五烷基吡啶或阴离子表面活性剂十二烷基磺酸钠。

　　溶剂萃取方法有单级萃取、多级错流萃取和多级逆流萃取3种。萃取设备有搅拌罐、脉动筛板塔、转盘塔等。溶剂萃取法可进行工业化生产，操作简单，产物回收率中等，但使用溶剂量大，安全性较差。

　　2. 超临界二氧化碳萃取（supercritical carbon dioxide fluid extraction）　超临界流体萃取（supercritical fluid extraction，SFE）是利用超临界流体的溶解能力与其密度有关的原理，利用压力和温度变化影响超临界流体溶解不同物质的能力而进行分离的方法。在超临界状态下，超临界流体与待分离的物质接触，有选择性地把极性大小、沸点高低和分子质量大小不同的成分依次萃取出来。在萃取罐，目标成分被超临界二氧化碳流体萃取，经升温气体和溶质分离，溶质从分离罐下部取出，气体经压缩冷却又成为超临界流体，反复使用（图8-8）。

　　目前常用超临界二氧化碳为萃取溶剂。二氧化碳无毒、无臭，价格低廉，对很多溶质有较大的溶解能力，临界温度接近室温（31.1℃），临界压力适当（7.38 MPa）。溶

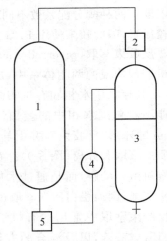

1. 萃取罐　2. 加热器　3. 分离罐
4. 压缩泵　5. 冷却器
图8-8　超临界二氧化碳流体萃取装置

质在超临界流体中的溶解度取决于两者的化学相似性、超临界流体的密度、流体夹带剂等因素。化学上越相似，溶质的溶解度越大。流体的密度越大，非挥发性溶质的溶解度越大，而流体的密度可通过调节温度和压力来控制。二氧化碳流体中加入少量（1%～5%）夹带剂即可有效地改变流体的相行为。常用的夹带剂有乙醇、异丙醇、丙酮等。

　　用超临界二氧化碳流体萃取鱼油中的多不饱和脂肪酸可按下法进行。鱼油水解成脂肪酸，再合成为沸点较低的脂肪酸乙酯，加入尿素除去饱和脂肪酸乙酯和单烯脂肪酸乙酯，再用二氧化碳流体萃取C_{20}以下的组分，剩余的即为EPA和DHA等多烯酸。

　　超临界CO_2流体萃取与传统的有机溶剂萃取分离工艺比较，具有以下优点：①可在低温下实现萃取与分离，不破坏生物活性物质，特别是热敏性成分。②在密闭的高压系统中进行，可保证产品质量，不会对环境造成污染。③无有机溶剂残留，安全性好。④萃取与分离一体

化,工艺操作简单。⑤可用于萃取多种产品,特别有利于从天然植物、动物体中提取纯天然产品以及中草药里的有效成分的提取等。主要缺点是设备昂贵,制造周期长,更换产品时,清洗容器和管道比较困难。

3.双水相萃取(aqueous two−phase extraction,ATPE)　两种亲水性高聚物溶液混合后静置分层为两相(双水相),生物大分子在两相中有不同的分配而实现分离,而且生物大分子在上相和下相中浓度比为一常数。溶质的分配总是趋向于系统能量最低的相或相互作用最充分的相。

常用的双水相体系有聚乙二醇(PEG)/葡聚糖(Dextran),PEG/Dextran 硫酸盐体系,PEG/磷酸盐体系。

聚乙二醇/葡聚糖体系常用于蛋白质、酶或核酸的分离,聚乙醇胺/盐体系则用于生长素、干扰素的萃取。

双水相萃取的优点在于可以从发酵液中把目的产物酶与菌体相分离,还可把各种酶互相分离。操作方法举例,*Candida bodinii* 的发酵液的湿细胞含量调整为 20%～30%,加入 PEG/Dextran 双水相,即可把菌体中的甲醛脱氢酶和过氧化氢酶提取出来,酶分配在上层,菌体在下层。两种酶分配系数不同,可进一步用双水相萃取法分离。但双水相萃取使用的 Dextran 较昂贵,因此较多使用 PEG/磷酸盐体系。

4.反胶束萃取(reversed micell extraction)　在水和有机溶剂构成的两相体系中,加入一定量的表面活性剂,使其存在于水相和有机相之间的界面。表面活性剂能不断包围水相中的蛋白质,形成直径为 20～200 nm 的球形"反胶束",并引导入有机相中,完成对蛋白质的萃取和分离(图 8-9)。在反胶束中蛋白质并不与有机溶剂接触,而是通过水化层与表面活性剂的极性头接触,因而蛋白质在萃取过程中是安全的。

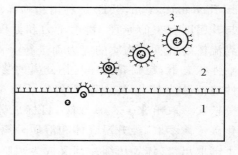

1.水相　2.有机相　3.反胶束
图 8-9　反胶束萃取

反胶束萃取中常用的有机溶剂为辛烷、异辛烷、庚烷、环己烷、苯,以及混合的有机溶剂乙醇-异辛烷、三氯甲烷-辛烷、乙醇-环己烷等。

表面活性剂的选择是反胶束萃取的关键,常用的表面活性剂有丁二酸-2-乙基己基磺酸钠(AOT)、CTAB、TOMAC、磷脂酰胆碱、磷脂酰乙醇胺等。表面活性剂的浓度约为 0.5 mmol/L。

反胶束萃取不能用于萃取相对分子质量较大的蛋白质如牛血清蛋白(68 000),最适宜于萃取相对分子质量较小或中等的蛋白质如 α-糜蛋白(25 000)。在使用阴离子表面活性剂时,在萃取前应调节水相的 pH 至比目标蛋白质等电点 pI 低 2～4 个单位,以增加蛋白质分子的表面电荷,提高萃取效果。在使用阳离子表面活性剂时,应调节水相的 pH 至高于目标蛋白质 pI,使蛋白质净电荷为负值。

反胶束萃取操作简单,萃取能力大,选择性中等,但前期选择表面活性剂的研究工作量大,使用受限制。

8.3.4　吸附(adsorption)

在生物活性物质分离中常用固体吸附剂吸附溶液中的目的物质,称为正吸附;也可吸附杂质,称为负吸附。

1. 普通吸附剂吸附(general adsorbent adsorption)　用普通吸附剂吸附操作简便,较少引起生物活性物质的变性失活,但专一性较差。普通吸附剂有活性炭、磷酸钙、白陶土、硅藻土、聚酰胺等。

活性炭是最常用的吸附能力很强的非极性吸附剂,对带有极性基团的化合物的吸附力较大,对相对分子质量大的化合物吸附力大于相对分子质量小的化合物,对芳香族化合物的吸附力大于脂肪族化合物。活性炭在酸性溶液中吸附力较强,因此吸附前应调节水相 pH 在 5 左右。活性炭分 2～3 次加入效果比 1 次加入好,加入后搅拌并静置 20 min,再加入第二次。

磷酸钙由浓磷酸和氢氧化钙反应制成,呈凝胶状,用以吸附目的蛋白质或杂蛋白。白陶土为硅酸铝,使用前应加热活化处理,常用来脱色、吸附相对分子质量较大的杂质,以及有机酸和胺类化合物。硅藻土为无定形的二氧化硅,化学稳定,吸附力较弱。聚酰胺粉对黄酮类酸性物质有选择性的可逆吸附,分离效果很好。合成沸石分子筛为强极性吸附剂,常用于吸附细胞色素 C 等。

有些吸附剂是亲水或极性吸附剂,如硅胶、氧化铝,活性土,适用于在非极性或极性较小的溶媒中吸附极性物质。吸附剂可以分为中性、酸性或碱性。碳化钙、硫酸镁等属中性吸附剂。氧化铝、氧化镁等属碱性吸附剂。酸性硅胶、铝硅酸属酸性吸附剂。碱性的吸附剂适宜于吸附酸性的物质,而酸性的吸附剂适宜于吸附碱性的物质。氧化铝及某些活性土为两性化合物,经酸或碱处理后可改变其性质。

2. 离子交换吸附(ion exchange adsorption)　离子交换吸附利用树脂上的离子性功能团对溶液中的离子进行吸附,从而将呈离子状态的目标成分或杂质从溶液中分离出来。

离子交换树脂根据其化学活性基团的种类分为阳离子树脂和阴离子树脂两大类。它们可分别与溶液中的阳离子和阴离子进行离子交换。产品用字母 C 代表阳离子树脂(C 为 cation 的首字母),A 代表阴离子树脂(A 为 anion 的首字母)。

阳离子树脂又分为强酸性和弱酸性两类,阴离子树脂又分为强碱性和弱碱性两类（或再分出中强酸和中强碱性类）。常用的树脂有强酸性、弱酸性、强碱性、弱碱性 4 类。强酸性树脂为聚苯乙烯骨架上接磺酸基,如 Dowex 50。弱酸性树脂为聚丙烯骨架上接羧基,如 Amberlite IRC 50。强碱性树脂为聚苯乙烯骨架上接季铵碱性基团,如 Dowex 1 和 2。弱碱性树脂为酚醛树脂骨架上接伯胺、仲胺和叔胺。

树脂的吸附能力取决于交联度、膨胀度和交换容量。交联度小,则树脂柔软,容易溶胀,对较大离子易吸附。交换容量是指单位树脂所含交换基团的数量,取决于树脂的种类、组成、交联度、溶液 pH、交换基团性质等。

树脂在使用前应进行预处理,强酸性树脂用强酸处理,弱酸性树脂用稀酸处理,强碱性树脂用强碱处理,弱碱性树脂用稀碱处理。强酸性树脂和强碱性树脂在所有 pH 范围内都能吸附,但弱酸性树脂要求调整溶液 pH＞7,弱碱性树脂要求溶液 pH＜7,在选定的 pH,目标成分或杂质呈阳离子或阴离子而被吸附。

根据目标成分的性质决定树脂的种类。强碱性物质选用弱酸性树脂,弱碱性物质用强酸性树脂,强酸性物质用弱碱性树脂,弱酸性物质用强碱性树脂。

溶液加入经预处理的树脂后即进行吸附,吸附了目标成分的树脂从溶液中分离出来,再把目标成分从树脂上洗脱下来。洗脱条件和吸附条件相反。在酸性条件吸附的在碱性条件下洗脱,在碱性条件下吸附的在酸性条件下洗脱。如 pH 缓冲液不能将目标成分洗脱下来,就用含水的有机溶剂进行洗脱。

用过的树脂再生后可继续使用。强酸性树脂用过量的强酸再生,弱酸性树脂用稀酸再生,强碱性树脂用过量的强碱再生,弱碱性树脂用稀碱再生。

离子交换吸附操作简便,选择性较强,应用较广。

3. 大孔树脂吸附(macroporous resin adsorption)　大孔吸附树脂又叫大网格聚合物,是一种不溶于酸、碱及各种有机溶剂的有机高分子聚合物,功能是从低浓度溶液中吸附有机化合物。大孔吸附树脂为非离子型树脂,可分为非极性、中极性、极性 3 种,分别以苯乙烯、甲基丙烯酸甲酯和丙烯酰胺为骨架。

根据类似物吸附类似物的原则,从极性溶液中吸附非极性溶质应选用非极性树脂,从非极性溶液中吸附极性溶质应选用极性树脂。上述两种情况也都可选用中极性树脂。

树脂在使用前应用石油醚浸泡和水蒸气处理以除去原料中的溶剂等,再用 1 mol/L 氢氧化钠或盐酸处理,再用甲醇或含水甲醇淋洗,再用蒸馏水洗涤。

被吸附的目标成分能很容易地从树脂上洗脱下来。通常用对被吸附物质溶解度大的有机溶剂或有机溶剂的水溶液作为洗脱剂。弱酸性物质在酸性条件下被吸附,应在碱性条件下被洗脱。弱碱性物质在碱性条件下被吸附,应在酸性条件下被洗脱。使用过的树脂用酸碱处理后,再用甲醇浸泡、蒸馏水淋洗,即可再生。

大孔吸附树脂具有物理化学稳定性高、比表面积大、吸附容量大、选择性好、吸附速度快、解吸条件温和、再生处理方便、可反复使用、使用周期长、宜于构成闭路循环、节省费用等优点。但应用大孔吸附树脂分离工艺生产保健食品时,必须按法规进行申报与审评。因为苯乙烯骨架型大孔吸附树脂会带来三种有机残留物,存在安全隐患。

8.3.5　沉淀(precipitation)

沉淀是将溶液中的目的产物或主要杂质以无定形固相形式析出再进行分离的单元操作。沉淀法有等电点沉淀法、盐析法、有机溶剂沉淀法等。

1. 等电点沉淀法(isoelectric precipitation)　等电点沉淀法是调节溶液 pH 使两性溶质溶解度下降而析出。具体操作方法,先将发酵液在 70℃ 真空浓缩,然后降低物料液温度至 <30℃,缓慢加入酸碱液至目的物质的等电点,出现晶核,缓慢搅拌育晶 2 h,静置沉降约 4 h,离心分离得到目的物质。

等电点沉淀法操作简便,成本较低,给分离体系引入的杂质较少。但生物大分子即使是在等电点仍有一定的溶解度,使沉淀不完全,而且许多生物大分子的等电点很接近,在沉淀目的产物的同时杂质也相伴沉淀。因此等电点沉淀法应结合其他方法一起使用,才能得到好的效果。还应注意,生物大分子在结合离子后等电点将发生偏移,蛋白质分子结合阳离子后等电点升高,结合阴离子后等电点下降。等电点沉淀法的另一缺点是目标蛋白质或酶在等电点处很不稳定,容易被水解失活或盐溶。

2. 盐析(salting out)　盐析是向溶液中加入大量中性盐,中性盐的离子中和生物大分子的表面电荷,破坏分子外围的水化层,从而使生物大分子聚集沉淀。所使用的中性盐为硫酸铵、硫酸钠、硫酸镁、氯化钠、磷酸二氢钠等,以硫酸铵最为常用。硫酸铵加入量根据欲沉淀的目的蛋白质种类而定,以饱和度表示。饱和的硫酸铵溶液为 100% 饱和度,1 L 水在 25℃时溶入 767 g 硫酸铵溶液为 100% 饱和度,如溶入 383.5 g 硫酸铵即为 50% 饱和度。

　　具体操作方法,盐析时硫酸铵应磨细,边缓缓搅拌边缓缓加入,容器底部不应沉积未溶解的固体盐,避免局部过浓使蛋白质变性。加到所需饱和度以后,搅拌 1 h,再静置一段时间,使沉淀"老化"。一般情况下盐析应在 0～10℃进行,减少蛋白质或酶的失活。热稳定性的酶可在常温下盐析。在盐析前应调节溶液的 pH 至酶蛋白的等电点,但必须顾及在等电点处目的蛋白质的稳定性。

　　盐析得到的沉淀可采用过滤法或离心法与盐溶液相分离。盐浓度较高时,盐溶液相对密度大而黏度较小,可用过滤法。盐浓度较小时,盐溶液相对密度小而黏度大,可用离心法。沉淀中残余的盐可用透析法去除。盐析法操作简便,常用于蛋白质的分级沉淀分离,回收率中等。但废水中盐浓度太高,对环境不利,而且大规模工业生产很难进行透析脱盐。

　　3.有机溶剂沉淀法(solvent precipitation)　生物大分子溶液中加入一定量的亲水性有机溶剂,使溶质的溶解度降低而沉淀析出,即有机溶剂沉淀法。常用的有机溶剂为乙醇、丙酮、甲醇、异丙醇等。其中乙醇最为常用,乙醇价格较低,酶蛋白在乙醇中的溶解度较低。乙醇用量应根据目的蛋白质种类而定,通常应经预备实验确定。丙酮的介电常数比乙醇小,沉淀能力比乙醇强,因此用丙酮代替乙醇时,可减少用量,即在乙醇浓度达 70% 时才能将目的产物沉淀下来的情况下,在丙酮浓度达 50%～60% 时即可达到相同的效果。

　　具体操作方法,加入有机溶剂时应分批不断搅拌,以免局部过浓引起蛋白质变性。降低操作温度可减少蛋白质变性和提高收率,因此在操作前应将乙醇和蛋白质溶液分别预冷至 -10℃为好。在操作前应调节溶液 pH 至蛋白质的等电点附近,自然也必须顾及在等电点处目的蛋白质的稳定性。有时加入少量的高岭土或硅藻土作酶沉淀的载体,以便离心收集酶沉淀。用离心法将蛋白质沉淀和醇溶液分开后,应立即向沉淀中加入缓冲液或水,稀释沉淀物内的乙醇浓度,避免蛋白质变性。

　　4.聚合物絮凝剂沉淀(polymer agglutinin precipitation)　水溶性非离子型多聚物絮凝剂有脱水作用,加入蛋白质溶液中可使蛋白质沉淀。常用的多聚物絮凝剂有聚乙二醇(PEG)、壬苯乙烯化氧(NPEO)、右旋糖苷硫酸酯、葡聚糖等。聚乙二醇在水中的浓度达到 50% 时,浓度为 6%～12% 的蛋白质可沉淀下来,操作可在常温下进行。聚乙二醇广泛用于遗传工程中质粒 DNA 的分离纯化,在 0.01 mol/L 磷酸缓冲液中加入相对分子质量为 60 000 的聚乙二醇,使浓度达到 20%,可将相对分子质量在 10^6 附近的质粒 DNA 沉淀下来。

　　所得的沉淀物中含有较多的聚合物沉淀剂,可用盐析法或有机溶剂沉淀法分离。沉淀物溶于磷酸缓冲液中,加入 35% 饱和度硫酸铵将蛋白质沉淀下来,聚乙二醇留在上清液中。或在缓冲液中加入乙醇,离心沉淀蛋白质,聚乙二醇则留在上清液中。聚合物絮凝沉淀法操作较复杂,应用不广泛。

　　5.其他

　　(1)氨基酸类沉淀剂。在氨基酸混合液中提取特定氨基酸时可用特殊沉淀剂。如用邻二甲基苯磺酸盐沉淀亮氨酸,用苯偶氮苯磺酸沉淀丙氨酸和丝氨酸,用 2,4-二硝基萘酚-7-磺酸沉淀精氨酸,用二氨合硫氰化铬铵沉淀脯氨酸和羟脯氨酸。

(2)核酸类沉淀剂。用酚或三氯乙醛、氯仿、十二烷基磺酸钠可沉淀核蛋白中的蛋白质,使核酸游离出来。

(3)黏多糖类沉淀剂。黏多糖溶液中加入十六烷基三甲基溴化铵(CTAB),季铵基的阳离子与黏多糖的阴离子形成络合物而沉淀,在与其他杂质分离后加入盐类,络合物即解离,黏多糖重新溶解。

(4)亲和沉淀剂。在溶液 pH 4 时加入 N-丙烯酰-对氨基苯脒,胰蛋白酶与对氨基苯脒配基发生亲和沉淀。洗涤后调节 pH 可使胰蛋白酶重新游离出来。

8.3.6 膜分离(membrane separation)

膜分离是用不同孔径的滤膜把不同相对分子质量和体积的物质分离开来的方法。

膜分离分为透析、微滤、超滤、纳滤、反渗透 5 种。微滤膜孔径为 20~10 000 nm,超滤膜为 2~20 nm,纳滤膜为 1~2 nm,反渗透膜为 0.1~1 nm(图 8-10)。

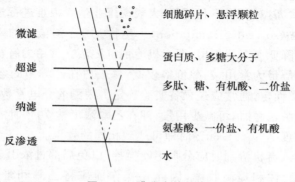

图 8-10　膜分离的种类

1.透析(dialysis)　在实验室条件下最早使用和最常用的膜分离是透析,透析能把相对分子质量相差较大的两类物质分离开来。常用的透析膜为玻璃纸、硝化纤维薄膜等。透析膜制成管状。膜的孔径也可用化学处理进行调节,经乙酰化处理后膜的孔径缩小,用 64%氯化锌溶液浸泡后膜的孔径增大,直至允许相对分子质量 135 000 的大分子通过。透析膜在使用前应在 50%乙醇中煮沸 1 h,再依次用 0.01 mol/L 碳酸氢钠溶液、0.01 mol/L EDTA 溶液、蒸馏水洗涤,除去杂质。

具体操作方法,先将待透析液装入透析袋内,扎紧两端,液体约占袋内空间 1/2,以免透析袋吸水后胀裂。透析袋置于透析缸中,不断更换溶剂(水或缓冲液),直至小分子物质被透析至袋外。如使用旋转透析器,透析效果可提高 2~3 倍(图 8-11)。

透析法操作简便,不需要附加压力,成本低廉,应用广泛,但选择性较低。

2.微滤膜分离(microfiltration)　微滤膜是由纤维素、聚砜、聚酰胺和全氟羧酸组成的管式或中空纤维式膜组件。在微滤膜分离时,在压差推动下,溶剂和小于膜孔的颗粒透过膜,大于膜孔的颗粒被截留。压差由原料液侧压或透过液侧抽真空形成。用于微滤分离的压力较低,压差一般小于 100 kPa。

根据需要,可选择不同膜孔的微滤膜。膜孔的大小可用"截留相对分子质量"来表示,用以测定膜孔的标准化合物为蔗糖(342)、棉籽糖(594)、杆菌肽(1 400)、维生素 B$_{12}$(1 350)、胰岛

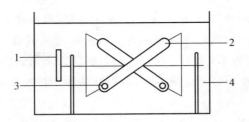

1.旋转装置 2.透析袋 3.玻璃珠 4.缓冲液或水

图 8-11 旋转透析器

素(5 700)、细胞色素 C(12 400)、肌红蛋白(17 800)、胃蛋白酶(35 000)、卵白蛋白(45 000)、血清蛋白(67 000)等。

微滤膜分离主要用于细胞分离或产品消毒。微滤膜分离操作简单,使用压力较低,但选择性较差。

3.超滤膜分离(ultrafiltration) 超滤膜由表皮层和支撑层组成,表皮层厚 0.1~1 μm(100~1 000 nm);支撑层厚 125 μm,为多孔海绵层。起筛分作用的是表皮层,孔隙率60%,孔密度 $10^{11}/cm^2$,截留相对分子质量 $10^3 \sim 10^6$,操作压力 0.3~0.7 MPa(图 8-12)。超滤膜的膜材料主要有聚砜、聚丙烯腈、聚酰胺、聚砜酰胺、纤维素及其衍生物、聚碳酸酯、聚氯乙烯等。

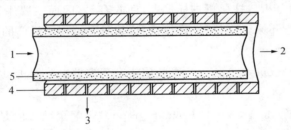

1.料液入口 2.浓缩液出口 3.透过液出口 4.不锈钢管 5.管式超滤膜

图 8-12 管式超滤膜组件

超滤操作方法有重过滤和错流过滤两种。其中重过滤使用较多。重过滤时,原料液经超滤后体积减少至原体积的 1/5,再加水至原体积,反复操作,脱除小分子杂质,得到纯度较大的蛋白质等大分子物质的溶液。错流过滤是将经超滤的截留液再次通过超滤管式膜组件,得到大分子物质的浓缩液,此时杂质也被浓缩了。超滤膜过滤主要用于蛋白质和酶的初步纯化和浓缩,以及成品加工时去除热原,操作简便,能耗低,效果佳,但容易造成膜污染和浓差极化,浓差极化是指膜表面截留组分浓度过分高于该组分在料液中的浓度。

4.纳滤分离(nanofiltration) 纳滤分离和超滤分离极为接近,仅是孔径变得更小(1~2 nm)。纳滤膜是由醋酸纤维、聚酰胺、聚乙烯醇、磺化聚砜组成的管式膜,像超滤膜一样由表皮层和支撑层组成。纳滤的相对分子质量截留范围为 100~250,因此能把小分子有机物截留浓缩,把水和无机盐脱除。纳滤的操作压力低于反渗透。

纳滤分离主要用于肽的分离纯化和浓缩,乳清的脱盐和浓缩,或者食品工厂有机废水的处理等,在分离纯化工程中应用较超滤少。

5.反渗透(reverse osmosis) 反渗透膜材是带皮层的不对称膜,反渗透膜有高压反渗透膜和低压反渗透膜 2 种。高压反渗透膜为三醋酸纤维素、直链或交联全芳族酰胺、交联聚醚等，操作压力 10 MPa。低压反渗透膜的皮层为芳烷基聚酰胺或聚乙烯醇，非皮层为直链或交联全芳族聚酰胺，操作压力为 1.4～2.0 MPa。物料在压力下通过反渗透膜构建的中空纤维组件或卷式组件，排出水分，使小分子溶质浓缩，因而在生物活性物质的分离纯化中应用较少。

8.4 纯化的单元操作

发酵液经前期处理和分离单元操作以后，得到了含有少量杂质的目标成分的溶液，下一步必须采用精细的纯化技术提高其纯度和质量。此时液相中杂质的物理化学性质已经与目标成分十分接近，继续采用分离单元操作已经无能为力，陷入了在脱除杂质的同时，必然损失目标成分的困难境地。因此要求采用一些特殊的高新技术把杂质和目标成分进一步分离开来。纯化单元操作包括层析、电泳、分子蒸馏等。

8.4.1 层析(chromatography)

层析技术又叫色谱分离技术，在下游工程中有着极广泛的应用。常见的层析分离有纸层析、薄层(平板)层析、柱层析 3 种。纸层析和薄层层析操作简便，分辨率高，但分离量太少，因而主要用于定性和定量分析。柱层析进样量大，回收容易，因而主要用于分离纯化，当然也可用于定性、定量分析。近年来，柱层析发展很快，这里只介绍使用最广的凝胶层析、亲和层析和制备型高效液相色谱 3 种。

1. 凝胶层析(gel chromatography) 凝胶层析有葡聚糖凝胶层析、琼脂糖凝胶层析和聚丙烯酰胺凝胶层析等。

(1)葡聚糖凝胶层析(dextran gel chromatography)。葡聚糖凝胶是应用最广泛的层析固定相，商品名 Sephadex，由右旋糖酐 Dextran 通过交联而成，干胶为坚硬白色粉末状，吸水后膨胀，呈凝胶状，在 pH 2～10 稳定，在强酸下水解，在氧化剂下分解，在中性时可经受 120℃加热灭菌。Sephadex G 后面的编号数字表示其吸液量(每克干胶膨胀时吸水毫升数)的 10 倍，如 Sephadex G-25 即为每克干胶吸水量为 2.5 mL(表 8-1)。

表 8-1 Sephadex G 葡聚糖凝胶的性质

型号	吸水量/ (mL/g 干凝胶)	膨胀体积/ (mL/g 干凝胶)	对蛋白质的分离范围 (相对分子质量)	对多糖的分离范围 (相对分子质量)
G-10	1.0	2～3	200	700
G-15	1.5	2.5～3.5	1 500	1 500
G-25	2.5	4～6	1 000～5 000	100～500
G-50	5.0	9～11	1 500～30 000	500～10 000
G-75	7.5	12～15	3 000～70 000	1 000～5 000
G-100	10.0	15～20	4 000～150 000	1 000～100 000
G-150	15.0	20～30	5 000～400 000	1 000～150 000
G-200	20.0	30～40	5 000～800 000	1 000～200 000

在一般过滤时,小分子物质通过过滤介质,大分子物质被截留。而凝胶层析则相反,移动相通过具网状结构的葡聚糖凝胶时,小分子可进入凝胶内部空间,而大分子则被排阻于凝胶相之外,在不断洗脱时大分子被首先洗脱,小分子被最后洗脱,从而把大小分子分离开来(图 8-13)。

凝胶层析的基本操作程序包括固定相准备、加样、冲洗展层、分步收集、固定相再生。葡聚糖凝胶在水中浸泡 1～3 d,装柱,排除气泡,展层剂洗脱,分步收集器收集,用紫外检测等手段确定目标物质的管位,合并洗脱液,得到分离纯化的生物大分子。

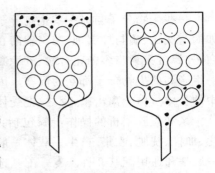

图 8-13　葡聚糖凝胶对不同相对分子质量的溶质的分离作用

使用过的凝胶可洗涤后反复使用,使用次数过多时凝胶被污染,层析速度减缓,应采用反冲法洗去污染杂质。使用后的凝胶如短期内不用,应加入防腐剂 0.02％叠氮化钠,以防霉菌生长。如长期不用,用递增浓度的酒精浸泡,直至酒精达 95％,最后沥干,在 70℃ 烘干保存。

葡聚糖凝胶常用于分离纯化蛋白质和多糖等,以及成品加工中的除热原。

(2)琼脂糖凝胶层析(agarose gel chromatography)。琼脂糖是从海藻琼脂中除去带磺酸基和羧基的琼脂胶后得到的中性多糖,商品名有 Sepharose、BioGel 等。我国生产的 Sepharose 2B、4B 和 6B,对蛋白质的分离范围分别为 $7 \times 10^4 \sim 4 \times 10^7$、$6 \times 10^4 \sim 2 \times 10^7$、$10^4 \sim 4 \times 10^6$。琼脂糖凝胶的化学稳定性较葡聚糖凝胶差,正常使用 pH 范围为 4～9,干燥、冷冻、加热等操作都会使琼脂糖失去原有的性能。

琼脂糖经修饰接上烷基、苯基等疏水基团,即形成疏水作用琼脂糖凝胶,能把溶液中不同疏水性的蛋白质,甚至蛋白质的不同亚基分离开来。

$$\begin{array}{c}
\left[\begin{array}{l} -OH \\ -OH \\ -OH \\ -OH \end{array}\right. \xrightarrow{\text{BrCN}} \left[\begin{array}{l} -O-C\equiv N \\ \;O \\ \;\;\backslash C=NH \\ \;O \nearrow \\ -OH \end{array}\right. \xrightarrow{\text{NH}_2\text{R}} \left[\begin{array}{l} \overset{NH}{\overset{\|}{-O-C-NH-R}} \\ \;O \\ \;\;\backslash C=N-R \\ \;O \nearrow \\ -OH \end{array}\right.
\end{array}$$

琼脂糖经修饰生成双羧甲基氨琼脂糖,与过渡金属结合,形成金属螯合琼脂糖凝胶,即可把与金属离子配位亲和力不同的蛋白质(如血清蛋白、糖蛋白)分离开来。

(3)聚丙烯酰胺凝胶层析(polyacrylamide gel chromatography)。聚丙烯酰胺为化学合成凝胶,商品名为生物凝胶 P(BioGel-P)。生物凝胶 P 化学稳定性好,在 pH 2～11 范围内使用,机械强度好,有较高的分辨率。生物凝胶 P 的孔径度取决于交联度和凝胶浓度。P-10、P-100、P-150 对蛋白质的分离范围分别为 1 500～20 000、5 000～100 000、15 000～150 000。

凝胶层析操作简便,不需要昂贵的设备,分辨效果好,应用广泛,但较费时和消耗大量溶剂。蛋白质的分离纯化方法见二维码 8-3。

二维码 8-3　蛋白质的分离纯化方法

2.亲和凝胶层析(affinity gel chromatography)　亲和凝胶层析是连接在琼脂糖凝胶上的配基与移动相中的生物大分子进行特异的可逆的结合,从而把生物大分子分离纯化。

一些生物分子与另一些生物分子无论在生物体内还是在试管里都表现出特别的亲和,例如酶与底物、酶与抑制剂、酶与辅酶、抗体与抗原、抗体与病毒、激素与受体蛋白、激素与载体蛋白、外源凝集素与多糖化合物、外源凝集素与糖蛋白、核酸与组蛋白、核酸与核酸聚合酶等。每一组亲和的生物分子都互为配基。因此,举例来说,把激素偶合组装到琼脂糖上,则可把溶液中的受体蛋白分离出来;反之,把受体蛋白组装到琼脂糖上,则可把溶液中的激素分离出来。

亲和凝胶层析的操作步骤包括:载体(matrix)的选择、配基(ligand)的选择、配基的固相化、加样、洗脱、收集、再生。载体一般为琼脂糖、葡聚糖、聚丙烯酰胺、纤维素等。配基包括专一配基和通用配基 2 种。专一配基选择特异性强,一种配基只与另一种配基亲和,例如某一抗原的抗体。而通用配基则可与一类物质亲和,例如 NADH 为脱氢酶的通用配基,ATP 为激酶类的通用配基,伴刀豆球蛋白 A 为糖蛋白、活性多糖、糖脂的通用配基(图 8-14)。

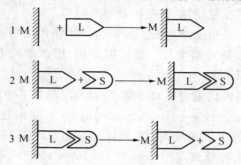

1.配基固相化　2.目的物质吸附　3.目的物质解吸附

M.载体　L.配基　S.目的物质

图 8-14　亲和层析的工作原理

配基固相化是将配基偶联到载体上的操作。琼脂糖经溴化氰活化后,再与配基上的氨基偶合,即形成专一性亲和凝胶(图 8-15)。

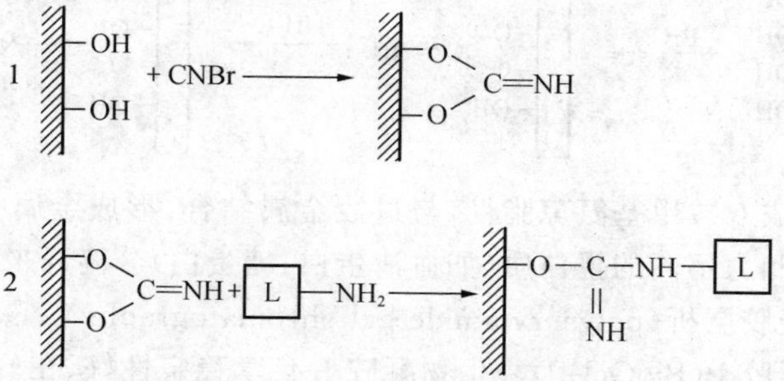

1.活化　2.偶联

图 8-15　琼脂糖的活化和偶联

层析的具体操作方法,固相化的亲和凝胶上柱后,充分平衡,静置 30 min。用平衡用缓冲液将上柱样品溶解,配制成浓度约为 20 mg 蛋白/mL 的样液,上样,上样量为柱床体积的 5%,在 4℃下用缓冲液洗涤,样液中对应物被配基吸附,杂质被洗脱,用高盐缓冲液或不同 pH 缓冲液将对应物洗脱下来。洗脱条件可参考前人的实验或自己的摸索。亲和凝胶在洗脱后用缓冲液充分平衡后即可重复使用,无须特殊再生处理。

亲和层析的一个重要分支是免疫亲和层析(immuno-affinity chromatography),它利用抗原-抗体的亲和反应进行酶的分离纯化。操作时先将作为目标物质的酶纯化后注入试验动物体内,试验动物即产生抗体,从试验动物血清中分离纯化抗体,并将抗体偶合到琼脂糖上,装柱即可从粗酶液中将目标酶吸附-洗脱下来,得到纯化的目标酶。其中制备免疫物质的技术称为单克隆抗体法。

免疫亲和层析除了可以分离纯化酶以外,还可用来分离纯化受体蛋白,即细胞表面能与激素、功能因子或药物发生专一性结合的生物大分子。

活性染料配基亲和层析是较新发展的技术。偶然发现人工合成的活性染料与生物大分子有亲和作用,因此把活性染料偶合到琼脂糖上,制成亲和层析柱,用以分离蛋白质。常用的活性染料有 Cibacron F3GA 蓝色染料、procion H-E3B 红色染料、procion MX-8G 黄色染料等。Cibacron 蓝色染料在分子结构上与 NAD 极为接近,因而和氧化还原酶、各种激酶、核酸酶等亲和。

亲和层析的分辨力高,但配基的选择和固相化比较困难,因而工业应用不如凝胶层析那么广。目前一些公司已生产了一些亲和层析预装柱介质投入市场,专门用于重组蛋白的分离。凝胶层析和亲和层析见二维码 8-4 和二维码 8-5。

二维码 8-4　凝胶层析　　　　　　　　　二维码 8-5　亲和层析

3.制备型高效液相色谱(high-performance liquid chromatography for preparation)　制备型 HPLC 是在分析型 HPLC 的基础上发展起来的。制备型 HPLC 对层析中的样品容量(负荷)、回收率、产率要求较高,而对分离度和速度要求不高。

制备型 HPLC 的层析柱为内径大于 8 cm 的不锈钢柱或钛钢柱,能承受 1 960 N/cm² (200 kg/cm²)的压力,压力为 98～147 N/cm²(10～15 kg/cm²)时可用玻璃柱。柱的填料为硅胶、羟基磷灰石、高分子聚合物等。填料粒度为 20～50 μm,流动相的流速为 10～20 mL/min。泵的压力上限为 1 960 N/cm²(200 kg/cm²)。进样时样品应低浓度大体积,不应为高浓度小体积。样品应注射在整个柱的横截面。进样量根据柱的内径、柱长、固定相和流动相类型、分离的难易而定,每克填料进样量＞1 mg。制备型 HPLC 一般不用梯度洗脱。所选溶剂应黏度低、易挥发。控制溶剂的组成、离子强度和 pH,使之适于分离的目的。洗脱剂中加入少量乙酸和吗啉可减少峰形拖尾现象。溶剂必须是高纯度的,否则在挥发去除流动相时不挥发的杂质将浓缩,造成对目的产物的污染。还必须强调指出,溶解样品的溶剂极性应低于洗脱溶剂的极性,否则分离效果大大降低。

制备型 HPLC 常用于分离肽、蛋白质、核酸、核苷酸、多糖等。制备型 HPLC 分离效果好,但需要昂贵的设备和专门的操作人员。

8.4.2　电泳(electrophoresis)

和层析技术一样,电泳技术最初也仅仅用于生化物质的定性分析,后来才逐步用于分离纯化目的,分离规模也逐步提高。蛋白质是两性大分子,在一定的 pH 缓冲液中,蛋白质或带正电,或带负电,或在等电点时不带电。在电场作用下,带正电荷的蛋白质移向负极,带负电荷的蛋白质移向正极,处于等电点的蛋白质不移动。根据此原理,可将两性大分子分离开来。

电泳技术有凝胶电泳、等电点聚焦电泳和制备型连续电泳等。

1. 凝胶电泳(gel electrophoresis) 凝胶电泳常用聚丙烯酰胺凝胶电泳(PAGE),较少用琼脂糖凝胶电泳,因为琼脂糖在电场下易带负电。聚丙烯酰胺凝胶电泳装置如图8-16所示。

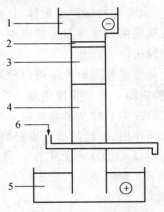

1.缓冲液Ⅰ 2.样品 3.浓缩层
4.分离层 5.缓冲液Ⅱ 6.洗脱液
图 8-16 聚丙烯酰胺凝胶电泳

不同浓度的聚丙烯酰胺凝胶有不同的孔径,浓度越高孔径越小。3.5%的聚丙烯酰胺凝胶用于相对分子质量为100万～500万的蛋白质的分离纯化,7%～7.5%的凝胶用于相对分子质量为1万～100万的蛋白质的分离纯化,15%的凝胶用于相对分子质量小于1万的蛋白质的分离纯化。如果电泳柱中只填装1个浓度的聚丙烯酰胺凝胶,即为连续式凝胶电泳。在较多情况下电泳柱中填装不同浓度的凝胶,成为不连续式聚丙烯酰胺凝胶电泳。上层凝胶浓度较低(3.5%),孔径较大;下层凝胶浓度较大(7.5%～25%),孔径较小。上层凝胶称为浓缩层,下层凝胶称为分离层。

操作时,样品加入浓缩层表面,样品量50～100 mg,在100 V电压下开始电泳。在浓缩层,两性大分子一方面受到电场作用而移动,另一方面受到凝胶网格的阻滞作用,一边移动一边排列,形成区带,从而达到分离的目的;一方面带负电荷少的、相对分子质量大的蛋白质分子移动较慢,另一方面大分子在分子筛中移动又快于小分子,使大分子的电泳迁移行为变得很复杂。区带进入分离层后,在电场下进一步分开。目的蛋白质移动至洗脱处,透过支撑膜,被洗脱液洗脱。凝胶层上部和下部分别使用不同pH的缓冲液,有助于缩短分离时间,提高分离效果。

聚丙烯酰胺凝胶电泳分离效果较好,时间短,通常需时20～30 min。但操作较复杂,要求操作人员专业化程度高,分离量较小,洗脱液中目的产物的浓度较低,必须采取降温措施克服电压梯度引起的发热现象。

2. 等电点聚焦电泳(isoelectric focusing electrophoresis) 当载体为连续pH梯度时,不同蛋白质移动至该蛋白质等电点的pH位置处,便不再移动,聚集成极窄的区带,从而达到分离的目的。载体通常填充在绕卷成线圈状的软管中。载体中加入载体量1/10的两性电解质(如ampholine),在电场作用下,两性电解质泳动分布,使整个载体形成pH 3～10的连续的稳定的pH梯度。软管两端施加电压。电泳电压为400 V,电泳时间约为2 d,不同蛋白质即泳动排列。电泳结束后,将软管剪成数截,取出载体,回收目的蛋白质(图8-17)。

等电点聚焦电泳分辨率高,可将等电点相差仅0.02 pH的蛋白质分离开来,但操作较复杂,成本高,进样量小。

3. 制备型连续电泳(continuous electrophoresis for preparation) 凝胶电泳和等电点聚焦电泳都很难做到连续操作,制备型连续电泳解决了此问题(图8-18)。其装置为垂直放置的间隔0.8 mm的两块塑料板构成的电泳槽,槽内填装凝胶等载体。缓冲液自上而下流过电泳槽,要求缓冲液平行匀速移动。在两侧电场的作用下,两性大分子在向下移动的同时向两侧方向水平移动,最后在下部收集口收集流出的组分。

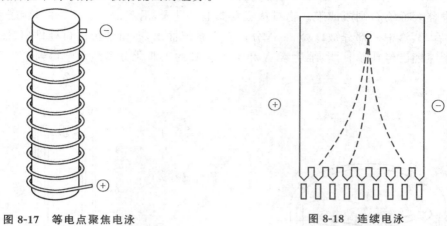

图 8-17　等电点聚焦电泳　　　　　　　　　　　图 8-18　连续电泳

8.4.3　分子蒸馏(molecular distillation)

蒸馏是食品加工常用的单元操作,如酒精蒸馏,可将液体中各种组分依其挥发能力的大小区分开来。当混合物中目标成分的挥发性与杂质的挥发性很接近时,或者目标成分的热稳定较差时,使用一般的蒸馏操作进行分离就有困难,必须采用分子蒸馏技术。

1.分子蒸馏的特点

(1)分子蒸馏在高度真空条件下进行蒸馏操作,从而降低了蒸馏时所用的温度,避免了目的产物的热失活。操作压力一般控制在 0.013～1.33 Pa。在这样高的真空度下,即使在常温下,气体分子的自由飞行距离也大增,平均自由程可达 0.5～50 m。因此,从理论上来说,分子蒸馏可在任何温度下进行。但实际上蒸馏时蒸发面和冷凝面必须维持一定的温度差,一般为100℃。

(2)分子蒸馏缩短了蒸发器表面与冷凝器表面之间的距离(仅 2～5 cm),比气体分子的平均自由程还要小。也就是说,气体分子一离开蒸发面即被冷凝器表面捕捉,无暇返回蒸发器。很显然,只允许液相到气相的分子流,控制了气相返回液相的分子流,必然会大大提高蒸馏的效率。

(3)在离心或刮板作用下,液体物料一到蒸发器表面,立即被加热蒸发,在不产生气泡的情况下实现相变,缩短了物料的受热时间。

2.分子蒸馏的硬件设施　分子蒸馏装置有离心式分子蒸馏器、薄膜式短程蒸发器等。

(1)离心式分子蒸馏器。离心式分子蒸馏器如图 8-19 所示,物料从进料管到达离心蒸发器表面,在离心力的驱使下,物料在蒸发器表面形成薄膜,立即被加热器加热,在高真空下蒸发汽化,蒸汽中沸点低的组分被冷凝器冷却成蒸馏液,蒸汽中沸点高的组分由真空接口抽走,没有汽化的残留液由残留液出口排出。

离心式分子蒸馏的操作温度低,分离效果好。通常将 3～5 台离心式分子蒸馏器组合成一个多级机组,逐级提高目的产物的纯度。在蒸馏前对物料液应进行预处理,除去水、溶剂等杂质。分子蒸馏设备较为昂贵,处理量较小。

　　(2)薄膜式短程蒸发器。薄膜式短程蒸发器由蒸发器、冷凝器、转子刮板和真空系统组成。蒸发器为圆筒形外壳,冷凝器为内筒,蒸发器和冷凝器之间的间距较小。转子刮板为环形,不断将蒸发器表面物料刮成薄膜。物料从蒸发器上方进入,沿蒸发面流下,并被转子刮板刮成薄膜,蒸发后,蒸汽中一部分被冷凝,一部分被真空系统抽出,残留液由出口处排出(图 8-20)。

　　分子蒸馏已经在单甘酯、维生素 A 和维生素 E 的工业化分离纯化中得到了应用。

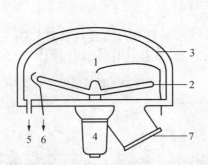

1.进料口　2.带加热器的离心蒸发器
3.冷凝器　4.驱动离心蒸发器的马达
5.蒸馏液出口　6.残留液出口
7.真空接口

图 8-19　离心式分子蒸馏器

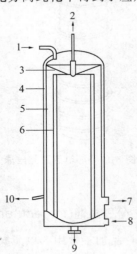

1.料液入口　2.冷却介质出口　3.转子刮板
4.加热套　5.加热表面　6.冷凝表面　7.真空接口
8.冷却介质入口　9.蒸馏液出口　10.残留液出口

图 8-20　转子型薄膜式短程蒸发器

8.5　成品加工

　　经过分离纯化得到的高纯度和较高浓度的溶液,可以制备成各种口服液或输液等成品,也可以作为半成品,进一步加工成精细食品、药品和化妆品。

　　在加工输液时,生物产品溶液还必须先去除热原。因为在分离纯化过程中有可能污染微生物,产品因而带有热原。热原(pyrogen)是微生物细胞膜上的脂多糖(lipopolysaccharide),是一种内毒素(endotoxin),可以通过输液方式进入人体,引起体温升高、寒战、恶心呕吐等症状,甚至导致死亡。热原质耐高热,高压蒸汽灭菌(121℃ 20 min)不能使其破坏。加热高温(180℃ 4 h;250℃ 45 min;650℃ 1 min)才能使热原质失去作用。因此不能用加热的方法去除,因为在热原被加热破坏以前,生物活性物质早就被破坏了。所以通常用超滤法去除溶液中的热原。

　　但是大多数生物工程的最终产品都是以固态形式出现的,以便于贮存、运输和使用。因此,必须采用结晶、浓缩、干燥等单元操作,才能获得在纯度、感官指标和卫生指标等方面都符合国家标准或企业标准的固态成品。

8.5.1　浓缩(concentration)

浓缩是经常使用的单元操作,用于提高液相中溶质的浓度,为结晶和干燥操作做准备。浓缩方法的选择应视目的产物的热稳定性而定。对于热稳定的目的产物可用常规的水浴常压蒸发、减压蒸发等。

中、小规模的生产可用旋转蒸发器浓缩。当生产规模较大时可采用降膜式薄膜蒸发器(图 8-21),液相预热后通过分配器流入加热管,沿着管内壁呈膜状向下移动,同时受热蒸发。该设备生产能力大,节约能源,热交换效果好,受热时间短。降膜蒸发可蒸发较高浓度和黏度的溶液,但不适用于易结垢或易结晶的溶液。

对于热不稳定的生物大分子通常采用冷冻浓缩、葡聚糖凝胶浓缩、聚乙二醇浓缩、超滤浓缩等方法。

(1)冷冻浓缩。冷冻浓缩是利用冰和水之间的固液相平衡原理的一种浓缩方法,包括两个步骤,即先将部分水分从水溶液中结晶析出,然后将冰晶与浓缩后的液相分离。冷冻浓缩效果好,但能耗大,使用规模较小。

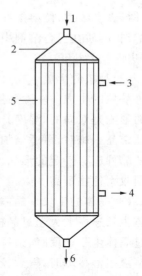

1.料液入口　2.液体分配器
3.蒸汽入口　4.蒸汽出口
5.蒸发室　6.浓缩液出口
图 8-21　降膜式蒸发器

(2)葡聚糖凝胶浓缩和聚乙二醇浓缩。葡聚糖凝胶(sephadex)浓缩,是在生物大分子稀溶液中加入溶液量 1/5 的干葡聚糖凝胶 G-25,缓慢搅拌 30 min,葡聚糖凝胶将溶液中的水吸去,滤得较浓的溶液,反复操作可使溶液体积缩小至 1/10。葡聚糖凝胶洗净后用乙醇脱水,干燥后可再利用。聚乙二醇浓缩是将稀溶液置于透析袋内,袋外放置聚乙二醇,溶液内水分向袋外转移,溶液即浓缩了几十倍。除聚乙二醇外,也可用聚乙烯吡咯酮、蔗糖等作吸收剂。

(3)超滤浓缩。超滤技术广泛用于粗酶液的纯化和浓缩,超滤膜是膜孔为 1～20 nm 的不对称微孔膜,粗酶液中低分子化合物、盐和水从膜孔渗滤除去,酶被浓缩和精制。超滤技术可简化工艺,节约能源,也可防止酶失活,提高回收率,应用广泛,但需一定的规模。

8.5.2　结晶(crystallization)

结晶是重要的化工单元操作之一。结晶和沉淀有所不同。一般而言,结晶是固体物质以晶体形态从溶液中析出的过程,沉淀则是固体物质以无定形态从溶液中析出的过程。结晶是同类分子或离子进行规则排列的结果,只有当溶质在溶液中达到一定纯度和浓度要求后方能形成晶体,而且纯度越高越容易结晶。如纯度低于 50%,蛋白质和酶就不能结晶。因此结晶往往说明制品的纯度达到了一定的水平。

在下游工程中要求晶体有规则的晶形、适中的粒度和大小均匀的粒度分布,以便于进行洗涤、过滤等操作步骤,提高产品的总体质量。

结晶是一个热力学不稳定的多相多组分的传质、传热过程。结晶过程包括 3 个步骤:过饱和溶液的形成、晶核的生成和晶体的生长。

(1)过饱和溶液的形成。只有在过饱和的溶液中,形成的晶核才不会被溶解。制备过饱和溶液的最简单措施是将热的饱和溶液冷却至 4℃左右,放置 4 h 以上,即形成过饱和溶液。或者进行真空浓缩,使溶剂挥发,浓度增加,形成过饱和溶液。或者在水溶液中加入95%酒精等非溶剂,溶质在混合溶剂中的溶解度下降、结晶析出。或者调节溶液pH,使溶质的溶解度下降,进而结晶析出。以上4种措施可单独使用,也可合并使用,效果更好。

(2)晶核的生成。在过饱和溶液中溶质一般不会自动成核,需要适度的机械震动或搅拌,促进晶核的生成。一般采用低速、聚乙烯桨叶搅拌,搅拌速度为20~50 r/min。温度对晶核生成的影响是双向的,温度升高使溶液的过饱和度下降,但使晶核的生成速度提高。当溶质浓度过低结晶困难时,可适当加入晶种,使溶液在过饱和度不足的情况下,提前生成晶核。但所加入的晶种应有一定的形状、大小和均匀度,才能有效控制晶体的形状。不过,此种情况下制品的回收率往往不高。

(3)晶体的生长。晶体的形状、大小和均匀度,取决于晶核生成速度和晶体生长速度。当晶体生长速度大大超过晶核生成速度时,则得到粗大而有规则的晶体。当晶核生成速度大大超过晶体生长速度时,则得到细小而又不规则的晶体。当溶液快速冷却时,晶体细小,呈针状。当溶液缓慢冷却时,得到较粗大的晶体。因此,为了得到颗粒粗大均匀的晶体,应选择降温缓慢,温度不太低,搅拌缓慢的操作。为了得到颗粒细小但杂质含量低的晶体,则应选择降温较快,温度较低,搅拌稍快的操作。

结晶法用于高纯度目的产物的制备。回收率也较高,操作简便,产品外观规则优美,便于贮运、包装和使用。但只有一部分目的产物能够被制备成晶体,有一些目的产物即使达到很高的纯度和浓度,也不能形成结晶,如核酸。而且在结晶形成过程中仍然有一部分杂质可能被吸藏在晶体表面。

8.5.3 干燥(dehydration)

生物制品的含水量应按国家标准或企业标准严格控制,一般控制在5%~12%。生物制品的干燥常用气流干燥、喷雾干燥和冷冻干燥等方法,常用设备如图8-22和图8-23所示。

(1)气流干燥。气流干燥是固体流态化干燥方法,把呈泥状、粒状或小块状的湿物料送入热干燥介质中,物料在运动中与热介质一起进行热交换,得到粉粒状干燥产品。常用的热干燥介质为不饱和热空气或过热氮气。气流干燥所需时间短,热效率高,设备简单,操作简便,但易使目的产物受热变性和氧化,产品色泽会变褐,也不适用于黏稠度大的物料的干燥。

(2)喷雾干燥。喷雾干燥是用压缩空气将溶液自喷嘴以10~50 μm雾滴形式喷入温度为120℃的干燥室,在15~40 s内雾滴被干燥为细粉(图8-22)。喷雾干燥时物料温度低,条件温和,干燥速度快,产品有良好的分散性、流动性和溶解性,安全卫生,操作简便,适合于热不稳定性产品和大规模生产,但为了回收废气中夹带的产品微粒,需配备高效的废气分离装置。

(3)冷冻干燥。冷冻干燥是在低于水的三相点压力(609 Pa)下进行干燥。物料装入冷冻干燥设备后先冷冻至-35℃,恒温1 h,抽真空使容器中真空度达到13.3 Pa左右,加热放置物料盘的搁板,使之升温至40~60℃,物料中的冰即升华除去(图8-23)。冷冻干燥对热敏性物料最为适用,能保持生物大分子活性不变,产品残留水分低(<2%),但设备投资较大,能耗大,使用成本高。

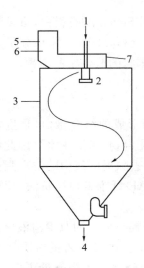

1.物料入口　2.喷雾器　3.干燥室　4.干燥物料出口
5.空气入口　6.空气预热　7.热空气分配装置

图 8-22　喷雾干燥设备

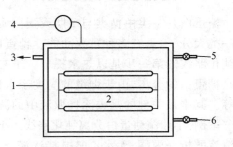

1.冷冻干燥箱　2.带温度指示的搁板
3.真空接口　4.真空计
5.膨胀阀　6.放气阀

图 8-23　箱式冷冻干燥设备

8.6　下游工程案例

生物工程产品种类繁多,它们分离纯化的方法按其目的产物的类别、性质以及生产规模、条件而变化无穷,在此只能举例说明它们的分离纯化路线。

8.6.1　活性多糖的分离纯化路线

活性多糖是当前研究的热点。活性多糖具有抗癌、降血脂和提高机体免疫能力的作用。活性多糖的提取多以食用真菌(灵芝、香菇、银耳等)或植物(黄芪、人参、刺五加等)为原料,也有以动物特别是海生动物的器官为原料。活性多糖的分离纯化路线如下:

(1)脱脂。原料粉碎,加入 1:1 的乙醇-乙醚混合液,水浴加热搅拌,过滤得脱脂残渣。

(2)提取多糖。用水作溶剂,温度 55~65℃,搅拌,提取 2~3 次。提取液浓缩,加入 2~5 倍乙醇沉淀多糖。依次用乙醇、丙酮、乙醚洗涤,真空干燥器减压干燥,得粉末状粗多糖。

(3)除蛋白质。Sevag 法,用氯仿:戊醇(或正丁醇)5:1,混合物剧烈振摇 20~30 min,蛋白质与氯仿-戊醇生成凝胶物而离心分离。

(4)柱层析。纤维素阴离子交换柱层析,适用于分离各种酸性、中性多糖和黏多糖。

活性多糖常用的纯度鉴定方法有凝胶层析法、超速离心法、旋光测定法、毛细管电泳法及高效液相色谱法。通常用 2 种以上方法鉴定的结果才能肯定某一多糖的均一性。

现举例介绍蓝莓活性多糖的分离纯化工艺。采用酶法提取多糖工艺,纤维素酶添加量为 0.6%,最佳酶解时间为 100 min,酶解温度为 40℃,多糖得率 2.32%。蓝莓粗多糖经过 Sevag 法脱蛋白处理。取多糖浓缩液,按浓缩液体积的 1/5 加入氯仿,再加入氯仿体积 1/5 的正丁醇,混合物剧烈振摇 30 min,经离心去除沉淀后,取少量水相测蛋白质含量。反复进行至无蛋白层。也可采用酶法与 Sevag 结合法脱除蛋白。50 mL 多糖浓缩液,加入 0.15% 木瓜蛋白酶,调 pH 到 6.5,60℃恒温 2 h;离心得上清液,上清液再用 Sevag 法脱蛋白,重复操作至无蛋白层。将脱色后的多糖液经流动自来水透析 48 h,蒸馏水透析 24 h,去除小分子杂质。透析后的沉淀相继用乙醇、丙酮、乙醚洗涤,真空冷冻干燥得粉末状的蓝莓精制多糖。

8.6.2　糖蛋白的分离纯化路线

糖蛋白是一类由糖类与多肽或蛋白质以共价键连接而形成的结合蛋白,是生物体内重要的一类大分子,具有多种重要功能。糖蛋白是极性大分子化合物,易溶于水。因此糖蛋白的分离纯化路线的第一步是以热水提取。第二步是用 Sevag 法去除提取液中的游离蛋白质。第三步是糖蛋白的分离,由于糖链的高度亲水性,常用的有 DEAE-纤维素柱层析法、葡聚糖凝胶柱法等。其中最关键的是去除提取液中的游离蛋白质。

举例:小球藻糖蛋白分离纯化路线。小球藻泥→热水浸提→离心回收上清液→真空浓缩→上清液醇析→丙酮、无水乙醚搅拌洗涤→离心沉淀物→Sevag 法去游离蛋白质→真空浓缩→SephadexG-20 凝胶柱层析→干燥→糖蛋白粗品→复溶透析→冷冻干燥→糖蛋白纯品。Sevag 法的参数为样液与试剂的比例为 2∶1,氯仿与正丁醇的比例为 4∶1,脱蛋白次数 3 次,脱蛋白时间为 15 min。

8.6.3　免疫蛋白质的分离纯化路线

免疫球蛋白(immunoglobulin,Ig)是一类重要的具有抗体活性,能与相应抗原发生特异性结合的球蛋白。免疫球蛋白是构成体液免疫作用的主要物质,与抗原结合导致某些诸如排除或中和毒性等变化或过程的发生,与补体结合后可杀死细菌和病毒,因此可以增强机体的防御能力。

举例:蛋黄抗体 IgY 的分离纯化路线。蛋黄抗体(IgY)是指存在于禽蛋黄中的免疫球蛋白。将灭活的人类病毒抗原注射入禽类体内后,禽类产生的禽蛋即免疫蛋,其蛋黄中含有相应的抗体 IgY。用下游工程技术可从免疫蛋的蛋黄中分离抗体 IgY,可治疗消化道疾病。

免疫蛋去除蛋清后,蛋黄液加蒸馏水稀释,加入氯仿,摇匀,静置过夜,4 800 r/min 离心,上清液即为蛋黄水提液。蛋黄水提液边搅拌边加入−20℃无水乙醇,使蛋黄水提液与乙醇最终体积比达 1∶0.2,混合均匀,置于 4℃下过夜,4 000 r/min 离心,获得蛋黄抗体乙醇沉淀物。取蛋黄抗体乙醇沉淀物,加入 Tris-HCl 缓冲液(10 mmol/L,pH 8.2)中,用玻棒搅拌使溶解充分,2 500 r/min 离心 10 min,取上清液,用 DEAE-Sepharose fast-flow 凝胶柱,Tris-HCl 缓冲液(pH 8.6,含 1 mol/L NaCl)梯度洗脱,合并效价峰收集液。收集液在双蒸水中 4℃透析,冻干。用 Sephacryl S-200 凝胶柱,Tris-HCl 缓冲液(pH 8.6,含 0.1 mol/L NaCl)等梯度洗脱,合并效价峰收集液。收集液在双蒸水中 4℃透析,透析后用 PEG6 000 浓缩。冻干,得 IgY 结晶。采用非还原型十二烷基磺酸钠-聚丙烯酰胺凝胶电泳(SDS-PAGE)测定 IgY 纯度。

8.6.4　重组蛋白质的分离纯化路线

许多蛋白质和多肽对人体的生理活动具有调节作用,如细胞生长刺激因子(白细胞介素、神经生长因子、成纤维细胞生长因子、表皮生长因子、细胞集落刺激因子等)和细胞生长抑制因子(如干扰素、肿瘤坏死因子、转化生长因子等)。现介绍重组 α-干扰素(interferon)的分离纯化路线。

基因工程重组 α-干扰素为 165 个氨基酸残基组成的糖蛋白,相对分子质量 19 000。培养基因工程菌 SW-IFNb/DH5,得到湿菌体,悬浮于 pH 7.0,20 mmol/L 磷酸缓冲液中,冰浴中超声破碎细胞 3 次,4 000 r/min 离心。弃上清,沉淀加入 100 mL 8 mol/L 尿素溶液,pH 7.0,20 mmol/L 磷酸缓冲液,0.5 mmol/L 二巯基苏糖醇(DTT),室温搅拌提取 2 h,15 000 r/min 离心 30 min。超滤浓缩,Sephadex G-50 柱层析,用 pH 7.0,20 mmol/L 磷酸缓冲液洗脱,再经 DE-52 柱层析,用含 0.05～0.15 mol/L NaCl 的 pH 7.0,20 mmol/L 磷酸缓冲液洗脱。要求产品不含杂蛋白,DNA 和热原物质含量合格。

采用非还原型十二烷基磺酸钠-聚丙烯酰胺凝胶电泳(SDS-PAGE)测定 α-干扰素纯度。还原型 SDS-PAGE 测定相对分子质量,CNBr 裂解法测定干扰素的结构。

8.6.5 酶的分离纯化路线

许多酶具有生理调节作用和治疗作用,如天冬酰胺酶有抗肿瘤作用,尿激酶有抗血栓作用,弹性蛋白酶有抗动脉硬化作用,激肽释放酶有扩张冠状动脉的作用。酶的分离纯化路线为细胞破碎,硫酸铵分段沉淀,进行疏水层析,阴离子交换层析和凝胶过滤层析,得到酶纯品。现介绍几种酶的分离纯化路线。

1. 弹性蛋白酶 弹性蛋白酶由 240 个氨基酸残基组成,相对分子质量 25 900,等电点 9.5。以微生物工程得到的湿菌体或猪胰为原料。原料粉碎,加一5℃丙酮,搅拌,离心,湿饼真空干燥,粉碎,得丙酮粉。丙酮粉加水,20℃搅拌,板框压滤得提取液。提取液加水稀释,加 pH 6.4,0.1 mol/L 磷酸缓冲液平衡过的 Amberlite 树脂 CG-50,20℃搅拌吸附,收集树脂,洗涤。树脂加 pH 9.3,0.5 mol/L 氯化铵溶液,洗脱,过滤得滤液。在一5℃下,边搅拌边加入一5℃丙酮,继续搅拌,静置,收集结晶,用丙酮、乙醚洗涤,真空干燥,得弹性蛋白酶白色针状结晶。采用 SDS-PAGE 鉴定酶纯度和测定酶的相对分子质量,分光光度法测定酶活力。

2. 葡萄糖-6-磷酸脱氢酶 从啤酒酵母提取液中分离出葡萄糖-6-磷酸脱氢酶。分离纯化路线为:啤酒酵母,加入 0.1 mol/L 的碳酸氢钠溶液,40℃ 搅拌,5 500 r/min 离心 30 min,上清液即为粗抽提液。粗抽提液比活力>1.5 U/mg 蛋白。硫酸铵分段盐析,得 60%～75% 硫酸铵饱和度盐析产物,比活力>60 U/mg 蛋白。Sephadex G-100 凝胶层析,用 0.05 mol/L Tris-HCl 缓冲液洗脱。得到葡萄糖-6-磷酸脱氢酶比活力>80 U/mg 蛋白。

3. 草菇蛋白酶 低温自溶的草菇子实体,用组织捣碎机破碎,以 10 000 r/min 离心 10 min,收集上清液,硫酸铵分段盐析,硫酸铵饱和度 50%～80%。离心收集沉淀,沉淀用磷酸缓冲液溶解于透析袋中,4℃透析,可获得蛋白酶粗品。粗品浓缩到 1 mL,用 Pharmacia Biotech凝胶过滤,用 Sephadex G-150 凝胶柱,以 0.1 mol/L pH 7.2 的磷酸缓冲液洗脱,洗脱速度为 0.5 mL/min,收集具有蛋白酶峰的洗脱液。脱盐冻干即得草菇蛋白酶纯品。β-半乳糖苷酶的纯化过程见二维码 8-6。

二维码 8-6 β-半乳糖苷酶的纯化过程

8.6.6 黄酮类化合物的分离纯化路线

黄酮类化合物(flavonoids),具有抗氧化、清除自由基、抗心律失常、抗肿瘤、镇咳、祛痰、平喘等功能,还可用于治疗心血管疾病。游离苷元难溶或不溶于水,易溶于甲醇、乙醇、乙酸乙酯、乙醚等有机溶剂及稀碱液中,故浓度 75 ％以上的乙醇适宜提取黄酮苷元。黄酮苷类易溶于水、甲醇、乙醇等强极性的溶剂中,故浓度 60 ％左右的乙醇适宜提取黄酮苷类。黄酮类化合物粗提液浓缩后,经葡聚糖凝胶柱层析,用甲醇作洗脱剂,从 SephadexLH-20 柱洗脱,各种黄酮类化合物按以下顺序洗脱,刺槐苷、芦丁、槲皮苷、芹菜素、山柰酚、槲皮素。

　　举例:葛根总黄酮的分离纯化路线。将葛根粉碎,经 50％乙醇浸提,得葛根黄酮粗提液。粗提液经真空旋转蒸发器浓缩,加入 95％乙醇,搅拌均匀,离心除去沉淀,重复乙醇沉降 1 次,真空浓缩即得初步纯化的葛根总黄酮浓缩液。浓缩液调 pH 至 5,AB-8 大孔树脂吸附柱吸附,70％乙醇洗脱,流速 2 BV/h,分步收集洗脱液,用分光光度法检测。收集液透析后浓缩、真空干燥,得纯度约为 80％的葛根总黄酮。采用液相色谱-质谱联用法鉴定葛根总黄酮的纯度及单体成分。

8.6.7　脂类的分离纯化路线

　　脂类在人体重要器官中含量很高,参与机体的构造、修复和生理活动。

　　举例:二十碳五烯酸(EPA)和二十二碳六烯酸(DHA)的分离纯化路线。

　　将碎鱼或罐头用鱼下脚料粉碎,在 7℃下与淀粉混合,用己烷提取,己烷提取液用氯化钠溶液洗涤,加无水硫酸钠脱水,回收己烷,得粗制鱼油。粗制鱼油加 1 mol/L 氢氧化钾乙醇溶液,20℃回流 6 h,离心分离,得脂肪酸钾盐皂化物。加乙醇和尿素,70℃搅拌 10 min,饱和脂肪酸和低不饱和脂肪酸与尿素生成结晶,冷却过滤,得浓度达 50％的 EPA 和 DHA 的滤液。最后,采用多级分子蒸馏技术或减压蒸馏技术得到纯度在 95％以上的 EPA 和 DHA。鉴定 EPA 和 DHA 的纯度采用色谱法。

8.6.8　核酸的分离纯化路线

　　核苷和核苷酸是天然的代谢激活剂或重要生化反应的辅酶。现以三磷酸腺苷为例介绍核酸的分离纯化路线。

　　三磷酸腺苷(ATP)参与机体的各种生化反应,现已作为临床生化药物。培养产氨短杆菌 B1-787,得发酵液,热处理使酶失活,调节 pH 至 3～3.5,过滤得上清液。上清液通过 pH 2 活性炭柱,ATP 被吸附,用氨醇溶液(氨水∶水∶95％乙醇＝4∶6∶100)洗脱。洗脱液调节 pH 至 3,用 717 Cl 型离子交换树脂吸附,用 pH 3,0.03 mol/L 氯化钠溶液洗脱,去除 ADP;用 pH 3.8,1 mol/L 氯化钠溶液洗脱,得 ATP 溶液。加入冷乙醇,沉淀,过滤,冷丙酮洗涤,脱水,置五氧化二磷真空干燥器中干燥,得 ATP 纯品。荧光素-荧光素酶法、高效液相色谱法测定三磷酸腺苷 (ATP)含量。核酸的分离与纯化见二维码 8-7。

二维码 8-7　核酸的分离与纯化

思考题

　　1.目的产物为胞内蛋白质时,试述其分离纯化的主要步骤和拟采取的单元操作。

　　2.基因工程产物蛋白质的分离有什么特殊性?

　　3.试述溶剂萃取法的基本规律和适用范围。

　　4.试述离子吸附法的基本规律和适用范围。

5. 简述超滤和纳滤的异同。

6. 简述葡聚糖凝胶层析的基本操作程序。

7. 简述 EPA 和 DHA 的分离纯化工艺线路。

指定学生参考书

[1] 毛忠贵. 生物工业下游技术. 北京:中国轻工业出版社,2009.

[2] 吴梧桐. 生物制药工艺学. 北京:中国医药科技出版社,2008.

[3] 严希康. 生化分离工程. 北京:化学工业出版社,2004.

参考文献

[1] 张喜峰. rhIGF-1 包涵体复性纯化及 LR～3-IGF-1 中试生产工艺研究. 山西大学,2009.

[2] 刘婧. 猪血超氧化物歧化酶的提取、性质及其化学修饰研究. 吉林大学,2011.

[3] 陈源. 金柑等柑橘类果实黄酮类化合物提取、纯化及分离鉴定. 福建农林大学,2011.

[4] 韩铨. 茶树花多糖的提取、纯化、结构鉴定及生物活性的研究. 浙江大学,2011.

[5] 王雯娟. 双水相萃取菠萝蛋白酶的研究. 广西大学,2004.

[6] 孙红翠. 分离高碳脂肪酸分子蒸馏工艺技术研究. 山东理工大学,2011.

[7] 阚建全. 甘薯糖蛋白的糖链结构与保健功能研究. 西南农业大学,2003.

[8] 王应强. 丹参糖蛋白的分离纯化与生物活性研究. 陕西师范大学,2007.

[9] 王炳祥. 山羊胎盘肽的分离和初步鉴定及营养、免疫、抗氧化作用的研究. 山东农业大学,2011.

[10] 靳明亮. *Enterobacter cloacae* Z0206 硫酸酯化多糖的制备、抗氧化功能及机理研究. 浙江大学,2011.

[11] 夏秀华. 银杏叶多糖的分离纯化和降血糖功效研究. 江南大学,2006.

第 9 章

现代生物技术与食品安全

本章学习目的与要求

　　了解食品生物技术与食品安全的关系、生物技术食品安全问题的由来以及安全性评价的主要内容;了解现代分子检测技术在食品安全检测领域的应用;认识 DNA 重组基因食品的安全性评价程序与内容。

9.1　概述

进入 20 世纪中叶,随着生产力的发展,人类对环境资源的索取越来越多,而还给环境的却是污染。由此而引发了许多疾病和食品的污染。疯牛病、口蹄疫、禽流感、非洲猪瘟等人畜共患病的泛滥,动物违禁药盐酸克伦特罗(瘦肉精)、动物抗生素、动植物激素、农药、重金属污染等已成为严重困扰人们的问题,"餐桌污染"已到了必须治理的程度,食品安全也越来越成为世界关注的焦点。

生物技术如同其他新出现科学一样,是一把双刃剑,有其对人类有利的一面:利用生物技术为人类造福,是每个科学家的愿望。目前,生物技术已在以下领域的研究中得到广泛的应用:①利用生物技术改造农作物,使其自身可以对病虫害产生抵抗力,从而减少对农药的需求。据有关统计数据,我国转基因棉花减少用药 70% 以上,一方面减轻了农民的负担,另一方面减少了农药对益虫的灭杀作用,保护了生态环境。②利用生物技术生产生物农药,在提高药效的同时,减少了降解的时间和对人畜的毒性。③利用生物技术改造植物,使一些植物可以富集更多的重金属,有利于改善我们生存的环境。④利用生物技术改造微生物,可以用于对污水和城市垃圾的处理,减少有害物质向环境的扩散。⑤利用生物技术改造家畜和家禽,使其对病害的抵抗力增加,减少抗生素的使用。⑥利用基因工程技术使家畜和家禽内源生长激素分泌增加,对饲料的利用率提高,脂肪生成减少,瘦肉增加,可以杜绝抗生素、激素和违禁药物的使用。⑦利用基因敲除技术和基因沉默技术,可以消除一些食品中的已知过敏原,使过敏性人群可以享受这些食品。⑧利用生物技术改造植物,减少可以产生真菌毒素的微生物在植物体内的定殖和繁殖,从而减少农产品中真菌毒素的积累,保护人类的健康。⑨利用生物技术将一些无害的天然产物高效表达,生产绿色环保的食品保鲜剂和食品添加剂,减少人工合成的食品保鲜剂和食品添加剂使用,既有利于人体健康,也有利于环境保护。⑩利用现代生物技术检测方法可以快速、准确地测定食品中的有害、有毒物质,更好地保障食品的安全。因此,生物技术可以改善食品生产的环境、提高食品的营养、消除食品的污染源,在改善和保障食品安全方面有着巨大的应用前景。

同时,生物技术也有对人类不利的一面:如果对生物技术不加以正确管理,就会对人类产生灾难性的后果,这些后果有短期的,也有长期的。随着现代生物技术的快速发展,越来越多的技术趋于成熟,越来越多的基因得到克隆和应用。其中一些基因及其产物对人类健康和环境安全存在潜在的风险,这就需要建立科学合理的转基因食品风险评估体系和有效的管理机制,来消除生物技术可能给人类带来的不利影响。好在生物技术对人类的潜在危害在其发展的初期就被科学家们认识到了,在发展转基因食品的同时,相应的管理和安全性评价也在世界各国展开。

目前人们对于转基因食品的担忧主要体现在两个方面,即对人类健康的影响和对生态环境的影响。转基因食品在人体内是否会导致基因突变而有害人体健康,是人们对转基因食品安全性产生怀疑的主要原因,主要涉及以下几个方面。其一是转基因食品的直接影响,包括营养成分、毒性或增加食物过敏物质的可能性;其二是转基因食品的间接影响,例如经遗传工程修饰的基因片段导入后,引发基因突变或改变代谢途径,致使其最终产物可能含有新的成分或改变现有成分的含量所造成的间接影响;其三是植物里导入了具有抗除草剂或杀虫功能的基因后,是否会像其他有害物质那样能通过食物链进入人体;最后是转基因食品经由胃肠道的吸收而将基因转移至肠道微生物中,从而对人体健康造成影响。

对于环境安全性的问题主要是指转基因植物释放到田间后,是否会将基因转移到野生植物中,是否会破坏自然生态环境,打破原有生物种群的动态平衡,包括:①转基因生物对农业和生态环境的影响;②产生超级杂草的可能性;③种植抗虫转基因植物后,可能使害虫产生免疫并遗传,从而产生更加难以消灭的"超级害虫";④转基因向非目标生物转移的可能性;⑤转基因生物是否会破坏生物的多样性。

这些担忧不仅来源于转基因技术的不成熟性及其产品品质安全的不确定性,更是来源于转基因技术对人类社会经济影响的不可预见性,这需要大量的实践和较长的时间来证明。

9.2 转基因食品安全性评价的目的与原则

9.2.1 转基因食品安全性评价历史回顾

自 1953 年 Watson 和 Crick 揭示了遗传物质 DNA 的双螺旋结构,现代分子生物学的研究进入了一个新的时代。20 世纪 60 年代末斯坦福大学教授 Berg 尝试用来自细菌的一段 DNA 与猴病毒 SV40 的 DNA 连接起来,获得了世界第一例重组 DNA。但这项研究受到了其他科学家的质疑,因为 SV40 病毒是一种小型动物的肿瘤病毒,可以将人的细胞培养转化为类肿瘤细胞。如果研究中的一些材料扩散到环境中将对人类造成巨大的灾难。于是在 1973 年的 Gordon 会议和 1975 年的 Asilomar 会议专门针对转基因生物的安全进行了讨论。美国国立卫生院依据专家会议的讨论结果制定了美国的生物技术管理条例。

到 20 世纪 80 年代后期,随着第一例基因重组食品——牛乳凝乳酶的商业化生产,转基因食品的安全性受到了越来越广泛的关注。1990 年召开的第一届 FAO/WHO 专家咨询会议在安全性评价方面迈出了第一步。会议首次回顾了食品生产加工中生物技术的地位,讨论了在进行转基因食品安全性评价时的一般性和特殊性的问题,认为传统的食品安全性评价毒理学方法已不再适用于转基因食品。1993 年经济发展合作组织召开了转基因食品安全会议,会议提出了《现代转基因食品安全性评价:概念与原则》的报告,报告中的"实质等同性原则"得到了世界各国的认同。1996 年和 2000 年的 FAO/WHO 专家咨询会议,2000 年和 2001 年在日本召开的世界食品法典委员会(CAC)转基因食品政府间特别工作组会议对"实质等同性原则"给予了肯定。

但是,在 20 世纪 90 年代中期,一些研究结果对转基因食品的安全性提出严峻的考验,这也增加了世界许多国家对转基因食品安全性的关注,转基因食品的研究工作也从狂热趋于理性化。下面是在国际上影响较大的生物技术食品安全性争论事件。

1998 年英国的普兹泰(Pusztai)在《Nature》上发表文章,报道用转有雪花莲凝集素的转基因马铃薯饲养大鼠,可引起大鼠器官发育异常,免疫系统受损,这件事如果得到证实,将对生物技术产业产生重大的影响。在经过英国皇家协会组织的评审后,认为该研究存在六条缺陷,得出的结论不科学,即:不能确定转基因和非转基因马铃薯在化学成分上有差异;对食用转基因马铃薯的大鼠未补充蛋白质以防止饥饿;供试动物数量少,饲喂了几种不同的食物,且都不是大鼠的标准食物,有很少的统计学意义;实验设计不合理,未作双盲测定;统计结果不科学;实验结果无一致性等。虽然,最终的结果表明试验结果的不可靠性,但由此产生的对转基因食品食用安全的怀疑却无法从人们心中消除。

1999 年,美国康乃尔大学在《Nature》上发表文章,报道斑蝶幼虫在食用了撒有转 Bt 基因玉米花粉的马利筋草(milkweed)后有 44% 死亡,此事引起了美国公众的关注,因为色彩艳丽的斑蝶是美国人所喜爱的昆虫。但一些科学家认为,这个实验是在实验室条件下,通过人工将花粉撒在草上,不能代表田间的实际情况。现在这个事件已有了科学的结论:第一,玉米的花粉非常重,扩散不远,在玉米地 5 m 以外每平方厘米马利筋叶片上只找到一粒玉米花粉。第二,2000 年开始在美国 3 个州和加拿大进行的田间试验证明,抗虫玉米花粉对斑蝶并不构成威胁,实验室实验中用 10 倍于田间的花粉量来喂大斑蝶的幼虫,也没有发现对其生长发育有影响。斑蝶减少的真正原因,一是农药的过度使用,二是墨西哥生态环境的破坏。但这个事件说明,在对生物技术食品进行安全性评价时要充分考虑新增加的特性对非靶标生物的影响。

2001 年 11 月,美国加州大学伯克莱分校的 2 位研究人员在《Nature》上发表文章,称从墨西哥采集的 6 个玉米地方品种样本中,发现了来自花椰菜花叶病毒的 CaMV35S 启动子和转基因玉米 Bt11 中 adh1 基因相似的核酸序列。认为墨西哥的玉米已经受到了美国转基因玉米的污染,使墨西哥的玉米原产地受到了威胁。后来经过重新抽样和复查,证明结果是错误的:检测出的 CaMV35S 启动子是假阳性结果,而 adh1 基因相似的核酸序列实际上是玉米本身就存在的 adh1-F 基因,而不是与其相似的转基因玉米 Bt11 中的 adh1-S 基因。这一结果也提醒人们要保护植物原产地基因池的基因纯正性。

2003 年 6 月,绿色和平组织发布了"转 Bt 基因抗虫棉花环境影响的综合报告"引发了国际上对转基因植物环境安全的争论。报告中指出:①棉铃虫寄生性天敌——寄生蜂的种群数量大量减少;②棉蚜、红蜘蛛、盲蝽象、甜菜夜蛾等次要害虫上升为主要害虫;③转 Bt 基因棉田中昆虫群落的稳定性低于普通棉田,某些害虫暴发的可能性更高;④室内观察和田间监测都已证明,棉铃虫对转 Bt 基因棉花产生抗性;⑤转 Bt 基因棉花在后期对棉铃虫的抗性降低,还需要喷 2～3 次农药;⑥在棉铃虫的抗性治理中,目前普遍采用的高剂量和庇护所策略是不可行的。虽然支持与反对方对这些观点展开了争论,但该事件也提出了转基因植物如何安全生产,以减少对环境生物的胁迫所产生的对环境的不利影响。

2003 年 10 月,上海一消费者状告世界著名食品制造商雀巢公司在其食品中使用转基因成分而不标识,损害了消费者的知情权。这是绿色和平组织在香港指责雀巢公司在转基因问题上对中国和欧盟使用双重标准的继续。同时,也是自欧盟对转基因食品采取标识管理后,给转基因食品标识带来的又一场风波。

可见,虽然生物技术食品代表着未来食品发展的方向,但其仍然存在一定的潜在风险,目前世界各国已经达成共识:建立科学合理的安全评价技术体系,加强生物技术食品的安全管理,积极促进生物技术在农业和食品领域的发展,使生物技术可以更好地为人类服务。

9.2.2　安全性评价的目的

转基因食品安全性评价的目的是从技术上分析生物技术及其产品的潜在危险,对生物技术的研究、开发、商品化生产和应用的各个环节的安全性进行科学、公正的评价,以期在保障人类健康和生态环境安全的同时,有助于促进生物技术的健康、有序和可持续发展。因此,对转基因食品安全性评价的目的可以归结为:①提供科学决策的依据;②保障人类健康和环境安全;③回答公众疑问;④促进国际贸易,维护国家权益;⑤促进生物技术的可持续发展。

9.2.3　安全性评价的原则

1.实质等同性原则(substantial equivalence)　1996 年 FAO/WHO 召开的第二次生物技术安全性评价专家咨询会议,将转基因植物、动物、微生物产生的食品分为 3 类:①转基因食品与现有的传统食品具有实质等同性;②除某些特定的差异外,与传统食品具有实质等同性;③与传统食品没有实质等同性。

在应用实质等同性评价转基因食品时,应该根据不同的国家、文化背景和宗教等的差异进行评价。在进行评价时应根据下列情况分别对待:

(1)与现有食品及食品成分具有完全实质等同性。若某一转基因食品或成分与某一传统食品具有实质等同性,那么就不用考虑毒理和营养方面的安全性,两者应等同对待。

(2)与现有食品及成分具有实质等同性,但存在某些特定差异。这种差异包括:引入的遗传物质是编码一种蛋白质还是多种蛋白质,是否产生其他物质,是否改变内源成分或产生新的化合物。新食品的安全性评价主要考虑外源基因的产物与功能,包括蛋白质的结构、功能、特异性食用历史等。在这种情况下,主要针对一些可能存在的差异和主要营养成分进行比较分析。目前,经过比较的转基因食品大多属于这种情况。

(3)与现有食品无实质等同性。如果某种食品或食品成分与现有食品和成分无实质等同性,这并不意味着它一定不安全,但必须考虑这种食品的安全性和营养性。首先应分析受体生物、遗传操作和插入 DNA、遗传工程体及其产物如表型、化学和营养成分等。由于目前转基因食品还没有出现这种情况,故在这方面的研究还没有开展。

2.预先防范的原则(precaution)　现代生物技术是人类有史以来,按照人类自身的意愿实现了遗传物质在四大系统间的转移,即人、动物、植物和微生物。与原子能技术一样,生物技术既可以为人类带来利益,同时也存在潜在的风险。为了更好地利用生物技术,防止潜在的风险威胁人类的健康,必须采取预防措施,减少风险,必须采取以科学为依据,对公众透明,结合其他评价的原则,对转基因食品进行评估,防患于未然。

3.个案评估的原则(case by case)　目前已有 300 多个基因被克隆用于转基因生物的研究,这些基因的来源和功能各不相同,受体生物和基因操作也不相同,因此,必须采取的评价方式是针对不同转基因食品逐个地进行评估,该原则也是世界许多国家采取的方式。

4.逐步评估的原则(step by step)　转基因生物及其产品的研发经过了实验室研究、中间试验、环境释放、生产性试验和商业化生产等几个环节。每个环节对人类健康和环境所造成的风险是不相同的。实验规模既影响所采集的数据种类,又影响检测某一个事件(event)的概率。一些小规模的试验有时很难评估大多数转基因生物及其产品的性状或行为特征,也很难评价其潜在的效应和对环境的影响。逐步评估的原则就是要求在每个环节上对转基因生物及其产品进行风险评估,并且以前一步的实验结果作为依据来判定是否进行下一阶段的开发研究。一般来说,有 3 种可能:第一,转基因生物及其产品可以进入下一阶段试验;第二,暂时不能进入下一阶段试验,需要在本阶段补充必要的数据和信息;第三,转基因生物及其产品不能进入下一阶段试验。例如,1998 年在对转入巴西坚果 2S 清蛋白的转基因大豆进行评价时,发现这种可以增加大豆甲硫氨酸含量的转基因大豆对某些人群是过敏原,因此,进一步的开发研究被终止。

5.风险效益平衡的原则(balance of benefits and risks)　发展转基因技术就是因为该技术可以带来巨大的经济和社会效益。但作为一项新技术,该技术可能带来的风险也是不容忽视的。因此,在对转基因食品进行评估时,应该采用风险和效益平衡的原则,综合进行评估,以期获得最大利益的同时,将风险降至最低。

6.熟悉性原则(familiarity)　所谓的熟悉是指了解转基因食品的有关性状、与其他生物或环境的相互作用、预期效果等背景知识。转基因食品的风险评估既可以在短期内完成,也可能需要长期的监控。这主要取决于人们对转基因食品有关背景的了解和熟悉程度。在风险评估时,应该掌握这样的概念:熟悉并不意味着转基因食品的安全,而仅仅意味着可以采用已知的管理程序;不熟悉并不能表示所评估的转基因食品不安全,也仅意味着对此转基因食品熟悉之前,需要逐步地对可能存在的潜在风险进行评估。因此,"熟悉"是一个动态的过程,不是绝对的,是随着人们对转基因食品的认知和经验的积累而逐步加深。

9.3　生物技术食品的检测技术

9.3.1　转基因生物的结构特点

转基因生物中被整合到宿主基因组中的外源基因一般都具有共同的特点,即由启动子、结构基因和终止子组成,一般称之为基因盒(gene cassette)(图 9-1)。在许多情况下,可以有两个或更多的基因盒插入宿主基因组的同一位点或不同位点。此外,在转化时往往还有外源的抗性筛选标记基因和报告基因,这些都是检测时应考虑的。因此,在检测转基因食品时,主要针对外源启动子、终止子、筛选标记基因、报告基因以及结构基因的 DNA 序列和产物进行检测。检测的方式主要有基于核酸的 PCR 检测技术,基于蛋白质的酶学和免疫学检测技术,向自动化技术发展的生物传感器与生物芯片技术,基于现代分析仪器的近红外光谱和质谱分析技术等。其中基于核酸的 PCR 检测技术和基于蛋白质的免疫学检测技术是目前应用于生物技术食品检测的两大技术。

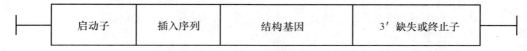

| 启动子 | 插入序列 | 结构基因 | 3′ 缺失或终止子 |

图 9-1　基因盒结构示意图

9.3.2　核酸分子检测技术

随着分子生物学的发展,各种针对核酸分子的检测方法不断出现和完善,逐步形成了一套核酸分子的检测方法,主要包括:聚合酶链式反应(polymerase chain reaction,PCR)、Southern 杂交、Northern 杂交、连接酶链式反应(ligase chain reaction,LCR)、PCR-ELISA、NASBA (nucleic acid sequence-based amplification)检测等,这些技术广泛用于对转基因生物和非转基因生物的检测和功能分析。但是研究和利用最为广泛的是聚合酶链式反应(PCR)技术,White 等(1996)估计有关 PCR 技术的科学文献超过了 40 000 篇。

9.3.2.1　DNA 的提取与纯化

在 DNA 提取方法上，目前展开的研究主要有两大类方法：一是用改进的传统方法；二是用商业化试剂盒。一般情况下，传统的 DNA 提取方法可以获得较高产量的 DNA，但是 DNA 的质量比较差，DNA 的产量在不同批次的提取中有较大的变异范围。相比较而言，商业化的试剂盒获得的实验结果比较好，虽然它们在提取 DNA 的产量上要比传统的提取方法低许多，但是获得的 DNA 质量较高。

在传统的 DNA 提取方法中，使用最多的是 CTAB 方法。1980 年 Murray 最先报道了 CTAB 法在提取 DNA 中的应用，之后 CTAB 方法广泛应用于植物 DNA 的提取，成为植物分子生物学研究的 DNA 的经典提取方法。但是，CTAB 方法不能很好地完全消除 PCR 反应的抑制因子，使 PCR 反应受到影响。目前的研究已经证实：多糖类物质、酚类物质、蛋白质变性剂（CTAB、SDS、LS 等）、EDTA、高含量的蛋白质、高含量的 RNA 等都可能成为 PCR 反应的抑制剂。在食品中情况要复杂得多，食品在加工过程中产生的物质和食品添加剂等，均可能成为 PCR 反应的抑制因子，如血色素、硝酸盐等。所以，单纯的 CTAB 方法和 SDS 方法，在获取较好质量的食品 DNA 上，已经变得很困难。

9.3.2.2　内参照基因（endo-reference gene）

内参照基因是 PCR 定性和定量不可缺少的参照物。在定性检测中，主要用于对 PCR 反应体系稳定性的校准和指示 PCR 反应体系中是否有反应抑制剂，以及 DNA 模板的量是否达到检测的要求；在定量检测中，内参照基因作为定量的校准系数。目前的研究报道主要集中在大豆和玉米的内参照基因。大豆主要是一个特异保守的单拷贝基因——大豆凝集素基因（*lectin*），玉米主要是两个特异保守的单拷贝基因——转化酶基因（*invertase*）和征服蛋白基因（*zein*）。在其他植物上的内参照基因研究相对比较少（表 9-1）。因此，对内参照基因的研究也是目前 PCR 检测转基因食品需要迫切解决的一个主要问题。

表 9-1　PCR 检测内参照基因的研究概况　　　　　　　　　　　　　　　　bp

产品	扩增基因	扩增片段大小	产品	扩增基因	扩增片段大小
玉米	*invertase*	226	大豆	*lectin*	164
玉米	18S-rDNA 基因	137	大豆	叶绿体基因非编码区	500～600
玉米	*HMG*	175	大豆	18S-rDNA 基因	137
玉米	*zein*	329	油菜	*BnACCg8*	103
玉米	*zein*	485	甜菜	叶绿体基因非编码区	500～600
玉米	*zein*	277	马铃薯	叶绿体基因非编码区	500～600
大豆	*lectin*	407	马铃薯	叶绿体基因非编码区	550
马铃薯	叶绿体 tRNA 基因	550	马铃薯	叶绿体 tRNA 基因	550
番茄	18S-rDNA 基因	137	番茄	*PG*	383

9.3.2.3　聚合酶链式反应（PCR）

聚合酶链式反应简称 PCR 反应，最早是由 Kleppe 等（1971）概念性地描述了反应的原理，但实验数据的第一次公开发表是在 20 世纪 80 年代中期。PCR 是一项体外扩增特异性 DNA 片段的技术。该方法操作方便有效，可以在数小时内在试管中扩增获得数百万个特异 DNA 序列的拷贝。该技术在经过近 20 年的发展后已经渗透到分子生物学研究的各个领域，成为一项非常有用的研究和检测工具。

PCR 技术的原理介绍请参见本书第 2 章相关内容。

9.3.2.4 检测常用的 PCR 技术

1.普通 PCR 技术 这是目前应用最为广泛的技术,是其他 PCR 技术的基础。通过对要扩增的目标 DNA 序列设计特异引物(或简并引物),优化反应条件,达到对目标序列扩增的目的。目前所说的 PCR 技术多指这种情况。在我国目前的定性标识管理中,对食品中转基因成分的检测主要采取这种方法。

例如,对转基因大豆 GST40-3-2 中的外源基因 CaMV35S 启动子和目的基因 cp4-epsps 的普通 PCR 扩增,首先利用引物设计软件(如 Primer Premier 5.0、Oligo 5.0)设计引物,然后进行 PCR 扩增,扩增结果在 1.5% 的琼脂糖凝胶上电泳,最后在紫外透射仪或凝胶成像仪上观察扩增结果并照相(图 9-2 和图 9-3)。图中 M 代表 DNA 的相对分子质量,用于指示 PCR 扩增片段的大小。泳道 1 是转基因大豆阳性对照,用于指示 DNA 提取和 PCR 扩增的质量。泳道 2、3、4、6 是待检样品,在 PCR 反应中得到扩增,并且扩增片段大小与设计的片段大小一致,表明待检样品 2、3 含有转基因大豆成分。待检样品 4、6 没有扩增出任何条带,表明不含有转基因大豆成分。

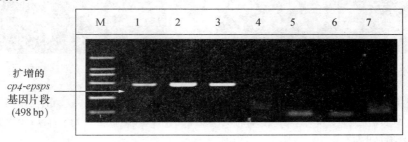

扩增的 cp4-epsps 基因片段 (498 bp)

M. DL 2 000 marker 1.阳性对照 2.大豆盲样1 3.豆奶粉
4.大豆盲样2 5.阴性对照 6.锅巴 7.空白对照

图 9-2 普通 PCR 检测食品中转基因大豆成分 cp4-epsps 基因
(引自:黄昆仑,食品中转基因成分的定性 PCR 检测技术研究)

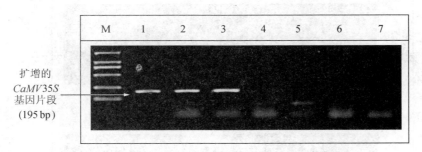

扩增的 CaMV35S 基因片段 (195 bp)

M. DL 2 000 marker 1.阳性对照 2.大豆盲样1 3.豆奶粉
4.大豆盲样2 5.阴性对照 6.锅巴 7.空白对照

图 9-3 普通 PCR 检测食品中转基因大豆成分 CaMV35S 启动子
(引自:黄昆仑,食品中转基因成分的定性 PCR 检测技术研究)

2.巢式、半巢式 PCR 技术 巢式(nested)、半巢式(semi-nested)PCR 技术是一种消除假阴性、假阳性,提高灵敏度的方法。巢式 PCR 技术是设计两对引物,其中一对引物结合的位点在另一对引物扩增的产物之中。首先扩增大片段的引物,然后以第一次扩增的产物作为模板,进行第二次扩增,这样通过产物的琼脂糖凝胶电泳比较就可以知道检测结果(图 9-4)。如果第一次扩增是非特异的,而且扩增的片段大小与设计的相似,在电泳中无法区别,这时通过第二次扩增,由于第二对引物与扩增产物中没有配对的序列,因此不能扩增出产物。这样就消除了假阳性的干扰。同时,由于第一次扩增起到放大模板数量的作用,使检测的灵敏度增加了 3~6 个数量级,使检测的低限达到 pg 乃至 fg 级。如对转基因大豆 GTS40-3-2 中 $CaMV35S$-$CPT4$ 基因的巢式 PCR 扩增,在第一次 PCR 扩增中只能检测出 $3.4×10^{-9}$ g/μL 的 DNA 含量,而在第二次 PCR 扩增中可以检测出 $3.4×10^{-14}$ g/μL 的 DNA 含量,检测灵敏度上升了 5 个数量级,即增加了 10 万倍(图 9-5)。

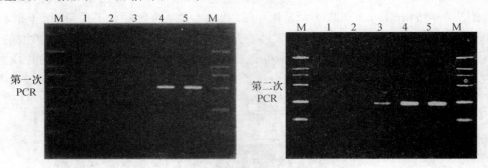

M:核酸标准相对分子质量 DL 2 000

1.阴性对照 2.样品 1 3.样品 2 4.样品 3 5.阳性对照

通过巢式 PCR 反应后,样品 2 为阴性;虽然样品 2 在第一次 PCR 扩增后没有在凝胶中看到产物,但在第二次 PCR 扩增后可以看到产物,因此,样品 2 为阳性;样品 3 在第一次 PCR 时就可以判定是阳性,因此在三样品中只有样品 1 是阴性,其余为阳性。

图 9-4 巢式 PCR 电泳图

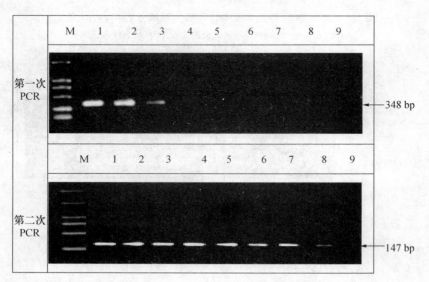

M. DL2 000 marker 1. $3.4×10^{-7}$ g/μL 2. $3.4×10^{-8}$ g/μL 3. $3.4×10^{-9}$ g/μL 4. $3.4×10^{-10}$ g/μL
5. $3.4×10^{-11}$ g/μL 6. $3.4×10^{-12}$ g/μL 7. $3.4×10^{-13}$ g/μL 8. $3.4×10^{-14}$ g/μL 9.空白对照

图 9-5 巢式 PCR 检测转基因大豆 $CaMV35S$-$CPT4$ 基因电泳图

(引自:黄昆仑,食品中转基因成分的定性 PCR 检测技术研究)

3.多重 PCR 技术　多重 PCR 技术就是设计一组引物,在一个 PCR 反应过程中,对多个目的片段进行扩增(图 9-6)。多重 PCR 的特性,是可以同时扩增几个基因,消耗的时间和试剂少,成本低,使得多重 PCR 技术已发展成为一种通用的技术。

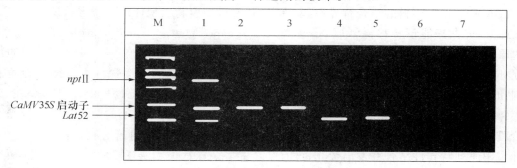

M. DL2 000 marker　1.多引物扩增　2.*nos* 终止子基因回收产物 PCR

3.*nos* 终止子基因 PCR　4.*Lat*52 基因回收产物 PCR　5.*Lat*52 基因 PCR 产物

6.*npt* Ⅱ 基因 PCR 产物　7.*npt* Ⅱ 基因回收产物 PCR

图 9-6　转基因番茄多重 PCR 扩增结果

(引自:黄昆仑,食品中转基因成分的定性 PCR 检测技术研究)

4.降落 PCR(TD PCR)技术　降落 PCR 技术主要用于优化 PCR 的反应条件,用于寻找最佳退火温度。设计多循环反应的程序以使相连循环的退火温度越来越低,由于开始的退火温度选在高于估计的 T_m 值,随着循环的进行,退火温度逐渐降到 T_m 值,并最终低于这个水平,这个策略有利于确保第一个引物-模板杂交事件发生在最互补的反应物之间,不会产生非特异的 PCR 产物。最后虽然退火温度降到了非特异的杂交 T_m 值,但此时目的产物已开始几何扩增,在剩下的循环中处于超过任何滞后(非特异)PCR 产物的地位,这样非特异产物不会占据主导地位。采用 TD PCR 时必须用热启动技术。

5.热启动 PCR 技术　虽然 PCR 聚合酶的最佳活力温度为 70~80℃,大多数情况下,这些酶在低温下也有一定的活性,会产生少量非特异性的产物,影响随后的扩增反应。用热启动 PCR 技术可以克服这一缺陷。所谓的热启动 PCR 技术就是在 PCR 管的温度上升到退火温度以上以前,不加入能使聚合酶有活性的成分,如 Mg^{2+},或能抑制聚合酶活性的成分,使聚合酶没有活性。在达到温度后,再解除抑制活性。

6.PCR-ELISA 技术　PCR-ELISA 技术是指用 ELISA 技术检测 PCR 的产物。在 PCR 反应体系中加入生物素标记的 dUTP 和其他 3 种 dNTP,这样在扩增反应中生物素标记的核苷酸就会掺入到新合成的 DNA 链中去,经过电泳或过柱除去游离的 dNTP、引物和引物二聚体后,用 3′端经地高辛(DIG)标记的特异探针与之结合,然后加到包被有抗生素抗体的酶标板上,此后用 ELISA 法进行定性或定量分析。

7.竞争性定量 PCR(quantitative competitive PCR)技术　竞争性定量 PCR 是向样本中加入一个作为内标的竞争性模板,它与目的基因具有相同的引物结合位点,在扩增中两者的扩增效率基本相同,而且扩增片段在扩增后易于分离,然后根据内标的动力学曲线求得目的基因的原始拷贝数。

8.实时(real-time)定量 PCR 技术　实时定量 PCR 是利用合成带有荧光和猝灭基团标记的探针或可以和双链 DNA 嵌合增加荧光强度的荧光染料,在专门设计的荧光定量 PCR 仪上

进行反应,通过荧光强度的变化来检测目的扩增片段大小的技术。目前,主要应用的方法有:

(1)双链 DNA 结合染料 SYBR Green Ⅰ。利用 PCR 扩增产物与 SYBR Green Ⅰ结合后,在激发光的作用下,荧光增加的原理,对 PCR 过程进行实时监控和分析。该方法的致命弱点是 SYBR Green Ⅰ染料的结合特异性差,受 PCR 反应中引物二聚体的干扰严重。

(2)荧光共振能量转移探针(fluorescence resonance energy transfer probes)技术。该技术的原理是:荧光双链探针由两条反向互补的寡核苷酸链构成,两条链碱基分别与扩增的靶序列互补,在探针的一条链上标记荧光剂,另一条链上标记淬灭剂,因为探针呈双链结构而使荧光剂和淬灭剂靠近,二者发生荧光能量传递,荧光被淬灭。PCR 反应过程中,变性阶段的高温使探针两条链分开,使荧光能量不能转移到淬灭基团上,标记在探针上的荧光剂发出荧光。退火阶段若无靶序列存在,探针将重新形成双链结构而不发荧光,此时若有扩增的靶序列产生,探针与靶序列特异性结合并发出荧光,没有结合的多余探针仍然恢复双链状态。因此,通过测定 PCR 反应过程中荧光强度的变化,就可判定是否存在靶序列以及靶序列的含量。

(3)Taqman 探针技术。其原理是设计一个特异性的荧光探针(Taqman 探针),在这个探针的一端连接有报告荧光基团,在另一端连接荧光猝灭基团。探针完整时,报告基团发射的荧光可以被荧光猝灭基团吸收,以热能的形式散发出去。当进行 PCR 扩增时,由于 Taq DNA 聚合酶具有 $5'{\rightarrow}3'$ 外切酶的活性,可以将 Taqman 探针酶切降解,使荧光基团和猝灭基团分离,而发出荧光。每扩增一条目的片段,就会产生一个荧光分子,根据荧光强度的大小就可以判断模板 DNA 的量。

(4)分子信标(molecular beacons)技术。分子信标就是设计一个特异性的探针(25～30 bp),在探针的两边设计一段 5～7 个碱基的互补序列,可以使探针形成茎环状的发卡结构。在探针的两边再连接一个荧光基团和一个猝灭基团。当探针是茎环状的发卡结构时,由于荧光基团和猝灭基团距离很近,受到激发的荧光分子,把能量转移给猝灭分子,以热能的形式把能量散发出去。当 PCR 扩增出目的片段,由于分子信标探针可以和扩增的目的片段结合,并且比探针互补序列的结合自由能要小得多,因此,探针与目的靶序列的结合更稳定。在探针与靶序列结合后,由于荧光基团和猝灭基团的距离增加,受到激发的荧光分子不能把能量转移给猝灭分子,发出荧光。因此,可以定量检测模板 DNA 的数量。实际上,后 3 种荧光定量方法,都是利用了荧光分子和猝灭分子间的这种特性,只是在探针设计上存在差异而已。

9.3.3　基于蛋白质基础的检测技术

9.3.3.1　酶学检测技术

报告基因和抗性筛选标记基因是所有转基因生物中具有的共同特点。一般来说,对它们的检测是检测外源基因是否转化成功的第一步。报告基因和抗性筛选标记基因一般都具有两个主要特点:一是其表达产物和产物功能在未转化的生物组织中并不存在;二是便于检测。目前在基因工程中应用的报告基因和抗性筛选标记基因都是编码某一种酶,主要有:卡那霉素抗性标记基因(npt Ⅱ)、β-葡萄糖苷酸酶基因(gus)、氯霉素乙酰转移酶基因(cat)、胭脂碱合成酶基因(nos)、章鱼碱合成酶基因(oct)等。以下分别介绍几种报告基因和抗性筛选标记基因检测的基本原理与方法。

1.gus 基因的检测　gus 基因存在于某些细菌体内,编码 β-葡萄糖苷酸酶(β-glucuronidase,GUS),它是一种水解酶,可以催化许多 β-葡萄糖苷酯类的化合物水解。该酶在表现活性时不需要辅酶,最适 pH 范围较宽(5.2～8.0),同时也适应较宽的离子浓度;该酶的专一性较差,β-葡萄糖苷酸酯(X-Gluc)、4-甲基伞形酮酰-β-D-葡萄糖醛酸苷酯(4-MUG)和对硝基苯 β-D-葡萄糖醛酸苷(PNPG)都可以作为底物。目前,常用的方法有:①组织化学染色定位法;②荧光光度法测定 GUS 活性;③分光光度法测定 GUS 的活性。

2. cat 基因的检测　cat 基因编码氯霉素乙酰转移酶,该酶催化乙酰 CoA 上的乙酰基转向氯霉素,生成 1-乙酰氯霉素、3-乙酰氯霉素、1,3-二乙酰氯霉素。乙酰化的氯霉素不再具有氯霉素的活性,失去了干扰蛋白质合成的作用。真核细胞不含 cat 基因,无该酶的内源活性,转化 cat 基因的细胞可以产生对氯霉素的抗性,并可通过检测转化细胞中 CAT 活性来了解是否是转基因生物。CAT 的活性通过反应底物乙酰 CoA 的减少或反应产物乙酰化氯霉素及还原型 CoASH 的生成来测定。目前常用的方法有硅胶 G 薄层层析法及 DTNB 分光光度法。

3. 冠瘿碱合成酶基因的检测　冠瘿碱合成酶基因存在于农杆菌 Ti 质粒或 Ri 质粒上,该基因与 Ti 质粒的致瘤作用无关,该基因的启动子是真核性的,在农杆菌中并不表达,整合到植物染色体上后就可以表达。目前发现的冠瘿碱合成酶有两种:一种是胭脂碱合成酶(nopaline synthase),催化冠瘿碱的前体物质精氨酸与 α-酮戊二酸进行缩合反应,生成胭脂碱。

$$精氨酸 + α\text{-}酮戊二酸 + NADH \longrightarrow 胭脂碱 + NAD^+$$

另一种是章鱼碱合成酶,催化精氨酸与丙酮酸缩合生成章鱼碱。

$$精氨酸 + 丙酮酸 + NADH \longrightarrow 章鱼碱 + NAD^+$$

植物细胞中章鱼碱的检出,目前主要采取 Otten 的方法,其原理是利用纸电泳分离被检组织的抽提物,然后用菲醌染色,因为菲醌是胍基类化合物的特异性染色剂,与精氨酸、胭脂碱、章鱼碱作用后在紫外光下显示黄色荧光,放置 2 d 后变成蓝色。

4. npt II 基因的检测　该基因来源于细菌转座子 Tn5 上的 aphA2,编码氨基糖苷-3-磷酸转移酶,使氨基糖苷类抗生素(新霉素、卡那霉素、庆大霉素等)磷酸化而失活。使用了 npt II 基因转化植物可以使植物细胞产生对氨基糖苷类抗生素的抗性,因此,是一个有效的选择标记基因,同时,该酶可以通过反应检测其表达,因而又是一个常用的报告基因。检测原理是利用放射性标记同位素[γ-^{32}P]ATP,通过[γ-^{32}P]基团转移,生成带放射性的磷酸卡那霉素,通过点渍法、层析法、凝胶原位检测法对放射性[γ-^{32}P]进行定量分析检测。

5. pat 基因的检测　pat 基因编码抗除草剂 PPT 的乙酰转移酶(PAT),除草剂 PPT 是一种谷氨酸结构的类似物,可以竞争性抑制谷氨酰胺合成酶(GS)的活性,使细胞内的 NH_4^+ 积累而中毒死亡。pat 编码的 PPT 乙酰转移酶(PAT)可以催化乙酰 CoA 分子上的乙酰基转移到游离氨基上,使 PPT 乙酰化,失去对 GS 的抑制作用,从而表现出抗性。pat 基因有 bar 基因和 pat 基因两种,分别来源于 Streptomyces hygrocopicus 和 S. viridochrgtnes。bar 基因可以作为筛选转化体的标记基因,也可以因为检测方法灵敏作为报告基因。目前对 pat 基因的检测方法有硅胶 G 薄层层析法及 DTNB 分光光度法。

酶学检测方法一般适用于对鲜活组织的检测和对接受基因工程改造生物体的初步检测,目前在许多情况下,国外一些公司可以通过一些技术手段删除抗性筛选标记基因,因此用酶学检测转基因食品原料,在应用中有一定的局限性。

9.3.3.2　免疫学检测技术

在哺乳动物细胞中存在一套复杂的自身防御系统,以保护自己在受到外来有害物质和病原菌侵染时不受到致命伤害。其中有一部分防御反应是一种称之为淋巴细胞的细胞经过诱导产生特异的蛋白质,这些蛋白可以与外来物质结合,这种结合物质可以被机体中的专门从事清理外来物质的细胞(如巨噬细胞)吞噬,被消化或被排出体外。机体的这一防御过程就是免疫反应,淋巴细胞产生的特异蛋白就是抗体(antibody)。与其相对应,能刺激免疫系统发生免疫反应,产生抗体或形成致敏淋巴细胞,并能与相对应的抗体或致敏淋巴细胞发生特异性反应的物质,就是抗原(antigen)。

抗原和抗体(免疫球蛋白)之间的结合特异性是免疫学检测技术的基础。在检测中,抗原应该是要检测的对象,而抗体是抗原刺激产生的具有对抗原特异结合能力的免疫球蛋白。从目前的研究而言,利用免疫学检测技术已经达到了 ng、pg 级的水平。而可利用抗原的范围也在扩大,现在无论是生物大分子还是有机小分子,都可以通过免疫技术获得相应的抗体(或单克隆抗体),这样就大大拓宽了免疫检测的应用范围。从目前的现代分子检测技术而言,免疫学检测方法是最特异、最灵敏、用途最广泛的技术之一。

酶联免疫吸附测定法(enzyme-linked immunosorbant assay,ELISA)是免疫酶技术中的一种,是目前应用最为广泛的免疫学检测方法。它具有独特的优点:专一性强、灵敏度高、样品易于保存、结果易于观察、可以定量测定、仪器和试剂简单等。但对于转基因食品,特别是经过深加工的食品,由于要检测的目的蛋白(抗原)发生了变性,造成三级或四级结构的改变,使抗体无法识别抗原,使检测结果出现假阴性,因此,在实际应用中有其局限性,只能用于对未加工食品的检测。相对而言,PCR 技术对 DNA 的要求要低得多,只要求有一定数量的 DNA 模板,而且对 DNA 模板的结构完整性没有过多的要求,适用于各种加工食品的检测,因此,目前的研究主要集中在应用 PCR 技术检测转基因食品。

在转基因食品的检测中,运用最多的是双抗夹心 ELISA 检测技术。目前,在转基因植物源食品商业化前的安全性评价中,对抗性标记筛选基因、报告基因、外源结构基因表达产物的检测,以及在模拟消化道的降解试验、过敏试验、环境安全等的检测中大多应用这一技术。利用双抗夹心 ELISA 已对卡那霉素抗性基因 npt Ⅱ,Bt 内毒素基因 *Cry1A*、*Cry2A*、*Cry3A*、*Cry9C*,草甘膦抗性基因 *cp4-epsps*、*mEPSPS*、*GOX* 基因、*gus* 基因等产物进行了检测和安全性评价。但是 ELISA 不能用于加工食品中是否含有转基因成分的检测,因为在加工过的食品中,抗原蛋白质发生了变性,不能被抗体所识别,这也是 ELISA 技术的局限性。

9.3.4　基因芯片的应用

生物芯片(biochip)技术是 20 世纪 90 年代初期发展起来的一门新兴技术。通过微加工技术制作的生物芯片,可以把成千上万乃至几十万个生命信息集成在一个很小的芯片上,达到对基因、抗原和活体细胞等进行分析和检测的目的。用这些生物芯片制作的各种生化分析仪和传统仪器相比较具有体积小、重量轻、便于携带、无污染、分析过程自动化、分析速度快、所需样品和试剂少等诸多优点。这类仪器的出现将给生命科学研究、疾病诊断、新药开发、生物武器战争、司法鉴定、食品卫生监督、航空航天等领域带来一场革命。因此,生物芯片现已成为各国学术界和工业界所瞩目的一个研究热点。

目前常见的生物芯片主要有基因芯片(gene chip,DNA chip,DNA microarray)、蛋白质芯片(protein chip)、组织芯片(tissue microarray)等。

基因芯片,又称 DNA 芯片,属于生物芯片中的一种,是综合微电子学、物理学、化学及生物学等高新技术,把大量基因探针或基因片段按特定的排列方式固定在硅片、玻璃、塑料或尼龙膜等载体上,形成致密、有序的 DNA 分子点阵(图 9-7)。

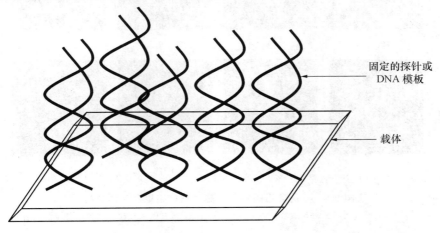

固定的探针或
DNA 模板

载体

图 9-7　基因芯片模型

基因芯片的制备主要有两种基本方法,一种方法是在片合成法,另一种方法是点样法。在片合成法基于组合化学的合成原理,通过一组定位模板来决定基片表面上不同化学单体的偶联位点和次序。目前,已有多种模板技术用于基因芯片的在片合成,如光去保护并行合成法、光刻胶保护合成法、微流体模板固相合成技术、分子印章多次压印原位合成的方法、喷印合成法。

由于目前用于转基因食品研究的基因已经达到 300 多种,商业化的转基因食品中涉及的基因也有 20 余种,食品的特点就在于它是一种混合体,PCR 技术和 ELISA 技术的检测已经不能满足对大量基因的同时检测。基因芯片技术则是实现大通量检测的有效途径。但基因芯片还有一些关键技术问题没有得到解决,如假阳性和假阴性概率较高,检测灵敏度达不到要求等。但相应的研究工作已经开展,如中国农业大学食品学院、中国疾病预防与控制中心等已经在国家"863"计划的支持下开展了这方面的研究。中国农业大学的研究小组采用 PCR 反应荧光标记法,结合多重 PCR 技术对转基因大豆 GTS40-3-2 进行检测。实验表明,检测特异性、信号强度、信噪比指标均具有良好的效果(图 9-8)。

9.4　转基因食品的标识技术

9.4.1　实行转基因产品标识管理的国家和地区

最早提出对转基因食品进行标识管理的是欧盟。欧盟早在 1990 年颁布的《转基因生物管理法规》(220/90 号指令)就确立了转基因食品标识管理的框架。1997 年颁布的《新食品管理条例(258/97)》,进一步要求在欧盟范围内对所有转基因产品进行强制性标识管理,并设立了对转基因食品进行标识的最低限量,即当食品中某一成分的转基因含量达到该成分的 1% 时,

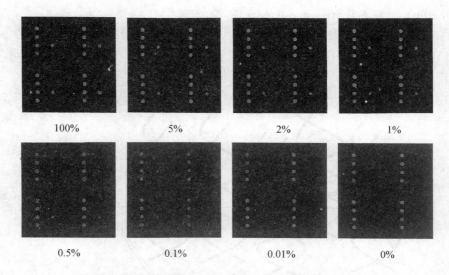

图 9-8　不同含量的转基因芯片扫描结果及定量分析

(引自:许小丹,利用寡核苷酸芯片对 Roundup Ready 转基因大豆检测及鉴定技术的研究)

必须进行标识。该条例还要求对动物饲料进行标识管理。1998 年,欧盟又专门通过第 1138/98 号条例,以明确对转基因大豆和转基因玉米的管理。2002 年,欧盟再次对其转基因标识管理政策进行修改,要求对所有转基因植物衍生的食品及饲料进行标识,并将标识的最低限量降低到 0.9%。

　　1999 年,美国政府及工业企业为应答公众对于美国缺乏转基因产品标识的关注,提出了一套自愿标识管理系统。到 2000 年,已有 16 个州立法要求对转基因食品实施标识管理。

　　我国也对转基因产品的标识管理制定了相应的法规。2001 年 5 月 23 日,国务院发布第 304 号令,颁布实施《农业转基因生物安全管理条例》。条例第四章第二十八条明确规定,在中华人民共和国境内销售列入农业转基因生物标识目录的农业转基因生物,应当有明显的标识。2002 年 1 月 5 日,农业部颁布《农业转基因生物标识管理办法》并确定了第一批实施标识管理的农业转基因生物目录。农业转基因生物标识管理办法见二维码 9-1。

二维码 9-1　农业转基因生物标识管理办法

　　截至 2002 年 12 月,全球已有欧盟 15 国及澳大利亚、新西兰、巴西、中国、加拿大、日本、俄罗斯、韩国、瑞士、美国、捷克、以色列、马来西亚、沙特阿拉伯、泰国、阿根廷、南非、印度尼西亚、墨西哥、匈牙利、波兰、斯洛文尼亚等 40 多个国家或地区对转基因产品进行标识管理(表 9-2)。

表 9-2　不同国家或地区对转基因食品的标识管理概况

国家或地区	标识类别	标识范围
澳大利亚/新西兰	强制性	食品特性,如营养价值发生改变,或食品中含有因转基因操作而引入的新 DNA 或蛋白质
巴西	强制性	所有含转基因成分的食品
中国	强制性	第一批标识目录包括大豆、玉米、棉花、油菜、番茄等五大类 17 种转基因产品

续表 9-2

国家或地区	标识类别	标识范围
加拿大	自愿	若与食品安全性有关的如过敏性、食品组成和食品营养成分发生了变化,则该食品需进行特殊的标识
欧盟/英国	强制性	所有从 GMO 衍生的食品或饲料,无论其终产品中是否含有新的基因或新的蛋白质
日本	强制性	豆腐、玉米小食品、水豆豉等 24 种由大豆或玉米制成的食品需进行转基因标识;若能检测到外源 DNA 或蛋白质,则转基因马铃薯产品也需要标识
俄罗斯	强制性	由 GM 原料制成的食品产品,若食品产品中含有超过 5% 的 GMO 成分,需进行标识
韩国	强制性	转基因大豆、玉米或大豆芽及其制成品需进行转基因标识;2002 年起,GM 马铃薯及其加工产品需标识
瑞士	强制性	粗材料或单一成分饲料中 GM 成分超过 3%,混合饲料中 GM 成分超过 2%,则需进行标识
美国	自愿	如果与健康有关特性,如食品用途、营养价值等发生改变,或以 GM 材料生产的该食品的原有名称已无法描述该食品的新特性,需对食品进行标识
捷克共和国	强制性	所有含有转基因成分的食品都需要进行标识
以色列	强制性	转基因大豆、玉米及其产品
马来西亚	强制性	所有转基因产品
沙特阿拉伯	强制性	若食品中含有 1 种或多种转基因植物成分需要标识;若含有转基因动物成分则禁止上市
泰国	强制性	转基因大豆及其产品、转基因玉米及其产品,若其中含有外源基因或蛋白,则需进行标识

9.4.2　不同国家和地区转基因产品标识管理政策的比较

9.4.2.1　标识的类别

根据对不同国家或地区转基因产品标识管理法规的比较分析,可将转基因产品标识制度分为两种主要类型,即自愿标识和强制性标识(表 9-2)。

采用自愿标识的国家或地区主要有美国、加拿大、阿根廷以及中国的香港特区。美国和加拿大制定了转基因产品自愿标识的有关标准以保证标识的延续性和可信度。2001 年 2 月,中国香港特区政府提出一项转基因食品标识管理议案,要求对转基因食品实施基于实质等同性原则的自愿标识管理政策,任何转基因食品,如果其组成成分、营养价值、用途、过敏性等与传统对应食品不具有实质等同性,则建议在标签上标注这种差异。

除以上 4 个国家或地区外,其他国家和地区大多采用强制性标识管理政策。1997 年,欧盟通过 258/97 号条例,要求在欧盟范围内对所有转基因产品(食品/饲料)进行强制性标识管理,并设立了对转基因食品进行标识的最低含量阈值。匈牙利、波兰、瑞士等国沿用了欧盟的强制性标识标准。日本、韩国、南非、捷克共和国和泰国等也相继制定了自己的转基因产品强制性标识政策,并设立了对转基因食品进行标识的阈值。

9.4.2.2　标识范围

美国和加拿大的转基因管理政策以产品的最终特性为依据,对产品的加工和生产工艺不存偏见。在法规管理方面,以援引已有法规为主。对于转基因食品的标识管理,美国主要援用《联邦食品、药物和化妆品法案》,该法案第 403 条规定了食品标识方面的内容,标识范围涉及所有食品而不仅仅是转基因食品,并且只有当转基因食品与其传统对应食品相比具有明显差别、用于特殊用途或具有特殊效果和存在过敏原时,才属于标识管理范围。

澳大利亚、新西兰、巴西、欧盟、俄罗斯、瑞士、捷克共和国、马来西亚、沙特阿拉伯等要求对所有转基因食品进行标识管理;中国要求对列入农业转基因生物标识目录的大豆、玉米、棉花、油菜、番茄等五大类 17 种转基因产品进行标识;以色列、泰国仅要求对部分转基因大豆和转基因玉米产品进行标识;日本和韩国的标识范围不但包括转基因大豆、玉米及其制品,转基因马铃薯也在标识范围之内(表 9-2)。

油脂类产品的转基因检测技术较为复杂,一般认为精炼油中不含有外源 DNA 及蛋白质,而且其副产品菜籽饼不直接进入人类消化系统,除欧盟和中国外,其他国家或地区均规定油脂类产品不需要进行标识。

9.4.2.3　标识形式

目前在国际上主要有两种标识形式:定量标识与定性标识。定量标识是世界上大多数国家采取的形式,主要是根据各国对转基因食品的管理要求确定的。各国对食品中含有的转基因食品成分阈值和标识范围的不同,决定了标识的形式。定量标识主要是考虑到在食品生产、运输和加工过程中出现的混杂现象,从某种意义上来说,混杂是不可避免的。相对于定性标识,定量标识所需的仪器、检测技术、取样技术、样品制备技术、标准品制备技术等均要求较高,这是限制定量标识的主要原因。我国采取的标识形式是定性标识,定性标识不涉及阈值的问题,规定只要用 PCR 方法可以检测出含有转基因食品成分,就需要标识。定性标识的优点在于所需的仪器、检测技术、样品制备技术、标准品制备技术和 DNA 模板的制备相对简单,缺点是不能解决食品生产、运输和加工过程中出现的无意混杂,并且与国际上通行的做法存在差距。这就要求我国加强定量标识技术的研究,争取与国际接轨。

9.4.2.4　定量标识的阈值

大部分实施转基因产品定量标识管理政策的国家都规定了各自不同的定量标识阈值(表 9-3)。但不同标识政策关于阈值的定义缺乏一致性,且不同阈值的确定缺乏科学依据。

表 9-3　不同标识管理政策要求的最低转基因成分含量阈值

国家或地区	阈　值	国家或地区	阈　值
欧盟/英国	1%(1997); 0.9%(2002)	马来西亚	3%
巴西	4%	捷克共和国	1%
澳大利亚/新西兰	1%	沙特阿拉伯	1%
俄罗斯	5%	以色列	1%
韩国	食品中前 5 种含量最高的食品成分,且该成分中 GMO 含量超过 3%	泰国	食品中前 3 种超过 5%的食品成分,且该成分中 GMO 含量超过 5%
日本	食品前 3 种含量最高的食品成分,且该成分中 GMO 含量超过 5%	瑞士	单一成分饲料 3%,混合饲料 2%,海外生产的玉米、大豆种子 0.5%

首先,不同国家阈值的概念各不相同。即使在欧盟国家内部,对阈值概念的理解也截然不同。一种观点认为,阈值指的是某一食品成分中转基因成分占该食品成分的质量百分比,例如当某一含有大豆成分的食品中,其转基因大豆的含量占该食品中大豆成分总量的比例超过0.9%或1%时,需要对该食品进行标识。另一种观点则认为,阈值指的是食品 DNA 中,某一食品成分中转基因成分的外源基因拷贝数与该食品成分内源参照基因拷贝数的比值,例如对于某一含有大豆成分的食品,若食品总 DNA 中,转基因大豆外源基因(如 *epsps* 基因)的拷贝数与大豆内源参照基因(如 *lectin* 基因)的拷贝数的比值超过 0.9%或1%时,需要对该食品进行标识。

其次,转基因产品标识阈值的确定缺乏科学的依据。2002 年欧盟将转基因标识的阈值从1%降低到 0.9%,但没有证据表明,食品中转基因成分含量为 0.9%时,其安全性与转基因成分含量为 1%的食品有何差异。迄今为止,尚没有任何科学实验可以阐明食品中某一转基因成分含量的不同对食品安全性存在何种影响。

9.5　生物技术食品安全性评价的内容

自生物技术食品出现以来,国际上许多组织就如何开展现代生物技术食品安全评价展开了广泛的讨论。在食用安全方面,主要是以国际食品法典委员会(CAC)政府间特别工作组、FAO/WHO、经济合作发展组织(OECD)为代表的政府组织和非政府组织召集各国的政府代表和科学家就现代生物技术食品食用安全进行了筹商。在环境安全方面,以《卡特赫那生物安全议定书》(Cartagena Protocol on Biosafety)为基本指导性文件,由加拿大的国际生物多样性大会(CBD)召集各国的政府代表和科学家就现代生物技术食品环境安全进行筹商。目前,一些安全评价准则已经得到了国际上许多国家的认可。

2003 年 7 月 1 日,在罗马召开的联合国食品标准署会议上,国际食品法典委员会(CAC)通过了三项有关转基因食品安全问题的标准性文件(基本原则、导则):

CAC/GL 44—2003　Principles for the Risk Analysis of Foods Derived from Modern Biotechnology(现代生物技术食品的安全风险评估原则);

CAC/GL 45—2003　Guideline for the Conduct of Food Safety Assessment of Foods Derived from Recombinant-DNA Plants(重组 DNA 植物及其食品安全性评价指南);

CAC/GL 46—2003　Guideline for the Conduct of Food Safety Assessment of Foods Produced Using Recombinant-DNA Microorganisms(重组 DNA 微生物及其食品安全性评价指南)。

2000 年 1 月,在加拿大蒙特利尔举行的《生物多样性公约》缔约国大会上,经过艰苦努力,各方达成妥协,终于结束了 5 年的谈判,通过了《卡特赫那生物安全议定书》。中国常驻联合国代表王英凡在 2000 年 8 月 8 日在纽约联合国总部代表中国政府签署了该议定书。

CAC 的《现代生物技术食品的安全风险评估原则》中主要从大的方面阐述了风险评估时应考虑的方面,该原则分为三部分内容:第一部分是引言,介绍了食品安全问题、CAC 在食品安全风险评估中的作用和该原则对政府管理部门的指导意义;第二部分是该原则的使用范围,在该部分中,特别强调了现代生物技术食品的定义:通过体外核酸技术获得的生物及其加工品,包括重组 DNA 技术、核酸直接注射进入细胞或组织技术、超越分类学的细胞融合技术等;

第三部分是原则,该部分包括风险评估、风险管理、风险交流、一致性和透明性(consistency and transparent)、能力建设和信息交流及评述过程。

《重组 DNA 植物及其食品安全性评价指南》中主要针对用于加工食品的转基因植物食用安全如何评价,指南共 59 款和一个附录。在引言部分着重强调了非期望效应和食用安全性评价的框架。一般性考虑部分包含以下内容:①对转基因植物的描述;②对受体植物和食用历史的描述;③对供体生物的描述;④对遗传改变的描述;⑤对遗传改变的特性的描述;⑥表达物质可能产生的毒性评价;⑦表达物质可能产生的过敏性评价;⑧关键成分的组合分析;⑨代谢评价;⑩食品加工过程中对安全性的影响;⑪营养成分的改变分析。其他考虑部分包含以下内容:①积累效应对人类健康的影响;②抗生素抗性标记基因的安全性;③评价新技术和研究新技术应不断应用于风险评估。附录是过敏性评价程序,包括引言、评价策略、初步评价、特异性血清筛选试验、其他考虑。

以下就生物技术食品安全评价涉及的主要内容分别展开讨论。

9.5.1 生物技术食品的过敏性评价

食物过敏是人类食物食用史上一个由来已久的卫生问题。食物过敏常发生在某些特殊人群,全球有近 2% 的成年人和 4%～6% 的儿童有食物过敏史。食物过敏是指在食品中含有某些能引起人产生不适反应的抗原分子,这些抗原分子主要是一些蛋白质,这些蛋白质具有对 T 细胞和 B 细胞的识别区,可以诱导人免疫系统产生免疫球蛋白 E 抗体(IgE)。过敏蛋白含有两类抗原决定簇,即 T 细胞和 B 细胞的抗原决定簇。抗原一般为小于 16 个氨基酸残基的短肽。在食物过敏性反应中还有一类是细胞介导的过敏反应,包括由于淋巴细胞组织敏感产生的,叫滞后型的食物过敏。这种过敏反应是在进食过敏性食品 8 h 以后才开始有反应,目前这种类型的反应多发生在婴儿。但在一些患有胃病的人群中,这种过敏反应也是常见的。例如,对谷蛋白敏感性胃病。

食物过敏反应通常在食物摄入后的几分钟到几小时内发生。在儿童和成年人中,90% 以上的过敏反应是由 8 种或 8 类食物引起的:蛋、鱼、贝壳、奶、花生、大豆、坚果和小麦。一般过敏性食品都具有一些共同特点,如大多数是等电点 pI<7 的蛋白质或糖蛋白,相对分子质量在 10 000～80 000;通常都能耐受食品加工、加热和烹调操作;可以抵抗肠道消化酶的作用等。但是,具有这些特性的物质并非都是过敏原。

在对一些过敏蛋白的分子基础进行研究时发现,T 细胞抗原决定簇为两段 12 肽,处于分子中的 105～116 及 193～204 的氨基酸残基处,在抗原的细胞表面起作用,参与 T 细胞识别。B 细胞抗原决定簇为 7 段短肽,多数位于分子的 C 端,与 B 细胞表面结合,产生 IgE。一般在下列情况下转基因食品可能产生过敏性:①所转基因编码已知的过敏蛋白;②基因含过敏蛋白,如 Nebraska 大学证明,表达巴西坚果 2S 清蛋白的大豆有过敏性,该转基因大豆因此未被批准商业化;③转入蛋白与已知过敏原的氨基酸序列在免疫学上有明显的同源性,可从 Gene-Bank、EMBL、SwissProt、PIR 等数据库查找序列同源性,但至少要有 8 个连续的氨基酸相同;④转入蛋白属某类蛋白的成员,而这类蛋白家族的某些成员是过敏原,如肌动蛋白抑制蛋白(profilin)为一类小分子质量蛋白,在脊椎动物、无脊椎动物、植物及真菌中普遍存在,但在花粉、蔬菜、水果中的肌动蛋白抑制蛋白为交叉反应过敏原。

若此基因来源没有过敏史,就应该对其产物的氨基酸序列进行分析,并将分析结果与已建立的各种数据库中的 198 种已知过敏原进行比较。现在已有相应的分析软件可以分析序列同系物、结构相似性以及根据 8 种相连的氨基酸所引起的变态反应的抗原决定簇和最小结构单位进行抗原决定簇符合性的检验。如果这样的评价不能提供潜在过敏的证据,则进一步应用物理及化学试验确定该蛋白质对消化及加工的稳定性。

9.5.1.1　遗传改良食品过敏性树状分析法

国际食品生物技术委员会与国际生命科学研究院的过敏性和免疫研究所一起制定了一套分析遗传改良食品过敏性的树状分析法(图 9-9)。该法重点分析基因的来源、目标蛋白与已知过敏原的序列同源性、目标蛋白与已知过敏病人血清中的 IgE 能否发生反应,以及目标蛋白的理化特性。

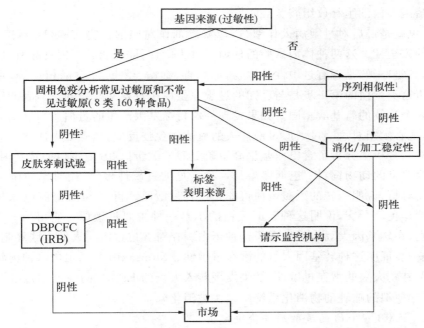

1. 与所有已知的过敏原比较氨基酸序列相似性,分析所有基因产物对消化的稳定性。
2. 固相免疫分析取决于能用多少血清。理想的血清是 14 种。如果少于 5 种,分析结果为阴性,则进行消化/加工稳定性测试,结果为阳性时应请示相应的监控机构。
3. 如果结果模棱两可或怀疑为阴性,则进入皮试。
4. 根据固相免疫分析和皮试结果,如果没有证据证明有过敏性,则进行食品的 DBPCFC 试验。
DBPCFC 表示双盲、以安慰剂作对照的食物试验,为保证没有过敏性,DBPCFC 试验必须经 IRB 批准。

图 9-9　食品过敏性的树状分析法

(引自:贾士荣,生物技术通报,Vol.6:1-7,1999)

若基因来自已知的过敏原,不管是常见的或不常见的过敏原,并且其编码的蛋白是遗传工程体的食用部分,就应该提供数据来确定该基因是否编码一种过敏原。

第一步,作目标蛋白的免疫反应分析,即它与供体生物过敏病人血清中的 IgE 抗体的免疫反应性,可用目标蛋白、也可用转基因食品的提取物作免疫分析。在免疫分析中有如下几种情况:

如果基因来自一种常见过敏原,则必须用 14 种血清。14 种血清的分析结果为阴性可以

＞99.9％地保证供体的一种主要过敏原未转入遗传工程体,可以＞95％地保证影响20％敏感人群的一种次要过敏原未转入遗传工程体。

如果基因来自一种不常见的过敏原,则必须用5种血清。5种血清的免疫分析结果为阴性,则可以＞95％地保证供体的一种主要过敏原没有转入遗传工程体。在这种情况下,对这种过敏原过敏的病人会更少,对消费者的风险就更小。如果所用血清少于5种,则需进一步做目标蛋白对消化和加工的稳定性。如果免疫试验结果为阳性,则已充分证明转基因食品含有过敏性。

第二步,如果转基因食品中含常见的过敏原基因,体外免疫试验分析为阴性或结果模棱两可,则转基因食品必须作进一步的皮肤穿刺试验,皮肤呈阳性即足以证明转基因食品的提取物能促发皮肤嗜碱性白细胞释放组胺。

第三步,也就是最后对过敏病人作双盲、以安慰剂作对照的食物实验(DBPCFC),以确定转基因食品的安全性。这两种体内试验的任何一种为阳性,即证明转基因食品有过敏性。

如果基因来自未知是否有过敏性的生物,如病毒、细菌、昆虫、非食品植物等,则分析就比较困难。分析这类蛋白的第一步是与已知的过敏原蛋白比较氨基酸序列。显著的序列相似性要求至少有8个连续的氨基酸相同。如果发现外源目标基因产生的蛋白质与已知的过敏原有序列同源性,就必须用对这一过敏原过敏病人的血清作免疫反应,步骤如上所述。

用这种树状分析法分析了含巴西坚果高甲硫氨酸贮藏蛋白2S清蛋白的转基因大豆,这种大豆原拟作为改良的动物饲料。巴西坚果是一种常见的过敏性食物,用对巴西坚果过敏病人的血清作免疫分析,说明所转的贮藏蛋白可能是一种过敏原。再用SDS凝胶电泳与巴西坚果过敏者的血清作免疫杂交,说明这种贮藏蛋白的确是一种主要过敏原。它可为9个病人中8个血清所识别,在转基因大豆中也发现了这种蛋白。在对3位过敏病人的皮肤穿刺试验中,证明为阳性,进一步证明这种转基因大豆的潜在过敏性。Monsanto公司也用这种树状分析法评价抗除草剂草甘膦大豆的潜在过敏性,结果发现转入大豆的EPSPs酶与已知过敏原无明显的序列同源性,在模拟的哺乳动物消化系统中很快被消化降解。

9.5.1.2 FAO/WHO的过敏原评价决定树

在2001年FAO/WHO举行了有关转基因食品安全的专家咨询会议,在会议的报告中,对过敏原的评价提出了新的过敏原评价决定树(图9-10)。评价主要分两种情况:①在转基因食品中含有的外源基因来自已知含有过敏原的生物,在这种情况下,2001年的决定树主要针对氨基酸序列的同源性和表达蛋白对过敏病人潜在的过敏性。如果序列比较与已知过敏原同源,则表明这种食品是过敏原,无须进行下一步的测试。如果与已知过敏原无同源性,则需要用过敏病人的血清做进一步测试,如果测试结果小于10 kIU/L,则视为安全。②在转基因食品中含有的外源基因来自未知是否含有过敏原的生物,则应该考虑:①与环境和食品过敏原的氨基酸同源性;②用过敏病人的血清做交叉反应;③胃蛋白酶对基因产物的消化能力;④动物模型实验。

新的过敏原评价决定树在评价过敏原时采用了如下方法:

1. 与过敏原数据库的同源性分析

步骤一:从蛋白数据库中获得所有过敏原的氨基酸序列,SwissProt和TrEMBL可以在Internet网站http//expasy. ch/tools,PIR在http//www. nbrf. Georgetown. edu/pirwww,用FASTA的格式输入数据,获得成熟蛋白质作为一组数据。

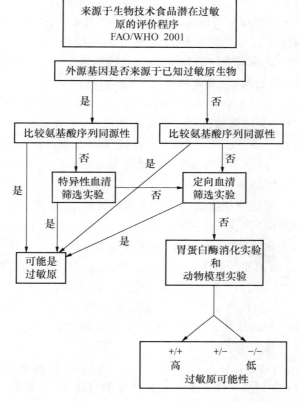

图 9-10　FAO/WHO 2001 年过敏原评价决定树

（引自：FAO/WHO 2001，Evaluation of Allergenicity of Genetically Modified Food）

步骤二：将要评价的蛋白选取一段 80 个氨基酸的序列。

步骤三：进入 EMBL 网址 http//www2.ebi.ac.uk，用该页面中的 FASTA 软件将步骤二选取的氨基酸序列与步骤一中的过敏原分别进行同源性分析。

如果同源性超过 35％ 则可以认为与过敏原有显著的同源性。如果氨基酸序列有 6 个连续的氨基酸相同则需要用抗体实验来证实是否是潜在的过敏原。

目前序列相似性分析仅局限于比较氨基酸顺序，由于除氨基酸顺序决定簇外还存在构象决定簇致敏，而目前序列相似性分析并不包括构象决定簇分析。因此，在分析序列相似性之后，必要时应做血清学试验来验证目的基因编码的蛋白是否能与特定的 IgE 结合，从而更准确地判断转入的基因是否致敏。

2. 特异性血清筛选试验　选择已知有过敏病史病人的血清做免疫学分析，但必须考虑抗原决定簇的糖基化问题。因为糖基化既可以影响蛋白质加工和蛋白酶水解的难易程度，还可以改变抗原决定簇的结构，从而使抗原具有免疫原性而造成人的过敏。糖基化可以发生在蛋白的 N 端，也可以发生在蛋白的 O 端。一般 N 端的糖基化可以准确预测，而 O 端糖基化则不能准确预测。

放射性变应原吸附抑制试验（RAST inhibition）是检测过敏原的一种重要方法，RAST 抑制试验的血清池必须由多个过敏病人的血清等量配成，病人越多越能准确反映过敏原总体的抗原性。血清池通常含有至少 5 个过敏病人的等量血清,单独某个过敏病人的血清不能构成血清池。在 RAST 抑制试验中,作为标准的过敏原样品可以是过敏原提取液,也可以是原核表达过敏原。进行过敏性评估时抑制线斜率和 50% 抑制点是比较重点。抑制线平行或接近平行表明过敏原样本含相同或相近的过敏原组分。样本 RAST 抑制线间的斜率无显著差异时,可以进行 50% 抑制点的比较,过敏原的抗原性越强,其抑制作用也就越强,达到 50% 抑制所需要的过敏原的量也就越少。应考虑用尽可能多的对不同食品过敏个体的血清,在经济合作发展组织(OECD)关于 GMO 致敏性评估的专家建议中,十分强调建立血清库的重要性。

3. 目标血清筛选试验　在许多情况下,通过比较蛋白质与过敏原并没有发现显著的同源性,但这并不能认为这种蛋白质不是过敏原,而应该考虑外源蛋白来自何种生物,用相应的有对这种生物过敏的病人血清做测试。

4. 消化液抗性试验　用提纯和浓缩的蛋白做消化试验,需要用食品中的非过敏蛋白(如豆清蛋白和马铃薯酸性磷酸酶)和过敏性蛋白(如牛奶中的 β-乳球蛋白和大豆胰蛋白酶抑制剂)作为对照。模拟胃肠液消化试验中,蛋白酶、离子成分和 pH 是 3 个重要的因素,应尽量符合人体胃肠道的情况。消化液的配制通常根据美国药典:每 1 000 mL 模拟胃液含胃蛋白酶 3.2 g,NaCl 2.0 g,用 HCl 调 pH 至 1.2;每 1 000 mL 模拟肠液含胰蛋白酶 10.0 g,KH_2PO_4 6.8 g,用 NaOH 调 pH 至 7.5±0.1,用外源基因的原核表达产物或 GMF 的初提液,进行模拟胃肠液消化试验。根据电泳结果判断原核表达产物或转基因食品中目标蛋白的半衰期,一般来说半衰期短于 5 min 判定为容易消化。

5. 动物模型试验　动物模型试验可以用 Brown Norway 鼠模型和腹膜内鼠模型,以及其他动物模型。结果用 Th1/Th2 抗体产生的情况来评价过敏性,一般需要用 2 种以上的方法或动物来评价。

9.5.2　生物技术食品的毒理学评价

毒性物质是指那些由动物、植物和微生物产生的对其他种生物有毒的化学物质。从化学的角度看,毒性物质包括了几乎所有类型的化合物;从毒理学方面看,毒性物质可以对各种器官和生物靶位产生化学和物理化学的直接作用,因而引起机体损伤、功能障碍以及致畸、致癌、甚至造成死亡等各种不良生理效应。

现在已知的植物毒素 1 000 余种,绝大部分是植物次生代谢产物,属于生物碱、萜类、苷类、酚类和肽类等有机物。其中,最重要的是生物碱和萜类植物。如千里光碱、野百合碱、天芥菜碱等双稠吡咯烷以及金雀儿碱、羽扁豆碱等双稠哌啶烷类生物碱是强烷化剂,具有强烈的肝脏毒性,并有致癌、致畸作用。在人类食品植物中也产生大量的毒性物质和抗营养因子,如蛋白酶抑制剂、溶血剂、神经毒剂等。到目前为止,自然界共发现 4 类蛋白酶抑制剂:丝氨酸蛋白酶抑制剂、金属蛋白酶抑制剂、巯基蛋白酶抑制剂和酸性蛋白酶抑制剂。这些蛋白酶抑制剂在抗虫基因工程研究中得到了广泛的应用。许多豆科植物产生相对较高水平的凝集素和生氰糖苷。植物凝集素(lectin)在食用前未被消化或加热浸泡除去,可以造成严重的恶心、呕吐和腹泻。如果生食豆类和木薯,其生氰糖苷含量能导致慢性神经疾病甚至死亡。在通过对基因序列数据库 EMBL 和蛋白质序列数据库 SwissProt 的查询中,共发现毒蛋白 1 458 种。

从理论上讲,任何外源基因的转入都可能导致遗传工程体产生不可预知的或意外的变化,其中包括多向效应。这些效应需要设计复杂的多因子试验来验证。如果转基因食品的受体生物有潜在的毒性,应检测其毒素成分有无变化,插入的基因是否导致毒素含量的变化或产生了新的毒素。在毒性物质的检测方法上应考虑使用 mRNA 分析和细胞毒性分析。

对生物技术食品的毒理学评价主要考虑表达物质可能产生的毒性,包括:

(1)由于外源基因的插入导致植物中新物质的合成,这些新物质还包括新的代谢产物。评价时应考虑新物质的化学特性和功能,并确定这些新物质在可食用部分的浓度,包括差异和均值。还应考虑在目前饮食中的暴露情况和对特殊人群可能造成的影响。

(2)对外源基因进行评估,确保已知毒素、抗营养因子的基因不被导入生物技术食品中。

(3)在评价外源基因表达的蛋白产物时,潜在的毒性分析应考虑蛋白与已知蛋白毒素和抗营养因子在氨基酸序列和结构上的相似性,外源蛋白对热或加工的稳定性,在模拟胃肠道消化液中的稳定性。当食物中的新蛋白与传统食物的蛋白存在较大差异时,要考虑新蛋白在植物中的生物功能,必要时需做急性毒性研究。

(4)根据膳食中的暴露量和生物功能,未曾安全食用过新物质的潜在毒性应以个案的方式进行评估。按照传统毒理学评价的方法进行,开展的研究可以包括:代谢、毒物动力学、亚慢性毒性、慢性毒性、致癌性、繁殖试验和发育毒性试验等。

动物实验是食品安全评价最常用的方法之一,对转基因食品的毒性检测评价涉及免疫毒性、神经毒性、致癌性与遗传毒性等多种动物模型的建立。目前,我国的转基因食品安全性评价采用的是 1983 年由卫生部颁发的《食品安全性毒理学评价程序与方法》,该标准在 1985 年、1996 年和 2003 年进行了 3 次修订(表 9-4)。

表 9-4　食品安全性毒理学评价程序与方法

序号	标准号	标准名称
1	GB 15193.1—2003	食品安全性毒理学评价程序与方法
2	GB 15193.2—2003	食品毒理学实验室操作规范
3	GB 15193.3—2003	急性毒性试验
4	GB 15193.4—2003	鼠伤寒沙门氏菌/哺乳动物微粒体酶试验
5	GB 15193.5—2003	骨髓细胞微核试验
6	GB 15193.6—2003	哺乳动物骨髓细胞染色体畸变试验
7	GB 15193.7—2003	小鼠精子畸形试验
8	GB 15193.8—2003	小鼠睾丸染色体畸变试验
9	GB 15193.9—2003	显性致死试验
10	GB 15193.10—2003	非程序性 DNA 合成试验
11	GB 15193.11—2003	果蝇伴性隐性致死试验
12	GB 15193.12—2003	体外哺乳类细胞(V79/HGPRT)基因突变试验
13	GB 15193.13—2003	30 d 和 90 d 喂养试验
14	GB 15193.14—2003	致畸试验
15	GB 15193.15—2003	繁殖试验
16	GB 15193.16—2003	代谢试验
17	GB 15193.17—2003	慢性毒性和致癌试验
18	GB 15193.18—2003	日容许摄入量(ADI)的制定
19	GB 15193.19—2003	致突变物、致畸物和致癌物的处理方法
20	GB 15193.20—2003	TK 基因突变试验
21	GB 15193.21—2003	受试物处理方法

9.5.3　营养成分和抗营养因子

食品的功能就在于它对人类的营养,因此,营养成分和抗营养因子是转基因食品安全性评价的重要组成部分。对转基因食品营养成分的评价主要针对蛋白质、淀粉、纤维素、脂肪、脂肪酸、氨基酸、矿质元素、维生素、灰分等与人类健康营养密切相关的物质。根据转基因食品的种类,以及对人类营养的主要成分,还需要有重点地开展一些营养成分的分析,如转基因大豆的营养成分分析,还应重点对大豆中的大豆异黄酮、大豆皂苷等进行分析,因为这些成分是对人类健康具有特殊功能的营养成分,同时也是抗营养因子。在食用这些成分较多的情况下,这些物质会对我们吸收其他营养成分产生影响,甚至造成中毒。在评价时如果按照"实质等同性原则"考虑生物技术食品与传统亲本植物食品在营养方面的不等同,还应充分考虑这种差异是否在这一类食品的营养范围内。如果在这个范围,就可以认为在营养方面是安全的。如某种转基因玉米的脂肪酸含量与其非转基因玉米亲本存在显著差异,但该玉米的脂肪酸含量在不同种类玉米已知的脂肪酸含量以内,则可以认为在脂肪酸方面,该转基因玉米是安全的。

其实,几乎所有的植物性食品中都含有抗营养因子,这是植物在进化过程中形成的自我防御的物质。目前,已知的抗营养因子主要有蛋白酶抑制剂、植酸、凝集素、芥酸、棉酚、单宁、硫苷等。在评价抗营养因子时,要根据植物的特点选择抗营养因子进行检测和分析。

1. 植酸　植酸是 1872 年由 Pfeffer 首先发现的,是 B 族维生素的一种肌醇六磷酸酯,化学名称是环己六醇-1,2,3,4,5,6-六磷酸二氢酯,作为几乎所有种子中磷酸盐和肌醇的存在形式,广泛存在于豆类、谷类和油料植物的种子中。植酸可与多价阳离子,如 Ca^{2+}、Mg^{2+}、Mn^{2+}、Fe^{2+} 等形成不溶性的复合物,降低人体对无机盐和微量元素的生物利用率,继而引起人体和动物的金属元素营养缺乏症和其他疾病。同时植酸还会影响人体和动物对蛋白质的吸收。

2. 胰蛋白酶抑制剂　胰蛋白酶抑制剂主要存在于豆类植物中,可以降低蛋白质的消化率,导致胰脏肿大和生长停滞。其致病原理是:一方面胰蛋白酶抑制剂阻碍肠道内蛋白酶的水解作用,造成对蛋白质消化率下降;另一方面胰蛋白酶抑制剂刺激胰腺分泌过多,造成胰腺内源性氨基酸缺乏,抑制机体的生长。胰蛋白酶抑制剂可以通过加热的方式除去。

3. 棉酚　棉酚是一种萜类物质,产生于棉花多种组织(包括种子)的分泌腺体,可以引起人和单胃动物中毒,产生食欲不振、体重减轻、精子活力降低和呼吸困难等症状。

4. 芥酸　芥酸是一种二十二碳一烯脂肪酸,其化学名称为:顺式 13-二十(碳)烯酸,$CH_3(CH_2)_7CHCH(CH_2)_{11}COOH$,主要存在于菜籽油、芥子油中,而一般油脂不含有。在油菜籽油中,芥酸含量可以达 40% 以上。芥酸分子比普通脂肪酸分子多 4 个碳原子,难以消化吸收,营养价值较低,并且对营养有副作用,抑制生长,可以导致甲状腺肥大以及动物心肌脂肪沉积,因而芥酸含量高低可以作为衡量油脂质量好坏的一个指标。芥酸主要以甘油酯的形式存在于油菜籽中。

5. 硫代葡萄糖苷　硫代葡萄糖苷(简称硫苷)是广泛存在于十字花科等植物中的葡萄糖天然衍生物,至今已发现 120 余种。无论是白菜型、芥菜型或甘蓝型油菜籽中都有多种硫苷存在,且各种硫苷的组成比例在油菜类型间、品种间差异较大。各种硫苷有同样的结构骨架,不同的是单体化合物有着不同的侧链或官能团 R,R 基团可以是烷基、烯基、烯羟基、甲硫基、亚甲磺酰基、甲磺酰基、单酮基、芳香基和杂环等。从营养角度来看,其本身无毒,但被动物摄入后,芥子酶(即硫苷的水解酶)水解生成有毒的异硫氰酸酯和五噁唑烷硫酮等。据研究报道,硫葡萄糖苷的水解产物——噁唑烷硫酮、异硫氰酸酯和某些腈类物质会降低家禽对碘的吸收,使甲状腺肿大,肝脏受损,抑制生殖系统发育,因而使食欲降低,代谢受阻,造血功能下降,生长受阻,贫血,繁殖机能破坏,使蛋的保存品质变劣,不同程度地影响家禽的生长发育,甚至造成中毒死亡。

9.5.4　抗生素抗性标记基因

抗生素抗性标记基因在遗传转化技术中是必不可少的,主要应用于对已转入外源基因生物体的筛选。其原理是把选择剂(如卡那霉素、四环素等)加入到选择性培养基中,使其产生一种选择压力,致使未转化细胞不能生长发育,而转入外源基因的细胞因含有抗生素抗性基因,可以产生分解选择剂的酶来分解选择剂,因此可以在选择培养基上生长。因为抗生素对人类疾病的治疗关系重大,对抗生素抗性标记基因的安全性评价,是转基因食品安全性评价的主要问题之一。

美国食品和药物管理局(FDA)评价抗生素抗性标记基因时,认为在采取个案分析原则的基础上,还应考虑:①使用的抗生素是否是人类治疗疾病的重要抗生素;②是否经常使用;③是否口服;④在治疗中是否是独一无二不可替代的;⑤在细菌菌群中所呈现的对抗生素的抗性水平状况如何;⑥在选择压力存在时是否会发生转化。

在此基础上,抗生素抗性基因安全性评价还应具体考虑以下几个问题:

(1)抗生素抗性基因所编码的酶在消化时对人体产生的直接效应,包括该产物是否是毒性物质、是否是过敏原或诱导其他过敏原的产生、是否具有使口服抗生素失去疗效的潜在作用。

(2)抗生素抗性基因水平转入肠道上皮细胞、肠道微生物的潜在可能性。目前认为人们在食用食品后,大部分 DNA 经过胃肠道的核酸酶消化后,已成为戊糖、嘌呤和嘧啶碱基。即使有极少部分较大片段的 DNA,在没有选择压力的环境中,在不存在感受态的受体细胞,在没有大于 20 kb 的同源区的情况下,抗生素抗性基因水平转入上皮细胞的可能性也是极小的。加之上皮细胞的新陈代谢周期短,这种转移更是微乎其微。

(3)抗生素抗性基因水平转入环境微生物的潜在可能性。在对这种可能性进行评价时认为,在土壤中存在的许多微生物含有可转移的质粒,有些质粒含有抗生素抗性基因,这些微生物的数量远远超过了转基因植物残存的抗生素抗性基因的数量,加之这些抗生素抗性基因是整合在植物基因组中的,其移动性又远远低于微生物中的质粒。因此,水平转移到环境微生物的可能性也非常小。

(4)未预料的基因多效性,这是一些学者关心的问题之一。基因的多效性有的可以预测,有的则不可预测。其效应也是可以有利或不利。在多效性中包括次生效应,如插入位点和插入基因的产物引发的“下游”效应对代谢过程的影响。如新霉素磷酸转移酶标记基因可改变细胞的磷酸化状态。

目前,在转基因生物中使用的标记基因主要有:卡那霉素抗性基因(npt II)、潮霉素抗性基因(hpt)、Glufosinate 抗性标记基因(bar、pat)、草甘膦抗性基因($epsps$)、绿黄隆(Chlorsulfuron)抗性基因、二氢叶酸还原酶基因($dhfr$)、庆大霉素抗性基因($gent$)、红霉素抗性基因(mls)、四环素抗性基因(tet)等。此外,还有报告基因,如冠瘿碱基因($opine$)、β-葡萄糖苷酸酶基因(gus)、β-半乳糖苷酶基因($lacz$)、氯霉素乙酰转移酶基因(cat)等。

9.5.5　非期望效应的分析

非期望效应指的是,在考虑了目的基因插入而产生的可预料效应的情况下,转基因与非转基因亲本(在相同环境和条件下种植)之间在表型、反应和组成上统计学显著的差异。可以分为:可预料的非期望效应,是指插入了目的基因后超出其预期效应的效应,但是用我们目前所拥有的植物学知识和有关代谢途径的整合、交流的知识是可以解释的;不可预料的非期望效应,是指我们目前的认识水平所不能解释的变化。

非期望效应的研究是国际上生物技术食品安全性研究的前沿课题,对其研究的分析手段涉及了现代分析仪器技术和现代分子生物学研究技术。目前的研究主要在以下两个方面进行。

9.5.5.1　定向方法(targeted approaches)检测非期望效应

对一些重要营养素和关键毒素进行单成分分析的定向方法,作为实质等同性概念的一部分,已经被国际团体广泛接受,并且被成功地应用到第一代转基因作物的安全评价中。的确可以说,使用定向方法来进行特定组分的比较分析,在确定转基因系与非转基因亲本之间遗传修饰的非期望效应差异上,很显然是极为有用的。选择要分析的化合物是做定向分析的第一步,然而要完成风险评估过程,缺乏规定了需要分析的整个范围的公认的指导原则。此外,一些学者认为定向方法的结果是有偏倚的,只集中于研究已知的化合物以及预料到的/可预料的效应,而对未知的和不可预料的效应则永远是个盲区。

9.5.5.2　非定向方法(non-targeted approaches)检测非期望效应

压型分析方法(profiling method)包括,用微阵列分析基因表达(功能基因组学)、蛋白双向电泳和质谱(蛋白质组学)分析蛋白质、液谱结合核磁共振分析化合物(代谢组学)。有学者认为,压型方法在食品安全评价中会是完善定向方法的补充方案,因为用定向方法可能比较不出转基因与非转基因作物的组成差异。使用这套方法可以以非选择性、无偏倚的方式筛选出被修饰寄主生物在细胞或组织水平的生理或代谢水平的可能变化。下面分别从功能基因组学、蛋白组学、代谢组学这3个水平进行介绍。

1.功能基因组学(functional genomics)　功能基因组研究的是被转录基因和相关调控元件的功能。在实践中,功能基因组研究的是基因的直接表达产物,这个表达产物即 mRNA 被反转录成更为稳定的 cDNA,用微阵列技术分析。这项技术的优势在于在一个固体表面排列有多个探针,实现在同一反应中要检测的标记样品同时与多个探针杂交。由此,可以建立转基因植物的单独的或混合组织样品的基因表达图谱,并与对照(未修饰的或整合有空载体序列的)植物的同等类型的样品作比较。基因表达图谱中所检测到的表达差异可能说明发生了遗传修饰的非期望效应,由此提供的信息可以进一步研究和毒理学的关系。微阵列技术可以大量地平行筛选不同来源组织的基因表达差异,这个方法在基础研究中的应用价值很大。微阵列上使用的探针是 cDNA 或功能特性了解得比较清楚的序列。此外,表达序列标签(expressed sequence tags,ESTs)是与特定生理、发育、环境条件所联系的基因序列,用 ESTs 在微阵列分析中,可以研究与这些条件相联系的代谢途径的变化。对生物技术食品的基因表达研究应该集中在抗营养因子、天然毒素和正向营养因子(微量和大量营养素)形成的代谢途径上,来监测可能发生的非期望效应。目前还没有关于 DNA 微阵列技术用于检测转基因产品非期望效应的发表的数据。在欧盟第五框架项目 GMOCARE(GMOCARE, 2003)中,用

DNA 微阵列技术分析基因表达差异作为未来食品安全评价的改进策略正在评估之中。

2. 蛋白质组学（proteomics）　蛋白质组学实质上是三大技术的融合——高分辨双向电泳（2-DE）分离组织中的蛋白，图像分析帮助比较分离结果，质谱（MS）确定感兴趣蛋白的性质。蛋白组学主要应用于 3 个领域：确定蛋白、前体以及翻译后修饰；差异显示蛋白质组用于确定蛋白质量上的变异；研究蛋白质与蛋白质的交互作用。虽然目前还未曾使用，但是蛋白质组学将是检测和分析转基因作物或其他育种方法培育的作物非期望效应的很有用的工具。

3. 代谢组学（metabolomics）　细胞中代谢物的总和叫作代谢组，研究测量代谢组的科学叫作代谢组学。

Fiehn 把有关代谢方面的研究分为 4 类（Fiehn，2002），从中可以更好地理解代谢组学所处的地位和作用。

（1）目标化合物分析（target compound analysis）。分析受修饰或实验直接影响的化合物。

（2）代谢压型（metabolic analysis）。分析与已知代谢相连的一组化合物。

（3）指纹图谱（fingerprinting）。不做单个化合物的定性和定量分析，广泛分析大量数据，迅速筛选，为样品分类。

（4）代谢组学（metabolomics）。辐射全部的化合物类别，为尽量多的各个化合物定性和定量。

目前代谢组学用到的主要技术是气相色谱（GC）、高效液相色谱（HPLC）和核磁共振（NMR）。目前 GC/MS 是最能接近满足以上条件的方法，GC/MS 的一个优势是可以对未知结构的代谢物定量，另一个优势是用特征离子定量有相似保留时间（不同特征离子）的不同组分。Roesnner 等利用 GC/MS 分析技术，对马铃薯块茎中 150 种化合物进行了定性和定量分析，确定了过度表达葡萄糖激酶基因、葡萄糖磷酸酶基因等转化了不同基因的转基因植株的生物化学表现，是一个应用代谢组学技术通过比较转基因植株和非转基因亲本在代谢产物方面的差别，来对转基因生物及其食品进行安全性评估的例子。

9.5.6　转基因作物对生态环境可能造成的影响

转基因作物对生态环境的潜在威胁是转基因食品安全性评价的另一个重要方面，根据转基因作物的特点不同，转基因作物对环境的潜在威胁也不相同。转基因作物对环境的潜在威胁主要体现在以下几个方面。

9.5.6.1　转基因作物本身演化为杂草的可能性

杂草是指对人类行为和利益有害或有干扰的任何植物，杂草危害造成世界农作物的产量及农业生产蒙受巨大经济损失。一个物种可能通过两种方式转变为杂草：一是它能在引入地持续存在；二是它能入侵和改变其他植物栖息地。从理论上讲，许多性状的改变都可能增加转基因植物杂草化趋势。例如，对有害生物和逆境的耐性提高、种子休眠的改变、种子萌发率的提高等都可能促进转基因植物的生存和繁殖能力。判断一种植物是不是有杂草化趋势，主要分析这种植物有无杂草特征。现今主要栽培植物都是经人类长期驯化培育而成，已失去了杂草的遗传特性，仅用一两个或几个基因就使它们转化为杂草的可能性非常小。但随着更多基因的导入，不能排除引起转基因作物杂草化的可能性。那些具有杂草特征的作物，尤其是在特定的条件下，不能排除引起转基因作物杂草化的可能，例如曾引起严重杂草问题的向日葵、草莓、嫩茎花椰菜等。这类作物遗传转化后，应密切监测，以防杂草化出现。

9.5.6.2　基因漂移与转基因逃逸对近源物种的潜在威胁

基因漂移(gene flow)是指在一个随机交配中,由于合子或配子的散布而造成基因流动,从而引起等位基因频率的改变,这是生物进化的原因之一。基因流引起基因逃逸,与非转基因植物一样,转基因也可与近缘植物种杂交,产生杂种。如果转基因流向有亲缘关系的杂草,则有可能产生更加难以控制的杂草。如果转基因流向生物多样性中心的近缘野生种并在野生种群中固定,将会导致野生种等位基因的丢失而造成遗传多样性的丧失。因此,转基因作物与其野生亲缘种间的基因流动是转基因作物释放后可能带来风险的一个重要方面。

抗除草剂转基因"漂移"到杂草上导致抗药性杂草产生是基因漂移重点评估的内容,在许多农业生态系统中,作物与其野生杂草近缘种同时存在。大面积种植抗除草剂转基因作物,其抗性基因可能"漂移"到可交配的杂草上,使杂草获得除草剂抗性。抗除草剂转基因作物抗性基因"漂移"到杂草上的风险,还取决于可交配的杂草与作物在发生地及生长时间上的一致性。一种作物即使和某种杂草可进行杂交,但如果它们在发生地及生长时间上不一致(即该杂草在作物种植区不发生,或有发生,但发生期与作物不同,花期不同,花期不遇),在田间实际也不可能发生杂交,也就不存在基因的"漂移"问题。同时也要看到这种不一致性不是一成不变的。作物种植地域的扩展、远距离传播、杂草在新环境发生等也可影响到抗性基因"漂移"成功的可能性。

9.5.6.3　转基因植物对非靶标生物的危害及生物多样性的影响

在这方面,抗虫转基因作物表现的威胁更为显著。首先是害虫对转基因作物抗性的产生。在农药的使用中,害虫由于选择压力的存在,会对农药产生抗性,这已经是不争的事实,是否害虫也会对转基因作物产生抗性,这是值得研究的。如转 Bt 基因作物有可能使害虫对 Bt 产生抗性,McGaghey 在 1985 年最早报道了害虫可以对 Bt 毒蛋白产生抗性。1994 年 Tabashnik 等报道了有些转基因作物在商业化前,在田间试验或实验室中观察到某些害虫产生一定水平的 Bt 毒蛋白抗性。但这只是个别的报道。从目前的大多数研究结果来看,害虫对 Bt 产生抗性的概率还很小。

转 Bt 基因作物对昆虫群落的影响是危害生物多样性的主要问题,这主要是由于 Bt 毒蛋白对鳞翅目昆虫有广谱的杀虫效果。大田作物栽培生态区域内,同时存在着害虫和益虫,益虫往往以害虫为食物,或将它们的幼虫或卵寄生在害虫身上,害虫数量的减少势必影响益虫的种群数量。Hilbeck(1998)用取食转基因 Bt 玉米的欧洲钻心虫饲喂草蛉幼虫,草蛉幼虫的死亡率在 60% 以上,而对照组的草蛉幼虫死亡率在 40% 以下;Brich(1996)用饲喂转基因马铃薯的蚜虫作为瓢虫的食物,雌瓢虫的存活时间比对照组少了一半。因此,在种植转基因作物时,这种对非靶标生物的危害及生物多样性的影响应该引起足够的重视。目前,已经采取了一定的措施来减少这种危害,如将非转基因作物种植在转基因作物的旁边,为其他非靶标生物和靶标生物提供一个繁衍后代的场所,同时也减少可能产生的对转基因作物的抗性。

抗除草剂转基因作物对野生植物群落及非靶标生物的影响,若抗性基因"漂移"到其他野生植物上,则会改变它们的适应性,导致植物群落结构的改变。抗除草剂作物也有可能影响到昆虫、鸟、微生物等非靶标生物。

9.5.6.4　转基因植物潜在风险评价的技术路线与方法

1. 种群替代实验　所谓种群替代,是指经过世代交替,当年种群次年可被它自己产生的后代或被另一类更具活力的后代取代。种群替代实验是检测不同世代间基因型增加或减少的一种有效方法,可检测出某一特定基因型能否持续存在。具体说该实验可检测两类信息,即某一种群自身被替代的频率和种群种子库(指在土壤中存留的所有种子)的持久性。

2.转基因植物花粉散布的测度　　通常使用亲本分析法来研究转基因作物花粉散布。其做法是在实验地中心设一个转基因作物样方,周围种植非转基因作物或其近缘种,于作物成熟期在不同方向的不同距离上取一定面积的样方或一定数量的植株或种子(果实),分析成熟种子或果实中转基因存在频率,即可作为转基因作物传粉的频率。

3.鉴定转基因存在的方法　　基因流动的鉴定要采用形态特征分析、细胞学鉴定、蛋白质及同工酶电泳分析、DNA 分析标记技术等分子检测和统计分析方法(如 F 检测等)。这些方法可在研究中综合运用,然而对转基因存在与否的直接鉴定,则要用特异引物扩增转基因片段或用特定探针与可能含有转基因的植物总 DNA 进行 Southern 杂交。

4.外源基因转移的检测　　主要检测外源基因向野生近缘种中转移的可能性。在实验室和温室中对转基因植物进行个体分析的基础上,需进一步在种群和生态系统水平上进行研究。调查转基因植物与近缘物种杂交的可能性及其杂交后的生物学特征性和竞争力变化等参数。同时还需调查外源基因特别是来自微生物整合到微生物中的可能性,这就要了解转基因植物与微生物相互作用及相关的微生物区系变化和环境因素等情况。

5.转基因植物潜在风险评估的基本程序　　一般多采用三步式评估程序:

第一步,通过已有知识,将实验对象进行风险分类,判断是属于较高风险一类,还是属于较低风险甚至无风险一类;

第二步,根据第一步的分类进行不同的田间实验,来评价其生态上的表现;

第三步,如果转基因作物经第二步证明具有更高的行为表现,则要进一步检测转基因作物在何种条件下和以什么程度造成潜在危险。

9.6　世界各国对转基因食品的安全管理

世界各国对生物技术都倾注了极大的兴趣并寄予高度的希望。但对基因工程工作及其产品的安全性也同样采取十分谨慎的态度。另外,随着世界市场的开放及其影响范围的扩大,已表明生物技术产品已超越本国的影响限度,这就带来无可回避的风险问题。

生物技术安全管理的法规体系建设主要包括:

(1)建立健全生物安全管理体制的法规体系,明确规定将生物技术的实验研究、中间试验、环境释放、商品化生产、销售、使用等方面的管理体制纳入法制轨道。

(2)建立健全生物技术的安全性评价、检测、监测的技术体系,制定能够准确评价的科学技术手段。

(3)建立、完善和促进生物技术健康发展的政策体系和管理机制,保证在确保国家安全的同时,大力发展生物技术,进一步发挥生物技术创新在促进经济发展、改善人类生活水平和保护生态环境等方面的积极作用。

(4)建立生物技术产品进出口管理机制,管理国内外基因工程产品的越境转移,有效地防止国外生物技术产品越境转移给国内人体健康和生态环境带来的危害。

(5)提高生物技术产品的国家管理能力,建立生物安全管理机制和机构设置,加强生物安全的监测设施建设,构建生物安全管理信息系统,增强生物安全的监督实力,培训生物安全科学技术的人力资源。

总之,生物技术安全管理的总体目标是:通过制定政策法规和法律规定,确立相关的技术标准,建立健全管理机构并完善监测和监督机制,积极推动生物技术的研究与开发,切实加强生物安全的科学技术研究,有效地将生物技术可能产生的风险降低到最低限度,以最大限度地保护人类健康和环境生态安全,促进国家经济发展和社会进步。

9.6.1　国际上农业转基因生物安全管理的模式

世界各国对生物技术食品的安全性具有相对的不确定性而涉及人体健康、环境保护、伦理、宗教等影响给予了充分的关注;生物技术食品跨越政治界限的生态影响和地理范围;在一国或地区表现安全的生物技术食品,在另一地区是否安全,既不能一概肯定,也不能一概否定,需要经过评价,实施规范管理。各国在安全管理方面本着相同的目的,但又各不相同。归纳起来,主要有 3 种模式。

1. 以美国为代表的,以产品为基础的生物安全管理模式　这种管理模式也称为宽松管理模式,这种模式认为,转基因生物和非转基因生物没有本质的区别,监控管理的对象应该是生物技术产品,而不是生物技术本身。在 1992 年修订的《生物技术协调管理框架》,阐明了转基因生物安全管理的基本框架,按照产品的最终用途规定了相应的管理部门,由美国农业部(USDA)、美国食品和药物管理局(FDA)、美国环保署(EPA)分阶段、分用途对转基因生物进行管理。在 2000 年以后,在国内,药用转基因玉米和饲料用转基因玉米混入食品,引起消费者的恐慌,在国外,各国对转基因农产品采取严格的限制。迫于国内外的压力,美国政府发布了新的政策,要求加强安全管理,增加审批的透明度,让消费者和农民有更多的知情权,同时,对医药用、工业用转基因植物研究、试验、应用实施严格的安全评价和监督管理。

2. 以欧盟为代表的,以技术为基础的生物安全管理模式　这种管理模式也称为严谨管理模式,这种模式认为,重组 DNA 技术有潜在风险,无论是何种基因和生物,只要通过重组 DNA 技术获得的转基因生物均需要接受严格的安全性评价和监控。欧盟的环境法规以两个法令为基础:

—90/219/EEC 法令　有控制地使用转基因微生物(1990),于 1998 年 10 月被修改为 98/81/EEC 法令;

—90/220/EEC 法令　慎重地释放转基因生物体进入环境(1990),目前正在修订,预计于近期完成。

在食品安全性方面,转基因食品必须符合 EC258/97 法规(《新食品和新食品成分法规》)的要求。这些法规对所有新食品(包括转基因食品)的评估规定了统一的程序。《新食品和新食品成分法规》(EC258/97 法规)于 1997 年 5 月生效,该法规要求,当转基因食品中含有活的转基因生物体,或者对某些特殊消费者可能造成危害或引起伦理方面的问题时,必须对该食品进行标识。此外,如果某种食品与现有食品或食品成分"不再等同",即如果它们在组成、营养价值或用途等方面存在差异时,必须对该食品进行标识。

3. 中间模式　这种模式介于美国和欧盟之间,包括:阿根廷、巴西、印度、泰国、马来西亚、菲律宾、南非、埃及、尼日利亚、肯尼亚、中国等大多数发展中国家。这些国家农业转基因技术发展相对落后,安全性评价研究和管理起步晚。近年来,这些国家的立法管理进程加快,安全评价技术研究投入增加。

以下分别介绍世界主要国家在生物技术食品方面的管理情况。

9.6.2　美国生物技术食品的管理

美国是转基因技术的发祥地,也是转基因技术最为先进、应用最广泛的国家。据报道,美国大豆生产中的 70% 以上,玉米 30% 以上都应用了转基因技术,而且 5 年后这些产品中的 90% 以上可能都是转基因的。由于美国是世界最主要的农产品输出国,因此对转基因食品及其国际贸易采取积极推动的政策。

美国生物技术食品主要由 FDA、EPA 和 USDA 负责检测、评价和监控。其中,FDA 的食品安全与应用营养中心是管理绝大多数食品的法定权力机构,美国农业部的食品安全和检测部门则负责肉、禽和蛋类产品对消费者的安全与健康影响的管理,EPA 负责管理食品作物杀虫剂的使用和安全。

FDA 于 1938 年制定了《联邦食品、药物和化妆品法案》,该法规体现了 FDA 的权威性。水果、蔬菜、谷物、油、鱼、贝类等食品可以不经过批准即进入市场。1990 年 3 月,FDA 讨论了第一个用于食品的重组 DNA 技术物质——凝乳酶的管理,这种酶被应用在生产奶酪和其他食品中。FDA 经过检测发现:转入的基因所表达的蛋白具有与动物来源的凝乳酶相同的结构和功能;凝乳酶的生产过程是可靠的;生产菌在加工过程中被除去或消灭并且其本身不存在毒性或致病性;任何抗生素抗性标记基因在加工过程中已被除掉,所以认为这种凝乳酶是安全的。

1992 年 FDA 颁布了《食品安全和管理指南》,以保证和加强 FDA 对那些通过现代生物技术所生产的食物和食物成分进行管理的权力。这个指南的原则与联合国粮农组织(FAO)、世界卫生组织(WHO)和美国国家科学院(NAS)对新食品管理的原则一致。即一种新食物的研制方法,例如转基因技术,并不能作为决定这种新食物安全性的因素,同样,安全性评价应根据"实质等同性"原则来进行。转基因食品要接受 FDA 的食物销售法规的管理。加入食物中的物质应按食品添加剂的要求进行上市前审批。FDA 同时认为,由于重组 DNA 技术等的快速发展,管理方针应具有足够的灵活性,以便允许随着技术革新而做必要的修改。

在 FDA 的指南中,要求利用现代生物技术生产食品的生产商除了考虑转基因食品可能发生的期望效应和非期望效应外,还要评估基因受体、基因供体、被转入或被修改的基因及其产物的特性。FDA 认为食品的安全性只是相对的,在许多食品中都含有某些成分,如果这些成分的含量超过人类身体能够接受的范围,才会表现出危险性,如在水果和蔬菜中的农药残留、重金属残留等,完全去除这些残留是不可能的,但这些残留在一定的限量范围内对人体是安全的。此外,某些食品对一些特殊人群是过敏的或者不能忍受。因此,FDA 认为绝对安全的食品是不存在的。尽管如此,FDA 要求生产商必须保证,不能将有毒物质基因转入受体,应该充分考虑转基因食品在营养成分、毒性、过敏和抗营养方面可能发生的在质量上和数量上的变化。新转入的基因产物,如果已经在其他的食物中以相当的水平被食用,或与那些安全食用的食物相似,则不需要再通过 FDA 的批准。

如果要将结构、功能或成分特性均不同的基因(蛋白质或油)转入到食物中,则需要进行上市前的审批过程。对于碳水化合物,如果基因操作并未引起可消化性或营养价值的改变,一般不需要进行上市前的审批。如果转入的 DNA 来源于一种已知的过敏原或可能的过敏原,生产商就应向 FDA 进行咨询。此外,根据转入的蛋白质与已知过敏原的序列结构和分子大小的异同、对消化酶的抵抗力、对热的稳定性及其他科学标准,由生产商来考察转入的蛋白质的过敏性以保证其不成为过敏原。另外,FDA也鼓励生产商在研究和生产过程中,就遇到的科学及法律上的问题向FDA咨询。生产商应向FDA提交转入物质的安全性报告,FDA接到有关安全报告后,如果没有特殊的安全问题,则不再对该产品的安全性表示怀疑。

总的来说,美国的消费者对转基因食品持比较乐观和开放的态度。他们认为没有任何证据证明经过批准上市的转基因食品在安全性和品质质量上与其他现有食品存在不同。有调查显示,有70%以上的美国民众对转基因食品持"肯定"或"较为肯定"的态度,也有40%的消费者表示在购物时并不特别歧视转基因食品。

从转基因食品研发开始,到产品最终上市,美国的管理程序和管理机构分工为:

(1)提交资料前的研讨。美国对生物技术的管理是从完成实验室研究阶段即将进行大田试验前开始的。首先,转基因植物的开发商与3个管理部门(USDA、EPA和FDA)进行研讨,决定需要提交以备审查的数据资料。虽然对这一程序没有强行要求,但是,鼓励研发商在提交资料前进行咨询,以避免在进入审查时出现麻烦而延迟。

(2)大田试验许可。美国农业部负责管理重组DNA植物的开发和大田试验。按照US-DA提出的管理要求,大田试验必须保证重组DNA植物及其后代不在试验田以外的环境中生存繁殖,必须采取特别措施防止花粉、植株或植物的一部分从试验田扩散到周围的环境,试验结束后的一年必须进行监测,以防"漏网者"在试验地生存。另外,一旦USDA批准一种新的重组DNA植物进行大田试验,USDA的检疫官员以及各州的有关检疫人员可以在大田试验前、中、后期进行检查,以保证试验措施安全有效。

(3)向USDA申请撤销管制。经过几年的实验室和大田试验,开发商在决定将重组DNA作物品种商品化生产之前,必须向USDA的动植物健康检疫局(APHIS)申请撤销管制。在作出撤销管制决定之前,必须审查新植物是否可能对环境造成以下影响:成为有害生物的可能和对其他生物的可能影响。

(4)EPA对作物抗有害生物性状的管理。假如一种重组DNA作物表达的是有毒害生物特性的蛋白质,那么EPA在该产品的开发、商品化及商品化后阶段都有监督的职责。例如对于耐除草剂作物,EPA不仅观察除草剂对环境的安全性,而且要审查使用该除草剂是否会对食品和饲料的安全产生风险,以此决定是否要求在标签中注明,并确定公众安全消费的最大残留限量。在这种情况下,开发商必须提交详尽的有关耐除草剂作物中除草剂残留的资料。含抗有害生物物质(通常是一种蛋白质)的转基因植物(如Bt玉米)则按农药制品由EPA管理。EPA必须考虑所有对人类和环境有潜在危险的数据,确定不会产生不合理的负面作用。此外,为防止昆虫产生抗性,在种植转基因植物的同时,必须种植同种非转基因植物,以提供所谓的"避难所",防止取食该种转基因植物的昆虫产生抗性。

(5)FDA审查食品和饲料的安全性。FDA与产品的开发商接洽,指导开发商开展哪些适当的研究可以保证食品和饲料的安全。接洽可以在开发商进行大田试验或与其他部门讨论的前、中、后期进行,时间由开发商或FDA针对需要考虑的问题种类而定。开发商必须提交给FDA证明这种转基因食品与传统同类食品一样安全所取得的各种数据资料的文件。

(6)FDA在1992年5月29日的联邦法规汇编(Federal Register)(57FR 22984)中发表了"源自新植物品种的食物的政策声明",该声明适用于由新植物品种生产的食品,其中包括用重组DNA(rDNA)技术培育出的植物品种[FDA将转基因技术生产的食品称为"生物工程食品"

(bioengineered foods)]。这项政策包括:源自新植物品种的食品研究开发者要对一些问题作出回答的指南,以保证这类新产品是安全的并符合法定的要求;该政策鼓励食品企业向 FDA 咨询有关新食品的安全问题。

9.6.3　欧盟生物技术食品的管理

欧洲所有国家都已经制定了控制食品安全的法规;全球大多数国家也都有这方面的法规。转基因食品必须符合《新食品和新食品成分法规》(EC258/97 法规)的要求。这些法规对所有新食品(包括转基因食品)的评估规定了统一的程序。欧洲对新食品和新食品成分的法规(EC258/97)于 1997 年 5 月生效,该法规要求,当转基因食品中含有活的转基因生物体,或者对某些特殊消费者可能造成危害或引起伦理方面的问题时,必须对该食品进行标识。此外,如果某种食品与现有食品或食品成分"不再等同",即如果它们在组成、营养价值或用途等方面存在差异时,必须对该食品进行标识。

1997 年 5 月 14 日,欧盟通过了《欧盟议会和委员会新食品和食品成分管理条例第 258/97 号令》。该法规规定了新食品的定义、新食品和食品成分上市前安全性评价的机制和对转基因生物(GMOs)产生的食品和食品成分的标签要求。欧盟认为新食品包括含有 GMOs 的食品和食品成分、对 GMOs 来源的食品和食品成分以及其他分子结构经过修饰的食品和食品成分等。新食品和食品成分不应给消费者带来危险,不能误导消费者,不能明显不同于现有的食品以至于营养学上不利于消费者。管理法规要求申请者必须提交申请给成员国并提供必要的信息。成员国再把申请复件送给欧盟委员会和各成员国。申请所在成员国授权机构必须在 3 个月内提交给欧盟委员会和所有成员国一份最初的评价报告。若经过 60 d,各成员国不提异议,该食品或食品成分可被允许进入欧盟市场。但若该食品包含 GMOs,则必须经过由欧盟委员会食品常务委员会等组成的审议程序,评估程序如图 9-11 所示。在产品的单个组分中,转基因组分达到 1%或以上时就要求标识(例如,某种含有玉米淀粉组分的加工食品,而其转基因玉米淀粉达到玉米淀粉总量的 1%或以上,则必须在这种产品标签上标识)。对"意外的"理解为"非有意的和不可避免的",如果在食品或食品组分制作过程中曾努力排除转基因原料,则食品中有痕量转基因 DNA 或蛋白质是可以接受的。如果即使采取了严密措施,其中转基因 DNA 或其转基因的蛋白质含量仍超过此最小阈值水平,就不能被视为是"偶然意外出现的"。在 2003 年 7 月,欧盟议会通过了在食品中含有 0.9%转基因成分需要标识的法规。2004 年 7 月,又通过了在种子中含有 0.3%转基因种子需要标识的规定。尽管未加工的食品原料可以被比较容易地确定是否为转基因产物,但是加工的食品却很难检测,因为经过复杂加工的食品中含有已被降解的 DNA 和能干扰 PCR 反应的物质。尽管能用 PCR 检测出相对短的 DNA 片段,但是食品加工程度越深,检测转入基因的难度就越大。由转基因(例如抗虫基因)作物所产生的高纯度油或糖中检测不出蛋白质或 DNA,在化学上与非转基因油或糖相同,因此不需要标识。

尽管欧洲各国政府对转基因食品的态度比较谨慎,但是没有妨碍它们在生物工程技术领域的研究。无论是科研投入和科研成果,欧洲都走在世界前列。欧洲市场上难以见到转基因食品主要与消费者对转基因食品的谨慎态度有关。

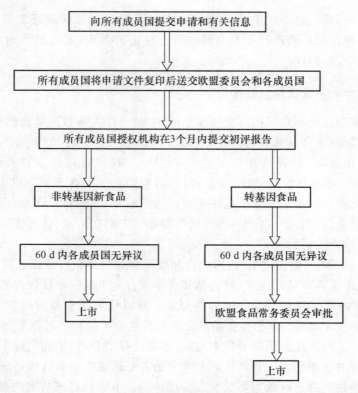

图 9-11　欧盟对转基因食品安全的评估程序

9.6.4　我国对生物技术食品的管理

9.6.4.1　我国对转基因技术的态度

我国的转基因技术研究尽管起步较晚，但是由于受到有关部门的高度重视，发展速度非常快，在某些领域已经进入世界先进行列。无论是国家科技攻关项目、自然科学基金，还是国家高新技术研究与发展计划（"863"计划）和火炬计划，基因工程技术都是作为优先资助的领域，得到了强有力的支持。由于广大科学家的努力，我国已在烟草、蔬菜、棉花、鱼类和动物等多方面取得了重要进展。1993 年我国第一例转基因作物——抗病毒的烟草进入了大田试验阶段。1997 年转基因耐贮藏番茄首先获准进行商品化生产。2000 年我国抗虫转基因棉花的种植面积超过了 36.7 万 hm^2（550 万亩）。再加上我国每年都要从美国等进口大量的大豆等产品，可以说转基因食品在不知不觉间已经变得与我们的生活密切相关。

在我国，由于转基因技术起步较晚，在有关转基因食品安全性评价和管理上也起步较晚。我国将转基因食品归类为新资源食品，并于 1990 年由卫生部颁布了《新资源食品卫生管理办法》（以下简称《办法》）。《办法》规定，新资源食品的试生产和正式生产由卫生部审批，并且规定由卫生部聘请食品卫生、营养和毒理等方面的专家组成新资源食品评审委员会，委员会的评审结果作为卫生部对新资源食品试生产和生产的审批依据。不过这个《办法》既不是专门针对转基因食品的，又显得有些简单，难以完全消除人们对转基因食品安全性的困惑和担心。

在生物工程技术飞速发展的今天，人们越来越认识到加强转基因生物安全管理的重要性。

由原国家科委、各有关部门在 1990 年制定有关管理条例时确定我国基因工程技术的管理要求为:①促进我国基因工程技术发展的同时,有效防范对人类健康和生态环境可能造成的危害;②管理条例为行政性法规,要有可操作性,并与我国现行的有关法规相衔接,与我国现行管理体系相适应;③有关控制性规定应根据实际情况科学对待,宽严适度;④审批程序和评价系统要有明确的原则性规定。

按照上述要求,我国的生物与转基因食品安全管理原则可概括为如下几项原则:

(1)研究开发与安全防范并重的原则。国际社会普遍认为,生物技术将在解决人口、健康、环境与能源等诸多社会、经济重大问题中发挥重要作用,并可望成为 21 世纪的支柱产业之一。对此,各国采取了一系列政策措施加强了对生物技术的研究和开发。我国也采取了一系列政策措施,积极支持、促进生物技术的研究和产业化发展,同时由于转基因产品安全性还存在不确定因素,因而对转基因食品安全问题的广泛性、潜在性、复杂性和严重性也必须予以高度重视。同时还应充分考虑伦理、宗教等诸多社会经济因素,以对人类长远利益和子孙后代负责的态度加强生物安全,特别是转基因食品安全的管理工作。坚持在保障人们健康和环境安全的前提下,在充分保证人们的知情权和自由选择权的基础上,研究和发展转基因食品。

(2)贯彻预防为主的原则。发展转基因食品必然走产业化的道路,转基因食品产业化离不开作为原料的生物技术产业的规模化生产。由于生物技术的复杂性及其影响的不确定性,必须在实验研究、中间试验、环境释放、商品化生产以及加工、贮运、使用和废弃物处理等诸多环节上防止其对生态环境的不利影响和对人体健康的潜在威胁。特别是生物工程技术与传统技术相比,考虑到其后果的不可预测性和影响的长久性,在最初的立项研究和中试阶段一定要严格地进行安全性评价和相应的检测,做到防患于未然。

(3)有关部门协同合作的原则。转基因食品安全与农业、医药卫生和食品等行业都有关系。为此,必须坚持行业部门间的分工与协作,协同一致、各司其职。

(4)公正、科学的原则。随着改革和发展的深刻变化,经济成分和经济利益多样化,社会生活方式多样化,转基因食品安全管理必须坚持公正、科学的原则。转基因食品的安全性评价必须以科学为依据,站在公正的立场上予以正确的评价,对操作技术、检测程序、检测方法和检测结果必须以先进的科学水平为准绳。在动植物原料生产过程中,对所有释放的生物技术产品要依据规定进行定期或长期的检测,根据监测数据和结果,确定采取相应的安全管理措施。安全性评价标准与检测技术应具备科学性、权威性和先进性,并应与国际接轨。

(5)公众参与的原则。提高社会公众的生物安全意识是关系转基因食品安全性的重要课题。必须给予广大消费者以充分的知情权和选择权,使公众能了解所接触、使用的转基因食品与传统产品的差异,这也有助于消费者合理地和正确地行使选择权。同时在普及科学技术知识的基础上,提高社会公众生物安全的知识水平,通过宣传教育,建立适宜的机制,使公众成为生物安全的重要监督力量。在生物安全的管理上对产品的生产、贮运、加工和废弃物处理等方面,都要充分考虑社会公众对生物安全的认识差异和实际情况,借鉴国外的经验,实事求是地采取行之有效的必要措施,积极保护社会公众的利益,促进生物技术工作在我国迅速健康发展。

(6)个案处理和逐步完善的原则。分子生物学的不断发展,开创了生物技术的新局面。基因工程技术使基因在不同生物个体之间,甚至不同的生物种属之间的转移及表达成为可能。但是就目前的研究条件和研究成果,人们还不能精确地控制每种基因在生物有机体中的遗传信息的具体交换及其影响。事实上,各种受体生物经过不同的遗传操作时产生的遗传信息交换的作用可能带来错综复杂的影响。为此,必须针对每种基因产品的特异性,根据科学的资料进行具体分析和评价。

9.6.4.2 我国对转基因食品安全的管理

1993 年 12 月中华人民共和国科学技术委员会发布了《基因工程安全管理办法》,对基因工程的安全等级和安全性评价、申报和审批、安全控制措施等作了相应规定。随后,1996 年 4 月农业部颁布了《农业生物基因工程安全管理实施办法》,对不同的农业生物遗传工程体作了详细的规定:植物遗传工程体及其产品安全性评价,动物遗传工程体及其产品安全性评价,植物用微生物遗传工程体及其产品安全性评价,兽用遗传工程体及其产品安全性评价,水生动植物遗传工程体及其产品安全性评价。这些管理细则分别从受体生物的安全性评价、基因操作的安全性评价、遗传工程体及其产品的安全性评价、释放地点、试验方案上进行管理。

在 2001 年,我国在 1996 年农业部颁布的《农业生物基因工程安全管理实施办法》基础上,由国务院颁布了《农业转基因生物安全管理条例》,以国家法律的形式加强了对转基因食品的管理,在 2002 年由农业部出台了配合国务院《农业转基因生物安全管理条例》的 3 个规章,即《农业转基因生物安全评价管理办法》、《农业转基因生物进口安全管理办法》和《农业转基因生物标识管理办法》。这 4 个法规成为我国对转基因食品管理的基础。

根据《农业转基因生物安全管理条例》和《农业转基因生物安全评价管理办法》的规定,我国建立农业转基因生物安全评价制度,主要评价农业转基因生物对人类、动植物、微生物和生态环境构成的危险或潜在风险。具体工作由国家农业转基因生物安全委员会负责,农业部依据评价结果在 20 d 内作出批复。安全评价工作按照植物、动物、微生物 3 个类别,以科学为依据,以个案审查为原则,实行分级分阶段管理。根据危险程度,将农业转基因生物分为尚不存在危险和具有低度、中度、高度危险 4 个等级;根据农业转基因生物的研发进程,将安全评价分为实验研究、中间试验、环境释放、生产性试验和申请领取安全证书 5 个阶段。对于安全等级为 Ⅱ 和 Ⅳ 的实验研究和所有安全等级的中间试验,实行报告制管理;对于环境释放、生产性试验和申请领取安全证书,实行审批制管理。凡在我国境内从事农业转基因生物研究、试验、生产、加工以及进口的单位和个人,应按照《农业转基因生物安全管理条例》的规定,根据农业转基因生物的类别和安全等级,分阶段向农业部报告或提出申请。通过国家农业转基因生物安全委员会安全评价,由农业部批准进入下一阶段或颁发农业转基因生物安全证书。农业部每年组织 2 次农业转基因生物安全评价,受理申请截止日期分别为 3 月 31 日和 9 月 30 日。

我国对转基因作物的安全评价是根据《农业转基因生物安全管理条例》和《农业转基因生物安全评价管理办法》对转基因作物进行安全评价的,一般应当经过中间试验、环境释放和生产性试验 3 个试验阶段,并在申请领取农业转基因生物安全证书后方可进行品种审定。通过品种审定后,方可申请办理转基因作物种子生产许可证和经营许可证。

在转基因作物安全评价的田间试验阶段,重点考察其遗传稳定性、环境安全性和食用安全性。其中,环境安全性主要包括转基因作物生存竞争能力、基因漂移的生态风险及对生物多样性的影响等;食用安全性主要包括转基因作物的营养学评价、过敏性评价、毒理学评价等。在生产性试验阶段,农业部还要委托检测机构对转基因作物进行目标性状检测验证,确保转基因作物的生产应用安全。在生产性试验结束后,申请人可以向农业部提出领取农业转基因生物安全证书的申请。申请时,应当按照《农业转基因生物安全评价管理办法》的规定和上一阶段的批复要求,提供全面、完整的转基因作物安全评价技术资料和生产性试验总结报告、农业转基因生物技术检测机构出具的检测报告。农业部收到申请后,组织国家农业转基因生物安全委员会进行安全评价。安全评价合格的,由农业部颁发农业转基因生物安全证书。

我国对农业转基因生物实施标识管理。根据《农业转基因生物安全管理条例》和《农业转基因生物标识管理办法》的规定,我国对农业转基因生物实行标识制度。凡在中华人民共和国境内销售列入农业转基因生物标识目录的农业转基因生物,应当进行标识;未标识和不按规定标识的,不得进口或销售。对列入农业转基因生物标识目录的农业转基因生物,由生产、分装单位和个人负责标识;经营单位和个人拆开原包装进行销售的,应当重新标识。

《农业转基因生物标识管理办法》规定,农业部负责全国农业转基因生物标识的监督管理工作。县级以上地方人民政府农业行政主管部门负责本行政区域内的农业转基因生物标识的监督管理工作。国家质检总局负责进口农业转基因生物在口岸的标识检查验证工作。境外公司向中国境内出口实施标识管理的农业转基因生物,应当向农业部提出标识审查认可申请;国内或个人生产、销售实施标识管理的农业转基因生物,应当向所在地县级以上农业行政主管部门提出标识审查认可申请,经批准后方可使用。

第一批实施标识管理的农业转基因生物包括以下 5 类 17 种产品:①大豆种子、大豆、大豆粉、大豆油、豆粕;②玉米种子、玉米、玉米油、玉米粉(含税号为 11022000、11031300、11042300 的玉米粉);③油菜种子、油菜籽、油菜籽油、油菜籽粕;④棉花种子;⑤番茄种子、鲜番茄、番茄酱。

根据《农业转基因生物安全管理条例》和《农业转基因生物进口安全管理办法》的规定,我国对进口农业转基因生物实行审批和管理。从境外引进农业转基因生物或向我国出口农业转基因生物,由引进单位或境外公司向农业部提出申请,其中,用于生产的农业转基因生物,从中间试验开始逐阶段申报安全评价;用作加工原料和直接消费的农业转基因生物,可直接申请进口农业转基因生物安全证书。境外公司向我国出口农业转基因生物用作加工原料,首先由境外研发商提出申请,经农业部委托的技术检测机构进行环境安全和食用安全检测,经国家农业转基因生物安全委员会安全评价合格后,由农业部颁发农业转基因生物安全证书。进口商凭研发商的安全证书复印件,办理每一批次的进口安全证书和标识审查认可批准文件,凭农业部的批件向口岸出入境检验检疫机构报检,经检验检疫合格后,向海关申请办理有关手续。对进口农业转基因生物的安全评价申请,农业部和国家质检总局自收到申请人申请之日起 270 d 内作出批准或不批准的决定,并通知申请人。

我国对农业转基因生物及其产品的食用安全性评价是依据 CAC 的指导原则,以"实质等同性原则"为基本原则,结合个案分析原则、分阶段管理原则、逐步完善原则、预防为主原则等制定的。其评价的主要内容分为 5 个主要部分:①农业转基因生物及其产品的基本情况,包括供体与受体生物的食用安全情况、基因操作、引入或修饰性状和特性的叙述、实际插入或删除序列的资料、目的基因与载体构建的图谱及其安全性、载体中插入区域各片段的资料、转基因方法、插入序列表达的资料等;②营养学评价,包括主要营养成分和抗营养因子的分析;③毒理学评价,包括急性毒性试验、亚慢性毒性试验等,其依据是 2004 年修订的"食品毒理学评价程序与方法";④过敏性评价,主要依据国际食品生物技术委员会与国际生命科学研究院的过敏性和免疫研究所一起制定的分析遗传改良食品过敏性树状分析法和 FAO/WHO 提出的过敏原评价决定树;⑤其他,包括农业转基因生物及其产品在加工过程中的安全性、转基因植物及其产品中外来化合物蓄积资料、非期望效应、抗生素抗性标记基因的安全性等。

9.6.4.3　我国在农业转基因生物安全管理上建立的五大体系

我国农业转基因生物安全管理体系主要包括法规体系、安全评价体系、技术检测体系、技术标准体系及安全监测体系。

(1)法规体系。2001年,国务院颁布《农业转基因生物安全管理条例》,该法规以国家法律法规的形式规定了国家对农业转基因生物安全的管理;2002年,农业部颁布《农业转基因生物安全评价管理办法》、《农业转基因生物进口安全管理办法》和《农业转基因生物标识管理办法》,这3个是与《农业转基因生物安全管理条例》配套的规章,是对《农业转基因生物安全管理条例》的细化;2004年,国家质检总局颁布《进出境转基因产品检验检疫管理办法》,对转基因产品进出口贸易的检验检疫进行管理。

(2)安全评价体系。对农业转基因生物进行安全评价,是世界各国的普遍做法,也是国际《生物安全议定书》的要求。安全评价是利用现有的科学知识、技术手段、科学试验与经验,对转基因生物可能对生态环境和人类健康构成的潜在风险进行综合分析和评估,在风险与收益利弊平衡的基础上做出决策。我国对农业转基因生物实行分级管理安全评价制度。凡在中国境内从事农业转基因生物的研究、试验、生产、加工、经营和进口、出口活动的,应依据《农业转基因生物安全管理条例》进行安全评价。通过安全评价,采取相应的安全控制措施,将农业转基因生物可能带来的潜在风险降到最低限度,从而保障人类健康和动植物、微生物安全,保护生态环境。同时,也向公众表明,农业转基因生物的研究和应用建立在安全评价的基础之上,符合科学、透明的原则。根据《农业转基因生物安全管理条例》的规定,由农业部设立国家农业转基因生物安全委员会负责农业转基因生物的安全评价工作。国家农业转基因生物安全委员会是安全评价体系的核心力量。

(3)技术检测体系。技术检测体系由农业转基因生物安全技术检测机构组成,服务于安全评价与执法监督管理。检测机构按照动物、植物、微生物3种生物类别,转基因产品成分检测、环境安全检测和食用安全检测3类任务要求设置,并根据综合性、区域性和专业性3个层次进行布局和建设。在通过农业部质量管理办公室组织的计量认证和审查认可后,由农业部授权开展对转基因植物、动物、植物用微生物、动物用微生物、水生生物的环境安全、食品安全与产品成分的检测、鉴定、监测、监控与复核验证等工作。其中,食用安全、环境安全技术检测机构主要为国家开展农业转基因生物安全评价和监督管理服务;产品成分技术检测机构主要为中央和地方农业行政主管部门开展农业转基因生物产品标识和安全监管服务。

(4)监测体系。监测体系以安全评价及检测为技术平台,由行政监管系统、技术检测系统、信息反馈系统和应急预警系统组成。按照《转基因生物安全管理条例》的要求,开展对于从事农业转基因生物的研究、试验、生产、加工、经营和进口、出口活动的全程跟踪和长期的监测、监控工作,并为安全评价出具环境安全方面的技术监测报告。目前,根据我国农业转基因生物研发、进口与监管需要,农业转基因生物安全管理办公室组织编制了《国家农业转基因生物安全监测体系建设规划》。近期,将对转基因棉花等主要生态区、进口转基因产品加工区等进行重点监测。

(5)标准体系。标准体系由全国农业转基因生物安全管理标准化技术委员会、标准研制机构和实施机构组成。按照《中华人民共和国标准化法》的规定和《农业转基因生物安全管理条例》的要求,开展农业转基因生物安全管理、安全评价、技术检测的标准、规程和规范的研究、制订、修订和实施工作,为安全评价体系、检测体系、监测体系和开展执法监督管理工作提供标准化技术支持。

9.7 转基因食品安全性评价案例

9.7.1 转基因酵母的实质等同性评价

1.受体生物/产品 重组面包酵母 *S. cerevisiae*。

2.传统产品的评价 传统上新菌株系的面包酵母是不用考虑安全性评价的,因为面包酵母不是致病微生物,已经被人们利用了许多世纪了。

3.可供利用的传统安全评价数据 虽然,需要评价的菌株是常用的菌株,并且没有正式的可供利用的安全评价数据,但是,申请安全性评价的公司还是提交了必要的与传统菌株相比较的信息。

4.产品的新组分 传统的酵母菌只能发酵加糖的面团,而重组 DNA 酵母菌可以发酵加糖的面团和未加糖的面团。经过改造的酵母菌分泌的发酵麦芽糖的酶水平增加了,如麦芽糖酶和麦芽糖透性酶,特别在发酵加工的初期。这种重组 DNA 酵母比原来未改造的菌株有较高的代谢活力和发酵初期释放高 CO_2 的能力,这样可以减少发酵的时间。

5.实质等同性评价 对重组酵母菌的评价应该考虑活酵母菌和死酵母菌对人的安全性,特别应考虑:

(1)供体和受体生物的特性。供体和受体生物均来自非致病性的面包酵母菌 *S. cerevisiae*,差别是用来自同一株系通过增强的重组启动子替代了原有的启动子。

(2)供体 DNA 绝大部分来自于面包酵母菌 *S. cerevisiae*,只有少部分是人工合成的非编码 DNA 的连接部分,它使得强启动子与麦芽糖酶和麦芽糖透性酶基因连接起来。在转化中将重组部分克隆到大肠杆菌 *E. coil* 中,通过限制性内切酶或 DNA 序列分析进行鉴定。发现外源 DNA 整合在酵母染色体的位置是在预期的地方,不会引起不良后果。在转化过程中,已删除了抗生素筛选基因和其他外源的原核生物 DNA 序列。

(3)重组 DNA 生物。重组 DNA 酵母菌在经过 100 代的生长后,通过 DNA 杂交分析表明没有发生重组 DNA 的变化,说明重组 DNA 酵母菌与传统酵母菌一样可以稳定遗传。DNA 从重组酵母菌转入其他微生物的可能性是很小的。众所周知,没有改造的酵母菌死后,在细胞壁降解前细胞内的物质就会完全降解,没有可供转移的 DNA。目前还没有发现酵母菌可以与其他真菌和细菌发生交配和 DNA 的交换,也没有病毒寄生在酵母菌中。这一点表明重组 DNA 酵母菌与传统酵母菌一样不会发生 DNA 的水平转移。

(4)在毒性物质的分析方面,重组 DNA 酵母菌与传统酵母菌一样不会产生有毒物质,因为:①受体生物是非病原菌生物;②DNA 供体生物与受体生物一样均为酵母菌;③仅有麦芽糖酶和麦芽糖透性酶启动子上有差别,受到影响的只是麦芽糖酶和麦芽糖透性酶的产量;④麦芽糖酶和麦芽糖透性酶在重组 DNA 酵母菌中与传统酵母菌一样,作用底物、酶活性几乎相同。

6.结论 安全性评价的研究表明重组 DNA 酵母菌在遗传稳定性方面、基因水平转移方面、产品毒性方面与传统酵母菌是实质等同的。假如传统上使用的酵母菌是安全的话,则重组 DNA 酵母菌也应该是同等安全的。

9.7.2　转基因玉米 MON810 的安全性评价

1. 背景简介　Monsanto 公司于 1996 年 7 月 6 日和 8 月 16 日向美国 FDA 提供了有关转基因玉米 MON810 的安全性评价研究报告。MON810 对玉米生产的主要虫害欧洲玉米钻心虫 *Ostrinia nubilais* 有抗性,在试验中发现对美国西南玉米钻心虫也有抗性。*Cry1Ab* 基因来源于苏云金杆菌,产生的 δ-内毒素可以吸附在鳞翅目昆虫肠道的内皮细胞上,造成细胞内的离子外泄,使昆虫麻痹而死亡。

2. 遗传背景与基因操作方式

(1) 受体材料。玉米为人类长期食用的食物,有安全的食用历史,没有毒性物质和过敏性物质。

(2) 供体材料。苏云金杆菌,长期作为一种生物农药,其 *Cry1Ab* 基因产生的 δ-内毒素蛋白专一性地作用于鳞翅目昆虫,对人无毒性。有报告称在食用 MON810 后有过敏现象,但还未得到证实。

(3) 基因操作。使用的转化载体是质粒 PV-ZMBK07 和 PV-ZMGT10,含有草甘膦抗性筛选标记基因 *cp4-epsps*,*CaMV35S* 启动子,*NOS* 终止子。转化方式是利用基因枪,将构建好的载体和金粉通过基因枪打入玉米胚细胞。通过 Southern 杂交和 Western 杂交发现在 MON810 中含有 *Cry1Ab* 基因,部分拷贝的 *GOX* 基因(不表达),2 个完整拷贝的 *cp4-epsps* 基因(表达)。此外,还有 ori-PUC 序列和 *npt*Ⅱ基因。经过 5 代的筛选,只有 *Cry1Ab* 基因稳定地整合在玉米基因组 Hi-Ⅱ上,*cp4-epsps*、*GOX*、*npt*Ⅱ基因和 ori-PUC 序列在筛选过程中被除去。*Cry1Ab* 基因来自苏云金杆菌亚种 kurstaki 的 HD-1 菌株。在 *CaMV35S* 启动子与 *Cry1Ab* 之间插入的是玉米 *hsp*70 基因的内含子,这个内含子可以增加 *Cry1Ab* 的转录水平。NOS 非翻译序列作为 *Cry1Ab* 的转录终止序列。

(4) 外源基因表达蛋白。在 MON810 的叶片中检测出 Cry1Ab 蛋白的表达量为 9.35 μg/g 鲜重,在种子中是 0.31 μg/g 鲜重,在整株中是 4.15 μg/g 鲜重,在花粉中是 0.09 μg/g 鲜重。

3. 环境安全性

(1) 远源杂交。MON810 玉米花粉的传播方式与其他玉米一样,玉米可以与一年生的玉米草任意杂交。但是这些玉米草只生长在中美洲,而在美国和加拿大没有。在美国佛罗里达州的南端有一种叫 *Tripsacum floridanum* 的植物,是否在野生状态下可以与玉米杂交还不清楚,但目前的研究表明这种远源杂交是很难发生的。

(2) 演变成杂草的可能性。栽培玉米的野生竞争力很弱,不具备在野外生存空间扩展的能力,并且,玉米与其他野生植物相比,可供扩散的种子非常有限。

(3) 对非靶标生物的不利影响。由于人类有长期使用 Bt 蛋白的历史,Bt 蛋白对人和其他脊椎动物以及有益昆虫无毒害作用。并且,MON810 玉米产生的 Bt 蛋白与微生物中产生的蛋白完全相同。因此,评价后认为这一条是安全的。

(4) 对生物多样性的影响。MON810 与其他玉米一样,没有其他新的表现性状,没有与其他生物远源杂交的优势,因此不会对生物多样性产生影响。

4. 食品安全性评价

(1) 玉米在人类饮食中的地位。玉米作为食品中的主要添加成分,用于生产淀粉、糖、发酵产品、高甜糖浆、乙醇和玉米油。在这方面,MON810 与其他玉米是没有差别的。

（2）营养分析。通过对生长在美国和欧洲的 MON810 的营养成分——脂肪酸、蛋白质、氨基酸组成、粗纤维、灰分、肌醇六磷酸、水分等进行分析，蛋白质 13.1%，脂肪 3.0%，水分 12.4%，能量 1 707 kJ/100 g（408 kcal/100 g）、灰分 1.6%、碳水化合物 82.4%。结果表明 MON810 与非转基因玉米品系没有显著差异。

（3）毒性分析。MON810 表达的抗胰蛋白酶 Cry1Ab 蛋白与在农业中喷洒作业的近 30 年的微生物产的 Bt 生物农药蛋白完全相同。在与其他毒性蛋白氨基酸序列同源性比较中发现，该蛋白与它们的同源性很差，因此毒性的潜在风险很小。在模拟胃肠道的消化试验中，Cry1Ab 可以很快被消化。在动物实验中，分别用 10 只 CD-1 雌雄小鼠做喂养实验，安全食用的剂量达到 4 000 mg/kg。超过 MON810 表达量的 200～1 000 倍。动物实验表明其毒性低，是安全的。

（4）过敏性。在对 Cry1Ab 蛋白的过敏性分析时，从以下几方面进行了考虑：①理化特性；②与已知过敏蛋白氨基酸序列的同源性比较；③消化降解能力；④含该蛋白微生物的安全使用历史。Cry1Ab 蛋白的相对分子质量为 63 000，不像其他过敏性蛋白，Cry1Ab 不是糖基化蛋白。在同从数据库 GenBank、EMBL、PIR 和 SwissProt 中查找到的已知的 219 个过敏原进行氨基酸序列分析，没有发现有显著的同源性。在模拟人消化道的实验中，Cry1Ab 蛋白在 2 min 就有超过 90% 被降解。Cry1Ab 蛋白有长期安全使用的历史。因此，综合以上因素，Cry1Ab 不是潜在的过敏原。

5.结论　通过以上的安全性评价报告，美国 FDA 和 EPA 认为 MON810 符合美国食品、药品、化妆品法规，可以作为食品和饲料进行生产与销售。

？ 思 考 题

1.生物技术对食品安全的影响应怎样看待？

2.你对生物技术食品安全性是怎样认识的？你认为安全吗？

3.为什么要对生物技术食品进行安全性评价？

4.生物技术食品安全性评价的原则是什么？

5.生物技术食品安全性主要涉及哪些内容？

6.当前国际上对生物技术食品管理主要分为哪几种模式？

指定学生参考书

[1] 刘谦，朱鑫泉. 生物安全. 北京：科学出版社，2001.

[2] 王重庆. 分子免疫学基础. 北京：北京大学出版社，1997.

[3] 樊龙江，周雪平. 转基因作物安全性争论与事实. 北京：中国农业出版社，2001.

[4] 王关林，方宏筠. 植物基因工程原理与技术. 北京：科学出版社，1998.

参考文献

[1] 罗云波. 食品生物技术导论. 北京：中国农业大学出版社，2002.

[2] 刘谦，朱鑫泉. 生物安全. 北京：科学出版社，2001.

[3] 闫新甫. 转基因植物. 北京：科学出版社，2003.

[4] 黄昆仑. 食品中转基因成分的定性 PCR 检测技术研究. 中国农业大学博士学位论文，2003.

［5］许小丹.利用寡核苷酸芯片对 Roundup Ready 转基因大豆检测及鉴定技术的研究.中国农业大学博士学位论文,2004.

［6］许文涛,黄昆仑.转基因食品社会文化伦理透视.北京:中国财富出版社,2010.

［7］倪挺,胡鸢雷,等.转基因产品致敏性评估的规范化.中国农业科学,2002,35(10):1192-1196.

［8］黄昆仑,许文涛.转基因食品安全评价与检测技术.北京:科学出版社,2009.

［9］陈君石,闻梅芝,译.转基因食品——基础知识及安全性.北京:人民卫生出版社,2003.

［10］黄昆仑,许文涛.科学与未来丛书(第2辑):食品营养与安全.北京:中国大百科全书出版社,2011.

［11］Clive James. Global Status of Commercialized Biotech/GM Crops:2014. www.isaaa.org/.

［12］黄昆仑,杨晓光.揭开转基因的面纱.北京:中国农业出版社,2011.

［13］马立人,蒋中华.生物芯片.北京:化学工业出版社,2002.

［14］沈平,黄昆仑.国际转基因生物食用安全检测及其标准化.北京:中国物资出版社,2010.

［15］黄昆仑,许文涛.食品安全案例解析 全国农业推广专业学位研究生教育指导委员会推荐教材.北京:科学出版社,2013.

第 10 章

组学技术及生物信息学技术与食品产业

本章学习目的与要求

掌握基因组学、转录组学、蛋白质组学和生物信息学技术的基本概念、原理及作用；了解各种组学技术和生物信息学技术在食品科学研究和实践中的应用，同时掌握食品安全领域常用的生物信息学分析软件及数据库的用法。

10.1　基因组学与食品产业

　　基因组(genome)是德国植物学家 Hans Karl Albert Winkler 在 1920 年首先提出的,由基因(gene)和染色体(chromosome)组合而来,是指一种生物体所具有的全部遗传信息的总和。绝大多数生物的基因组由 DNA 组成,但有些病毒的基因组由 RNA 组成。1986 年,美国科学家 Thomas Huston Roderick 提出的基因组学(genomics)则是一门以基因组为单位,研究基因组的结构、功能及表达产物的学科,是遗传学研究进入分子水平以后所发展起来的一个分支。

　　基因组学包括三个领域,即结构基因组学(structural genomics)、功能基因组学(functional genomics)和比较基因组学(comparative genomics)。结构基因组学主要通过基因作图和核苷酸序列分析来确定基因组成和基因定位,研究基因组的物理特点。功能基因组学又被称为后基因组学(postgenomics),是利用结构基因组学所提供的信息,在基因组水平上全面分析基因的功能,从对单一基因或蛋白质的研究转向对多个基因或蛋白质同时进行系统的研究。而比较基因组学主要是对已知的基因和基因组结构进行比较,研究基因的起源和基因组的进化。

　　1990 年,作为结构基因组学中的一项重大计划——人类基因组计划(human genome project,HGP)正式启动,并与曼哈顿原子弹计划及阿波罗登月计划一起被誉为 20 世纪自然科学史上的三大计划。1999 年,我国获准加入人类基因组计划,并承担约占整个人类基因组 1% 的测序任务。2000 年 6 月 26 日,中、美、英、法、德、日六国同时宣布:人类基因组计划"工作框架图"绘制完成。2001 年 2 月 12 日,六国科学家和美国塞莱拉公司联合公布了人类基因组图谱及基因功能的初步分析结果(图 10-1),宣告人类基因组计划基本完成。自从人类基因组计划实施以来,基因组学发生了翻天覆地的变化,目前已成为生命科学的前沿和热点领域。动物(犬、鸡、家蚕等)、植物(水稻、葡萄、玉米、黄瓜、大豆、马铃薯、番茄等)和微生物(酿酒酵母、保

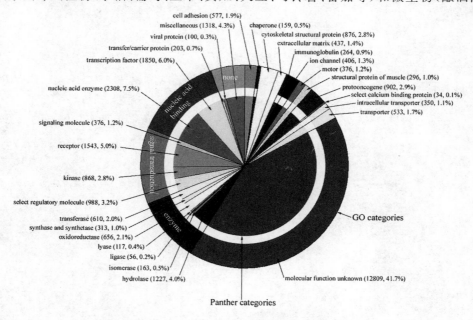

图 10-1　人体 26 383 个基因的功能分布

加利亚乳杆菌、乳酸乳球菌等)基因组测序的完成,为食品工业提供了大量的信息,可以极大地促进食品工业的发展。

10.1.1 基因组学的研究方法

10.1.1.1 结构基因组学的研究方法

结构基因组学以全基因组测序为目标,是基因组学研究的早期阶段。然而染色体这一庞大的对象不能直接用来测序,必须将其分为较小的结构区域,该过程就是基因作图。基因作图有四种类型,即构建生物体高分辨率的基因组遗传图谱、物理图谱、转录图谱和序列图谱(图10-2)。

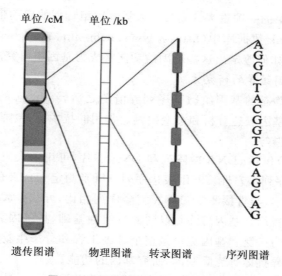

图 10-2 四种不同类型的基因组图谱

遗传图谱(genetic map)又称连锁图谱(linkage map),是利用遗传重组而得到的基因在染色体上的线性排列图。通过计算连锁的遗传标志之间的重组频率,确定它们的相对距离,一般用厘摩(cM)来表示。物理图谱(physical map)是利用限制性内切酶将染色体切成片段,再根据重叠序列确定片段的连接顺序和遗传标志之间物理距离(一般用 bp、kb 或 Mb 表示)的图谱。转录图谱(transcriptional map)是利用表达序列标签作为标记所构建的分子图谱,其不足之处在于难以通过随机测序获得低丰度表达和在特殊环境条件下诱导表达的基因。序列图谱(sequence map)是通过基因组大规模测序得到的图谱,以 A、T、G、C 为标记单位的基因组DNA 序列。

目前,大规模测序的基本策略有两种——逐步克隆法和全基因组鸟枪法。二者各有优缺点(表10-1),因此,一些学者建议将二者结合起来,即先用鸟枪法测序组装工作框架图,然后利用逐步克隆法筛选大片断克隆填补缺口,以达到精细图的标准。而针对大规模测序的平台主要有 Roche 公司推出的 454 平台、ABI 公司推出的 SOLID 平台以及 Illumina 公司推出的 Solexa 平台,并且随着技术的不断发展,测序仪器也在不断地更新换代。

表 10-1   逐步克隆法和全基因组鸟枪法的比较

项目	逐步克隆法	全基因组鸟枪法
遗传背景	需要(需构建物理图谱)	不需要
速度	慢	快
费用	高	低
计算机性能	低(以 BAC 为单位进行拼接)	高(以全基因组为单位进行拼接)
适用范围	精细图	工作框架图
代表物种	人、线虫	果蝇、水稻

作为结构基因组学中的一项重大计划——人类基因组计划的启动带动了结构基因组学的极大发展。现在,GenBank 数据库中(http://www.ncbi.nlm.nih.gov/genbank)积累了大量未知功能的 DNA 序列,如何鉴定出这些基因的功能将成为基因组研究的重大课题。

10.1.1.2   功能基因组学的研究方法

功能基因组学是在静态的基因组碱基序列弄清楚之后转入动态的基因组生物学功能研究,包括基因功能发现、基因表达分析和突变检测。常用的技术有:微阵列分析、基因表达序列分析、基因敲除、基因克隆等。

微阵列(microarray)包括 cDNA 微阵列和 DNA 芯片,可用于大规模检测基因差异表达、基因组表达谱和 DNA 序列多态性。基因表达序列分析是测定 cDNA 的 $3'$-末端部分序列,可同时定量分析大量转录本,与直接测定 cDNA 克隆序列相比,可减少大量的重复测序,从而可节省大量的研究时间和费用。基因敲除是以同源重组为基础,将基因突变,研究基因的功能,在小鼠和酵母中使用较为广泛。基因克隆是整个基因工程和分子生物学的起点,可根据已知基因序列、已知探针、特异抗体等克隆基因,研究基因的功能。

目前,食品相关功能基因组学主要包括以下研究方法:①利用生物信息学方法,从大量的基因组数据中挖掘出与食品营养、食品贮藏、食品加工工艺等相关的功能基因,对这些基因进行全面的研究,从而将其应用到食品工业中。②建立各种食品功能基因数据库,如番茄品质基因数据库、功能乳品数据库、肉类品质数据库、人类食品过敏源基因数据库等等,这些数据库将为食品工业化生产提供理论依据。③加强食品安全性和营养学(营养基因组学)研究,利用基因芯片技术和蛋白质组学技术对食品中各种营养素进行营养学评价,对食物中的毒素进行人体毒理学研究。

10.1.1.3   比较基因组学的研究方法

比较基因组学以结构基因组学和功能基因组学为基础,其研究方法基于比较作图和比较生物信息学,即先用一套相同的 cDNA 探针对不同物种进行作图,然后用生物信息学方法进行分析,从而研究基因组大小、基因数量、基因排列顺序、编码序列及非编码序列的长度、数量、特征及物种进化关系等生物学问题。其中,比较基因组学所用的模式生物基因组一般有以下规律:基因组一般较小,但编码基因的比例较高;外显子和内含子的结构组织较保守;DNA 重复少等。根据以上规律,大肠杆菌、酵母、线虫、果蝇和小鼠,被选为人类的首批五种模式生物。

10.1.2　基因组学的发展概况

10.1.2.1　动物基因组计划

人类基因组计划为动物基因组计划的开展提供了很多可借鉴的技术、方法和思路。遗传、物理、转录及序列图谱的构建同样也是动物基因组研究的重要内容。但与人类基因组研究的重点不同,动物基因组研究的重点在于那些与经济性状有关的染色体区域,其基本目标是运用DNA 重组技术精确定位畜禽中控制重要经济性状位点在遗传图谱和物理图谱中的位置,并利用这些信息来改良畜禽品种,其主要内容是对重要经济性状(肉、蛋、奶等性状)进行基因定位。21 世纪是生物技术发展的黄金时代,动物遗传育种面临着各种新的挑战和机遇,随着基因组学研究技术的发展,分子育种技术将给动物遗传育种研究带来翻天覆地的变化。

1990 年,欧盟启动动物基因定位计划(猪、牛、鸡)。1991 年,美国国家动物基因组研究计划(NAGAP)也启动,主要是针对猪、马、牛、羊、鸡等的功能基因和分子育种技术进行开发研究。1992 年,日本的国家动物基因组计划也启动,每年的研究经费在 500 万美元左右。我国国家自然科学基金委也从 1993 年开始对家养动物重要生产性状的相关分子遗传学基础研究进行资助,科技部也在 2000 年的国家重大科学基础研究计划中资助了有关家养动物基因组的研究,2002 年中国科学院创新工程计划也开始支持猪、鸡、蚕基因组的测序工作。虽然与发达国家相比,我国的资助力度和范围还相对有限,但随着研究的进展,相信我国也将在动物基因组研究方面占有一席之地。目前,资助的力度正在成倍地增加。

随着国际动物基因组计划的深入开展,一些家养动物的基因组序列已经或即将测定完成。2003 年,美国科学家在《Science》杂志上发表了犬的基因组框架,并于 2005 年在《Nature》杂志上发表了犬的完全基因组图谱。2004 年,在中国科学院北京基因组研究所、中国农业大学、美国华盛顿大学等的科学家共同努力下,鸡的全基因组序列框架图在《Nature》杂志上发表。2004 年,我国西南农业大学和中国科学院北京基因组研究所完成了家蚕的基因组框架图并在《Science》杂志上发表。2005 年,家猪的基因组序列被公布;2006 年,牛的基因组序列被公布;2007 年,猫的基因组序列被公布,家养动物基因组计划取得突破性进展。除了家养动物外,其他动物如果蝇、蚊子、蜜蜂、鱼、小鼠、大鼠等的基因组序列也已经被公布,这对于动物功能基因组和比较基因组的研究提供了丰富的信息,也为动物分子育种技术奠定了理论基石。

10.1.2.2　植物基因组计划

21 世纪,人类所面临的重大挑战之一是对食品和可再生能源不断增长的需求,而以植物为基础的技术是迎接这些挑战的关键。一直以来,国际上对植物基因组的研究也在如火如荼地进行着。因为植物基因组比较复杂,一个国家很难独立完成其测序工作,所以植物基因组计划大多是在多国的共同努力下完成的。

1990 年,美国、加拿大、新西兰、澳大利亚、日本、俄罗斯、英国等国家的科学家参与的拟南芥基因组计划启动,并于 2000 年完成测序。1997 年,国际水稻基因组序列计划启动,并于2005 年在《Science》杂志上公布其基因组。1999 年,法国也正式启动了植物基因组研究计划,这是欧洲的第一大研究计划,联合了公共和私营领域的研究力量。2001 年,大豆基因组计划启动;2005 年,欧洲小麦基因组计划启动;2008 年,中国科学院油料所和加拿大植物生物技术研究所签订合约,两国共同开展油菜基因组和遗传改良研究。近些年来,国际植物基因组计划不断增加,如 2009 年玉米和黄瓜的基因组被公布,2011 年土豆的基因组被公布,2012 年番茄

的基因组被公布,2013 年小麦的基因组被公布等
等,这些数据及其比较基因组数据为研究食品相关
的原材料提供了宝贵的信息,可以加快食品工业的
发展。番茄基因组与其他茄科植物基因组的比较
见二维码10-1。

二维码 10-1　番茄基因组与
其他茄科植物基因组的比较

10.1.2.3　微生物基因组计划

微生物的种类非常多,超过地球上其他任何生物,并且占全球生物量的绝大部分。微生物
与人类的生活息息相关,一方面可利用其生产某些食品组分和改进食品的性能,另一方面腐败
微生物和病原微生物也影响着食品的安全和卫生。因此,微生物基因组学的研究对于食品生
物技术非常重要。由于微生物基因组较小,以及高通量测序仪器的出现,使微生物基因组学迅
速发展。

1994 年,美国能源部首先启动微生物基因组计划,该计划中所涉及的微生物主要包括三
类:模式生物大肠杆菌和酿酒酵母、重要病原微生物以及对阐明生物学基本问题有价值的微生
物,其中大肠杆菌和酿酒酵母的基因组分别在 1997 年和 1996 年完成。欧盟人体肠道元基因
组计划由 12 家欧洲研究和产业机构以及我国深圳华大基因研究院共同发起,主要是研究人体
肠道微生物的基因组,其目标是揭示肠道微生物在营养吸收和健康维护方面的作用。2008
年,由深圳华大基因研究院承担的人体肠道元基因组计划的中国部分正式启动。由于病原微
生物致病性在生物医学研究领域非常重要,所以人们对微生物基因组的研究很大比例在于病
原微生物上。从 1995 年流感嗜血杆菌的全基因组测序完成以来,微生物基因组的研究范围不
断扩大,从古菌、细菌、病毒、到类病毒等。微生物基因组研究对微生物学,甚至整个生命科学
都产生了巨大影响。由于微生物种类的多样性,微生物基因组计划正在以惊人的速度发展。
可以估计,若干年后微生物基因组计划的总投入和工作量都将超过人类基因组计划,这样大规
模的研究势必对整个基因组学研究做出巨大贡献。

目前,已完成测序的食品微生物包括酿酒酵母、乳酸乳球菌、保加利亚乳杆菌、植物乳杆
菌、唾液链球菌等,这为食品微生物提供了大量的原始信息,利用这些信息可以更好地运用食
品生物技术来培育优势菌株,将大大促进食品工业的发展。

10.2　转录组学与食品产业

转录组学(transcriptome)是从整体水平研究细胞中所有基因转录及转录调控规律的学
科。通常,转录组是从 RNA 水平研究基因转录表达的情况,是指生物在特定的时间和空间条
件下,所表达的所有基因的组合。通过对转录组的研究,可以找到生物在特定的时期起关键作
用的基因,分析基因之间的关系,研究基因的调控网络,进而更加深入系统地研究基因的功能。
转录组学是功能基因组学研究的重要组成部分。

狭义的转录组是指所有参与翻译蛋白质的 mRNA 总和。广义的转录组是指从一种细胞
或者组织的基因组所转录出来的 RNA 总和,包括编码蛋白质的 mRNA 和各种非编码 RNA,
如 rRNA、tRNA,以及 snoRNA、snRNA、microRNA 及其他非编码 RNA 等。

由中心法则可知,遗传信息的流向从 DNA 经转录形成 RNA,再通过有编码能力的
RNA,即 mRNA 翻译成蛋白质。生物在不同时期和不同条件下有不同的转录物,从而决定了

细胞的结构与功能,不同的细胞之间再通过生物大分子之间的联系与协调,进一步构成组织/器官及生物个体。因此,RNA 在基因(DNA)和蛋白质之间起着重要的桥梁作用,而对特定条件下细胞中的转录组的研究,将有助于研究与特定条件相关的基因的表达水平及功能。因此,转录组学的研究具有重要的意义,主要体现在以下几个方面:

(1)从中心法则可以发现转录组是连接基因组遗传信息与具有生物功能的蛋白质组之间的纽带,所以转录水平的调控是最重要也是目前研究最为广泛的生物体调控方式之一。

(2)转录组反映了生物的基因组和外部物理特征(表型,或者如干旱等胁迫处理)的动态联系,体现出生物个体在特定的器官、组织或某一特定发育的生理阶段细胞中所有基因的表达水平。转录组研究的一个重要方面就是比较生物个体的不同组织或器官在不同生理状况下基因表达水平的差异,从而发现与特定生理功能和特殊性状相关的基因,进而对感兴趣的生物学过程进行深入的研究和探讨。

(3)转录组与基因组具有静态实体的特点不同,转录组是高度动态的。由于转录组是受到外源和内源因子的共同调控,所以同一细胞在不同的生长时期及不同的生长条件下,基因表达情况则有可能是不完全相同的,具有时空特异性。

(4)相对于基因组的研究,转录组研究对了解生物体特殊的生物学功能提供了更高效的生物信息。相对于庞大的基因组信息,只有很小一部分基因转录成 mRNA 分子,而转录后的 mRNA 能够被翻译生成蛋白质的只占部分的转录组。

(5)转录组的研究可以提供特定条件下全部表达基因的信息,通过与基因组比对,推断未知基因的功能,并揭示特定调节基因的作用机制。

10.2.1　转录组学的研究方法

转录组学的研究始于酿酒酵母细胞,利用 SAGE (serial analysis of gene expression)技术分析酵母基因的表达模式,得到大量 15bp 的标签(tag),然后将这些标签与酵母基因组进行比对,对其基因的功能进行鉴定。这项研究中,总共获得了 60 633 个转录本,对应 4 665 个基因。其中 1 981 个基因具有功能注释,剩余 2 684 个基因未知功能。随着生物学技术和计算机科学的发展,一系列方法和技术被开发,用于各种生物体转录组学的研究。目前用于转录组学数据获得和分析的方法有两大类:①基于杂交技术的微阵列技术(microarray),比如 cDNA 芯片和寡核苷酸芯片技术;②基于测序技术的转录组测序技术,比如 SAGE(serial analysis of gene expression)、MPSS (massively parallel signature sequencing)、RNA-seq(RNA-sequencing)等。

10.2.1.1　基因芯片(microarray)技术

基因芯片是一种测定基因表达丰度的大规模检测技术。其原理是将样品与固定探针的分子图谱进行荧光检测,根据信号的强弱来确定基因表达丰度,可分为 cDNA 芯片和寡核苷酸芯片。cDNA 芯片和 DNA 芯片都是基于 reverse Northern 杂交以检测基因表达差异的技术。基本思路都是先把 cDNA、EST(expressed sequence tag)或基因特异的寡核苷酸探针固定在固相支持物上,并与来自不同细胞、组织或整个器官的 mRNA 反转录生成的第一链 cDNA 探针进行杂交,然后用特殊的检测系统对每个杂交点进行定量分析,理论上杂交点的强度基本上反映了其所代表的基因在不同细胞、组织或器官中的相对表达丰度。

芯片技术具有高通量的优点,对转录组的研究可以在全基因组范围内获知细胞所发生的系列变化,从而在转录水平上阐明造成生物体表型出现差异的原因,发现一些感兴趣的与特殊生物学功能相关的基因。由于芯片技术需要准备探针,所以可能漏掉那些未知的、表达丰度不高但可能是很重要的调节基因。因此,在缺乏全基因组信息的情况下,芯片技术成为一种发现和鉴定表达基因的快捷途径,并广泛用于动植物等的功能基因的研究。然而,杂交技术具有灵敏度不高的缺陷,其用于测量目的基因表达水平的微小变化和对低丰度 mRNA 的检测表现得不理想。此外,基因芯片技术的结果还会受到 cDNA 文库构建过程中逆转录效率、文库质量及代表性、大规模测序中的测序量及建库成本等的影响,从而影响实验结果。结合上述分析,芯片技术的应用具有一定的局限性。

10.2.1.2　转录组学测序技术

1. SAGE(serial analysis of gene expression)　SAGE 技术是建立在 Sanger 双脱氧测序法之上的 RNA 测序技术,SAGE 利用每个转录本 3′末端特定位置的单一序列标签(9～14 个碱基)为识别标记,代表一种基因,通过酶切分离每个转录本的序列标签,随后将这些短序列连接、克隆和测序,根据特定序列标签出现的次数计算基因表达的丰度。由于每个 SAGE 测序克隆中都含有几十个序列标签,因此,其单位测序成本所获得的信息量高。但是 SAGE 文库构建流程长,技术要求高。

2. MPSS(massively parallel signature sequencing)　大规模平行信号测序系统 MPSS 技术基于 SAGE/Long SAGE 实验框架产生,在此基础上做了改进,在 cDNA 上增加了通用接头,是新一代测序技术发展的先驱。MPSS 技术是功能基因组研究的有效工具,能在短时间内检测组织或细胞内全部基因的表达特征。

3. RNA-Seq(RNA-sequencing)　RNA-Seq 也称为转录组测序,是最新发展起来的利用新一代测序技术进行转录组分析的技术,可以全面快速地获得特定细胞或组织在某一状态下几乎所有转录本的序列信息和表达信息,包括编码蛋白质的 mRNA 和各种非编码 RNA,基因选择性剪接产生的不同转录本的表达丰度等。在分析转录本的结构和表达水平的同时,还能发现未知转录本和稀有转录本,从而准确地分析基因表达差异、基因结构变异、筛选分子标记等生命科学的重要问题。

此外,RNA-Seq 可以直接对大多数生物体的转录组进行分析,因其不需要知道目标物种的基因信息,从而表现出了特别的优势。在 RNA-Seq 出现以前,人们对转录组的认识有限。RNA-Seq 表现得既高效又快捷,很大程度上改变了人们对转录组的认识。利用 RNA-Seq 已成功对玉米(*Zea mays*)、拟南芥(*Arabidopsis thaliana*)、水稻(*Oryza sativa*)、番茄(*Solanum lycopersicum*)等模式植物进行了测序。

RNA-Seq 的技术流程为:提取样本总 RNA 后,根据检测 RNA 的种类(编码或非编码 RNA)进行分离纯化,进而片段化为所用测序平台所需的长度(或反转录后片段化),连接测序接头,接着利用 PCR 扩增达到一定丰度后上机测序,直到获得足够的序列数据。根据序列通过生物信息学方法与参考基因组(已有测序数据)比对或从头组装,形成全基因组范围的转录谱。具体来讲,RNA-Seq 的整个实验分为两个过程,以 Illumina/Solexa 转录组测序为例:

一是试验过程(图 10-3),提取样品总 RNA 后,用带有 Oligo(dT)的磁珠富集真核生物 mRNA(若为原核生物,则用试剂盒去除 rRNA 后进入下一步)。加入 fragmentation buffer 将 mRNA 打断成短片段,以 mRNA 为模板,用六碱基随机引物(random hexamers)合成第一链 cDNA 链,加入缓冲液、dNTPs、RNase H 和 DNA polymerase Ⅰ 合成第二条 cDNA 链,在经过 QiaQuick PCR 试剂盒纯化并加入 EB 缓冲液洗脱后做末端修复、加 Poly(A)并连接测序接头,然后用琼脂糖凝胶电泳进行片段大小选择,最后进行 PCR 扩增,建好的测序文库用 Illumina Genome Analyzer Ⅱx 进行测序。

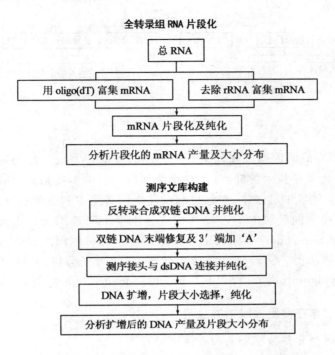

图 10-3　Illumina Genome Analyzer Ⅱx 测序过程
(引自:李晓艳,2012)

　　二是信息分析过程(图 10-4),测序得到的原始图像数据经 base calling 转化为序列数据,称之为 raw data 或 raw reads。测序得到的 reads,并不都是有效的,里面含有带接头的、重复的和测序质量很低的 reads,这些 reads 会影响组装和后续分析,通过对 reads 过滤,得到 clean reads。然后使用短 reads 组装软件 SOAP denovo 对得到的 clean reads 做转录组从头组装。SOAPdenovo 首先将具有一定长度 overlap 的 reads 组装成 contig,SOAPdenovo 将这些 contig 连在一起,中间未知序列用 N 表示,这样就得到 scaffold,利用 paired-end reads 对 scaffold 做补漏处理,最后得到含 N 最少,两端不能再延长的序列,称之为 unigene。将 unigene 序列与已知的蛋白数据库 Nr、Swiss-Pot、KEGG 和 COG 做 Blast X 比对,给出基因的功能注释。

　　对于转录组的研究,模式生物有参考基因组序列,而且基因的注释信息相对比较完整,所以转录组的研究通常是根据现有基因的注释结果,对基因在不同组织中的差异表达情况、可变剪切以及基因融合等现象进行鉴定和分析。而对于非模式生物,由于没有全基因组序列可供参考,生物信息量又很匮乏,大多数尚未进行深入的研究和探讨,因此通常是采用转录组从头(de novo)组装成较长的序列(unigene)后,再与公共的数据库进行比对,对基因的功能进行注释和分类。

　　总而言之,新一代的测序技术是对传统测序方法的一次革命性变革,具有高通量、低成本、快速、准确的特点。通过一次运行可以获得 0.45GB 到 200GB 的数据,相较于过去使用 San-

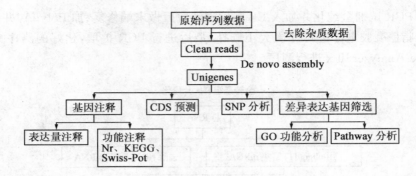

图 10-4   RNA-Seq 生物信息分析流程

ger 测序法耗费几年完成的数据现在几天甚至几小时就能够完成。此外,新一代高通量测序技术能够克服第一代测序技术的缺点,能获得全部转录本的丰度信息,同时具有较高的准确度,具体体现在:①检测新的转录本,包括目前没发现的转录本和很少被报道的转录本。②通过分析基因表达量和不同转录本的差异性在转录水平上对基因表达进行研究。③microR-NA、lncRNA(long non-coding RNA)、RNA 编辑等研究可以深入探究基因表达机制,研究非编码区不同区域的功能。④转录本结构变异研究,如可变剪接、基因融合。⑤开发 SNPs(single nucleotide polymorphisms)和 SSR(simple sequence repeat)等。

10.2.2   转录组学在食品领域中的应用

10.2.2.1   功能和营养物质合成相关调控研究

植物色素是天然色素应用最多的一类,其使用非常广泛。作为重要的食品添加剂,它可以广泛应用于糖果、饮料、糕点、酒类等食品的着色。植物色素可分为类胡萝卜素、类黄酮化合物、多酚类化合物、醌类化合物、叶绿素类、生物碱类化合物、二酮类化合物、吲哚类化合物和其他植物色素。其中,花色素是属于类黄酮的一大类,作为一种天然的食用色素,花色素具有安全、无毒、资源丰富等特点,而且还具有一定的营养和药理作用,大量研究表明:花青素具有抗氧化、抗突变、抗增生,预防心脑血管疾病、保护肝脏、抑制肿瘤细胞发生等多种生理功能。例如,越橘(*Vaccinium* spp.)果实中,花色素苷是最主要的生理活性物质,其合成途径也是越橘果实发育过程中最重要的次生代谢途径之一。由于传统测序手段固有缺陷加上越橘现有遗传信息匮乏,导致对越橘重要次生代谢产物形成的分子机制的深入研究和探讨存在困难。通过高通量测序技术对越橘果实进行转录组测序,全面分析果实成熟期的基因表达变化,挖掘与花色素苷等黄酮类物质合成相关的基因和转录因子,筛选得到 329 个 All unigenes 编码与花色素苷等黄酮类物质生物合成相关的转录因子,比如 MYB、WD40、WRKY、AP2 和 bHLH。通过差异表达文库筛选,获得 92 条 All unigenes 可能编码黄酮类物质生物合成途径中的 14 个关键酶,比如苯丙氨酸解氨酶(PAL)、查耳酮合酶(CHS)、黄烷酮 3-羟基化酶(F3H)、二氢黄酮醇还原酶(DFR)和花色素合酶(ANS)。转录组数据分析为深入研究越橘花色素苷合成的分子机制奠定了基础。同样地,运用转录组学技术研究草莓白肉突变体与野生型花色素相关基因表达,结果表明花色素苷合成代谢相关基因 *ANS*、*CHS*、*F3H*、*MYB*10、*bHLH*78、*Bhlh*143 和 *WD*40 在白肉突变体中表达下调。

此外,在食品领域对 miRNA 的功能性质和潜在应用的研究日益增多,大致的方向有,对食物中 miRNA 本身的研究,以及对其特性的利用,再者是摄食进入机体内对机体代谢的影响。长期以来,人们一直认为摄食的核酸成分,在消化道分解为单核苷酸,甚至分解为碱基后被小肠吸收。因此,从食品科学的角度分析研究摄食中 miRNA 的功能性质有很大的理论和实际意义。此外,在奶源中检测到的 miRNA,其表达谱的特异性,可能用来作为奶制品溯源的新指标,抑或作为控制奶品质量的新标准。

10.2.2.2　食品发酵业菌种改良研究

米曲霉(Aspergillus oryzae),是半知菌亚门丝孢纲丝孢目从梗孢科曲霉属真菌中的一个常见种。由于米曲霉在酿造工业中的重要应用,米曲霉优良菌种的选育成为米曲霉研究工作的重要内容。传统的育种方法包括物理化学诱变(如紫外诱变、亚硝基胍诱变、亚硝酸诱变等)、原生质体融合技术等,都存在周期长、效率低、改良效果不够显著等问题。因而采用生物技术产生的改良新技术有基因组改组技术(genome shuffling)、代谢工程等。通过米曲霉的转录组信息分析,能够更有效地通过筛选启动子、选择合适的筛选标记和整合元件,重组米曲霉的表达系统,从而有效地提高米曲霉的蛋白表达能力。例如,H. Ishida 等研究了酪氨酸酶基因的启动子(melO),它比通常认为效率已经很高的启动子:淀粉酶基因启动子(amyB)和糖化酶基因启动子(glaA)等效率还要高四倍,利用其进行同源葡萄糖淀粉酶的发酵生产,产量最高可达 3.3 g/L;王斌等对米曲霉的外源基因表达系统进行了初步的研究,以米曲霉 RIB40 的基因组 DNA 为模板扩增得到各种表达元件并构建了米曲霉的重组表达载体 pNMA,成功在米曲霉中表达了米赫根毛霉脂肪酶基因(RML),获得的整合型米曲霉阳性转化子 A. oryzae ONL1 的 7 d 培养液上清的酶活可达 2.5 U/mL。

此外,2008 年,Brian T. Wilhelm 研究团队和 Ugrappa Nagalakshmi 研究团队分别在《Nature》和《Science》杂志公布运用 RNA-seq 技术获得的裂殖酵母(fission yeast)、酿酒酵母(Saccharomyces cerevisiae)转录组数据,标志着转录组学技术在酿酒酵母研究中得到了应用。

10.2.2.3　研究果蔬生理及基因表达

基因的差异性表达是调控生命过程的核心。基因的表达、关闭以及表达量的变化,决定了每一个生命体的生长发育、表型差异以及细胞周期调控、衰老、死亡等生命过程。通过研究基因在不同组织和细胞、不同发育阶段中基因表达的改变,从而能够阐明基因的功能及调控规律。目前,转录组学技术在植物方面已开始应用于研究果实成熟发育过程中基因表达情况、检测植物激素对植物基因表达的影响、植物对环境耐受力、抗病虫害的能力和提高品质等方面的基因差异表达分析,大大促进了植物育种和新品种的产生。

番茄(Solanum lycopersicum)是研究果实成熟衰老以及对抗生物与非生物胁迫的模式植物,并且是全世界最重要的蔬菜作物之一,在我国蔬菜产业中具有重要的地位。通过基因芯片差异杂交技术及进一步实验验证,结果发现 HyPRP (hybrid proline-rich protein)和 DBB (Double B-box zinc finger protein)与植物抗非生物胁迫相关;与矮化相关的基因 SIDREB 和 SIjmjC,分别会导致赤霉素敏感和不敏感的矮化,矮化植株由于减少了在逆境下自身的能力损失从而抵御不良环境,说明矮化也是植物对抗非生物胁迫的一种适应。

转录组技术是在柑橘上得到广泛应用的芯片杂交技术,通过设计柑橘芯片,采用芯片技术研究柑橘果实发育成熟,对乙烯和赤霉素的反应,突变体检测,抗病反应和抗非生物胁迫,以及基因表达的组织特异性方面做了大量工作。此外,基于测序的转录组技术 MPSS,通过对红肉突变体红暗柳橙进行转录组和 microRNA 组测序,发现番茄红素合成下游基因的削弱和光合作用的增强可能是红肉突变体积累番茄红素的重要原因；microRNA组测序也鉴定了一些新的microRNA以及可能参与突变性状形成的靶基因。

10.2.2.4　与其他平台组学技术联用

遗传信息由基因经转录物向功能蛋白质传递，基因功能由其表达产物来体现。基因与蛋白质的表达紧密相连，而蛋白组学指的是从蛋白质的整体表达水平阐明生命现象、研究生命活动规律。蛋白质组具有时空性的细胞动力学研究领域，不仅包括生物体在不同发育阶段或是各种外界环境条件刺激下所有蛋白质的表达，还包括大量的蛋白翻译后修饰和蛋白与蛋白互作等信息。代谢物则更多地反映了细胞所处的环境，如营养状态、药物和环境污染等。由于细胞内各个层次间的调控互相关联，单一组学分析具有一定的局限性。此外，转录组分析并不能准确地反应细胞内基因的翻译情况，对于带有大量突变的突变株，基因序列的突变可能对其转录水平没有影响，但可显著降低翻译的效率，这时单纯依靠转录组分析就会遗漏重要的差异表达信息。因此，转录组与其他组学技术的整合分析显得尤为重要。各种组学技术的综合运用有利于重要信息的补充和整合，将加深对复杂生物系统的认识、加速对代谢靶标的识别。

目前，基因组学和后基因组学（转录组学、蛋白组学及代谢组学）的研究发展迅速，为食品科学相关研究提供了新的思路和技术，在食品加工、贮藏、营养素检测、食品安全以及食品鉴伪等领域中已有广泛的应用。例如，食品中功能成分多为存在于细胞中的多糖、类黄酮和酚类等小分子物质，代谢组学能够分析所有代谢物的激活，系统研究代谢产物的变化规律，揭示机体生命活动代谢本质。蛋白组学和转录组学则能够找到营养物质合成和代谢途径中的关键蛋白和基因，从而为基因工程提供有利的证据。

10.3　蛋白质组学与食品产业

10.3.1　蛋白质组学的概念

蛋白质组（proteome）一词源于蛋白质（protein）和基因组（genome）两个词的结合，这一概念最早是由澳大利亚科学家 Marc Wilkins 和 Keith Williams 于 1994 年提出，其经典定义是指一个细胞或组织中由基因组表达的全部蛋白质。然而，一个基因组所表达的蛋白质是随着时空变化而变化的，即在不同生长阶段、不同生理状态或病理条件下，其表达的蛋白质是不同的。因此，广义的蛋白质组学（proteomics）是以蛋白质群体为研究对象，从整体水平上分析一个有机体、细胞或组织的蛋白质组成及其活动规律的科学，其研究内容不仅包括蛋白质的定性和定量，还包括蛋白质的修饰、功能、定位及相互作用等。早期的蛋白质组学研究主要集中在通过双向电泳等方法分析同一细胞和组织在不同条件下的蛋白质差异表达情况，从中分离鉴定在特定条件下特异表达的蛋白质。随着学科的发展，蛋白质组学的研究范围也在不断完善和扩充，例如，蛋白质翻译后修饰的研究已成为蛋白质组学中的重要部分之一。另外，蛋白质高级结构的解析和蛋白质相互作用的研究也已被纳入蛋白质组学的研究范畴。因此，蛋白质组学能够从多方位、多角度去研究蛋白质的表达模式及蛋白质之间的调控和相互作用，其在医药、农业和食品科学等领域具有广泛的应用前景。

10.3.2　蛋白质组学研究技术

早期的蛋白质组学主要使用单一的技术,如双向电泳结合质谱等对单个的样品进行分析。经过多年的发展,随着质谱技术的进步和生物信息学数据库的完善,蛋白质组学已经能够综合利用多种技术,对复杂的细胞、组织,甚至个体中蛋白质的表达、修饰、功能以及相互作用进行多层面的研究。目前,根据研究目标和手段的不同,蛋白质组学研究可以分为结构蛋白质组学、功能蛋白质组学和表达蛋白质组学三大类别。结构蛋白质组学是在活性构象下研究蛋白质,解析蛋白质或者蛋白质复合体的三维结构。对于蛋白质三维结构的解析,可以采用 X 射线晶体衍射图谱法或中子衍射法测定晶体中的蛋白质分子构象,也可以采用核磁共振法、圆二色谱法和激光拉曼光谱法等测定溶液中的蛋白质分子构象。功能蛋白质组学是通过分析蛋白质间的互作、蛋白质的细胞定位以及蛋白质翻译后修饰(PTMs)等,明确细胞或组织中全部蛋白质的生理功能。功能蛋白质组学中主要的研究方法有:全基因组蛋白质标签(genome-wide protein tagging)、酵母双杂交(yeast two-hybrid analysis)、蛋白质芯片(protein chip)和荧光共振能量转移技术等。表达蛋白质组学是观察某种细胞或组织中蛋白质的整体表达,分析不同条件下蛋白质表达量的变化。表达蛋白质组学中主要的研究方法有:双向凝胶电泳(2-DE)、双向荧光差异电泳(2D-DIGE)、多维蛋白质鉴定技术(MudPIT)、同位素标记相对和绝对定量技术(iTRAQ)和稳定同位素体内标记技术(SILAC)等。在食品科学领域中,蛋白质组学相关研究主要集中于表达蛋白质组学方面,即对某特定因素、特定阶段或特定生理条件下所表达的差异蛋白进行分析。因此,本文将重点介绍表达蛋白质组学中的常用技术,例如,2-DE、2D-DIGE 和 iTRAQ 技术等。

10.3.2.1　基于凝胶分离的研究方法

1. 双向凝胶电泳　双向凝胶电泳(2-DE)的概念最早是由 Oliver Smithies 和 M. D. Poulik 在 1956 年提出的。1985 年,Patrick O'Farrell 和 Joachim Klose 对其进行了优化,建立了高分辨率的二维凝胶电泳方法。其基本原理是:样品中的蛋白质首先根据等电点的不同在 pH 梯度胶内进行等点聚焦分离,然后转到聚丙烯酰胺凝胶电泳上,按照它们分子质量的大小进行第二次分离。

双向电泳的第一向是等点聚焦(Iso-electric focusing,IEF),即利用有 pH 梯度的介质分离等电点不同的蛋白质的电泳技术。蛋白质是两性分子,当 pH 大于其等电点 pI 时,带负电荷;当 pH 小于等电点 pI 时,带正电荷;当 pH 等于等电点 pI 时,蛋白质的净电荷为零。在进行 IEF 电泳时,将蛋白质样品加载至 pH 梯度介质(目前为固定化 pH 梯度胶条,IPG 胶条),然后电场的作用会使蛋白质迁移至其等点 pH 位置,使其净电荷为零,不再移动,从而实现蛋白质样品的第一向分离。

双向电泳的第二向是十二烷基磺酸钠-聚丙烯酰胺凝胶电泳(SDS-PAGE),是根据蛋白质的分子质量不同而实现分离的电泳技术。在进行 SDS-PAGE 电泳前,要对完成 IEF 的 IPG 胶条进行平衡,通过平衡液中的阴离子表面活性剂 SDS 破坏蛋白质分子内和分子间的非共价键,使蛋白质变性并形成带负电荷的 SDS-蛋白复合物。然后将平衡后的 IPG 胶条转移至 SDS-PAGE 凝胶上面,进行电泳分离。由于 SDS-蛋白质复合物的迁移率主要取决于蛋白质的相对分子质量,在电场中各个蛋白质组分可以按相对分子质量大小分开,从而获得样品中蛋白质的二维平面分布图谱。双向电泳的流程图见 10-5。

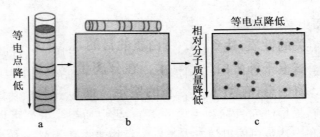

a. IEF,蛋白由于 pI 不同分离,且 pI 逐渐降低;b. 将胶条取出,平衡后,用含有电泳缓冲液的琼脂将胶
条封在 SDS-PAGE 胶上面,进行第二向电泳;c. 得到蛋白质的二维平面分布图

图 10-5　双向电泳流程

(引自:饶子和等,2012)

　　2-DE 凝胶上的蛋白质点要通过染色才能呈现,染色方法有考马斯亮蓝染色、银染、负染和荧光染色,其中考马斯亮蓝染色和银染最为常用。考马斯亮蓝可以与蛋白质结合形成较强的非共价复合物,其结合量同凝胶中蛋白质的质量大致成正比,因此可以进行定量分析。考马斯亮蓝分 R-250 和 G-250 两种,R-250 的检测灵敏度为 50～100 ng,G-250 为 10 ng,经二者染色的蛋白点均能用于后续的质谱分析。但是大多数的糖蛋白不能被考马斯亮蓝染色。目前,改进型的考马斯亮蓝染色,即胶体考马斯亮蓝染色法,利用 G-250 同蛋白质的碱性氨基酸残基结合形成胶体状态,极大地降低了背景干扰,缩短了染色时间,并且检测灵敏度提高至 8～50 ng。另一种常用的蛋白质染色方法是银染,在碱性条件下利用甲醛将自由银离子还原成银颗粒,沉积在蛋白质分子表面而呈色。经典银染法的检测灵敏度可以达到 1 ng,但是这一过程中使用的戊二醛和其他强氧化剂会与蛋白质发生交联,影响后续质谱分析结果。与质谱兼容的银染法试剂中不含戊二醛等强氧化剂,但往往会有背景加深和灵敏度下降的问题,目前有些公司对该方法进行了改进并推出相应的试剂盒,可以缩短操作时间并将检测灵敏度提高至 0.2～0.5 ng,但是这些试剂盒价格较高。经过染色后的 2-DE 凝胶可以用于凝胶数字化图像的采集和分析。一般凝胶图像的获取采用可见光扫描设备,如 Bio-Rad 公司的 GS 系列光密度仪和 GE 公司的 ImageScanner 系列扫描仪等。然后,利用双向电泳图像分析软件可以获取图像中蛋白质点的总数、相对分子质量、等电点、表达丰度以及差异蛋白点的表达变化等信息。对于 2-DE 凝胶上所呈现的蛋白质点或者其中选定的差异表达蛋白点,可以将其切割下来,分别进行胶内酶解获得蛋白质的肽段,然后进行质谱鉴定。

　　质谱技术的原理是将样品分子离子化后,根据不同离子间质荷比(m/z)的差异来分离并检测离子的相对分子质量。质谱仪一般由 3 个核心部分组成,第一部分是离子化源,其作用是将肽段转化为离子;第二部分是质量分析器,其作用是根据离子的质荷比(m/z)不同对其进行分离;第三部分是离子检测器,其作用是检测分离后的不同离子。随着两种软电离技术(基质辅助激光解吸附电离 MALDI 和电喷雾电离 ESI)的出现和成熟,质谱技术开始广泛地应用于蛋白质的高通量鉴定。蛋白质之所以可以通过质谱分析来鉴定,是因为大多数含有 6 个或 6 个以上氨基酸的肽段序列在一个生物的蛋白质组中是唯一的。如果能够得到这样的肽段序列或者能够精确测定肽段的质量,就可以通过与蛋白质序列数据库的匹配来鉴定肽段的蛋白质来源。每一种蛋白质的氨基酸序列不同,经过胰蛋白酶水解后产生的肽段也各不相同,所以肽段混合物经质谱分析产生特征性的质量图谱,称为肽质量指纹图谱(peptide mass fingerprinting，PMF)。将实验获得的肽质量指纹图谱在蛋白质数据库中检索，寻找具有相似 PMF 的蛋白质，就可以完成蛋白质的初步鉴定。因此，通过构建 PMF 图谱来鉴定蛋白质的一般流程为：①利用 2-DE 技术对蛋白质样品进行分离，在凝胶上选取并切割目标蛋白点；②利用特异性的蛋白质内切酶进行胶内酶解，获得多肽片段；③将多肽混合物转移到基质辅助激光解吸电离飞行时间质谱仪（MALDI-TOF-MS）或者电喷雾电离质谱仪（ESI-MS）上进行分析，获得 PMF 图谱；④利用生物信息学软件（如 Mascot 等）在蛋白质数据库中检索，寻找具有相似 PMF 的已知蛋白质，获取蛋白质的注释信息。需要注意的是采用 PMF 鉴定蛋白质要求质谱分析中至少得到 4 个肽段的质量，并且数据库中存在相应的蛋白质信息时才能准确鉴定。

2-DE 技术经过长期的发展，已经成为蛋白质组学研究中的经典方法，其不仅能够进行复杂样品中蛋白质的分离，还能够直观地观察到蛋白质的差异表达情况。但是 2-DE 技术仍然存在一些不足之处，主要表现在以下几个方面：①目前商业化的 IPG 胶条只能分离 pI 值 3~10 的蛋白质，对于极酸和极碱的蛋白质不能有效的分离；②在样品蛋白质提取过程中，疏水性蛋白质（如膜蛋白）不能溶解于常规的 2-DE 裂解液中，导致这部分蛋白质不能在 2-DE 凝胶上呈现；③样品中的蛋白质是在 IPG 胶条再水化过程中渗透进入胶条的，那么分子质量大于 200 ku 的蛋白质比较难进入 IPG 胶条，而分子质量小于 10 ku 的蛋白质容易扩散；④2-DE 凝胶中的低丰度蛋白质点往往被高丰度蛋白质点所掩盖而不能被检测；⑤为保证 2-DE 数据的准确性，要进行 3 次以上的重复实验，所以 2-DE 实验工作量大、耗时、费力且难以自动化。因此，开发新型高分辨和高通量的蛋白质组学研究方法成为促进蛋白质组学进一步发展的关键因素。

2.2D-DIGE　荧光差异双向电泳技术（two-dimensional fluorescence difference gel elec-trophoresis，2D-DIGE）是在经典的基于染色的 2-DE 技术的基础上发展而来的，能够用单一的 2-DE 凝胶将不同荧光染料标记的蛋白质样品等量混合，进行分离。不同标记的蛋白质在不同波长激光的激发下，发出不同颜色的荧光，从而实现对两个样品间的差异定量分析。2D-DIGE 克服了传统 2-DE 实验中不同凝胶间重复性差的问题，使得蛋白质点的匹配和差异定量分析更为准确。

在 2D-DIGE 实验中，首先要用不同荧光染料 CyDyes 共价标记蛋白质分子，然后等量混合后进行传统的 2-DE 电泳。CyDyes 染料的标记不会改变蛋白质分子带电荷情况，所以在等点聚焦过程中蛋白质也不会发生位置偏移。另外，这几种 CyDyes 染料的分子质量是一致的，能够使每个标记的蛋白质分子质量增加约 500 u。因此，同一种蛋白质用不同的荧光染料标记后，在 2-DE 凝胶上的迁移位置仍然是相同的，有利于蛋白点的匹配分析和差异比对。目前，有两种荧光标记技术，分别是最小标记和饱和标记，其中最小标记技术最为常用。最小标记技术使用的高溶解性的 N-羟基琥珀酰亚胺衍生的荧光染料 CyDyeTM DIGE Fluor dyes 标记蛋白质中的赖氨酸，三种染料分别是：Cy2、Cy3 和 Cy5。采用最小标记法可以分析 50 μg 的蛋白质样品，灵敏度可高达 25 pg，线性动力学范围可达到 5 个数量级。通过优化条件可以让每一个蛋白质分子上只标记上一个染色分子，并且标记的蛋白质只占整体蛋白质的 3%~5%。2D-DIGE 实验中，一般用 Cy3 标记处理组蛋白质样品，Cy5 标记对照组蛋白质样品，处理组和对照组样品等量混合后用 Cy2 标记作为内标，然后将 3 种标记的蛋白质样品等量混合进行 2-DE 电泳。获得的蛋白质图谱需要使用激光扫描成像系统，目前比较普遍的是 GE Healthcare 公司的 Typoon 激光扫描系统，可以分别用激发波长/发射波长为 488 nm/520 nm、532 nm/580 nm

和 633 nm/680 nm 的激光对 Cy2、Cy3 和 Cy5 标记的蛋白质进行荧光扫描。并且在进行差异定量分析时,Cy2 标记起到了重复胶之间的数据校正和归一化作用。

同经典的基于染色的 2-DE 技术相比,2D-DIGE 在避免不同胶之间重复性差、减少凝胶用量和降低工作量等方面有着明显的优势。但是,2D-DIGE 技术也存在一些问题。尽管不同染料标记的蛋白质在分子质量和等电点方面没有明显改变,但是标记的蛋白与未标记的蛋白质相比,分子质量增加了约 500 u。在最终的 2-DE 凝胶上,标记的蛋白要比大部分未标记的蛋白质位置稍偏高一点,特别是低分子量蛋白位置偏移更严重,这对于切取差异蛋白质点进行质谱鉴定有一定的影响,可能存在切取的蛋白点被其他未标记蛋白质污染的问题。2D-DIGE 在分离极酸极碱蛋白质和膜蛋白以及鉴定低丰度蛋白质点等方面仍存在一些问题。另外,2D-DIGE 技术需要 CyDyes 染料、荧光扫描系统和软件差异分析系统,因而费用远远高于经典 2-DE。

10.3.2.2 基于标记技术的研究方法

无论是经典的 2-DE 或是优化的 2D-DIGE,这些基于凝胶分离的蛋白质组学技术存在着一些难以完善的缺陷。蛋白质组学方法随着色谱技术和质谱技术的成熟不断发展,特别是蛋白质串联质谱(LC-MS/MS)鉴定技术的广泛应用,使得基于标记技术的定量分析方法成了蛋白质组学研究中的又一有效工具。这类方法的原理是采用不同同位素标记分别标记不同来源的蛋白质或肽段样品,然后等量混合通过 LC-MS/MS 进行分离鉴定。如果标记的是蛋白质,还需要通过酶解将其转化成肽段样品再进行 LC-MS/MS 分析。尽管引入不同同位素(如 D、13C、15N 和 18O)标记的小分子,用来识别不同样品来源的蛋白质肽段,但不同标记的同一肽段的化学性质不受影响,在 LC 分离中的滞留时间一样,从而可以同时进入到质谱,并且在同一次质谱扫描中这些不同标记的肽段的离子化效率一致,检测到的肽段谱峰信号成批次出现。由于同一肽段被不同同位素标记后的荷质比接近,可以在质谱峰图上找到同一肽段所对应的不同标记的谱峰,根据峰高或是峰面积就可定量分析出该肽段在不同样品间的含量差异。目前对蛋白质或肽段标记的方法分为体外化学标记法和体内代谢标记法。体外化学标记法包括,同位素亲和标签技术(isotope-coded affinity tag,ICAT)、18O 标记技术和同位素标记相对和绝对定量技术(isobaric tag for relative and absolute quantitation,iTRAQ),其中 iTRAQ 技术成熟,应用广泛。最常用的体内代谢标记法为细胞培养过程中的稳定同位素标记技术(stable isotope labeling by amino acids in cell culture,SILAC)。

1. iTRAQ 同位素体外标记技术　同位素标记相对和绝对定量技术(isobaric tag for relative and absolute quantitation,iTRAQ)是一种可以同时对 4~8 种蛋白质样品进行标记,并能够对这些标记的蛋白质样品进行绝对和相对定量的多重比较的蛋白质组学研究方法。2004 年 Ross 等合成了 4 种 iTRAQ 试剂,并将其应用到蛋白质组学相对定量的研究中。随着技术的进步,目前 iTRAQ 试剂种类达到 8 种,可以同时标记 8 个蛋白质样品。以 8 种不同的 iTRAQ 试剂为例,这些试剂由 3 种不同的化学基团组成:一端是标签分子部分,由相对分子质量为 113、114、115、116、117、118、119 和 121 的报告基团(reporter group)组成,从而形成 8 种不同标记;另一端为一个相同的多肽反应基团(peptide reactive group);两者之间相对分子质量分别为 192、191、190、189、188、187、186 和 184 的质量平衡基团(balance arm)。多肽反应基团将 iTRAQ 标签与肽段的氨基末端和每个赖氨酸侧链相连,8 种报告基团通过质量平衡基团与多肽反应基团相连,从而实现对不同样品的所有酶解肽段的标记。由于 iTRAQ 试剂质量是等量的,即不同同位素在标记同一多肽后,在第一级质谱检测时分子量完全相同,在质谱图上表现为同一个质荷比(m/z)。然而,在二级质谱分析过程中,不同标记的肽段在碰撞诱导解离后会裂解,报告基团、质量平衡基团和多肽反应基团之间的键断裂。报告基团部分在 MS/MS 图谱上表现为低质荷比(m/z)113 u、114 u、115 u、116 u、117 u、118 u、119 u 和 121 u。由于这些报告离子分布在低相对分子质量区域,在质谱图上与其他普通离子容易区分(其他离子的荷质比一般大于 400),所以这 8 种报告离子的峰高及面积代表了不同样品中同一肽段相对量的比值。同时依据此肽段在二级质谱中的 b 离子和 y 离子实现肽段的鉴定。因此,理论上,一个蛋白质所有的酶解肽段均可以在二级质谱中被定量和鉴定,那么一方面可以通过整合一个蛋白质上所有肽段信息来进行蛋白质的鉴定,另一方面可以通过平均一个蛋白质上不同肽段的定量值来获得这个蛋白质的定量比值。如果合成一个内标肽段,同时用 iTRAQ 试剂标记,即可通过内标肽段和待测肽段的报告基团的峰强度比值进行绝对定量分析。

　　iTRAQ 标记和分析的一般过程是:①将 4~8 个不同来源或处理的等量蛋白质样品分别进行还原和烷基化后,用胰蛋白酶水解;②获得的肽段混合物分别用不同的 iTRAQ 试剂进行标记;③将不同标记的样品等量混合,进行 LC-MS/MS 分析;④二级质谱检测到报告离子和被标记多肽肽键断裂产生的离子串,根据报告离子的峰高度和峰面积可以确定不同样品中相同多肽的相对比值,根据多肽的氨基酸序列可以在数据库中检索到相应的蛋白质前体。具体流程示意图见二维码 10-2。iTRAQ 方法的优点有:①可以标记所有的蛋白质或蛋白质酶解肽段,

二维码 10-2　iTRAQ
技术流程示意图

不仅能够提高蛋白质鉴定的覆盖率,还可以通过平均一个蛋白质上多个肽段的定量值,使得蛋白质的比较定量更准确可靠;②标记过程操作简单,反应速度快、标记完全,标记效率高达 98% 以上;③可以对极酸或极碱蛋白、膜蛋白、大分子蛋白等 2-DE 无法分析的蛋白质进行标记和定量分析;④iTRAQ 试剂可以标记修饰后的氨基酸,因此可以对磷酸化蛋白、糖基化蛋白等翻译后修饰(posttranslational modifications,PTMs)蛋白进行定量和定性研究;⑤可以同时分析 4 到 8 个样品,有效地实现了多重比较,减少了不同批次实验间的系统误差。

　　然而,和其他蛋白质组学研究技术一样,iTRAQ 标记技术也有自己的局限性:①对全蛋白质组而言,它通常只能对相对丰度进行比较,提供相对的定量结果;②高丰度蛋白质容易干扰低丰度蛋白质的检测和鉴定;③iTRAQ 试剂几乎可以与样本中的所有蛋白结合,容易受样本中的杂质蛋白及样本处理过程中缓冲液的污染,需要对样本进行预处理并尽量减少操作过程中的污染;④目前 iTRAQ 试剂仍然非常昂贵,这也一定程度制约了它的广泛应用。

　　2.SILAC 体内代谢标记技术　SILAC(stable isotope labeling by amino acids in cell culture)是一种在细胞培养阶段用带同位素的氨基酸标定样品的方法。作为一种体内代谢标记技术,SILAC 的基本原理是利用稳定同位素(重型,如 13C)标记的必需的外源氨基酸(如赖氨酸)取代细胞培养基中的相应氨基酸,在细胞内新蛋白质的合成过程中,稳定同位素标记的氨基酸就完全替代原有的天然同位素(轻型,如 12C)标记的氨基酸进入新合成的蛋白质中,从而在培养过程中实现对细胞内所有蛋白质的体内标记,并与天然同位素标记的对照组样品进行比较定量分析。不同标记的细胞等量混合后裂解,经蛋白酶水解后再用 LC-MS/MS 质谱技术进行蛋白质分析,在一级质谱上根据轻重同位素标记的肽段的信号强度进行比较定量分析,然后根据二级质谱中鉴定的肽段序列来确定差异表达的蛋白质。

　　SILAC 作为一种细胞内代谢标记技术,具有其独特的优势:①稳定同位素标记的氨基酸与天然氨基酸化学性质相同,对细胞无毒性,所以标记的细胞和未标记的细胞在生物学行为上几乎没有差异;②在细胞培养过程中进行标记,只要经过足够的细胞倍增周期,理论上其标记效率可以达到 100%;③可以通过赖氨酸和精氨酸双标记的方法,使每一个蛋白质的酶解肽段均被标记,提高差异蛋白质鉴定的覆盖率;④SILAC 标记后的样品可以通过 SDS-PAGE 等方法进一步分离成更多的组分,有助于鉴定低丰度的蛋白质;⑤SILAC 同一些化学标记相比,具有简单、直接、高效等优点。然而,SILAC 技术也具有一定的应用局限性:①由于是体内标记技术,SILAC 仅能用于标记可培养的细胞,而不能用于组织和体液蛋白质的比较定量分析;②避免细胞培养中来自于血清的自由氨基酸的干扰,必须使用透析血清,导致某些细胞不能正常生长;③同位素标记的精氨酸在精氨酸酶作用下可以转化为脯氨酸,导致一部分脯氨酸发生同位素标记,导致含有脯氨酸的蛋白质的定量偏差;④同位素标记的氨基酸用量较大,价格昂贵,导致 SILAC 的费用很高。

10.3.2.3　基于非标记技术的研究方法

　　由于稳定同位素标记定量技术存在诸多问题,近年来研究人员提出了一种新的不依赖于同位素标记的基于液相色谱串联质谱的非标记定量技术(label-free LC-MS/MS)。目前,非标记定量技术主要基于两种策略:一种是根据多肽在质谱中的离子谱峰(peptide peak)的高度和面积进行定量分析;另一种是根据二级质谱分析后某蛋白质被鉴定到的谱峰数(spectral count)进行定量分析。在第一种分析方法中,一个特定质荷比的离子化的多肽分子经过 LC-MS 分析后会在特定的时间被检测并记录下来,其信号强度与其进入质谱中的量呈正相关。Chelius 等在分析 $10\sim100$ fmol 肌红蛋白的酶解肽段的量与其在质谱中离子信号强度的关系时发现,多肽离子峰的面积与其进入量的相关系数(r^2)高达 0.991。基于这一点可以实现对不同批次 LC-MS/MS 之间的蛋白质进行定量分析。随后,研究人员又发现,蛋白质丰度越高,鉴定的蛋白质独一的肽段(unique peptide)越多,蛋白质序列覆盖率越高,在二级质谱 MS/MS 中鉴定的谱峰数也越多。Liu 等通过比较蛋白质丰度与序列覆盖率、肽段数目和谱峰数目间的关系,发现谱峰数的多少与蛋白质丰度具有非常高的相关性($r^2 = 0.9997$)。基于这一原理,可以通过蛋白质质谱鉴定中的谱峰数进行定量分析,并且进一步的研究表明,这种定量方法比基于峰强度的方法具有更高的可靠性。

　　非标记定量技术由于不需要使用同位素标记试剂,所以在操作流程、高通量和经济性等方面具有很大的优势,在蛋白质组学领域的应用也越来越广泛。但是,受目前质谱技术水平的限制,非标记定量技术在灵敏度和准确性上还是不如标记定量技术。另外,在不同批次 LC-MS/MS 结果的标准化方面和大量数据的自动化分析方面,仍然存在一些问题需要解决。因此,尽管非标记定量技术有着明显的优势和极好的应用前景,该项技术仍需要进一步的发展和不断的完善。

10.3.3　蛋白质组学在食品领域中的应用

　　由于蛋白质组学能够从多方位、多角度去研究蛋白质的表达模式及蛋白质之间的调控和相互作用,所以蛋白质组学技术问世以来不仅用于生命科学领域的理论研究,还广泛地应用于农业和食品科学方面。蛋白质是多数食品的主要组成成分,因而蛋白质组分析能够获得食品加工和贮存过程中的蛋白质的结构和功能等方面的更多信息,从而为提高食品品质和安全性提供理论依据,为食品科学研究提供新的思路和技术。

10.3.3.1 蛋白质组学在乳品科学中的应用

1.蛋白质组学在乳蛋白质研究中的应用 乳蛋白是乳制品的重要组成成分之一,含有人体所需的多种必需氨基酸,具有较高的营养价值,在维持人体健康方面具有重要作用。近年来,不少研究人员利用蛋白质组学的方法对不同乳源中乳蛋白的含量及组分进行了鉴定。研究结果表明反刍动物乳中蛋白质组成成分相似,主要由酪蛋白、β-乳球蛋白和 α-乳白蛋白组成,但是在含量上存在一定的差异。与反刍动物乳相比,人乳中蛋白质种类更为丰富,但含量却低于牛乳和羊乳。人乳、牛乳和山羊乳中酪蛋白与乳清蛋白的比率不同,分别为 30∶70、85∶15 和 80∶20。利用 2-DE 分析水牛乳和奶牛乳中酪蛋白的差异,发现了 14 个差异蛋白质点,而水牛乳和山羊乳的酪蛋白的 2-DE 图谱显示有 10 个差异蛋白质点。经质谱鉴定分析,确定了 4 个属于水牛乳酪蛋白的主要组分。因此,应用蛋白质组学技术对不同乳源中乳蛋白的分析,不仅能够深入了解不同乳源中乳蛋白的组成,还为发现不同乳源蛋白质中的未知蛋白质提供了有效的方法。

另外,利用蛋白质组学技术还可以对不同加工或贮存条件下乳蛋白的变化情况进行分析。例如,臧长江等采用比较蛋白质组学方法研究发现经 75℃、15s 巴氏杀菌,牛乳中蛋白质含量及组成无显著变化。高温灭菌(135℃、4s 和 145℃、4s)可造成乳中 α-乳白蛋白、β-酪蛋白变异体、κ-酪蛋白和免疫球蛋白含量降低。因此,鲜牛乳经巴氏杀菌能够最大限度地保留乳中蛋白质组分和含量。利用基质辅助激光解析电离飞行时间质谱(MALDI-TOF-MS)对少量不同强度热处理牛乳中酪蛋白磷酸肽(CPP)进行鉴定,发现不同的热处理方式对乳中酪蛋白磷酸肽的影响较大,因此可将糖基化酪蛋白磷酸肽作为牛乳热处理强度特殊的检测指标之一。利用蛋白质组学分析不同热处理条件下乳蛋白的表达情况,可使我们在分子水平对不同热处理条件下牛乳的营养特性有更为深入的了解。

2.蛋白质组学在乳酸菌胁迫应答机制研究中的应用 乳酸菌作为一类与人类生产和生活密切相关的重要微生物,被广泛应用于食品和医药领域。在食品生产过程中,乳酸菌可能要经历一系列的环境胁迫,包括酸胁迫、热胁迫、氧化胁迫以及渗透压胁迫等。另外,乳酸菌进入人体消化道后还要耐受胃酸和胆盐等环境胁迫。这些外界环境胁迫会影响到细胞的生理状况和存活率,从而影响其发酵特性和益生功效的发挥。因此,开展乳酸菌胁迫应激机制的研究,对于提高乳酸菌的存活效率和益生特性具有重要意义。而利用蛋白质组学技术可以全面而动态地比较乳酸菌在不同胁迫下的蛋白质的变化,找出相应的调控应激蛋白及损伤修复蛋白,进而从分子水平上探讨乳酸菌耐受和适应相关胁迫的机制。

目前,利用蛋白组学技术对乳酸菌在环境胁迫下的应激反应的研究,主要是分析酸、热、氧化以及冷冻等胁迫条件下蛋白质的差异表达情况。已有的研究表明,乳酸菌在环境胁迫下都会诱导不同数量的蛋白质,包括通用应激蛋白、参与代谢的各种蛋白及胁迫诱导的特定应激蛋白。Zhai 等利用 2-DE 和质谱技术成功分离鉴定了德氏乳杆菌保加利亚亚种 CAUH1 酸耐受反应中 26 个差异蛋白质。其结果表明:在应对酸胁迫过程中,菌株 CAUH1 提高了糖酵解途径相关酶的表达量,以加强碳水化合物分解代谢和能量供应;调整了丙酮酸代谢产物去向,使之进入脂肪酸合成途径,以提高细胞膜中饱和脂肪酸比例,增强膜的硬度和不透性;改变了延伸因子 EF-Tu、EF-G 和核糖体蛋白 RpsA 的表达量,来降低胞内蛋白的合成速率,提高蛋白合成时翻译的精确性。An 等以含有 0.075% 牛胆盐(ox-bile)的培养基模拟人体肠道环境的胆盐胁迫条件,利用 2-DE 和质谱分离鉴定了双歧杆菌 BBMN68 中 44 个胞内可溶性差异表达蛋白。对差异表达蛋白质的功能进行分析,提出了双歧杆菌的抗胆盐胁迫反应机制,主要包括以下两个方面:一是胆盐抗性机制,例如胆盐水解酶和胆盐泵出转运子等蛋白质在胆盐胁迫条件下表达上调,这些蛋白质能够直接作用于胆盐底物,通过水解或排出胆盐达到保护菌体的效果;二是胆盐适应机制,包括普遍应答机制、中心代谢途径、跨膜转运系统、基因转录和翻译进程以及菌体的分裂增殖等的适应性调节,使菌体在胁迫条件下仍然保持一定的活力。利用蛋白质组学技术能够从整体上寻找出可能参与胁迫应激反应的蛋白质,进一步结合转录组学及其他分子生物学方法(如基因突变和超量表达等)能够更加深入而准确地揭示乳酸菌胁迫应答的机制。

10.3.3.2 蛋白质组学在肉品科学中的应用

由于屠宰后肌肉早期的生化现象在很大程度上影响肉的品质,因此了解屠宰后肌肉的代谢活动与肉品质的关系是当前肉品学科领域关注的一个焦点。研究表明,与理化性质相关的参数、组织化学性质、温度、基因型及其他诸多因素都会影响到屠宰后肌肉的代谢活动,然而对于屠宰后肌肉的代谢活动与肉质之间的关系却知之甚少。近年来,利用蛋白质组学方法观察屠宰后肌肉蛋白的变化情况,可以深入分析电刺激、压力、冷却速度和贮存时间等因素对于肉品品质的影响,建立蛋白质水平的肉品评价指标。Lametsch 等首次利用蛋白质组学方法分析了屠宰后的猪肌肉的变化情况,发现刚屠宰至屠宰后 48 h 肌肉的蛋白质组模式发生了 15 种显著的变化。随后,Lametsch 等通过多次蛋白质组学分析最终确定了可作为肉品质标记的 20 多种蛋白质,包括结构蛋白质(肌动蛋白,肌球蛋白和肌钙蛋白 T)和代谢酶(肌激酶、丙酮酸激酶和糖原磷酸化酶等)。在这些蛋白中,研究人员又发现肌动蛋白和肌球蛋白重链与肌肉的剪切力之间存在显著的相关性,这表明屠宰后肌动蛋白和肌球蛋白重链的降解会影响肉的质量。

目前,研究人员还开展了肉品加工过程中蛋白质组变化的研究,以确定品质控制的标记蛋白质,指导生产加工。对蒸煮火腿的蛋白质组研究发现,滚揉方法和腌制影响蛋白质组模式,不同的蛋白质组模式影响火腿质构,并影响最终产品的品质。蛋白水解活性影响干腌火腿的多个品质参数,成熟过程中肌原纤维蛋白质和肌浆蛋白质都经历了较大变化,研究人员认为一些盐溶肌原纤维蛋白质的消失是由于盐溶作用,而不是酶的作用,并提出可以通过制定火腿成熟过程的标准蛋白质组图谱对产品进行评价。

10.3.3.3 蛋白质组学在水产品加工中的应用

鱼类物种的鉴定是水产品质量与安全研究中的一个重要领域,蛋白质组学方法因其具有快速、灵敏和高通量的特点,已成为水产品品种鉴别中一种重要的方法。2-DE 可以通过检测潜在的物种特异性蛋白质组或蛋白质点来区分相近物种的鱼类,如鳕鱼、河豚、鲈鱼和金枪鱼等。2-DE 法检测潜在的物种特异性蛋白质,通常采用胰蛋白酶消化目标蛋白点,通过质谱得到肽指纹图谱(peptide mass fingerprinting,PMF)。利用肽指纹图谱技术可以分析无须鳕鱼科的 10 个近似商业品种。肌浆蛋白中的小清蛋白 PRVB 具有较高的热稳定性,被选为鱼类物种鉴定的目标蛋白质,其指纹图谱被视为鱼类物种鉴定的分子标记物。Mazzeo 等利用 MALDI-TOF/MS 指纹技术直接对整个肌浆蛋白进行分析,通过分析特定 PRVB 的肽指纹图谱,成功实现了 25 种(包括鲈形目、鳕形目和蝶形目)鱼类的区分与鉴定。

另外,利用蛋白质组学技术可以获取贮藏过程中鱼类肌肉蛋白质的变化与其品质性状之间的相关性等信息,从而为贮藏过程中水产品品质变化机制的解析和水产品新鲜度评价提供参考和依据。Kjærsgård 等采用 2-DE 技术研究了大西洋鳕鱼贮藏过程中的肌球蛋白、α-辅肌动蛋白和 3-磷酸丙糖异构酶等蛋白质的变化并提出了鱼类死后肌肉蛋白质降解的一般途径。Terova 等采用 2-DE 和 MS 技术比较了不同冷冻贮藏条件的鳕鱼肌肉蛋白质图谱并分析其与鱼肉质地变化的相关性。李学鹏和李婷婷等采用 2-DE 和 MS 技术分别研究了中国对虾和大黄鱼肌肉蛋白质在冷藏过程中的变化规律,筛选出与新鲜度密切相关的指示蛋白质。

10.3.3.4　蛋白组学在食品安全与食品鉴伪中的应用

在食品安全方面,食物过敏是一个全世界关注的焦点问题。食物中的过敏原多为蛋白类物质,进入体内后能够引起 IgE 介导和非 IgE 介导的免疫反应,而导致消化系统内或全身性的变态反应。蛋白组学技术能够快速、全面的分析食物样品中的蛋白质成分,近年来成为鉴定食物过敏原的有效工具之一。Yu 等采用 2-DE 结合 MALDI-TOF-MS 质谱的方法筛选出了斑节对虾中的过敏原,该过敏原是一种与精氨酸激酶具有高度相似性的蛋白质,具有精氨酸激酶的活性,并可与对虾过敏人群血清中 IgE 发生反应,导致皮肤过敏反应。Carrera 等建立了一种可以快速、直接检测任何食物中的鱼源过敏原 β-PRVBs 的方法。该方法通过热处理使 β-PRVBs 快速分离,利用高强度聚焦超声法加速样品的胰蛋白酶消化,获得的肽段混合物经 LC-MS/MS 分离鉴定,采用选择离子监测模式(SMIM)进行质谱分析,实现了对 19 种常见的 β-PRVBs 肽标记物的检测。由于 PRVBs 对热稳定,因此该方法能够快速直接检测存在于任何产品包括经过加工的及预煮的产品中的 β-PRVBs。

在食品鉴伪方面,由于我国食品品种丰富以及加工手段多样化,食品真实性和品质鉴定等问题成为食品市场管理的重点和难点。蛋白质组学技术为食品鉴伪问题的解决提供了新的思路和方法。通过对食品中蛋白质的检测和分析不仅可以确定食品中是否掺假,还可以得知掺假物的成分和来源,这使得食品质量检测结果更为精准。因此,利用蛋白质组学技术可以对肉品、乳品、水产品和保健品(如燕窝、人参和蜂王浆)等进行分析鉴伪。Wu 等利用双向电泳技术对来自不同国家的 14 种燕窝进行检测,确定了燕窝中含有的独特蛋白质,并证明利用此方法可以检测出银耳添加量大于 10% 的掺假燕窝。Sentandreu 等建立了一种检测肉制品中掺入鸡肉的蛋白质组学方法:抽提肌原纤维蛋白后,采用 OFFGEL 等电聚焦仪进行富集并降低样品复杂度,然后使用胰蛋白酶消化肌球蛋白轻链 3,再通过 LC-MS/MS 质谱分析产生的多肽片段。即使在猪肉中添加 0.5% 的鸡肉,也能通过该方法检测出来,这也表明了蛋白质组学方法在检测掺假行为中的灵敏度和有效性。

10.4　生物信息学与食品产业

10.4.1　生物信息学的定义与应用

10.4.1.1　生物信息学的定义

生物信息学是生物学与计算机科学和应用数学等学科相互交叉而形成的一门新兴学科。它通过对生物学实验数据的获取、加工、存储、检索与分析,进而达到揭示数据所蕴含的生物学意义的目的。随着生物学技术的发展和科学家的不懈努力,人类在基因的核苷酸序列、蛋白质的氨基酸序列、蛋白质的三维结构,以及物质功能或毒性等方面积累了大量的数据。当前生物信息学发展的主要推动力来自分子生物学,生物信息学的研究主要集中于核苷酸和氨基酸序列的存储、分类、检索和分析等方面，所以目前生物信息学可以狭义地定义为：将计算机科学和数学应用于生物大分子信息的获取、加工、存储、分类、检索与分析，以达到理解这些生物大分子信息的生物学意义的交叉学科。

生物信息学将生物学某一领域的实验数据存储在数据库中，然后结合生物学理论和对现有数据的统计学分析，找到实验数据中存在的逻辑关系，进而依据计算机科学的语言规则将这些数据内部的逻辑关系写成算法，用于数据的深度挖掘和预测分析。数据库是生物信息学的基础，算法是生物信息学的工具，而生物学理论则是生物信息学的灵魂。生物信息学用于数据的深度挖掘可以从繁杂的数据中提取有用的信息、发现潜在的规律，并以形象化的图表展示出来，辅助研究者发现新的生物学理论，增强对生物系统的认识。生物信息学用于数据的预测分析则可以缩小关注范围，为后续实验的开展提供有生物学意义的、可行性高的研究靶标，提高科研工作者的效率。我国高等院校首个生物信息学院于 2008 年在哈尔滨医科大学成立。

尽管生物信息学对生物学的研究有着重要的帮助，但是生物信息学分析并不能取代生物学实验，生物信息学发现的结论需要生物学实验进行验证。人类对生命规律的认识毕竟还相当有限，现有的生物学理论尚无法精确的解释生物学过程，因此建立在这些生物学理论基础上的生物信息学分析工具也无法精确地预测复杂的生理过程。现阶段最明显的例子是，依据中心法则，生物体内的 mRNA 和蛋白质应该是有较强的正相关关系的，但实际上对于同一样品，研究 mRNA 的转录组和研究蛋白质的蛋白组数据间一致性通常很低，许多研究中只有 20% 左右的数据是一致的，这一方面可能是由于现阶段组学技术存在的误差，另一方面可能是由于我们对生物体蛋白质翻译过程的认识的局限。生物体内可能存在大量目前尚不明确的转录后调控机制。因此假如用转录组的数据进行生物信息学分析，推测的生物体生理变化可能是错误的，必须加以生物学实验的验证。因此，生物信息学分析只是为生物学实验设计提供研究方向和缩小靶标范围，通常不能独立地将生物信息学分析的结果作为研究的结论。

10.4.1.2 生物信息学在食品生物技术领域的应用

现阶段生物技术食品的开发和安全评价越来越多地依赖了组学技术。组学技术可以高通量、非靶向地研究动植物、微生物的生理过程，组学技术的高通量性提高了生物技术食品的研发效率，而组学技术的非靶向性可以有效地研究生物技术食品的非期望效应问题。然而，组学技术在生物技术食品开发过程中的引入，产出了天文数字的数据，面对如此巨大规模的数据，传统的数据分析方法往往束手无策，必须依靠生物信息学技术对数据进行加工、分析、解读和可视化呈现。因此，在当今这个组学技术大行其道的时代，生物技术食品的研发日益依赖组学技术，也越来越离不开生物信息学分析技术。

在生物技术食品研发方面，对动植物需要做大量的背景基因组研究，对转入的优质基因及其表达产物的性质需要有深入的认识。在背景基因组研究中，需要应用生物信息学对高通量测序数据进行分析；在优质基因的筛选过程中，需要应用生物信息学缩小目标基因的范围，提高研发效率。在生物技术食品安全评价方面，致敏性分析，毒性分析，对宿主转录组、代谢组、蛋白组、肠道微生物组等的非期望效应等研究也都需要生物信息学技术。已发布的可用于食品生物技术的植物基因组汇总见二维码 10-3。

二维码 10-3　已发布的可用于食品生物技术的植物基因组汇总

10.4.2 现代生物技术食品开发过程中的生物信息分析

基因组数据库是分子生物信息数据库的重要组成部分。基因组数据库内容丰富、名目繁多、格式不一,分布在世界各地的信息中心、测序中心以及和医学、生物学、农业等有关的研究机构和大学。基因组数据库记录的信息可以分为三类,即结构基因组学信息、功能基因组学信息和比较基因组学信息。结构基因组学是以全基因组测序为目标,确定基因组的组织结构、基因组成及基因定位,早期的基因组数据库即存储着结构基因组学信息。功能基因组学通过识别某个基因在一个或多个生物模型中的作用来认识新发现基因的功能,这类数据库存储着基因组的基因功能注释信息。比较基因组学则往往对群体内大量个体进行基因组测序,分析基因的多态性,这类数据库中存储着单核苷酸多态性(SNP),插入缺失多态性(InDel),拷贝数变异(CNV)等信息。大型综合数据库往往同时包含结构、功能和比较基因组学的信息,专业型数据库则往往偏重于其中的某一类数据信息,但实际上基因组数据库越来越趋向于综合化和多功能化,这种数据库分类的界限并不明显。

基因组数据在现代生物技术食品的开发过程中起重要作用,现代生物技术越来越强调精确操作和插入片段的可控性,以减少对转基因受体生物的非期望效应影响。了解受体生物的基因组,基因组上基因与生物性状之间的关系,以及寻找潜在的优良性状基因,都是现代生物技术食品开发所必需的前期准备工作,而这些工作都离不开基因组数据库和基因组分析工具。

10.4.2.1 综合性核酸序列数据库

GenBank 数据库(www. ncbi. nlm. nih. gov/genebank/)是当今最著名的核酸一级数据库之一,它是由美国国家生物技术信息中心(National Center for Biotechnology Information, NCBI)建立的 DNA 序列数据库。GenBank 数据库是国际核苷酸序列数据库联盟(International Nucleotide Sequence Database Collaboration)成员之一,和该联盟的另两个成员,欧洲的 EMBL 和日本的 DDBJ,每日相互交换数据,因此这三家数据库数据在数据的完整性方面没有差异,只是数据格式不同。

GenBank 数据库分为若干个子库,包括高通量基因组序列(high throughput genomic sequences,HTG)、表达序列标记(expressed sequence tags,EST)、序列标记位点(sequence tagged sites,STS)和基因组概览序列(genome survey sequences,GSS)等。GenBank 数据库采用 NCBI 的 Entrez 数据库查询系统,该系统将 DNA、RNA、蛋白质序列和基因图谱、蛋白质结构等数据库整合在一起,可通过链接方便地查看相关信息。

在 GenBank 数据库中搜索结果的数据可以以三种方式显示:Fasta、GenBank 和 Graphics。Fasta 数据第一行为序列标记并以">"开头,后面的若干行为以 ATCG 表示的核苷酸序列。GeneBank 数据显示了序列名称、编号、来源的物种、参考文献、注释信息、序列、编码区等二十多条信息。Graphics 则以图的形式直观地显示了基因组上各个基因的位置。Fasta 数据可下载为. fna 格式的文件,GenBank 可下载为. gbk 格式的文件。

Ensembl 是一项生物信息学研究计划,旨在开发一种能够对真核生物基因组进行自动注释并加以维护的软件。该计划由英国 Sanger 研究所 Wellcome 基金会及欧洲分子生物学实验室所属分部欧洲生物信息学研究所(EBI)共同协作运营。Ensembl 数据库(http://www.ensembl. org/index. html)提供了基因组的基因和其他注释信息,如调控位点、物种间保守碱基、序列变异等。Ensembl 数据库的基因数据集来源于 UniprotKB 和 NCBI 的 RefSeq 数据库。

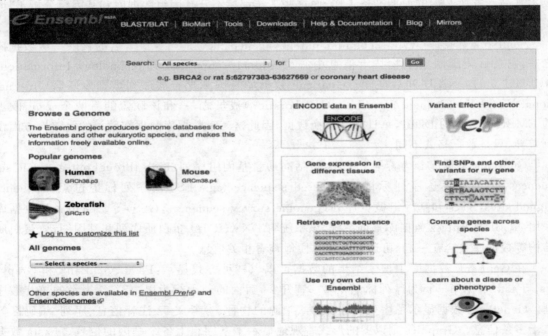

与 NCBI 的 GeneBank 数据库着重于信息存储不同，Ensembl 更强调工具的开发和基因组数据的可视化展现。

10.4.2.2 农作物类基因组数据库

1. 植物类基因组数据库 PlantGDB 数据库(http://www.plantgdb.org)是一个包含绿色植物碱基序列数据的基因组数据库。PlantGDB 数据库的 Sequence Assemblies 中存储了超过 100 种植物的转录本组装数据，对于具有新兴或完整基因组序列的 26 种植物物种(包括拟南芥、短柄二叶草、芜菁、番木瓜、绿藻、黄瓜、棉花、大豆、大麦、百脉根、木薯、沟酸浆、蒺藜苜蓿、水稻、小立碗藓、蓖麻、桃子、杨树、高粱、小米、番茄、卷柏、燕麦、团藻、酿酒葡萄和玉米)，

PlantGDB 的 Genome Browsers(xGDB)作为一个图形界面进行查看、评估和注释转录本及基于染色体或基于细菌人工染色体的基因组装配的蛋白质比对。

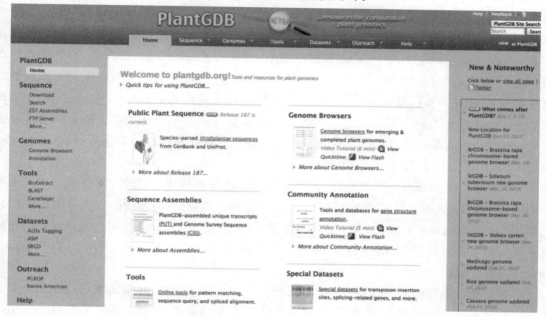

　　EnsemblPlants(http://plants.ensembl.org/index.html)是与其他植物基因组数据库组织合作,利用 Ensembl 软件系统开发的,可以对基因组数据进行分析和可视化的数据库及相应工具。EnsemblPlants 中包括拟南芥、水稻、小麦、大麦、玉米、小立碗藓等 39 种植物的基因组信息。

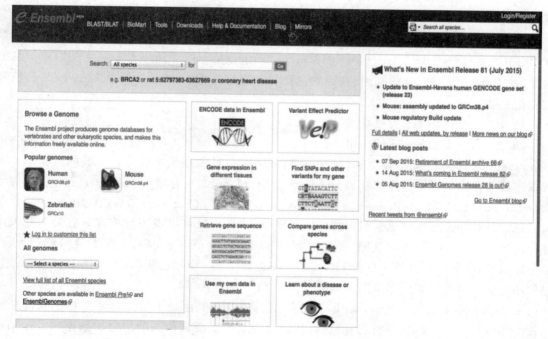

2. 水稻基因组数据库　水稻(*Oryza sativa* L.)是世界上最重要的粮食作物之一,对水稻基因组的研究和生物技术食品的开发具有重要的经济和粮食安全战略意义。籼稻和粳稻两个亚种基因组框架图的测定和粳稻全基因组精确测序已于 2002 年完成,获得的基因组大小约为 466 M。目前网络上水稻基因组数据库有很多,侧重点各不相同。美国的水稻基因组注释计划 Rice Genome Annotation Project 数据库(http://rice.plantbiology.msu.edu/)和日本的水稻注释计划数据库 RAP-DB(http://rapdb.dna.affrc.go.jp/)最具代表性。国内的水稻基因组数据库有由华大基因研究院建立的 RIS 数据库(http://rice.genomics.org.cn/rice/index2.jsp),由中国农业科学院、北京市作物遗传改良重点实验室和华大基因研究院等单位合作建立的综合性水稻功能基因组育种数据库的 SNP 与 InDel 多态性子数据库(http://www.rmbreeding.cn/snp3k)等。

3. 玉米基因组数据库　玉米不仅是重要的作物,也是遗传学研究的重要模式生物。玉米基因组测序于 2008 年 2 月完成基本草图,2009 年全部完成,获得的基因组大小约为 2 300 M,其结果发表在 Science 杂志上。MaizeGDB 数据库(http://www.maizegdb.org/)是专门存储玉米基因组信息的数据库,提供包括 Genome Browser、BLAST、Locus Lookup、Bin Viewer、Diversity 等工具。

4. 大豆基因组数据库　大豆是具有重要经济价值的油料作物,也是植物蛋白质的主要来源。大豆基因组序列于 2010 年测通,获得的基因组大小约为 1 100 M,其结果发表在 Nature 杂志上。SoyBase(http://www.soybase.org/)数据库中存储了关于大豆的基因组图谱、基因表达图谱及突变体信息等可供用户查询。

5. 小麦基因组数据库　玉米、水稻、小麦是世界三大粮食作物,与水稻和玉米相比,小麦的基因组测序研究进展缓慢,这是由于普通小麦是异源六倍体(AABBDD),基因组大小约 17 000 M,是水稻基因组的 40 倍,人类基因组的 5 倍,并且含有大量重复序列。2012 年至 2014 年,在 Nature、Science 等杂志上发表了多篇关于小麦基因组测序的文章。GrainGenes 数据库(http://wheat.pw.usda.gov/GG2/index.shtml)是专门存储小麦和燕麦基因组信息的数据,其中有基因序列、标志基因、基因表达量等信息以及 BLAST、Cmap、Gbrowse 等分析和可视化工具。

10.4.2.3　动物类基因组数据库

UCSC Genome Browser Database (http://genome.ucsc.edu/)是由 University of California Santa Cruz (UCSC)创立和维护的存储基因组信息和提供在线分析工具的数据库。该数据库目前存储基因组信息的物种分为哺乳动物(Mammal)、脊椎动物(Vertebrate)、后口动物(Deuterostome)、昆虫(Insect)、线虫类(Nematode)、病毒(Viruses)和其他(Other)。用户可以通过它可靠和迅速地浏览基因组的任何一部分,并且同时可以得到与该部分有关的基因组注释信息,如已知基因,预测基因,表达序列标签,信使 RNA,CpG 岛,克隆组装间隙和重叠,染色体带型,小鼠同源性等。目前 UCSC Genome Browser 应用已相当广泛,比如 Ensembl 就是使用它的人类基因组序列草图为基础的。

ArkDB 数据库(http://www.thearkdb.org/arkdb/)是由爱丁堡大学罗斯林生物信息团队建立和维护,用于存储农业相关动物和其他动物基因组图谱信息的综合型数据库。ArkDB 数据库当前存储的基因组信息包括猫(cat)、鸡(chicken)、牛(cow)、鹿(deer)、鸭(duck)、马

（horse）、猪（pig）、鹌鹑（quail）、鲑鱼（salmon）、海鲈（sea bass）、羊（sheep）、火鸡（turkey）等农业相关动物的基因组图谱和标志基因。

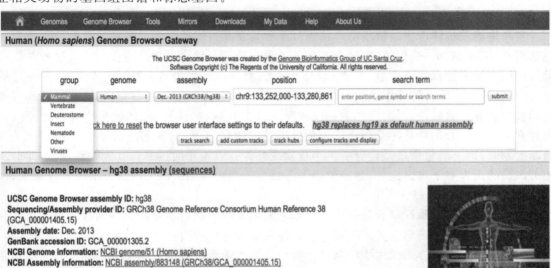

Human Genome Browser – hg38 assembly (sequences)

UCSC Genome Browser assembly ID: hg38
Sequencing/Assembly provider ID: GRCh38 Genome Reference Consortium Human Reference 38 (GCA_000001405.15)
Assembly date: Dec. 2013
GenBank accession ID: GCA_000001305.2
NCBI Genome information: NCBI genome/51 (Homo sapiens)
NCBI Assembly information: NCBI assembly/883148 (GRCh38/GCA_000001405.15)
BioProject information: NCBI Bioproject: 31257

Search the assembly:

- **By position or search term:** Use the "position or search term" box to find areas of the genome associated with many different attributes, such as a specific chromosomal coordinate range; mRNA, EST, or STS marker

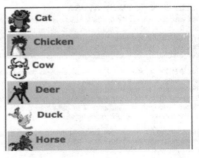

About ArkDB

The ArkDB database system aims to provide a comprehensive public repository for genome mapping data from farmed and other animal Species. In doing so, we aim to provide a route in to genomic and other sequence from the initial viewpoint of linkage mapping, RH mapping, physical mapping or - possibly more importantly - QTL mapping data.

ArkDB records details of maps and the markers that they contain. There are alternative entry points that target either a chromosome or a specific mapping analysis as the starting point (via the *Species* table or *Maps* menu respectively). Limited relationships between markers are recorded and displayed.

Species

The following are the 'primary' Species held in the ArkDB system:

Cat
Chicken
Cow
Deer
Duck
Horse

10.4.3 现代生物技术食品安全评价过程中的生物信息分析

10.4.3.1 生物信息学分析在致敏性评价中的应用

食品中能使机体产生过敏反应的抗原分子称为食品过敏原。食品过敏原导致的主要症状包括恶心、呕吐、腹痛、腹泻等,有时也有其他的局部反应及较少见的全身反应。而过敏源则一般指过敏原的来源食物或生物,如花生、坚果、蛋、奶、鱼类、贝类等食物或生物富含多种过敏原,是常见的过敏源。转基因生物技术在食品中引入了外源基因表达的蛋白,这些外源基因表达的蛋白若存在致敏性,将对食用者健康状况造成潜在威胁。因此在现代生物技术食品的研发和安全评价中必须对外源基因表达的蛋白进行过敏性评价,尤其当外源基因来源于常见过敏源生物时,则更需重视过敏性分析。一旦发现外源基因表达的蛋白具有致敏性,应立即取消相关产品的研发和上市。此外,基因的插入是否会导致食物中原有的内源过敏原含量增加,也是科学家关注的问题。

遗传改良食品过敏性树状分析法已在本书的第九章中进行了介绍。氨基酸序列相似性和蛋白结构分析等生物信息学方法是转基因食品致敏性评价的重要环节,也是后续血清学实验、动物实验的基础。该方面的生物信息学分析一方面依赖于过敏原数据库对已知过敏原数据总结,另一方面依赖于相似性比对的比对规则的确立和比对算法的建立和优化。

1. 国内外的已知过敏原数据库　由于人类对食物过敏原认识和研究已有较长的历史,因此目前国内外过敏原数据库已经相当丰富。

由世界卫生组织(WHO)和国际免疫学会联合会(IUIS)过敏原命名分委员会建立的Allergen Nomenclature 数据库(http://www.allergen.org/index.php)是过敏原系统命名的官网。该分委员会建立于 1984 年,由过敏原鉴定、结构、功能、分子生物学特征和生物信息学等方面的专家组成,建立了过敏原的命名系统。该命名系统在所有过敏原数据库中通用,为过敏原信息的整合做出了巨大贡献。WHO/IUIS Allergen Nomenclature 数据库提供过敏原和过敏源搜索功能,搜索的结果中包括过敏原系统命名、分类、生化名称、相对分子质量、致敏性和是否为食品过敏原等信息,并提供 GenBank 数据库和 PDB 数据库的相应链接。

SDAP(Structural Database of Allergenic Proteins)数据库(http：// fermi. utmb. edu/
SDAP/)是由美国农业部开发的致敏蛋白结构数据库。该数据库可在线、快速地提供致敏蛋
白的序列、结构、表面抗原决定簇等综合信息。SDAP 的数据库核心包括抗原名称、来源、序
列、结构、表位、参考文献等,能方便地链接到 PDB、SWISS-PROT/Trembl、PIR-ALN、NCBI
等数据库中以及 PubMed、MEDLINE 等在线文献资源中。SDAP 的计算核心使用的是氨基
酸侧链保守性质鉴定抗原的原创算法。SDAP 提供的在线工具包括 FAO/WHO 过敏原性测
试、FASTA 搜索、肽段比对、肽段相似性分析等。

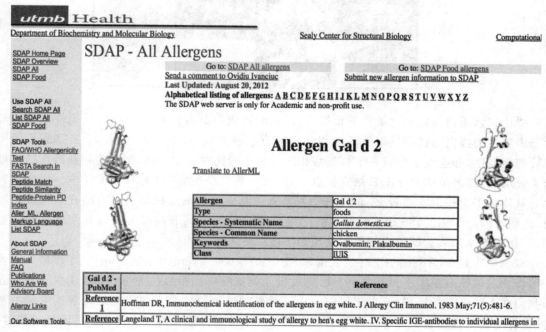

　　Allergome 数据库(http：// www. allergome. org)是由过敏数据实验室建立的过敏原知识
平台。该数据库的特色是除了提供过敏原分子信息外,还收集了从六十年代以来的 5 800 篇
关于过敏原与相关疾病(过敏,哮喘,过敏性皮炎,结膜炎,鼻炎,荨麻疹等)的文献,对文献进行
了分类并为用户提供下载链接。

　　中国食物过敏原数据库(http：// 175. 102. 8. 19：8001/site/index)是由中国农业大学食品
科学与营养工程学院食品安全实验室建立的中文过敏原综合信息平台。该平台可进行过敏原
查询,查询结果整合了来源于 SDAP 数据库的过敏原概述信息;来源于 Swissprot 数据库的基
因名称、蛋白功能、亚细胞定位、蛋白序列项目的信息;来源于 Swissprot 数据库的蛋白二级结
构信息;来源于 PDB 数据库的蛋白质三级结构信息和亚单位信息;来源于 Pfam 数据库的蛋白
家族及结构域项目的信息;来源于 IUIS Allergen Nomenclature 数据库的过敏性信息;来源于
Allergen Database for Food Safety 数据库的抗原表面决定簇信息和糖链信息;以及来源于
Allergome 数据库的文献汇总项目的信息。该平台还可进行过敏源查询,查询结果为该过敏
源中所包含的已知过敏原。该平台可以为科研人员提供免费的、快速的、一站式的生物技术食
品致敏性分析信息服务。

　　2.外源基因表达蛋白的过敏性预测　　如果一个外源基因表达的蛋白本身不是过敏原,则

欢迎来到 *中国食物过敏原数据库*

China Food Allergen Database

还需要比较该蛋白与已知过敏原的相似性，以判断该蛋白具有潜在过敏性的可能性大小。外源基因表达的蛋白与已知过敏原的相似性比对有三种方式，即全长比对、80 个氨基酸片段中35％的相似性，和连续 8 个或 6 个氨基酸相同。全序列比对一致性高，则表明存在潜在的抗原交叉分反应，二者可能共享 IgE 结合位点；当序列一致性低时，不可能有交叉反应。但全序列比对具体以多少相似度或者 E-value 作为判断外源基因表达的蛋白是否具有潜在致敏性的阈值，还很难断定。因此，80 个连续氨基酸比对一致性大于 35％和连续 8 个或 6 个氨基酸完全相同，在外源基因表达的蛋白的致敏性预测中使用更为普遍。

　　SDAP 数据库，AllergenOnline 数据库（http：//www.allergenonline.org/）等数据库以及中国食物过敏原数据库平台都提供与已知过敏原氨基酸序列相似性比对的在线工具。然而正如我们在本章一开始所说的，由于目前为止科学界对过敏原抗原表位机制的理解尚未研究清楚，现有的比对流程也只能在一级氨基酸序列结构上分析外源基因表达的蛋白的致敏可能性，而过敏原的致敏性与过敏原蛋白的一级结构、二级结构以及三级空间构象结构都有关系，因此生物信息学预测的结果只能提供参考信息，确定外源基因表达的蛋白是否具有致敏性还需要进行血清学实验的确证。

　　3. 食品生物技术对食物中原有过敏原的影响　　现代生物技术食品的致敏性评价，除了应关心外源基因表达的蛋白是否具有致敏性外，还需要关心生物技术食品开发过程中是否改变了食物中原有过敏原的含量，这种担忧实际上是现代生物技术食品的非期望效应在致敏性方面的体现。蛋白质组学分析可以很好地检测非期望的致敏性问题，有关生物信息学分析在这方面的应用将在后文中介绍。

　　10.4.3.2　生物信息学分析在毒理学评价中的应用

　　毒理学评价是现代生物技术食品食用安全性评价中必不可少的一部分。与致敏性评价相似，对现代生物技术食品的毒理学评价也分为两个方面，即对现代生物技术转入的外源基因表达的蛋白的毒理学评价，以及生物技术食品开发过程中可能带来的对食品中原有毒性物质含量的影响，后者属于非期望效应在毒理学方面的体现。

　　对外源基因表达的蛋白的毒理学评价通常采用动物实验的方法，对纯化后的外源基因表达的蛋白进行急性毒性实验、三致实验，以测定外源基因表达的蛋白的半数致死量 LD_{50} 和致突变性、致畸性、致癌性的强弱。在评价外源基因表达的蛋白产物时，潜在的毒性分析应考虑蛋白与已知蛋白毒素和抗营养因子在氨基酸序列和结构上的相似性。

现代生物技术带来的毒理学非期望效应,则可能来源于外源基因的插入导致的受体生物中新物质的合成,或者受体生物中原有毒性物质的表达量的变化。对非期望毒理学效应的研究有靶向方法和非靶向方法。靶向方法即从毒性物质数据库中查明该食物原有的毒性物质,通过酶联免疫法、气相色谱法、液相色谱法等方法测定这些毒性物质在传统食物和现代生物技术改造后的食物中的含量,但是靶向方法对于受体生物是否合成了新的有毒物质无法进行研究。非靶向方法则主要通过组学的手段,尤其是蛋白组学和代谢组学,高通量、全方位的测定蛋白质和代谢物的含量,既可以对食物中原有的毒性物质含量变化进行研究,也可以对食物是否引入了新的毒性物质进行研究。

1.毒理学信息数据库　食物中的毒性物质包括抗营养因子和毒素,抗营养因子的抗营养作用主要表现为降低饲料中营养物质的利用率、动物的生长速度和动物的健康水平。抗营养因子和毒素之间没特别明确的界限,有些抗营养因子表现出一些毒性作用。食物中常见的抗营养因子如大豆胰蛋白酶抑制剂、植物凝集素、植酸、草酸、单宁类物质等。食物中的毒素则是动植物在长期的进化过程中为了应对昆虫、微生物、人类等的威胁,在体内产生累积了一定的有毒物质,是生物自我保护的一种手段。生物中的常见毒素如某些生物碱类、生氰糖苷、河豚毒素、蘑菇毒素、贝类毒素等。

毒理学数据库中记录着毒性物质的历史研究数据。TOXNET 数据库(http：// toxnet. nlm. nih. gov)是最为权威的毒理学数据库之一。TOXNET 数据库是由美国国立医学图书馆建立,其主要内容包括对人类和动物有害危险物质的毒性;人类健康危险评估;化学药品诱变检测数据;化学药品致癌性;药物及化学药品的生物化学、药理学、生理性、毒理学作用等。TOXNET 数据库由若干个子库组成,包括存储潜在危险化学品毒理学研究、工业卫生、急救处理等信息的 HSDB;存储人类健康危险评价数据的 IRIS;存储药品基因毒理学文献数据的 GENE-TOX;存储化学药品致癌性信息的 CCRIS;存储化学药品毒理学数目信息的 TOX-LINE;存储毒理学数目数据库信息的 DART/ETIC 数据库;存储环境毒理学信息的 TRI;以及最为重要和广泛使用的,存储了 38 万条化学物质的名称、同义词、化学文摘社登记号(CAS 登录号)、分类号、分子式、分子结构、毒性(LD_{50})信息和参考文献的 ChemIDplus 数据库。

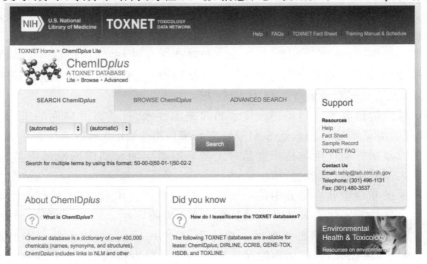

2.计算毒理学　　计算毒理学也称为预测毒理学,被认为是一种高效、高通量地进行化学物质或生物分子风险预测与管理的技术,核心是基于化学物或生物分子的结构与毒理学研究历史数据,通过计算化学、生物信息学等方法,构建计算机模型,为筛选和评价化学品的危害和风险性提供高通量、快速的决策支持工具。美国于 2003 年实施了计算毒理学研究计划,在 2005 年专门成立了国家计算毒理学中心(NCCT)。美国国家研究委员会(NRC)在 2007 年提出了战略性文件"21 世纪的毒性测试:远景和策略",倡导改变以活体动物实验为主的传统毒性测试体系,向基于高通量体外测试和计算毒理学等方法的毒性测试体系转型。

对化学物质的计算毒理学方法可以分为两类,一类是以化合物本身为基础的计算方法,另一类是以毒性靶分子结构为基础的方法。前者仅需要知道该化合物本身的二维结构,通过该化合物与已知毒物化合物结构比较来判断该化合物潜在毒性,如美国环境保护署开发的商业软件包 DEREK(Deductive Estimation of Risk from Existing Knowledge)、QSTR 数学模型等;后者则需要利用靶分子的三维结构模型来评价小分子与大分子在分子水平上的相互作用,特别是研究小分子能否结合到蛋白质的活性位点上,这类软件如 Insight II,SYBYL 等。

对外源基因表达蛋白的毒理学性质预测的策略,本质上与化学物质计算毒理学是一致的,也有两类方法,即外源基因表达蛋白与已知毒性蛋白的比对和蛋白-代谢物、蛋白-蛋白相互作用预测。在外源基因表达蛋白与已知毒性蛋白的比对方面,由于目前尚缺少专门的毒性蛋白数据库,外源基因表达的蛋白可在综合性蛋白数据库中进行 BLAST 分析,查阅资料分析与外源基因表达蛋白序列一致性高的蛋白质是否具有毒性。通过这种一级氨基酸序列的比对找到的同源蛋白质,如需进一步研究与外源基因表达蛋白的相似性,还可以通过 CE,DALI,SSAP,Geometric Hashing,MatAlign 等算法进行蛋白质两两结构比对。如果对外源基因表达蛋白可能影响的通路有靶向性的认识,即已经知道外源基因表达蛋白可能影响哪些生理过程中的哪些酶或代谢产物,则可进行蛋白-代谢物或者蛋白-蛋白相互作用预测。蛋白与小分子代谢物相互作用预测的软件前文已提及,而由于蛋白质结构复杂,蛋白-蛋白相互作用预测是预测两个复杂结构体的相互作用,这方面尚没有比较成熟的生物信息学方法,仍需主要依靠实验手段进行研究。

10.4.3.3　生物信息学分析在非期望效应分析中的应用

育种的目的是在某一方面对动植物品种进行改良,育种过程实现的预期目标性状改良称为预期效应,而育种过程中带来动植物其他方面性状的变化称为非期望效应。虽然非期望效应是伴随着现代生物技术食品的出现而被广泛强调和讨论的,但是并非只有现代生物技术食品才存在非期望效应,传统育种方法,如杂交育种和诱变育种,也都存在非期望效应,并且传统育种方法的非期望效应要远多于现代生物技术食品,只是由于传统育种方法流行时,组学技术尚未发展起来,无法对非期望效应进行深入研究。

对非期望效应的研究方法包括靶向技术和非靶向技术,目前以非靶向的组学技术为主要研究方法,如研究对动植物蛋白表达非期望效应的蛋白组学、研究动植物代谢物含量非期望效应的代谢组学以及研究现代生物技术食品对人类肠道微生物非期望影响的宏基因组学等,这些组学技术都离不开生物信息学分析工具。

1.蛋白层面的非期望效应研究中的生物信息学　　生物技术食品开发过程中,外源基因片段的插入是否会导致基因组上其他基因表达的变化,从而导致 mRNA 和蛋白质含量的变化,是生物技术食品非期望效应的主要方面。相比于 mRNA 而言,蛋白质处于中心法则的更下游,与生理状态更直接相关,因此蛋白组学比转录组学能更为准确地表征动植物生理状态。尤其对于生物技术食品的非期望效应的安全评价来说,食物中原有的具有致敏性的过敏原、具有毒性的蛋白等都是蛋白质,蛋白组学可以在生物技术食品的致敏性安全评价、毒理学评价等方面的研究中发挥重要作用。

　　双向电泳和同位素标记技术是蛋白质组学的主要方法。双向电泳是比较传统的蛋白组学方法,在双向电泳的比较蛋白质组学中,可以对两种图谱(如转基因作物的蛋白组和亲本非转基因作物的蛋白组)进行比较,找到亮度存在差异的蛋白点,将这些点从胶上切下进行质谱测序以鉴定该蛋白,这种研究策略准确,有针对性,但是质谱测序的费用较贵周期较长。如果研究的物种有双向电泳图片数据库,则可直接将实验图谱提交到数据库中进行分析。目前可应用于生物技术食品研究的双向电泳图谱数据库有水稻蛋白质组数据库(http：//oryzapg. iab. keio. ac. jp)、SWISS-2DPAGE(http：//world-2dpage. expasy. org/swiss-2dpage/)等。同位素标记技术则可以获得蛋白质的氨基酸序列,可以在蛋白质序列信息数据库中进行比对,常用的数据库包括蛋白质信息资源数据库(http：//pir. georgetown. edu/)、SWISS-PROT 数据库(http：//expasy. org/)等。对于蛋白质组学数据的功能分析和通路分析则常用 GO 功能分类和富集分析、KEGG 通路分析等方法完成。

　　2.代谢物层面的非期望效应研究方法——代谢组学的生物信息学　生物技术食品在蛋白质水平的非期望效应变化,有可能导致代谢水平的非期望效应。食品中的功能性营养成分、部分次级代谢产物类的天然毒素含量的变化都可以通过代谢组学进行研究。

　　LC/GC-MS 是代谢组学研究的常用方法,LC/GC-MS 数据的生物信息学分析工具有很多,如 MarkerView、metAlign、Mzmine2 等软件可以进行统计学分析,Sieve、MetIQ 等软件可以进行代谢通路分析。代谢组学数据分析常用的数据库包括 NIST(http：//webbook. nist. gov/chemistry/)、Massbank(http：//www. massbank. jp)、CheBI(http：//www. ebi. ac. uk/chebi/)、Reactome(http：//www. reactome. org)、KEGG(http：//www. kegg. jp)等。KEGG 数据库全称京都基因与基因组百科全书,是由日本京都大学生物信息学中心的 Kanehisa 实验室于 1995 年建立。KEGG 数据库是一个整合了基因组、化学和系统功能信息的数据库,由 KEGG 通路图(KEGG Pathway)、BRITE 功能层次(KEGG BRITE)、KEGG 功能单位模块(KEGG MODULE)、KEGG 代谢物及小分子化合物(KEGG COMPOUND)等十几个子数据库组成。代谢组学数据可以通过 KEGG 数据库进行生物通路富集分析。

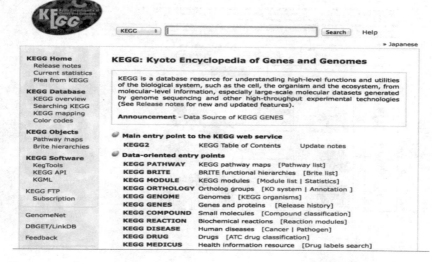

3.对人体肠道微生物非期望效应研究方法——宏基因组学的生物信息学　近年来肠道微生物的研究越来越受到重视,肠道微生物与营养、疾病的关系被广泛揭示。16S rRNA 测序技术是最常用的高通量测序依赖的组学技术之一,该技术着眼于对肠道微生物群落菌种组成的分析。细菌 16S rRNA 基因具有保守区与可变区间隔排列的特征,其中的可变区一般具有菌种特异性,并且可以反映细菌间亲缘关系的远近,因此通过分析可变区的序列即可得到各细菌的分类学特征。

微生物群落结构分析是从整体的角度分析各组样品的肠道微生物群落之间是否有显著差异,从而分析实验所关注的因素是否会导致宿主肠道微生物群落结构的显著变化。α 多样性、β 多样性以及依据样品间不相似性进行排序分析和聚类分析是微生物群落结构分析的主要方法。α 多样性的高低由 α 多样性指数表征,在 16S rRNA 测序数据分析中常用的有香农-威纳多样性指数,辛普森多样性指数,Chao1 丰富度估计量等。β 多样性通过计算同一组内各个样品间的距离来表征各个组的 β 多样性,通过比较数值大小来比较各个组的 β 多样性。更形象化的做法是利用距离表征出的样品间的关系,通过主成分分析、主坐标分析等作图方法将所有样品在二维坐标系中表现出来,从侧面反映各个组的 β 多样性及各样品之间的相互关系。微生物群落样品间距离即群落之间的不相似性,两个群落越不相似,它们之间的距离越大。QI-IME 等软件可以对微生物 16S rRNA 数据进行系统的分析。

如果微生物群落结构表现出整体的差异,则下一步需要找出群落中具体的分类单位来解释这些差异。找到不同组样品之间有显著差异的分类单位有助于我们发现所研究问题与肠道微生物之间的直接关联,其中的一些起关键作用的分类单位也可以作为肠道微生物层面上的生物标志物。专门用于 16S rRNA 测序数据分类单位相对丰度比较和 Biomarker 寻找的软件被开发出来,Metastats 和 LefSe(http://huttenhower.sph.harvard.edu/galaxy/)是其中的应用较广的软件。这些软件将统计学方法与已有的生物学信息结合,从而使结果更具有生物学意义。

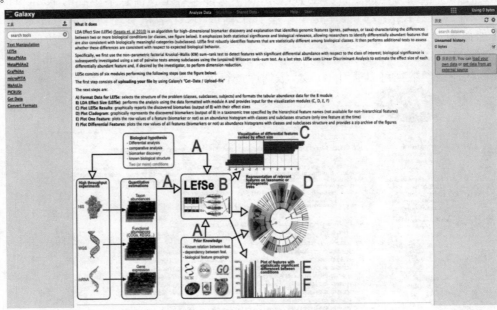

思考题

1. 什么是生物信息学？

2. 为什么食品生物技术开发和安全评价中需要用到生物信息学？

3. 生物信息学与实验生物学之间是什么辩证关系？

4. 农作物和家禽牲畜等常用的基因组数据库有哪些？

5. 生物信息学在生物技术食品安全评价中的应用有哪些方面？

6. 什么是基因组学？

7. 简述基因组学三个研究领域的区别及研究方法。

8. 了解近年来基因组学的进展。

9. 什么是转录组学？简述转录组学的研究意义。

10. 简述主要的几种转录组测序的方法及大致原理。

11. 什么是 RNA-seq？简述 RNA-seq 的基本原理和流程。

12. 简述转录组学在食品领域中的应用。

13. 简述二维双向凝胶电泳（2-DE）和荧光差异双向电泳技术（2D-DIGE）的原理及优缺点。

14. 简述 iTRAQ 同位素体外标记技术和 SILAC 体内代谢标记技术的优缺点。

15. 简述蛋白质组学技术在食品领域的应用。

指定学生参考书

[1] 刘越.基因组学导论.北京:中央民族大学出版社,2008.

[2] Brown TA 著,袁建刚,彭小忠,强伯勤译.基因组 3.北京:科学出版社,2008.

[3] (意)斯卡瑟里等.基因组学、转录组学与代谢组学:生命科学新视野.北京:科学出版社,2007.

[4] 何华勤等.简明蛋白质组学.北京:中国林业出版社,2011.

[5] 何庆瑜等.功能蛋白质研究.北京:科学出版社,2012.

参考文献

[1] 刘越.基因组学导论.北京:中央民族大学出版社,2008.

[2] Brown TA 著,袁建刚,彭小忠,强伯勤译.基因组 3.北京:科学出版社,2008.

[3] 程罗根.遗传学.北京:科学出版社,2013.

[4] 朱玉贤,李毅,郑晓峰,等.现代分子生物学.4 版.北京:高等教育出版社,2013.

[5] 赵广荣,杨冬,财音青格乐,等.现代生命科学与生物技术.天津:天津大学出版社,2008.

[6] Venter J C,Adams M D,Myers E W et al. The sequence of the human genome. Science,2001,291:1304-1351.

[7] Sato S,Tabata S,Hirakawa H et al. The tomato genome sequence provides insights into fleshy fruit evolution. Nature,2012,485(7400):635-641.

[8] 罗云波.功能基因组的研究对未来食品产业发展的影响.农产品加工(学刊),2005,(9,10):15-16.

[9] 陈勇,柳亦松,曾建国.植物基因组测序的研究进展.生命科学研究,2014,18(1):66-74.

[10] 娄恺,班睿,赵学明.食品微生物基因组学的研究进展.食品科学,2002.23(9):138-140.

[11] 李宁.基因组学技术在动物遗传育种中的应用.华南农业大学学报,2005.26:12-19.

[12] Ansorge W J. Next-generation DNA sequencing techniques. N Biotechnol,2009,25 (4):195-203.

[13] Dhiman N,Bonilla R,O Kane JD et al. Gene expression microarrays:a 21st century tool for directed vaccine design. Vaccine,2001,12; 20 (1-2):22-30.

[14] Emrich S J,Barbazuk W B,Li L et al. Gene discovery and annotation using LCM-454 transcriptome sequencing. Genome Res,2007,17(1):69-73.

[15] Fiehn O. Metabolomics——the link between genotypes and phenotypes. Plant Mol Biol,2002,48(1-2):155-171.

[16] Ishida H,Matsumura K,Hata Y et al. Establishment of a hyper-protein production system in submerged Aspergillus oryzae culture under tyrosinase-encoding gene (melO)promoter control . Appl Microbiol Biotechnol,2001,57(1-2):131-137.

[17] Kitano H. Systems biology:a brief overview. Science. 2002 Mar 1;295(5560):1662-1664.

[18] Li J,Sima W,Ouyang B et al. Tomato SlDREB gene restricts leaf expansion and internode elongation by downregulating key genes for gibberellin biosynthesis. J Exp Bot,2012,63:6407-6420.

[19] Li X,Sun H,Pei J et al. De novo sequencing and comparative analysis of the Vaccinium corymbosum L. transcriptome to discover putative genes related to antioxidants. Gene,2012,511(1):54-61.

[20] Meyers BC,Tej SS,VuTH et al. The use of MPSS for whole-genome transcriptional analysis in Arabidopsis . Genome Research,2004,14(8):1641-1653.

[21] Nagalakshmi U,Wang Z,Waern K et al. The transcriptional landscape of the yeast genome defined by RNA sequencing . Science,2008,320(5881):1344-1349.

[22] O'Flaherty S,Klaenhammer T R. The impact of omic technologies on the study of food microbes. Annu Rev Food Sci Technol,2011,2:353-371.

[23] Saito K,Matsuda F. Metabolomics for functional genomics,systems biology,and biotechnology. Annu Rev Plant Biol,2010,61:463-689.

[24] Velcuescu V E,Zhang L,Zhou W et al. Characterization of the yeast transcriptome. Cell,1997,88:243-251.

[25] Wang Z,Gerstein M,Snyder M. RNA-Seq:a revolutionary tool for transcriptomics. Nat Rev Genet,2009,10(1):57-63.

[26] Weber A P M,Weber K L,Carr K et al. Sampling the Arabidopsis transcriptome with massively parallel pyrosequencing. Plant Physiol,2007,144(1):32-42.

[27] Wilhelm B T,Marguerat S,Watt S et al. Dynamic repertoire of a eukaryotic transcriptome surveyed at single-nucleotide resolution. Nature,2008,453(7199):1239-1243.

[28] Zhang F,ShenY,Sun S et al. Genome-wide gene expression analysis in a dwarf soybean mutant . Plant Genet Resour,2014,12:S70-S73.

[29] 田世平,罗云波,王贵禧.园艺产品采后生物学基础.北京:科学出版社,2011:224-225.

[30] 王斌,潘力,郭勇.丝状真菌米曲霉外源基因表达系统的构建.华南理工大学学报(自然科学版),2009,37(6):84-90.

[31] 饶子和,等.蛋白质组学方法.北京:科学出版社,2012.

[32] 陈静廷,马露,杨晋辉,等.差异蛋白质组学在乳蛋白研究中的应用进展.动物营养学报,2013,25(8):1683-1688.

[33] Zhai Z,Douillard F P,An H et al. Proteomic characterization of the acid tolerance response in *Lactobacillus delbrueckii* subsp. bulgaricus CAUH1 and functional identification of a novel acid stress-related transcriptional regulator Ldb0677. Environmental microbiology,2014,16(6):1524-1537.

[34] An H,Douillard F P,Wang G et al. Integrated transcriptomic and proteomic analysis of the bile stress response in a centenarian-originated probiotic *Bifidobacterium longum* BBMN68. Molecular & Cellular Proteomics,2014,13(10):2558-2572.

[35] 李学鹏,励建荣,于平,等.蛋白组学及其在食品科学研究中的应用.中国粮油学报,2010(2):141-149.

[36] 毛衍伟,张一敏,朱立贤,等.应用蛋白质组学研究肉品品质形成的机理.食品与发酵工业,2014,9:021.

[37] 李学鹏,陈杨,蔡路昀,等.蛋白质组学在水产品品质与安全研究中的应用.食品科学,2015,36(9).

[38] 赵方圆,吴亚君,韩建勋,等.蛋白质组学技术在食品品质检测及鉴伪中的应用.中国食品学报,2012,12(11):128-135.

[39] Sentandreu M A,Fraser P D,Halket J et al. A proteomic-based approach for detection of chicken in meat mixes. Journal of proteome research,2010,9(7):3374-3383.

[40] 赵杰宏,韩洁,赵德刚.转基因作物标记蛋白潜在致敏性的生物信息学预测.中国烟草学报,2010,16(3):76.

[41] 李慧,李映波.转基因食品潜在致敏性评价方法的研究进展.中国食品卫生杂志,2011,23(6):587-590.

[42] 万晓霞.TOXNET 毒理学数据库的检索与应用.医学信息学杂志,2009(6):27-30.

[43] 李宏,王崇均.生物信息学在毒理基因组学研究中的应用.生物信息学,2010(4):330-333.

[44] 龙伟,李欣,高金燕,等.生物信息学技术在食物过敏原表位预测中的应用.食品科学,2014,35(3):259-263.

[45] 陈景文.计算(预测)毒理学:化学品风险预测与管理工具.科学通报,2015(19):1749-1750.

[46] 李东萍,郭明璋,许文涛.16S rRNA 测序技术在肠道微生物中的应用研究进展.生物技术通报,2015,31(2):71-77.